여행은 꿈꾸는 순간, 시작된다

리얼
뉴질랜드

여행 정보 기준

이 책은 2024년 3월까지 취재한 정보를 바탕으로 만들었습니다.
정확한 정보를 싣고자 노력했지만, 여행 가이드북의 특성상
책에서 소개한 정보는 현지 사정에 따라 수시로 변경될 수 있습니다.
변경된 정보는 개정판에 반영해 더욱 실용적인 가이드북을 만들겠습니다.

한빛라이프 여행팀 ask_life@hanbit.co.kr

이미지 라이선스

본문에 사용된 이미지 가운데는 뉴질랜드 관광청 tourismnewzealand에서 제공한
이미지가 다수 포함되어 있음을 밝힙니다. **visuals.newzealand.com**

리얼 뉴질랜드

초판 발행 2018년 7월 5일
개정2판 1쇄 2024년 4월 30일

지은이 박선영 / **펴낸이** 김태헌
총괄 임규근 / **책임편집** 고현진 / **편집** 황정윤
디자인 천승훈 / **지도·일러스트** 조민경
영업 문윤식, 신희용, 조유미 / **마케팅** 신우섭, 손희정, 박수미, 송수현 / **제작** 박성우, 김정우 / **전자책** 김선아

펴낸곳 한빛라이프 / **주소** 서울시 서대문구 연희로 2길 62 한빛빌딩
전화 02-336-7129 / **팩스** 02-325-6300
등록 2013년 11월 14일 제25100-2017-000059호
ISBN 979-11-93080-31-3 14980, 979-11-85933-52-8 14980(세트)

한빛라이프는 한빛미디어(주)의 실용 브랜드로 우리의 일상을 환히 비추는 책을 펴냅니다.

이 책에 대한 의견이나 오탈자 및 잘못된 내용은 출판사 홈페이지나 아래 이메일로 알려주십시오.
파본은 구매처에서 교환하실 수 있습니다. 책값은 뒤표지에 표시되어 있습니다.
한빛미디어 홈페이지 www.hanbit.co.kr / 이메일 ask_life@hanbit.co.kr
블로그 blog.naver.com/real_guide_ / 인스타그램 @real_guide_

지금 하지 않으면 할 수 없는 일이 있습니다.
책으로 펴내고 싶은 아이디어나 원고를 메일(writer@hanbit.co.kr)로 보내주세요.
한빛라이프는 여러분의 소중한 경험과 지식을 기다리고 있습니다.

뉴질랜드를 가장 멋지게 여행하는 방법

리얼 뉴질랜드

박선영 지음

HB 한빛라이프

PROLOGUE
작가의 말

PROLOGUE

작가의 말

처음 남반구 땅을 밟았을 때 저는 여행자가 아니라 이민자였습니다. 기자, 작가, 에디터로 살아오는 동안 글 쓰는 일의 언저리를 떠난 적은 없다고 자부하지만, 의도치 않은 이 나라와의 만남이 이토록 오래 저를 여행 작가로 살게 할 줄은 예상치 못했습니다.
호주와 뉴질랜드에서 보낸 2년여의 시간 후 《호주 100배 즐기기》와 《뉴질랜드 100배 즐기기》가 세상에 나왔고, 이후 13년 만에 《리얼 뉴질랜드》라는 반짝이는 새 옷으로 갈아입었습니다.

강산이 바뀔 정도의 시간 동안 뉴질랜드의 풍경도 바뀌었고, 도시와 사람들도 바뀌었습니다. 여행자들의 소지품과 마인드도 바뀌었고요. 그만큼 편리해지기도 했지만, 약간의 거짓이나 실수도 가려지지 않는, 모두가 여행 정보를 넘치도록 공유하는 시대가 되었습니다. 그래서 매번 취재 때마다 수월해지기는커녕 점점 더 어려워지는지도 모릅니다.

한 번에 보이는 풍경이나 정보보다는, 세 번 네 번 보아야 보이는 디테일이 더 많았습니다. 이 사실을 알기까지 숱하게 적도를 넘나들었습니다. 보고 또 봐도 새롭지 않았다면 이 일을 계속할 수 없었을 테지요. 그곳의 하늘이 그토록 깨끗하지 않았다면 지겨웠을지도 모를 일입니다.
뉴질랜드는 맑은 날과 흐린 날의 풍경이 다르고, 봄, 여름, 가을, 겨울의 공기가 달랐습니다. 어느 한 번도 무사평온하게 취재가 끝난 적도 없었습니다. 그러나 그 모든 변화를 기쁘게 감수할 수 있는 이유는 그것이 '일'이 아닌 '여행'이기 때문입니다. 그리고 그곳이 뉴질랜드이기 때문입니다. 여행은 누구에게나 가슴 뛰는 일이고, 뉴질랜드는 지구에서 가장 아름다운 곳이니까요!

> "새로운 사람을 만나고, 새로운 음식을 맛보고,
> 새로운 길을 걸어보는 것은 내 남은 인생에 대한 예의다"

여러분에게도 이번 여행이 가슴 뛰는 모험이길 바랍니다.
그리고 새로운 사람과 음식과 풍경을 만나는 그 길에 행운 가득하기를 바랍니다!

박선영 real__writer_

Thanks to

여권에 도장이 하나씩 늘어날수록 고마운 사람의 수도 늘어갑니다. 언제나 기대보다 많은 도움을 받았지만, 늘 부족한 인사로 감사를 대신할 뿐입니다.
오랫동안 한결같은 모습으로 여행 길잡이가 되어주시는 뉴질랜드투어 한재관 사장님과 노수아 실장님. 두 분이 계셔서 새 책을 만드는 일도 무사히 마칠 수 있었습니다. 불쑥 찾아봬도 유쾌하게 맞아주시는 뉴질랜드 관광청 권희정 지사장님과 장소라 차장님께도 감사드립니다. 그곳에 계시는 것만으로 힘이 되는 이웃들, 세실리아, 알베르토, 요왕, 비비안나 님. 님들이 계셔서 오클랜드가 서울보다 가깝게 느껴지는지도 모르겠습니다. 그리고 길 위에서 만난 모든 인연들께 마음을 담아 감사드립니다.

이 책은 크게 5개의 부분으로 이루어져 있습니다. 뉴질랜드는 어떤 나라인지 한눈에 알 수 있게 구성한 PART 1과 조금 더 깊이 들여다보는 정보편 PART 2, 북섬과 남섬으로 나뉘어진 뉴질랜드의 각 도시를 탐험하는 PART 3과 PART 4, 그리고 당황하지 않고 뉴질랜드에 입성하도록 도와주는 여행 준비편 PART 5. 각각의 PART에 사용된 구성과 활용법은 아래와 같습니다.

도시별 가이드

각 도시를 이해하기 쉽도록 6개의 단계로 나누어, 상세한 최신 정보와 사진으로 소개합니다.

① CITY PREVIEW 도시 미리 보기

② ACCESS 가는 방법

③ REAL COURSE 추천 코스

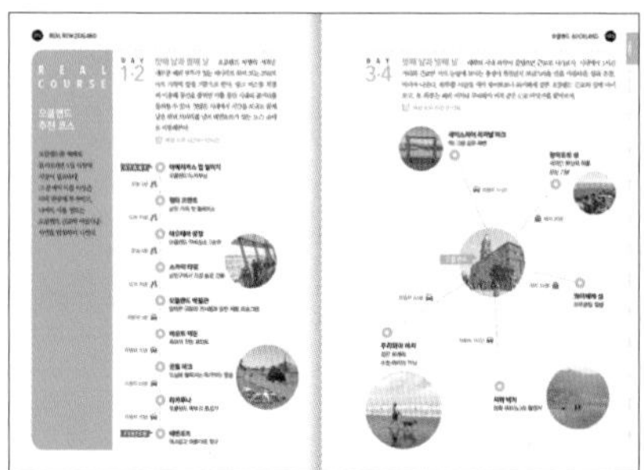

④ REAL MAP 도시 지도

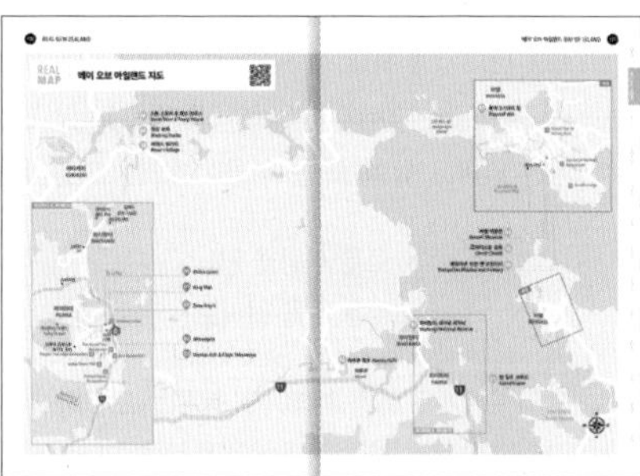

⑤ SEE & EAT & PLAY

⑥ REAL GUIDE

- 이 책에 나오는 지역명이나 장소 이름은 우리나라에서 통상적으로 부르는 명칭을 기준으로 표기했습니다.
- 외국어의 한글 표기는 국립국어원 외래어 표기법에 따르되 관용적 표기나 현지 발음과 동떨어진 경우에는 예외를 두었습니다.
- 휴무일은 정기 휴일을 기준으로 작성했습니다.

구성별 아이콘

 **SEE** 어트랙션  **EAT** 레스토랑 & 카페  **PLAY** 액티비티

본문에서 사용한 약어

- **St.** Street
- **Hwy.** Highway
- **Rd.** Road
- **Dr.** Drive
- **Ave.** Avenue
- **Cnr.** Corner of
- **Tce.** Terrace
- **Bldg.** Building
- **Blvd.** Boulevard
- **NP** National Park

스폿 정보 아이콘

 주소 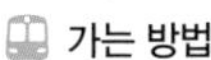 가는 방법 운영 시간  요금 전화번호  홈페이지

지도에 사용된 기호 & 약호

 관광안내소  기차역  버스 정류장  어트랙션

 숙소  레스토랑 & 카페  페리 터미널  공항

구글 맵스 QR코드

각 지도에 담긴 QR코드를 스캔하면 소개된 장소들의 위치가 표시된 구글 지도를 스마트폰에서 볼 수 있습니다.
'지도 앱으로 보기'를 선택하고 구글 맵스 앱으로 연결하면 거리 탐색, 경로 찾기 등을 더욱 편하게 이용할 수 있습니다. 앱을 닫은 후 지도를 다시 보려면 구글 맵스 애플리케이션 하단의 '저장됨'-'지도'로 이동해 원하는 지도명을 선택합니다.

STRUCTURE
책의 구성

미리 떠나는 여행

PART 01
한눈에 보는 뉴질랜드

- 뉴질랜드 기초 정보
- 모델 루트 & 베스트 코스
- 뉴질랜드 교통
  - 장거리 버스
  - 기차
  - 비행기
  - 렌터카
  - 베스트 드라이빙 코스
  - 자전거
  - 캠핑카

우리가 몰랐던 뉴질랜드

뉴질랜드에 대해서 아는 것이라고는 '남반구에 있는 나라' 정도였다면, 이 페이지를 넘겨보는 것만으로도 뉴질랜드 여행에 대한 기초 지식이 생긴다. 환율과 비행시간, 시차 등에 대한 기초 상식부터, 뉴질랜드에서 꼭 봐야 할 여행지를 콕콕 집어낸 베스트 코스와 교통편까지. 읽다 보면 어느새 가슴 뛰는 여행이 시작된다.

PART 02
한발 더 들어간 정보

- 뉴질랜드의 기후
- 뉴질랜드의 역사
- 마오리
- 국립공원과 세계유산
- 뉴질랜드 트램핑
- 뉴질랜드 예술과 문화
- 뉴질랜드 축제
- 뉴질랜드 와인
- 뉴질랜드의 동식물
- 뉴질랜드의 교육
- 퀄 마크
- 뉴질랜드의 숙박

뉴질랜드와 가장 빨리 친해지는 방법

낯선 사람과 친해지는 방법은 그 사람에 대해 관심을 갖는 것. 여행도 마찬가지다. 새롭지만 낯선 곳에서, 알수록 친근해지는 곳으로 옮겨가는 과정 역시 관심이 필요하다. 지구 반대편 뉴질랜드가 품고 있는 동식물과 음식, 아름다운 자연과 역사, 그 땅의 사람들에 대한 정보를 하나하나 읽다 보면 여행 준비의 절반은 완성된다.

진짜 뉴질랜드를

PART 03
진짜 뉴질랜드를 만나는 시간 북섬

- 오클랜드
- 베이 오브 아일랜드
- 파 노스
- 코로만델 반도
- 왕가레이
- 기스본
- 네이피어
- 타우랑가
- 해밀턴 & 와이카토
- 로토루아
- 타우포
- 루아페후(통가리로 국립공원)
- 웰링턴

여행이 시작되는 북섬

뉴질랜드 최대 도시 오클랜드와 수도 웰링턴이 있는 북섬은 대부분의 여행자가 여행을 시작하는 기점이 된다. 남북으로 길게 뻗은 섬나라 뉴질랜드는 어느 도시를 가든 한 두 시간 안에 바다를 만날 수 있고, 어디를 둘러봐도 초록빛 자연이 반겨주는 축복받은 땅이다. 북섬의 최북단 케이프 레잉아에서 최남단 웰링턴까지, 국립공원에서 세계자연유산까지, 북섬 25개의 도시를 차근차근 안내한다.

STRUCTURE
책의 구성

만나는 시간

PART 04
진짜 뉴질랜드를 만나는 시간 남섬

픽턴
넬슨
카이코우라
크라이스트처치
그레이마우스
빙하지대
테카포
마운트 쿡(아오라키)
퀸스타운
테 아나우
와나카
더니든
인버카길&블러프
스튜어트 아일랜드

100% 순수의 땅, 남섬

북섬과 남섬이 같을 거라는 짐작은 하지 말자. 북섬과는 또 다른 비경을 품고 있는 남섬은 세상 어느 곳과도 닮지 않은 100퍼센트 순수의 땅이다. 남섬의 관문 픽턴에서부터 뉴질랜드 땅끝마을 블러프까지, 그리고 또 하나의 섬 스튜어트 아일랜드까지 놓치지 말아야 할 남섬의 도시 19개를 꼼꼼히 수록했다.

여행 준비하기

PART 05
뉴질랜드 여행 준비

한눈에 보는 뉴질랜드 여행 준비

STEP 01 여행 정보 수집
STEP 02 항공권 구입하기
STEP 03 여행 예산 짜기
STEP 04 각종 증명서 만들기
REAL GUIDE
뉴질랜드 전자 여행증, NZeTA의 모든 것!
STEP 05 출·입국하기
STEP 06 여행 트러블 대책
STEP 06 여행 트러블 대책
REAL GUIDE
실패하지 않는 숙소 예약 요령
배낭여행자를 위한 뉴질랜드 BEST 9 YHA

여행 준비 어렵지 않다!

비행시간만 10시간이 넘는 뉴질랜드. 첫 발짝 내딛기가 쉬운 일은 아니다. 어디서부터 어떻게 준비해야 할지 막막하기만 한 여행자를 위해서, 여행 정보 수집부터 항공권 구입과 예산 짜기, 각종 증명서 준비와 출입국에 이르기까지 시기별로 나누어 설명한다. 뉴질랜드 도착 후 일어날 수 있는 여행 트러블에 대한 대책까지 상세하게 소개한다.

책 속의 책

BOOK IN BOOK
뉴질랜드에서 이건 꼭!

꼭 해야 할 체험 BEST 7
꼭 사야 할 아이템 BEST 7
꼭 맛봐야 할 음식 BEST 7

마지막 하나까지 놓치지 않는다!

뉴질랜드에서 꼭 해야 할 체험과 사야 할 아이템, 그리고 맛 봐야 할 음식까지 꼼꼼하게 챙긴 버킷리스트를 사진과 함께 수록한다. 부록까지 알차게 챙기고 나면 자신감 업!

CONTENTS
차례

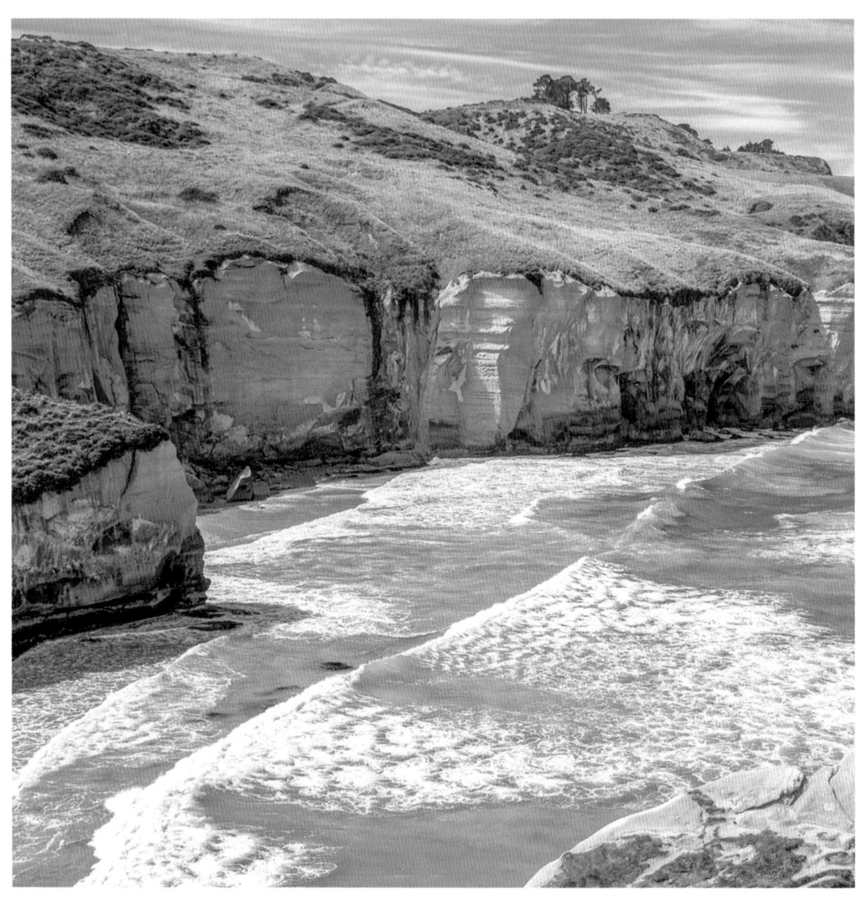

CONTENTS
차례

PART 01

한눈에 보는 뉴질랜드

PART 02

한발 더 들어간 정보

THEME BOOK IN BOOK
뉴질랜드에서 이건 꼭!

CONTENTS
차례

PART 03

진짜 뉴질랜드를 만나는 시간, 북섬

PART 04

진짜 뉴질랜드를 만나는 시간, 남섬

CONTENTS
차례

REAL GUIDE

PART 05

뉴질랜드 여행 준비

PART 01

한눈에 보는 뉴질랜드

NEW ZEALAND AT A GLANCE

ABOUT NZ
뉴질랜드 기초 정보

MODEL ROUTE & BEST COURSE
모델 루트 & 베스트 코스

ALL THAT TRANSPORTATION
뉴질랜드 교통

- 장거리 버스 LONG DISTANCE BUS
- 기차 TRAIN
- 비행기 AIRPLANE
- 렌터카 RENT-A-CAR
- 베스트 드라이빙 코스 BEST DRIVING COURSE
- 자전거 BIKE
- 캠핑카 CAMPER VAN

뉴질랜드 기초 정보
About NZ

정식 국명 Name of Country
뉴질랜드 New Zealand

국기 National Flag
1901년부터 사용되어온 국기에는 짙은 파란색 바탕에 영국 연방의 일원임을 상징하는 유니온 잭 그리고 남십자성을 나타내는 4개의 별이 그려져 있다. 바탕색인 로열 블루는 뉴질랜드의 푸른 바다와 하늘을 상징한다.

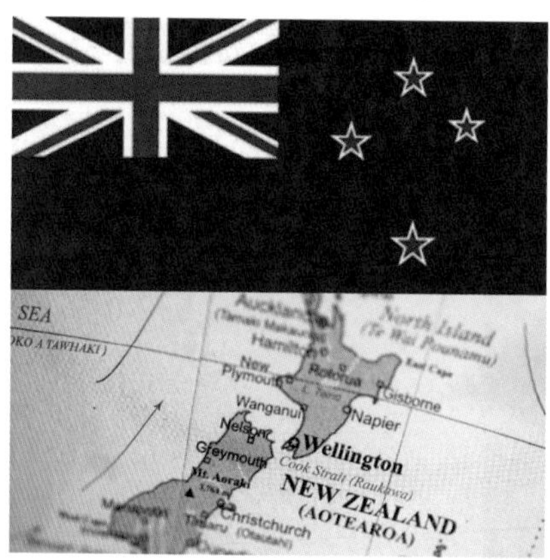

면적과 지형 Area&Topography
북섬 11만 6000㎢, 남섬 15만 1000㎢, 주변 섬 4000㎢ 등 총면적 약 269,036㎢, 남북 섬의 총길이는 1600㎞. 남한의 약 2.7배에 이르는 면적이다. 남섬은 북섬보다 산이 많을 뿐 아니라 해발 2300m 이상 되는 산이 233개에 달한다. 가장 높은 산은 마운트 쿡으로 해발 3764m(백두산 2744m)이며, 뉴질랜드에서 가장 긴 강은 와이카토 강으로 길이가 425㎞다.

기후 Climate
남반구의 온대에 위치하고 있는 뉴질랜드는 한국과는 기후가 정반대다. 즉 한국이 겨울일 때 뉴질랜드는 여름, 한국이 여름일 때 뉴질랜드는 겨울이 된다. 한서의 차가 크지 않지만, 대신 날씨가 자주 바뀌는 해양성 기후다.

인구 Population
약 527만 명. 전체 인구의 약 32%에 해당하는 약 166만 명이 오클랜드에 거주하고 있다. 1㎢ 당 인구 밀도는 약 15명.

국가원수 Head of State
찰스 3세 Charles Philip Arthur George Windsor

총리 Prime Minister
크리스토퍼 럭슨 Christopher Luxon

수도 Capital 웰링턴

정부 체제 System of Government
입헌 군주제. 국회는 일원제이며 의원은 3년에 한 번씩 선출된다.

언어 Language
영어와 마오리어. 마오리계 사람들도 영어를 사용하므로 뉴질랜드 내의 모든 의사소통은 영어로 통한다.

화폐 Currency
뉴질랜드의 화폐 단위는 뉴질랜드 달러(N$)로 표기하며, 보조 단위는 센트(¢). N$1=100¢. 지폐 5종류, 동전 6종류가 유통되고 있다. 현재 조폐되고 있는 지폐는 모두 폴리플라스틱 재질로, 물과 불에 강하며 내구성이 뛰어나다.

환율 Exchange Rate
N$1=약 807원(2024년 3월 현재 매매기준율).

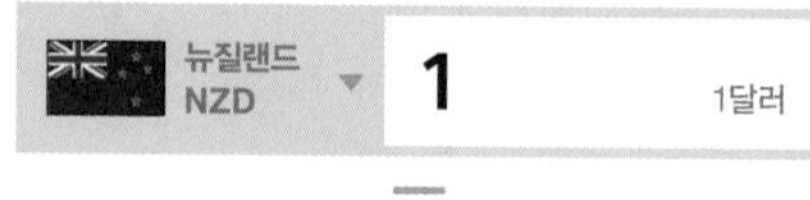

대한민국 KRW 약 807원

국경일 National Holiday

부활절과 크리스마스·설 연휴에는 관광 명소나 상점·레스토랑 등도 문을 닫는 곳이 많다.

1월 1일~2일	뉴 이어 연휴
2월 6일	와이탕이 데이(건국기념일)
4월 18일~21일	부활절 주간(굿 프라이데이 포함)
4월 25일	안작 데이
6월 2일	여왕 탄생일
6월~7월 상현달일	마오리 설날
10월 27일	노동절
12월 25일	크리스마스

전압 Voltage

표준 전압은 230/240V, 50/60Hz.
소켓이 삼발 모양으로 우리나라와는 다르기 때문에 별도의 어댑터가 필요하다. 우리나라는 220V를 사용하므로 프리볼트 제품이 아니라면 변압기를 이용해야 한다. 또한 대부분 ON/OFF 스위치가 달려 있어서, 쓰기 전에 ON을 눌러야 전기가 통한다.

팁 Tip

미국이나 유럽과 달리 뉴질랜드에서는 팁이 일반화되어 있지 않다. 따라서 호텔과 식당의 계산서에 서비스 요금이 부과되지 않고, 택시 운전사나 각종 서비스업 종사자들도 팁을 기대하지는 않는다. 다만 고급 레스토랑이나 호텔 등에서는 청구된 금액의 10% 정도를 팁으로 주기도 하는데, 어떤 경우든 팁은 개인의 선택 사항이다.

세금 Tax

GST 12.5% 뉴질랜드는 모든 상품과 서비스에 GST를 부과하고 있다. GST는 Goods & Service Tax의 약자로, 우리나라의 부가가치세와 같은 개념이다.

경제 Economy

뉴질랜드 GDP는 약 2472억 달러로 세계 51위, 1인당 GNP는 세계 20위 수준이다.(2022년 기준)

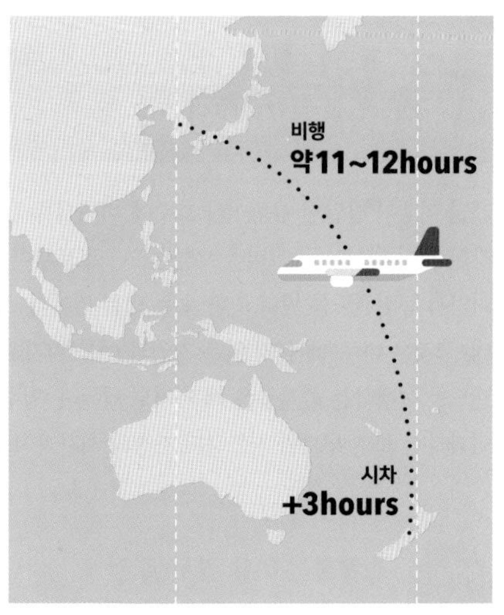

비행시간 Flying Time

한국에서 오클랜드까지는 약 11~12시간.
대한항공과 에어 뉴질랜드가 주 3회 이상씩 오클랜드까지 직항 편을 운항하고 있으며, 남섬의 크라이스트처치까지는 콴타스 항공이나 케세이 퍼시픽, 중국남방항공 등의 외항사 경유 편을 이용한다.

시차와 서머타임 Time Difference & Daylight Saving Time

한국시간 +3시간. 한국과 뉴질랜드의 시차는 3시간으로, 한국 시각에 3을 더하면 된다. 즉 한국이 정오일 때 뉴질랜드는 오후 3시가 되는 것. 지역에 따라 시차는 없지만 서머타임을 적용하고 있어서 이 시기에는 1시간이 더 빨라진다. 서머타임은 매년 10월 첫째 일요일에서 3월 셋째 일요일까지이며, 이때 한국과의 시차는 +4시간이 된다.

전화 Country Code

국가 전화번호는 64. 뉴질랜드 국내의 지역 번호는 5종류(북섬 04·06·07·09·남섬 03)로 나뉜다. 아주 가까운 지역 외에는 지역 번호가 같더라도 반드시 지역 번호부터 눌러야 한다.

연령 제한 Age Limit

뉴질랜드에서는 18세 미만의 미성년자에게 술·담배의 판매를 금지하고 있다. 렌터카는 공항이나 주요 관광지 어디서나 빌릴 수 있지만, 회사에 따라서는 21세 이상(또는 25세 이상)의 연령 제한을 두기도 한다. 여권 등 본인임을 증명하는 서류와 신용카드가 반드시 필요하다.

모델 루트 & 베스트 코스
Model Route & Best Course

개별 여행이 발달한 유럽이나 호주에 비해서 뉴질랜드는 여전히 단체여행이나 패키지 투어의 이미지가 강한 것이 현실이다. 그러나 오클랜드나 로토루아·퀸스타운과 밀포드 사운드 중심의 패키지 투어에 다녀와서 뉴질랜드를 봤다고 할 수는 없는 일이다. 소설에 행간이 있듯이 뉴질랜드 여행에도 행간이 있는데, 그것은 바로 '때 묻지 않은 자연과 이를 지키려는 사람들의 노력'이기 때문이다. 다양한 루트로 뉴질랜드를 여행하는 즐거움은 백 가지도 넘는다. 일주일에서 두 달까지, 배낭 여행에서 럭셔리 액티비티 투어까지…. 모델 루트를 참고하되 자신의 시간과 비용에 맞는 코스를 디자인해 볼 것을 권한다.

POINT 01 스케줄은 여유 있게 짤 것

이웃나라 호주에 비하면 아담한(?) 사이즈지만, 그래도 남한의 3배에 달하는 뉴질랜드는 결코 만만한 나라가 아니다. 한 도시에만 머물 예정이 아니라면 충분히 여유를 둔 스케줄이 필요하다. 최근에는 뉴질랜드 국내선의 항공 요금이 저렴해지고 있는 추세이므로 시간적 여유가 없을 때는 비행기와 버스를 적절히 이용하는 것도 여행의 요령이다.

POINT 02 1주일 이내의 여행이라면 한국에서 스케줄을 확정할 것

1주일 이상의 장기간 여행이라면 출발 전에 꼼꼼하게 일정을 짜지 않아도 무방하다. 현지에서 얻은 최신 정보를 바탕으로, 한 도시에서의 체류 일수를 바꾸거나 예정 루트를 변경하는 등 유동적인 여행을 할 수 있기 때문이다. 그러나 1주일 이내일 경우 일정을 대충 짜면 현지에서 제대로 된 여행을 할 수 없다. 따라서 한국에서 대략의 스케줄과 예약을 확정한 뒤에 떠나는 것이 현명하다. 한국에서 인터넷을 통해 대부분 쉽게 예약할 수 있으며, 인터넷 예약이 더 저렴한 경우도 많다. 영어에 자신이 없다면 항공권과 투어를 의뢰한 여행사에 부탁하는 것도 괜찮다.

POINT 03 북섬 코스와 남섬 코스를 연결하면 전국 일주

뉴질랜드 전체를 일주하는 데는 최소 3주에서 2달 정도가 소요된다. 이때는 다음에 설명하는 북섬의 코스 5, 6 + 남섬 코스 11번을 조합하면 전국 일주 코스가 된다. 단, 이때 북섬과 남섬을 연결하는 교통 수단은 페리와 비행기 가운데 선택해야 하고, 하루 이상 이동 시간을 고려해야 한다.

POINT 04 내게 맞는 여행 스케줄을 짤 것

여행은 어디까지나 즐거움을 위한 것이다. 다음에 소개하는 모델 루트 또한 단지 예시일 뿐, 개개인의 취향을 모두 만족시킬 수는 없다. 따라서 모델 루트를 참고하여 자기에게 맞는 여행 계획을 세우는 것이 성공적인 여행을 위한 첫걸음. 자신만의 독창적이고도 즐거운 여행을 계획해보자.

북섬 North Island

COURSE 01

오클랜드 근교 핵심 투어 Auckland Express

여행 기간 3~4일

경유 도시

오클랜드 → 와이헤케 섬 or 랑이토토 섬 → 와이웨라 온천 → 오클랜드

오클랜드 근교 중심의 루트. 조금 먼 거리까지 가려면 다른 투어와 맞물려 추가할 수 있으며, 그러지 않고 오클랜드에서 편안한 휴식을 취하고 싶은 사람들은 시티 투어를 이용하면 좋다. 대표적인 근교 관광지로는 랑이토토 섬과 와이헤케 섬 등이 있는데, 하루 정도 할애해서 섬 투어를 다녀오는 것도 좋다. 멀리 가지 않아도 와이너리와 해변, 온천과 산책로 등이 있어서 뉴질랜드의 자연을 느낄 수 있다.

COURSE 02

와인이 있는 미각 여행 Gourmet Northland

여행 기간 4~6일

경유 도시

오클랜드 → 코로만델 반도 → 기스본 → 네이피어 → 오클랜드

조용하고 편안한, 뉴질랜드의 자연을 만끽하고 싶다면 북섬 동부 지역으로 가보자.
일조량이 풍부한 호크스 베이 일대는 뉴질랜드 와인의 최대 산지로 유명하며,
아울러 예술과 건축·문화의 도시로도 널리 알려져 있다.
오클랜드에서 2번 도로를 따라 풍광이 뛰어난 코로만델 반도를 여행한 뒤
호크스 베이의 와이너리에서 와인의 향기에 푹 빠져볼 것.

COURSE 03

가장 대중적인 코스 Classic Northland

여행 기간 5~7일

오클랜드 → 와이토모 → 타우포 → 로토루아 → 오클랜드

처음 뉴질랜드를 찾은 사람들을 위한 북섬의 엑기스 투어.
대표적인 관광지만을 모아놓아 어디 한 군데 빼놓을 수 없는 하이라이트 루트다.
양떼가 뛰어노는 목가적인 풍경과 지열 지대의 신비한 풍광, 온천, 동굴 투어 등을 모두 즐길 수 있다. 짧은 기간 동안 뉴질랜드를 맛보고 싶다면 적극 추천!
오클랜드에서 출발하는 비슷한 여정의 투어 버스를 이용하거나 인터시티 버스를 이용할 수 있다. 참고로, 이 일정은 대부분의 한국 단체 관광객들이 지나가는 루트여서 한국 여행사의 투어를 이용하면 편리한 여행을 할 수 있다.

COURSE 04

화산 지형 뉴질랜드의 독특함이 살아 있는 Volcanic Venture

여행 기간 5~7일

오클랜드 → 로토루아 → 타우포 → 통가리로 국립공원 → 오클랜드

화산과 지열 지대로 이루어진 대자연 탐험 루트. 영화 〈반지의 제왕〉 촬영 장소로도 유명한 통가리로 국립공원은 고생대를 방불케 하는 원시림의 세계다.
아울러 로토루아와 타우포는 북섬 최고의 관광지로, 볼거리와 액티비티가 풍부하다.
로토루아의 온천 체험, 타우포의 번지점프, 그리고 세계자연유산에 빛나는 통가리로 국립공원의 트램핑을 경험한다면 뉴질랜드의 절반을 체험한 것이 된다.
오클랜드에서 타우포까지는 인터시티 버스를 이용하고, 통가리로 국립공원에서 다시 오클랜드로 올라갈 때는 노던 익스플로러 기차를 이용해보는 것도 괜찮다.

COURSE 05

북섬 북부를 둘러보는 Adventure Northland

여행 기간 7~8일

경유 도시: 오클랜드 → 베이 오브 아일랜드 → 케이프 레잉아 → 코로만델 반도 → 오클랜드

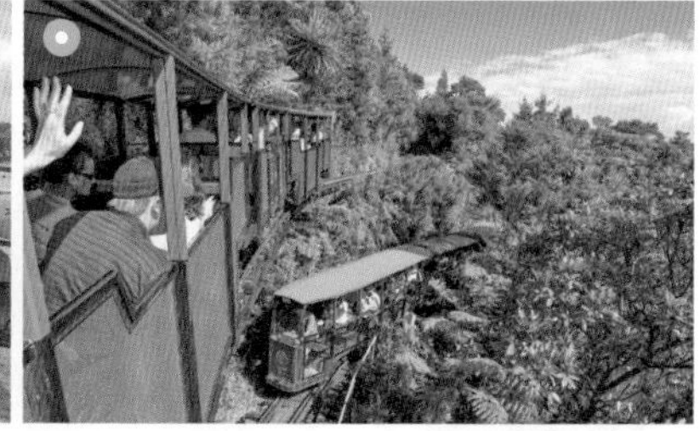

일주일 동안 오클랜드 북부를 둘러보는 루트. 휴식과 자연 그리고 어드벤처를 즐기려는 사람들에게 적합한 루트다. 특히 어드벤처 노스랜드의 하이라이트라 할 수 있는 베이 오브 아일랜드는 북섬 최고의 휴양지이며, 크루즈와 낚시를 즐길 수 있는 리조트 도시. 최북단의 케이프 레잉아는 남태평양과 태즈만 해를 굽어보며 사막 체험과 조개잡이 등의 자잘한 즐거움이 가득한 곳이다. 코로만델 반도를 거쳐 오클랜드까지 돌아오면 일주일간의 알찬 일정이 된다.

케이프 레잉아
베이 오브 아일랜드
오클랜드
코로만델 반도

COURSE 06

여행 기간 8~10일

〈반지의 제왕〉 촬영지를 따라가는 북섬 마스터 루트 Land of the Rings

경유 도시: 오클랜드 → 마타마타 → 로토루아 → 타우포 → 통가리로 국립공원 → 뉴플리마우스 → 웰링턴

북섬의 장엄한 자연을 감상하면서 오클랜드에서 웰링턴까지 완전 일주할 수 있는 코스. 여행 기간이 넉넉하고, 뉴질랜드의 북섬을 꼼꼼히 둘러보고자 하는 사람들에게 적합하다. 오클랜드에서 〈반지의 제왕〉 촬영 세트가 있는 마타마타 지역으로 이동한 다음, 볼캐닉 시닉 루트를 따라 로토루아 지역으로 간다. 로토루아에서는 마오리 문화와 다양한 화산 지형을 체험하고, 레포츠의 천국 타우포, 통가리로 국립공원 그리고 뉴플리마우스를 차례로 거쳐 웰링턴까지 여행하는 대장정. 북섬 북부를 둘러보는 Adventure Northland 루트를 접목시키면 북섬을 완벽하게 즐길 수 있다.

오클랜드
마타마타
로토루아
타우포
뉴플리마우스
통가리로 국립공원
웰링턴

남섬 South Island

COURSE 07

도시 중심의 문화와 액티비티 City Tour of South

여행 기간 3~4일

크라이스트처치 → 마운트 쿡 국립공원 → 퀸스타운

남섬의 관문 도시 크라이스트처치에서 여행 준비를 마치고, 마운트 쿡 국립공원에서 트레킹·크루즈 등의 다양한 액티비티를 즐긴 다음, 아름다운 도시 퀸스타운으로 이동하는 루트. 남섬의 대표적인 두 도시와 대표적인 산악 지대를 둘러보는 문화와 액티비티 중심의 코스다. 크라이스트처치와 퀸스타운을 잇는 교통편은 인터시티나 뉴먼스 코치 외에도 다양한 로컬 버스가 운행되고 있어서 시간에 구애받지 않고 이동할 수 있다. 뉴질랜드 국내선 항공편을 이용할 수 있다면 오클랜드에서 크라이스트처치로 들어갔다가 퀸스타운에서 오클랜드로 되돌아오는 남북 섬 일정도 생각해볼 수 있다.

크라이스트처치
마운트 쿡 국립공원
퀸스타운

COURSE 08

남섬의 하이라이트를 묶은 Classic of South Island

여행 기간 6~8일

크라이스트처치 → 마운트 쿡 국립공원 → 퀸스타운 → 테 아나우 → 더니든

남섬 여행의 필수 코스만을 모은 가장 대표적인 루트.
영국 밖에서 가장 영국다운 도시 크라이스트처치와 서던 알프스의 웅장함을 자랑하는 마운트 쿡 국립공원, 여왕의 도시 퀸스타운, 테 아나우(밀포드 사운드), 교육과 문화의 도시 더니든을 묶은 일정으로, 짧은 기간에 남섬 구석구석을 돌아보고 싶다면 가장 추천할 만한 루트다.

크라이스트처치
마운트 쿡 국립공원
퀸스타운
테 아나우
더니든

COURSE 09

평생 잊지 못할 풍경 Majestic South

여행 기간 8~10일

그림처럼 아름다운 호수와 웅장한 산악 그리고 흔치 않은 빙하까지….
특별한 기억을 원하는 사람들에게 추천할 만한 루트다. 퀸스타운에서 빙하지대로 가는 도로를 따라 달리는 것만으로도 뉴질랜드의 자연에 감탄하게 될 것이다.
스키를 즐기는 사람이라면 와나카에서 1박을 추가하는 것도 좋고,
그레이마우스~크라이스트처치 구간은 트랜츠 알파인 기차를 타고 세계에서 가장 아름다운 기차 여행을 해보는 것도 좋다.

그레이마우스
빙하지대
크라이스트처치
마운트 쿡 국립공원
밀포드 사운드
와나카
퀸스타운

COURSE 10

남섬 북부 키위 루트 Real Kiwi

여행 기간 6~8일

장엄하고 웅장한 산맥 위주로 펼쳐지는 남섬의 풍경 중에서 보기 드물게도 섬세하고 여성스러운 느낌을 주는 루트다. 뉴질랜드 자연의 다양성과 감춰진 속살을 탐험하고 싶다면 적극 추천할 만하다. 고래 관찰로 유명한 카이코라, 아름다운 소도시 블렌하임을 거쳐 태양의 도시 넬슨으로 향하는 일정.
시 카약과 트레킹 등으로 유명한 아벨 타스만 국립공원을 방문하는 것으로 여행을 마무리한다. 픽턴에서 다시 크라이스트처치로 향할 수도 있지만, 페리를 타고 북섬으로 이동하는 것도 좋은 방법이다.
일정에 따라 북섬의 루트와 연결할 수 있다.

아벨 타스만
픽턴
넬슨
핸머 스프링
카이코우라
크라이스트처치

COURSE 11

남섬 여행의 결정판 All Around of South

여행 기간 15~20일

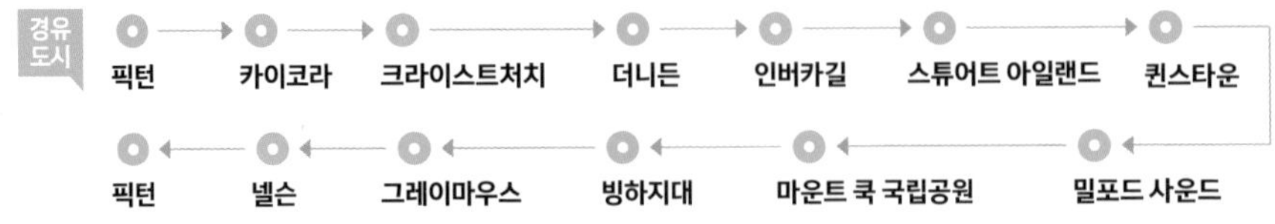

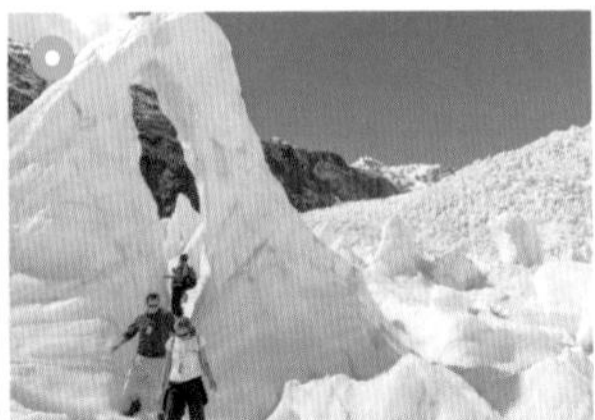

남섬 북단의 픽턴부터 남단의 스튜어트 아일랜드까지 남섬 전체를 빠짐없이 한 바퀴 도는 루트. 시간으로나 경제적으로나 여유가 있다면 한번 도전해볼 만한 코스다. 단, 이 코스에서는 무리한 일정을 짜기보다는 상황에 따라 대처하는 유연한 자세가 필요하다. 특히 계절에 따라 겨울철에는 스키를 즐기고, 여름철에는 트램핑을 즐기는 등 일정을 짜는 데서도 자유로운 사고가 필요하다.
페리를 이용해 북섬과 연결할 생각이 아니라면 크라이스트처치에서 여행을 시작해도 상관없으며, 오클랜드에서 크라이스트처치 구간은 비행기를 이용하면 시간을 절약할 수 있다.

넬슨
픽턴
그레이마우스
카이코라
빙하지대
마운트 쿡 국립공원
크라이스트처치
밀포드 사운드
퀸스타운
더니든
인버카길
스튜어트 아일랜드

REAL+

뉴질랜드에 도착했는데 오클랜드 밖으로 한 발짝도 나갈 수 없을 때는

많은 준비를 하고 여행을 떠나는 경우도 많지만, 때로는 준비 없이 현지에 도착할 때가 있다. 그럴 때는 당황하지 말고 현지 관광 안내소 I-Site Visitor Centres를 활용하는 것도 좋은 방법이다. 보통 시내의 요지에 위치하고 있어 손쉽게 찾아갈 수 있고 뉴질랜드 전역의 방대한 여행 정보를 손쉽게 얻을 수 있다. 그러나 영어 울렁증이 있는 사람에게는 이조차도 울렁증을 더하는 원인이 될 수 있고, 관광지 예약을 도와주긴 하지만 할인가 제공은 거의 없는 편이다. 이럴 때 편안하게 한국말로 상담받을 수 있는 한국인 여행사를 찾는 것도 방법! 그중에서도 가장 오랫동안 한 자리에서 여행사를 하고 있으며, 뉴질랜드 정부로부터 품질인증 퀄 마크를 받은 유일한 한국 여행사, 뉴질랜드 투어를 찾아보자. 이곳에서 자신이 원하는 여행 스타일을 상담하고, 버스, 캠핑카, 렌터카 등의 교통편과 숙박, 어트랙션 예약까지 한꺼번에 도움받을 수 있다. 물론 유창한(?) 한국어로! 필요한 지역에서 꼭 필요한 만큼만 이용하는 데이 투어나 한국인 가이드가 있는 패키지 투어도 가능하다. 또한 급한 일이 있을 때는 한국어로 SOS 할 수 있고, 카톡을 연결해서 실시간 상담 및 도움도 가능하다.

뉴질랜드 투어

Level 4, Queen St., Auckland 오클랜드 09-307-1234, 한국에서 070-8289-8937 www.nztour.co.nz

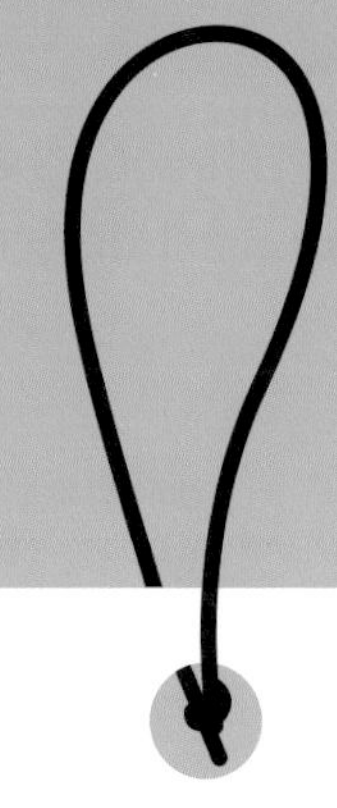

G U I D E

뉴질랜드 교통
ALL THAT TRANSPORTATION

북섬과 남섬으로 나뉘어 있는 뉴질랜드에서는 버스나 렌터카 이외에 섬과 섬 사이를 연결하는 페리와 비행기 등도 중요한 교통수단이 된다. 각 교통수단별 설명을 꼼꼼히 읽어보고, 일정 짜기 및 현지 이동에 적절히 활용하도록 하자.

장거리 버스 LONG DISTANCE BUS

뉴질랜드의 교통수단 중에서 가장 많은 사람들이 이용하고 가장 많은 노선을 보유하고 있는 것이 바로 장거리 버스다. 국내 주요 도시나 관광지 사이를 촘촘히 연결하며, 기차나 비행기가 닿지 않는 곳까지 구석구석 여행자의 발이 되어 주기 때문이다.

1 뉴질랜드 국대, 인터시티 버스 InterCity Bus

인터시티 InterCity는 뉴질랜드에서 가장 큰 버스 회사다. 뉴질랜드 국철을 전신으로 하고 있으며, 현재는 민영화되어 남북섬의 주요 도시를 중심으로 버스를 운행한다. 자사 버스뿐 아니라 지역별 로컬 버스까지 제휴해 거미줄 같은 노선을 자랑한다. 최근에는 양대 산맥을 이루던 뉴먼스 코치 라인 Newmans Coach Lines을 인수해 하나의 시스템으로 노선을 운영하고 있다. 장기 여행을 계획한다면 인터시티 버스를 자유롭게 이용할 수 있는 트래블 패스를 구입하는 것이 유리한데, 여행에 앞서 인터넷으로 미리 확인하거나 구입해두는 것이 좋다. 버스 터미널이나 관광안내소에서 인터시티 버스와 뉴먼스 코치 라인의 버스 노선도·시각표를 무료로 받아볼 수 있다.

인터시티 버스
☎ 09-913-6200(오클랜드), 07-348-0999(로토루아), 04-472-5111(웰링턴), 03-379-9020(크라이스트처치), 03-474-9600(더니든)
⌂ www.intercity.co.nz

인터시티 여행자 패스 InterCity Pass

뉴질랜드를 여행하는 개별 여행자들이 가장 많이 선택하는 것이 바로 인터시티 트래블 패스다. 전국을 거미줄처럼 연결하고 있는 인터시티·뉴먼스 코치 라인은 버스는 물론, 남북 섬을 잇는 페리와 비행기까지 제휴해 여행자의 편의를 돕는다.

여행자 패스의 종류는 크게 플렉시 패스 Flexi Pass와 트래블 패스 Travel Pass로 나뉜다. 플렉시 패스는 호주의 킬로미터 패스와 유사한 개념으로, 패스에 거리 대신 시간을 명시하고 있다. 즉 10시간에서 80시간까지 15종

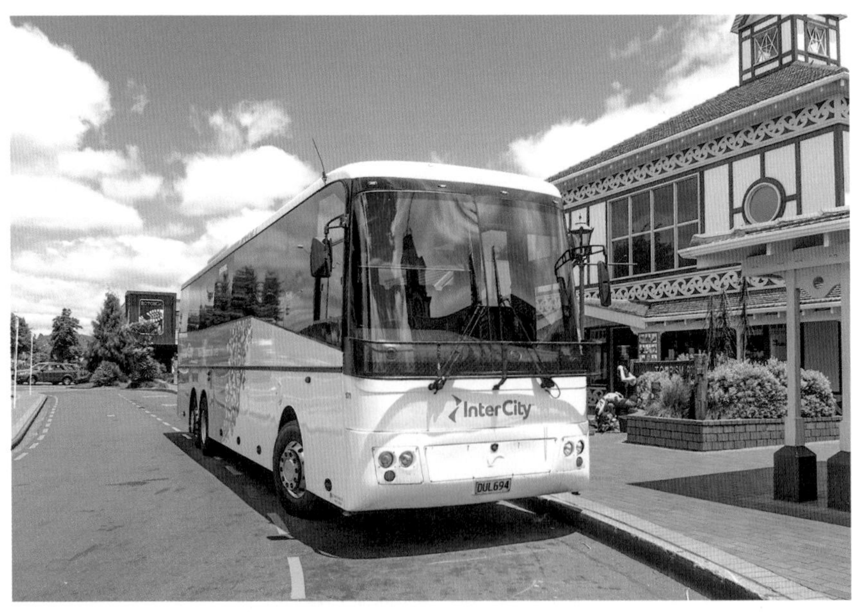

류의 시간을 선택할 수 있고, 자신이 구입한 패스만큼의 시간 동안 자유롭게 인터시티 버스를 이용할 수 있다. 추가 시간이 필요한 경우에는 패스를 추가로 선택해 구매하면 된다.
트래블 패스는 남북섬을 통틀어 6개의 루트가 있으며, 각각 해당되는 지역의 관광지와 교통을 묶어서 여행의 편의성을 높였다. 특히 남섬의 경우 기차와도 연계되어 일석이조의 여행을 만끽할 수 있다. 각 패스마다 보너스 투어를 선택할 수 있도록 되어 있고, 출발 도시나 여행 방향 등에 대해서도 조금씩 규정이 다르므로, 구입하기에 앞서 각 테마별 패스의 개별 내용을 미리 확인하는 것이 좋다. 또한 동일한 년도에도 성수기와 비수기 요금이 달라진다는 사실을 숙지할 것. 앞서 제시한 추천 스케줄(18p 참조)과 연동하여 여행 계획을 짜면 좋다.

☏ 0800-33-99-66
⌂ www.intercity.co.nz/bus-pass/travelpass

인터시티 노선도

구분	종류	요금
플렉시 패스	10시간	N$139
	15시간	N$169
	20시간	N$203
	25시간	N$239
	30시간	N$269
	35시간	N$314
	40시간	N$355
	45시간	N$395
	50시간	N$436
	55시간	N$477
	60시간	N$518
	65시간	N$559
	70시간	N$589
	75시간	N$610
	80시간	N$641

구분	종류	요금
트래블 패스	Bay Escape	N$209
	Alps Explorer	N$229
	West Coast Passport	N$125~199
	Natural North Island	N$145
	Sensational South Island	N$359
	Ultimate New Zealand	N$529

2 숨은 강호, 저렴한 요금의 로컬 버스들

뉴질랜드 각 지역 내에서는 중소 버스 회사들의 운행이 매우 활발하다. 대개 미니버스나 밴을 이용하며 메이저 버스보다 요금도 저렴하다. 각 도시의 관광안내소에 비치되어 있는 팸플릿을 참조하면 경제적인 여행이 가능하다. 가장 대표적인 회사로는 남섬에서 운행하는 Atomic Shuttle을 들 수 있다. 이 회사는 크라이스트처치~퀸스타운, 아서스 패스와 더니든 구간을 운행하며, 회사의 규모와 함께 점점 노선을 늘려가고 있다.

Atomic Shuttle
03-349-0697 www.atomictravel.co.nz

3 여행자의 발, 백패커스 버스

장거리 버스 회사들은 모두 주요 도시와 관광지 명소를 순회하는 루트를 운행하며 이용자는 각 루트마다 유효한 패스를 구입해 이용할 수 있다. 물론 일반 노선버스와 마찬가지로 구간마다 티켓을 사서 이용할 수도 있다.

키위 익스피리언스 Kiwi Experience

도시 사이를 운행하는 버스와는 달리 관광지 순회를 주 목적으로 하는 배낭여행 전용 버스. 키위 익스피리언스와 양대 산맥을 이루던 매직 버스를 인수한 이후 더 크고 강해졌다. 가장 오래된 관광버스 회사인 만큼 다양한 패스를 선보이고 있으며, 가장 넓은 지역을 커버한다. 교통 뿐 아니라 숙박과 액티비티 등을 연계한 다양한 상품을 판매한다.

Kiwi Experience
0800-364-286 www.kiwiexperience.com

스트레이 버스 Stray Bus

최근 배낭여행자들의 전폭적인 사랑을 받고 있는 스트레이 버스. 스트레이는 버스 기사의 캐릭터에 따라 여행의 재미가 좌우되는 독특한 시스템으로, 드라이버가 가이드의 역할을 하고 숙소 예약과 픽업까지 해준다. 승객들 간의 유대감도 강해져서, 취향에 맞으면 의외로 즐거운 여행이 되기도 하지만 비영어권 여행자들에게는 호불호가 나뉘는 것도 사실이다.

Stray Travel 09-526-2140 www.straytravel.com

장거리 버스 이용 방법

STEP 1

예약은 필수

노선버스는 모두 예약제다. 입석이 없기 때문에 정원 이상의 승객을 태우는 일은 절대 없다. 예약은 홈페이지 또는 버스 회사의 전용 데스크에서 할 수 있고 각지의 관광안내소, 여행사 등에서 티켓을 구입하면서 예약해도 된다. 특히 성수기인 12~3월에는 인기 있는 관광지를 연결하는 노선의 좌석을 잡기가 쉽지 않으므로, 2~3일 전에 미리 예약하는 것이 좋다. 일부 백패커스 버스들은 짐의 개수 당 비용을 지불하는 시스템도 있으니, 예약할 때 이 부분도 미리 확인하도록 한다.

STEP 2

할인 요금 확인하기

인터시티, 키위 익스피리언스 등의 대형 버스 회사에서는 다양한 할인 요금을 설정해놓고 있다. 가장 쉽게 이용할 수 있는 것은 백패커스 할인으로 YHA·BBH·VIP 등 각 조직의 회원증을 가지고 있으면 버스 티켓을 구입할 때 요금의 15%를 할인받을 수 있다. 특정 기간에 한해서 판매하는 세이버 요금(25% 할인)도 있다.

STEP 3

트래블 패스 이용하기

개별 구간의 요금들보다 패스로 구입할 때 요금이 훨씬 저렴해진다. 각 회사의 홈페이지에 들어가서 원하는 방향의 패스 요금과 옵션을 비교한 후 구입하도록 한다.

STEP 4

버스 타기

대도시의 경우 장거리 버스의 출발·도착 장소는 전용 터미널이지만, 중소 도시에는 관광안내소나 일반 상점, 주유소 등에 업무를 위탁하는 곳도 많다. 따라서 미리 정류장을 확인해놓는 것도 뉴질랜드 여행의 요령. 버스 승차장에는 출발 시각 15분 전까지 도착해야 하며, 카운터에서 라벨을 받아 행선지와 이름을 적은 후 짐에 붙인다.

기차
TRAIN

뉴질랜드의 기차 노선은 통틀어 세 종류. 그나마 노선이 점점 축소되고 있는 추세다. 그 옛날 전국을 누비던 철도 대부분은 폐지되었거나 화물 전용으로 바뀌어서 현재 여객 운송노선은 손에 꼽을 정도다. 아주 최근에도 북섬의 오클랜드에서 로토루아·타우랑가·네이피어로 가는 열차가 운행을 중지했으며, 남섬의 크라이스트처치~인버카길 구간의 장거리 열차도 더 이상 운행하지 않는다.

그러나 노선 수가 적은 대신, 뉴질랜드의 철도는 점점 고급화되고 있다. 기차가 단순히 교통수단뿐 아니라 하나의 관광 자원으로 승화되고 있는 것. 대표적인 예가 트랜츠 알파인으로, 전망 차량의 도입과 서비스 개선 등 여러 가지 서비스를 업그레이드하고 있다. 창밖으로 펼쳐지는 뉴질랜드 전원의 목가적인 풍경 그리고 원시림을 통과하는 특별한 경험. 뉴질랜드에서는 낭만 가득한 기차 여행을 한번 체험해보자.

The Great Journeys of New Zealand 0800-801-070 www.greatjourneysofnz.co.nz

기차의 종류

북섬에서 유일하게 남은 기차는 노던 익스플로러 Northern Explorer. 한편 남섬에서는 동해안을 지나는 코스탈 퍼시픽 The Coastal Pacific과 동서를 횡단하는 트랜츠 알파인 The Tranz Alpine 두 종류가 운행된다.

북섬 North Island

노던 익스플로러
Northern Explorer

오클랜드 → 웰링턴

오클랜드
웰링턴

북섬을 종단하는 총길이 685㎞의 장거리 열차. 통가리로 국립공원을 지나는 내셔널 파크 역 근처에서는 기차가 큰 원을 그리며 올라가는데, 이때 차창 밖으로 웅대한 경관을 조망할 수 있다. 또 반딧불이로 유명한 와이토모 동굴 근처의 오토로항아 역도 경유한다. 월, 목, 토요일 오전 7시 45분에 오클랜드 역에서 출발한 열차가 오후 6시 25분 웰링턴 역에 도착한다.

남섬 South Island

코스탈 퍼시픽
The Coastal Pacific

픽턴 → 크라이스트처치

픽턴
크라이스트처치

남섬의 동해안에 자리잡고 있는 픽턴~크라이스트처치 구간을 5시간 30분 만에 연결한다. 고래 관찰의 명소로 알려진 카이코우라는 이 구간의 중간에 있으며, 크라이스트처치에서는 기차를 이용한 고래 관찰 투어도 활성화되어 있다. 픽턴에서 출발·도착하는 시각은 남북섬을 오가는 페리 시간에 맞게 설정되어 있다.

트랜츠 알파인
The Tranz Alpine

크라이스트처치 → 그레이마우스

편도 약 4시간 50분 소요. 이름 그대로 서던 알프스를 횡단하는 열차로, 차창 밖으로 펼쳐지는 산악 풍경이 장관이다. 뉴질랜드의 열차 가운데 최고의 인기를 누리며, 세계의 대표적인 기차 여행 코스에도 빠지지 않고 뽑힐 만큼 지명도가 높다.

정상 부분에 있는 아서스 패스는 산악 트레킹의 거점으로도 유명하다. 크라이스트처치에서 폭스 빙하, 프란츠 요셉 빙하, 웨스트코스트 방면으로 가는 이동 수단으로도 편리하다.

매일 오전 8시 15분에 크라이스트처치 역에서 출발한 열차가 오후 1시 5분에 그레이마우스 역에 도착한다.

©greatjourney

기차 이용 방법

STEP 1

예약은 필수

기차는 좀처럼 붐비지 않지만 모두 지정석으로 운행되므로, 미리 예약을 해두어야 한다. 여름철 성수기에는 2~3일 전까지 예약해두는 것이 좋다. 그레이트 저니 홈페이지나 여행사, 그리고 전국 각지의 관광안내소에서 예약과 티켓 구입이 가능하다.

STEP 2

탑승 시간은 꼭 지킬 것

기차를 타려면 출발시각 20분 전까지 역에 도착해야 한다. 역에는 따로 개찰구가 없어서 플랫폼으로 자유롭게 드나들 수 있는 구조. 슈트케이스나 배낭 같은 큰 짐은 화물칸에 실어야 하므로, 역 카운터에서 체크인한다. 흔하지는 않지만, 예약한 승객이 모두 탑승하면 출발 시각보다 일찍 출발하는 경우도 있으니 주의한다. 출발과 동시에 차장이 티켓 검사를 하고, 음료수와 간식 등을 서비스로 제공한다.

STEP 3

다양한 할인 요금을 확인할 것

기차 요금에는 몇 가지 할인 제도가 있는데, 가장 간단하게 이용할 수 있고 할인율도 높은 것이 유스호스텔 회원 할인이다. 열차 티켓을 구입할 때 YHA 회원증을 제시하면 20%가 할인된다. 또 세이버(30% 할인), 슈퍼 세이버(50% 할인) 할인도 있는데, 성수기 이외의 시기에 좌석수를 한정해서 판매하고 환불 등에는 조건이 붙는다. 기차와 페리(웰링턴~픽턴 구간)를 연계해서 이용할 때도 할인 요금이 설정된 구간이 있으니 미리 확인한다.

비행기
AIRPLANE

남섬과 북섬으로 나뉘어 있고 관광지가 전 국토에 걸쳐 고르게 분포해 있는 뉴질랜드에서는 경제적으로 여유가 있다면 비행기를 이용해 효율적으로 둘러보면 좋다. 시간이 절약될 뿐 아니라 하늘에서 바라보는 아름다운 뉴질랜드의 풍경 또한 잊지 못할 추억이 된다.

뉴질랜드의 항공사

뉴질랜드의 주요 항공사는 국적기인 에어뉴질랜드와 호주 국적의 콴타스 항공이다. 이 두 메이저 항공사는 국제선과 국내선 노선을 함께 운항하며, 아시아 각 나라와 뉴질랜드를 연결하는 구실도 하고 있다. 한편 국내선만 운항하는 저가항공사로 제트스타도 두각을 나타내고 있다. 국내선 티켓은 여행사나 항공사 오픈 매장에서 구입할 수 있지만, 인터넷을 통한 예매가 더 일반화되어 있다.

인터넷 예매의 장점은 실시간 변하는 항공요금에 민첩하게 대응할 수 있다는 것. 몇몇 항공사는 일반 요금보다 저렴한 인터넷 예약 요금을 따로 정해두고 있어서 이를 이용하면 저렴하게 여행할 수 있다. 국내선은 예약 재확인이 필수사항은 아니지만, 만약을 위해서 하루 전 출발 시각과 좌석 상황 정도는 전화 또는 홈페이지를 통해 확인하는 것이 좋다.

에어뉴질랜드 Air New Zealand

뉴질랜드 국적기로, 국제선은 물론 국내선도 가장 많은 노선을 가지고 있다. 이글 에어웨이스, 마운트 쿡 항공, 에어 넬슨 등의 로컬 항공과 제휴하여 국토 전역을 거미줄처럼 연결하고 있다.

0800-737-000 www.airnz.co.nz

콴타스 항공 Qantas

호주의 대표적인 항공사. 호주 국내는 물론 전 세계 125개 이상의 도시에 취항하는 거대 항공사다. 호주와 뉴질랜드를 연결하는 국제선과 함께 뉴질랜드 국내의 주요 도시들에서도 운항되고 있다. 오클랜드·웰링턴·로토루아·크라이스트처치·퀸스타운 5개 도시 취항.

☏ 0800-737-000 ⌂ www.qantas.co.nz

제트스타 에어 Jetstar Air

뉴질랜드 대표 도시들을 연결하는 저가형 항공사. 인터넷 예매를 하면 항공권을 더 저렴하게 구입할 수 있다. 단, 항공권의 등급에 따라 짐의 무게도 정해진다. 저렴한 티켓의 경우 짐에 대해서 추가 요금을 내야 하니, 미리 확인하도록 한다.

☏ 0800-800-995 ⌂ www.jetstar.com

REAL TIP 항공권은 미리 구입할수록 저렴하다

출발 전에 이미 뉴질랜드 국내선 비행이 확정되었다면, 국제선 티켓을 구입하면서 국내선 티켓까지 일괄 구입하는 것이 가장 편리하고 확실하게 할인 요금을 적용받을 수 있는 방법이다.
이는 에어뉴질랜드와 콴타스 항공 모두 뉴질랜드 국외에서 판매하는 티켓에 Visit New Zealand Fare라는 할인 요금을 설정해놓고 있기 때문이다. 예를 들어, 10월 1일~4월 30일에 이용할 경우에는 15%, 5월 1일~9월 30일에는 25%를 할인하는 등의 규정이 적용되는 것. 여행사를 통해서 항공권을 구입하면 바로 이 할인 요금으로 발권된다.
이용 구간은 발권할 때 정해야 하는데, 날짜나 편명은 발권 후에 변경할 수 있으며 오픈티켓도 가능하다. 이 경우에는 여행 중 스케줄이 확정된 단계에서 현지 항공사 사무실에 전화하거나 대리점 등을 방문해서 예약 수속을 밟으면 된다.

현지 전문가의 도움을 받는 것도 좋다

한편, 장기 여행인 경우에는 여행 일정이 유동적이므로 뉴질랜드 현지의 여행사나 항공사·관광안내소 등에 의뢰하는 것이 편리하다. 최근에는 인터넷을 통한 예약도 일반화되어 영어에 자신 없는 사람도 약간의 도움만 받으면 쉽게 티켓을 예매할 수 있다.
티켓 예매 후에는 E 티켓을 출력해서 보관하거나, 스마트폰 등에 화면을 저장해두는 것이 좋다.

국내선 타는 방법

국내선을 이용하는 방법은 한국과 크게 다르지 않다. 탑승 시간 1시간 전에 공항에 도착해서 탑승권을 받고 대기하면 된다. 오클랜드·크라이스트처치 같은 대도시 외에는 공항 규모도 작기 때문에 헤매지 않을까 하는 염려도 기우에 불과하다.

STEP 1

체크인

해당 항공사의 카운터에 가서 E 티켓이나 항공권을 제시하고 탑승권 Boarding Pass를 받는다. 동시에 큰 짐은 'Baggege Drop'이라고 표시된 곳에서 무게를 체크한 후 컨베이어 벨트에 실어 보낸다. 국제선이 아니므로, 이미그레이션 통과 절차는 생략. 전화 예약 등으로 인해 항공권을 출력하지 못했을 때는 먼저 'Ticket Purchase(항공권 구입)'이라고 쓰여 있는 카운터로 간다. 수속 대기 줄이 길거나 부칠 짐이 없을 때는 자동 수속 기계를 이용하면 더 빨리 탑승권을 받을 수 있다.

STEP 2

탑승

체크인이 끝나면 탑승 게이트로 간다. 보팅 패스에 탑승 게이트 번호가 표기되어 있지만, 수시로 변할 수 있으니 로비에 있는 TV 모니터로 최종 확인한다.

STEP 3

짐 찾기

대부분의 국내선 공항들은 규모가 아담해서 한 두 개의 컨베이어 벨트에 짐들이 돌아 나온다. 도착 후 'Baggage Claim' 또는 'Baggage Pick Up'이라고 표시된 곳으로 가서 출발지에서 부친 짐을 찾기만 하면 된다.

렌터카 RENT-A-CAR

뉴질랜드에서는 렌터카 여행에 한번 도전해 볼 만하다. 일정에 여유가 있거나 일행이 있을 경우, 스스로 운전대를 잡고 때 묻지 않은 대자연을 만끽해보는 것도 특별한 추억이 될 테니까. 최근에는 아예 중고차를 구입해서 여행을 끝낸 뒤에 되파는 여행자들도 늘어나고 있다. 구입가의 약 50~70%를 받고 처분할 경우 버스 여행보다 비용이 훨씬 절감되는 효과가 있다. 좀 더 예산을 절약하기 위해서 구입한 중고차를 여러 명이 함께 리프트 오퍼 Lift Offer를 하는 것도 한 방법. 마치 '카풀'처럼 일행을 구해서 기름 값이라도 아껴보자는 취지다. 백패커스 숙소의 게시판에는 리프트 오퍼를 구하는 광고가 많이 붙어 있는데, 스케줄과 동선, 경제적인 분배 등을 잘 확인한 뒤에 응하는 것이 좋다. 특히 언어가 다른 외국인과 동행할 경우에는 편안하고 안전한 여행이 될 것인지 꼼꼼히 살펴보는 것도 중요하다.

렌터카 빌릴 때 필요한 것

1. 국제운전면허증과 여권·신용카드

국제운전면허증과 여권은 신분 확인용이고, 신용카드는 보증금과 렌트 비용을 지불하기 위한 수단이다. 렌터카 회사에서는 만일의 사고에 대비해 일정액의 보증금을 요구하는데, 비용은 N$1000 정도. 이 돈은 매출전표에만 기록될 뿐 차량을 반납할 때 취소 처리가 되므로 실제 금액이 사용되는 것은 아니다.

2. 만 21세 이상 운전자

운전은 21세 이상 운전자만 가능하다. 만약 사고가 났을 경우 기입되지 않은 운전자는 보험 처리를 받을 수 없으므로 계약서를 작성할 때는 운전할 사람 이름을 다 기입하는 것이 좋다. 차는 기름이 가득 채워진 채로 렌트되며, 반납할 때 역시 가득 채워서 반납해야 한다. 규모가 큰 렌터카 회사들은 사무실 옆에 따로 주유소를 두고 있는데, 기름을 넣지 않고 반납할 경우 시중보다 조금 비싼 가격에 이를 이용해야 하며, 보증금에서 주유비를 제외하고 돌려준다.

렌터카 운전 시 주의할 것

1. 가격이 쌀수록 꼼꼼히 점검

렌터카를 빌릴 때는 여러 가지 요소를 잘 확인해야 한다. 가장 중요한 것은 가격이겠지만, 무조건 값이 싸다고 선택했다가는 낭패를 보는 수가 많다. 광고지에 씌어 있는 가격은 대개 최소 7일 이상을 빌렸을 경우 1일 요금을 표시한 것이고, 이때 보험료 등의 제반 비용을 제외한 순수 차량 요금일 경우가 많다. 따라서 렌트비가 저렴한 회사일수록 하루 보험료가 얼마나 추가되는지와 주행 거리 제한 여부 등을 미리 확인해야 한다.

가격이 저렴한 렌터카는 현지의 관광 안내책자나 배낭여행 잡지 등을 활용하면 쉽게 찾을 수 있고, Hertz, Avis, Thrifty, Budget 등의 메이저급 렌터카 회사는 도심과 공항마다 사무실을 두고 있다. 허츠 같은 메이저 회사의 경우 한국 사무소가 있으니 프로모션 등을 활용해서 미리 예약하는 것이 편리하고, 로컬 회사의 경우는 현지에 도착해서 가격과 그 밖의 여러 조건을 확인하고 선택하는 것이 가장 좋다.

요금은 차종과 연식, 대여 기간에 따라 달라진다. 1500cc급 오토매틱의 경우 최소 1일 N$40에서 최대 N$95 정도면 추가 요금 없이 대여할 수 있다. 로컬 렌터카의 장점이 저렴한 가격이라면, 메이저급 렌터카의 장점은 비싼 대신 전국이 지점망으로 연결된다는 것. 즉 오클랜드에서 빌린 차량을 크라이스트처치에서 반납할 수 있는 등, 예약과 인도·반납이 온라인으로 연결되어 무척 편리하다.

REAL+

출발 전 반드시 읽어봐야 할 교통 법규

뉴질랜드는 운전대가 한국과 반대 방향에 달려 있다. 따라서 영국과 일본에서 온 여행자들은 스스럼없이 렌터카를 이용하지만 미국이나 우리나라처럼 왼쪽 운전대에 익숙한 여행자들은 다소 낯선 것도 사실. 그러나 대도시를 제외하고는 차량 통행량이 적어서 실제로 운전하는 데 그리 힘이 들지는 않는다. 또 처음 몇 시간만 지나면 나름대로 반대 운전에 익숙해지는 것을 느낄 수 있다. 문제는 운전대만 반대가 아니라 차선도 반대고, 우회전과 좌회전도 반대라는 것이다. 또 '라운드 어바웃 Round About'이라는 교차로에서 지켜야 하는 교통 법규나 교통 표지판 등이 우리에게는 완전 낯설다는 것. 그럼, 하나하나 살펴보도록 하자.

처음 운전대를 잡았을 때 주의해야 할 점은, **역주행을 하지 않는 것**이다. 항상 오른쪽 차선을 염두에 두고 움직이면 실수를 줄일 수 있다.

두 번째는 방향지시등. 유럽 차는 대부분 방향지시등과 라이트가 한국과 같은 방향에 붙어 있지만, 일본 차의 경우는 반대로 붙어 있다(뉴질랜드에서 굴러다니는 차의 대다수는 일본 차다). 즉 운전대를 중심으로 오른쪽에 있던 방향지시등이 왼쪽에 붙어 있다는 말이다. 따라서 익숙해지기 전까지는 방향지시등을 켰는데 와이퍼가 움직이는 등, 무진장 정신없는 상황이 연출되기 마련이다.

자동차 내부 상황이 어느 정도 진정되면 이번에는 외부 상황에 맞닥뜨리게 된다. 가장 큰 문제는 교차로. 뉴질랜드에서는 이 회전교차로를 '라운드 어바웃 Round About'이라고 한다. 둥글게 돌아가는 형태로, 이곳에서 지켜야 할 두 가지는 **'무조건 정지'와 '무조건 오른쪽 차량 우선' 원칙**. 특히 '오른쪽 차량 우선 원칙'은 전반적인 도로 교통에도 적용된다. 일단 정지한 상태에서 오른쪽 차량이 먼저 진입한 다음 적절한 타이밍에 출발해야 한다. 교차로에서 벗어날 때도 몇 번째에서 나가는 지를 염두에 두고 미리 바깥 차선을 타야 한다.

이밖에 교통 표지판은 기본적인 영어 단어만 알아도 상황에 따라 이해할 수 있을 것이다. 이 중 **지켜야 할 것은 바닥이나 표지판에 씌어진 'Give Way' 표시와 속도 표시**. 'Give Way'는 '길을 내주라'는 말 그대로 '우선 멈춤'에 해당한다. 3초 정도 멈춰서 주위를 살핀 다음 출발하라는 뜻. 속도는 철저히 지키는 것이 좋다. 뉴질랜드에서는 **주거지가 나오면 속도를 무조건 시속 50㎞로 낮춰야 한다**. 이 점은 놀랄 만큼 철저하게 지켜지고 있으므로, 뉴질랜드에서는 뉴질랜드 법을 따를 것. 그 밖의 지역에서는 대부분 시속 100㎞까지 허용한다.

한편, 뉴질랜드에서 볼 수 있는 특이한 광경 중 하나는 바로 1차선 다리다. 왕복 차선이 다리에 이르러 1차선으로 줄어들게 되는데, 이는 대개 오래된 목조 다리 앞에서 볼 수 있다. 이때는 어느 한쪽에 **Give Way 표시가 되어 있으므로 이를 따라 맞은편 차량에 길을 양보하고 기다려야 한다**. 화살표에서 검은색으로 크게 표시된 방향에 우선권이 있다고 이해하면 되고, 표시가 없을 때는 상황에 따라 양보하면 된다.

2. 연료 공급은 셀프

자동차용 연료는 고급 유연, 보통 무연, 특급 무연으로 나뉘며, 판매 단위는 리터다. 요금은 리터당 N$1.5 안팎이며, 무연이 유연보다 리터당 2¢정도 저렴하다. 자율요금제를 적용하고 있어서 주유소마다 요금이 다르고, 시내보다 외곽이나 오지로 갈수록 조금 더 비싸진다.
연료 공급은 셀프 서비스가 기본이다. 일단 주유기 앞에 주차하고, Super·Diesel·Unleaded 중에서 하나를 선택한다. 가끔씩 Unleaded 91~93이라 표시된 것과 Unleaded 99라고 표시된 것 사이에서 갈등할 경우가 생길 것이다. 이는 휘발유에 포함된 옥탄가를 나타내는 것으로, 비용을 생각한다면 망설임 없이 전자를 선택하면 된다. 후자의 경우 고급 연료라고 생각하면 된다.
비용을 아낄 수 있는 팁으로는, 뉴월드 New World나 파캔세이브 Park'n Save 같은 대형 슈퍼마켓에서 물건을 사고 받는 영수증에 할인 쿠폰을 이용하는 것이다. 슈퍼마켓에서 운영하거나 지정된 주유소에서 주유 시 활용할 수 있는 것으로, 꽤 많은 비용이 절감된다. 주유소의 기계마다 조금씩 다르기는 하지만, 대체적인 주유 순서는 다음과 같다.

① 휘발유 종류 선택

② 주유 호스를 들고 주유

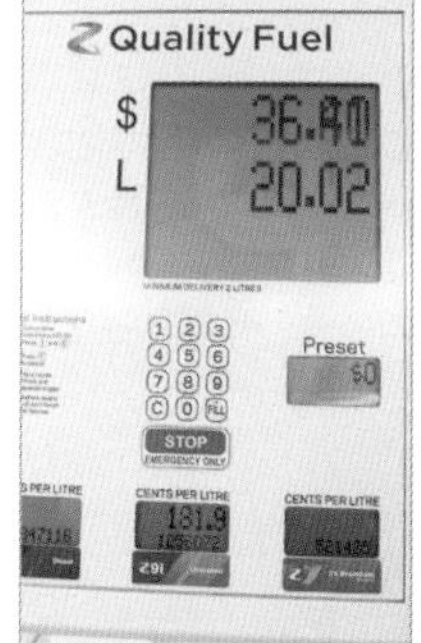

③ 주유 기계의 번호와 계기판에 표시된 금액 확인

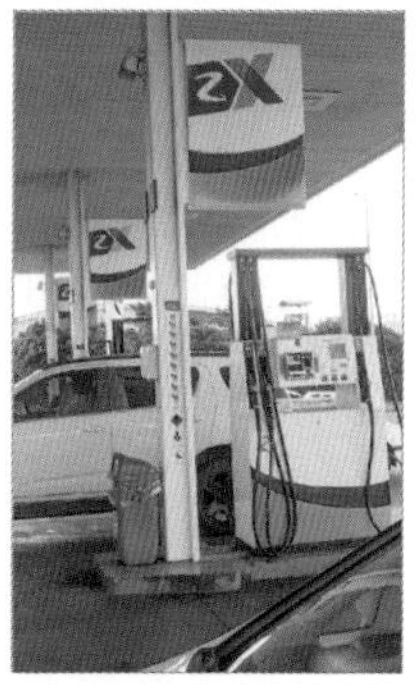

④ 카운터에 가서 결제

3. 하이웨이와 모터웨이 Highway & Motorway 구분

하이웨이라고 하면 고속도로를 연상하게 되는데, 영어의 Highway는 일반 도로를 가리킨다. 우리식으로 표현하자면 국도에 해당된다. 뉴질랜드는 전역에 스테이트 하이웨이 State Highway가 정비되어 있으며, 자동차 외에 자전거나 오토바이도 운행할 수 있다. 한편 모터웨이 Motorway는 자동차 전용 도로이며, 대도시 주변에만 있다. 제한 속도는 하이웨이와 같고 통행료는 대부분 무료지만 오클랜드 근교에는 하나 둘 유료 도로가 생겨나고 있는 추세다.

4. 뉴질랜드의 유료 도로에서 당황하지 말 것

모두 3군데 유료 도로가 있다. 오클랜드 북쪽의 Northern Gateway Toll과 타우랑가 주변의 Takitimu Drive(타우리코~시티센터), Eastern Link(파파모아 도메인~패잉가로아) 구간. 요금은 편도 N$1.80~2.50선이고, 유료 도로를 원치 않으면 우회 도로를 미리 확인해두는 것이 좋다.
통행료를 내는 방법은 한국의 하이패스처럼 선불 계좌 Account를 만들어 이용할 때마다 빠져나가는 방법이 있고, 도로 이용 중 휴게소에 들러 납부하는 방법이 있다. 첫 번째 방법은 여행자가 이용하기 어렵고, 두 번째 방법도 깜박하고 그냥 지나쳤다면 온라인으로 사후 납부하는 방법도 있다.
참고로 도로 위에 통행료 징수 부스나 통행권 같은 것이 없어서 순식간에 지나가니 미리 마음의 준비를 해둘 것. 렌터카의 경우 미리 디파짓 해둔 카드로 통행료가 빠져나가게 되지만, 5일이 지나면 연체료가 붙을 수 있으니 반납 시에 자진 납부하는 것이 좋다.

온라인 징수 사이트
www.nzta.govt.nz/roads-and-rail/toll-roads/

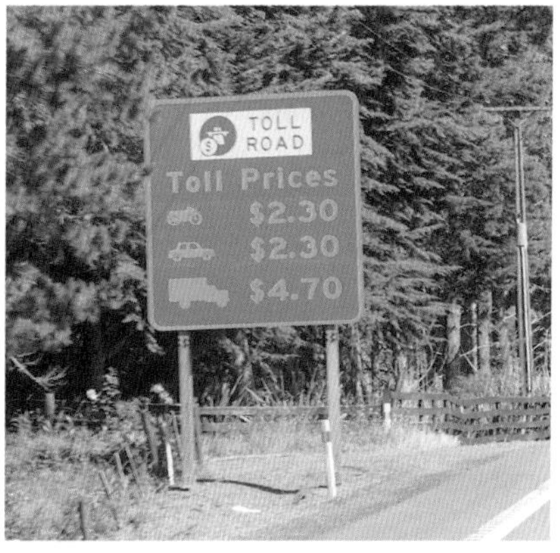

베스트 드라이빙 코스
BEST DRIVING COURSE

뉴질랜드 관광청에서 선정한 뉴질랜드 베스트 드라이빙 코스를 소개한다. 각각의 도로들은 바다, 산, 협곡, 지열지대, 생태 등의 주제를 가지고 여행할 수 있는 13개의 테마 코스들이다. 아름다운 만큼 치명적으로 위험한 도로들도 있으니, 코스 선택에 앞서 반드시 읽어볼 것을 권한다.

북섬 North Island

트윈 코스트 디스커버리 하이웨이
Twin Coast Discovery Highway
1번 도로

북섬의 노스랜드는 좁고 긴 지형의 끝으로, 최북단 케이프 레잉아에서 태즈만 해와 남태평양이 만나는 장관을 감상할 수 있다. 동해안에서는 아름다운 해안과 조용한 바닷가 마을의 경치를 감상할 수 있고, 서해안에서는 야생미 넘치는 해안과 거대한 카우리 숲을 만날 수 있다. 베이 오브 아일랜드, 케이프 레잉아, 90마일 비치 등의 관광지가 있다.

퍼시픽 코스트 하이웨이
Pacific Coast Highway
25번 도로 + 2번 도로 + 35번 도로

북섬의 동해안을 커버하는 코스로, 오클랜드에서 네이피어까지 연결된다. 코로만델의 원시적인 해안과 오래된 숲, 베이 오브 플렌티의 아늑한 농장들 그리고 이스트 케이프의 멋진 경치가 펼쳐진다.

지열지대 익스플로러
Thermal Explorer
1번 도로 + 5번 도로

와이카토의 풍요로운 농장 지대에서 와이토모 동굴의 지하 세계에 이르는 여행 경로. 화산대를 따라가는 여행은 다른 어떤 곳에서도 경험하지 못하는 경이로움으로 가득 차 있다. 로토루아와 타우포에서는 살아 있는 지구의 지열 활동을 눈 앞에서 감상할 수 있으며, 마오리 문화의 다양성도 경험할 수 있다. 여행의 끝은 호크스 베이의 해안에서 즐기는 달콤한 와인.

웨스턴 베이 하이웨이
Western Bays Highway
32번 도로

느긋한 여행을 즐길 수 있는 대안 루트로, 통가리로 국립공원의 화산에서 북섬의 도시에 이르는 고속도로. 하이드로 호수, 소나무 숲 그리고 와이카토 강 등의 자연이 펼쳐진다.

볼캐닉 루프
Volcanic Loop
1번 도로 + 32번 도로

세 군데 화산 지역인 통가리로·나우루호에·루아페후를 지나기 전에 타우포 호숫가를 지나가게 된다. 동쪽의 와이오우루 Waiouru로 가면 송어 낚시로 유명한 투랑이 Turangi 마을에 도착한다.

와인 트레일
Classic New Zealand Wine Trail
2번 도로

이 루트는 뉴질랜드 와인의 70%를 생산하는 지역인 호크스 베이 마틴보로 Martinborough 그리고 말보로 지역을 아우른다. 훌륭한 와인과 기억에 남을 와이너리에서의 숙박 그리고 풍부한 미각을 경험할 수 있는 관광 코스다.

케이프 레잉아
베이 오브 아일랜드
Russell
왕가레이
Dragaville
Warkworth
코로만델 반도
Whitianga
오클랜드
Thames
Whangamata
타우랑가
해밀턴
Whakatane
토코로아
로토루아
와이토모 동굴
타우포
기스본
Taumarunui
뉴플리마우스
투랑기
네이피어
헤이스팅스
왕가누이
Dannevirke
파머스톤 노스
Masterton
웰링턴

															왕가레이
														웰링턴	12시간 5분
													왕가누이	2시간 45분	9시간 50분
												와이토모	5시간 10분	7시간 10분	6시간
											템스	3시간 5분	6시간 55분	8시간 20분	5시간 40분
										타우랑가	2시간 5분	2시간 30분	5시간 5분	8시간	6시간 10분
									타우포	2시간 25분	3시간 10분	2시간 35분	3시간 5분	5시간 10분	6시간 55분
								로토루아	1시간 20분	1시간 30분	2시간 40분	2시간 45분	4시간 25분	6시간 30분	6시간 25분
							파머스톤 노스	4시간 55분	3시간 35분	6시간	6시간 45분	6시간 20분	1시간 10분	2시간 10분	10시간 30분
						파이히아	11시간 55분	7시간 50분	8시간 20분	7시간 35분	5시간 55분	7시간 25분	12시간 15분	13시간 30분	1시간 15분
					뉴플리마우스	10시간 35분	3시간 35분	5시간 35분	5시간 25분	5시간 40분	6시간 15분	3시간 30분	2시간 25분	5시간 10분	9시간 10분
				네이피어	6시간 15분	10시간 50분	2시간 40분	3시간 50분	2시간 30분	4시간 55분	5시간 40분	5시간 5분	3시간 50분	4시간 50분	9시간 25분
			카이타이아	12시간 35분	12시간 20분	2시간 15분	13시간 40분	9시간 35분	10시간 5분	9시간 20분	7시간 40분	9시간 10분	14시간	15시간 15분	3시간
		해밀턴	7시간 55분	4시간 40분	4시간 25분	6시간 10분	5시간 45분	1시간 40분	2시간 10분	1시간 55분	1시간 50분	1시간 15분	6시간 5분	7시간 30분	4시간 45분
	기스본	6시간 30분	1시간 20분	3시간 25분	10시간 25분	12시간 35분	6시간 5분	4시간 50분	5시간 25분	5시간	7시간 5분	7시간 30분	7시간 15분	8시간 15분	11시간 10분
오클랜드	8시간 20분	1시간 55분	8시간	6시간 35분	6시간 20분	4시간 15분	7시간 40분	3시간 35분	4시간 5분	3시간 20분	1시간 50분	3시간 10분	8시간	9시간 15분	3시간

남섬 South Island

트레저드 패스웨이 Treasured Pathway

6번 도로 + 60번 도로

말보로 사운드가 시작되는 픽턴에서 넬슨을 지나 골든 베이에 이르는 여행 경로. 아벨 타스만 국립공원과 말보로 사운드의 환상적인 자연이 펼쳐진다. 아름다운 바다와 포도농장, 하이킹 등을 온몸으로 체험할 수 있다.

인랜드 시닉 72루트 The Inland Scenic 72 Route

72번 도로

주도로를 벗어나 일탈을 경험하고 싶은 사람에게 적합한 루트. 노스 캔터베리의 앰벌리 Amberly에서 시작하는 도로는 72번 고속도로를 따라 마운트 헛 스키장을 지난다. 이어서 아름다운 마을 제랄딘 Geraldine이 나오며 주도로와 연결된 윈체스터 Winchester에서 끝난다.

알파인 퍼시픽 트라이앵글 Alpine Pacific Triangle

1번 도로 + 7번 도로

남섬의 대표적인 산악 지대인 핸머 스프링스와 아름다운 바다 카이코우라, 그리고 와인 산지로 유명한 와이파라 계곡을 연결하는 드라이빙 루트. 핸머 스프링스는 산악 지대로 지열이 특징이며, 카이코우라에서는 고래를 구경할 수 있다.

서던 시닉 루트 Southern Scenic Route

1번 도로 + 99번 도로 + 94번 도로

생태계의 보고 오타고 반도와 피오르드 지형인 밀포드 사운드를 연결하는 해안 도로. 완만한 U자 형태를 따라 남해안으로 내려갈수록 물개와 펭귄·바다사자 등이 서식하는 자연 생태계에 가까워진다. 뉴질랜드 최남단 도시 인버카길과 아름다운 호수 테 아나우도 지난다.

알파인 트래버스 Alpine Travers

73번 도로

크라이스트처치를 출발, 아서스 패스를 지나면 서해안까지 숨막힐 듯 멋진 풍경이 펼쳐진다. 동서 교통의 장애물이 되기도 했던 아서스 패스는 변화무쌍한 산세와 원시 그대로의 삼림이 보존되어 있는 곳. 서던 알프스 북쪽의 루이스 패스와 나란히 동서를 가르는 산악 드라이빙 루트다. 험준한 산을 넘어서면 카이코우라의 푸른 파도가 기다린다.

웨스트 코스트 투어링 루트 West Coast Touring Route

6번 도로

웨스트포트의 박물관과 물개의 집단 서식지를 포함하는 거칠고 매력적인 루트. 푸나카이키에 있는 팬케이크 록을 지나면 그레이 강 하구에 자리 잡은 도시 그레이마우스가 나온다. 이어서 예술마을 호키티카와 남쪽의 빙하 지대까지 연결되는데, 여기부터 사우스 웨스트의 세계자연유산 지역으로 진입할 수 있다.

남섬 유적지 탐방 루트 Southern Heritage Route

11번 도로 + 8번 도로

크라이스트처치에서 내륙으로 이어지는 헤리티지 루트. 가장 많은 사람들이 선택하는 이 루트는 테카포 호수와 마운트 쿡, 와나카, 퀸스타운 그리고 더니든까지 이어지는 대장정이다.

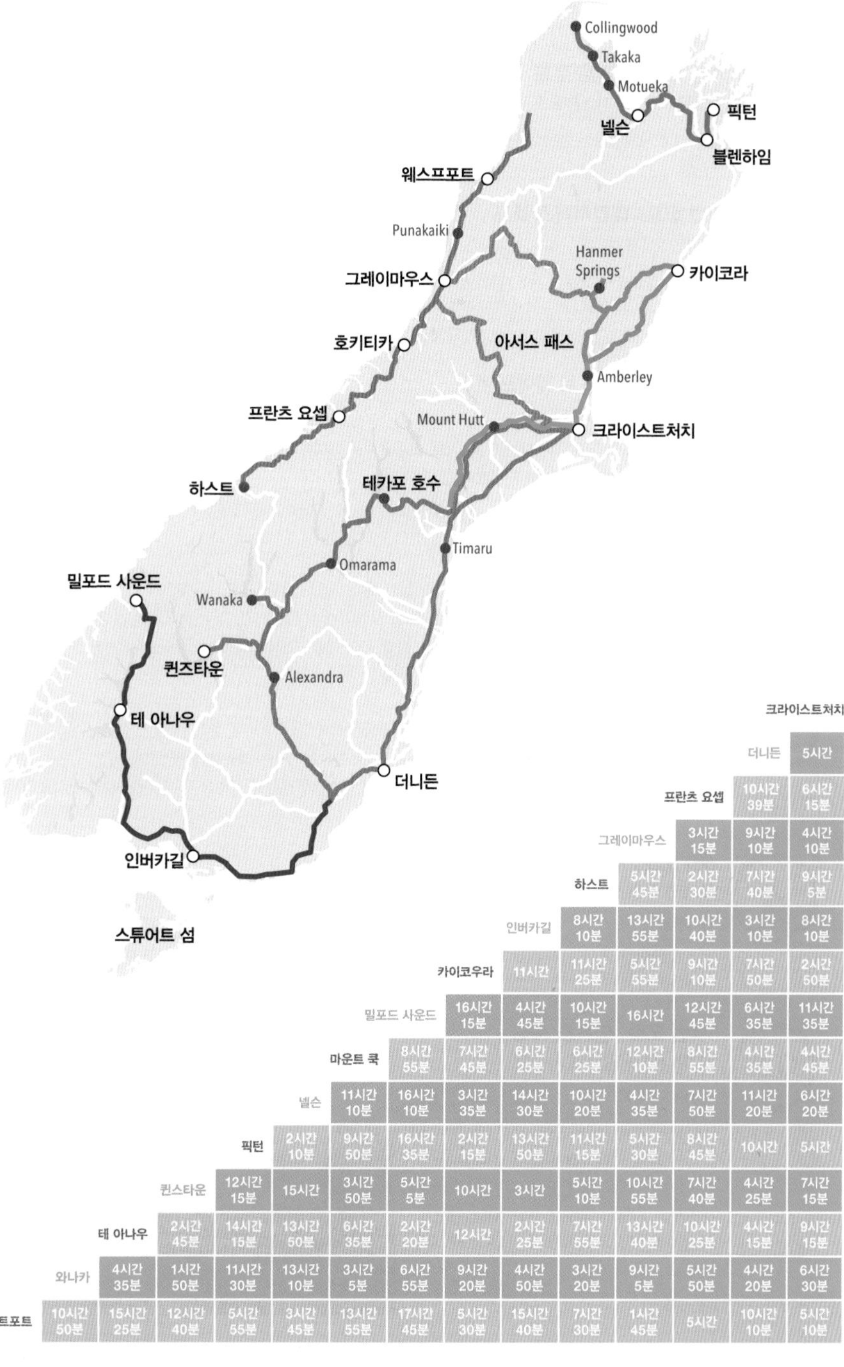

	와나카	테 아나우	퀸스타운	픽턴	넬슨	마운트 쿡	밀포드 사운드	카이코우라	인버카길	하스트	그레이마우스	프란츠 요셉	더니든	크라이스트처치
더니든														5시간
프란츠 요셉													10시간 39분	6시간 15분
그레이마우스												3시간 15분	9시간 10분	4시간 10분
하스트											5시간 45분	2시간 30분	7시간 40분	9시간 5분
인버카길										8시간 10분	13시간 55분	10시간 40분	3시간 10분	8시간 10분
카이코우라									11시간	11시간 25분	5시간 55분	9시간 10분	7시간 50분	2시간 50분
밀포드 사운드								16시간 15분	4시간 45분	10시간 15분	16시간	12시간 45분	6시간 35분	11시간 35분
마운트 쿡							8시간 55분	7시간 45분	6시간 25분	6시간 25분	12시간 10분	8시간 55분	4시간 35분	4시간 45분
넬슨						11시간 10분	16시간 10분	3시간 35분	14시간 30분	10시간 20분	4시간 35분	7시간 50분	11시간 20분	6시간 20분
픽턴					2시간 10분	9시간 50분	16시간 35분	2시간 15분	13시간 50분	11시간 15분	5시간 30분	8시간 45분	10시간	5시간
퀸스타운				12시간 15분	15시간	3시간 50분	5시간 5분	10시간	3시간	5시간 10분	10시간 55분	7시간 40분	4시간 25분	7시간 15분
테 아나우			2시간 45분	14시간 15분	13시간 50분	6시간 35분	2시간 20분	12시간	2시간 25분	7시간 55분	13시간 40분	10시간 25분	4시간 15분	9시간 15분
와나카		4시간 35분	1시간 50분	11시간 30분	13시간 10분	3시간 5분	6시간 55분	9시간 20분	4시간 50분	3시간 20분	9시간 5분	5시간 50분	4시간 20분	6시간 30분
웨스트포트	10시간 50분	15시간 25분	12시간 40분	5시간 55분	3시간 45분	13시간 55분	17시간 45분	5시간 30분	15시간 40분	7시간 30분	1시간 45분	5시간	10시간 10분	5시간 10분

REAL+

도로별 드라이빙 코스

앞서 살펴본 테마별 베스트 드라이빙 코스와 함께 지도 위에서 활용하기 편리한 도로 번호별 드라이빙 코스를 소개한다.

1

1번 도로: 데저트 로드
오클랜드 ~ 파머스톤노스

통가리로 국립공원 동쪽으로 산들이 이어지는데 산세가 매우 아름답다. 국립공원 서쪽의 47번 국도도 경치가 좋다.

2

2번 도로: 데인저러스 로드
웰링턴 ~ 다네비크

개인적으로는 뉴질랜드의 도로 가운데 가장 위험하고 스릴 넘치는 도로라 생각한다. 웰링턴을 벗어나자마자 이어지는 하이클리프 로드의 이정표를 무시하면 큰 코 다친다. 캠핑카는 진입이 불가할 정도의 높은 절벽 위에 굽이치는 도로가 이어지지만 이곳을 벗어나면 아름다운 풍경이 기다린다.

35

35번 도로: 이스트 케이프 로드
오포티키 ~ 기스본

이스트 케이프 반도를 일주하는 도로. 국토 최동단 힉스베이를 지나 기스본에 이르기까지 바다 풍경이 길게 이어지며, 교통량까지 적어서 저절로 힐링이 된다.

73

73번 도로: 아서스 패스
크라이스트처치 ~ 그레이마우스

크라이스트처치에서 그레이마우스에 이르는 남섬 횡단 도로. 기차 여행으로 잘 알려진 곳이지만 드라이브 코스로도 추천할 만하다. 1999년 이전에는 도로 사정이 좋지 않았지만, 이후 계곡을 잇는 거대한 다리가 완공되면서 운전하기가 예전보다는 수월해졌다. 동쪽, 스프링필드에서 포터스 패스에 걸친 산악 풍경도 멋있다.

8

8번 도로: 레이크 로드
테카포 ~ 푸카키 호수

2개의 아름다운 호수를 모두 품고 있는 도로. 이 도로에서 갈라지는 마운트 쿡 방면의 80번 도로는 설산과 호수를 배경으로 한, 우리가 상상하는 뉴질랜드의 전형적인 풍경을 간직하고 있다. 광고 촬영지로도 각광받는다.

6

6번 도로: 버라이어티 로드
와나카 ~ 허스트

와나카를 출발해서 와나카 호수, 하웨아 호수를 연결하는 2㎞ 남짓 짧은 도로지만, 호수와 숲, 바다로 이어지는 변화무쌍한 코스다. 마운트 아스파이어링 국립공원을 지나는 구간에서는 굽은 도로가 많으니 운전에 주의한다.

94

94번 도로: 밀포드 로드
테 아나우 ~ 밀포드 사운드

테 아나우에서 밀포드 사운드로 가는 유일한 포장 도로. 따라서 밀포드 사운드를 찾는 대부분의 남섬 여행자들이 거쳐 가는 도로이기도 하다. 초반에는 길게 이어지는 평지를 따라 목초지와 양떼가 그림처럼 펼쳐지고, 후반으로 들수록 피요르드 지형의 복잡다난한 자연이 모습을 드러낸다.

자전거
BIKE

최근에는 자전거로 뉴질랜드를 여행하는 사람이 많아졌다. 미세먼지로 찌든 폐에 지구에서 가장 맑은 공기를 마음껏 공급하며 뉴질랜드 구석구석을 누빌 수 있다는 것이 자전거 여행의 최대 장점. 잘 정비된 자전거 도로 위를, 귓불을 간지럽히는 바람과 아름다운 풍경에 취해 달리다보면 두 바퀴가 저절로 구르는 느낌이다. 스스로 시간을 조절할 수 있으며, 느긋하게 여행할 수 있다는 매력, 그리고 이 모든 풍경들을 흘려버리지 않고 천천히 음미할 수 있는 매력 속으로, 단 며칠이라도 달려가 보자.

자전거 운반하기

뉴질랜드에 자전거를 갖고 가려면 수하물로 체크인하는 것이 가장 일반적이다. 이코노미 클래스의 경우 무료로 체크인할 수 있는 수하물의 무게는 1인당 20kg. 자전거와 배낭의 무게를 합하면 약간 초과할 수 있지만, 짐이 아주 크지 않으면 초과 요금을 내지 않고도 통과할 수 있다. 조립식 자전거는 일반 가방에 넣고, 이때 쿠션 등을 이용해 파손되지 않게 한다. 또 상공에서는 기압이 내려가므로 타이어 공기는 빼놓는 것이 좋다. 공항 카운터에서 Fragile 라벨을 붙이면 일반 짐과 별도로 취급된다. 뉴질랜드 국내에서는 장거리 버스, 철도, 페리 등에도 자전거를 실을 수 있다. 단, 예약할 때 자전거가 있다고 미리 말하고 추가 요금을 내야 한다.

자전거 대여하기

뉴질랜드 사람들은 어릴 때부터 어른이 되어서까지 자전거를 일상적으로 탄다. 공원이나 주요 관광지에서는 어김없이 자전거 대여소가 있고, 지방의 도시들은 여행자들을 위해 관광안내소에서 자전거를 대여하는 곳도 많다. 한국에서부터 운반하기 여의치 않다면 현지에서 대여하는 것도 좋은 대안이다. 단, 뉴질랜드에서 자전거를 구입하는 것은 한국보다 훨씬 비싸므로 추천하지 않는다.

자전거 여행에서 주의할 점

뉴질랜드의 도로는 잘 정비되어 있지만, 자연을 그대로 보존하기 위해 터널과 다리를 적게 만들었기 때문에 오르막길과 내리막길이 많다. 시내를 제외하면 교통량이 적은 대신 대부분의 차량이 시속 100㎞ 이상 속도를 내기 때문에 주의해야 한다. 야간에는 도로가 매우 어두우므로 자전거 주행은 삼가고 반드시 해가 지기 전에 그날의 일정을 마치도록 한다.

교통 법규 준수는 기본

뉴질랜드 교통법에는 자전거와 자동차가 같은 이동 수단으로 간주한다. 당연히 교통수단에 해당되는 엄격한 법규가 적용된다. 시내에서는 차도로 통행해야하고, 좌우회전 시에도 자동차와 같이 해야 한다. 특히 우회전 할 때는 오른손을 들어 깜박이처럼 뒤차에게 신호를 보내줘야 한다. 또 대도시 주변의 자동차 전용도로, 모터웨이에서는 자전거를 탈 수 없다. 헬멧 착용은 의무! 위반하면 과태료를 낸다.

참고할 만한 가이드 북

《Pedallers' Paradise NZ Cycle Touring Guide Books》. 주요 노선의 거리와 도로 상황, 숙박시설, 자전거 대여점 등의 정보가 담겨 있다. 북섬과 남섬 편으로 나뉘어 있으며 관광안내소나 서점에서 구입할 수 있다.

캠핑카 CAMPER VAN

뉴질랜드를 여행하다 보면 캠핑카(현지에서는 캠퍼밴 Camper Van, 모터 홈 Motor Home이라고 한다)를 자주 보게 된다. 캠핑카는 차 뒤쪽에 침대·주방·샤워실 등의 주거 공간이 설치되어 있어서 따로 숙박업소와 레스토랑을 이용할 필요가 없다. 전국 각지에 캠핑카를 위한 홀리데이 파크가 잘 조성되어 있으므로, 그곳에 정차해놓고 전기와 식수 등을 공급받으면서 캠핑을 하는 것이 일반적인 여행 패턴이다.

캠핑카의 종류와 연식

잘 알려지지 않은 사실이지만, 뉴질랜드 캠핑카는 이름만으로도 연식을 알 수 있다. **마우이 Maui는 새차~2년 6개월 미만 차량을, 브리츠 Britz는 2년 6개월~5년 미만 차량을 의미하고, 마이티 Mighty는 5년 이상의 차량들로 구성되어 있다.** 따라서 이름에 따라 가격도 달라지고, 차량의 상태도 다르다. 성수기 때는 마이티 조차도 구하기가 어려워지지만, 가능하면 브리츠 이상의 등급을 권한다.

캠퍼밴은 2~3인용, 모터홈은 4~6인용을 말하기도 하지만, 보통은 혼용해서 쓰고 있다.

캠핑카의 설비와 홀리데이 파크 이용법

캠핑카에는 침대·주방(식기·조리 기구 포함)·식탁 등이 딸려 있고, 침구류와 우산, 야외 테이블과 접이식 의자, 연결용 전선, 청소 도구와 세제 등의 소품들까지 포함되어 있다. 2·4·6인용 타입이 일반적이며, 2인용은 샤워실이 딸린 것과 그렇지 않은 것으로 다시 나뉜다.

각지에 있는 홀리데이 파크에는 전기가 들어오는 공간 Power Site이 마련되어 있어서 차내로 전기를 끌어들여 조명이나 냉장고 등을 사용할 수 있다. 파크 이용 요금은 사이트 당 N$45~95.

캠핑카 안에도 화장실과 샤워 시설이 있지만, 파크의 공동 화장실과 주방·샤워실 등을 이용하면 더욱 쾌적한 여행을 할 수 있다. 추천할 만한 홀리데이 파크로는 'TOP 10 홀리데이 파크'와 'Kiwi 홀리데이 파크'가 대표적이며, 둘 중에서도 Top 10이 조금 더 시설이 좋은 편이다.

홀리데이 파크

- TOP 10 홀리데이 파크
  1800-121-010 www.top10.co.nz
- KIWI 홀리데이 파크
  0800-945-494 www.kiwiholidayparks.com

캠핑카 렌트하기

뉴질랜드에는 캠핑카를 전문으로 하는 렌터카 회사가 서너 군데 있다. 마우이와 브리츠, 마이티 캠퍼밴 등이 대표적인 회사인데, 성수기에는 예약이 밀려서 차량 확보하기가 쉽지 않다. 또한 성수기와 비수기의 요금은 차이가 크게 나므로, 미리 홈페이지 등을 방문해 요금을 확인하는 것이 좋다. 통상적으로 성수기는 12월1일~2월28일, 비수기는 5월1일~9월30일까지를 말하며, 그 사이 기간은 숄더 시즌이라 부르는 중수기에 해당된다.

영문 사이트를 이용하기가 부담스럽다면 캠핑카 대여 업무도 취급하는 한인 여행사를 이용하는 것도 좋은 방법이다. 예약에 앞서 편하게 물어볼 수 있고, 한국에서도 전화나 카톡 상담이 가능한 장점이 있다.

대여 기간은 최소 7일 이상은 되어야 하며, 기간이 길수록 할인 폭도 커진다. 이때 주의해야 할 점은 '하루'의 개념이다. 캠핑카 대여시의 하루는 24시간을 의미하는 것이 아니라, 말 그대로 하루를 의미한다. 즉 오후 5시에 차량을 픽업하면 멀리 가지도 못하고 하루를 그냥 버리는 셈이 되므로 가능하면 12시 전에 픽업할 것! 예약이나 차량 인수에 앞서 기어는 오토매틱인지 여부, 보험의 커버 범위, 캠핑카가 진입해서는 안 되는 도로의 번호, 캠핑카 내부의 기본 시설 등에 대해서도 꼼꼼히 물어보고 숙지한 후 운전하도록 한다.

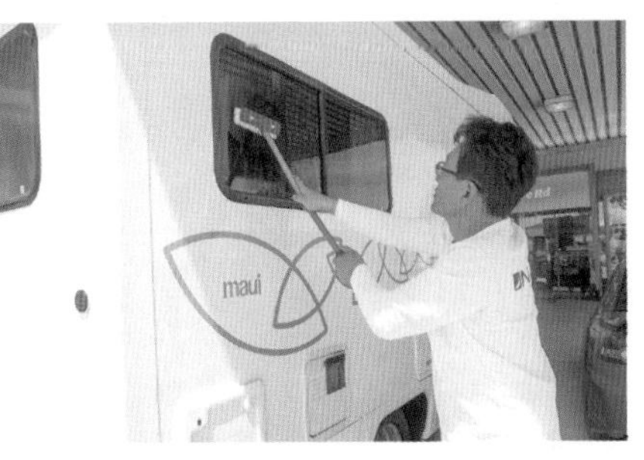

캠핑카 예약

- 마우이 ☏ 0800-651080 ⌂ www.maui-rentals.com
- 브리츠 ☏ 0800-831-900 ⌂ www.britz.com
- 마이티 캠퍼밴 ☏ 09-255-3985 ⌂ www.mightycampers.co.nz
- 뉴질랜드 투어 ☏ 09-307-1234(오클랜드), 070-8289-8959(서울) ⌂ www.nztour.co.nz

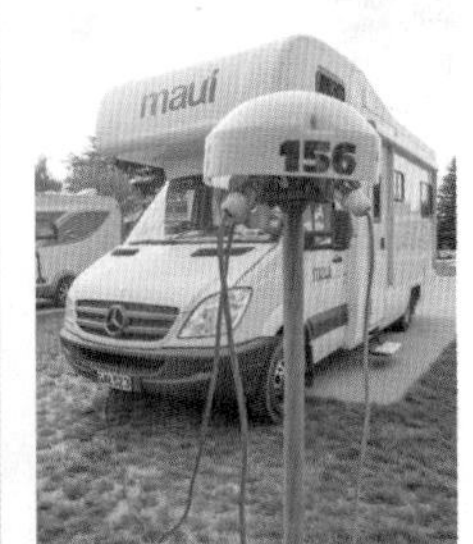

반드시 지켜야 할 것

① 흔히 캠핑카를 이용하면 어디서든 마음에 드는 곳에 주차하고 하룻밤 묵어갈 수 있을 거라 생각한다. 그러나 절대로, 네버, 해서는 안 되는 일이다. 뉴질랜드에서 캠핑카 노숙은 엄격하게 벌금을 물고 있는 위법 행위다. 홀리데이 파크나 오버나잇이 가능한 지정 주차장을 제외한 어떤 곳에서도 차를 세워놓고 밤을 새면 안 된다.

② 차량 인수 시에 나눠주는 서류를 눈여겨보면, 사고가 나도 보험처리가 안된다고 고지하고 있는 도로가 있다. 그 도로들은 차체가 높은 캠핑카로 운전하기에는 너무 굴곡지거나 경사가 심한 곳들이다. 사고율도 높다는 반증. 반드시 그 도로들은 피해야 한다.

REAL+

무료 캠핑장 이용 꿀팁!! WikiCamps NZ

전기와 수도가 넉넉하다면 매일 유료 홀리데이 파크를 들어갈 필요는 없다. 경비 절감 차원에서도 하루걸러 하루 정도는 무료 홀리데이 파크를 이용하는 것이 좋고, 또 무엇보다 무료 홀리데이 파크의 멋진 입지를 경험해 보는 것도 좋다. 무료 홀리데이 파크는 화장실과 오물을 버릴 수 있는 덤프 스테이션만 갖추고 있거나 그조차도 없는 경우도 있지만, 그 대신 바닷가나 호숫가 등 도심에서 떨어진 경치 좋은 곳에 자리하고 있다.

그럼, 어떻게 무료 홀리데이 파크 위치를 알 수 있을까? 바로 이 앱 하나면 된다. 뉴질랜드 전역의 숙박 시설과 주차장 등의 정보를 보여주는데, 유·무료 홀리데이 파크 위치는 물론이고 이용자들의 깨알 같은 후기까지 보여주니 시설을 미리 가늠할 수도 있다. 캠핑카 여행을 계획한다면, 무조건 이 WikiCamps NZ 앱 하나 깔고 들어갈 일이다.

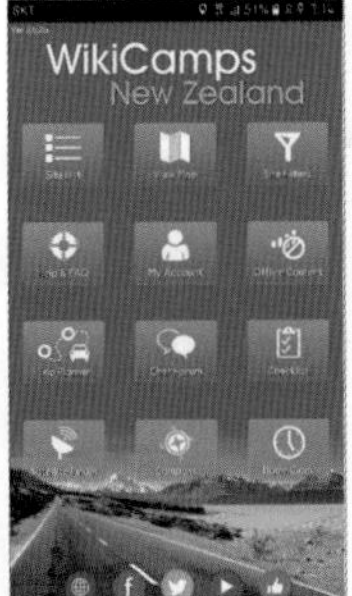

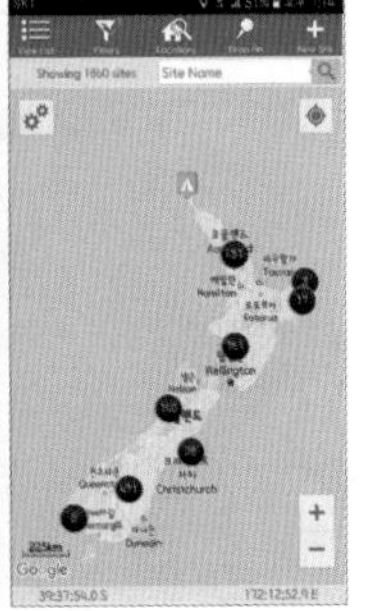

ATRIUM ON TAKUTAI
TED BAKER
Canon

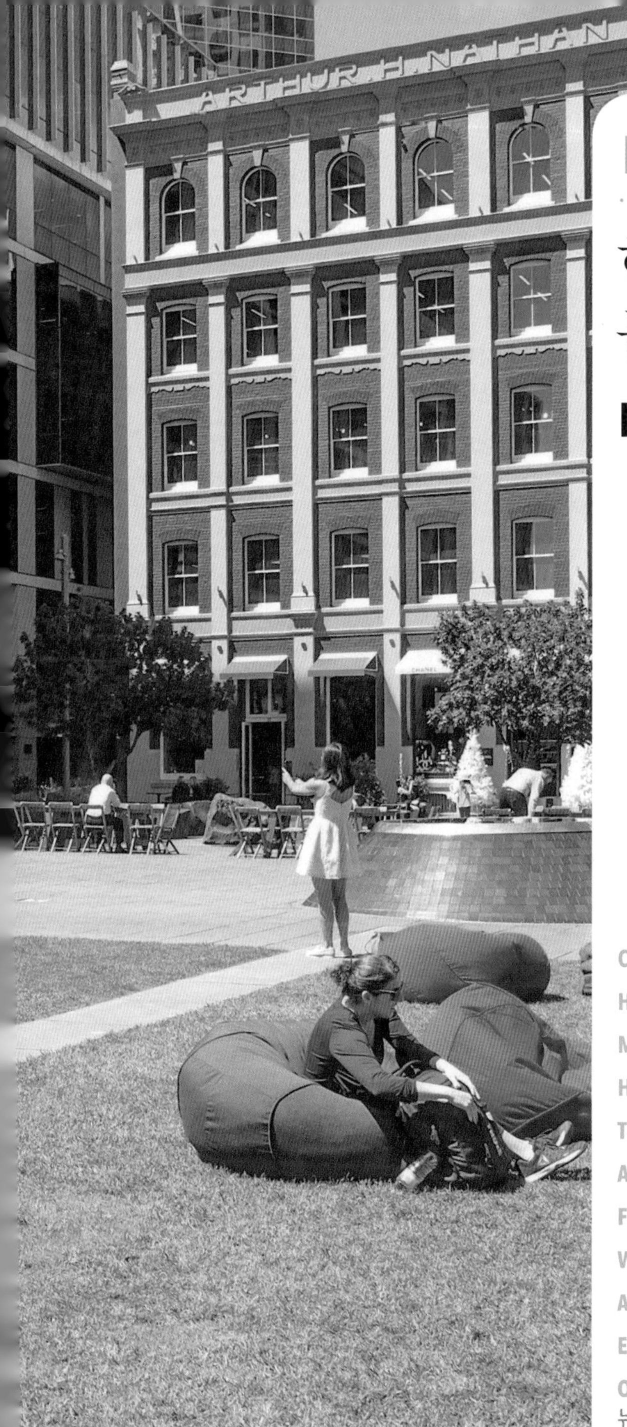

PART 02

한발 더 들어간 정보

NZ A to Z

CLIMATE

뉴질랜드의 기후

남반구에 있는 뉴질랜드는 한국과 계절이 반대다. 12~2월이 여름, 6~8월이 겨울에 해당한다. 즉 한국이 여름이면 뉴질랜드는 겨울이 되는 셈이다. 계절의 패턴뿐 아니라 여름과 겨울의 특성도 반대다. 뉴질랜드의 여름은 건조하고, 겨울은 습하다. 여름에는 비가 적게 오고 내내 맑은 데 비해, 겨울에는 비가 많고 습하다. 따라서 우리나라 여름처럼 끈적끈적한 더위도 없고, 바스러질 듯 건조한 겨울도 없다. 동쪽에서 떠오른 태양이 남쪽이 아닌 북쪽 하늘을 지나 서쪽으로 진다는 사실은 상식. 이런 이유로 뉴질랜드에서는 집을 고를 때 남향이 아닌 북향을 선호한다.

온화한 해양성 기후와 큰 일교차

뉴질랜드는 국토가 남북으로 길기 때문에 같은 계절이라도 위도에 따른 기후 차이가 꽤 크다. 남섬의 남부 지방으로 내려갈수록 기온이 낮아지고, 북쪽으로 갈수록 햇볕이 강하고 따뜻해진다. 주변이 바다로 둘러싸인 전형적인 '해양성 기후'로, 한서의 차가 적은 대신 하루 동안의 일교차는 몹시 심한 편이다.
흔히 '하루 중에 사계가 있다'는 말을 하는데, 실제로 뉴질랜드를 여행하다 보면 이 말을 실감하게 될 것이다. 민소매 옷을 입고 다니는 사람이 있는가 하면 한여름에도 가죽점퍼를 입고 다니는 사람도 있지만 아무도 이를 이상하게 여기지 않는다. 스웨터나 점퍼를 벗어서 허리에 매고 다니는 패션 스타일은 멋이 아니라 생활의 지혜에 가깝다. 여행자들 역시 뉴질랜드를 여행할 때는 가벼운 스웨터나 긴소매 옷을 준비하고, 겹쳐 입고 걸쳐 입는 레이어드 Layered 스타일에 익숙해져야 한다.

긴 일조 시간과 강한 자외선

뉴질랜드의 대부분 지역은 연중 일조 시간이 2000시간 이상으로, 햇볕이 잘 드는 편에 속한다. 일조량이 가장 많은 지역은 블렌하임과 넬슨 지역. 이들 지역은 연중 평균 일조 시간이 2350시간이나 된다. 베이 오브 플렌티와 네이피어 지역도 이에 못지않은 일조량을 자랑한다. 이렇게 일조량이 많은 지역에서는 전통적으로 질 좋은 와인과 과일이 생산되고 있다. 반면 사우스랜드와 오타고 반도 지역은 연중 평균 일조 시간이 1700시간으로 비교적 적은 편인데, 이들 도시 주변에는 구름이 머물러서 해를 가리는 지형적인 특징이 나타난다.
이처럼 지역에 따른 차이가 있기는 하지만, 전체적인 뉴질랜드 기후의 특징은 일조 시간이 길다는 것이다. 일조량이 많다는 것은 피부가 태양 아래 노출되는 시간이 길다는 것을 뜻한다. 그러므로 뉴질랜드 지역은 오존층이 약해 자외선이 다른 곳보다 더 강하다는 것을 염두에 두어야 한다. 항상 모자와 긴소매 셔츠를 준비하고, 수시로 자외선 차단제를 발라주는 것이 좋다.

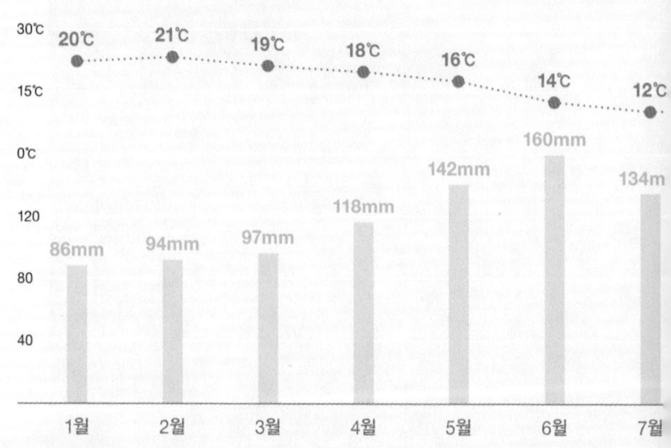

연중 꾸준한 강수량

뉴질랜드는 온대성 기후에 속한다. 뚜렷한 장마철이 있는 것은 아니지만 연중 비가 꾸준히 내려 농업이나 낙농업에 적합하다. 비가 적은 지역으로는 북섬의 포버티 베이 Poverty Bay, 호크스 베이 Hawke's Bay, 와이라라파 Wairarapa와 남섬의 센트럴 오타고 Central Otago를 들 수 있고, 비가 많은 지역으로는 밀포드 사운드를 들 수 있다. 나머지 대부분의 지역에서는 연간 700~1500㎜ 정도의 강수량을 보인다.
눈은 주로 높은 산에 내리는데, 남섬의 남쪽 끝에는 해안 도시에도 눈이 온다. 그러나 그 밖의 지역에서 눈을 볼 기회는 거의 없을 듯.

최고의 여행 시즌은 12월부터 3월까지

뉴질랜드 여행의 최적기는 여름이다. 여기서 여름이란 뉴질랜드의 여름을 말하므로, 우리나라로 치면 대략 12월부터 3월 사이의 겨울에 해당한다. 유럽이나 미국·한국 여행자들은 추운 겨울을 피해 남반구의 낙원 뉴질랜드를 찾고, 현지인들은 기나긴 크리스마스와 새해 연휴를 맞아 국내 여행을 떠난다.
이런 이유 때문에 각종 관광 시설이나 숙박 시설·교통 기관은 여름에 무척 분주해지며, 특히 유명 관광지에서는 여름에 숙소 잡기가 어려울 정도다. 또 관광 시설 중에는 여름에만 운영하고 겨울에는 폐쇄하는 곳도 있으니 미리 확인하도록 한다.

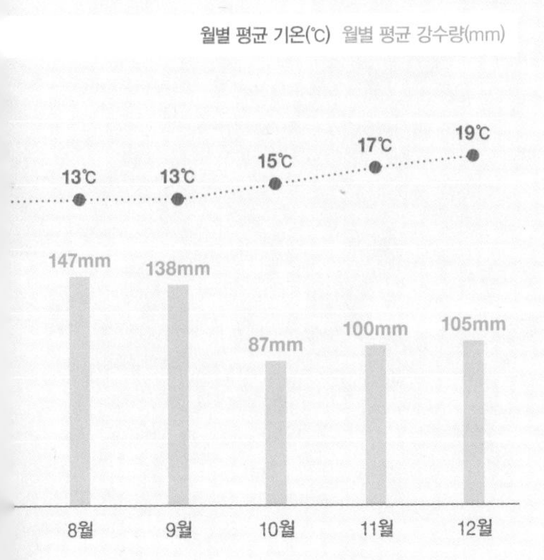

SUMMER
여름
12월~2월

건조하고 덥다.

반바지와 반소매나
소매 없는
셔츠+얇은 재킷

18~21℃

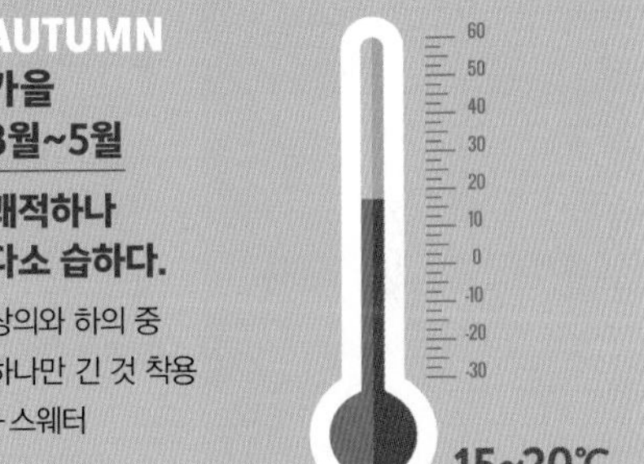

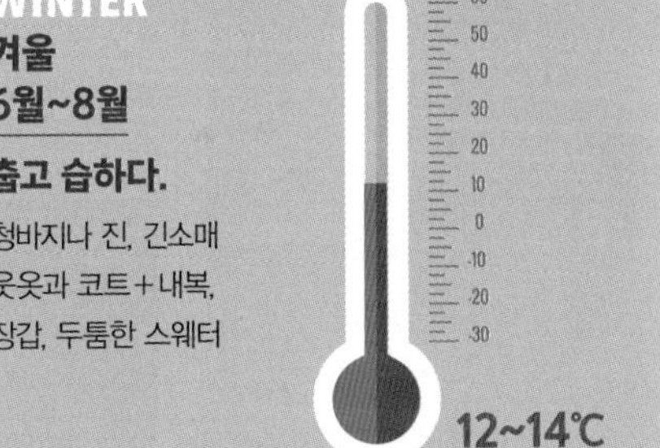

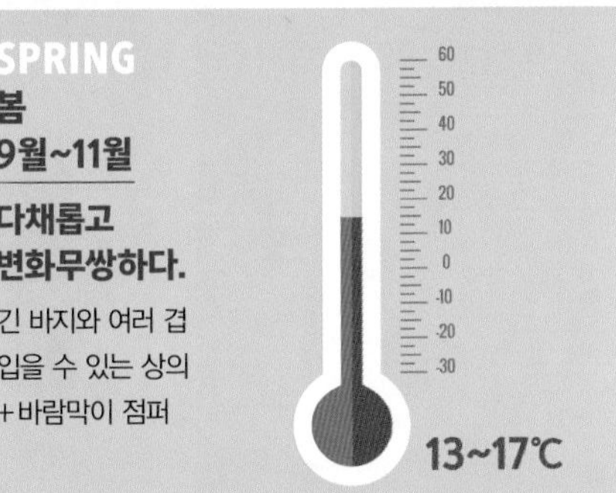

HISTORY

뉴질랜드의 역사

우리는 흔히 호주와 뉴질랜드를 신대륙이라 일컬으며 역사가 짧다고 생각하지만, 이런 시각은 서양인들의 역사관일지 모른다. 영국인들이 이 땅에 나라를 세우기 이전에 마오리라는 원주민들이 살고 있었지만 그 역사는 기록되지 못했다. 그러나 문자로 기록되지 못했다고 해서 그 시간마저 사라지는 것은 아니다. 비록 문자로 기록된 역사는 짧을지 모르지만, 일상의 몸짓과 리듬 속에 전해지는 전통만큼은 어느 나라보다 길게 이어지고 있으니 말이다.

희고 긴 구름의 나라

뉴질랜드에 인류가 최초로 발을 들여놓은 것은 지금부터 약 1000년 전, 남태평양 타히티 부근에서 카누를 타고 건너온 마오리족으로 알려져 있다. 마오리 말로 뉴질랜드는 '아오테아로아 Ao Tea Roa'라고 한다. 이는 희고 긴 구름이라는 뜻으로, 뉴질랜드를 처음 발견한 마오리 항해사 쿠페와 그 부인의 대화에서 유래했다고 한다.

마오리 구전에 따르면 폴리네시아 일대의 '하와이키'라고 전해진 섬에 쿠페라는 항해사가 살았다. 어느 날 그는 아내와 함께 남쪽으로 항해를 떠나게 되었다. 항해 도중 바다 건너 대륙을 발견한 쿠페가 육지를 발견했다고 외치자, 그의 아내가 자세히 들여다보더니 "저건 땅이 아니라 희고(Tea) 긴 (Roa) 구름(Ao)이에요"라고 말했다. 쿠페 일행이 '구름'에 도착해보니 그곳에는 낙원과 같이 아름다운 육지가 펼쳐져 있었고, 돌아간 쿠페 일행이 아오테아로아에 대한 이야기를 전했다고 한다. 세월이 흐른 뒤 그들의 후손들은 조상들이 전해준 낙원, 아오테아로아를 향해 남태평양 하와이키에서 뉴질랜드까지 대 항해를 시작했다.

마오리족은 별의 위치와 바람, 파도의 흐름을 보고 방향을 결정하는, 뛰어난 항해술을 바탕으로 거대한 카누를 타고 뉴질랜드로 이주했다. 당시 마오리는 철기를 사용하지는 못하지만 돌을 이용한 여러 가지 도구와 장신구를 만드는 세공 기술은 매우 뛰어났다. 그러나 유럽인과 접촉하기 전까지 문자가 없어서, 그들의 역사와 전통 기술 등은 구전으로만 전해 내려왔다.

아벨 타즈만과 유럽인의 이주

뉴질랜드에 상륙한 최초의 유럽인은 공식적으로 네덜란드의 탐험가 아벨 타스만이었다. 그는 뉴질랜드뿐 아니라 호주도 살펴보고 돌아갔는데, 이런 이유로 두 나라 사이의 바다를 타즈마니아 해라고 한다. 또 뉴질랜드라는 이름도 네덜란드 해안 지방 젤란드의 이름을 따 새로운 젤란드라는 뜻의 Novo Zeelandia 라고 부른 데서 유래한다. 그러나 아벨 타스만은 마오리족의 습격을 받아 끝

내 상륙을 포기한 채 돌아가야만 했다. 100여 년이 지난 1769년, 영국인 항해사 제임스 쿡이 6개월에 걸쳐 뉴질랜드 전역을 살펴본 뒤 정확한 해안 지도를 만들었다. 1790년경부터는 포경과 바다표범의 모피, 목재나 마 등의 자원을 얻기 위해 많은 유럽인들이 이주하기 시작했으며, 이후 유럽인과 마오리와의 교류가 활발해졌다. 마오리는 주로 돼지고기·감자 등의 식료품을 제공하는 대신 유럽인들에게서 망치와 낫 등의 철제품과 화약·모포 등을 받았다.

식민지와 와이탕이 조약

유럽인과 마오리족의 교류가 활발해지면서 뉴질랜드 이민을 사업화하려는 움직임이 일었다. 1838년 에드워드 웨이크필드는 런던에 뉴질랜드 회사 New Zealand Company를 설립, 본격적인 이민 사업을 시작했다. 이 사업을 전개하면서 영국 정부는 1840년 뉴질랜드 통치를 적극 추진했고, 윌리엄 홉슨 해군대좌에게 식민지화 시책을 명했다. 같은 해 2월 6일, 북섬 북부의 와이탕이에 모인 마오리 각 부족들의 협의 아래 조약을 맺었는데, 이것이 바로 뉴질랜드를 영국의 식민지로 정한 와이탕이 조약이다.

와이탕이 조약은 뉴질랜드의 주권은 영국 국왕에게 있으며, 마오리족의 토지 소유는 계속해서 인정하는 대신 토지 매각은 영국 정부만 할 수 있다는 것, 그리고 마오리는 영국 국민으로서의 권리를 인정받는다는 내용의 3개항으로 되어있다. 이 조약이 체결된 후 영국인의 이민은 더욱 활발해졌고, 1840년 최초의 이민이 시작된 지 불과 6년 만에 이민자의 수는 9000명에 달했다.

토지를 둘러싼 분쟁, 12년의 전쟁

와이탕이 조약을 맺은 후 1850년대 후반에는 영국인의 수가 마오리족의 수를 넘어서면서 토지 수요가 급증했다. 그러나 마오리족 대부분은 토지를 팔려고 하지 않았다. 특히 토지가 비옥하고 농사에 적합한 와이카토와 타라나키 지방에서는 토지를 매입하려는 영국인과 마오리족 사이에 대립이 격화되었으며, 마침내 영국인은 병력을 동원해서 토지를 강제로 매각했다. 이것이 화근이 되어 1860년 전쟁이 일어났으며, 이 전쟁은 북섬을 중심으로 12년이나 계속되었다. 결국 영국의 승리로 끝났지만….

세계 최초로 여성에게 참정권을 인정한 나라

19세기 후반 뉴질랜드는 철도와 통신망을 정비하기 시작하면서 국가로서의 모습을 갖추기 시작했다. 12년의 전쟁 기간 동안 남섬의 오타고 지역에서는 금광이 발견되어 인구의 유입이 급증했고, 반면 전쟁의 주 무대였던 북섬은 황폐화하고 있었다. 이에 영국 정부는 북섬에 치우쳐있는 오클랜드에서는 국토의 고른 통치가 불가능하다고 판단, 지리적으로 남섬과 북섬을 연결하는 위치에 있는 웰링턴으로 수도를 옮겼다. 이때부터 오클랜드는 경제적인 수도, 웰링턴은 행정적인 수도로 역할이 분담되었으며, 이는 지금까지 이어지고 있다.

웰링턴으로 수도를 옮기면서 뉴질랜드는 본격적인 정당정치 시대를 열게 되었다. 1890년에는 최초의 총선거가 실시되었으며, 사회 전반에 걸쳐 큰 변화를 맞이하게 된다. 세계 최초로 여성의 참정권을 인정하고, 토지 개혁과 연금법 개정 등이 통과되면서 안정된 정권 아래 경제는 호황을 누렸다. 인구도 증가해서 1890년대에 전국적으로 50만 명이던 인구가 1912년에는 100만 명으로 늘어났다.

무역과 FTA로 세계와 소통

수출 총액의 반 이상이 농·축산물이며, 석유와 공업 제품은 대부분 수입에 의존하고 있는 것이 현실이다. 우리나라와의 무역에서는 농·축산물 이외에 알루미늄 등의 비철금속과 어류·양모 등을 수출하고, 자동차·통신기기·철강 등을 수입하고 있다.

1962년 우리나라와 뉴질랜드 사이에 외교 관계를 맺은 이래, 1978년에는 상호무역협정을 체결했다. 2014년 11월 한국과 뉴질랜드의 FTA 협정 타결로 인해 향후 15년 내에 96.4%의 관세가 철폐되는 등 무역 교류가 더욱 활발해질 예정이다. 최근에는 뉴질랜드 정부의 이민개방 정책에 따라 우리나라 사람들의 뉴질랜드 이민도 꾸준히 늘고 있다.

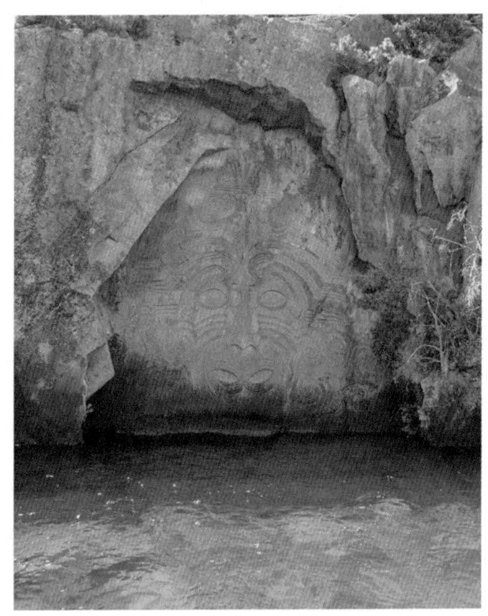

MAORI

뉴질랜드 원주민, 마오리

마오리는 뉴질랜드의 원주민이다. 지금부터 1,000년 전 뉴질랜드로 건너온 마오리는 유럽인들이 오기 전까지 이 땅의 주인이었다. 유럽인들의 이주가 시작되고 와이탕이 조약, 영국의 식민지, 전쟁 등을 거치면서 마오리는 이제 미개한 원주민이 아니라 뉴질랜드의 주인으로서 자신의 지위를 새롭게 다져가고 있다.

마오리와 파케하 Maori & Pakeha

마오리는 마오리 말로 '보통의' 또는 '평범한'이라는 뜻이다. 19세기 유럽인들이 들어오기 시작할 때 별다른 호칭을 찾지 못한 마오리는 '그저 평범한 보통의 사람들'이라는 뜻에서 자기 자신들에게 붙인 호칭이었다. 파케하는 '이방인'이라는 의미를 지닌 말로 유럽인들을 가리킨다.

뉴질랜드 환경에 적응한 초기 마오리 생활

마오리가 이룬 가장 큰 성과는 열대 지방에서 벗어나 온화한 지방의 생활에 적응한 것이다. 예를 들면 고구마의 일종인 쿠마라 Kumara를 가져와서 뉴질랜드에 맞게 경작을 시작했다. 일 년 내내 수확할 수 있는 쿠마라를 서리가 내리는 겨울 동안 구덩이를 파서 저장해놓았다가 봄이 되면 다시 옮겨 심는 방법을 발견했던 것이다.

온화한 날씨지만 열대 지방에서 온 마오리에게 이곳은 꽤나 추운 날씨였고, 환경에 따라 주택과 의복에서도 많은 변화가 생겼다. 마오리의 주택은 일반적으로 크기가 매우 작으며, 요즘 볼 수 있는 정교하고 장식이 있는 집회장 같은 큰 건축물은 유럽인들이 들어오고 난 뒤에 만들어지기 시작했다. 주로 부족 단위로 생활하기 때문에 부족 사이에 종종 전쟁이 있었고, 항해를 즐겼기 때문에 바다나 강에서 익사 사고를 많이 당했다고 한다.

문자가 없는 마오리어 Maori Language

마오리어는 폴리네시아 방언의 하나다. 라라통가, 프랑스령 폴리네시아, 하와이 지역과 가깝고, 서쪽 폴리네시아 지역인 사모아·통가 지역과는 거리가 좀 멀다. 인도네시아어·멜라네시아어·마이크로네시아어와 더불어 말레이-폴리네시아어의 하나로 알려져 있으며, 언어학적인 면에서는 아시아에 그 뿌리를 두고 있다.

마오리어는 원래 말만 있었을 뿐 문자가 없었고, 19세기 초 선교 활동을 위해 뉴질랜드를 방문한 선교사 토머스 켄들과 헨리 윌리엄스 등이 마오리어를 영어로 표기했다. 모음 5개(a, e, i, o, u), 자음 8개 (h, k, m, n, p, r, t, w) 그리고 복합어 2개(ng, wh) 등 모두 15글자를 사용했다. 뉴질랜드 내의 마오리어는 하나의 언어로 사용되고 있지만 7개 부족 간에 약간 차이가 나는데, 그들끼리는 구분이 쉽다고 한다.

마오리어 기초 레슨

awa	강·골짜기	hua	과일·달걀
iti	작다	manu	새
moto	섬	one	진흙·모래·해변
puna	온천수	roa	길다·높다
rua	두 번째	tea	희다·맑다
wai	물	hau	바람
ika	물고기	kai	음식·먹다
moana	바다	nui	크다
puke	언덕	rangi	하늘
roto	호수	tai	바다·해양
tomo	동굴	whare	집

Aotearoa [아오테아로아]	뉴질랜드(좁고 긴 하얀 구름의 나라)
Kia Ora [키아오라]	안녕하세요? 감사합니다.
Tena Koe [테나코에]	처음 뵙겠습니다.
E Noho Ra [이노라]	안녕히 가세요.
Ae [아에]	네.
Kaore [카오레]	아니요.
Haera Mai [하에라마이]	환영합니다.

키아오라와 홍이 Kia ora & Hongi

키아오라는 마오리어로 "안녕하세요"라는 뜻. 일반적으로 '아'를 약하게 발음해 '키오라'라고 들린다. 또 인사할 때는 그냥 말로만 하는 것이 아니라 홍이 Hongi 라는 전통적인 인사를 나누는데, 홍이의 인사법은 악수를 하면서 서로의 코를 맞대는 것이다. 부족에 따라 그냥 살짝 대기만 하는 부족이 있고, 코를 대면서 누르는 부족도 있다.

하카와 포이 Haka & Poi

하카는 손과 발의 일치된 움직임과 도전적인 노래 가사를 율동에 맞춰 표현하는 전사들의 춤이다. 주로 남자들이 추는 이 춤은 전체가 하나로 화합하여 매우 힘차며, 공격적인 자세로 춘다. 하카는 원래 전쟁이 시작되기 전 서로가 자신들의 위력을 과시하고 상대방을 겁주기 위해 시작된 것이라고 한다. 최근에는 주로 럭비 시합에서 볼 수 있는데, 뉴질랜드 국가 대표 팀인 '올 블랙 All Black'은 항상 시합에 앞서 상대편 앞에서 하카를 추는 전통이 있다. 검은색 유니폼을 입은 건장한 남성들이 가슴을 치면서 "카마테, 카마테" 구령에 맞추어 눈을 부릅뜨며 혀를 내밀면 그 자체만으로도 기선이 제압된다.

하카가 남성들의 집단 춤이라면, 포이는 여자들의 춤이다. 하카만큼 움직임이 크지는 않지만 역시 율동에 맞춰 통일된 춤을 춘다. 줄 끝에 포이(공)를 달고 우아하게 춤을 춘다고 해서 포이 댄스. 폴리네시아 원주민들의 춤과도 비슷하며, 독특한 분장과 복장이 눈길을 끈다. 하카와 포이는 마오리들의 대표적인 예술 형태다.

항이 Hangi

항이는 마오리어로 '지열로 찐다'는 뜻. 구덩이를 파고 그 안에 나무를 쌓은 다음 돌을 올리고, 나무에 불을 붙여 돌이 달궈지면 물을 붓는다. 그 다음 고기류와 채소류를 올리고 뚜껑을 덮어 몇 시간 정도 둔다.

은근한 지열로 익힌 음식을 소스와 함께 먹는 것이 마오리들의 전통 조리방법이다. 로토루아와 그 주변의 지열 지대에서는 땅에서 올라오는 뜨거운 수증기를 이용해 음식을 익히기도 한다. 로토루아 지역의 특급 호텔에서는 매일 저녁 항이 요리와 마오리 민속춤 공연을 선보인다.

마우이 신화 The Myth of Maui

폴리네시아인들에게 널리 퍼져 있는 신화 하나가 바로 마우이에 관한 것이다. 마우이는 원주민 전설에 나오는 요술을 부리는 거인. 마우이가 소년이었을 때, 그는 태양이 너무 빨리 지나간다고 생각했다. 하루는 형제들과 덫을 놓아 태양을 잡은 뒤, 할머니의 턱뼈로 태양을 두들겨 팼다고 한다. 맞아서 멍이 든 태양은 그 이후로 엉금엉금 기면서 천천히 하늘을 지나가게 되었고, 그래서 낮 시간이 지금처럼 길어졌다는 것.

또한 마오리의 전설에 따르면, 어느 날 형제들과 낚시를 하러 간 마우이는 형제들을 설득하여 멀리 알려지지 않은 남쪽 바다로 나가게 되었다. 마우이는 할머니의 턱뼈를 바늘로 쓰고 자기 코를 부러뜨려 그 피를 미끼로 낚시를 시작했다. 이 마법의 바늘과 미끼는 엄청난 고기를 낚았는데, 이때 낚인 것이 바로 뉴질랜드 북섬이라고 한다. 마오리는 북섬을 '테 이카 아 마우이 Te Ika a Maui(마우이의 고기)'라고 부른다. 뉴질랜드의 대표적인 캠핑카 이름 '마우이'도 바로 이 신화에서 온 이름이다.

HERITAGE

국립공원과 세계유산

뉴질랜드의 가장 큰 매력은 아름다운 자연 경관이다. 지상에 남은 마지막 천국이라 일컬어질 만큼 자연 그대로 보존된 환경은 보는 이의 가슴을 설레게 할 정도. 국토 전체가 아름다운 뉴질랜드이지만, 그 중에서도 백미로 꼽히는 국립공원과 세계유산으로 등록된 3개 지역을 소개한다.

국립공원

뉴질랜드 최초의 국립공원은 통가리로 국립공원이다. 1887년, 마오리 지도자였던 테 헤우헤우투키노가 통가리로 산을 유럽인들의 무자비한 개발로부터 지켜내기 위해 국가에 헌납하고 보호를 요청했던 것이 국립공원의 시초. 통가리로 국립공원은 미국의 옐로스톤 국립공원에 이어 세계에서 두 번째로 오래된 국립공원이며, 헤우헤우투키노의 바람대로 뉴질랜드를 대표하는 값진 자연유산으로 지켜지고 있다. 이밖에 뉴질랜드에 있는 국립공원은 모두 13개. 면적이 전 국토의 10%를 웃돌며, 동식물 보호와 자연 경관 보존에 중요한 역할을 하고 있다.

01 통가리로 국립공원 Tongariro National Park
뉴질랜드 최초의 국립공원. 통가리로, 루아페후 산과 같은 화산을 끼고 있고 유명 스키장인 와카파파와 투로아가 있으며 여름에는 트램핑을 하기에 좋다.

02 황가누이 국립공원 Whanganui National Park
북섬의 황가누이 강을 중심으로 넓게 펼쳐져 있으며, 이곳에서는 특히 카누 타기가 유명하다.

03 에그먼트 국립공원 Egment National Park
일본 후지산과 유사한 원추 모양 화산인 에그먼트 산(타라나키 산이라고도 부른다)이 있는 곳.

04 테 우레웨라 국립공원 Te Urewera National Park
아름다운 와이카레모아나 호수와 울창한 수림을 안고 있으며 다양한 트램핑 코스로 유명하다.

05 아벨 타스만 국립공원 Abel Tasman National Park
남섬의 최북단에 위치한 국립공원으로, 아름다운 해안선을 따라 걷는 트램핑 코스와 기암괴석을 끼고 도는 드라이브 코스로 널리 알려져 있다.

06 카후랑이 국립공원 Kahurangi National Park
넬슨 인근의 원시림으로, 100여 종의 희귀새와 고산 식물들로 가득 차 있다.

07 파파로아 국립공원 Paparoa National Park
팬케이크 록으로 대표되는 남섬 서해안의 국립공원. 해안 도로를 따라 근육질의 기암괴석들이 이어진다.

08 넬슨 레이크 국립공원 Nelson Lakes National Park
로토이티와 로코로아 호수가 중심인 지역으로, 호수에서 즐기는 낚시와 다양한 수상 레포츠가 가능하다.

09 아서스 패스 국립공원 Arther's Pass National Park
트랜츠 알파인 기차가 서든 알프스를 관통하여 남섬의 동쪽과 서쪽을 잇는 아서스 패스. 길은 험하지만, 숨 막힐 듯한 풍경을 간직하고 있다.

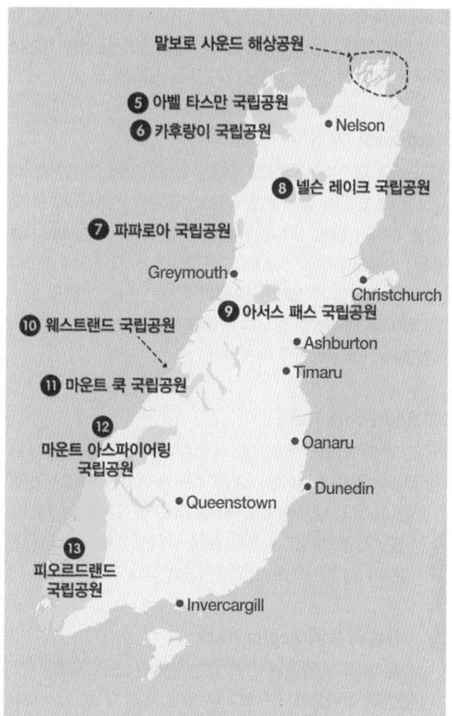

⑩ 웨스트랜드 국립공원 Westland National Park

폭스 빙하와 프란츠 요셉 빙하가 있는 빙하 지대로, 눈 덮인 설산과 남극을 방불케 하는 빙하 하이킹이 유명하다.

⑪ 마운트 쿡 국립공원 Mt. Cook National Park

뉴질랜드 최고봉인 마운트 쿡을 포함한 3000미터급 고봉들이 늘어서 있다. 서든 알프스의 하이라이트를 보여주는 대표적인 산악 공원.

⑫ 마운트 아스파이어링 국립공원 Mt. Aspiring National Park

아스파이어링 산을 중심으로 고산과 협곡이 이어진다. 울창한 숲과 깊은 계곡이 공존하는 곳.

⑬ 피오르드랜드 국립공원 Fiordland National Park

피오르드랜드, 밀포드 사운드로 대표되는 곳. 깎아지른 듯한 절벽과 협곡의 결정체를 보기 위해 한국 관광객들이 뉴질랜드에서 가장 많이 찾는 곳이기도 하다.

유네스코 세계유산

뉴질랜드에 있는 유네스코 지정 세계유산은 모두 세 군데. 뉴질랜드 최초의 국립공원인 통가리로 국립공원, 마오리들의 성지 테 와히포우나무, 그리고 본토에서 멀리 떨어진 남극 제도가 그것이다.

통가리로 국립공원 Tongariro National Park

활발한 화산 활동으로 빚어진 독특한 자연 경관이 인상적이며, 마오리의 성지였던 이곳은 역사적으로도 그 가치를 인정받고 있다.

테 와히포우나무 Te Wahipounamu

'그린스톤을 채취하는 곳'이라는 뜻을 가졌으며, 피오르드랜드, 마운트 아스파이어링, 마운트 쿡, 웨스트랜드 등 4개 국립공원에 걸친 광대한 지역을 포함한다.

남극 제도 Subantarctic Islands

남극 제도는 한때 고래와 물개의 포획 거점이기도 했으나, 현재는 자연 보호 구역으로 지정되어 엄격한 관리와 보호를 받고 있다.

아호우 새를 비롯해서 희귀 야생 동물의 번식지로서의 가치를 인정받아 세계자연유산으로 지정되었고 일반인의 출입을 금하는 특수 지역으로 분리되어 있다.

TRAMPING

뉴질랜드 트램핑

3000미터급 높은 산이 많은 뉴질랜드에는 세계적으로 유명한 등반가도 많고 일상적인 등산 애호가들도 많다. 그러나 산 정상까지 올라가는 등산과 주변을 산책하는 기분으로 걷는 트램핑은 각기 다른 레포츠로 정착했으며 마니아도 많다. 정상을 정복하는 등산에 비해서는 얼핏 밋밋하고 지루할 수 있지만, 일단 한번 해 보면 그 매력에 푹 빠지게 된다.

뉴질랜드 트램핑의 꽃, 그레이트 워크 Great Walk

셀 수 없이 많은 트램핑 코스 가운데 가장 인기 있고 이용도가 높은 코스 9곳을 선정해서 그레이트 워크 Great Walk라고 부른다. 이들 트램핑 코스는 잘 정비되어 있으며 산장 등의 부대시설도 잘 갖춰져 있다. 참고로 길 이름 가운데 트랙 Track은 '산길'을 뜻하며, 여기서는 대표적인 7곳을 소개한다.

밀포드 트랙 Milford Track

지명도가 가장 높은 곳이며 세계에서 가장 아름다운 트램핑 코스로 꼽힌다. 피오르드랜드 국립공원 안에 있으며 종착점인 밀포드 사운드는 관광지로도 매우 유명하다. 혼잡함을 피하기 위해서 여름 시즌(10~4월)에는 정원제로만 들어갈 수 있으며, 정해진 일정대로 움직여야 한다. 트램핑 코스 자체로는 피오르드의 대표적인 경관을 감상할 수 있다는 매력이 있지만, 다른 트램핑 코스들에 비해 특별히 뛰어나다고 할 수 없으며 유명세 때문에 선택하는 경우가 많다. 산악 경관이라면 오히려 루트번을 추천한다.

루트번 트랙 Routeburn Track

같은 피오르드랜드에 있으며 밀포드 트랙과 어깨를 견주는 인기 트램핑 코스다. 밀포드 트랙이 '숲'을 걷는 것이라면 이곳은 '산'을 걷는 코스다. 산장은 예약제이나 코스 및 일정에는 제한이 없고, 자연 경관도 밀포드 트랙 못지않게 빼어나다. 등산 경험이 있다면 이 코스를 추천하고 싶다.

케플러 트랙 Kepler Track

피오르드 국립공원 안에 있는 트램핑 코스. 국립공원의 거점인 테 아나우에서 우회 루트로 트램핑 할 수 있기 때문

트램핑의 전초기지 D.O.C와 NZ TOUR

뉴질랜드의 모든 트램핑 코스는 국립공원 관리소인 D.O.C가 관리하고 있다. D.O.C는 Department of Conservation의 약자로, 마오리 유산을 포함한 역사 유적과 환경 관리를 위해 일하는 기관. 트램핑을 비롯한 아웃도어 스포츠의 활성화와 관리도 중요한 업무 가운데 하나다. 산장 이용권, 지도와 팸플릿 등을 판매하며 기상 정보와 트랙에 대한 정보도 제공한다. 그러나 한국에서 출발한 초보 트램핑족에게 D.O.C의 시스템은 다소 낯선 것도 사실이다. 이럴 때는 한국어로 트램핑을 상담할 수 있는 곳이 있다. 뉴질랜드 정부로부터 트램핑 판매 자격을 획득한 뉴질랜드 투어에서 트램핑과 트레킹에 대한 모든 정보를 얻고, 필요한 경우 한국인 가이드와 함께 하는 가이드 트레킹도 소개받을 수 있다.

D.O.C www.doc.govt.nz
NZ TOUR
09-307-1234 www.nztour.co.nz

에 이용도가 높다. 호수를 내려다보는 전망이 매우 좋고 도중에 높은 능선을 지나가는 구간이 있어서 산악 트레킹의 기분도 맛볼 수 있다. 해발 고도 차가 비교적 큰 편으로 초보자에게는 힘든 코스다.

아벨 타스만 해안선 트랙 Abel Tasman Coastal Track

남섬 최북단에 위치한 아벨 타스만 국립공원에서는 해안선 트램핑이 인기 있다. 코스 대부분이 해안 주변을 걷게 되는데, 중간중간 산 쪽으로 들어가는 코스도 있어서 전혀 지루하지 않다. 보트도 탈 수 있어서 갈 때는 트램핑, 올 때는 보트를 이용하는 등 나름대로 계획을 짜보는 재미도 가질 수 있는 코스다.

아서스 패스 국립공원 Arthur's Pass National Park

남섬 최대 도시인 크라이스트처치에서 당일치기로 다녀올 수 있는 국립공원이다. 트램핑 코스가 여러 개 있는데, 하루면 돌아볼 수 있는 코스가 많다. 그중에서도 애벌런치 피크로 가는 왕복 루트가 산세도 좋고 주변 경관이 빼어나 인기 있다. 크라이스트처치에서 출발해서 당일치기 코스로 부담 없이 갈 수 있다.

마운트 쿡 국립공원 Mount Cook National Park

뉴질랜드 내 최고봉을 자랑하는 국립공원. 마운트 쿡으로 가는 루트는 초보자에게는 무리지만 산기슭 부분에는 당일치기로 다녀올 수 있는 코스가 여러 개 있으며 고산의 분위기를 충분히 느낄 수 있다.

통가리로 국립공원 Tongariro National Park

북섬에서 가장 인기가 높은 트램핑 코스. 화산 활동이 활발한 지역으로 지금도 연기를 내뿜고 있는 지열 지대가 많으며 화산 지대의 황량하면서도 웅장한 자연 경관이 매력이다. 여러 개의 루트가 있는데 통가리로 크로싱으로 불리는 코스는 하루에 모두 둘러볼 수 있어서 인기가 있다.

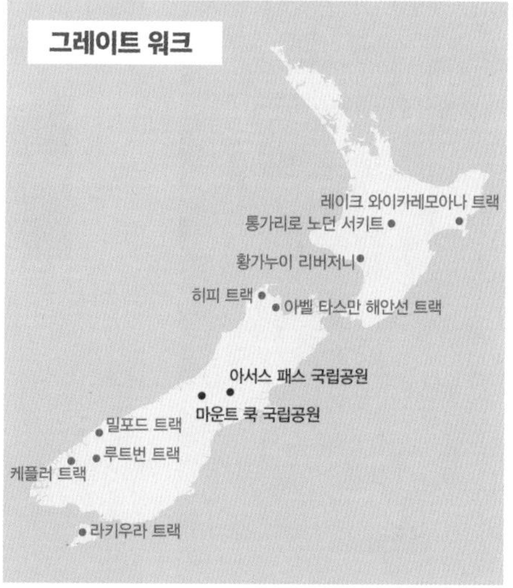

ART & CULTURE

뉴질랜드 예술과 문화

흔히 뉴질랜드는 자연만 출중하다고 생각하지만, 2000년도 이후의 뉴질랜드는 영화를 시작으로 문화의 메카로 떠오르고 있다. 뉴질랜드에서 영화 산업이 발달할 수 있었던 배경에는 이 땅의 섬세한 기운과 광대한 풍광을 내밀하게 묘사한 문학 작품들이 있었기 때문이다. 세상 어느 곳과도 다른 독특한 감수성의 문학과 음악, 그리고 영화들…. 뉴질랜드만의 예술과 문화의 향기에 빠져보자.

문학

수도 웰링턴에 가면 뉴질랜드가 낳은 유명 작가 캐서린 맨스필드 Katherine Mansfield의 100년 넘은 생가가 있다. 우리나라 사람들에게는 다소 낯설지만, 그녀의 단편은 유럽의 문단에서 상당한 주목을 끌었으며, 버지니아 울프, 토머스 엘리엇 등과 함께 당시 유럽의 문단을 주름잡았다. 맨스필드 생가는 그녀가 태어나서 5살까지 어린 시절을 보낸 곳으로, 뉴질랜드 사람들에게 그녀는 국민 작가로 추앙되고 있다.

이외에도 제인 캠피언 감독의 영화 〈내 책상 위의 천사〉의 실제 모델이자 작가인 자네트 프레임 Janet Frame, 소설가로 수많은 영미권 어워드를 휩쓴 모리스 지 Maurice Gee도 대표적인 문인으로 손꼽힌다. 마오리계 작가들의 활약도 눈여겨볼 만한데, 소설가 한강의 수상으로 국내에서도 유명해진 맨부커 상 수상자 케리 흄 Keri Hulme, 단편 소설과 어린이 책으로 유명한 파트리시아 그레이스 Patricia Frances Grace, 영화 〈웨일 라이더〉의 작가 위티 이히마에라 Witi Ihimaera 등도 뉴질랜드 국민 작가의 반열에 있다.

열악한 한국의 출판 현실에 비추어볼 때, 뉴질랜드의 출판문화 제도 중 부러운 것이 있다. 이미 1946년부터 예술협의회를 통해 문학기금을 조성하여 문학과 출판 부분을 지원하고 있는 것. 또한 1973년부터 현재까지 공공도서관을 확충하고, 이로 인해 생기는 손실을 저자에게 보상금으로 지급하는 저작자기금 제도도 시행해오고 있다. 현재는 몇몇 영어권 국가에서 시행되고 있지만, 뉴질랜드가 이 분야 최초로 시도했다는 점은 높이 살만하다.

영화

1990년대 초 제인 캠피온 감독의 〈내 책상 위의 천사〉, 〈피아노〉 등의 작품들이 뉴질랜드를 배경으로 제작될 무렵만 해도 지금처럼 뉴질랜드가 전 세계 영화계에 큰 영향을 미치게 될 거라고는 아무도 생각지 못했을 것이다. 그러나 2000년대에 들어서면서는 이야기가 달라진다. 최근 헐리우드에서 가장 주목받는 배우 중 하나인 러셀 크로우가 뉴질랜드 웰링턴 출신이며, 현재 영화계에서 가장 주목받고 있는 감독 피터 잭슨 역시 웰링턴 인근의 푸케루아 베이 Pukerua Bay 출신이다. 피터 잭슨의 이름과 뉴질랜드라는 배경을 전 세계 영화팬의 머릿속에 각인시킨 영화는 〈반지의 제왕〉 시리즈.

2001년에 시작하여 3부작으로 개봉된 이 작품은 뉴질랜드의 원시적 평원과 깎아지른 협곡, 웅대한 설산을 배경으로 지구 위 어떤 곳과도 차별화되는 뉴질랜드의 자연을 세계에 알리는 역할을 했으며 흥행에도 성공하였다. 3편인 〈왕의 귀환 Return of the King〉은 2004년 대부분의 영화제를 휩쓸었고 피터 잭슨 감독은 2004년 다수의 감독상을 수상하여 뉴질랜드 사람으로 전 세계에 가장 잘 알려진 인물 중 한 명이 되었다.

이후 이 시리즈는 성공을 거듭하며, 2012년 〈호빗: 뜻밖의 여정〉, 2014년 〈호빗: 다섯 군대의 전투〉에 이르기까지 매 편마다 화제를 만들어내고 있다.

뉴질랜드 관광청이 꼽은, 뉴질랜드 10대 영화 촬영지

① 캐시드럴 코브 Cathedral Cove
〈나니아 연대기〉

〈나니아 연대기: 캐스피언 왕자〉에서 폐허로 변한 케어 패러벨 성을 촬영하기 위한 세트장이 유명한 캐시드럴 코브 Cathedral Cove를 굽어보는 헤레헤라타우라 반도 Hereherataura Peninsula에 세워졌다. 코로만델 반도에 있는 아름다운 하헤이 해변에서 커시드럴 코브로 걸어갈 수 있다.

② 호비톤 무비 세트 Hobbiton
〈반지의 제왕〉과 〈호빗〉 영화 3부작

푸른 와이카토 전원 지역에 세워진 호비톤 무비 세트는 뉴질랜드에서 미들어스의 일면을 경험하려는 전 세계의 관광객들을 불러 모으고 있다. 이 세트장은 〈반지의 제왕〉과 〈호빗〉 3부작 촬영에 사용되었다.

③ 타라나키 산 Mt. Taranaki
〈라스트 사무라이〉

톰 크루즈 주연의 〈라스트 사무라이〉는 대다수 장면을 타라나키 지방의 뉴플리머스 인근에서 촬영했다. '후지 산' 역할을 한 타라나키 산을 배경으로 우루티 계곡 Uruti Valley 산비탈에 일본 마을이 세워졌다.

④ 파라다이스 Paradise
〈울버린〉과 〈호빗〉 3부작

파라다이스는 뉴질랜드의 남부 호수 지방 Southern Lakes 내, 퀸스타운과 글레노키를 잇는 도로 끝에 실재하는 장소다. 〈호빗〉 3부작에서 베오른의 집이 이곳에서 촬영됐다. 〈울버린〉의 장면도 이 그림 같은 절경에서 촬영되었다.

⑤ 아오라키 마운트 쿡 Aoraki Mt. Cook
〈버티컬 리미트〉

산을 등반하다 차례로 사고를 당하는 스릴러 영화인 〈버티컬 리미트〉는 뉴질랜드인 마틴 캠벨 감독의 작품이다. 뉴질랜드 최고봉(3,754m) 아오라키 마운트 쿡에서 촬영했다.

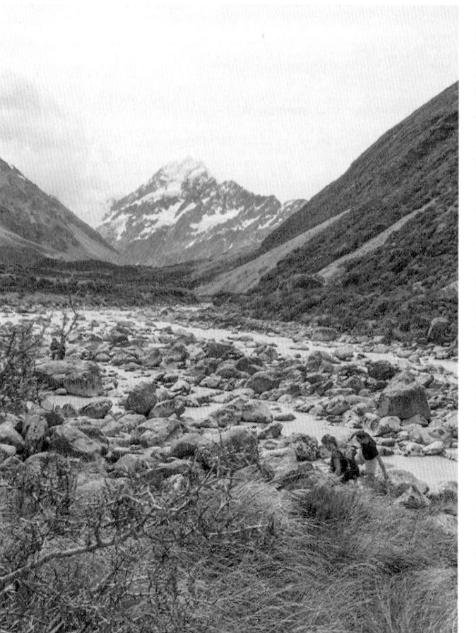

⑥ 플록 힐 Flock Hill
〈나니아 연대기〉

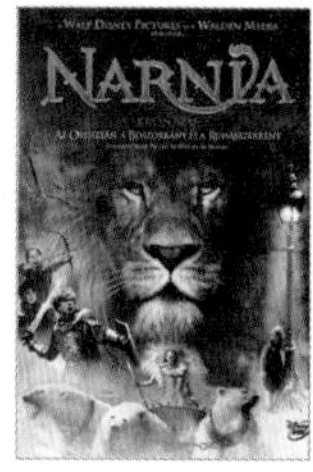

뉴질랜드 영화감독 앤드루 애덤슨은 〈나니아 연대기: 사자, 마녀, 그리고 옷장〉의 클라이맥스가 된 아슬란의 세력과 하얀 마녀 군대의 마지막 전투 장면 촬영지로 캔터베리 지방 아서스 패스에 자리한 플록 힐 목장 Flock Hill Station을 선택했다.

⑦ 카이토케 공원 Kaitoke Regional Park
〈반지의 제왕〉과 〈호빗〉 영화 3부작

웰링턴 북쪽의 카이토케 지역 공원이 미들어스에서 엘프의 고향인 리븐델이 되었다. 공원은 촬영 후 세트장이 철거되어 자연 그대로의 모습으로 돌아갔다. 강에서 수영하고 숲길을 걷고 피크닉을 즐길 수 있는 아름다운 곳이다.

⑧ 카레카레 해변 Karekare Beach
〈피아노〉

뉴질랜드 출신 제인 캠피온 감독의 영화 〈피아노(1993)〉로 일약 유명해진 아름다운 카레카레 해변이 오클랜드 와이타케레 산맥 서쪽에 펼쳐져 있다. 안나 파킨이 이 영화로 아카데미상을 받으며 세계 영화계에 데뷔했다.

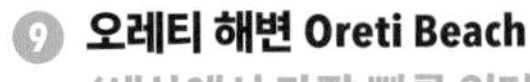

9 오레티 해변 Oreti Beach
〈세상에서 가장 빠른 인디언〉

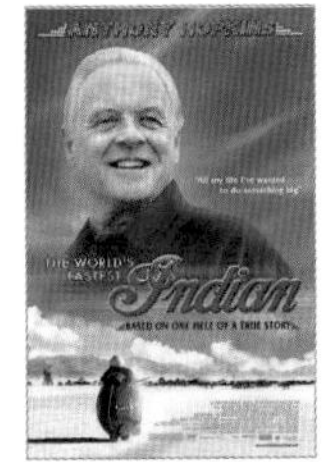

광대한 모래사장에 파도가 부딪히고 햇볕이 내리쬐는 오레티 해변은 인버카길에서 몇 킬로미터 떨어져 있지 않은 곳에 있다. 〈세상에서 가장 빠른 인디언〉인 버트 먼로가 이 곳에서 인디언 스카우트 오토바이로 신기록을 수립했다.

10 라이얼 베이 Lyall Bay
〈킹콩〉

웰링턴에서 최근 몇 년 동안 할리우드의 주요 영화를 생산하고 있다. 〈킹콩: 해골섬〉 촬영을 위해 대규모 세트장이 미라마 반도에 있는 셸리 베이 Shelly Bay에 세워졌고, 공룡이 달리는 장면이 서핑 해변인 라이얼 베이에서 촬영되었다.

음악

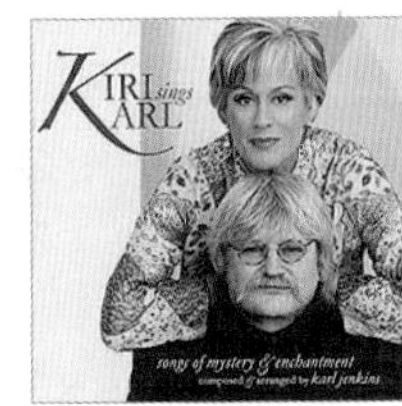

키리테 카나와 Dame Kiri Te Kanawa는 뉴질랜드가 낳은 세계적인 소프라노이다. 대영제국 훈장과 오스트레일리아 훈장, 그리고 1995년 뉴질랜드에서 가장 명예로운 상인 뉴질랜드 훈장에 이르기까지… 수상 경력만으로도 거의 '명예의 전당' 수준이다.
천상의 목소리라 불리는 그녀의 목소리를, 사실 우리는 이미 들었을 확률이 높다. 우리나라에서는 〈연가〉라는 제목으로 번안되어 알려진 곡의 원곡인 〈포 카레카레 아나 Po Karekare Ana〉를 전 세계에 널리 알린 목소리의 주인공이 바로 그녀이기 때문. 맑고 청아한 목소리에, 누구라도 귀 기울이게 되는 애잔한 정서가 녹아 귓가에 맴돈다.
마오리족과 유럽인의 혼혈로, 1944년 북섬의 기스본에서 태어나 영국과 미국 등에서 폭넓게 활동하다가 1990년 이후 뉴질랜드로 귀향하여 고향에서의 삶과 음악 활동을 병행하고 있다.

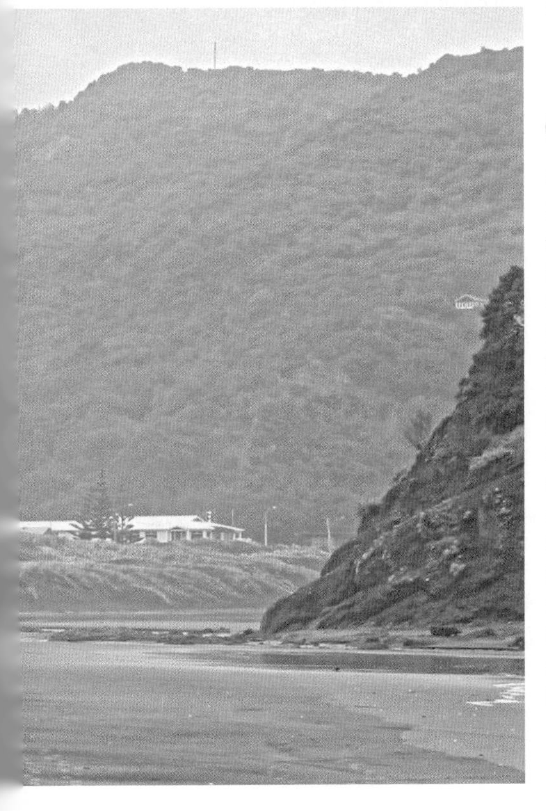

FESTIVAL

뉴질랜드 축제

누가 뉴질랜드를 심심한 나라라고 했던가. 양떼와 목가적인 분위기가 뉴질랜드의 전부라고 생각했다면 한번쯤 축제에 참가해보라고 권하고 싶다. 지역마다 계절마다 특색있는 축제들이 일 년 내내 이어지고, 이를 즐기는 뉴질랜드 사람들의 끼가 유감없이 발휘되는 현장. 축제의 즐거운 바이러스는 여행자들조차도 그 속에 온전히 녹아들게 만드는 강력한 힘을 가진다.

Life Style

Lindauer Queenstown Winter Festival 퀸스타운

매년 6월 말에서 7월 초에 개최되는 남반구 최대의 겨울 축제. 이미 30회를 넘어선 이 축제는 퀸스타운 근교 코로넷 피크 스키장 슬로프에서 그 막을 연다. 전 세계 스키어들이 퀸스타운으로 모여들면 도시는 축제의 도가니 그 자체. 스키 대회와 다양한 이벤트가 펼쳐진다.

Bay of Island Jazz&Blues Festival 파이히아

매년 8월에 베이 오브 아일랜드의 파이히아에서 펼쳐지는 재즈&블루스 페스티벌. 뉴질랜드 최고의 뮤지션과 재즈 연주가들이 베이 오브 아일랜드의 작은 마을로 속속 모여든다. 축제를 즐기기 위해 모인 사람들로 도시의 모든 숙박 시설은 만원이 되고, 카페와 바는 밤늦도록 재즈 물결 속에 빠져든다.

Montana World of Wearable Art Awards 넬슨

매년 9월 넬슨에서 열리는 웨어러블 아트 시상식은 세계적으로도 정평이 난, 뉴질랜드 최고의 축제라 할 수 있다. 의상과 예술의 만남을 주제로, 상상을 초월한 의상 작품들이 관객의 감탄을 자아낸다. 행사 기간 내내 패션쇼뿐 아니라 퍼포먼스, 댄스, 뮤직 페스티벌 등이 다채롭게 펼쳐지며, 전 세계에서 날아온 유명 패션 디자이너들이 도시의 빛깔까지 바꿔놓는다.

Wine & Food

McCulloch's Gisborne Wine&Food Festival 기스본

뉴질랜드 최고의 와인 산지로 알려진 기스본에서 열리는 와인 축제. 와인 품평회와 더불어 음식 및 문화 관련한 다양한 엔터테인먼트가 펼쳐진다.

Waiheke Island Wine Festival 오클랜드

오클랜드에서 페리로 30분 정도면 도착할 수 있는 와이헤케 아일랜드. 아름다운 풍광과 드넓은 와이너리가 조성되어 있는 이곳은 오클랜드에서 가장 가까운 휴양섬이자 와인의 산지다. 바다를 굽어보는 언덕 위의 와이너리들은 매년 2월의 축제에 맞춰 새로운 품종의 와인을 선보이고, 신선한 음식과 와인을 맛보는 사람들의 표정에서 넉넉한 마음이 배어나온다.

Culture

Pasifika Festival 오클랜드

남태평양 섬나라 사람들의 민속축제. 뉴질랜드의 원주민 마오리를 비롯한 뉴칼레도니아·피지 등 섬나라의 문화축제다. 다양한 민속공연과 음식 그리고 전통 음악과 예술품의 향연에 빠져볼 수 있다. 매년 3월에 개최한다.

Matariki-Maori New Year 헤이스팅스

북섬의 동부 해안 호크스 베이의 작은 마을 헤이스팅스에서 열리는 마오리 신년 축제. 일주일 동안 계속되는 이 축제는 마오리족의 전통적인 문화와 그들의 현재를 보여주는 다채로운 프로그램들이 흥겨움을 더해준다. 지상에서는 전시와 공연이 열리고, 하늘에는 애드벌룬이 떠다니며, 그 사이로 사람들의 노랫소리가 대지를 울린다.

Garden

Coromandel Pohutukawa Festival 코로만델

크리스마스를 앞두고 꽃을 활짝 피우는 포후투카와 나무는 뉴질랜드의 북섬, 그 중에서도 코로만델 지방이 원산지로 알려져 있다. 아름다운 해안길을 따라 포후투카와 꽃이 만발하면, 마치 크리스마스 장식을 한 것처럼 환상적으로 아름답다. 축제가 열리는 2주일 동안 코로만델 전역에 걸쳐서 문화, 환경, 음식 그리고 스포츠 이벤트가 다채롭게 펼쳐진다.

Gardenz 크라이스트처치

정원의 도시 크라이스트처치에서 펼쳐지는 남섬 최대의 가든 축제. 수백 종의 꽃들이 만발한 가운데 가든 쇼와 정원 디스플레이 쇼, 다양한 신품종 나무들의 갈라 쇼가 펼쳐진다. 10월, 봄이 무르익을수록 축제도 무르익어 도시 전체는 심한 열병을 앓듯이 즐거운 비명을 지른다.

Sports

Wellington Cup Carnival 웰링턴

웰링턴컵 카니발은 경마 레이싱 대회를 중심으로 한 스포츠 축제다. 매년 1월에 열리는 이 축제의 하이라이트는 라이온 브라운 웰링턴컵 데이 Lion Brown Wellington Cup Day.

Crater to Lake Multi-Sport Challenge 타우포

겨울 멀티 스포츠 이벤트. 뉴질랜드 겨울 축제의 원조라고 할 수 있다. 스키와 빙벽 등반, 산악자전거, 로드 사이클링, 카약, 수상 스포츠 등 6개 종목의 경기가 펼쳐지고, 타우포에서 와카파파 스키장에 이르는 140㎞ 이상의 지역이 축제의 한마당이 된다.

REAL+

뉴질랜드의 상징, 올 블랙 All Black

뉴질랜드 사람들이 가장 열광하는 양대 스포츠는 요트와 럭비다. 그중에서도 럭비팀 올 블랙의 인기는 그야말로 하늘을 찌를 듯하다. 럭비를 넘어서서 뉴질랜드의 모든 스포츠 팀은 올 블랙으로 통용될 만큼 뉴질랜드 팀의 검은 유니폼과 검은색 엠블램은 인상적이다. 경기에 앞서 펼쳐지는 올 블랙 팀의 퍼포먼스도 박진감 넘치는 볼거리. 마오리 전사들이 전쟁에 앞서 추었던 용맹한 동작들에서 따 왔다고 하는데, 상대방을 얼어붙게 만드는 기선 제압에는 이보다 더 효과적일 수 없다.

W I N E

뉴질랜드 와인

뉴질랜드 와인은
포도 재배 역사가 짧은 데
비해 높은 수준의 품질을
자랑한다.
특히 자연 친화적인
재배법을 이용한 뉴질랜드
와인은 최근 국제대회에서도
재평가 받고 있는 다크호스.
뉴질랜드 와이너리 투어
역시 여행의 새로운
트렌드로 자리잡고 있다.

뉴질랜드 와인의 특징

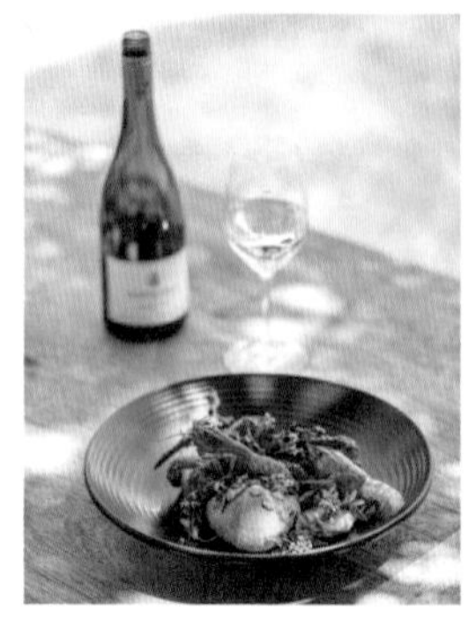

뉴질랜드는 여름과 겨울의 일교차가 크지 않은 대신, 낮과 밤의 일교차가 크다. 이러한 기후적인 특성은 포도를 잘 숙성시키고 신맛을 적절히 유지시켜 맛있는 와인을 만들어내는 일등공신. 지구의 마지막 청정 지역답게 포도를 재배할 때 화학 비료의 사용을 최소화하고 자연 친화적인 재배법을 채택한 것도 뉴질랜드 와인이 높이 평가받는 이유 가운데 하나다.
뉴질랜드의 대표적인 와인은 1992년부터 생산량이 계속 늘어나 현재 재배 면적 1위를 차지하는 샤르도네 Chardonay. 그밖에 소비뇽 블랑 Sauvignon Blanc과 최근 인기를 얻고 있는 레드 와인 피노 누아 Pinot Noir 등을 꼽을 수 있다.

북섬의 주요 와인 산지

- 동쪽 끝에 자리 잡은 기스본은 포도 재배에 적합한 토양을 갖고 있어 '샤르도네의 수도'라고 불릴 만큼 많은 양의 뉴질랜드 산 샤르도네를 생산해내는 곳이다. 좋은 향과 산뜻한 맛으로 세계적으로도 높은 점수를 받고 있다.
- 웰링턴 북동쪽에 위치한 와이라라파 지방은 여름은 덥고 가을은 건조한 기후로, 뉴질랜드에서 가장 우수한 와인 산지로 평가받고 있다. 재배 면적은 피노 누아, 샤르도네, 소비뇽 블랑의 순서.
- 오클랜드 일대는 일조 시간이 길어서 레드 와인 생산에 적합하며, 뉴질랜드 최대 규모를 자랑하는 몬타나 와이너리 Montana Winery가 있다.
- 뉴질랜드 와인을 세계적으로 알린 말보로 지역의 소비뇽 블랑 Marlborough Sauvignon Blanc도 빠뜨릴 수 없는 대표 선수다.

남섬의 주요 와인 산지

- 남섬 북쪽 끝에 자리 잡은 말보로 지방은 뉴질랜드 최대의 와인 산지다. 일조량이 풍부하고 자갈이 많은 토양에서 재배되는 소비뇽 블랑이 특히 유명하며, 세계적으로도 높이 평가받고 있다.
- 오타고 지방은 비교적 최근에 와인 생산을 시작한 곳으로, 특히 피노 누아 생산에 주력하고 있다.
- 퀸스타운에서 자동차로 30분쯤 걸리는 깁슨 밸리는 관광객으로 붐비는 뉴질랜드 최대의 와이너리 가운데 하나.
- 와나카 호반의 와이너리는 자연 경관이 수려해 뉴질랜드에서 가장 아름다운 와이너리로 꼽히며 와인 맛도 풍부하다.
- 남섬 남동쪽에 자리 잡은 캔터베리 지방의 크라이스트처치와 와이파라도 유명한 와인 산지다. 주요 품종은 피노 누아와 샤르도네 등. 신맛을 적절히 유지한 와인을 생산한다.
- 북서부에서는 넬슨 지방이 와인 산지로 유명하며 작은 규모의 와이너리들이 모여 있다. 뉴질랜드에서 가장 긴 일조 시간을 활용해 샤르도네, 소비뇽 블랑 등을 재배한다.

주요 와인 산지

오클랜드 지역
다른 산지에 비해 토양이나 기후의 변화가 많다. 샤르도네 외에 최근에는 레드 와인 품종의 포도도 재배되고 있다.

와이카토/베이 오브 플랜티 지역
비옥한 목초 지대가 펼쳐져 있는 지방. 온도가 높은 편이다. 작은 와이너리가 곳곳에 있으며 샤르도네 등의 품종이 생산된다.

호크스 베이 지역
거점 도시는 네이피어. 상업 와인의 발상지로 북섬 최대의 와인 생산 지역이다. 샤르도네뿐 아니라 카베르네 소비뇽의 병 타입도 인기 품목.

기스본 지역
샤르도네로 유명한 지역. 60년대부터 포도 재배가 이뤄졌으며 한때는 뉴질랜드 최대 생산지였다.

캔터베리 지역
거점 도시는 크라이스트처치. 기후는 비교적 쌀쌀한 편으로 샤르도네 리슬링, 피노 누아가 유명하다.

와이파라 지역
거점 도시는 웰링턴. 강수량이 적고 수확하기 전의 냉랭한 기후 덕에 독특한 신맛이 나는 와인이 만들어진다.

말보로 지역
거점 도시는 픽턴. 뉴질랜드 와인 하면 바로 이곳을 떠올릴 만큼 와인으로 유명한 곳. 뉴질랜드에서 일조 시간이 가장 긴 지역인데, 맛과 향이 풍부한 소비뇽 블랑은 세계적으로도 유명하다.

넬슨 지역
일조 시간이 길고 더운 날씨 때문에 독특한 맛과 향을 즐길 수 있다. 특히 최근에는 피노 누아가 높은 평가를 받고 있다.

오타고 지역
거점 도시는 더니든, 퀸스타운. 특징이라 한다면 대부분의 와이너리가 와나카 호수 등이 바라다 보이는 멋진 경관을 자랑한다는 것. 달콤한 맛으로 누구나 편하게 마실 수 있는 피노 누아가 인기있다.

ANIMAL & PLANTS

뉴질랜드의 동식물

남반구의 섬나라 뉴질랜드에는 대륙과 분리되어 있는 지형적인 특성으로 인해 맹수와 야수가 없다. 넓은 국토에는 양·말·소 등의 초식 동물이 평화로운 먹이 사슬을 형성하고, 육식 포유동물은 찾아볼 수조차 없다. 육식 동물이 없는 이 땅의 먹이 사슬을 이어주는 것은 바로 조류. 뉴질랜드 여행 도중 곳곳에서 만나는 형형색색의 새들은 해충과 곤충을 잡아먹음으로써 생태계를 유지시켜준다. 천적이 없는 환경과 풍부한 먹이 그리고 자연을 아끼는 국민들의 보살핌 덕분에 뉴질랜드의 조류들은 고유성을 잃지 않은 채 보존되고 있다.

ANIMALS

Kiwi 키위

키위는 뉴질랜드의 국조다. 뉴질랜드에는 모두 6종류, 총 7만 3000천 여 마리가 서식하고 있다. 한때 멸종 위기에 처하기도 했으나 정부 차원의 지속적인 보호로 그 수가 늘어나고 있는 추세다.

부리를 포함한 몸길이는 약 40㎝로, 긴 깃털과 털처럼 나 있는 날개 때문에 생김새가 포유류와 비슷하다. 키위는 비행 능력을 상실한 새다. 천적이 없어서 날아다닐 이유가 없어지고, 점차 날개가 퇴화해버렸기 때문이다. 날 수 없는 대신 지상 생활에 적합한 튼튼한 다리가 있다. 기다란 부리의 끝부분에 콧구멍이 있는데, 이를 이용해서 땅 속에 사는 벌레를 잡아먹는다고 한다. 키위가 멸종 위기에 처했던 가장 큰 이유는 이들의 특이한 부화 과정 때문이다. 암컷은 주먹만 한 크기의 알을 낳는데, 닭보다 작은 키위의 몸에서 어른 주먹만 한 알이 나온다고 생각해보라. 자연 상태에서는 암컷 키위들이 알을 낳다가 하도 고통스러워 죽고 만다고 한다. 그래서 개체수가 점점 줄어들고, 멸종의 위기까지 맞았던 것. 정부에서는 이를 방지하기 위해 키위의 제왕 절개술을 시행하고 있으며, 그 결과 지금과 같은 개체 수가 유지되고 있다. 한편 암컷이 낳은 알은 부화할 때까지 3개월 동안 수컷이 품고 있으며, 새끼는 한동안 수컷이 돌본다. 키위처럼 가사와 육아에 협조적인 남편을 키위 허즈번드 Kiwi Husband라고 하며, 뉴질랜드 사람 전체를 일컬어 '키위'라고도 한다. 조류 키위와 뉴질랜드 사람 키위 그리고 뉴질랜드에서 가장 많이 나오는 과일 키위. 뉴질랜드에는 이렇게 세 종류의 키위가 있다.

Tui 투이

옥구슬 굴러가듯 예쁜 소리를 내다가도 갑자기 귀에 거슬리는 째지는 소리를 내고, 간혹 다른 새의 소리를 흉내내기도 하는 등 천의 목소리를 가지고 있는 투이. 몸길이는 약 30㎝. 마오리가 이 새의 깃털로 옷을 만들어 입었을 만큼 아름답고 윤기 나는 검은 깃털은 목둘레에 난 흰색 깃털과 대조가 된다.

꽃에서 나는 꿀이나 나무 열매 따위를 먹고 살기 때문에 식물의 수분을 이용해서 종자를 번식시킨다. 삼림 지대는 물론이고 동물원과 공원에서도 쉽게 볼 수 있다.

Kea 키아

앵무새의 일종으로, 몸 표면에는 짙은 갈색과 녹색이 어우러진 깃털을 가지고 있으며 날개 끝부분은 선명한 붉은색을 띠고 있다. 울음을 울 때마다 '키아~'라는 소리를 내어 이름 붙여진 새. 나무 열매나 나뭇잎을 먹고 살며, 호기심이 강하고 짓궂은 장난을 좋아한다. 남섬의 높은 삼림 지대에서만 서식한다. 마운트 쿡 주변, 프란츠 요셉 빙하, 아서스 패스 국립공원 등 산악 지대에서 볼 수 있다.

Takahe 타카헤

야생 타카헤는 피오르드랜드 지방에 130여 마리가 서식하고 있으며 천적으로부터 보호받고 있는 60여 마리를 포함해서 뉴질랜드 전국에 200여 마리밖에 남아 있지 않다. 키위와 마찬가지로 날지 못하는 새에 속하며, 대신 다리가 발달했다. 1849년 그 존재가 확인된 이후 20세기 초까지 멸종된 것으로 알려졌으나, 1948년 남섬의 피오르드랜드 지방에 서식하고 있는 것이 확인되었다.

Yellow-eyed Penguin 노란눈펭귄

몸길이 약 65㎝에 눈과 머리의 일부분이 노란색을 띠는 노란눈펭귄. 남섬의 뱅크스 섬과 캐틀린스, 스튜어트 섬 일대에서만 번식하는데, 둥지를 틀 수 있는 삼림의 감소와 외래 동물의 영향 때문에 수가 점점 줄어들고 있다.
오타고 반도 끝에 가면 전용 보호 구역이 있는데, 이곳에서는 관광객들도 노란눈펭귄을 가까이에서 관찰할 수 있다.

PLANTS

Kauri 카우리 나무

카우리 나무는 뉴질랜드 중에서도 오로지 코로만델 반도를 포함한 노스랜드에만 자생하는 뉴질랜드의 대표적인 수종이다. 카우리 나무는 최소 30m 이상 자라고, 최대 2000년까지 사는 것으로 알려져 있다. 조직이 단단하고 뒤틀림이 없으며 습기에 강해서 가구나 건축용 목재로 많이 사용되고 있다. 한때 무차별적인 벌목으로 카우리 숲이 손상되기도 했으나, 최근에는 정부 차원에서 엄격히 관리하고 있다.

Silver Ferns 은고사리

뉴질랜드 전역에서 만날 수 있는 고사리. 우리가 상상하는 어린 고사리 수준이 아니라 프로펠러처럼 하늘을 향해 당당히 숲을 이루고 있다. 뉴질랜드에는 총 80여 종의 고사리가 자생하며, 그 중에서도 폰가 Ponga라 불리는 은고사리가 뉴질랜드를 상징하는 식물로 널리 사랑받고 있다. 폰가의 앞면은 일반 고사리 같은 초록색이지만 뒤집어보면 온통 은색이어서 신비하기까지 하다. 뉴질랜드의 숲을 걸을 때는 고사리의 뒷면을 유심히 살펴볼 것.

Pohutukawa 포후투카와

포후투카와 나무는 코로만델 반도와 베이 오브 플렌티, 동부 해안에서 흔히 만날 수 있다. 이 나무는 12월 크리스마스를 즈음하여 실타래를 뽑은 것처럼 가늘고 붉은 꽃을 피운다. 꽃이 피면 나무 전체가 빨간색으로 물들며 마치 축제의 상징처럼 도시를 물들인다고 해서 흔히 '크리스마스 나무'라고 한다. 주로 해변에 있으며, 원래는 뉴질랜드 북섬에서만 자생했으나 최근에는 남섬에서도 재배에 성공했다고 한다.

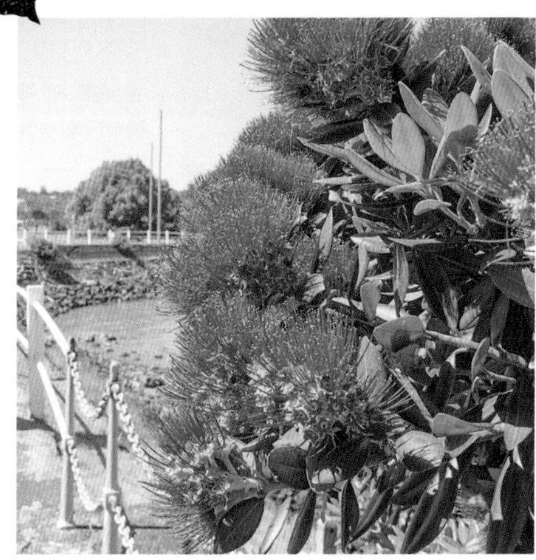

EDUCATION

뉴질랜드의 교육

뉴질랜드는 높은 교육 수준을 자랑하는 나라로 알려져 있다. 일반적으로 지식 추구보다는 전인 교육을 지향하는 편이다. 대부분의 학교는 공립이지만, 특별한 철학이념이나 종교적인 전통을 유지하는 사립학교들도 상당수 있다. 1877년 최초로 교육법을 제정, 모든 국민을 대상으로 한 무상 의무교육제도를 도입한 이래 1989년의 교육법과 그 뒤 일련의 수정 법안을 거쳐 지금은 16세까지 전 국민을 대상으로 무상 의무 교육을 실시하고 있다.

뉴질랜드의 학년 제도

뉴질랜드의 학교는 초등 교육 Primary, 중·고등 교육 Secondary, 대학 교육 Tertiary으로 분류되며, 초등 교육과 중·고등 교육은 의무 교육 기간이다. 만 5세가 되면 초등학교에 진학해 의무 교육 기간을 거쳐 원하는 대학에 진학한다.

한국	나이(만)	뉴질랜드
유치원	5	Primary School (Year 1 / Junior 1)
초등학교 1년	6	Primary School (Year 2 / Junior 1)
초등학교 2년	7	Primary School (Year 3 / Standard 1)
초등학교 3년	8	Primary School (Year 4 / Standard 2)
초등학교 4년	9	Primary School (Year 5 / Standard 3)
초등학교 5년	10	Primary School (Year 6 / Standard 4)
초등학교 6년	11	Intermediate School (Year 7 / Form 1)
중학교 1년	12	Intermediate School (Year 8 / Form 2)
중학교 2년	13	College (Year 9 / Form 3)
중학교 3년	14	College (Year 10 / Form 4)
고등학교 1년	15	College (Year 11 / Form 5)
고등학교 2년	16	College (Year 12 / Form 6)
고등학교 3년	17	College (Year 13 / Form 7)
대학교	18	Polytechnic University

뉴질랜드의 학기는 2학기로 나뉘어 있으나, 학기마다 중간 방학이 있기 때문에 방학에 맞추어 4학기 Term로 구분한다.

학기	기간	학기	기간
Term 1	1월 말~4월 초	Term 2	4월 말~7월 초
Term 3	7월 중순~9월 중순	Term 4	10월 초~12월 중순

전문대학

뉴질랜드에는 국민의 직업 교육을 위해 설립한 25개의 전문대학이 있다. 뉴질랜드의 전문대학 '폴리테크닉 Polytechnic'은 정규 의무 교육을 마치고 바로 직업 전선에 뛰어드는 사람들을 위해 더욱 전문적이고 실질적인 기술 교육을 제공한다. 예전에는 '테크니컬 하이스쿨 Technical High School'이 비슷한 역할을 했으나, 교육의 깊이와 질 측면에서 기술 전문대학인 폴리테크닉과는 비교가 되지 않았다.
폴리테크닉은 비단 향후 취업을 위한 기술 교육뿐 아니라 대학 못지않은 아카데믹한 프로그램을 동시에 제공하기 위해 노력하고 있다. 대표적인 예가 오클랜드에 있는 '유니텍 Unitech'으로, 유니버시티와 폴리테크닉을 합성한 학교명에서 알 수 있듯이 실기와 이론을 겸비한 교육을 지향하고 있다. 폴리테크닉의 수료증은 국제적으로 인정받으며, 종합대학교와도 연관이 있어서 학위를 인정받는다.

종합대학교

뉴질랜드에는 오클랜드, 해밀턴, 파머스톤 노스, 크라이스트처치, 더니든, 웰링턴에 모두 8개의 종합대학교가 있다. 이 가운데 사립으로 운영하는 1개 대학을 제외한 나머지는 정부의 지원을 받아 운영하는 국립대학교. 학사 학위와 석사·박사 학위, 연구 과정 수료증 등을 제공하며, 학교간의 학력 차이는 심하지 않다. 각 대학마다 특징이 있으며, 전문 분야에 대해서 자체의 개성과 특성을 가지고 있다. 따라서 입학 희망자도 과별로 분산되어 입학 경쟁률도 한국보다 낮은 편이다. 그러나 의학부나 치의학부는 예외여서 항상 모든 대학에 지원자가 몰리는 현상이 나타난다.

사립학원

뉴질랜드에는 이 나라 교육평가 심의위원회 NZQA에 정식 등록되어 있는 사립학원이 있으며, 다양한 과정의 코스를 제공한다. 대표적으로 비서학, 경영학, 관광학, 영화학 그리고 컴퓨터 전문 과정 등의 코스가 있으며, 학원 졸업생들에게는 수료증 및 학위 Diploma를 수여한다.

어학연수지로서 뉴질랜드의 장점

① 유학 선호국들 중에서 범죄율과 마약 중독률이 가장 낮은 나라로, 학생들을 안전하게 보낼 수 있는 나라다.
② 한 달에 200~250만 원 정도면 영어 수업과 생활까지 할 수 있을 만큼 타 영어권 국가에 비해 유학 경비가 저렴하다.
③ 전인 교육을 하며 사람을 중시하는 학교 풍토는 학생 개개인을 위해 세심한 배려를 아끼지 않기 때문에 탈선을 사전에 방지할 수 있다.
④ 뉴질랜드에는 외국인 학생을 위한 홈스테이와 가디언 제도가 잘 정착되어 있다.
⑤ 일반적으로 외국에 유학할 때는 많은 돈을 내고 입학 수속을 하며, 비자를 미리 한국에서 낸 뒤에야 출국할 수 있으나, 우리나라는 뉴질랜드와 노 비자 협정이 체결되어 있어서 현지에 도착해 모든 과정을 직접 확인한 뒤 교육 기관이나 홈스테이 등을 선택할 수 있다.
⑥ 뉴질랜드에서 중·고등학교를 졸업한 뒤 영국·미국·캐나다·호주 등 다른 선진국의 대학이나 대학원으로 쉽게 진학할 수 있다.

키위 잉글리시 Kiwi English

유럽의 영향을 많이 받은 뉴질랜드에서는 우리가 배운 미국 영어와는 발음이나 단어 사용에서 많은 차이가 있다. 예를 들면 시간을 읽는 방법도 2시 45분일 경우 "Two Forty Five"라고 하지 않고, 3시 15분 전이라는 뜻의 "Quarter to Three"라고 하는 경우가 많다. 또 4시 50분은 "Ten to Five", 9시 10분은 "Ten past Nine"이라고 한다.
같은 단어의 철자가 다른 경우도 있다. Center는 Centre, Theater는 Theatre로 표기한다. 1층은 First Floor가 아니라 Ground Floor, 2층은 Second Floor가 아닌 First Floor라고 하니 주의해야 한다.

한국어	미국 영어	키위 영어
상점	Store	Shop
아파트	Apartment	Flat
추월	Passing	Overtaking
통조림	Can	Tin
영화	Movie	Cinema
주유소	Gas Station	Petrol
감자튀김	French Fry	Chips
전화하다	Call	Ring
렌터카	Rent a Car	Hire Car
예약	Reservation	Booking

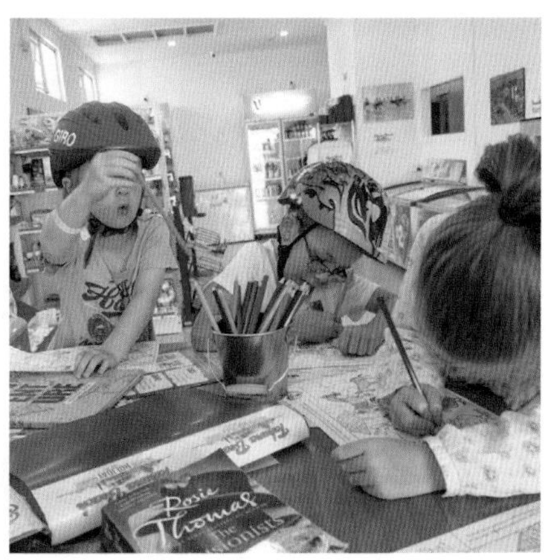

QUAL MARK

뉴질랜드 여행의 보증 수표, 퀄 마크

퀄 마크는 이름 그대로 퀄리티(품질)을 보장하는 인증 마크다. 뉴질랜드 여행 도중 여러 가지 상품을 놓고 선택의 기로에 섰을 때는 숙소의 간판이나 액티비티 상품의 팸플릿에 퀄 마크가 있는지부터 확인하자.

뉴질랜드의 상징이기도 한 은고사리 잎과 그 아래에 달리는 별의 개수에 따라 등급이 나뉜다. 아예 별이 하나도 없는 곳도 있고, 최고 별 5개까지 등극한 명예로운 곳도 있다. 주로 숙박업소와 교통 및 투어 회사, 레스토랑 등에 주어지며 퀄 마크가 있는 곳에서는 일단 안심하고 예약하고 상품을 구입해도 된다. 이 마크는 뉴질랜드 관광청에서 인증하는 공식 품질 보증 마크이며, 이 표시가 있는 숙박 시설이나 관광 상품은 엄격한 품질 평가 과정을 거친 곳이기 때문이다.

www.qualmark.co.nz

퀄 마크의 단계와 의미

업종	퀄 마크	의미
숙박업소	★ ★Plus	**Acceptable.** 기본적인 시설에 깨끗하고 편안한 곳.
	★★ ★★Plus	**Good.** 기본적인 시설에 덧붙여서 설비와 서비스가 좋은 곳.
	★★★ ★★★Plus	**Very Good.** 아주 좋은 상태의 장소. 여러 분야의 설비와 서비스를 제공하는 곳.
	★★★★ ★★★★Plus	**Excellent.** 더 높은 품질을 위해 지속적으로 노력하는 훌륭한 장소. 폭넓은 분야의 설비와 서비스를 제공한다.
	★★★★★	**Exceptional.** 뉴질랜드에서 가장 좋은 최고의 장소.
액티비티 & 교통	Endorsed	고객 서비스, 시설, 직원 훈련, 안전과 품질에 대해 확신할 수 있는 액티비티와 교통편.
	Applied For	퀄 마크를 받기 위해 심사 중인 곳.

ACCOMMODATION

뉴질랜드의 숙박

여행 시스템이 잘 갖춰진 뉴질랜드에는 여러 종류의 숙박 시설이 있다. 여행 스타일과 예산에 맞는 숙소를 선택할 수 있으며, 선택을 돕기 위해 뉴질랜드 정부 관광청에서는 퀄 마크 제도를 시행하고 있으니 이를 잘 활용하는 것이 좋다.

백패커스 호스텔 Backpackers Hostel

백팩, 즉 배낭을 맨 여행자를 위한 호스텔이라는 의미의 백패커스는 가장 저렴한 동시에 가장 많은 정보가 넘쳐나고 또한 가장 자유로운 형태의 숙박업소다. 백패커스라는 개념은 우리나라에서는 찾아볼 수 없는 것이지만, 굳이 비슷한 곳을 찾자면 병원의 병실을 상상하면 쉽다. 병원에서 2~10명이 한 방에서 각각 침대 하나씩을 사용하는 것처럼, 이곳도 객실이 아니라 침대를 빌린다고 생각하면 된다.

백패커스의 객실은 싱글·도미토리·더블·트윈 등으로 나뉘는데, 싱글 룸이 1인용, 더블 룸이 2인용인 것은 알고 있는 바와 같다. 단, 더블 룸은 침대의 형태가 더블 사이즈이고, 트윈은 싱글 사이즈 침대가 두 개 놓여 있는 것이다. 도미토리는 3~10명 또는 그 이상이 같이 쓰는 방을 말하며, 몇 명이 쓰는지에 따라 요금이 달라진다. 남녀칠세부동석에 익숙한 우리 정서로는 남녀 혼숙이 이상하게 생각될 수도 있겠지만, 현지에서는 남녀 구분 없이 사용하는 경우가 많다. 간혹 구분되어 있는 곳도 있고 또 굳이 원하면 성 비율을 조절해주기도 하지만, 이에 대해 요구하는 서양 여행자는 별로 많지 않다. 로마에 가면 로마법을 따라야 하는 법. 처음에는 어색해도 지내다보면 남녀 객실을 구분하는 것이 오히려 이상하게 여겨질지 모른다.

화장실과 샤워실이 딸린 객실을 '엔스윗 룸 Ensuite Room'이라고 한다. 대부분의 백패커스에서는 엔스윗 룸보다는 각 층마다 공용 샤워실과 화장실이 하나씩 있는 경우가 더 많다. 이밖에 취사도구가 있는 공동 주방과 동전 세탁기가 있는 세탁실, TV나 비디오를 설치한 휴게실 등을 갖추고 있다.

백패커스에서 잘 활용해야 하는 것은 바로 이 공동의 공간. 함께 TV를 보거나 몸을 부딪치며 조리하다가 가벼운 눈인사라도 나누면 금방 친구를 사귈 수 있고 아울러 의외의 정보를 얻을 수 있는 곳이기 때문이다. 정보를 얻는 또 다른 방법은 숙소의 게시판을 활용하는 것인데, 대개 리셉션이나 휴게실 같은 공동 공간에 붙어 있다. 게시판에는 중고 차량이나 여행용품, 버스 패스 등을 팔거나 산다는 내용이 주를 이룬다. 간혹 같은 방향의 동행을 구한다거나 룸메이트를 구한다는 광고도 눈에 띈다.

백패커스의 요금은 방 열쇠를 받기 전에 미리 계산하는 것이 관례이며, 디파짓 Deposit을 요구하는 경우도 많다. 우리말로 '보증금'에 해당하는 디파짓은 열쇠나 침대 커버, 담요, 식기 등을 빌릴 때 내는 돈으로 대략 N$5~10 정도다.

체크아웃할 때 그대로 돌려받을 수 있으니 너무 긴장하지는 말 것.
백패커스 요금은 일반적으로 도미토리가 N$25~35, 싱글룸이 N$40~60, 더블 룸이 N$70~100 정도지만, 비수기와 성수기의 차이가 크다는 점을 기억해야 한다.

주의 뉴질랜드의 숙박 요금은 성수기인 여름과 비수기인 겨울의 차이가 도미토리 기준으로 N$5~10 정도에 이른다. 같은 년도 동안에도 성수기인 1~3월까지의 요금은 높고, 비수기인 6~8월은 낮고, 10월부터는 다시 오르는 등 격차를 보인다. 즉, 시간이 갈수록 오르는 것이 아니라, 일시적으로 낮아지기도 한다는 것. 책에 예시된 가격을 참고하되, 계절을 감안하여 예약하는 것이 좋다.

가장 대중적인 유스호스텔 YHA

백패커스 호스텔과 함께 배낭여행객이 많이 이용하는 숙소로 백패커스보다 시설이 조금 나은 편이다. 전국에 150개 정도의 유스호스텔이 분포해 있으며 도미토리, 싱글 룸, 더블·트윈 룸으로 나뉜다.
화장실과 샤워실·주방을 공동으로 사용하는 것은 일반 백패커스와 동일하다. 단, 시설이 나은 만큼 요금도 백패커스보다 N$2~5 비싼 편인데, YHA 카드를 소지하고 있으면 할인해준다. 뉴질랜드 YHA 협회에서는 해마다 자체 점검을 통해 검증받은 숙소에 한해 협회 회원으로 인정하고 있다. 각 도시 인포메이션 센터나 전화·팩스·인터넷을 통해 예약할 수 있으며, 시설과 위치가 좋은 곳은 미리 서둘러 예약하는 것이 좋다.

YHA 카드 vs. BBH 카드
두 카드 모두 숙박 할인 카드다. 회원 가입 시에 가입비가 들지만, 여행하는 동안 충분히 만회할 정도이니 둘 중 하나는 꼭 준비하자. 뉴질랜드 내 거의 대부분의 백패커스에서 두 카드 중 하나는 할인이 된다. 도미토리의 경우 통상 N$3 할인.

기숙사와 유사한 형태 YMCA & YWCA

순수하게 YMCA·YWCA에서 운영하는 것 외에 상업적인 게스트 하우스도 많다. 회원이 아니어도 이용할 수 있으며, 회원은 할인 혜택을 받을 수 있다. 주로 대도시에 있으며, 대체로 기숙사처럼 방이 일직선 형태로 붙어 있다.

베드 앤 블랙퍼스트 B & B(Bed & Breakfast)

B&B는 뉴질랜드처럼 민가가 드문드문 떨어져 있는 곳에서 무척 유용한 숙박 형태다. 시골길을 달리다 보면 인적이 드문 길가에 B&B를 알리는 작은 간판이 걸린 걸 볼 수 있는데, 불빛 하나 없는 곳에서 편히 쉴 곳과 아침식사를 해결할 수 있다는 점만으로도 반가울 수밖에 없다.
폐광촌의 광부가 쓰던 오두막이라든지 개조한 밴 또는 마구간, 고풍스런 벽돌집에 이르기까지 온갖 형태의 B&B가 뉴질랜드 전역에 흩어져 있다.
B&B는 이름 그대로 '침대와 함께 아침식사'까지 제공하는 점이 특징이다. 이들 숙소는 안내 책자를 통해 찾을 수 있으며, 대체로 더블 룸 가격이 N$60~100이다. 최근에는 저렴한 숙소라기보다는 소규모 고급 숙소의 개념으로 변해가고 있어서 웬만한 호텔보다 요금이 비싼 곳도 많다.

팜 스테이와 홈스테이 Farm Stay & Home Stay

팜 스테이는 농가에 머무르는 것을 말한다. 낙농국인 뉴질랜드의 전원생활과 농장의 분위기를 직접 느낄 수 있어서 좋은 반면, 시내에서 뚝 떨어진 외딴 곳에 있다는 것이 단점이다. 워킹홀리데이나 우프가 목적이 아니라면 1~2일 이상 머물기 어려운 것이 사실. 숙박 요금도 1박당 N$80~110으로 생각보다 비싼 편이다. 승마나 캠프파이어 등 다양한 부대 행사가 포함된 경우가 많기 때문이다. 관광안내소나 숙소의 홈페이지를 통해 미리 예약해야 한다.
홈스테이는 주로 뉴질랜드의 도시 가정생활을 체험해볼 수 있는 숙박 형태, 쉽게 말해 '하숙'이다. 여행자보다는 어학연수를 목적으로 하는 연수생이나 유학생들이 주로 이용한다. 잠만 잘 것인지, 아침이나 저녁 식사를 포함할 것인지에 따라 요금이 달라지고, 혼자 사용하는지 공동 사용인지에 따라서도 가격은 달라진다. 현지인과 함께 생활하며 그들의 살아 있는 문화와 언어를 익힌다는 점이 최대 장점이다.
홈스테이의 최대 단점은 식생활이 다른 데서 오는 크나큰 괴리감. 김치 없이는 못 산다는 사람들은 한국인 가정에 홈스테이를 하기도 한다. 뉴질랜드 가정보다 비용이 비싼 대신 아침저녁으로 '밥과 김치'를 먹을 수 있다는 것. 그리고 우리말로 의사소통이 된다는 것이 장점이자 단점이다. 한국인 민박이나 하숙에 관한 정보는 현지에서 발행하는 교민 잡지나 인터넷 사이트를 참고하면 된다.

아파트먼트와 홀리데이 플랫

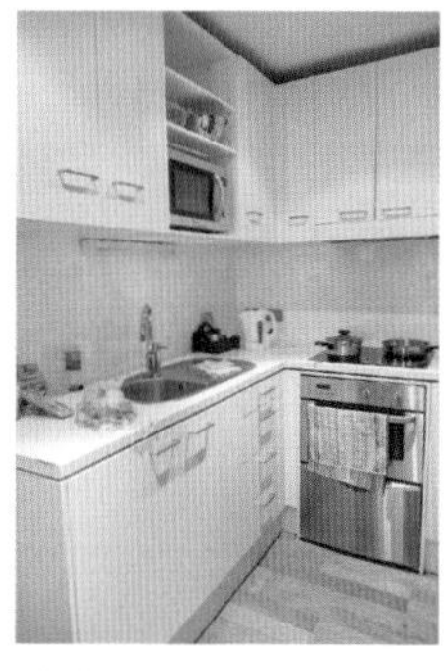

뉴질랜드에서는 플랫 Flat이 아파트라는 말처럼 쓰인다. 주로 휴양지에서 볼 수 있으며, 우리나라로 치면 콘도와 가장 비슷하다. 겉으로 봐도 일반 아파트처럼 생겼는데, 아파트의 한 집을 빌린다고 생각하면 된다. 익스피디아나 아고다 같은 글로벌 호텔 사이트를 이용하면 아파트먼트와 플랫 하우스에 대한 예약도 손쉽게 할 수 있고, 집 한 채를 일정 기간 통째로 빌리고 싶을 때는 에어비앤비 Air B&B 등의 사이트를 이용하면 된다.

조리 기구가 딸려 있는 주방에서는 손수 음식을 해먹을 수 있고, 객실마다 샤워실과 화장실·TV가 딸려있는 등 가정적인 설비를 해놓았다. 다만 별도의 서비스를 제공하지는 않으므로 침대를 정리하거나 쓰레기통을 비우는 일 등은 투숙객의 몫이다.

홀리데이 플랫은 일반적으로 주 단위로 대여하며 1~4주일 이상 체류할 때 가장 적당한 숙박 형태다. 비수기와 성수기에 따라 요금 차이가 10~30%까지 난다.

- 익스피디아 www.expedia.co.kr
- 아고다 www.agoda.com/ko-kr
- 에어비앤비 www.airbnb.co.kr

모텔과 호텔

모텔은 Motor+Hotel의 합성어다. 즉 자가 운전자들을 위한 숙소. 당연히 넓은 주차 공간을 확보하고 있으며, 서비스와 시설·가격 면에서 유스호스텔과 호텔의 중간쯤 된다. 호텔과의 차이점은 콘도처럼 객실 내에 주방 시설을 갖추고 있다는 것. 직접 조리를 할 생각이라면 호텔보다 모텔이 더 적합하다. 주로 Motor Inn이라고 하며, 가격은 N$80~150 정도.

한편 뉴질랜드의 호텔은 세계적인 체인은 물론 대도시의 카지노 호텔들까지 가세해 날로 화려함과 정교한 서비스를 더해가고 있다. 대개 3~5성으로 등급이 나뉘는데, 위치와 시설에 따라 가격은 천차만별이다. 여행 중 피로가 쌓이거나 기분 전환이 필요할 때 이용할 만하다. 호텔을 저렴하게 이용하려면 직접 찾아가기보다는 여행사나 인터넷을 통해 예약하는 것이 좋다. 항공권과 마찬가지로 여행사나 전문 업체들은 호텔과 별도의 규정을 맺고 있기 때문에 일반인이 직접 할 때보다 저렴한 요금으로 예약할 수 있다.

홀리데이 파크 Holiday Park(캠핑장)

우리나라에서는 최근에 각광받고 있는 캠핑카 문화, 호주나 뉴질랜드에서는 일찍부터 캠핑카 여행이 일반화되어 캠핑장과 캠퍼밴 파크가 곳곳에 있기 때문에 캠핑을 하거나 캠핑카를 이용하면 적은 비용으로도 여행을 할 수 있다. 캠핑은 말 그대로 평평한 바닥에 텐트를 치고 자는 것인데, 개인용 텐트만 있다면 여름철에 많은 비용을 아낄 수 있는 방법이다.

캠퍼밴(campervan)과 모터홈(moterhome)은 뉴질랜드 전역 대도시에서 대여할 수 있다. 차량 내부에 대부분 냉장고, 싱크대, 가스 스토브, 옷장, 접는 침대, 수조 등을 갖추고 있으며, 침구류와 그릇·주방용품까지 대여료에 포함되어 있다. 캠퍼밴은 2~3인용, 모터홈은 4~6인용을 말한다. 대여 기간은 최소 7일 이상은 되어야 하며, 기간이 길어질수록 할인폭도 커진다.

대표적인 캠핑카 대여 업체로는 Maui, Britz, Kea를 들 수 있고, 최근에 떠오르는 업체로는 JUCY가 단연 돋보인다. 백패커와 젊은 여행자를 겨냥한 저가형 주시 캠퍼밴의 경우, 마우이 등의 전통적인 업체에 비해 훨씬 저렴한 가격으로 시장 점유율을 높여가고 있다. 캠핑장과 홀리데이 파크는 시설에서 차이는 있지만 대부분 전기 공급 장치, 온냉수 공급, 화장실, 세탁 시설 등 기본 설비를 갖추고 있다. 장소 사용료는 1인당 N$30~40 정도. 공원 내의 시설은 모두 공동으로 쓸 수 있다. 텐트나 캠핑카가 없는 여행자를 위해서는 2인 기준으로 N$60~100 정도에 밴이나 캐빈 같은 작은 집을 빌려주기도 한다.

REAL+

국제전화와 유심 교체

스마트폰 로밍이 일반화되면서 국제전화에 대한 별도의 설명이 필요없어진 지 오래다. 그러나 2주일 이상 넘어가는 중장기 여행자의 경우는 비싼 데이터 로밍보다는 현지에서 스마트폰 심카드를 구입하거나, 선불전화카드를 사용하는 방법이 훨씬 경제적이다. 도심의 공중전화 부스 안에서는 무료 와이파이 사용이 가능한 곳도 많으므로, 스마트폰 사용자들은 공중전화 부스를 잘 활용하는 것도 도움이 된다.

직접 전화하는 방법

호텔 전화 또는 공중전화 등을 이용해서 한국으로 직접 전화하는 방법. 호텔 전화를 이용하면 호텔 전화 사용료까지 지불해야 하므로 요금이 많이 비싸지고, 공중전화를 이용하는 경우 전화 요금 만큼의 동전을 준비해야 하는 단점이 있다. 각 국가의 국제전화 인식 번호+한국 국가번호+0을 뺀 지역번호+전화번호의 순서로 버튼을 누르면 연결된다. 예를 들어 뉴질랜드에서 한국의 서울 123-4567로 전화를 할 경우 011-82-2-123-4567이 된다.

장거리 여행자의 도착 후 제 1미션, 유심 교체

공항 도착 즉시 뉴질랜드 유심칩으로 교체, 현지폰을 사용하는 여행자들이 늘고 있다. 산악 지형이 많은 뉴질랜드에서 와이파이 사용은 한국에 비하면 답답하기 그지없다. 이런 이유로 다른 어느 나라보다 뉴질랜드에서는 현지폰 사용을 권장하는데, 특히 3주 이상의 장기 여행자일 경우는 비용과 효용 면에서 로밍폰보다 현지폰이 많은 장점을 가지고 있다.

뉴질랜드에는 3개의 통신사가 있다

보다폰 vodafon, 투디그리스 2degrees, 스파크 spark. 세 군데 통신사 중 호주와 뉴질랜드 모두에서 최강자는 보다폰이며, 가격 면에서 약간의 장점을 가지고 있는 신생 투디그리스, 플랜 면에서 돋보이는 스파크가 이를 뒤쫓고 있다.
개인적으로 세 군데 회사 모두를 이용해 본 결과, 도시 여행을 주로 한다면 서비스(전화, 문자, 데이터)와 커버리지, 비용 면에서 눈에 띌만한 큰 차이는 없다. 어느 회사 제품을 사용하든 상관없다는 의미. 그러나 도시를 벗어나면 이야기는 달라진다. 보다폰을 제외한 나머지 회사의 경우 서비스가 되지 않는 경우가 빈번하고, 보다폰 조차도 생각보다 많은 지역에서 통신이 두절되곤 한다.

- **보다폰** www.vodafone.co.nz
- **투디그리스** www.vodafone.co.nz
- **스파크** www.spark.co.nz

강추 아이템은 여행자를 위한 트래블팩

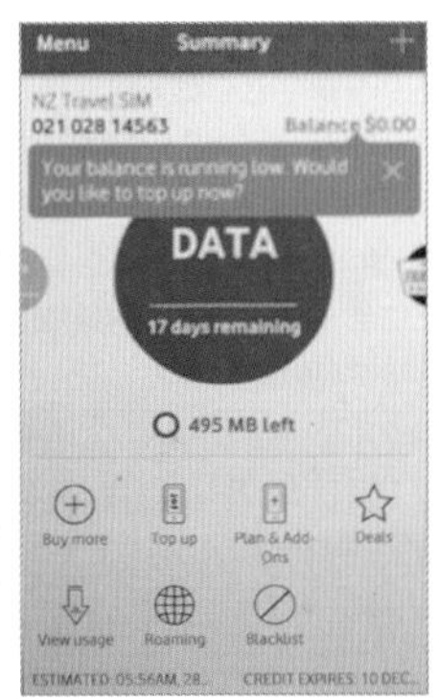

데이터와 이동전화 패키지 요금은 최저 N$19부터 시작하며 기간과 데이터 이용량에 따라 달라지는데, 여행자에게 최적화된 트래블팩이 있는지 확인해 보는 것이 좋다. 공항이나 대형 지점이 아닌 경우에는 트래블팩 유심이 없는 경우가 많으니 가능하면 공항에서부터 준비할 것.
통신사와 패키지를 선택한 후에는 사용에 앞서 해당 통신사의 앱을 깔고 간단한 회원가입 절차를 거치면, 사용량과 남은 기간 등이 실시간 보기 좋게 표시된다. 앱을 통해 데이터 충전이나 요금 결재도 가능하다.

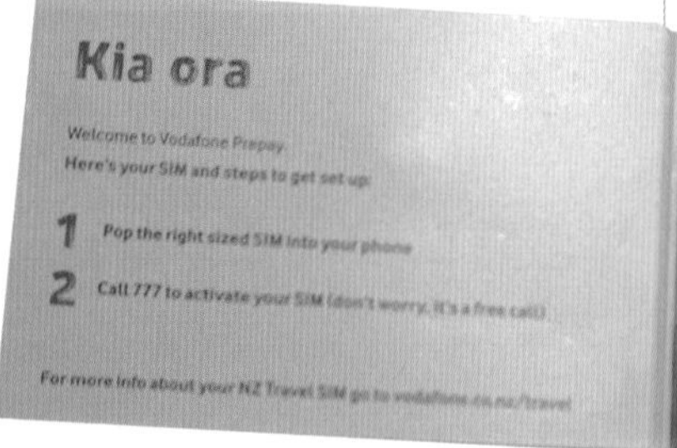

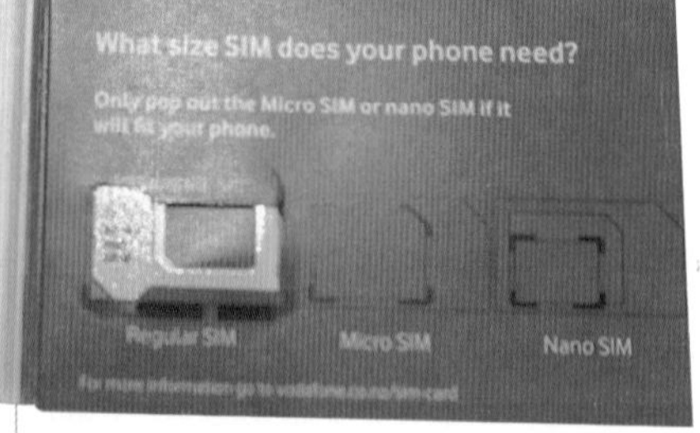

THEME
BOOK IN BOOK

뉴질랜드에서 이건 꼭!

NZ BUCKET LIST

MUST DO!

뉴질랜드는 레포츠 천국이다. 눈으로 보는 뉴질랜드와 몸으로 체험하는 뉴질랜드는 또 다른 세상이다. 세계 최초의 번지점프부터 설산에서 즐기는 스키, 쪽빛 바다에서 즐기는 크루즈와 온몸을 녹이는(?) 지열 온천…. 그러나 뉴질랜드 액티비티의 최고 정점은 원시 산악을 두 발로 체험하는 트램핑이라 할 수 있다. 진짜 뉴질랜드를 만나는 방법은 대자연 속에 과감히 나를 던지는 것!

꼭 해야 할 체험 BEST 7

❶ 캠핑카 여행 Campervan Trip

캠핑카 여행은 많은 사람들의 로망이다. 밀리는 도로 위에서가 아니라 눈길 닿는 곳마다 그림 같은 풍경 속이라면 더더욱. 뉴질랜드는 그 로망을 이루기에 가장 좋은 곳이다. 많은 뉴질랜더들이 캠핑카를 보유하고 있으며, 뉴질랜드 전역에는 캠핑카 여행을 위한 홀리데이 파크들이 빼곡하게 자리 잡고 있다. 여행자를 위한 렌트용 캠핑카도 대여에서부터 이용까지 시스템이 잘 갖추어져 있다. 우리도 그들처럼 캠핑카에 몸을 싣고 그림 같은 풍경 속을 여행해보자.

❷ 번지점프 Bunge Jump

뉴질랜드의 레포츠 가운데 가장 인기 있으면서 대중적으로 널리 알려져 있는 번지점프. 전 세계에서 오로지 번지점프만을 위해 뉴질랜드로 가는 젊은이들의 수도 적지 않다. 대표적인 곳으로는 세계 최초의 상업적인 번지점프가 시작된 남섬의 와이라우강(퀸스타운) 번지점프를 꼽을 수 있으며, 이에 못지않은 인기를 누리는 곳이 북섬의 타우포 번지점프다.

❸ 루지 Luge

동계 올림픽 종목인 루지를 마른 땅에서, 그것도 산꼭대기에서 타고 내려오는 스릴 넘치는 액티비티. 뉴질랜드에서 루지를 탈 수 있는 곳은 북섬의 로토루아와 남섬의 퀸스타운 두 군데다. 마치 스카이다이빙을 하는 것처럼 아름다운 풍광 속으로 전력 질주하는 루지의 매력은 안 타본 사람은 있어도 한번만 타는 사람은 없다는 상투적인 표현이 딱 맞는 경지다. 우리나라 통영에 설치된 루지도 뉴질랜드 회사, 스카이라인 Skyline에서 설계한 것이다.

❹ 스키&스노보드 Ski&Snowboard

북반구의 7~8월은 뉴질랜드의 스키 시즌이다. 한국의 여름에 지친 사람들에게 뉴질랜드의 겨울은 눈이 번쩍 뜨이는 신천지. 뉴질랜드의 스키장 규모는 생각보다 작지만 산악 지형을 자연 그대로 이용한 슬로프만큼은 세계 최고를 자랑한다. 퀸스타운 주변의 코로넷 피크와 라마커블스 스키장, 와나카 주변의 트래블 콘과 카드로나 그리고 크라이스트처치에서 가까운 마운트 헛이 규모도 크고 시설도 좋다. 북섬에서는 통가리로 국립공원의 와카파파·투로아 스키장이 가장 인기 좋다. 어디에서건 파우더 스키의 진수를 실컷 즐길 수 있다.

❺ 지열 온천 Hot Springs

화산 폭발로 생겨난 뉴질랜드는 국토 전체가 지열 지대다. 그 중에서도 로토루아와 타우포 일대의 지열지대는 살아있는 지구의 속사정을 눈으로 확인할 수 있는 지질학 교과서와도 같은 곳. 100% 순수 지열에서 솟아나는 온천수는 관절염과 피부병에 특효라고 하니, 누구라도 뉴질랜드에서는 지열 온천에 몸을 담그고 볼 일이다.

❻ 트램핑 Tramping

트램핑의 Tramp는 '천천히 걸어서 여행한다'는 뜻이다. 말 그대로 트램핑의 목적은 자연 속을 천천히 걸으면서 즐거움을 찾는 데 있다. 대표적인 트램핑 코스는 피오르드랜드 국립공원의 밀포드 트랙과 루트번 트랙, 아벨 타스만 국립공원의 타스만 해안선 트랙 그리고 아서스 패스와 마운트쿡 국립공원 등을 들 수 있다. 통가리로 국립공원은 북섬 최고의 트램핑 코스다.

❼ 크루즈 Cruise

사면이 바다로 둘러싸인 뉴질랜드는 유난히 크루즈가 발달된 나라다. 육지와 섬을 잇는 크루즈, 호수와 섬을 잇는 크루즈, 북섬과 남섬을 잇는 크루즈, 그리고 밀포드 사운드 같은 피요르드 지형을 탐험하는 크루즈까지…. 도시마다 크고 작은 관광 크루즈들도 특색 있게 잘 구성되어 있다. 섬나라 뉴질랜드에서는 한번쯤은 반드시, 크루즈를 타게 된다. 타야만 한다.

MUST BUY!

여행의 즐거움 중 하나는 그곳에서만 살 수 있는, 또는 그곳이 원산지인 아이템들을 쇼핑하는 일이다. 1차 산업이 중심인 뉴질랜드에서는 쇼핑 아이템 또한 자연에서 나온, 순수하고 청정한 제품들이다. 목축, 양봉, 낙농을 통해 생산된 제품들은 뉴질랜드 제품이 세계 최고라 믿어도 좋다.

꼭 사야 할 아이템 BEST 7

❶ 양모 제품 Woolen Goods

겨울이면 어김없이 어그 부츠가 돌아온다. 따뜻한 양모 이불의 촉감도 잊을 수 없다. 사람보다 양이 많은 뉴질랜드에서는 다양한 양모 제품들이 생산된다. 부츠나 이불이 부담스럽다면 양털 슬리퍼나 쿠션, 목도리 같은 것도 권할 만하다. 이도 아니면 양털로 만든 양 인형이라도.

❷ 프로폴리스 Propolis

프로폴리스는 벌들이 벌집을 청소할 때 분비하는 물질이다. 살균과 소독을 위해 분비하는 프로폴리스는 벌들의 소독약으로 오랫동안 관찰되고 연구되었는데, 최근에는 의약품 뿐 아니라 치약과 스프레이 등 여러 종류의 일상 제품으로도 만들어지고 있다. 뉴질랜드는 자연 그대로의 상태에서 건강하게 벌들을 키우는데, 자유롭게 날아다니며 섭취한 청정한 먹이들이 그대로 프로폴리스에 녹아 있다. 항산화 작용과 항균 작용으로 초기 감기나 구강 염증 치료에 도움이 된다.

❸ 마누카 꿀 Manuka Honey

프로폴리스가 대부분의 벌들에서 추출되는 물질이라면, 마누카 꿀은 특정 먹이를 먹은 벌에게서만 채밀할 수 있는 꿀이다. 그 먹이가 바로 남태평양 국가에서만 자라는 천연 차나무, 마누카 Manuka다. 마누카 꿀에서는 일반 꿀에서 볼 수 없는 강력한 항균 물질이 나오는데, 특히 헬리코박터균과 포도상균, 연쇄구균과 같은 박테리아를 파괴시키는 항균물질이 다량 함유된 것으로 확인되었다. 마누카 꿀을 구입할 때 눈여겨봐야 할 것으로 UMF 지수가 있는데, 이는 Unique Manuka Factor의 약자로 항균력을 나타내는 수치이다. UMF 10+/15+/20+로 표기된 것들 중에, 수치가 높을수록 가격도 비싸다. UMF 지수가 없는 것은 약성이 확인되지 않은 일반 꿀이므로 굳이 뉴질랜드에서 구입할 필요는 없다.

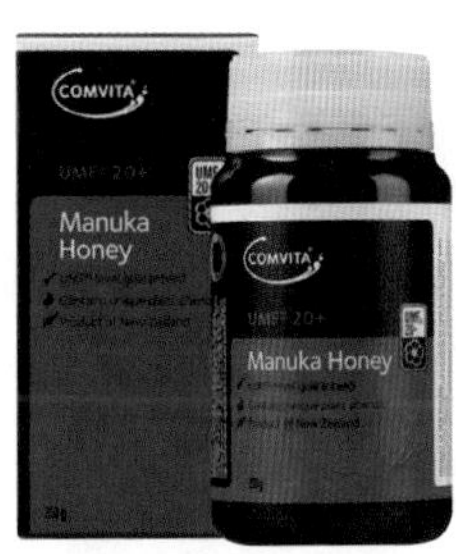

❹ 녹용

깨끗한 풀을 먹고 자란 건강한 사슴에서 얻은 건강한 녹용. 최근에는 한국인삼공사의 정관장에도 뉴질랜드 것이 사용되고 있다고 광고하는 바로 그 녹용이다. 뉴질랜드 녹용이 좋은 이유는 환경 때문. 깨끗한 공기와 풀은 물론이고, 뉴질랜드 남섬의 차가운 기온도 좋은 녹용을 만드는 데 한몫을 하고 있다. 녹용은 크기가 큰 것보다는 작은 것이 좋은 것이고, 뿔의 맨 끝부분을 팁 Tip이라 하며 최상품으로 친다. 그 아래로부터 상대, 중대, 하대로 갈수록 가격이 낮아진다.

❺ 블런트 우산 Blunt Umbrella

세상에서 가장 튼튼한 우산으로 알려진 블런트 우산. 태풍에도 뒤집어지지 않고, 폭우가 쏟아져도 끄떡 없이 막아낸다. 끝이 둥근 디자인과 감각적인 컬러, 그리고 손에 감기는 세련된 그립감까지, 말 그대로 돈 값을 하는 기특한 우산이다. 그러나 블런트 우산의 명성을 익히 알고 있는 사람들조차도 이 우산이 뉴질랜드에서 처음 디자인되었다는 사실을 아는 사람은 드물다. 대도시 중심가를 걷다보면 블런트 우산 가게가 눈에 띄는데, 하나쯤 구입해도 후회 없을 선택이다.

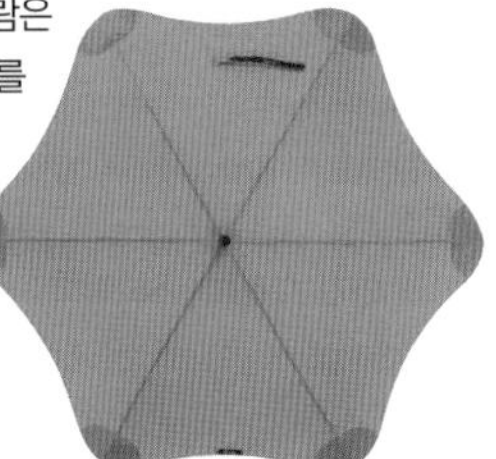

❻ 양 태반 크림 Placenta Cream

태반에 함유된 라놀린 성분은 세포 재생과 보습에 탁월한 효과가 있다. 뉴질랜드에서 생산되는 태반 크림은 양 태반을 사용하는 것으로, 양의 태반에는 영양 성분이 다른 동물의 태반보다 월등히 많이 함유되어 있다. 특히 사람과 조직이 비슷한 것으로 확인되었는데, 뉴질랜드 산양 분유가 사람의 모유 성분과 가장 유사하다는 이유로 고가인 것과 같은 원리다. 태반 특유의 향 때문에 꺼리는 사람들도 있었지만, 최근에 나오는 제품들은 향이 많이 개선되어 편하게 사용할 수 있다.

❼ 포포 크림 Paw Paw Cream

호주를 여행한 사람들이라면 한번쯤 구입해 보았을 국민크림. 호주 출신 셀럽 미란다 커가 립밤으로 사용하는 것이 알려지면서 우리나라에서도 찾는 사람이 많아졌다. 뉴질랜드에서 역시 포포 크림은 국민크림으로 널리 사용된다. 바세린에 파파야 성분이 함유되어 아토피, 벌레 물린 데, 보습과 피부 보호 등에 효능이 있다. 여러 브랜드 가운데 원조는 루카스 포포 Lucas Paw Paw. 슈퍼마켓이나 기념품 가게, 약국 등에서 구입할 수 있으며 가격은 호주와 비슷하다.

MUST EAT & DRINK!

뉴질랜드에는 특별한 먹을거리가 없다는 고정 관념을 버릴 것!! 뉴질랜드만의 고유한 먹을거리는 없을지 몰라도, 전 세계의 미각을 한 자리에서 즐길 수 있는 다양한 선택의 기쁨이 있는 곳이 바로 뉴질랜드다. 음식은 재료가 반이라는 말도 있지 않던가. 청정 지역에서 생산되는 최고의 재료가 있는 한 뉴질랜드 미각 여행은 즐거울 수밖에 없다.

꼭 맛봐야 할 음식 BEST 7

❶ 해산물 Sea Food

바다에 둘러싸인 뉴질랜드의 환경은 다양한 해산물 요리를 발달시켰다. 크레이피시라 불리는 엄청나게 큰 바닷가재를 비롯해 굴·장어·방어·참돔·홍합 등이 풍부하며, 남섬 연안에서는 연어도 많이 잡힌다. 신선한 해산물을 이용한 요리는 곳곳의 씨푸드 레스토랑에서 맛볼 수 있으며, 신선한 연어를 사용한 초밥도 인기 있다. 슈퍼마켓에서 판매하는 초록홍합은 한 입에 가득 찰 정도로 크고 실하다. 조리할 수 있는 환경이라면 물만 붓고 끓여도 사골 못지않은 보양식이 된다.

❷ 피시 앤 칩스 Fish & Chips

영국의 전통 음식이라고까지 불리는 피시 앤 칩스는 영국 이민자들이 많은 뉴질랜드에서도 거의 전통 음식 수준으로 많이 먹는다. 흰살생선에 밀가루와 튀김옷을 입혀 높은 온도에서 튀겨낸 것을 피시, 길게 썬 감자튀김을 칩스라고 한다. 따로 시켜 먹을 수도 있지만, 주로 두 종류를 섞어서 먹는다. 생선의 종류와 조각의 수에 따라 값이 달라지는데, 대개 N$5~10 정도면 두 사람이 배불리 먹을 수 있다.

❸ 와인 & 맥주 Wine & Beer

뉴질랜드 사람들은 낮에는 맥주, 밤에는 와인을 즐겨 마신다. 특히 물이 깨끗한 뉴질랜드의 맥주는 브랜드 별로 맛도 다양하고 도시 별로 종류도 다양하다. 오클랜드에서는 라이온 레드 Lion Red, 크라이스트처치에서는 캔터베리 드래프트 Canterbury Draft, 더니든에서는 스파이츠 골드 메달 에일 Speights Gold Medal Ale이 최고 인기 브랜드. '스타이니'라는 스타인라거 Steinlarger는 젊은이들이 즐겨 마시는 브랜드이며, 이밖에 키위 라거 Kiwi Larger, 투이 Tui 등 뉴질랜드다운 독특한 이름의 맥주도 있다. 가격은 1캔에 N$2 미만. 대형 슈퍼마켓에서 6개들이 팩으로 구입하면 훨씬 저렴하다.

❹ 육류 Meat

청정 목축왕국 뉴질랜드의 가장 일반적인 먹을거리는 역시 육류 요리다. 양고기를 비롯해서 돼지고기와 쇠고기 등을 스테이크로 먹거나 훈제로 먹는 등 조리법도 다양하다. 뉴질랜드에서는 닭고기나 돼지고기보다 쇠고기가 더 저렴한데, 슈퍼마켓에서 커다랗게 손질한 스테이크용 쇠고기를 N$5~10 정도면 살 수 있다. 일반 음식점에서도 푸짐하고 맛있는 쇠고기 스테이크를 N$20~30 정도면 부담 없이 맛볼 수 있다.

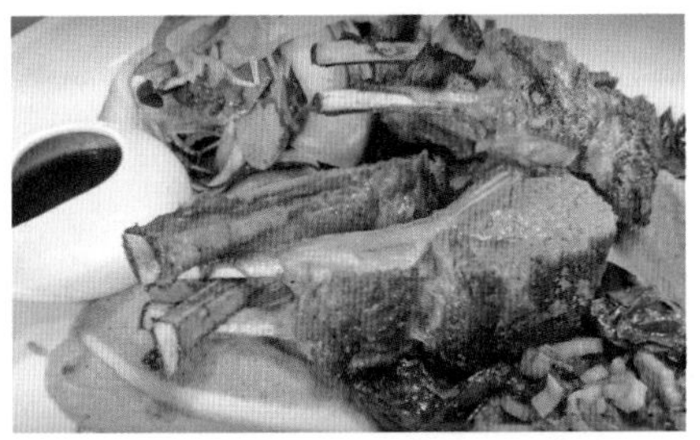

❺ 유제품 Milk Product

목축업이 발달한 만큼 그 부산물인 유제품 역시 다양하게 발달되어 있다. 치즈, 우유는 물론이고, 우유로 만든 아이스크림의 맛 또한 월등하다. 도시마다 대표적인 아이스크림 가게가 있을 정도이고, 각각의 가게마다 독특한 비법과 재료로 각기 다른 맛을 내고 있다. 슈퍼마켓에서 파는 아이스크림의 가격은 생각보다 비싸지만, 카페나 아이스크림 가게에서 판매하는 아이스크림은 한국 보다 훨씬 저렴하다.

❻ 햄버거 & 미트파이 Hamburg & Meat Pie

지금까지 알고 있던 햄버거는 잊어도 좋다. 패스트푸드의 대명사인 햄버거가 뉴질랜드에서는 헬씨푸드로 각광받고 있다. 직접 만든 빵과 로컬에서 재배된 건강한 채소, 그리고 청정 뉴질랜드 쇠고기가 어우러진 햄버거가 어찌 패스트푸드일 수 있겠는가. 아울러 작은 도시마다 특색 있는 미트파이도 찾아 먹을 만큼 맛이 있다.

❼ 과일 Fruits

스스로 '키위'라 칭할 정도로 키위와는 인연이 깊은 뉴질랜드. 과일 키위에 대한 사랑 역시 남다르다. '제스프리 키위'는 뉴질랜드 최고 규모의 농산물 회사이고, 한국에도 수출되어 널리 알려져 있다. 뉴질랜드에서 제철을 맞은 키위는 깜짝 놀랄 만큼 저렴한 가격에 판매된다. 한편 우리나라 사람들에게는 생소한 과일인 피조아 Feijoa 역시 뉴질랜드 여행 중에 반드시 맛봐야 할 과일이다. 파인애플과 구아바의 중간 정도의 상큼하고 달달한 맛이 나는데, 어느 것과도 닮지 않은 독특한 향기가 난다. 늦여름에서 초가을 사이에만 맛볼 수 있다. 이밖에 체리, 애플망고 등의 과일들도 당도가 높고 맛있으며, 저렴하다.

REAL+

리큐르 숍과 B.Y.O

이웃나라 호주에서는 리큐르 숍이라는 술 전문 판매점에서만 주류를 판매하지만, 뉴질랜드에서는 맥주와 와인 정도는 슈퍼마켓에서도 판매하고 있다. 뉴질랜드의 레스토랑에서는 B.Y.O.라는 말이 자주 눈에 띄는데, 이는 'Bring Your Own'의 약자. 자신의 술을 가져와서 마셔도 된다는 뜻이다.

뉴질랜드의 레스토랑에서 주류를 판매하려면 정부의 허가를 받아야 하는데, BYO 레스토랑의 경우 주류 판매 허가는 없지만 손님이 자기 술을 가져와 마시는 것은 괜찮다는 의미. 가까운 리큐르 숍에서 술을 사서 레스토랑으로 가면, 1인당 N$1~2 정도를 받고 컵이나 병따개 등을 빌려준다. 주류 구입은 만 18세 이상만 가능하다.

NO PICNICKING

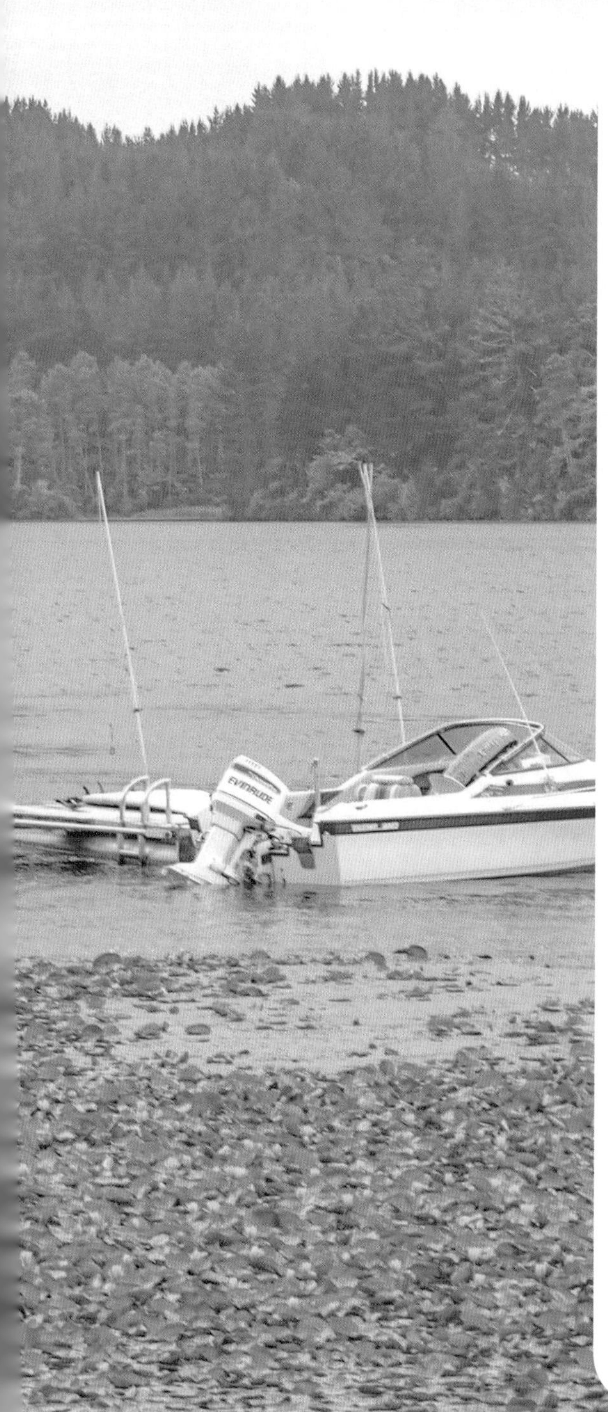

PART 03

진짜 뉴질랜드를 만나는 시간

REAL NEW ZEALAND

NORTH ISLAND 북섬

오클랜드 AUCKLAND

AUCKLAND

인구
166만 명

지역번호
09

인포메이션 센터 i-SITE Visitor Information Centres

- **International Airport Terminal** Arrivals Hall International Terminal 06:00~22:00 365-9925
- **SKYCITY** Corner Victoria & Federal Sts. 09:00~17:00 365-9918
- **Princess Wharf** 137 Quay St., Princess Warf 09:00~17:00 365-9914

www.aucklandnz.com

요트의 도시, 문화의 도시 오클랜드는 하나의 광역시로, 노스 쇼어, 마누카우, 와이타케레, 오클랜드가 합쳐져서 대도시를 형성하고 있다. 뉴질랜드 전체 인구의 3분의 1 이상이 모여 살고 있으며, 한때 이곳은 뉴질랜드의 수도이기도 했다. 도시 깊숙이 들어온 남태평양과 태즈만 해는 아름다운 해안선을 형성하고, 구릉이 많은 지형은 도시 어디에서건 바다를 조망할 수 있는 축복받은 조건이 된다. 미션 베이, 데번포트 같은 세련된 분위기의 해변이 도시 한가운데 자리하며, 콘월 공원과 마운트 이든 같은 녹지대가 곳곳에 융단처럼 펼쳐진다.

오클랜드는 세계에서 요트 수가 가장 많은 도시로도 기록되어 있다. 세계에서 가장 오래된 국제 스포츠 대회인 아메리카 컵 대회를 두 번씩이나 개최한 세계적인 '요트의 도시 City of Sail'로, 자부심이 대단하다. 살기 좋은 기후와 아름다운 자연, 열심히 가꾸고 보존한 역사의 향기 그리고 여유로운 사람들이 어울려 있는 곳. 매년 세계에서 가장 살기 좋은 도시 1, 2위를 다투는 오클랜드는 여행자들에게도 '살아보고 싶은 도시'로 오랫동안 기억되는 곳이다.

오클랜드 미리 보기
CITY PREVIEW

어떻게 다니면 좋을까?

오클랜드의 볼거리는 시내를 중심으로 약간 흩어져 있다. 도심에서는 걸어다니거나 링크 버스를 이용하면 쉽게 둘러볼 수 있지만, 그 밖의 지역들은 메트로 버스를 이용하거나 투어 차량을 이용하는 수밖에 없다. 관광객을 위한 익스플로러 버스를 이용하면 오클랜드를 좀 더 효율적으로 마스터할 수 있고, 느리게 둘러보고 싶다면 인력거처럼 생긴 자전거 투어를 이용해 보는 것도 특별한 추억이 된다.

어디서 무엇을 볼까?

고층 빌딩이 즐비한 오클랜드 시내는 뉴질랜드의 경제를 이끄는 특구이자 문화의 중심지다. 가장 번화한 곳은 퀸 엘리자베스 2세 광장에서 남쪽으로 뻗어 있는 퀸 스트리트 Queen St.. 이곳에서 동쪽으로 나 있는 하이 스트리트 High St.는 고급 부티크와 카페가 즐비한 세련된 분위기의 거리다. 시내 중심가의 볼거리로는 하버 브리지와 스카이 시티, 박물관과 미술관, 아메리카 컵 빌리지를 포함한 워터프론트 등을 들 수 있고, 미션 베이와 데번포트 같은 바닷가도 항구 도시 오클랜드를 이해하는 좋은 관광지다. 여력이 된다면 오클랜드 주변의 섬도 들러보자.

어디서 뭘 먹을까?

다양한 인종과 국적의 사람들이 어우러져 사는 오클랜드는 음식문화도 국제화의 첨단을 걷고 있다. 퀸 스트리트만 따라 걸어도 중국·일본·터키·그리스·인도·프랑스·이탈리아 그리고 한국 레스토랑 등이 어깨를 나란히 하고, 각각의 맛으로 미각을 자극한다. 그 중에서도 가장 핫한 골목은 퀸 스트리트와 오코넬 스트리트 사이에 위치한 벌컨 레인 Vulcan Lane을 꼽을 수 있다. 가벼운 먹을거리를 찾는다면 퀸 스트리트의 푸드몰을, 모던하고 분위기 있는 식사를 원하면 아메리카 컵 빌리지 쪽으로 가는 것이 좋다. 미션 베이나 타카푸나 쪽에는 클래식한 분위기의 레스토랑이 많다.

어디서 자면 좋을까?

오클랜드의 숙박 시설은 배낭여행자를 위한 저렴한 숙소부터 워터프런트가 바라보이는 고급 호텔까지 다양하다. 저렴한 숙소들은 퀸 스트리트를 중심으로 시내 번화가에 몰려 있으며, 고급 호텔들은 대부분 전망 좋은 커스텀 스트리트와 키 스트리트에 모여 있다. 가족 단위 여행자들에게 적합한 모텔은 번화가보다는 시내 곳곳에 흩어져 있다. 호텔 가운데는 취사가 가능한 아파트먼트 형식의 숙소도 많으니 일행이 있다면 다양하게 접근해보는 것이 좋다.

ACCESS

오클랜드 가는 방법

뉴질랜드 최대의 도시답게 전 세계의 각 도시에서 오클랜드로 향하는 하늘길이 열려 있다. 한국은 물론 대부분의 아시아 국가들, 유럽·북미 등지에서 오클랜드로 향하는 직항로가 개설되어 있다. 국내 교통편 역시 비행기·버스·기차 등 모든 교통수단이 오클랜드를 중심으로 뉴질랜드 전역을 방사형으로 연결한다.

비행기 Airplane

한국에서 오클랜드로

한국에서 오클랜드까지는 대한항공과 에어 뉴질랜드(2024년 4월 1일 이후에는 직항편을 잠정 보류한다) 직항편을 이용해 쉽게 갈 수 있다. 저렴한 항공편을 원한다면 도쿄·오사카를 경유하는 에어뉴질랜드와 싱가포르를 경유하는 싱가포르 항공, 시드니를 경유하는 콴타스 항공 등도 이용할 수 있다. 아시아나 항공의 경우 직항은 운항하지 않고, 콴타스 항공과 코드셰어를 통해 시드니 경유편을 운항한다. 최근에는 광저우(중국남방항공), 베이징(중화항공) 등을 경유하는 중국계 항공사들의 운항 횟수가 두드러지게 많아지면서 가격과 시간대 선택의 폭이 넓어졌다.

뉴질랜드 각지에서 오클랜드로

뉴질랜드 국내선의 경우, 공항이 개설되어 있는 도시라면 거의 빠짐없이 오클랜드로 가는 노선이 있다. 웰링턴·크라이스트처치·해밀턴·퀸스타운 등의 대도시에서는 하루에도 몇 차례씩 비행기가 드나든다. 가장 많은 노선을 보유하고 있는 항공사는 에어뉴질랜드이며, 제트스타 역시 주요 도시에 빠짐없이 취항하고 있다. 국내선은 실시간 검색할 수 있는 두 항공사의 웹 사이트를 활용하면 많은 비용을 절감할 수 있다. 참고로, 호주에서 오클랜드까지는 더 다양한 항공

사들이 취항하고 있는데, 호주 국내선 버진 오스트레일리아 Virgin Australia의 뉴질랜드 취항으로 두 국가간 국제선 요금이 많이 저렴해졌다.

- **에어뉴질랜드** ☏ 0800-737-000 ⌂ www.airnz.co.nz
- **제트스타** ☏ 0800-800-995 ⌂ www.jetstar.com
- **버진 오스트레일리아** ⌂ www.virginaustralia.com

공항 ---➡ 시내

오클랜드에 도착하는 모든 항공기는 시내에서 남쪽으로 21㎞ 떨어진 오클랜드 국제공항에 도착한다. 공항에서 시내까지는 자동차로 30~40분 걸린다. 공항 입구에는 'City of Sail'이라 쓰인 커다란 조형물이 있다. 국내선과 국제선 터미널이 분리되어 있지만, 거리가 멀지 않고 두 터미널 사이에는 무료 셔틀버스가 운행되고 있다. 국제선터미널에는 관광과 교통 등을 안내하는 부스가 마련되어 있으며, 관광안내소의 스태프들도 마지막 비행기가 도착할 때까지 근무하므로 이곳에서 많은 정보를 얻을 수 있다.

- **공항 인포메이션 센터 International Airport Visitor Centre** ⊙ 오클랜드 공항 국제선과 국내선 청사 ◷ 국내선 07:00~21:00, 국제선 첫 비행기 이륙~마지막 비행기 착륙 ☏ 256-8535(국제선), 256-8480(국내선)

공항에서 시내까지 가는 대중교통은 크게 두 가지. 하나는 에어포트링크 버스-기차를 이용하는 것이고, 다른 하나는 에어포트 슈퍼 셔틀을 이용하는 것이다. 에어포트링크의 경우, 버스와 기차를 모두 이용해야 하는 번거로움이 있지만, 가장 저렴한 비용으로 시내까지 40~50분 만에 도착할 수 있다.
공항에서 주황색의 에어포트링크 버스를 타고 환승역인 푸히누히 Puhinui까지 간 다음, 이곳에서부터는 빨간색 사우슨 라인 Southern Line 기차를 타고 종점 Britomat까지 가면 그곳이 바로 오클랜드 시내 중심이다. 요금은 교통카드인 AT HOP로만 계산할 수 있는데, 오클랜드 공항 국내선 터미널 4번 문 바로 밖에 있는 AirportLink 버스 정류장 옆에 AT HOP 카드(89p 참조) 자동판매기가 있다. 이곳에서 AT HOP 카드를 구입하면 공항에서부터 오클랜드 여행 내내 유용하게 사용할 수 있다.

- **에어포트링크 AirportLink** Ⓢ N$5.80 ◷ 04:30~00:40, 10분 간격 ☏ 366-6409 ⌂ www.aucklandairport.co.nz/transport/public-transport

에어포트 슈퍼 셔틀은 일정 수의 승객이 모이면 출발하는 도어 투 도어 Door to Door 버스다. 원하는 목적지 앞에 내려주므로 가고자 하는 목적지까지 가는 에어버스 노선이 없을 때 이용하면 편리하다. 365일 하루 24시간 운행한다는 점과 차체 뒤에 짐을 실을 수 있는 트레일러를 달고 다녀 짐이 많은 여행자들이 이용할 수 있다는 것이 장점.

요금은 목적지와 승객 수에 따라 달라지므로 타기 전에 확인하는 것이 좋다. 대개 시내 중심부까지 1인당 N$30 정도면 갈 수 있고, 승객 수가 많을수록 인당 요금이 저렴해진다.

• **Airport Super Shuttle** Ⓢ 공항에서 시내 각 지점까지 거리별로 N$30~ ☏ 306-3960
⌂ www.supershuttle.co.nz

택시 & 렌터카 Taxi & Rent-a-Car

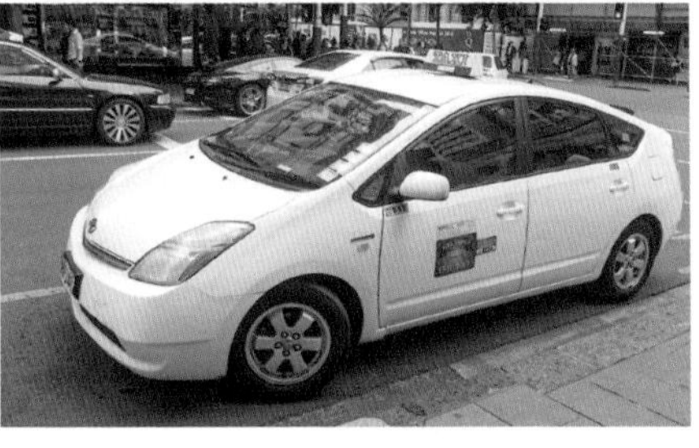

국제선 터미널을 나오면 바로 앞에 택시 승강장이 있다. 오클랜드 내의 모든 영업용 택시 요금은 거리로 계산하며, 공항에서 시내 중심부까지 N$70~90 정도 나온다. 미리 앱을 깔아 우버 택시를 이용할 경우, N$50~60 정도면 시내까지 이동할 수 있다.

렌터카가 필요할 때는 도착장 Arrival 근처의 렌터카 카운터를 이용하면 공항에서부터 사용할 수 있다. 공항 내에 상주하는 렌터카 회사는 에이비스·허츠 등을 포함한 믿을 수 있는 세계적인 회사들. 대신 요금은 조금 비싸다.

버스 Bus

뉴질랜드 전역을 누비는 인터시티와 배낭여행자들이 주로 이용하는 키위 익스피리언스, 스트레이 등이 모두 오클랜드에서 출발, 국토 전역을 연결하고 있다. 인터시티 버스가 출발·도착하는 장거리 버스 터미널은 시내 홉슨 스트리트의 스카이 시티 콤플렉스 1층에 자리 잡고 있으며, 키위 익스피리언스와 스트레이 버스는 99 Queen Street와 YHA 등에 픽업 스탠드를 두고 있다.

• **InterCity·Coachlines** ☏ 913-6100 ⌂ www.intercity.co.nz
• **장거리 버스 터미널** ⊙ 102 Hobson St. ☏ 300-3214 ◷ 07:00~20:00

기차 Train

시간 여유가 있다면 뉴질랜드에서 기차 여행을 경험해보는 것도 좋다. 북섬의 기차 노선은 노던 익스플로러 Northen Explorer라는 이름의 노선으로 웰링턴에서 오클랜드까지 연결되어 있다. 웰링턴에서 매주 화, 금, 일요일 오전에 출발한 기차가 오클랜드까지 가는 데 걸리는 시간은 약 11시간. 도중에 해밀턴, 와이토모, 통가리로 국립공원 등을 경유하므로 한 번에 이동하기보다는 부분 구간을 이용하는 편이 효율적이다.

기차역은 파넬 Parnel에 위치한 Auckland Strand Railway Station. 참고로 기차를 탈 때는 출발 20분 전에 체크인 카운터가 문을 닫으니, 시간 여유를 두고 움직이는 것이 좋다.

• **노던 익스플로러** 0800-872-467 www.greatjourneysofnz.co.nz/northern-explorer

시내 교통 TRANSPORT IN AUCKLAND

오클랜드 퍼블릭 트랜스포트 AT(Auckland Public Transport)

오클랜드에는 지하철이 없다. 택시도 우버 택시를 포함해 불러야 오는 콜택시밖에 없다. 그러니 가장 많이 이용하는 대중교통 수단은 버스가 되고, 교외선 기차와 페리도 일상적으로 이용하는 교통수단이다.

오클랜드의 대중교통은 AT(Auckland Public Transport의 약자)에 의해 버스, 트레인, 페리가 통합 관리되고 있다. 버스의 종류는 하버브리지 북쪽 노스 쇼우 시티에서 운행되는 노스 스타 Nerth Star 버스, 하버브리지 남쪽 시티 일대에서 운행되는 메트로 Metro 버스와 시티 링크 City Link 버스로 나뉜다.

1~8존까지 거리에 따라 요금이 부과되는데, 오클랜드 시민들은 버스 할인카드 'AT Hope'를 이용해서 비교적 저렴한 요금으로 세 종류 대중교통을 이용한다. 여행자도 AT Hope 카드를 이용하면 할인된 요금으로 이용할 수 있지만, 이를 위해서는 일단 카드를 구입(N$5) 해야 하므로 장기 여행자가 아닐 경우에는 가성비가 떨어진다. 단기 여행자라면 아래에 설명하는 링크 버스를 이용하는 것만으로도 웬만한 어트랙션은 둘러볼 수 있다.

444-4408 at.govt.nz

AT 교통 요금

	현금	AT Hope Card 요금
City Link	1.00	0.70
1 zone	4.00	2.60
2 zones	6.00	4.45
3 zones	8.00	6.00
4 zones	10.00	7.40
5 zones	11.50	8.50
6 zones	–	9.60
7 zones	–	10.70
8 zones	–	11.80
9 zones	–	12.70

링크 버스 Link Bus

오클랜드에서 여행자들이 가장 손쉽게 이용하는 교통수단은 바로 링크 버스다. 링크 버스는 크게 4종류로, 빨간색의 시티 링크 City Link, 연두색의 이너 링크 Inner Link, 오렌지색의 아우터 링크 Outer Link, 그리고 파란색의 Tamaki Link로 나뉜다. 여행자들이 가장 많이 이용하는 시티 링크의 경우, 퀸 스트리트를 따라 K로드까지 왕복하는 노선으로 CDB 내에서 이동할 때 편리하게 이용할 수 있다. 연두색의 이너 링크는 시티센터를 중심으로 대부분의 관광지를 돌아볼 수 있는 노선으로, 시티 링크보다는 조금 큰 동심원을 그린다. 시티의 외곽까지 커버하는 아우터 링크는 마운트 이든이나 알버트 파크 등으로 갈 때 이용하면 편리하고, 가장 최근에 생긴 타마키 링크로는 미션베이나 수족관을 갈 때 편리하게 이용할 수 있다. 4종류의 버스는 각각 주요 정류장에서 환승도 가능하므로, 링크 버스 노선을 눈여겨 보고 여행 계획을 세우는 것이 좋다.

- **시티 링크** Ⓢ N$1 ⓒ 월~토요일 06:25~23:25까지 7~8분 간격, 일요일과 공휴일 07:00~23:20까지 10분 간격
- **이너 링크** Ⓢ Zone에 따라 부과 ⓒ 월~토요일 06:30~23:00, 일요일과 공휴일 07:00~23:00
- **아우터 링크** Ⓢ Zone에 따라 부과 ⓒ 월~토요일 06:30~23:00, 일요일과 공휴일 07:00~23:00
- **타마키 링크** Ⓢ Zone에 따라 부과 ⓒ 월~토요일 05:00~23:15, 일요일과 공휴일 06:40~23:15

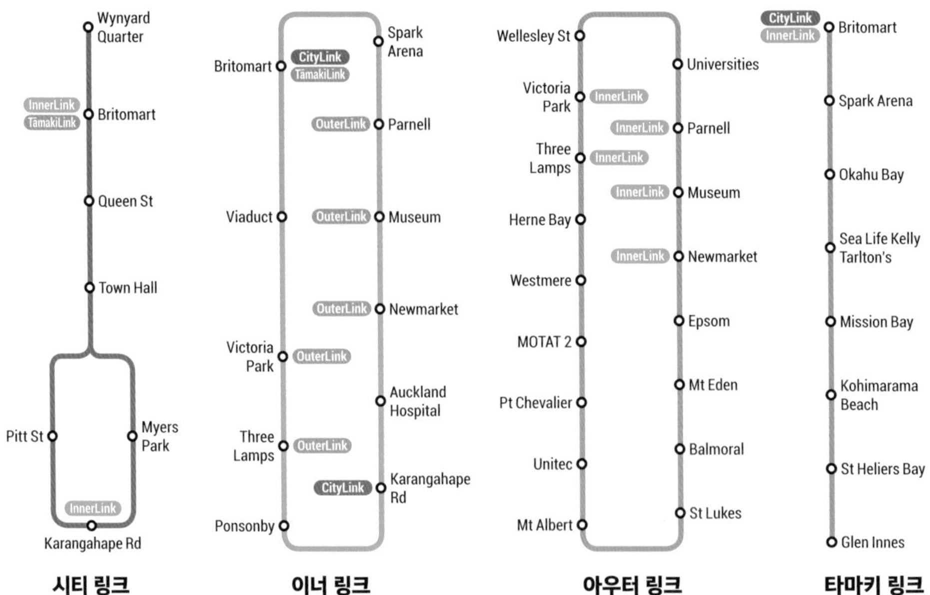

브리토마트 트랜스포트 센터 Britomart Transport Centre

다양한 시내교통에 대한 정보와 안내 자료를 볼 수 있는 오클랜드 브리토마트 트랜스포트 센터 Britomart Transport Centre는 옛 우체국 건물을 개조한 것으로, 외관은 고풍스럽지만 내부 설비는 현대적이다. 건물 지하에는 교외선 열차가 오가는 4개의 플랫폼이 있는데, 모던하다 못해 미래적이기까지 한 분위기. 입구는 퀸 스트리트 쪽과 커머스 스트리트, 브리토마트 플레이스 세 군데로 나 있다. 센터를 둘러싸고 시내버스 정류장이 늘어서 있어서 오클랜드의 교통 중심지 역할을 하고 있다.

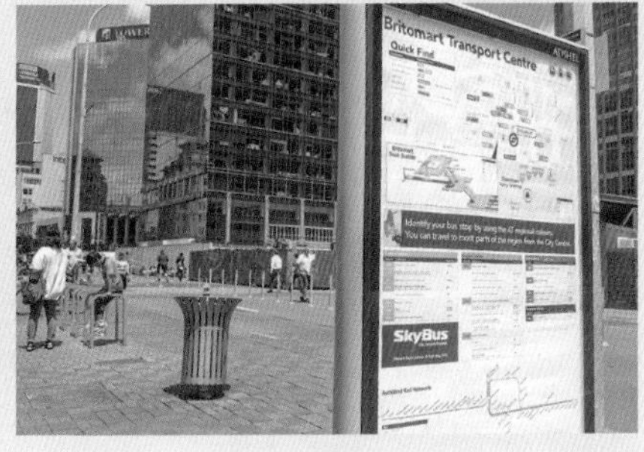

익스플로러 버스 Explorer Bus

시내 주변의 주요 관광지 14군데를 순환하는 관광버스. 오전 9시부터 오후 4시까지 30분 간격으로 운행하며, 겨울에는 1시간마다 한 대씩으로 운행 횟수가 줄어든다.

티켓은 하루 동안 무제한 사용할 수 있는 데이 패스 Day Pass와 48시간 동안 무제한 사용할 수 있는 투 데이 패스 2 Day Pass로 나뉜다. 사람들이 가장 많이 이용하는 데이 패스는 하루 동안 마음에 드는 곳에 내려서 둘러본 뒤, 다음 버스를 기다렸다가 타고 다른 곳으로 이동하면 된다. 스카이타워, 뮤지엄, 동물원 등의 입장료가 포함된 콤보 티켓도 다양하게 있으니 예약 전에 홈페이지나 관광안내소 등에서 확인할 것.

Ⓢ 1 Day Pass N$55, 2 Day Pass N$65 ☏ 0800-439-756 ⌂ www.explorerbus.co.nz

REAL COURSE

오클랜드 추천 코스

오클랜드를 제대로 둘러보려면 5일 이상의 시간이 필요하다. 그 중에서 이틀 이상은 시내 관광에 투자하고, 나머지 사흘 정도는 오클랜드 근교의 아름다운 자연을 탐험하러 나선다.

DAY 1·2

첫째 날과 둘째 날 오클랜드 여행의 시작은 대부분 페리 부두가 있는 비아덕트 하버 또는 브리토마트 기차역 앞을 기준으로 한다. 링크 버스를 적절히 이용해 동선을 좁히면 이틀 동안 시내의 볼거리를 둘러볼 수 있다. 첫날은 시내에서 시간을 보내고 둘째 날은 하버 브리지를 넘어 데번포트가 있는 노스 쇼어로 이동해본다.

예상 소요 시간 8~12시간

START **아메리카스 컵 빌리지**
오클랜드의 자부심

도보 5분

워터 프런트
낭만 가득 핫 플레이스

도보 10분

아오테아 광장
오클랜드 약속장소 0순위

도보 5분

스카이 타워
남반구에서 가장 높은 건물

도보 15분

오클랜드 박물관
방대한 규모의 전시품과 알찬 체험 프로그램

자동차 5분

마운트 이든
최고의 전망 포인트

자동차 10분

콘월 파크
도심에 펼쳐지는 목가적인 풍경

자동차 25분

타카푸나
오클랜드 북부의 중심가

자동차 10분

FINISH **데번포트**
예스럽고 아름다운 항구

DAY 3·4

셋째 날과 넷째 날

대략의 시내 파악이 끝났으면 근교로 나가보자. 시내에서 1시간 거리의 근교만 가도 눈앞에 보이는 풍경이 현실인지 의심스러울 만큼 아름다운 섬과 온천, 바다가 나온다. 하루쯤 시간을 내어 랑이토토나 와이헤케 같은 오클랜드 근교의 섬에 다녀오고, 또 하루는 피하 비치나 무리와이 비치 같은 근교 바닷가를 찾아보자.

예상 소요 시간 2~3일

24 타카푸나 Takapuna
04 No. 1 Pancake

REAL MAP

오클랜드 시내 지도

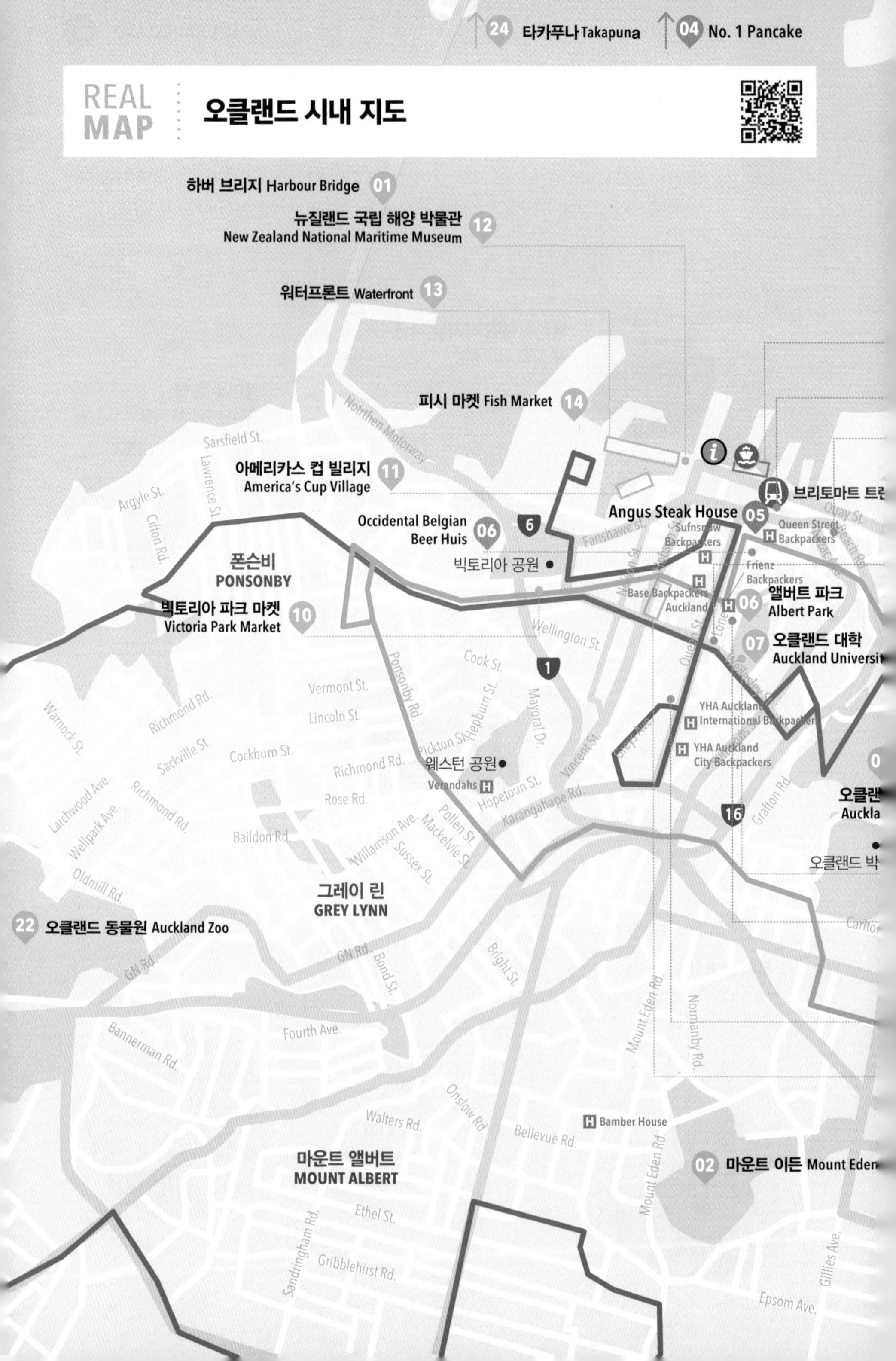

하버 브리지 Harbour Bridge 01
뉴질랜드 국립 해양 박물관 New Zealand National Maritime Museum 12
워터프론트 Waterfront 13
피시 마켓 Fish Market 14
Notrthen Motorway
Sarsfield St.
Lawrence St.
아메리카스 컵 빌리지 America's Cup Village 11
Argyle St.
Cifton Rd.
브리토마트 트
Angus Steak House 05
Occidental Belgian Beer Huis 06
6
Fanshawe St.
Sufnsnow Backpackers
Queen Street Backpackers
Quay St.
Beach Rd.
빅토리아 공원
폰손비 PONSONBY
Nelson St.
Hobson St.
Frienz Backpackers
Base Backpackers Auckland
앨버트 파크 Albert Park 06
빅토리아 파크 마켓 Victoria Park Market 10
Wellington St.
Queen St.
Lorne
오클랜드 대학 Auckland Universit 07
Cook St.
1
Wellesley St.
Ponsonby Rd.
Vermont St.
Lincoln St.
Hepburn St.
Mayoral Dr.
Warnock St.
Richmond Rd.
Sackville St.
Cockburn St.
Pickton St.
Vincent St.
Greys Ave.
YHA Auckland International Backpacker
YHA Auckland City Backpackers
웨스턴 공원
Richmond Rd.
Verandahs
Hopetoun St.
Karangahape Rd.
0
오클랜
Auckla
Larchwood Ave.
Wellpark Ave.
Richmond Rd.
Rose Rd.
Pollen St.
Grafton Rd.
16
Baildon Rd.
Williamson Ave.
Mackelvie St.
Sussex St.
오클랜드 박
Oldmill Rd.
그레이 린 GREY LYNN
Carlton
22 오클랜드 동물원 Auckland Zoo
GN Rd.
GN Rd.
Bond St.
Bright St.
Mount Eden Rd.
Normanby Rd.
Bannerman Rd.
Fourth Ave.
Onslow Rd.
Walters Rd.
Bellevue Rd.
Bamber House
Mount Eden Rd.
마운트 앨버트 MOUNT ALBERT
02 마운트 이든 Mount Eden
Ethel St.
Sandringham Rd.
Gribblehirst Rd.
Gillies Ave.
Epsom Ave.

25 데번포트 DevonPort
26 마운트 빅토리아 Mt. Victoria
0 500m
N W E S
Mamma Mia Pizza Ristorante 03
07 Harbourside Seafood Bar & Grill
미션 베이 Mission Bay 15
08 Daikoku
09 털보순대국
센터
파크 아레나 Spark Arena
시라이프 켈리 탈튼 수족관
SEA LIFE Kelly Tarlton's Aquarium 19
11 Hansan
Quay St.
세비지 메모리얼 파크
Michael Joseph Savage Memorial Park 17
16 타마키 드라이브
Tamaki Drive
오클랜드 스트랜드역
E-Sarn WOK 01
Annabelles 02
Tuhaere St.
파넬
PANEL
아칠스 포인트 전망대 & 레이디스 비치
Achilles Point Lookout & Lady's Beach 18
Cheshire St.
City Garden Lodge
오라케이
ORAKEI
Coates Ave.
05 오클랜드 미술관
Auckland Art Gallery
10 FARO
Shoer Rd.
Shoer Rd.
Bassett Rd.
Victoria Ave.
호윅 민속마을
Howick Historical Village 20
08 아오테아 광장
Aotea Square
09 스카이 시티 & 스카이 타워(오클랜드 타워)
Sky City & Sky Tower(Auckland Tower)
Orakei Rd.
뉴마켓
NEW MARKET
Portland Rd.
Victoria Ave.
시티링크
이너링크
아우터링크
01 SEE
01 EAT
H 숙소
리무에라
REMUERA
Orakei Rd.
Remuera Rd.
레인보우 엔드 어드벤처 파크
Rainbow's End Adventure Park 23
콘월 파크 Cornwall Park

01
오클랜드 남과 북을 연결하는 하버 브리지 Harbour Bridge

오클랜드 시티와 북쪽의 노스 쇼어 시티를 연결하는 하버 브리지는 시드니의 하버 브리지처럼 도시의 상징과도 같은 존재다. 다리가 개통되기 전에는 페리가 남과 북을 연결했으나, 1959년 다리가 개통된 이후 자동차가 오가면서 오클랜드 북쪽 지역의 발전에 가속도가 붙었다.
총길이 1020m, 높이 43m의 이 다리는 중간 부분을 20m 더 높게 설계해 밑으로 배가 지나다닐 수 있도록 하였다. 1860년 스코틀랜드의 한 엔지니어가 상상의 설계도로 그린 Barge Bridge가 현재 하버 브리지의 기초가 되었다고 전해진다. 한 가지 아쉬운 점은 애초 설계와는 달리 보행자 도로가 없다는 것. 그러나 1969년 보수 공사 때 도로 양쪽 차선의 난간을 얇고 가늘게 만들어 잠시 차를 세우고 경관을 즐길 수 있게 만들어놓았다. 이렇게 덧붙인 차선은 일본인들이 건설했다고 일명 'Nippon Clip-ons'라 한다.
현재 다리를 지나는 통행료는 없지만 최초 개통 시부터 1984년 3월까지는 다리 통행료를 징수했고, 다리 건설비용을 모두 거둔 뒤부터는 정부 교통부에서 관리·유지·보수하고 있다. 지금은 모두 8차선의 자동차 전용 도로가 되었으며, 교통량에 따라 중앙분리대가 이동되는 독특한 시스템으로 가동하고 있다. 현재는 오클랜드 시티와 노스 쇼어 시티를 연결하는 유일한 다리지만, 교통량의 증가로 제2의 하버 브리지 건설에 대한 논의가 활발해졌다. 머지않아 새로운 다리의 착공을 보게 될지도.

하버 브리지 클라임 Harbour Bridge Climb

세계 최초의 번지 점프 회사로 유명한 A.J.Hackett에서 운영하는 하버 브리지 클라임은 호주 시드니의 하버 브리지 클라임과 마찬가지로 안전 장치가 된 특수복을 입고 다리 위를 올라가는 투어다. 참가자가 12명이 되어야 투어가 시작되며 10살 이상이면 누구나 참가할 수 있다. 시드니만큼 활성화되어 있지는 않지만, 시내 전경을 바라보는 최고의 포인트로 65m 높이의 다리만한 곳도 없을 듯. 오리엔테이션 시간까지 포함해서 1시간 30분 정도가 걸린다.

70 Nelson St. 09:00~17:30, 토요일 나이트 클라임 19:40
어른 N$155, 어린이·학생 N$125 0800-286-4958
www.aucklandbridgeclimb.co.nz

REAL+

하버 크루즈 Harbour Cruise

키 스트리트 Quay Street 페리 터미널에서 출발해 와이테마타 항만을 한 바퀴 둘러보는 크루즈 여행. 하버 브리지 아래를 통과해 데번포트와 오라케이 워프 Orakei Wharf, 랑이토토 섬을 차례로 돌아서 온다. 오전과 오후로 나눠 하루 두 차례 운행하고, 1시간 30분 정도가 소요된다. 풀러스와 쌍벽을 이루는 프라이드 오브 오클랜드 Pride of Auckland에서 운행하는 크루즈도 인기가 있는데, 풀러스와 달리 운송 목적보다는 세일링과 관광 크루즈만을 전문으로 하는 회사다. 크루즈 종류도 훨씬 다양해서 블랙퍼스트 크루즈, 커피 크루즈, 런치 크루즈, 디너 크루즈 등 식사와 크루즈를 함께 즐길 수 있도록 되어 있다. 회사의 상징인 하얀색과 파란색 돛이 무척 경쾌해 보인다.
속도를 즐기는 사람이라면, 빨간색 제트보트를 타고 오클랜드 항을 질주하는 프로그램도 추천할 만하다.

Fullers 10:45, 13:45(주말만) 어른 N$50, 어린이 N$25 367-9111 www.fullers.co.nz

Pride of Auckland N$60~210 373-4557
www.newzealand.com.au/tours/pride-of-auckland-harbour-sailing-cruise

02
산굼부리를 닮은 화산 분화구
마운트 이든 Mount Eden

오클랜드를 다녀간 사람이라면 누구라도 한번쯤 들렀을 정도로 유명한 곳. 마운트 이든은 시내 한가운데 솟아 있는 196m의 언덕으로, 2만 년 전 마지막 폭발이 있었던 사화산의 분화구다. 제주도의 산굼부리를 연상케 하는 깊은 분화구는 풀로 덮여있고, 간혹 양떼가 풀을 뜯는 모습을 볼 수 있다. 과거 이곳은 수차례 전쟁의 포화에 휩싸이기도 했으며, 지금도 분화구 언덕을 따라 마오리 요새인 파 Pa가 남아 있다. 우리말로 그대로 옮기면 '에덴 동산'이 될 것 같지만, 유감스럽게도 현지에서 '마운트 에덴'이라고 발음하면 아무도 알아듣지 못하므로 주의할 것!

원래는 '마웅가화우 Maungawhau'였으나, 조지 이든 George Eden이라는 초대 해군제독의 이름을 따서 지금과 같은 이름이 되었다. 전설에 따르면 1500년경 이곳에는 마오리족이 살고 있었는데, 다른 부족의 추장이 친선 방문했다고 한다. 그러나 이곳에 살고 있던 부족민들은 그 추장을 무참히 살해하고 말았다. 이 사건으로 추장을 잃은 다른 부족민들은 복수를 결심, 이곳을 포위하고 공격하였다. 유난히 길고 더웠던 그해 여름 식수가 말라버려 물을 구할 수 없게 된 마운트 이든의 부족은 항복할 수밖에 없었다. 이 사건 이후로 이 요새를 둘러싼 이런저런 분쟁이 끊이지 않으면서 유기된 채 잊혀졌다가, 마침내 1840년경 이곳은 금화 몇 푼에 백인들에게 매각되고 말았다.

분화구 옆의 전망대에서 바라보면 오클랜드 시내와 항구가 한눈에 들어오고, 원트리 힐과는 마주보는 형상이다. 대부분 자동차로 정상까지 올라가지만, 오클랜드 시민들은 주로 산책로를 따라 걸어 올라간다.

시내 중심 K로드에서 도보로 약 10분, 또는 아우터 링크 버스 이용

03
박물관과 정원이 있는 시민들의 휴식처
오클랜드 도메인 Auckland Domain

시내 동쪽에 있는 오클랜드 도메인은 총넓이 34만㎢의 넓은 공원이다. 도메인 안에는 테니스 코트와 럭비·크리켓 경기장 등이 있으며, 푸른 잔디로 덮여 있어서 주말에는 시민들의 휴식처로 인기가 높다. 나지막한 언덕을 이루고 있어서 오클랜드 항이 내려다보이며, 매년 여름에는 이곳에서 야외 콘서트가 열린다. 2000년 시드니 올림픽 때는 이 공원 안에 있는 오클랜드 박물관에서 헬리콥터로 성화를 봉송하기도 했다.

Park Rd, Grafton 시내에서 도보로 30분, 이너 또는 아우터 링크 버스 이용 301-0101

윈터 가든 Winter Garden

오클랜드 도메인 안, 박물관에서 조금 떨어진 곳에 있는 작은 식물원. 1920년에 세워진 2개의 온실에 열대 식물과 뉴질랜드산 자생 식물들을 전시하고 있다. 겨울에도 꽃을 볼 수 있도록 조성해 놓은 온실에는 그 의미 그대로 겨울에도 꽃이 만발해 있다. 시설은 약간 낡았지만 잘 관리되어 있으며, 사진 찍기 좋은 장소다.

11~3월 09:00~17:30(일요일은 19:30), 4~10월 09:00~16:30 무료 379-2020

오클랜드 박물관 Auckland Museum

오클랜드 도메인 안에 있는 고딕 양식의 3층 건물. 초록색 잔디 위에 우뚝 솟은 대리석 건물이 신전처럼 장엄해 보인다. 1852년에 지어진 박물관 내부는 각 층별로 완전히 다른 내용을 전시한다. 1층에는 마오리 문화와 관련한 내용을 폭넓게 전시하고, 2층에는 뉴질랜드의 동식물을 전시하며, 3층은 제1·2차 세계대전의 유물들로 이루어져 있는 전쟁기념관이다.

1층 마오리 전시관에서는 1836년경 만들어진 '테 토키 아 타피리'라는 이름의 카누를 꼭 보도록 하자. 박물관 내부를 꽉 채우고 있는 거대한 카누는 실제로 마누카우 만을 누비고 다녔던 길이 25m의 전쟁용 카누다. 카누 한쪽에는 와이탕이의 마오리 집회 장소를 재현해둔 '마레 Marea'가 있는데, 신발을 벗고 안으로 들어가면 마오리족의 독특한 기운이 느껴지는 듯하다.

2층에서는 지구상에서 가장 큰 새였던 '모아'의 박제를 놓치지 말 것. 또 빠뜨리지 말아야 할 것이 어린이를 위한 '디스커버리 센터 Discovery Centre'로, 동식물과 자연·우주에 이르기까지 실로 다양한 주제를 실제로 만지고 체험할 수 있는 공간이다. 3층 전쟁기념관에는 한국전쟁에 참전한 용사들의 이름도 새겨져 있다. 박물관 입구에는 기념품점과 카페가 있으며, 매일 11:00, 12:00, 13:30에는 마오리 민속공연이 열린다(유료). 오클랜드 시민은 무료, 뉴질랜드 국민은 도네이션으로 입장할 수 있지만, 외국인은 꽤 비싼 입장료를 지불해야 한다. 무료로 입장하는 사람들을 오해하지 말길!

10:00~17:00(박물관 투어 10:30), 안작 데이 오전, 크리스마스 휴무 어른 N$28, 어린이 N$14 306-7067
www.aucklandmuseum.com

04
도심에서 만나는 양떼
콘월 파크 Cornwall Park

시내 남쪽에 자리 잡은 콘월 파크는 수령을 알 수 없을 만큼 울창한 가로수 길과 잘 정비된 산책로, 피크닉 장소와 각종 편의 시설, 방목되고 있는 양떼와 말 등 공원이 줄 수 있는 모든 미덕을 갖춘 곳이다. 넓은 부지의 공원 안에는 원 트리 힐과 스타 돔 천문대가 있으며, 주말이면 피크닉 나온 시민들로 활기가 넘친다. 이곳은 당시 총독이던 존 로건 캠벨 John Logan Campbell 경이 뉴질랜드를 방문한 영국인 콘월 공작 부부를 위해 국가에 헌납한 땅으로, 뉴질랜드의 목가적인 풍요로움을 도심에서 만끽할 수 있는 곳이다.

Puriri Dr, Epsom 302·304·305·312번 AT 버스를 타고 공원 게이트 앞 하차 여름 07:00~20:00, 겨울 07:00~19:00 630-8485

원 트리 힐 One Tree Hil

마운트 이든과 마찬가지로 원 트리 힐 역시 오클랜드에 있는 50개의 사화산 가운데 하나다. 해발 183m의 산꼭대기에는 현존하는 것 중에서 가장 큰 파 Pa가 있으며, 오클랜드 시의 아버지라고 할 수 있는 존 로건 캠벨 경의 기념비가 서 있다. 예전에는 이 언덕에 토타라 나무 Totara Tree 한 그루가 서 있었기 때문에 원 트리 힐이라 했는데, 1876년 어느 깜깜한 밤 마오리 한 명이 그 나무를 베어버린 뒤 지금은 나무 둥치만 썰렁하게 남아 있다. 그 후 소나무 한 그루가 대신 심어졌으나 이것도 우여곡절 끝에 1999년 이후에 자취를 감추고 말았다.
원 트리 힐 정상에서 내려다보는 풍경도 아름답지만, 정상에 오를 때까지 완만하게 이어지는 산책로와 그 주변에서 한가로이 풀을 뜯는 양떼가 더 인상적이다.

스타 돔 천문대 Star Dome Observatory

콘월 파크 내에 있는 스타 돔 천문대는 남반구 최대 규모를 자랑한다. 천문대 안의 500㎜ 천체망원경을 통해 남십자성을 비롯한 남반구의 별들을 관측할 수 있다. 입구에서부터 눈길을 끄는 입체적인 전시품들부터 스토리를 따라 흥미롭게 빠져드는 동선까지, 입장료는 저렴하지만 기대 이상의 수준을 자랑한다. 유료로 진행되는 플라네타리움 쇼에서는 시청각 장비를 이용한 해설을 곁들여 초보자도 흥미롭게 별을 관찰할 수 있도록 도와준다. 계절과 요일에 따라 쇼가 시작되는 시각이 다르므로 미리 확인해볼 것.

N$5 624-1246 www.stardome.org.nz

05
세계건축대상에 빛나는
오클랜드 미술관 Auckland Art Gallery

마오리 말로 '토이 오 타마키 Toi O Tamaki'라 불리는 오클랜드 미술관은 1888년에 개관한 뉴질랜드 최초의 미술관으로, 메인 갤러리와 그 맞은편의 신축 건물을 함께 사용하고 있다. 미술관 입구가 있는 신축 건물은 2011년 9월 오픈 당시부터 많은 화제가 되었던 건물로, 2013년에는 월드 아키텍처 페스티벌 World Architecture Festival에서 '올해의 건축' 상으로 선정되기도 했다.

미술관 내부에는 예술을 통해서 본 뉴질랜드의 역사를 일목요연하게 전시하고 있는데, 당대 유명 작가가 그린 마오리 추장의 초상화에서부터 마오리 예술품은 물론 뉴질랜드와 전 세계 1만 2000여 점의 미술품이 눈길을 끈다. 단순히 미술 작품만을 전시하는 공간이 아닌, 건축과 문화까지 확장된 개념의 미술관이라 할 수 있다.

오클랜드 최고의 번화가 퀸 스트리트에서 한 블록 떨어진, 앨버트 파크 맞은편에 자리해 시내를 걷다 보면 매우 쉽게 찾을 수 있다. 오클랜드 박물관과 마찬가지로 내국인은 무료, 외국인은 유료 정책을 고수하고 있다. 매일 오전 11시 30분과 오후 1시 30분에 진행되는 미술관 투어도 입장료에 포함되어 있다. 15명 미만의 소수 인원으로 진행되는 이 투어는 꽤 인기 있는 프로그램으로, 방문 당일 로비에서 예약이 가능하다. 미술관 안에는 카페와 바·서점 등의 편의 시설도 잘 갖춰져 있다.

Cnr. Wellesley & Kitchener Sts. 10:00~17:00 크리스마스 휴무 무료(추후 공지가 있을 때까지) 379-1349
www.aucklandartgallery.com

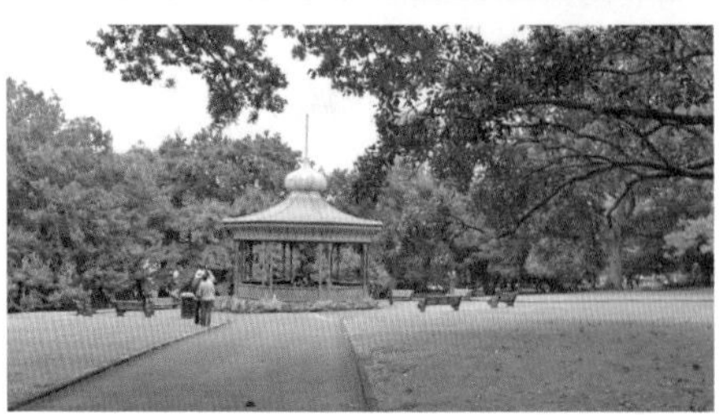

06
도심에 펼쳐진 녹색 융단
앨버트 파크 Albert Park

식민지 시대에 영국군의 군대와 총독 저택이 있던 자리를 공원으로 꾸며놓은 곳. 공원 곳곳에 대포와 전차 같은 전쟁 관련 유물들이 놓여 있는 것도 그런 이유 때문이다. 초록빛 잔디와 분수, 오래된 나무와 조각 작품 그리고 아름답게 조성된 꽃시계가 어우러져 도심 속의 아담한 휴식 공간이 되고 있다. 공원 동쪽은 구름다리를 통해 오클랜드 대학과 연결되어 있으며, 키치너 스트리트 Kitchener St. 쪽의 산책로는 오클랜드 미술관과도 맞닿아 있다. 메인 입구는 프린세스 스트리트 Princess St. 쪽으로 나 있다.

Bowen Ln. 24시간 301-0101

07

뉴질랜드 국립대학
오클랜드 대학
Auckland University

뉴질랜드를 대표하는 국립대학. 1883년에 설립된 뉴질랜드 최고·최대의 종합대학이다. 세계 대학 순위의 상위에 랭크되는 명문으로, 한국 유학생도 꾸준히 늘고 있는 추세다. 캠퍼스가 집약되어 있는 우리나라 대학들과 달리 시내 곳곳에 6개의 캠퍼스 8개의 단과대학 캠퍼스를 두고 있으며, 약 4만 명 이상의 학생들이 수학하고 있다. 인접한 앨버트 파크에 가면 책을 읽거나 대화를 나누는 학생들 모습을 볼 수 있다. 특별한 관광지는 아니지만, 시내를 걷다보면 유난히 외벽에 AU 또는 AUT라고 쓰여진 대학 건물들이 눈에 띌 터이니 알아두면 궁금증 하나는 풀릴 듯.

08

만남의 광장
아오테아 광장
Aotea Square

최대 번화가인 퀸 스트리트 중간쯤에 위치한 광장. 오클랜드 최고의 만남의 장소로, 언제나 젊음의 열기가 가득한 곳이다. 입구에는 마오리 조각상이 게이트처럼 세워져 있고, 내부에는 공연을 위한 무대와 벤치, 아기자기한 숍들이 광장을 둘러싸고 있다. 가운데에 있는 광장에서는 각종 공연과 이벤트가 펼쳐지는데, 매주 일요일에는 하루 종일 오픈 마켓이 열린다.

빌리지 호이츠 시네마 Village Hoyts Cinema와 시립극장 Civic Theatre이 광장을 둘러싸고 있어서 문화와 공연의 메카로 군림하고 있다. 광장 입구의 시계탑이 있는 고풍스러운 건물은 오클랜드 시청이다.

50 Mayoral Dr. 307-5626

09
남반구에서 가장 높은 엔터테인먼트 플레이스
스카이 시티 & 스카이 타워(오클랜드 타워)
Sky Tower(Auckland Tower)

최신형 복합 엔터테인먼트 공간 스카이 시티 Sky City에 우뚝 솟은 전망 타워. 328m 높이의 스카이 타워는 호주의 시드니 타워(305m), 멜번 유레카 타워(297m)보다 더 높으며, 남반구에서 가장 높은 건축물로 공식 기록되어 있다. 1995년 문을 연 스카이 시티에 이어, 1998년 8월 타워가 완공되었다.

건물 지하 1층의 매표소에서 티켓을 끊고 고속 엘리베이터를 타고 층이 다른 3개의 전망대로 올라간다. 220m 높이에 있는 스카이 데크 전망대는 이음새가 없는 유리창을 통해 360˚의 오클랜드 전망을 감상할 수 있는 곳. 하우라키 만의 아름다운 모습과 멀리 랑이토토 섬, 와이헤케 섬까지 한눈에 들어온다. 전면뿐만 아니라 바닥에까지 38mm 두께의 통유리를 깔아서 유리 바닥 위에 올라서면 금방이라도 까마득한 타워 아래로 떨어질 것처럼 스릴이 넘친다.

간단한 음료를 즐길 수 있는 스카이라운지와 회전 레스토랑 오비트 그리고 전망대 레스토랑 등 3개의 레스토랑이 있으며, 매표소 입구에는 기념품점과 시청각 쇼 상영장이 마련되어 있다. 타워 내의 안내 자료에는 한국어판도 있으니 미리 챙길 것. 홈페이지를 통해 온라인 티켓을 예매하면 현장 가격보다 20% 저렴하다.

Cnr. Victoria & Federal Sts. 일~목요일 08:30~22:30, 금~토요일 08:30~23:30 스카이 타워 입장 어른 N$37, 어린이 N$18 363-6000 www.skycityauckland.co.nz

스카이 워크 Sky Walk

도전의 끝은 어디일까. 타워에 올라 전망을 바라보는 것에 그치지 않고 그 타워의 둘레를 두 발로 걸어봐야만 직성이 풀린다는 사람들을 위한 특급 어드벤처가 여기 있다. 192m 높이의 상공에서 1.2m 넓이의 플랫폼에 발을 디딘 채, 타워를 빙 둘러 360° 돌아보는 스카이 워크. 이름 그대로 하늘 위를 걷는 체험이다. 웬만한 간담으로는 내려다보는 것조차 쉽지 않은 높이에서 사람들을 지탱해주는 것은 공중에 매달린 끈이 전부. 어린이도 도전할 수 있는데, 최소 10세 이상은 되어야 가능하다.

N$185 368-1835 www.skyjump.co.nz

스카이 점프 Sky Jump

192m 높이에서 뛰어내리는 스카이 점프는 세계에서 가장 높은 타워 점프로, 스릴 만점의 스포츠다. 까마득한 스카이 타워에서 몸을 날리는 순간, 아드레날린이 팍팍 분비되는 느낌. 사실 타워 밑에서 고개를 뒤로 젖히고 점퍼들의 모습을 보는 것만으로도 짜릿한 스릴이 느껴진다. 특이한 점은 점프를 하려면 특수 제작한 의상을 입어야 한다는 것. 마치 슈퍼맨이 된 것 같은 기분이다. 바닥에 도착할 무렵에는 시속 60㎞ 정도가 되며, 다시 고무줄에 튕겨져 위아래를 반복하는 20초 동안의 아슬아슬한 느낌은 경험해보지 않은 사람은 상상도 할 수 없을 정도다.
한편, 위에서 아래로 뛰어내리는 것이 아니라, 바닥에서 공중으로 솟아오르는 번지 점프, 스카이 스크리머 Sky Screamer도 있다. 고무줄의 탄력에 의해 2초 만에 시속 200㎞에 도달하기 때문에 누구나 고함을 지르지 않을 수 없다. 그래서 이름도 스카이 스크리머! 빅토리아 스트리트의 스카이 타워 근처에 있으며, 내리지 않고 두 번 연달아 하면 할인도 해준다. 주관 회사로는 그레이트 사이츠 Great Sights, 시닉 퍼시픽 투어 Scenic Pacific Tours 사가 있다.

N$280

스카이 시티 카지노 Sky City Casino

볼거리·먹을거리·놀거리·잠자리 등을 갖춘 복합 엔터테인먼트 공간. 스카이 타워의 본체에 해당하며, 건물 안에 최고급 호텔과 레스토랑·바·카지노 등이 자리 잡고 있다. 번화가인 퀸 스트리트에서 빅토리아 스트리트를 따라 약간 오르막길을 올라가면 현대적인 면모의 스카이 시티가 보인다. 24시간 불야성인 카지노 안에는 다양한 게임 기구뿐 아니라 캐주얼한 느낌의 바와 공연을 위한 작은 스테이지까지 마련되어 있다.

Cnr. Federal&Victoria Sts. 912-6400
www.skycity.co.nz

10
쓰레기 소각장의 화려한 변신
빅토리아 파크 마켓
Victoria Park Market

퀸 스트리트에서 하버 브리지 쪽으로 20분쯤 걸어가면 빅토리아 파크 맞은편에 오래되고 높은 굴뚝이 보인다. 바로 그 아래가 빅토리아 파크 마켓. 이너 링크 또는 아우터 링크 버스를 타고 빅토리아 파크에 하차하면 된다.

쓰레기 소각장이었던 이곳은 이런저런 용도로 사용되다가 지금은 시장이 되었다. 오래된 건물 내부에는 기념품점과 잡화점, 카페, 레스토랑, 각국의 노천음식점 등이 빽빽이 들어서 서민적인 분위기를 물씬 풍기고 있다. 특히 눈에 띄는 것은 말의 진입로로 쓰던 마구간 건물과 안쪽 정원 사이의 셀러브리티 워크 오브 페임 Celebrity Walk of Fame. 할리우드의 영화배우들처럼 뉴질랜드의 유명 인사들이 자신의 손바닥이나 발자국을 석고에 찍어 남긴 곳이다. 이들 가운데는 에베레스트를 최초로 정복했으며 N$5짜리 지폐에 등장하는 에드먼드 힐러리 경을 비롯해 유명한 소프라노 가수 키리 테 카나와, 코미디언 빌리 T. 제임스, 전 총리 로버트 멀둔, 록 그룹 롤링 스톤스의 보컬 로드 스튜어트 등의 이름이 특히 돋보인다.

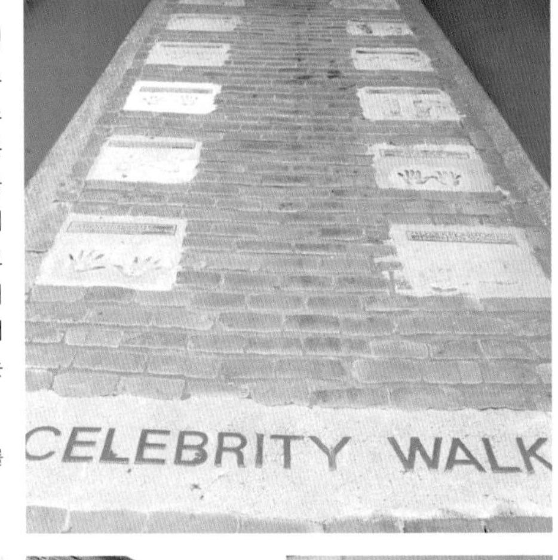

예전에는 주말에만 사람들로 북적이던 빅토리아 파크 마켓이 최근 들어 새롭게 변화하고 있다. 내부 리모델링 후 스타일리시한 숍과 레스토랑들이 들어서며 새로운 관광 명소로 부각되고 있는 것. 이곳에 위치한 몇몇 기념품 가게들은 공항 내에 입점하고 있는 가게들과 같은 퀄리티의 제품들을 취급하고 있어서, 동일한 제품을 공항에서보다 저렴하게 구입할 수 있는 곳이 많다. 중국산 기념품도 구색을 갖추고 있지만, 뉴질랜드 현지 생산된 핸드메이드 유리 제품 등이 눈길을 끈다. 여행 중 하루 정도는 빅토리아 파크 마켓에서 쇼핑을 즐겨보는 것도 좋지만, 그리 큰 규모의 쇼핑센터는 아니니 지나친 기대는 하지 말 것.

210 Victoria St. West · 이너 링크 또는 아우터 링크 버스를 타고 빅토리아 파크에서 하차 · 09:00~18:00 · 309-6911
www. victoriaparkmarket.co.nz

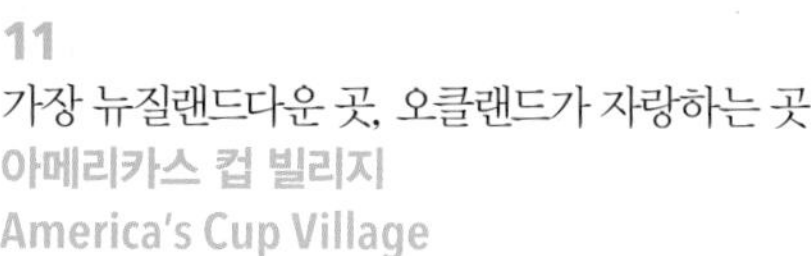

11

가장 뉴질랜드다운 곳, 오클랜드가 자랑하는 곳

아메리카스 컵 빌리지
America's Cup Village

세계에서 가장 큰 요트 시합인 아메리카스 컵 America's Cup 대회에서 미국을 제외하고 우승을 한 국가는 호주와 뉴질랜드 두 나라뿐이다. 그러나 이 우승컵을 연속 방어한 나라는 뉴질랜드 단 하나뿐. 요트에 대한 뉴질랜드 사람들의 사랑은 아주 유별나다고 할 수 있다. 그러니 2000년 아메리카 컵 대회의 개최지이자 우승국이었던 뉴질랜드의 환희와 감동은 말해 무엇하랴. 바로 그 아메리카 컵 대회 선수촌이 지금은 새로운 문화공간으로 보존되어 그날의 영광을 이어가고 있다.

비아덕트 하버 Viaduct Harbour를 중심으로 저녁이 되면 젊음의 활기가 넘쳐나고, 술집과 레스토랑·호텔·상점 등이 불야성을 이룬다. 낮에는 와이테마타 항구 인근의 레스토랑과 카페에서 차를 마시거나 식사를 하면서 요트가 오가는 한가로운 항구의 모습을 감상할 수 있다. 빌리지 안에 있는 안내소에서는 아메리카 컵과 관련한 캐릭터 상품을 판매한다.

Viaduct Basin 375-5200

12

아메리카 컵을 향한 집념의 결정체

뉴질랜드 국립 해양 박물관
New Zealand National Maritime Museum

아메리카스 컵 빌리지와 프린세스 워프 사이에 자리한 해양 박물관. 박물관 앞 광장에는 아메리카 컵에 출전했던 요트 NZ-1이 전시되어 있다. 부둣가 창고를 개조한 박물관 외관은 수수하지만 전시 내용만큼은 방대하고 알차다. 마오리족과 폴리네시안들이 사용했던 카누를 비롯해 유럽 이주민들이 타고 온 이민선을 재현해놓은 곳에서는 실제 모형에 음향 효과까지 더해져 실감나게 이해를 돕는다. 이밖에 호화 여객선과 레저용 요트, 윈드서핑까지 해양 국가다운 면모를 보여주는 다양한 자료들을 전시한다. 그러나 요트가 일반화되지 않은 우리나라 사람들 시각에서는 솔직히 지나치다 싶을 만큼 자세하고 방대한 정보가 다소 지루할 수도 있다. 특히 아메리카 컵을 향한 뉴질랜드인들의 집착(?)은 약간의 인내력을 요할 정도. 건물 밖 홉슨 워프에 세워져 있는 커다란 범선은 개척 시대의 선박을 그대로 재현한 것으로, 하버 크루즈에 참가하면 이 배를 타고 오클랜드 하버를 돌아볼 수 있다. 박물관 입장과 하버 크루즈를 모두 경험할 수 있는 콤보 티켓을 구입하면 개별 요금보다 저렴하다.

Cnr. Quay & Hobson Sts. 10:00~16:00 크리스마스 휴무
뮤지엄 입장 어른 N$24, 어린이 N$12 373-0800
www.maritimemuseum.co.nz

13
바다, 퍼포먼스, 워킹…, 오클랜드 핫 플레이스
워터프론트 Waterfront

국립해양박물관과 아메리카스 컵 빌리지가 자리한 비아덕트 Viaduct 하버에서부터 레스토랑들이 즐비한 윈야드 코트 Wynyard Quarter를 지나, 하버 브리지가 코앞에 보이는 웨스트 해븐 마리나 Westhaven Marina에 이르는 긴 구간을 워터프론트라 부른다. 어느 날 갑자기 생겨난 관광지는 아니지만, 구간구간 흩어져 있던 일대의 명소와 다소 낙후되어 있던 지대를 하나의 벨트처럼 새롭게 구성해 깜짝 놀랄만큼 멋있고 낭만적인 어트랙션이 되었다. 아메리카스 컵 빌리지에서 멈춰지던 발걸음이 마리나를 따라 길게 이어지도록 유도하고, 걸어갈수록 다양한 풍경과 호기심을 자아내는 구조물들을 적절히 배치해서 보는 이의 감탄을 자아내는 명소가 된 것. 배가 지나갈 때마다 다리가 들어 올려지는 윈야드 크로싱 Winyard Crossing을 지나면 커다란 나무 벤치에 앉아 일광욕을 즐길 수 있는 카랑가 플라자 Karanga Plaza가 나오고, 부두를 따라 멋스럽게 늘어선 레스토랑가 노스 와프 North Wharf, 모래 놀이터 플레이 스페이스 Play Space가 차례차례 다채로운 모습을 드러낸다. 수많은 요트가 정박해 장관을 연출하는 웨스트 해븐 마리나의 직전까지 다다르면, 35미터 높이의 시멘트 굴뚝이 있는 실로 파크 Silo Park가 나타난다. 사용하지 않는 공장 굴뚝이 초록의 잔디밭과 어우러져 햇살을 받고 있는 풍경, 그 속에 평화롭게 휴일을 즐기는 사람들의 모습은 왠지 모를 감동까지 선사한다. 오클랜드에서 반드시 가야 할 단 한 군데를 꼽으라면, 종합 선물 세트 같은 워터프론트를 강력 추천한다. 단, 시간에 쫓기지 않고 여유롭게 걸어야만 이곳의 매력을 온전히 느낄 수 있다.

336-8820 www.wynyard-quarter.co.nz

14
오클랜드 수산 시장
피시 마켓 Fish Market

예전에는 시티 센터에서 조금 외진 위치 때문에 여행자들의 발걸음이 닿기에는 쉬운 곳이 아니었지만, 워터프론트가 완성된 지금에는 윈야드 쿼터를 지나 자연스럽게 발길이 닿는 명소가 되었다. 시드니 피시 마켓이나 우리나라 수산 시장처럼 큰 규모는 아니지만 깨끗하고 현대적인 시설이 강점인 곳. 싱싱한 생물 해산물은 물론이고, 다양한 조리법으로 완성된 통조림류와 냉동, 훈제, 건조생선까지 눈에 띈다. 매장을 둘러싸고 유명 중식과 이탈리안 레스토랑도 있고, 즉석에서 튀겨낸 피시 앤 칩스 가게도 여러 군데다. 피시 마켓에서 운영하는 Auckland Seafood School도 인기 있는 프로그램 중 하나다. 색다른 여행을 원하고, 해산물 요리에 관심이 있는 사람은 홈페이지를 통해 시간과 비용을 확인해 볼 것!

22 Jellicoe St., Freemans Bay 08:00~18:00
303-0262 www.afm.co.nz

15
보여주고 싶은 아름다운 해변
미션 베이 Mission Bay

오클랜드의 대표적인 바닷가이자 손꼽히는 부촌이기도 하다. 날씨에 따라 바다의 물빛이 달라지고, 밀물과 썰물에 따라 바닷가의 모습이 달라지는 곳. 바다 건너 봉긋하게 솟은 랑이토토 섬이 병풍처럼 지키고 있어서 큰 파도나 해일에서도 안전하게 보호받는 천혜의 지형이다. 조깅이나 피크닉을 즐기는 사람들로 언제나 활기차며, 데이트를 즐기는 연인들과 관광객들의 발길도 꾸준히 이어지고 있다. 여름철에는 미션 베이 바다에서 수영을 하거나 일광욕을 즐기는 주민들의 일상적인 모습이 관광객의 눈을 즐겁게 한다. 바닷가 바로 뒤쪽에는 일명 크리스마스 트리라 불리는 포후투카와 Pohutukawa 나무가 줄지어 서 있는데, 크리스마스 시즌이 되면 실처럼 가늘고 붉은 꽃을 피워 장관을 이룬다. 푸른 잔디광장의 중앙에는 놀이터와 Travel Moss Memorial이라는 분수가 있는데, 분수대로 뛰어들어 물놀이하는 꼬마들의 모습이 정겹다. 노천카페와 레스토랑이 늘어서 있어 바다를 바라보며 커피 한 잔, 혹은 식사를 즐기기에 더없이 좋다.

타마키 링크 버스를 타고 미션 베이 하차

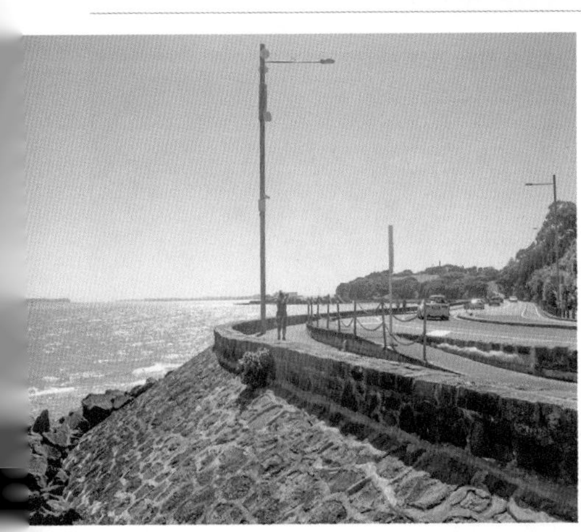

16
쪽빛 바다를 품은 해안 도로
타마키 드라이브 Tamaki Drive

홉슨 하버 제방 위의 도로로, 시티 센터에서 미션 베이 방면 해안을 따라 동쪽으로 쭉 뻗어 있다. 이 도로를 따라서 양쪽으로 바다가 펼쳐지는데, 오른쪽으로는 정박해 있는 요트의 평화로운 풍경이, 왼쪽으로는 쪽빛 바다와 건너편 데번포트의 풍경이 아름답다. 가장 먼저 만나게 되는 오라케이 Orakei 지역은 오클랜드 최고의 부촌. 오른쪽 언덕으로 초호화 주택들이 바다를 굽어보며 늘어서 있다. 이어서 미션 베이를 지나 세인트 헬리어스 베이 St. Heliers Bay가 나오는데, 유명세를 치르는 미션 베이에 비해 훨씬 조용하고 편안한 해변이다.

타마키 링크 버스를 타고 시라이프 켈리 탈튼스 하차

17
바다와 시내를 한꺼번에 전망할 수 있는 곳
세비지 메모리얼 파크
Michael Joseph Savage Memorial Park

켈리 탈튼과 미션 베이의 중간 지점, 타마키 드라이브 오른쪽에 작은 이정표가 세워져 있다. 이 이정표에서 완만하게 경사진 언덕길을 따라가면 넓은 녹지대가 나타나는데, 이곳에서 바닷가 쪽으로 걸어가면 탁트인 바다와 시내 전경에 가슴까지 후련해지는 메모리얼 파크가 나온다. 이 공원의 주인공인 마이클 조셉 세비지는 1930년대에 뉴질랜드의 수상을 지낸 인물. 언덕 위에 조성된 공원은 잘 가꾸어진 커다란 꽃밭과 분수·기념탑 등이 어울려 오밀조밀한 볼거리를 제공한다. 특히 꽃밭에서는 365일 만발한 꽃을 볼 수 있으며, 시내와 바다가 한꺼번에 배경이 되므로 기념 촬영 장소로는 최고라 할 수 있다.

몇 해 전까지만 해도 현지인들도 잘 모르는 조용하고 아름다운 히든 포인트였는데, 중국인 단체 관광객들이 이곳을 코스로 삼은 이후부터 예전의 고요함은 사라지고 말았다. 그래서 줄 수 있는 최대의 팁은, 시간대를 잘 맞춰가라는 것. 단체 관광객들이 들이닥치는 오후 시간보다는 오전 시간이나 해질녘 즈음이 더 아름답다.

타마키 링크 버스를 타고 오카후 베이 하차

18
동네 사람만 아는 누드비치
아칠스 포인트 전망대&레이디스 비치
Achilles Point Lookout & Lady's Beach

세인트 헬리어스 베이를 지나 타마키 드라이브가 끝나는 지점에서 시작되는 언덕길, 클리프 로드 Cliff Rd.라고 적힌 이정표를 따라 5분 정도만 올라가면 멀리 스카이 타워와 시가지의 모습이 한눈에 펼쳐지는 전망 포인트 아칠스 포인트 전망대가 나온다. 이곳이야말로 웬만한 오클랜드 사람들도 잘 모르는 히든 플레이스. 전망대에서 바라보는 풍경도 아름답지만, 전망대 주변의 대저택들을 보는 것만으로도 흥미진진한 곳이다.

이곳에서 약간만 되돌아 내려오면 바닷가로 내려가는 샛길이 나오는데, 바로 이 길 끝에 '누드 비치'로 알려진 레이디스 비치가 있다. 부드러운 모래가 깔린 약 100m 길이의 작은 비치로, 해안선이 굽어지는 곳에 있는 이곳은 천혜의 요새처럼 바깥에서는 해변이 보이지 않는다. 여름이면 이곳에서 남녀노소 가릴 것 없이 누드로 일광욕과 해수욕을 즐긴다. 반드시, 그들처럼 누드가 될 자신 있는 사람만 접근할 것!!

타마키 링크 버스를 타고 세인트 헬리어스 베이 하차

19
세계 최초의 해저 수족관
시라이프 켈리 탈튼 수족관
SEA LIFE Kelly Tarlton's Aquarium

뉴질랜드의 해양탐험가인 켈리 탈튼이 세운 세계 최초의 해저 수족관. 현재의 기술로 보자면 별 것 아닌 듯하지만, 1985년 개관할 당시에는 획기적인 성과였다. 수족관의 건설은 300만 뉴질랜드 달러를 투자해 1984년 4월 1일에 시작되었고, 1985년 1월에 개장했다. 최대의 난관은 110m나 되는 투명하고도 둥근 강화 유리를 이용해 방수 터널을 건설하는 것. 당시로서는 알려진 건축 방법이 없었기 때문에 모든 과정이 모험일 수밖에 없었다. 7㎝ 두께의 강화 유리를 특별히 수입해 알맞은 크기로 자른 뒤 열로 구부려서 각도를 맞추는 등 어느 것 하나 수월한 것이 없었다. 그리하여 마침내 세계 최초의 완벽한 투명 방수 해저 터널이 탄생했으며, 그 뒤로 세계 각국의 수족관 건설의 모델이 되었다. 1994년에는 하수처리장 시설을 활용한 남극탐험관이 문을 열었는데, 이 또한 세계 최초로 남극을 재현한 시설이다. 입구에서 가장 먼저 마주치게 되는 것은 남극을 최초로 탐험한 스콧의 오두막 Scott's Hut이다. 이어서 실제 남극 탐험에서 사용했던 것과 비슷한 탐사선 스노캣 Snow-Cat을 타고 펭귄 풀 Penguin Pool로 들어가게 된다. 날렵하게 헤엄치는 킹 펭귄 King Penguin과 각국의 남극 탐험 깃발을 지나면 드디어 수족관이 나온다. 거대한 수조를 관통하는 길이 120m의 유리 터널 안은 이동식 패스에 가만히 서 있기만 해도 천천히 이동하면서 상어나 가오리 같은 물고기들을 볼 수 있는 구조다.

23 Tamaki Dr. 타마키 링크 버스를 타고 켈리 탈튼스 하차 09:30~17:00(마지막 입장 17:00) 어른 N$45, 학생 N$36, 어린이 N$32(홈페이지에서 온라인으로 예약하면 약 20% 저렴하게 입장권 구입 가능) 531-5065 www.visitsealife.com/auckland

20
뉴질랜드 민속촌
호윅 민속마을 Howick Historical Village

1840~80년 초기 개척 시대의 생활상을 보여주는 민속촌. 대장간·주택·상점·교회 등 20여 채의 건물이 늘어서 있으며, 모든 건물 안에는 실제 사람들이 그 시절의 방식대로 생활하고 있다. 민속 마을 안에서는 우리나라 궁궐 체험처럼 1950년대 의상을 입고 사진 촬영을 할 수 있는데, 사진 한 장당 5달러만 내면 인화된 사진을 가져갈 수도 있다. 현지인들은 이곳에서 웨딩 촬영이나 아이들의 생일 파티 등도 자주 열어서 이 또한 지켜보는 재미가 쏠쏠하다.

75 Bells Rd., Pakuranga 10:00~16:00 어른 N$15, 어린이 N$7 576-9506 www.historicalvillage.org.nz

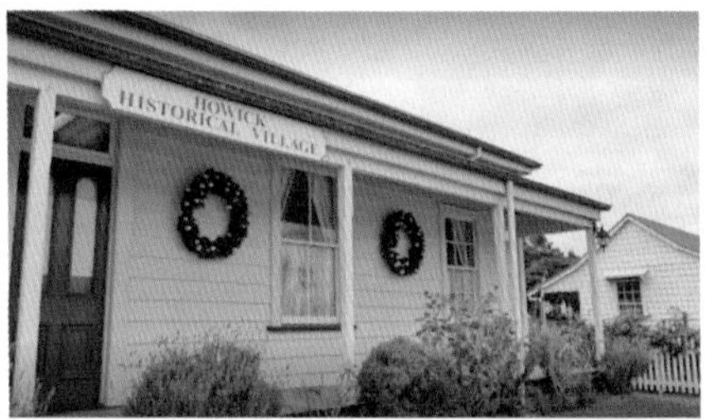

21
스포츠와 공연 예술의 메카
스파크 아레나 Spark Arena

해안 도로 키 스트리트 Quay St.를 따라 시티에서 미션 베이 방면으로 가다보면, 카운트다운 슈퍼마켓을 지나자마자 우측으로 커다란 돔 모양의 경기장이 나타난다. 2007년에 완공된 이곳은 뉴질랜드 최초의 돔 경기장이자 최대 규모의 공연장인 스파크 아레나. 1만 2000석에 달하는 관중석을 보유한 이 경기장에서는 스포츠 경기 뿐 아니라 콘서트, 오페라 공연, 시상식 등의 대규모 행사가 열린다. 2013년에는 전 세계 순회공연 중이던 비욘세가 뉴질랜드 공연을 한 곳으로도 유명하다.

Mahuhu Crescent 타마키 링크 버스를 타고 스파크 아레나 하차 358-1250

22
자연 그대로의 생태 동물원
오클랜드 동물원 Auckland Zoo

오클랜드 서남쪽에 있는 뉴질랜드 최대의 동물원. 우리가 흔히 생각하는 동물원의 개념을 바꿔놓은 광대하고 훌륭한 시설을 자랑한다. 코끼리·기린·하마·사자·원숭이 등의 동물이 우리 안에 갇혀 있는 것이 아니라, 마치 아프리카 대륙처럼 재현한 자연 상태에서 자라고 있다. 그야말로 동물을 위한 동물원이라는 생각이 들 정도. 뉴질랜드의 국조(國鳥) 키위, 공룡의 후손인 파충류 투아타라 Tuatara 등 뉴질랜드에서만 자생하는 진귀한 동물들도 만날 수 있다. 매 시간마다 동물 먹이주기와 다양한 이벤트가 열리므로 입구에서 미리 시각을 확인할 것! 어린이를 동반한 가족 여행자라면 반드시 들러야 하고, 어린이가 없더라도 가볼만한 가치가 충분하다. 동물원 안은 하도 넓어서 꼼꼼히 둘러보려면 하루가 꼬박 걸린다. 동물원 곳곳에 스낵바가 있지만, 도시락을 준비해서 피크닉 기분을 내보는 것도 좋다.

Motions Rd., Western Springs 겨울 09:30~17:00, 여름 09:30~17:30 어른 N$29, 어린이 N$16.5 360-3800 www.aucklandzoo.co.nz

23
뉴질랜드 최대(?) 규모의 테마파크
레인보우 엔드 어드벤처 파크
Rainbow's End Adventure Park

1982년 개장한 뉴질랜드에서 가장 큰 놀이공원. 롯데월드나 에버랜드에 익숙한 우리나라 어린이들에게는 시시할 수도 있지만, 제트코스터·청룡열차(정말 청룡 모양이다)·급류타기·바이킹 같은 놀이기구들이 골고루 구색을 갖추고 있는 어엿한 놀이공원이다. 청소년보다는 어린이를 위한 시설이 많아서 초등학교 이하의 자녀가 딸린 사람들이 안심하고 하루를 보낼 수 있는 곳이다. 무엇보다 한국에서 만큼 줄 서지 않고 원하는 놀이기구를 골라 탈 수 있다는 것이 최대 장점. 입장료만 내고 놀이공원 안의 시설을 이용하는 것과 놀이기구를 하루 종일 무제한 탈 수 있는 슈퍼패스가 있는데, 온라인으로 구매하면 현장 구매 가격보다 N$4 가량 할인된다. 오클랜드 시내에서 자동차로 30분 정도 걸리는 남쪽 마누카우 시티에 있다. 높이 솟은 놀이기구와 'Rainbow's End'라는 글씨가 고속도로에서 보인다.

Cnr. Great South&Wiri Station Rds., Manukau City
10:00~17:00 크리스마스 휴무 슈퍼 패스 어른 N$69.99, 어린이 N$61.99 262-2030 www.rainbowsend.co.nz

24
노스 쇼어 시티의 중심지
타카푸나
Takapuna

하버 브리지를 넘으면 오클랜드 북부의 노스 쇼어 시티가 시작된다. 타카푸나는 바로 이 노스 쇼어의 중심가로, 대형 쇼핑몰과 공용 주차장, 쇼핑센터와 레스토랑이 늘어서 있는 상업 지구.

메인 스트리트인 레이크 로드 Lake Rd.에서 한 블록만 동쪽으로 걸어가면 시원스레 펼쳐진 타카푸나 비치 Takapuna Beach가 나타난다. 비치와 접하고 있는 놀이터에서는 동네 아이들의 웃음소리가 끊이지 않고, 시도 때도 없이 조깅을 즐기는 시민들의 여유로운 풍경이 파도 소리와 어우러져 여유로운 일상을 만들어 낸다. 이런 모습 때문인지 오클랜드에서 한국 교민들이 가장 많이 살고 있는 곳이기도 한데, 거리 곳곳에 한글 간판과 한국 음식점들도 자주 눈에 띈다. 타카푸나는 마오리 말로 '생수가 나는 바위'라는 뜻인데, 한때 이곳에 있었던 옹달샘에서 연유한 지명이라고 한다.

25
낭만이 넘치는 옛 해군 기지
데번포트 DevonPort

데번포트는 오클랜드 시내에서 와이테마타 항을 사이에 두고 마주보는 위치에 있다. 시내 키 스트리트 Quay St.에서 페리를 타고 가면 10분쯤 걸리고, 자동차로는 하버 브리지를 건너서 20분쯤 소요된다. 마오리어로는 '테 쿠아에 오 투라 Te Kuae o Tura'라고 한다.

1950년대에 해군 기지가 설치되었던 곳으로, 왕립 뉴질랜드 해군의 발상지이기도 하다. 페리가 도착하는 데번포트 워프에는 현대적인 페리 터미널 건물과 앤티크 숍들이 밀집해 쇼핑센터를 이루고 있다. 데번포트에서 바다 건너로 바라보이는 오클랜드 시가지의 야경은 무척 아름답다. 데번포트는 19세기 중엽 유럽 이주민들이 발전시킨 곳으로, 아직도 거리에는 당시의 건물들이 남아 고풍스런 분위기가 흐른다. 메인 스트리트인 빅토리아 로드 Victoria Rd.에는 예술품과 공예품을 파는 가게가 모여 있으며 분위기 있는 카페와 레스토랑이 즐비하다. 데번포트로 향하는 입구에는 넓은 골프장이 있고, 부둣가에는 낚시를 즐기는 사람들의 모습이 눈에 띈다.

오클랜드 인물 열전

오클랜드라는 지명은 인도의 총독이자 당대의 영웅이었던 오클랜드 경의 이름에서 따왔습니다. 1800년대 초 뉴질랜드의 총독 윌리엄 홉슨이 평소 존경해 마지않던 오클랜드 경의 이름을 자신이 통치하는 지역의 이름으로 삼은 것이죠.

홉슨이 오클랜드 시를 처음 세운 사람이라면, 도시를 반석 위에 올려놓은 사람은 존 로건 캠벨 John Logan Campbell(1812~1912) 경입니다. 그는 오클랜드가 수도로 결정될 때 오클랜드에 살고 있던 두 유럽인 가운데 한 명입니다. 나머지 한 사람 윌리엄 브라운 William Brown과 함께 초창기 도시의 기틀을 구축해나갔지요. 스코틀랜드 에든버러 출신의 젊은 의사인 캠벨 경은 의료 행위보다는 예술과 농업·상업에 더 흥미를 느껴 그후 NZ Shipping, BNZ, NZI 보험 그리고 Auckland Savings Bank 창립에 산파 역할을 했습니다.

1901년 영국인 콘월 공작 내외가 뉴질랜드를 방문했을 때 캠벨 경이 자기 소유의 원 트리 힐 일대 땅을 국가에 헌납하고 콘월 파크라고 명명한 사건은 역사책에도 나올 정도로 유명한 일화입니다. 1912년, 100수를 채우고 세상을 떠날 때까지 그는 오클랜드를 위해 많은 공적을 남겼으며, 이를 기리기 위해 원 트리 힐 정상에는 존 로건 캠벨 경의 동상이 세워졌습니다.

26
화산 폭발로 생겨난 오름 같은 산
마운트 빅토리아 Mt. Victoria

마오리 말로 '타카룽가 Takarunga'라고 하는데, 오클랜드 항만청은 이 언덕 정상에서 와이테마타 항구로 출입하는 모든 선박들을 24시간 관찰한다. 약 80m 높이의 마운트 빅토리아는 데번포트에 있던 화산이 폭발해 생겼으며, 주변의 언덕 중에서 가장 높이 솟아 있다. 정상에 오르면 바다 건너 미션 베이와 오클랜드 시가지가 파노라마처럼 펼쳐진다. 빅토리아 로드로 난 산책로를 따라 20분쯤 올라가면 정상이 나오는데, 차량용 출입 게이트는 오후 6시 30분이 되면 문을 닫으니 주의할 것.

오클랜드 근교
AROUND AUCKLAND

항구 도시 오클랜드 주변과 근해에는 아름다운 섬과 비치가 보석처럼 숨어 있다.
모두 오클랜드에서 한 시간 남짓 거리에 있어서 당일치기 여행지로도 전혀 손색이 없다.
대도시 오클랜드에서 조금만 벗어나면 아름다운 대자연이 펼쳐지는데,
도시 안에서만 맴돌다가 돌아올 수는 없는 일!

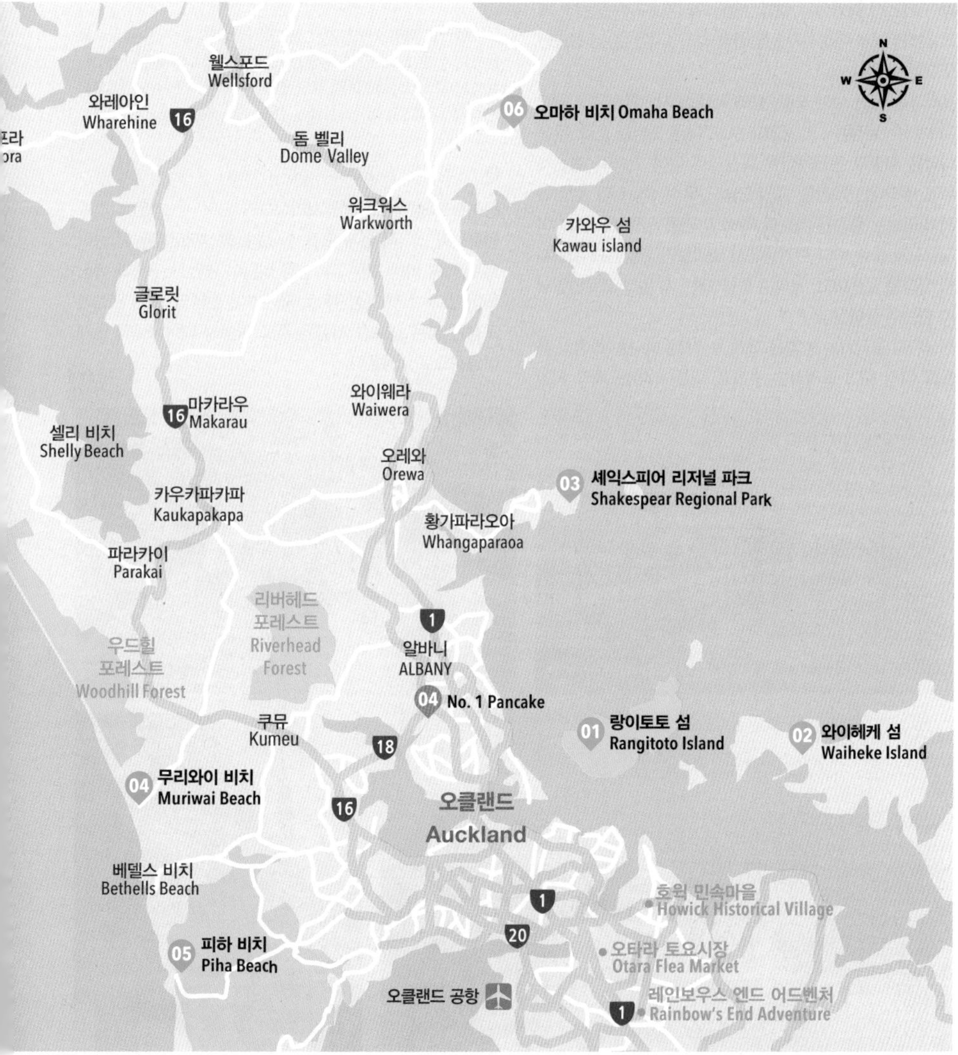

웰스포드 Wellsford
와레아인 Wharehine
16
돔 벨리 Dome Valley
06 오마하 비치 Omaha Beach
워크워스 Warkworth
카와우 섬 Kawau island
글로릿 Glorit
16 마카라우 Makarau
와이웨라 Waiwera
셀리 비치 Shelly Beach
오레와 Orewa
03 셰익스피어 리저널 파크 Shakespear Regional Park
카우카파카파 Kaukapakapa
황가파라오아 Whangaparaoa
파라카이 Parakai
리버헤드 포레스트 Riverhead Forest
1
알바니 ALBANY
우드힐 포레스트 Woodhill Forest
04 No. 1 Pancake
쿠뮤 Kumeu
18
01 랑이토토 섬 Rangitoto Island
02 와이헤케 섬 Waiheke Island
04 무리와이 비치 Muriwai Beach
16
오클랜드 Auckland
베델스 비치 Bethells Beach
1
호윅 민속마을 Howick Historical Village
20
05 피하 비치 Piha Beach
오타라 토요시장 Otara Flea Market
오클랜드 공항
레인보우스 엔드 어드벤처 Rainbow's End Adventure
1

01
화산재로 뒤덮힌 까맣고 아름다운 섬
랑이토토 섬
Rangitoto Island

하우라키 만에 있는 아름다운 섬으로, 800년 전의 화산 활동으로 생겨났다. 랑이토토는 마오리 말로 '타마테카푸아의 피가 흐른 날'이라는 독특한 의미. 그런가 하면 육로로 이어져 있는 바로 옆의 모투타푸 섬은 '신성한 섬'이라는 뜻이다. 랑이토토 섬 중앙에는 해발 260m의 분화구가 있는데, 페리 선착장에서 정상까지 쉬엄쉬엄 걸어 1시간 20분 정도면 도착할 수 있다.

올라가는 동안 보게 되는 섬의 독특한 자연환경은 지금까지 보아온 뉴질랜드의 풍경과는 또 다른 느낌을 준다. 우선 바닥은 까맣고 동글동글한 화산재로 덮여 있으며, 화산재 위에 뿌리내린 울창한 숲의 모습도 무척 색다르다. 정상에서 바라보는 풍경은 가슴이 확 트일 만큼 시원하다. 사방이 시원하게 뚫린 바다 한가운데서 바라보면 오클랜드 시가지의 모습은 물론이고, 날씨가 좋을 때는 저 멀리 코로만델까지 한눈에 들어온다.

정상까지 올라가는 방법은 크게 두 가지. 하나는 하이킹 루트를 따라 걸어 올라가는 것이고, 다른 하나는 페리 시각에 맞춰 진행하는 볼캐닉 익스플로러 서미트 사파리 투어 Volcanic Explorer Summit Safari Tour를 이용하는 것이다. 붉은색 4WD 차량으로 이동하는 사파리 투어에 참가하면 정상까지 편안하게 올라갈 수 있지만, 등산삼아 걸어 올라가면서 섬을 탐험해보는 게 개인적으로는 더 좋았다. 꼭대기까지 올라가기 힘든 사람은 섬 주변을 가볍게 도는 하이킹 코스에 도전해보는 것도 괜찮다. 섬에는 사람이 살지 않으며, 화장실 외에 아무런 편의 시설이 없으므로 도시락이나 식수는 반드시 준비해가도록 한다. 또한, 페리 운항 시각은 계절에 따라 바뀌므로 홈페이지를 통해 미리 확인하는 것이 좋고, 섬에 도착 후에는 돌아오는 배편의 마지막 시간도 반드시 확인한 후 움직이도록 한다.

오클랜드 페리 터미널에서 페리로 데번포트를 거쳐 랑이토토 섬까지 25분 소요 페리 운항 07:30(여름, 주말 한정), 09:15, 10:30, 12:15, 13:30(여름, 주말 한정) 왕복 어른 N$57(홈페이지 예약 시 N$53), 어린이 N$25 www.fullers.co.nz

모투타푸 섬 Motutapu Island

랑이토토 섬 바로 옆에 자리잡고 있으며, 두 섬은 다리로 연결되어 있어서 쉽게 오갈 수 있다. 화산재로 뒤덮인 랑이토토 섬에 비해 모투타푸 섬은 비탈이 완만한 구릉과 목장들이 있고 초지 조성단지로 재개발이 진행되고 있다. 섬에 조성된 넓은 캠프장 시설은 주로 여름철 대학생들의 단체 야영장으로 이용된다.

02
현지인들의 주말 여행지, 하루 종일 힐링
와이헤케 섬 Waiheke Island

오클랜드 동쪽 25㎞ 지점에 자리한 인구 6000명의 작은 섬. 와이헤케는 마오리어로 '작은 폭포'라는 뜻이다. 녹음이 짙게 우거진 아름다운 휴양섬으로, 관광 시즌에는 3만 명 이상이 이 섬을 찾는다. 오클랜드의 부자들 가운데는 와이헤케 섬에 별장을 두고 있는 사람들도 많다. 해수욕·일광욕·피크닉을 즐기기에 좋고, 하루 이틀 푹 쉬면서 해양스포츠나 독서를 즐기기에도 적당하다.
작은 섬이라고 하지만 걸어 다니기에는 턱없이 넓어서, 차를 렌트하거나 자전거 또는 섬 안에서 운행되는 버스를 이용하는 것이 좋다. 와이헤케 아일랜드 버스(종일 패스 N$10, 1회권은 Hop 카드로만 가능)를 이용하면 버스로 관광을 마친 뒤 자유롭게 섬을 둘러볼 수 있어서 편리하다. 렌터카나 자전거 대여는 선착장을 나오자마자 두세 군데의 회사 사무실이 있으므로 가격을 비교한 다음 결정하면 된다. 최고 번화가는 섬의 중심부에 있는 오네로아 Oneroa로, 은행·슈퍼마켓·레스토랑을 비롯한 각종 편의 시설이 잘 갖추어져 있다. 추천할 만한 곳은 선착장에서 자동차로 5분 정도 떨어진 오네로아와 리틀 오네로아. 이 두 군데 해변은 물이 맑고 파도가 적당해서 가족끼리 야영을 하기에도 좋다. 팜비치도 조용하게 쉴 수 있는 곳이다.

오클랜드 페리 터미널에서 페리로 데번포트를 거쳐 와이헤케 섬까지 40분 소요 05:30~22:45까지 30~40분 간격으로 페리 운항 왕복 어른 N$59(온라인 예약 시 N$55), 어린이 N$26
www.fullers.co.nz

03
세상 어디에도 없는 풍경
셰익스피어 리저널 파크
Shakespear Regional Park

오클랜드 북동쪽, 자동차로 1시간 남짓 달려가면 세상 어디에서도 만날 수 없는 그림 같은 풍경의 셰익스피어 파크가 나온다. 바다를 향해 튀어나와 있는 걸프(만) 지역 전체가 공원으로 지정되어 있어서 목초지와 숲, 바다와 해변이 골고루 어우러져 아름다운 풍광을 만들어낸다. 고운 모래가 펼쳐지는 해안이 있는가 하면, 발에 걸리는 게 조개 천지인 갯벌이 펼쳐지고, 끝없는 초원이 펼쳐지는가하면, 어느새 구릉 위로 한가로운 양떼가 지나간다. 셰익스피어 파크의 상징과도 같은 '액자 프레임 뒤에서 사진 찍기'는 이 공원의 통과 의례다.
주말이면 공원에서 바비큐를 즐기는 현지인들과 조개잡이에 한창인 중국(?) 이민자들을 어김없이 보게 된다. 하루 정도 현지인처럼 여유를 부려보는 것도 좋지만, 그들처럼 조개잡이에 심취하다보면 어느새 100마리를 훌쩍 넘게 된다. 반드시 1인당 100마리까지만 조개 채취가 허가되므로 주의하도록 한다. 반드시 자동차가 있어야만 이 멋진 곳에 갈 수 있는 것은 아니다. 시티에서 AT 버스 982, 983번을 타면 공원 입구에 내려주는데, 공원에 가까워질수록 눈이 휘둥그레질만큼 큰 저택들과 바다를 품은 아름다운 풍경들이 극대화된다. 단, 편도 2시간이 넘게 걸리므로 하루 정도 완전히 시간을 비워두고 가는 것이 좋다.

1468 Whangaparaoa Road, Army Bay 366-2000

04
비현실적으로 아름다운 까만 모래, 해변
무리와이 비치
Muriwai Beach

최근 들어 우리나라 사람들에게도 조금씩 알려지고 있는 무리와이 비치는 오클랜드를 방문하는 사람들에게 개인적으로 꼭 소개하고 싶은 어트랙션이다. 끝없이 펼쳐지는 검은 모래 흑사장 위로 멀리 태즈만 해에서부터 몸집을 키워 온 높은 파도와 물보라가 오버랩 되는 순간, 눈을 뜨고도 내 눈을 의심하게 되는 비현실적인 느낌. 아울러 바닷가 기암괴석에 둥지를 튼 수만 마리의 가닛 떼까지 어우러져 마치 영화 속 한 장면 같은 착각을 불러일으킨다.

이곳은 북섬에서 가장 큰 가닛(신천옹)의 서식지로, 언덕으로 난 산책로를 따라가면 수천 마리 가닛떼의 모습을 눈앞에서 관찰할 수 있다.

바위마다 다닥다닥 검은 자갈돌처럼 붙어 있는 어린 홍합과 바위틈에 매달린 다자란 홍합, 자갈돌을 들어 올릴 때마다 나타나는 꽃게와 조개, 거기에 강태공을 비명 지르게 하는 갖가지 어종이 어울려 즐거움이 배가 된다. 최근에는 해안가에 방파제처럼 높이 쌓인 흑모래 썰매장까지 구색을 갖춰서 아이들의 웃음소리도 끊이지 않는 곳이다.

해변과 맞닿은 주차장 근처에 야영장과 스낵바, BBQ 시설도 있고, 별장과 캠핑장 같은 숙박업소들도 해변에서 멀지 않은 곳에 있다. 검은 해변의 모래가 단단해서 4WD 차량을 이용해서 달릴 수 있는 구역도 있는데, 주의해야 할 점은 물웅덩이가 있는 곳에서는 반드시 속도를 낮춰야 한다는 것이다. 해마다 사고가 발생하는 지역이므로 각별히 조심할 것!

오클랜드 시내에서 서쪽으로 뻗어 있는 16번 국도로 1시간쯤 가면 무리와이 비치 이정표가 나온다. 대중교통 수단은 없다.

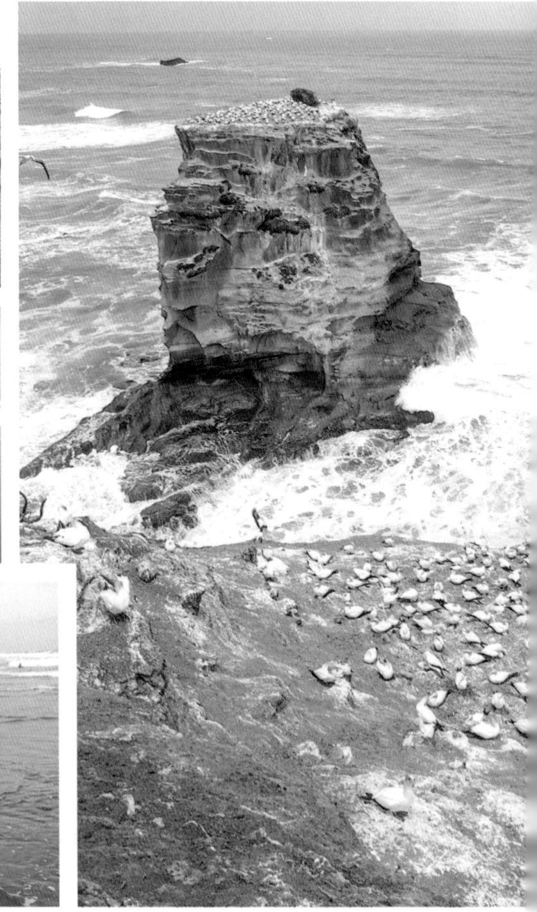

05

쓸쓸하고, 아름다운 〈피아노〉의 바다

피하 비치 Piha Beach

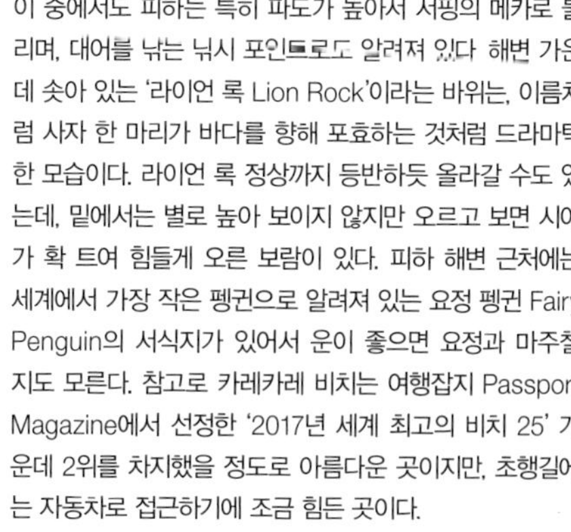

19세기의 뉴질랜드, 쓸쓸한 바닷가 해변에 피아노 한 대와 모녀만이 서 있다. 1993년 칸 영화제 수상작에 빛나는 뉴질랜드 여류 감독 제인 캠피온의 영화 〈피아노〉의 첫 장면이다. 그 영화의 배경이 되었던 쓸쓸하고 외로운 바닷가가 바로 피하 비치와 나란히 있는 카레카레 비치이다. 무리와이, 카레카레, 피하 비치를 비롯한 서해안의 바다들은 대부분 검은 모래에 높은 파도가 치는데, 왠지 모르게 장엄하면서도 극적인 분위기가 인상적이다.

이 중에서도 피하는 특히 파도가 높아서 서핑의 메카로 불리며, 대어를 낚는 낚시 포인트로도 알려져 있다. 해변 가운데 솟아 있는 '라이언 록 Lion Rock'이라는 바위는, 이름처럼 사자 한 마리가 바다를 향해 포효하는 것처럼 드라마틱한 모습이다. 라이언 록 정상까지 등반하듯 올라갈 수도 있는데, 밑에서는 별로 높아 보이지 않지만 오르고 보면 시야가 확 트여 힘들게 오른 보람이 있다. 피하 해변 근처에는 세계에서 가장 작은 펭귄으로 알려져 있는 요정 펭귄 Fairy Penguin의 서식지가 있어서 운이 좋으면 요정과 마주칠지도 모른다. 참고로 카레카레 비치는 여행잡지 Passport Magazine에서 선정한 '2017년 세계 최고의 비치 25' 가운데 2위를 차지했을 정도로 아름다운 곳이지만, 초행길에는 자동차로 접근하기에 조금 힘든 곳이다.

오클랜드 서쪽, 무리와이 비치 남쪽에 있다.
www.piha.co.nz

06
조개잡이의 추억
오마하 비치 Omaha Beach

무리와이와 피하 비치가 오클랜드 서쪽 바다인데 반해, 오마하 비치는 오클랜드 북동쪽 약 75㎞에 위치한 동해 바다다. 서쪽의 검은 해변에 비해 유난히 곱고 흰 모래를 자랑하는 이곳은 현지인들 사이에서는 유명한 곳이지만 여행자들에게는 비교적 덜 알려진 보석 같은 곳이다.

무리와이 비치보다 거리는 멀지만, 시원하게 뻗은 1번 고속도로를 이용하면 오클랜드에서 1시간 남짓이면 도착할 수 있다. 목적지에 접어들면 잘 조성된 골프장과 고급 주택가가, 해변 주차장을 둘러싸고는 작은 상가와 서핑 교습소들이 여행자들을 맞이한다.

손가락처럼 튀어나온 지형 덕분에 바다도 해변도 여러 군데인데, 서핑에 적합한 거친 바다가 있는가 하면 바로 이면의 바다는 잔잔하기 그지없는 조개잡이 해변이 나타나기도 한다. 강태공들에게는 대어를 낚을 수 있는 낚시 포인트로도 알려져 있다.

한 가지 아쉬운 점은, 몇 해 전까지만 해도 모래 반 조개 반이었던 오마하 비치가 급작스레 늘어난 중국인 이민자들 탓에 몸살을 앓더니, 급기야 조개잡이 금지 표지판이 생겨났다. 아무리 많은 조개가 보이더라도 가지고 와서는 안 된다.

Broadlands Dr., Omaha 422-9475
www.omahabeach.co.nz

REAL GUIDE 

오클랜드의 선데이 마켓들

오클랜드에는 특색 있는 주말시장이 많다. 우리나라로 치면 '번개시장' 또는 '새벽시장'으로 볼 수 있는데, 대개 오전 6시부터 시작해서 낮 12시쯤 되면 파장에 들어간다. 시내에서 대표적인 곳으로는 타카푸나 일요시장과 아오테아 스퀘어 마켓이 있으며, 조금 근교로 나가면 오타라와 아본데일 마켓이 가장 유명하다. 마오리와 유럽인 그리고 아시아인들이 한데 어울려 흥정하고 물건을 사고파는 모습은 그 자체로 인종 박물관을 연상케 한다. 물건의 종류가 헤아릴 수 없이 많은데, 그 중에서도 생필품이나 식료품이 주를 이룬다. 일정한 금액을 시장 관리소에 내면 누구라도 자기가 가진 물건을 판매할 수도 있다.

오타라 토요시장 Otara Flea Market

오클랜드에서 과일과 생선·채소 등을 가장 싸게 구입할 수 있는 곳. 매주 토요일 오전 일찍부터 시작해 정오가 되면 파한다. 1번 도로 남쪽의 마누카우 시티 쪽에 있다.

Newbury St, Manukau
토요일 07:00~12:00 274-0830

타카푸나 일요시장 Takapuna Sunday Market

노스 쇼어 시티의 중심가 타카푸나 주차장에서 열리는 일요시장. 생필품과 식료품은 물론 오래된 잡지나 골동품 같은 앤티크 소품들도 많이 나온다.

17 Anzac St, Takapuna
일요일 06:00~12:00 376-2367

브리토마트 토요시장 Britomart Saturday Market

브리토마트 트랜스포트 센터 앞 광장에서 열리는 토요시장. 앞서 두 군데 주말 시장에 비하면 훨씬 작은 규모에 채소, 수제 빵, 햄 등의 품목이 주를 이룬다.

Te Ara Tahuhu Walking St., Britomart
토요일 08:00~14:30 366-9361

EAT

01
호불호가 없는 태국음식점
E-Sarn WOK

미션베이에 자리한 태국음식점. 꽤 오랫동안 지역민과 여행자들에게 맛집으로 검증된 곳이다. 카레, 누들, 볶음까지 재료와 조리법별로 다양한 메뉴가 있으며, 온라인 주문 시 가까운 숙소로 배달도 가능하다. 우육면과 킹타이거팟타이는 한국 사람 입맛에도 호불호가 없는 맛. 태국전통스타일 음식도 도전해 볼 만하다. 매장은 크지 않지만 깔끔하고, 서비스도 과하지 않다. 포장해서 근처 미션베이에서 도시락처럼 맛보는 것도 추천.

35 Tamaki Drive, Mission Bay
11:30~21:30, 화요일 휴무
528-8999
www.esarnwok.co.nz

02
동네 사람들의 사랑방, 우리도 그들처럼
Annabelles

세실 스시와 마찬가지로 세인트 헬리어스 베이에 있는 아담한 규모의 레스토랑. 미션 베이에서 타마키 드라이브를 따라 자동차로 5분 정도만 더 가면 된다. 10여 년 전 한국 사람이 문을 연 곳이지만, 실내는 현지인들로 가득 차 있다. 스파게티, 샐러드 등 현지인들의 입맛에 착착 감기는 맛을 재현해내고 있기 때문. 낮 시간에는 바다를 바라보며 커피 한 잔, 저녁 시간에는 파도 소리 들으며 와인잔 기울이기에도 좋은 곳이다.

409 Tamaki Dr., St. Heliers
월~금요일 09:00~23:30, 토~일요일 08:30~23:30 575-5239

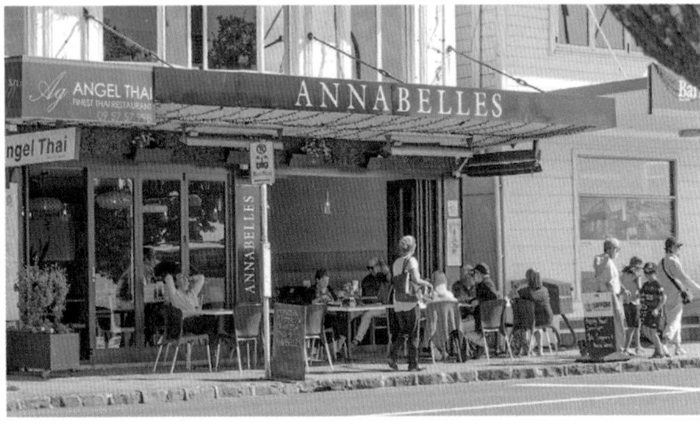

03
미션베이 터줏대감
Mamma Mia Pizza Ristorante

아름다운 바닷가 미션 베이 도로변에 위치한 이탈리안 레스토랑. 캐주얼한 분위기에 익숙한 메뉴지만, 어떤 메뉴를 시켜도 고르게 맛있는 강추 레스토랑이다. 이탈리아 출신임이 분명한 주인과 종업원들이 무심한 듯 서빙을 한다. 해장을 해도 될 것 같은 이탈리아식 홍합 매운탕 '꼬제'와 토핑 듬뿍 올린 화덕 피자는 남다른 중독성이 있다. 식사 후에는 아이스크림 하나 입에 물고 미션 베이를 거닐어보자. 참고로 바로 옆의 아이스크림 가게 '뫼벤픽'은 로마의 오드리 햅번 아이스크림처럼 미션 베이를 찾는 청춘들이 하나씩 손에 들고 다니는 유명한 곳이니 놓치지 말 것.

51 Tamaki Dr., Mission Bay
11:00~23:00 528-3797

04
줄서서 먹는 호떡집
No. 1 Pancake

퀸 스트리트에서 한 블록 떨어진 웰레슬리 스트리트, 오클랜드 미술관 바로 맞은편 자리에서 무려 14년간 영업했던 '호떡집'이다. 우리가 알고 있는 바로 그 호떡이 팬케이크라는 이름을 달고 오클랜드에서 가장 핫한 음식으로 떠올랐다. 점심시간이 시작되기도 전에 이미 길게 늘어선 줄만으로 인기가 증명되고, 번호표를 받아들고 순서를 기다리는 사람들의 기대에 찬 표정에서 맛이 짐작된다. 치킨 치즈, 비프 치즈, 베이컨 치즈, 햄 치즈, 햄파인애플 치즈, 베지 치즈, 포테이토 치즈, 더블 치즈 등등 우리 입맛에는 다소 낯선 속 재료가 호떡 피와 만나 환상의 맛을 만들어낸다. 물론 우리 입맛에 맞는 꿀호떡도 베스트셀러 메뉴다. 2021년 연말부터 한국인이 많이 거주하는 오클랜드 북부, 알바니 지역으로 장소를 옮겨 영업 중이다.

18 Airborne Rd., Rosedale
화~금요일 10:30~13:50, 15:00~17:00, 토요일 12:00~16:00, 월요일 10:30~14:30, 일요일 휴무
022-534-1396
no1pancake.co.nz

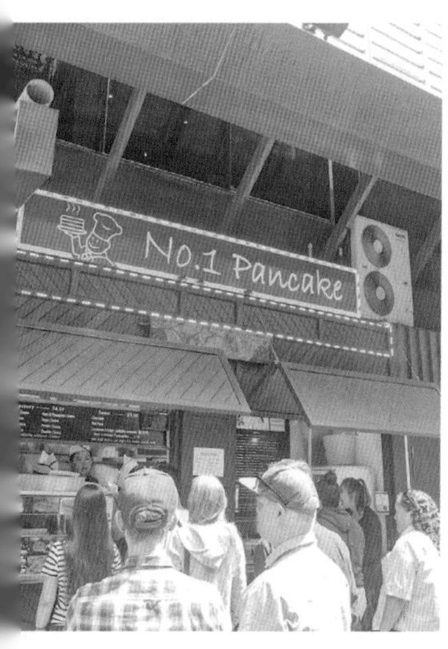

05
스테이크의 전설
Angus Steak House

여행자들 사이에서도 알만 한 사람은 다 아는, 50년이 넘은 스테이크 전문 레스토랑. 푸짐하고 육즙이 살아있는 스테이크와 무한 리필 샐러드 바로 유명하다. 입구에서부터 눈길을 끄는 각종 기관의 맛집 인증마크가 즐비하고, 각국 여행자들이 붙여 놓은 전 세계 지폐까지 이 집의 명성을 말해 주는 훈장처럼 진열되어 있다. 주문 방식은 진열되어 있는 스테이크용 고기(쇠고기, 양고기 등) 중 원하는 녀석을 딱 집어 선택하면 즉석에서 요리를 해준다. 기다리는 동안 푸짐한 샐러드 바에서 원하는 만큼의 샐러드를 맛보면 된다. 이렇게 샐러드 바 포함 스테이크의 가격이 N$39~49 가량. 샐러드 바만 이용하거나 스테이크만 선택할 수도 있다.

8 Fort lane 월~금요일 12:00~14:30, 17:00~ 23:00, 토~일요일 17:00~23:00 379-7815
www.angussteakhouse.co.nz

06
설명이 필요 없는, 150년 된 벨기에 맥줏집
Occidental Belgian Beer Huis

150년 된 벨기에 맥줏집, 오클랜드에서 반드시 가봐야 할 맛집, 뉴질랜드에서 맥주와 홍합이 가장 맛있는 곳…. 옥시덴탈을 설명하는 문장들에 빠지지 않고 들어가는 표현들이다. 홍합과 맥주라는 키워드만으로도 여행자의 심장 박동은 빨라지는데, 실제로 보는 맛과 비주얼은 더 예술이다. 요일마다 진행되는 프로모션 가운데 특히 월요일의 머셀 마니아 Mussel Mania 찬스를 이용하면 홍합 요리들을 반값에 맛볼 수 있으니 기억해 둘 것.
오래된 오크통을 테이블 삼아 선 채로 즐기는 기네스와 호가든도 맛있고, 현지인들과 어깨를 부딪히며 라이브 음악에 젖어보는 경험도 무척 즐거운 곳이다. 이곳에서는 정말 많은 종류의 맥주들을 맛볼 수 있지만, 새로운 맛에 도전하고 싶다면 옥시덴탈의 대표 선수 과일 맥주 Fruit Beer를 추천한다.

6 Vulcan Lane
월~금요일 07:30~새벽 02:00, 토~일요일 09:00~새벽 02:00 300-6226
www.occidentalbar.co.nz

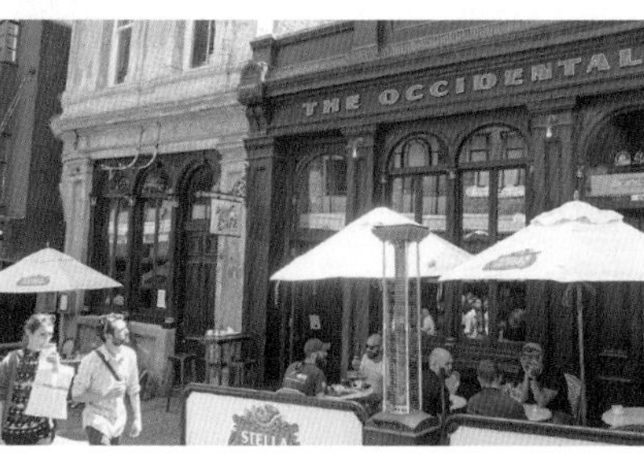

07
눈과 입이 즐거운 씨푸드
Harbourside Seafood Bar & Grill

늘 그 자리에 있어서 잊을만하면, 관광청에서 주관하는 올해의 레스토랑 상에 빛나는 바람에 새롭게 올려다보게 만드는 곳이다. 키 스트리트 페리 빌딩에 자리한 터줏대감으로, 항구의 멋진 풍경을 바라보며 근사한 식사를 즐길 수 있는 씨푸드 레스토랑이다. 주 메뉴인 스테이크와 함께 화려한 플레이팅의 생선초밥도 눈길을 끈다. 랑이토토 섬과 와이헤케 섬으로 향하는 페리 빌딩인 만큼 오가는 사람도 많아서 늘 활기찬 분위기다. 저녁 시간에는 씨푸드와 스테이크 중심의 정찬 레스토랑이 되지만, 낮 시간에는 간단한 음료나 차도 즐길 수 있다.

1st Floor, the Ferry Bldg., Quay St. 11:30~23:00 307-0556
www.harbourside.co

08
명불허전 데리야키 집
Daikoku

이름에서 짐작하듯 일본식 레스토랑이다. 오클랜드에 있는 대부분의 일식집이 사실은 한국인에 의해 운영되는 데 비해 이곳은 일본사람이 운영하는 정통 일본식 레스토랑이다. 스시, 덴푸라 같은 일식 메뉴와 함께 데리야키를 전문으로 한다. 호주 및 뉴질랜드에 몇 군데 지점을 두고 있을 정도로 지명도가 높으며, 달달하고 짭조름한 맛이 우리 입맛에도 친숙하다. 점심시간에는 15불 내외의 데판야키 스테이크 런치를 선보이는데, 샐러드, 된장국, 채소무침 등의 밑반찬에 아이스크림 후식까지 포함되어 인기가 높다. 저녁 시간에는 불판 위에서 펼쳐지는 데판야키 불쇼가 여행자들의 흥을 돋운다. 오클랜드 내에만 5군데 다이코쿠 지점이 있고 그중 2군데가 시티에 있는데, 라멘이나 덮밥 등 비교적 가벼운 메뉴를 원한다면 키 스트리트 보다는 빅토리아 스트리트 다이코쿠로 갈 것!

시티점 148 Quay St. 12:00~14:00, 18:00~22:00 302-2432
빅토리아 지점 25 Victoria St. West 309-0110 www.daikoku.co.nz

09
한국에서 보다 더 맛있는 순댓국
털보순대국

환율 따라 물가도 비싸진 오클랜드에서 N$15 이하에 배부르게, 그것도 한국 음식을 맛볼 수 있는 곳이다. 맛까지 좋아서 늘 손님으로 붐비는 곳. 입소문을 타 현지인들까지 꽤 눈에 띈다. 푸짐한 양의 순댓국은 한국에서 먹던 맛 그 이상이다. 오클랜드 현지의 재료들로 현지에서 직접 만드는 순대의 맛이 어떻게 토종 순댓국보다 더 구수한 맛을 내는지 궁금해하면서 숟가락을 멈출 수 없는 곳이다. 건물 뒤편에 대형마트 카운트다운이 있어서, 교민들은 이곳 주차장에 차를 세우고 털보순대국에서 외식을 즐긴다. 시티 센터에 위치하고 있어서 여행자들도 손쉽게 찾을 수 있다.

Unit 4, 18 Beach Rd. 11:00~22:00, 화요일 휴무 354-3888

10
화로에 구워먹는 한국식 숯불고기
FARO

오픈과 동시에 이미 유명세를 타기 시작한 곳. 여세를 몰아 뉴마켓에 분점도 내었지만, 두 군데 모두 저녁 시간에는 예약하기가 어렵다. 여행자들의 시선으로는 '그냥 고급 고깃집이네' 정도의 느낌이지만, 교포들 사이에서는 대접해야 할 손님이 있을 때 1순위로 떠올리는 장소일 정도. 매년 공식 발표되는 'TOP 50 레스토랑'에도 선정되는 것을 보면 현지인들에게도 인기 있는 한식 레스토랑이다. 상호인 FARO는 우리말 '화로'를 소리 나는 대로 표기한 것으로, 말 그대로 화로에 구워먹는 숯불구이 전문점이다. 한우보다 더 맛있는(?) 뉴질랜드 쇠고기와 두툼한 벌집 삼겹살을 숯불에 구워먹는 맛이 일품이다. 리필 되는 밑반찬들도 깔끔하고 고급스럽다.

시티점 5 Lorne St. 월~금요일 11:30~14:30, 17:30~22:30, 토, 일요일 17:30~22:30 379-4040
뉴마켓 지점 49 Nuffield Street, Newmarket 529-4040

11
대중적인 맛이 베트남 스팀 폿
Hansan

대중적인 베트남 음식점으로, 누가 먹어도 맛있다고 느끼는 무난한 맛이 최대 장점인 곳. 키치너 스트리트에 있는 시티점에서는 주로 스프링롤이나 쌀국수 등이 인기 메뉴이지만, 시티점 이외의 지점들에서는 베트남식 샤브샤브인 스팀 폿 Steam Pot이 많이 팔린다. 단품 메뉴들도 맛있지만, 진한 육수에 채소와 해산물, 고기를 살짝 익혀먹는 스팀 폿의 깊은 맛이 더 뛰어나기 때문이다. 처음에는 시티에서 조금 떨어진 판무어 Panmure 지역에 작게 시작한 베트남 음식점이었는데, 해가 갈수록 인기가 높아져서 지점이 점점 늘고 있다.

519 Ellerslie Panmure Highway
11:00~21:30 570-6338
hansan.co.nz

퀸 스트리트와 K 로드

세상의 모든 길은 로마로 통한다고 했던가요? 그렇다면 오클랜드의 모든 길은 퀸 스트리트로 통한다고 할 수 있습니다. 최고 번화가라고 해봐야 워터프런트부터 길게 뻗은 퀸 스트리트를 중심으로 몇 개의 거리가 전부니까요. 그러나 진짜 오클랜드를 아는 사람들은 퀸 스트리트에서 헤매지 않습니다. 오르막으로 경사진 퀸 스트리트의 정점에서 만나는 K 로드, 바로 여기가 오클랜드의 숨겨진 번화가라 할 수 있습니다. 정식 이름은 카랑가하페 로드 Karangahape Rd.지만, 대개는 줄여서 K 로드라고 합니다. 연륜이 쌓인 오래된 퍼브와 카페·레스토랑 등이 모여 있으며, 중국·인도·한국·일본 등 다양한 나라의 제품을 판매하는 잡화점들도 많습니다. 어느 도시에서든 뒷골목 기웃거리기가 더 재미있듯이, 오클랜드에서는 퀸 스트리트보다 더 재미있는 뒷골목(?)이 바로 K 로드랍니다.

베이 오브 아일랜드
BAY OF ISLAND

인구
7,500명

지역번호
09

인포메이션 센터 Bay of Islands i-SITE Visitor Centre

The Wharf, Marsden Rd., Paihia 08:00~17:00(성수기는 ~19:00)

402-7345 www.northlandnz.com

노스랜드 최고의 휴양지 파이히아·와이탕이·러셀·케리케리 네 도시와 인근 150여 개 섬을 묶어서 베이 오브 아일랜드라 부른다. 우리나라의 다도해나 호주의 그레이트 배리어 리프처럼 청정한 바다와 점점이 떠 있는 섬들이 최고의 관광 자원이 되는 곳이다. 햇살에 부서지는 코발트빛 바다는 속이 훤히 들여다보일 만큼 투명하고, 배를 타고 10분만 나가면 태초의 모습을 간직한 섬들이 하나둘 아름다운 자태를 드러낸다. 기암괴석에 둘러싸인 섬들은 다이빙 포인트나 고래 관찰 스팟이 되어준다. 아름다운 섬 여행의 출발지로 각광받고 있는 베이 오브 아일랜드는 여름철이면 상주인구보다 많은 관광객들로 도시 전체가 열병을 앓듯 활기가 넘친다.

한편 이 지역은 휴양지 외에 역사적으로도 중요한 의미가 있다. 유럽 이주민과 마오리 부족 간 영토 분쟁의 주 무대가 되기도 했으며, 영국의 주권을 인정한 와이탕이 조약이 체결된 곳도 바로 여기다. 물론 지금은 한바탕 태풍이 지나간 뒤처럼 사방 어디를 둘러봐도 평화로운 나른함만 감돈다.

베이 오브 아일랜드 미리 보기

CITY PREVIEW

어떻게 다니면 좋을까?

베이 오브 아일랜드의 중심 도시는 파이히아다. 오클랜드에서 출발하는 여행자는 대부분 파이히아에 여장을 풀고 러셀로 향하거나 와이탕이를 둘러본다. 파이히아에서 와이탕이까지는 다리 하나를 사이에 두고 있어서 거의 한 도시라고 봐도 좋을 만큼 가깝다. 러셀은 파이히아에서 크루즈를 타고 건너가는 것이 일반적이다. 육로를 이용할 수도 있지만 만처럼 솟아나온 러셀까지는 바다를 건너가는 것이 더 쉽기 때문. 도중에 베이 오브 아일랜드의 수려한 모습도 감상할 수 있으니 일부러라도 크루즈를 이용하는 것이 좋다.
마지막 케리케리는 세 도시를 둘러본 다음 파 노스로 향하는 길에 둘러보는 것이 효율적이다. 뉴질랜드 최북단의 케이프 레잉아까지 투어버스로 갈 때는 버스가 잠시 정차해서 특산품인 케리케리 오렌지를 구입할 시간을 주므로, 이때 잠깐 둘러보는 정도로 충분하다.

어디서 무엇을 볼까?

파이히아라는 지명은 '여기는 좋은 곳이다'라는 의미의 마오리어에서 왔다. 이름 그대로 바다와 숲이 있는 좋은 곳 파이히아. 도시 전체를 관통해 와이탕이까지 이어지는 마스덴 로드가 주도로이며, 관광안내소와 페리 터미널이 있는 윌리엄스 로드 Williams Rd.와의 교차 지점이 최고 번화가다. 이 일대에 쇼핑몰과 여행사·관공서 등이 밀집해 있으며, 언덕으로 올라갈수록 전망 좋은 별장들이 자리를 잡고 있다.
와이탕이는 주택가는 거의 없고 도시의 절반 이상은 내셔널 리저브가, 나머지 지역은 골프 코스와 산책로가 차지하고 있다. 이 도시에서 빠뜨리지 말고 봐야 할 볼거리는 와이탕이 내셔널 리저브가 유일하다.
러셀은 지금은 한적하기 이를 데 없는 바닷가 마을이지만, 한때 포경선의 기지로 수많은 선박과 선원들로 활기가 가득했던 곳이다.

1840년 이웃 마을 와이탕이에서 조약이 체결된 후에는 뉴질랜드 최초의 수도로 선정되는 영광도 누렸으나, 9개월 뒤 수도가 오클랜드로 옮겨지면서 영광은 계속되지 않았다. 당시 도시의 이름은 마오리어로 '맛있는 펭귄'이라는 뜻의 '코로라레카'. 과거의 아픈(?) 기억을 잊고 거듭나기 위해 '러셀'이라는 영어식 이름으로 지명을 바꾼 지금, 도시는 조용하고 차분한 모습으로 정비되었다. 부둣가의 카페와 레스토랑에는 낭만이 넘치고, 숙박업소는 파이히아 보다 한결 깨끗하고 조용하다. 베이 오브 아일랜드의 북쪽 끝에 있는 **케리케리**는 뉴질랜드 최고의 오렌지 산지이다. 볼거리 역시 주렁주렁 매달린 과일나무와 잘 가꾸어진 정원. 스톤 스토어를 둘러싼 워킹 트랙을 따라 걷는 것만으로도 이 도시의 싱그러움을 만끽할 수 있다.

어디서 뭘 먹을까?

베이 오브 아일랜드의 중심 도시인 파이히아에서 대부분의 식도락이 해결된다. 그 중에서도 페리 터미널이 있는 마스덴 스트리트 Marsden St.와 윌리엄스 로드 Williams Rd. 일대에 레스토랑이 밀집해 있고, 러셀 역시 부둣가를 중심으로 더 스트랜드 The Strand와 요크 스트리트 York St. 쪽에 상가가 형성되어 있다. 케리케리에서는 메인 도로인 케리케리 로드 쪽으로 가볼 것.

어디서 자면 좋을까?

베이 오브 아일랜드를 찾는 대부분의 여행자들이 여장을 푸는 곳 역시 중심 도시인 파이히아다. 숙박업소가 가장 많고 편의 시설이 다양하기 때문인데, 그만큼 성수기에는 예약 없이 방 잡기가 쉽지 않다. 이럴 때는 오히려 바다 건너 러셀 쪽에 여장을 푸는 것도 생각해 볼 만하다.
러셀 지역은 상대적으로 조용하며, 숙소 분위기도 낭만적이거나 고풍스러운 것이 특징이다.

ACCESS

베이 오브 아일랜드 가는 방법

베이 오브 아일랜드는 노스랜드 여행에서 마지막 숨을 고르는 지점이다. 내친 김에 파노스까지 달리기에는 조금 힘이 부친다 싶을 때, 딱 적절하게 나타나는 도시이기 때문. 장거리 버스 노선도 다양하고, 렌터카로 여행하기에도 쾌적한 환경이다.

비행기 Airplane

항공편은 에어뉴질랜드가 오클랜드에서 케리케리까지 1일 4회 이상 운항한다. 40분이면 도착할 수 있지만, 케리케리 공항에서 베이 오브 아일랜드의 중심 도시인 파이히아까지 다시 육로로 이동해야 하기 때문에 그리 권할 만한 방법은 아니다.

버스 Bus

가장 일반적인 방법은 뭐니뭐니해도 장거리 버스. 오클랜드~카이타이아 구간을 운행하는 인터시티와 노스라이너 버스, 네이키드 버스가 왕가레이를 거쳐 파이히아까지 간다. 왕가레이에서 파이히아까지는 1시간 20분, 오클랜드에서 파이히아까지는 약 4시간 걸린다. 장거리 버스가 출발·도착하는 장소는 비지터 센터가 있는 부둣가 페리 터미널 앞이며, 이곳에서 크루즈나 투어 등을 예약할 수도 있다.

자동차 Car

자동차를 이용할 때는, 오클랜드에서 북쪽으로 1번 도로를 따라 3시간 정도 계속 달리다가 10번 도로와 갈라지는 곳에서 우회전하면 파이히아로 향하는 이정표가 나온다.
파이히아로 가지 않고 러셀로 바로 갈 때는 오푸아 Opua 부두에서 자동차를 싣고 건너갈 수 있다. 참고로, 파이히아에서는 러셀로 가는 승객용 크루즈만 운항한다.

TRANSPORT IN BAY OF ISLAND

파이히아 ←--→ 와이탕이

두 도시는 걸어서도 갈 수 있을 만큼 가까운 거리에 있다. 파이히아 관광안내소 앞을 지나가는 해안길 마스덴 로드 Marsden Rd.를 따라 20~30분 정도만 걸으면 작은 다리가 나오고, 걸어서 5분도 안 걸리는 이 다리를 건너면 와이탕이에 도착한다.

파이히아 ←--→ 러셀

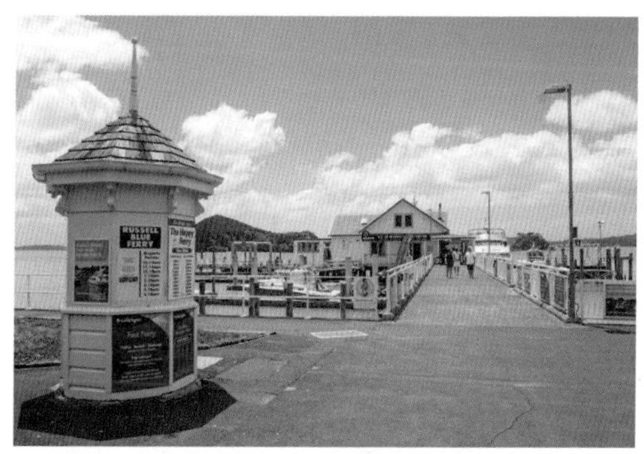

바다를 끼고 반도 끝부분에 자리한 러셀은 파이히아에서 직선거리로 5㎞ 정도 떨어져 있다. 자동차를 가져가는 경우와 그렇지 않은 경우에 따라 출발 장소가 달라진다. 전자의 경우는 앞서 설명한 것처럼 오푸아에서 출발하는 차량용 페리를 이용해야 하고, 후자의 경우 파이히아 페리 터미널에서 출발하는 돌핀크루즈 페리 Dolphin Cruise Ferry를 이용하면 15분 만에 도착한다. 한편 러셀 페리 터미널에서 출발하는 디스커버 러셀 Discover Russel 투어를 이용하면 러셀을 효율적으로 둘러볼 수 있다. 10:00부터 16:00까지 매시 정각에 출발하는 이 미니 투어는 플래그 스태프, 퐁팔리에 하우스, 크라이스트 교회 등의 관광지를 둘러보고 돌아온다. 소요 시간은 1시간이며 요금은 N$32.20. 예약할 필요는 없지만 출발 시각에 맞춰 페리 터미널에 도착해야 한다.
돌핀크루즈(그레이트 사이츠) 이 외에도 몇몇 회사들에서 러셀과 케리케리 행 페리를 운행하고 있으니 관광안내소에 비치된 자료를 통해 시간과 비용을 잘 비교해 볼 것.

• **Great Sights** Maritime Bldg., Marsden Rd. 402-7421, 0800-653-339 www.dolphincruises.co.nz

파이히아 ←--→ 케리케리

오클랜드~카이타이아 구간을 오가는 인터시티나 노스라이너 버스를 이용하는 것이 가장 쉬운 방법이다. 파이히아에서 출발한 버스는 케리케리까지 20분이면 도착한다. 다른 방법으로는 파이히아에서 와이탕이를 거쳐 케리케리의 주요 관광지를 둘러보는 투어에 참여하는 것. 그레이트 사이츠에서 운영하는 반나절짜리 디스커버 케리케리 Discover Kerikeri 투어는 약 3시간 소요되며, 요금은 대략 N$60부터 시작된다.

REAL MAP

베이 오브 아일랜드 지도

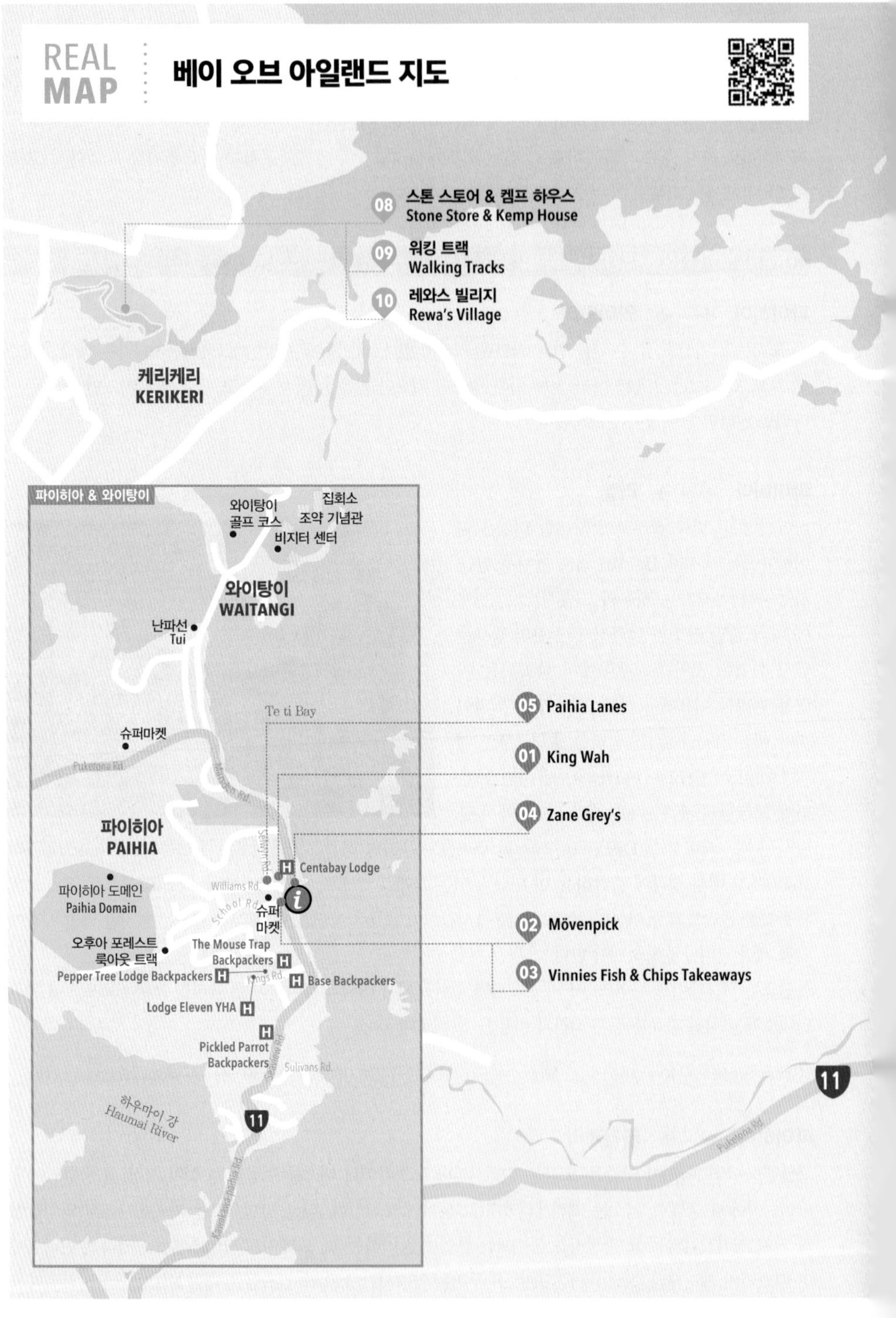

08 스톤 스토어 & 켐프 하우스 Stone Store & Kemp House

09 워킹 트랙 Walking Tracks

10 레와스 빌리지 Rewa's Village

케리케리 KERIKERI

파이히아 & 와이탕이

와이탕이 골프 코스

집회소 조약 기념관 비지터 센터

와이탕이 WAITANGI

난파선 Tui

Te ti Bay

슈퍼마켓

Puketona Rd.

Marsden Rd.

파이히아 PAIHIA

Selwyn Rd.

Centabay Lodge

Williams Rd.

School Rd.

파이히아 도메인 Paihia Domain

슈퍼마켓

오후아 포레스트 룩아웃 트랙

The Mouse Trap Backpackers

Pepper Tree Lodge Backpackers

Kings Rd.

Base Backpackers

Lodge Eleven YHA

Pickled Parrot Backpackers

Seaview Rd.

Sulivans Rd.

하우마이 강 Haumai River

11

Kawakawa-Paihia Rd.

05 Paihia Lanes

01 King Wah

04 Zane Grey's

02 Mövenpick

03 Vinnies Fish & Chips Takeaways

11

Puketona Rd.

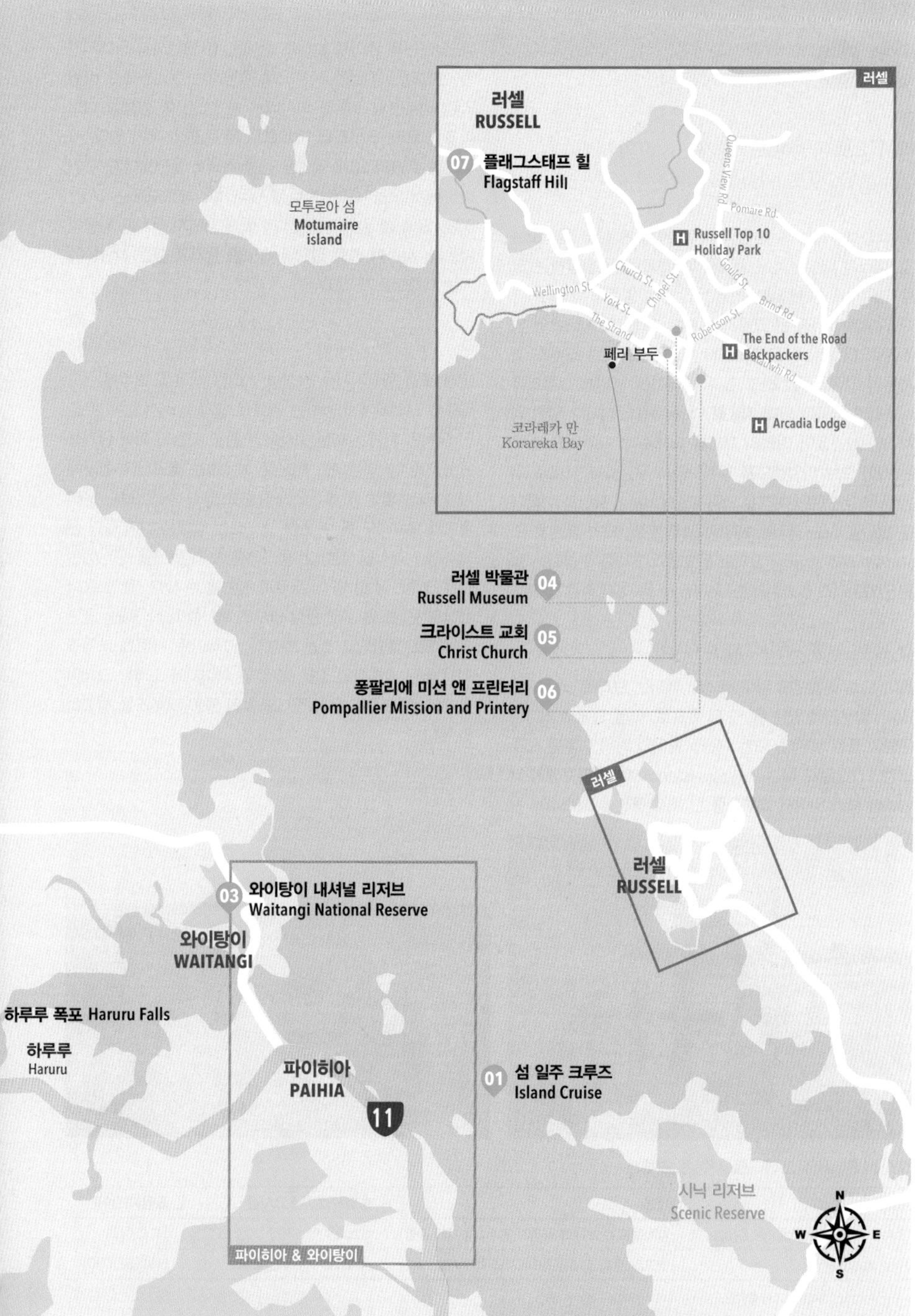
러셀
러셀
RUSSELL
07 플래그스태프 힐
Flagstaff Hill
Queens View Rd
Pomare Rd.
Russell Top 10
Holiday Park
Church St.
Chapel St.
Gould St.
Wellington St.
York St.
Brind Rd.
The Strand
Robertson St.
The End of the Road
Backpackers
Hauwhi Rd
페리 부두
Arcadia Lodge
코라레카 만
Korareka Bay
모투로아 섬
Motumaire
island
러셀 박물관 04
Russell Museum
크라이스트 교회 05
Christ Church
퐁팔리에 미션 앤 프린터리 06
Pompallier Mission and Printery
러셀
러셀
RUSSELL
03 와이탕이 내셔널 리저브
Waitangi National Reserve
와이탕이
WAITANGI
하루루 폭포 Haruru Falls
하루루
Haruru
파이히아
PAIHIA
11
01 섬 일주 크루즈
Island Cruise
시닉 리저브
Scenic Reserve
N
W
E
S
파이히아 & 와이탕이

파이히아 PAIHIA

SEE

01
베이 오브 아일랜드를 즐기는 최고의 방법
섬 일주 크루즈 Island Cruise

베이 오브 아일랜드 관광의 하이라이트는 섬을 둘러보는 것. 따라서 대부분의 관광객은 파이히아에서 출발하는 크루즈를 타고 반나절이나 하루 동안의 섬 일주에 나선다.
이 일대에서 가장 큰 크루즈 회사는 그레이트 사이츠와 익스플로러 Explorer로 대표되며, 그밖에도 많은 크루즈 회사들이 고객을 유치하고 있다. 그레이트 사이츠 크루즈를 이용하면 한국어 안내 자료를 나눠주는데, 섬마다 얽힌 역사적인 사건들이 여행의 재미를 더해준다. 크루즈의 종류는 베이 오브 아일랜드를 일주하면서 우편물과 식재료·우유 등을 운반하던 여객선 크림 트립 Cream Trip과 아름다운 범선을 타고 즐기는 세일링 크루즈 알. 터커 톰슨호 R. Tucker Thompson, 그리고 돌고래와 고래를 관찰하는 돌핀 인카운터스 Dolphin Encounters 등 여러 종류가 있다.

홀 인 더 록 Hole in The Rocks
베이 오브 아일랜드 일주 코스의 백미는 브레트 곶 Cape Brett 맞은편에 있는 홀 인 더 록으로, 이름 그대로 커다란 구멍이 뚫린 바위다. 해발 148m 높이의 바위 이름은 모투코카코 아일랜드 Motukokako Island이며, 한가운데가 터널처럼 뚫려 있어서 크루즈를 탄 채로 구멍을 통과하게 된다. 맞은편의 케이프 브레트 등대는 1978년까지 등대지기가 살았지만, 지금은 자동으로 작동하는 무인등대로 바뀌었다. 대부분의 크루즈 회사에서 홀 인 더 록 상품을 선보이고 있으며, 크루즈와 제트보트 두 종류의 배가 있다. 크루즈는 주변의 10개 남짓한 섬을 차례로 둘러보다가 '구멍바위'에서 되돌아오는 반나절 일정이며, 제트보트는 1시간 30분 만에 섬 일주와 홀 인 더 록 구경까지 마치고 되돌아 나온다. 시간이 별로 없거나 속도를 즐기고 싶은 사람들에게는 제트보트가 알맞다.

고래 관찰 Dolphin Swimming & Whale Watching
한때 포경선의 기지로 명성을 날리던 베이 오브 아일랜드 일대는 고래떼가 이동하는 경로로 널리 알려져 있다. 포경이 금지된 지금은 이들 고래떼가 관광 자원이 되어 즐거움을 선사한다. 여름에는 인근을 회유하는 돌고래에 접근해서 함께 수영을 하거나 스노클링을 즐길 수 있으며, 운이 좋으면 날치떼도 볼 수 있다. 돌아오는 길에는 섬에 들러 산책하거나 휴식을 취한다. 돌고래를 보지 못했을 경우에는 같은 크루즈에 한 번 더 무료로 참가할 수 있다. 몇 개로 나뉘어져 운영되던 고래 관찰 크루즈 회사들이 최근에는 돌핀 크루즈로 합병되고 있는 추세다. 그레이트 사이츠 크루즈 역시 돌핀 크루즈와 같은 회사. 앞 페이지에 소개한 그레이트 사이츠 크루즈 투어 중 2종류의 돌핀 크루즈를 참고하면 된다.

www.dolphincruises.co.nz

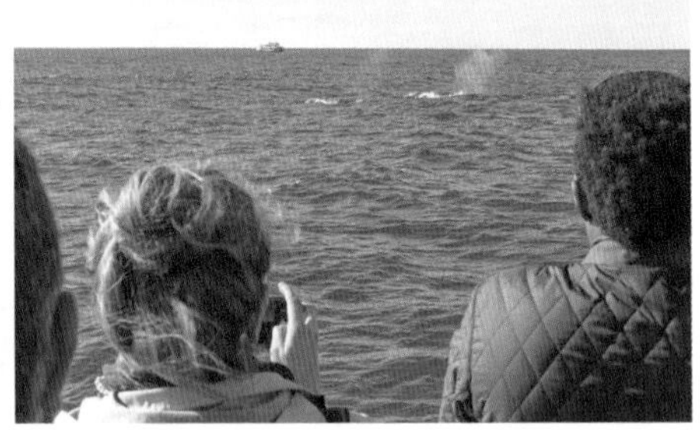

Great Sights 그레이트 사이츠 크루즈

투어종류	내용	출발시간 / 소요시간	요금(어린이)
Hole in the Rock Dolphin Cruise	제트보트로 브레트 곶까지 일주 & 돌고래 관찰	10:00 / 약 4시간 30분 소요	N$150(75)
The Cream Trip	돌고래 관찰 & 아일랜드에서의 액티비티	10:00 / 약 7시간 소요	N$195(97.50)

* 모든 크루즈는 파이히아에서 출항한 지 10분 후에 러셀에서도 탈 수 있다.

02
나지막하지만 가슴이 시원해지는 물줄기
하루루 폭포 Haruru Falls

파이히아에서 케리케리로 향하는 푸케토나 로드 Puketona Rd.를 따라 자동차로 10분쯤 가면 하루루 폭포 이정표가 나온다. 폭포 입구에는 홀리데이 파크와 서너 군데의 B&B가 자리하고 있어서 지나칠 염려는 없다.
와이탕이 강의 하류에 해당하는 이곳은 특히 우기에 폭포의 수량이 크게 늘어나 장관이나, 사실 수량이 적은 건기에는 약간 실망스러울 수도 있다. 와이탕이 내셔널 리저브의 산책 코스를 통해서도 하루루 폭포에 이를 수 있다.

뉴질랜드의 다도해, 베이 오브 아일랜드의 섬들

풀러스 크루즈를 타고 베이 오브 아일랜드를 둘러보면, 왜 이곳이 북섬 최고의 휴양지인지를 실감하게 됩니다. 파이히아 앞 바다에서 10분만 나가면 점점이 떠 있는 섬들…. 크루즈를 타고 바라보는 섬의 모습은 제각각 특색 있는 아름다움을 자랑합니다. 어떤 섬은 잔디처럼 나지막한 관목에 휩싸여 있고, 어떤 섬은 그림 같은 백사장이 펼쳐져 있고, 또 어떤 섬은 역사적인 배경을 지니고 있기도 합니다. 눈여겨보아야 할 섬으로 모투루아 아일랜드와 로버턴 아일랜드, 모투키에키에, 모투루아 그리고 우루푸카푸카 아일랜드 등이 있습니다.

우루푸카푸카 Urupukapuka 섬
베이 오브 아일랜드에서 가장 큰 섬. 대략 13.5㎞의 해안선과 파우더처럼 깨끗한 해변이 펼쳐지는 휴양 섬이다.

모투루아 Moturua 섬
두 번째로 큰 섬. 양목장이 있는 이 섬은 풀러스 노스랜드 크림 투어로 방문할 수 있다.

무투아로히아 Motuarohia 섬
키위를 포함한 뉴질랜드 희귀 조류의 서식지이자 야생 동물 보호 구역

와이탕이 WAITANGI

03

마오리 을사조약? 근대 뉴질랜드 탄생의 산실 와이탕이 내셔널 리저브 Waitangi National Reserve

와이탕이가 의미있는 이유는, 바로 이곳에서 마오리족과 유럽인 사이의 불평등 보호조약이 체결됐기 때문이다. 뉴질랜드가 사실상 영국의 식민지가 된 이 조약은 조약이 체결된 곳의 이름을 따서 '와이탕이 조약'이라고 하며, 이날을 와이탕이 데이로 지정해 뉴질랜드의 주요 국경일로 삼았다. 따라서 와이탕이 내셔널 리저브는 근대 뉴질랜드의 산실 Birthplace이라 할 수 있다.

주차장에서 입구까지의 넝쿨길을 지나가면 기념품점과 비지터 센터가 관광객을 맞는다. 이곳에서는 와이탕이 조약문서의 복사본(원본은 웰링턴 국립공문서관에 보관)과 조약에 얽힌 역사를 설명하는 비디오를 30분마다 상영한다. 비디오 상영이 끝나면 바깥으로 나오게 되는데, 마오리족의 독특한 양식으로 건조한 거대한 카누 와카 Waka를 전시하는 카누 하우스가 눈길을 끈다. 길이 35m의 이 카누는 동시에 80명을 태울 수 있으며 와이탕이 데이의 식전 행사 때는 실제로 바다 위에 띄우기도 한다. 이어서 펼쳐지는 넓은 잔디밭은 홉슨 비치 Hobson Beach의 아름다운 모습과 어우러져 그림 같은 풍경을 연출하는 곳. 10분 정도 이어지는 트랙을 따라가면 1830년대에 제작한 최초의 국기를 게양하고 있는 거대한 플래그스태프를 만나게 된다. 게양대를 돌아서면서부터 본격적인 역사 탐방이 시작되는데, 그 주인공은 1833년에 세워진 와이탕이 조약 기념관 Waitangi Treaty House이라는 건물이다. 이 건물은 최초의 영국 공사인 제임스 버스비의 공관으로, 현존하는 건물로는 가장 오래되었다고 한다. 영국식 건축 양식을 따르고 있으며, 건물의 주요 부분은 모두 호주에서 만들어 배로 이동해왔기 때문에 무척 튼튼하고 아름답다. 1840년의 와이탕이 조약은 바로 이 공관 앞뜰에서 뉴질랜드 각지에서 온 45명의 부족장과 영국 정부 관료들 사이에 체결되었다.

조약 기념관 맞은편의 마오리 집회장 미팅 하우스 Meeting House는 1940년 조약체결 100주년을 맞아 카누 하우스와 함께 만든 것이다. 집회장은 마오리 전통 건축 양식으로 지었으며, 내부 장식도 마오리 조각으로 마무리했다.

한편, 파이히아와 와이탕이를 잇는 와이탕이 다리를 건너기 직전에 정박해 있는 난파선 한 척이 눈에 띄는데, 이 배의 이름은 투이 Tui다. 예전에는 배와 함께 가라앉은 보물을 전시하는 난파선 박물관 Shipwreck Museum으로, 그리고 잠시 쉬어가기 좋은 카페로도 사용되었지만 지금은 영업을 하지 않는다.

여름 09:00~18:00, 겨울 09:00~17:00 크리스마스 휴무
어른 N$60(뉴질랜드 국민 N$30), 어린이(18세 미만) 무료
402-7437 www.waitangi.org.nz

와이탕이 조약

뉴질랜드 역사에서 빼놓을 수 없는 와아탕이 조약은 1840년 2월 6일, 영국 왕실의 인사들과 각지의 마오리 추장들이 모인 가운데 이루어졌습니다. 당시 조약의 내용은 다음의 3개 조항으로 이루어진 간단한 것이었다고 합니다.

1 뉴질랜드의 주권을 영국에 이양한다.
2 마오리족의 토지소유를 계속 인정한다. 그러나 앞으로의 토지매각권은 영국 정부에게만 있다.
3 마오리족은 앞으로 영국 국민으로서의 권리를 인정받는다.

조약 내용의 골자는 마오리들은 세부조약에 의거한 땅, 산림, 어업을 보장받는 대신, 영국 왕을 인정하고 영국의 식민지로 남는다는 것이었습니다. 이 조약은 역사에 유래 없는 불평등조약으로, 현재까지도 마오리 행동주의자들의 저항운동의 핵심이 되고 있습니다.

러셀 RUSSELL

04

작지만 의미있는 전시장
러셀 박물관 Russell Museum

크라이스트 교회 맞은편에 있는 작은 규모의 박물관. 1769년 이 일대를 항해한 쿡 선장을 기념하기 위해 설립했지만, 안으로 들어가면 마오리와 유럽 이주민들의 만남부터 조약에 이르기까지 뉴질랜드 초기의 역사를 잘 기록해두고 있다. 쿡 선장의 항해와 관련된 자료와 전시품 가운데 최고의 볼거리는 5분의 1로 축소해놓은 쿡 선장의 엔데버 호. 이밖에 19세기 후반의 포경선 모습과 당시의 산업을 보여주는 자료들도 전시하고 있다.

2 York St. 2월~12월 10:00~16:00, 1월 10:00~17:00 크리스마스 휴무 어른 N$10, 어린이 N$5(어른과 동행 시 무료) 403-7701 www.russellmuseum.org.nz

05

80년이 넘은 교회
크라이스트 교회 Christ Church

뉴질랜드에 현존하는 교회 중 가장 오래된 곳으로, 1836년 설립 당시의 모습을 그대로 간직하고 있다. 최초의 수도답게 유럽 이주민들이 활발한 선교 활동을 펼쳤지만, 특이하게도 이곳은 선교사가 아닌 현지 이주민들이 세웠다는 데서 더 큰 의미를 찾을 수 있다. 이 교회 건물을 짓기 위해 각계각층의 기부를 받았는데, 당시 비글 호를 타고 항해 중이던 찰스 다윈도 이 교회를 위해 기부했다고 전해진다. 건물 곳곳의 파손된 흔적은 마오리족과 유럽 이주민과의 전투로 인한 포화 자국. 교회 앞의 넓은 묘지에는 이 전투에서 숨진 이들과 함께 러셀에서 숨을 거둔 역사적인 인물들도 묻혀 있다. 실제로 보면 교회라는 생각보다는 마을 공원묘지라는 생각이 먼저 들 정도.

Church St. 403-7696

06
초창기 인쇄술을 엿볼 수 있는 곳
퐁팔리에 미션 앤 프린터리
Pompallier Mission and Printery

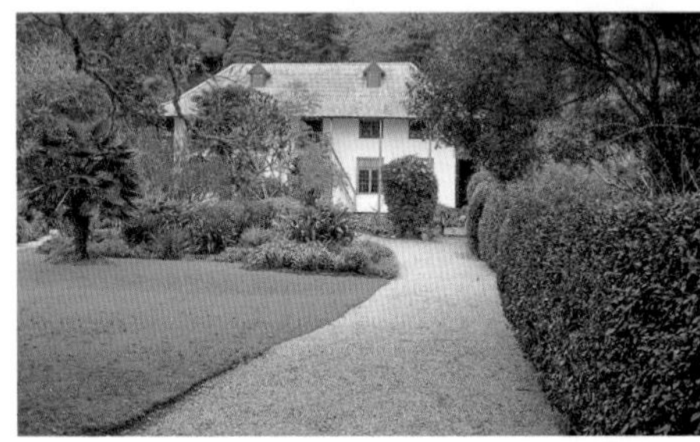

프랑스인 사제 프란시스 퐁팔리에가 선교 활동을 위해 사용하던 곳. 1841년에 세운 건물 내부는 전시실로 활용하고 있는데, 종교와 관련된 인쇄물이나 당시의 사진 등이 전시품의 주를 이룬다. 해안가 더 스트랜드 The Strand의 남쪽 끝에 있어서 매우 조용하면서도 아름다운 전경을 자랑한다. 특히 하얀 건물과 어우러진 정원에는 사시사철 꽃이 만발해 동화 속 같은 분위기를 자아낸다. 입장료에는 가이드 투어가 포함되어 있으니 시간 맞춰 천천히 가이드와 함께 둘러보는 것도 좋을 듯.

The Strand(on the waterfront)
여름 10:00~17:00, 겨울 10:00~16:00
가이드 투어 포함 N$20, 입장료만 N$10
403-9015 www.pompallier.co.nz

07
고래잡이의 추억
플래그스태프 힐
Flagstaff Hill

플래그스태프 힐의 단어적인 의미는 '깃발을 꽂는 언덕'. 지명 그대로 포경산업이 번성했던 19세기에 배들이 위치를 알 수 있도록 깃발을 올리던 장소였다. 당연히 마을의 가장 높은 곳에 자리 잡고 있으며, 이곳에서 바라보면 맞은편의 파이히아까지 한눈에 들어온다.

한편 이 언덕은 마오리족의 영웅 호네 헤케 Hone Heke가 영국의 지배에 대항해 용감하게 항거한 역사적인 장소로도 유명하다. 그는 이 언덕에 꽂혀 있는 깃발이 지배의 상징이라 여겨 깃대를 꺾어버린 용맹한 지도자였다고 한다. 보트램프가 있는 웰링턴 스트리트 Wellington St.를 따라 언덕길을 올라가면 정상으로 올라가는 산책로가 나온다.
부두에서 정상까지는 걸어서 30분 정도 걸리고, 자동차로 갈 때는 퀸 스트리트 Queen St.에서 이어지는 플래그스태프 로드 Flagstaff Rd.를 따라가면 된다.

케리케리 KERIKERI

SEE

08
오래된 석조 건물과 그림같은 풍경
스톤 스토어&켐프 하우스
Stone Store & Kemp House

케리케리는 1800년대 초반 유럽에서 이주해온 선교사들에 의해 도시의 기초가 마련되었다. '땅을 파다'라는 뜻의 지명 케리케리는, 선교사가 가져온 농기구로 땅을 파서 곡식을 심었던 이 도시의 역사를 말해준다. 오늘날에도 이곳은 농업 지대로 남아 있으며, 특히 온화한 기후를 바탕으로 오렌지·키위·레몬 등의 과일 재배가 성행하고 있다.

1832년에 완공된 스톤 스토어는 뉴질랜드에서 가장 오래된 유럽풍 석조 건물로, 당시 선교사들에 의해 완공되고 보존되었다. 선교사 존 홉스가 디자인한 이 건물의 주재료는 호주의 뉴사우스웨일스 주에서 공수한 대리석. 원래 목적은 상점 Store이었으나, 그 뒤 도서관으로 쓰이기도 하고 탄약고로 쓰이기도 하는 등 역사만큼 파란만장한 사연이 묻어 있는 건물이다. 현재는 원래의 목적대로 상점으로 사용되고 있으니 반드시 내부에 들어가 아기자기 고급스러운 소품들을 구경해보자. 의외로 구입하고 싶은 소품들이 많이 눈에 띈다.

스톤 스토어 바로 옆에 있는 켐프 하우스는 선교사 켐프 일가의 사택으로 지은 건물. 1922년에 완공된 이 건물은 뉴질랜드에 현존하는 가장 오래된 목조 건축물로 지정되어 있다. 현재 건물의 일부는 카페로 사용되고, 가이드 투어를 통해서 일반인에게도 내부가 공개되고 있다.

246 Kerikeri Rd. 10:00~16:00 스톤 스토어 무료, 켐프 하우스 N$20 407-9236 www.heritage.org.nz/places/places-to-visit/northland-region/kerikeri-mission-station

09
과일 향 맡으며 걷다 보면 저절로 힐링
워킹 트랙 Walking Tracks

스톤 스토어, 켐프 하우스, 레와스 빌리지, 그리고 워킹 트랙을 모두 포함하는 넓은 부지의 정식 명칭은 코로리포 헤리티지 파크 Kororipo Heritage Park다. 스톤 스토어 맞은편에는 강변을 따라 산책로 워킹 트랙이 나 있는데, 피크닉 장소인 페어리 풀 Fairy Pool까지 1시간 코스에 이어, 이곳에서 다시 30분 이상을 더 가면 나오는 레인보 폭포까지 길게 이어진다. 페어리 풀까지는 시내에서 바로 진입할 수 있으며, 레인보 폭포 역시 근처까지 차도가 나 있다. 스톤 스토어에서 폭포까지의 왕복 소요 시간은 약 3시간.
잘 가꾸어진 워킹 트랙 사이사이에 심어진 케리케리 오렌지와 각종 과일 열매들은 끝없이 여행자를 유혹하지만, 열매들은 반드시 눈으로만 감상할 일이다.

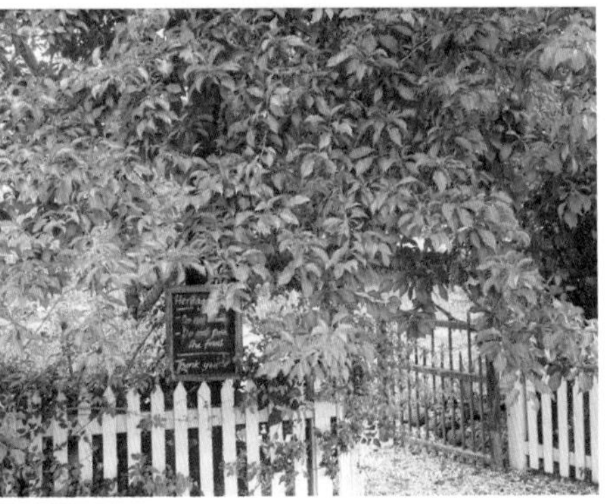

10
마오리 어촌 마을
레와스 빌리지 Rewa's Village

실제 사용되었던 마오리족의 대형 카잉아(전투 목적이 아니라 일상 생활을 위해 세운 촌락)를 복원해 둔 곳이다. 말 그대로 빌리지 또는 마을인 셈인데, 부지 안에는 가옥과 식료품 창고, 무기 저장고 등이 잘 복원되어 있어서 어촌 마을의 옛 모습을 짐작할 수 있다. 박물관에 전시된 것만큼 화려하거나 규모가 크지는 않지만 마오리족의 소박한 생활 모습을 엿볼 수 있어서 의미 있는 곳이다.
'레와'는 이 부족 족장의 이름으로, 유럽 이주민들에 의해 가족과 부족민들을 잃은 레와의 비극적인 역사가 곳곳에 기록되어 있다. 강 건너편에는 옛 마오리 요새인 카로리포 파 Karoripo Pa가 있는데 이 역시 역사 유적지로 복원되지 않은, 옛 모습 그대로 남아 있다.

1 Landing Rd. 10:00~16:000 407-6454
www.rewasvillage.co.nz

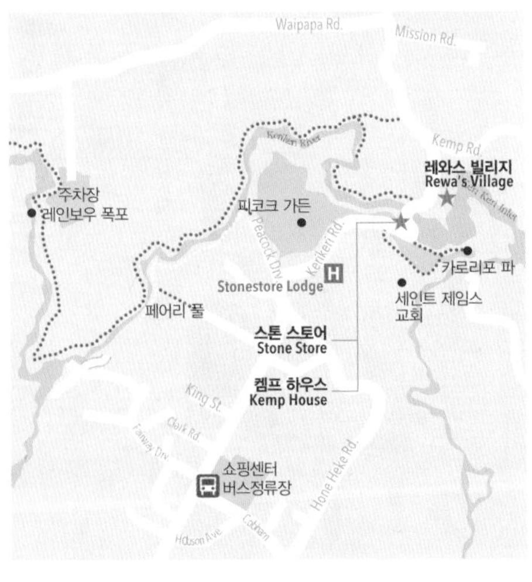

EAT

01
저절로 눈에 띄는 빨간색 중국음식점
King Wah

중화요리점 킹 와가 있는 셀윈 몰은 파이히아에서 가장 큰 쇼핑몰이다. 상점 몇 개가 입점해 있는 2층 건물로, 사진관·골동품점·신발가게·부동산·레스토랑 등이 입점해 있으며, 건물 한쪽에는 작은 수산물 직판장도 있다. 그 중에서도 눈에 띄는 이곳은 파이히아 유일의 중국음식점인 동시에 꽤 유명세를 치르는 곳. 예전 같지는 않다는 평가도 있지만 여전히 저녁 시간에는 예약하지 않으면 자리 잡기가 어려울 정도다. 저녁 시간에는 해산물 뷔페도 즐길 수 있고, 포장도 가능하다.

Selwyn Mall, Paihia
11:30~14:00, 17:00~21:00
402-7566
www.kingwahrestaurant.co.nz

02
언제나 복작복작, 달콤한 맛
Mövenpick

파이히아에서 가장 핫한 장소에 자리 잡고 있는 아이스크림 가게. 관광안내소, 대형 투어회사 등과 마주보거나 나란히 하고 있어서 오며가며 저절로 눈에 띄는 명당이다. 투명하게 햇살 내리쬐는 날에는 테라스 좌석이 사람들로 가득하다. 아이스크림 맛은 이미 알고 있는 그 맛. 맛있지 않을 수 없는 재료와 분위기다. 참고로 뫼벤픽은 스위스 브랜드의 세계적인 아이스크림이다.

2a Williams Rd., Paihia
09:00~21:00 274-6168

03
'올해의 피시 앤 칩스' 수상자
Vinnies Fish & Chips Takeaways

저렴한 가격으로 가장 배불리 먹을 수 있는 피시 앤 칩스 전문점이다. 올해의 피시 앤 칩스 가게로 여러 번 선정될 만큼 타의 추종을 불허하는 튀김 요리의 진수를 보여준다. 메뉴는 생선 종류별로 나뉘는 피시와 감자칩, 그리고 다양한 햄버거와 프라이드치킨 정도가 전부지만 언제나 줄을 서서 기다려야 할 만큼 사람들이 많다. 관광안내소 맞은편 길가에 있으며, 바로 옆집도 피시 앤 칩스 가게지만 이 집보다 훨씬 맛이 덜하다. 이 동네 토박이 중에는 예전 이름 'One Hot Tuna'로 기억하는 사람들도 많다.

68 Marsden Rd., Paihia
09:00~22:00 402-5276

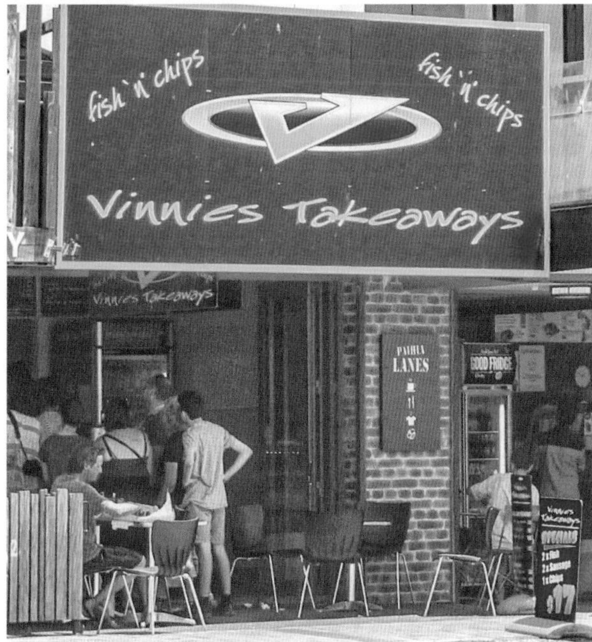

04
파이히아 멋쟁이들의 핫 플레이스
Zane Grey's

관광안내소 바로 옆, 페리 터미널 전면을 차지하고 있는 파이히아의 얼굴마담. 예전에는 35° South라는 이름의 이탈리안 레스토랑이었는데, 이름을 바꾸고 메뉴와 인테리어도 대대적으로 리노베이션을 거쳤다. 주 메뉴는 씨푸드와 스테이크지만, 낮 시간에는 간단한 음료나 주류도 판매하고, 바다를 바라보며 커피 한 잔에 하염없이 자리를 지키는 사람들도 많다. 멋진 겉모습에 너무 쫄지 말자는 의미. 한 면은 바다와 한 면은 메인 스트리트와 접하고 있는 레스토랑은 사면이 오픈되어 있어서 시원하고 세련된 느낌이다.

69 Marsden Rd., Paihia
월~금요일 11:00~밤늦게, 토~일요일 09:00~밤늦게 402-6220
www.zanegreys.co.nz

05
맛있고 재밌는 골목
Paihia Lanes

관광안내소에서 윌리엄스 로드를 따라 올라가다보면 오른쪽으로 작은 골목이 나타난다. 입구에 Flying Fish라는 이름의 선물 가게가 있는 이 골목의 이름은 파이히아 레인스.

좁은 골목길을 따라 크고 작은 숍들과 레스토랑이 다닥다닥 자리하고 있고, 좀더 내부로 들어가면 의외로 넓은 공간이 나타난다. 감각적인 인테리어 숍들이 구경하는 재미를 더하고, 이 골목의 맛집들도 좋은 평가들을 받고 있다. 길을 따라 걷다 보면 셀윈 로드와 연결된다. 파이히아 레인스 바로 맞은편에는 슈퍼마켓 '카운트다운 CountDown'도 있어서 머핀이나 샌드위치, 음료 등을 구입할 때 저렴하게 이용할 수 있다.

파 노스
FAR NORTH

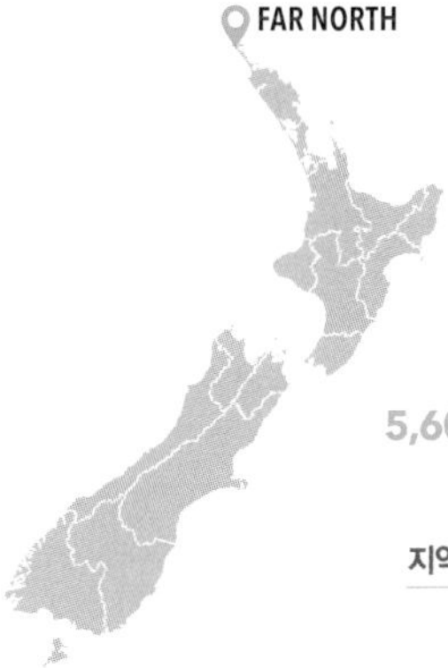

FAR NORTH

인구
5,600명

지역번호
09

인포메이션 센터 Far North i-SITE Visitor Centre

Te Ahu Centre, Cnr. Matthews Ave. & South St., Kaitaia
08:30~17:00 408-9450 www.kaitaianz.co.nz

뉴질랜드 최북단, 좁고 긴 지형이 정점을 이루는 케이프 레잉아와 90마일 비치 일대를 파 노스라고 한다. 파 노스 지역으로 향할수록 지형은 거칠어지고, 인적 드문 도로의 먼지와 가파른 언덕만이 길게 이어진다. 마침내 다다른 파 노스는 등대 하나를 사이에 두고 태즈만 해와 태평양이 양쪽 옆으로 펼쳐지는 장엄한 세상의 끝. 가는 곳마다 감탄을 자아내는 뉴질랜드의 풍경 중에서도 단연 으뜸이다.

파 노스 미리 보기
CITY PREVIEW

어떻게 가면 좋을까?

파 노스에 다다르는 길은 그리 만만치 않다. 길게 뻗은 지형의 최북단까지 포장 공사가 완료되어 예전보다 훨씬 수월하게 방문할 수 있지만, 여전히 지루하고 먼 여행길임에 틀림없다. 근처 도시에 차를 두고 이 지역의 지형에 밝은 투어 차량에 몸을 실어보는 것도 좋은 방법이다. 파이히아에서 출발하는 데이 투어에 참가하면 모래 언덕과 카우리 왕국, 90마일 비치를 거쳐 케이프 레잉아까지 안전하게 둘러볼 수 있다. 참고로, 인터시티 등의 대중교통은 카이타이아까지만 운행하며, 그 이상은 교통편이 없다.

어디서 무엇을 볼까?

이곳까지 긴 여정을 마다않고 달려가는 이유는 하나다. 뉴질랜드 최북단 케이프 레잉아에 족적(?)을 남기기 위한 것. 등대 앞에서 세상 끝 풍경을 감상한 다음, 시원스레 뻗은 90마일 비치와 자이언트 언덕에서 몸을 날려 서핑 보드와 샌드 보드를 타보자. 카이타이아에서 케이프 레잉아까지 이르는 길은 하나지만, 90마일 비치로 향하는 입구는 여러 곳이 있으니 이정표나 네비게이션을 잘 살펴야 한다. 참고로 카이타이아를 벗어나면 화장실 외에는 레스토랑도 편의 시설도 없으니, 미리 배를 채우고 출발할 것.

ACCESS

파 노스 가는 방법

대부분의 여행자들은 왕가레이나 베이 오브 아일랜드를 베이스캠프 삼아, 천천히 파 노스 정복에 나선다. 케이프 레잉아 일대에는 캠핑족들을 위한 홀리데이 파크를 제외하고는 숙소나 레스토랑도 전무한 상태여서, 서둘러 길을 거슬러 와야 한다.
하루 동안 이동할 수 있는 왕복 거리를 미리 계산한 후 출발하는 것이 좋다.
지도 위에 보이는 거리보다 실제 도로에서 느끼는 거리는 훨씬 멀다는 점을 염두에 두고, 지루하고 험할수록 여유를 가지고 풍경과 친해지길 바란다.

버스 Bus

인터시티 버스를 이용하면 케리케리에서 환승한 후 목적지인 카이타이아까지 갈 수 있다. 군소 로컬버스로도 파이히아에서 갈아타고 역시 카이타이아까지 연결해서 갈 수 있다. 결국 모든 대중교통 수단은 카이타이아에서 멈추고, 이후부터는 투어 버스나 자가 운전 차량으로 움직여야 한다.

투어 Tour

카이타이아 Kaitaia는 파 노스 지역의 중심 도시다. 도시라기보다는 작은 시골 마을 정도의 규모지만, 대중교통의 종착지인 동시에 파 노스 지역 여행을 준비해야 하는 곳이어서 항상 유동인구가 넘쳐난다. 파이히아에서 출발하는 투어는 대부분 카이타이아를 거치는데, 투어 요금을 아끼려면 파이히아 보다는 카이타이아에서 출발하는 투어에 참가하는 것이 좋다.

- **Great Sights** 파이히아 출발 시각 07:00 어른 N$170, 어린이 N$85
  0800-653-339 www.dolphincruises.co.nz
- **Awesome Adventures** 파이히아 출발 시각 07:00 N$170
  0800-486-877 www.awesomenz.com

REAL+

파 노스를 지키는 현관, 카이타이아 Kaitaia

왕가레이에서 약 150㎞ 떨어진 곳, 자동차로 2시간을 넘게 달려야만 겨우 마을의 이정표가 나온다. 그나마 이곳 카이타이아를 지나면 1시간 30분 동안은 자연을 벗삼아 홀로 도로 위를 달리는 수밖에 없다. 파 노스의 현관, 카이타이아는 그런 곳이다. 그러나 이곳은 인구 5천 명 이상이 살고 있으며, 여행자들이 잠시 쉬어가기에 불편함이 없는 엄연한 '도시'다. 단출한 도로변에 대형 슈퍼마켓이 있으며, 케이프 레잉아로 향하는 몇몇 투어 회사들도 모여 있다. 혹시 잠시 쉬어갈 수 있다면 첫 번째로는 슈퍼마켓에 들르고, 두 번째로는 인포메이션 센터를 겸하고 있는 도서관 Te Ahu Centre에 들릴 것이며, 마지막으로 조형물들이 인상적인 제이씨 파크 Jacee Park에서 기념사진 한 장 찍으면 이 도시 투어가 끝난다. 서둘러 케이프 레잉아로 향해야하지만, 갈 때나 올 때 한 번은 들러도 좋을 곳이다.

REAL MAP 노스랜드 지도

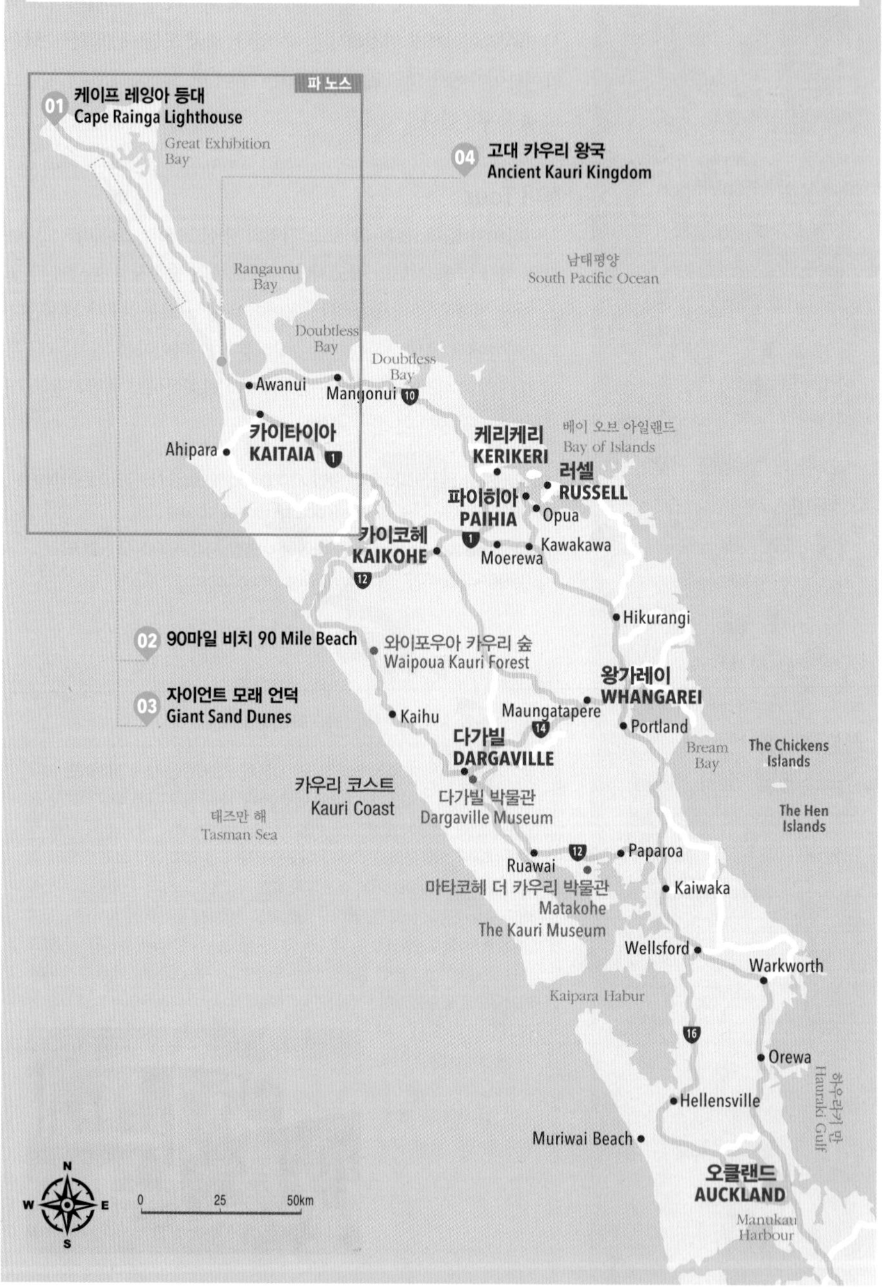

파 노스

01 케이프 레잉아 등대
Cape Rainga Lighthouse

02 90마일 비치 90 Mile Beach

03 자이언트 모래 언덕
Giant Sand Dunes

04 고대 카우리 왕국
Ancient Kauri Kingdom

Great Exhibition Bay
Rangaunu Bay
Doubtless Bay
Doubtless Bay
남태평양
South Pacific Ocean
Awanui
Mangonui
카이타이아
KAITAIA
Ahipara
케리케리
KERIKERI
베이 오브 아일랜드
Bay of Islands
러셀
RUSSELL
파이히아
PAIHIA
Opua
카이코헤
KAIKOHE
Moerewa
Kawakawa
Hikurangi
와이포우아 카우리 숲
Waipoua Kauri Forest
왕가레이
WHANGAREI
Maungatapere
Portland
Kaihu
다가빌
DARGAVILLE
Bream Bay
The Chickens Islands
The Hen Islands
카우리 코스트
Kauri Coast
다가빌 박물관
Dargaville Museum
태즈만 해
Tasman Sea
Ruawai
Paparoa
마타코헤 더 카우리 박물관
Matakohe
The Kauri Museum
Kaiwaka
Wellsford
Warkworth
Kaipara Habur
Orewa
하우라키 만
Hauraki Gulf
Hellensville
Muriwai Beach
오클랜드
AUCKLAND
Manukau Harbour

N
W
E
S
0
25
50km

SEE

01
뉴질랜드 최북단, 여행의 화룡점정
케이프 레잉아 등대
Cape Rainga Lighthouse

뉴질랜드의 파 노스, 그 중에서도 90마일 비치 옆 도로를 달려 찾아온 곳은 바로 여기! 가슴이 확 트일 만큼 푸른 바다가 세상 끝에 이른 듯한 막막함마저 안겨주는 곳, 바로 케이프 레잉아다. 원주민 말로 '레잉아'는 '날아오르는 곳'이란 의미. 마오리 원주민들은 사람이 죽으면 이곳에서 영혼이 날아올라 천국으로 간다고 생각했다는데, 이곳에 서면 정말 그랬을 거라 믿게 된다.

해발 155미터 절벽 위에 화룡점정처럼 서 있는 등대, 그 아래로 좌 태즈만 해와 우 태평양이 시퍼렇게 어울려 넘실거린다. 태풍이 불 때면 두 바다가 만나는 이 지점에서 10m 이상의 성난 파도가 일렁대기도 한다. 등대 불빛의 밝기는 1000W로 35㎞ 밖에서도 볼 수 있을 정도이고, 등대 바로 앞에는 이곳에서 전 세계 주요 수도들까지의 거리를 표시한 노란 이정표가 세워져 있다.

2017년 이전까지는 이곳에 서울 이정표가 없어서 내심 마음 한편이 불편하고 화가 나기도 했었는데, 최근 이곳에 〈정글의 법칙〉 촬영팀이 'SEOUL 9291㎞' 이정표를 세워두고 떠났다. 어렵게 세워진 이정표이니 반드시 등대와 이정표를 배경으로 인생 샷을 남기길 바란다.

그런데 사람들이 알고 있는 것과 달리, 지리적으로 뉴질랜드의 최북단은 이곳이 아니다. 실질적인 최북단은 케이프 레잉아에서 동쪽으로 30㎞ 떨어진 서빌 클리프 Surville Cliff. 길이 하도 험해서 일반인의 통행을 금지하고 있다.

차량이 달릴 수 있는 마지막 지점인 케이프 레잉아 주차장부터 등대까지는 걸어서 10~15분쯤 걸린다. 그 거리조차 시야를 가리는 것이 없어서 한눈에 들어올 정도. 등대까지 난 길을 따라 등대 앞에서 사진 찍고 돌아오면 뉴질랜드를 정복(?)한 듯한 기분마저 들 것이다.

02

끝이 보이지 않는 모래와 바다
90마일 비치
90 Mile Beach

카우리 왕국을 나와 해변 쪽으로 방향을 틀면 이곳부터 90마일 비치가 시작된다. 실제 길이는 약 64마일(100㎞)이지만, 어차피 끝이 안 보이게 긴 건 마찬가지. 서울에서 천안까지 오로지 바다와 모래가 이어지는 해변이라고 생각해 보라. 하늘과 바다의 경계조차 가늠할 수 없는 이곳엔 밀려오는 파도 소리와 물새 소리만 가득하다.

그런데 자세히 보면 어린아이 손바닥만 한 피피 조개며 홍합·맛살 등 모래 속에 먹을 것도 잔뜩 있다. 피피 조개는 정말 어마어마한 양이 모래 반 조개 반으로 파묻혀 있다. 보통 때는 잡아서 날것으로 먹어도 되지만, 산란기 등 특정 기간에는 조개에 독이 생기므로 주의해야 한다. 잡을 수 있는 조개의 수는 1인당 100개 이하로, 각 해변마다 숫자가 표시되어 있다.

90마일 비치의 최고 매력은 물이 빠질 때 단단해진 모래 위를 질주하는 쾌감에 있다. 4WD 차량이 내뿜는 물보라가 묘한 스릴을 안겨준다. 그러나 모래 언덕 곳곳에 이 스릴을 즐기다가 전복된 차들이 코를 박고 있으니 타산지석으로 삼을 것!!

03

이 순간만큼은 모두가 동심으로 돌아갈 것
자이언트 모래 언덕
Giant Sand Dunes

90마일 비치가 끝나는 테 파키 Te Paki 지역에 이르면 7㎞²에 달하는 거대한 사구가 나타난다. 투어에 참가하면 이곳에서 차가 멈출 것이다. 가이드가 나눠주는 샌드 보드를 하나씩 옆구리에 차고 모래 언덕으로 올라가 썰매를 타라고…. 이곳에 오면 모두가 동심으로 돌아가 마음껏 모래 위를 미끄러지게 된다. 샌드 보드를 준비하지 않은 개별 여행자들도 걱정할 필요 없다. 주차장 한 켠에 세워진 대형 트럭에서 샌드 보드와 기타 장비들을 대여하는데, 신분증을 맡기고 보드와 고글 등을 대여하면 간단한 보드 시범 내지는 강습도 해준다.

04

자동차 닦고 가세요
고대 카우리 왕국
Ancient Kauri Kingdom(Kauri)

케이프 레잉아로 가는 도중 한 번쯤 꼭 들르게 되는 곳. 아와누이라는 작은 마을에 자리한 이곳은 카우리 나무의 가공에서 완제품까지 모든 것을 보여주는 그야말로 카우리 '왕국'이다. 자원 보호를 위해서 카우리 벌채를 금지하는 지금은 자연재해로 땅 속에 파묻혀있던 수만 년 전의 목재를 발굴해 가공하고 있는데, 예전에는 이곳에서 목재 가공업이 활발했다고 한다. 넓은 주차장에는 벌목을 끝낸 카우리 원목들이 빼곡히 쌓여 있고, 전시장 안에는 그릇·액자·가구·액세서리 등등 상상할 수 있는 모든 목공예품이 가득 전시되어 있다. 전시장과 판매장을 겸하고 있기 때문에 이곳의 물건은 무엇이든 구입할 수 있다. 가장 볼만한 것은 2층으로 향하는 계단. 겉에서 보기에는 거대한 카우리 원목 그 자체지만, 나무속에 계단을 만들어 2층과 연결하고 있다. 나무 계단의 크기도 2, 3명이 동시에 지나다닐 정도이니, 카우리 나무의 크기를 짐작할 만할 것이다. 2층에서는 주로 값비싼 가구들을 전시한다.
그냥 지나치지 말아야 할 것은 주차장 한쪽에 마련된 세차장. 90마일 비치를 달려온 차량들의 소금기와 모래를 없애기 위한 배려로, 누구든 이용할 수 있다.

229 State Hwy., 1 Awanui, Far North 무료
406-7172 www.ka-uri.com

코로만델 반도
COROMANDEL PENINSULA

COROMANDEL PENINS

인구
2만 8,000명

지역번호
07

인포메이션 센터 Thames i-SITE Visitor Information Centre

200 Mary St. 월~금요일 08:30~17:00, 주말 09:00~16:00

868-7284 www.thecoromandel.com

때 묻지 않은 자연의 보고 코로만델 반도는 깊이 파인 하우라키 만 Hauraki Gulf을 사이에 두고 오클랜드와 마주보고 있다. 코로만델의 입구 도시 템스 Thames까지는 오클랜드에서 115km, 불과 1시간 30분이면 도착할 수 있는 거리다. 조금 더 북쪽으로 올라가면 휘티앙아, 코로만델, 콜빌 등의 도시들이 나타난다.

반도의 서쪽은 산이 많고 밋밋한 반면, 동쪽은 해수욕에 적합한 비치가 곳곳에 있어 휴양지 분위기가 물씬 풍기는데, 이런 이유로 수많은 오클랜더들이 최고의 주말 여행지로 손꼽는 곳이기도 하다. 북쪽으로 올라갈수록 지형이 좁아지고, 콜빌 Colville을 지나면서부터는 주변 경관이 점점 원시 자연의 모습으로 바뀐다. 이 일대는 카우리 거목의 벌목으로 한때 황폐해지기도 했지만, 지금은 산림공원으로 지정되어 울창한 숲을 자랑한다. 골드러시와 함께 기하급수적으로 늘어났던 인구와 과거의 영광에 비하면 현재의 모습은 그저 소박하고 아름다운 전원도시 그 자체다. 최근에는 북섬 최고의 자전거 트레일로 알려진 하우라키 레일 트레일을 찾는 자전거 동호인들의 발길이 잦아지고 있다.

코로만델 반도 미리 보기
CITY PREVIEW

어떻게 다니면 좋을까?

반도 끝부분이나 서해안에서는 대중교통 수단이 몹시 한정되어 있기 때문에 렌터카를 이용해 돌아보는 것이 효율적이다. 다만 운전할 때는 세심한 주의가 필요하다. 템스에서 코로만델까지 이어지는 서해안 일대는 해안을 끼고 좁고 꼬불꼬불한 길이 이어지기 때문에 운전하기가 쉽지 않다. 또 콜빌에서 북쪽 반도 끝으로 가는 길은 매우 좁고 험한 비포장도로가 많아 렌터카의 운행을 금지하는 곳도 있다. 이 지역에서는 조심, 또 조심 운전을 잊지 말자!!
반도 내륙의 도로는 대부분 비포장도로지만 도로 폭이 넓어서 그리 위험하지는 않다.
한편 휘티앙아 남쪽의 25번 도로는 잘 정비되어 있어서 쾌적한 드라이브를 즐길 수 있다.

어디서 무엇을 볼까?

템스는 코로만델 반도의 현관이다.
인구 9,000명 안팎의 작은 마을이지만 반도에서는 가장 큰 곳으로, 나름대로 도시다운 면모를 지니고 있다. 템스라는 지명은 제임스 쿡 선장이 이 땅에 왔을 때 이곳에서 7㎞ 정도 떨어진 와이호우 Waihou 강을 보고 영국의 템스 강과 비슷하다고 해서 붙인 이름이라고 한다.
1867년 템스 계곡에서 금광이 발견된 뒤 1900년대 초까지 계속된 골드러시는 도시의 경제 발전에 크게 이바지했다. 지금까지 남아 있는 호텔이나 교회 등 건물에서 당시의 화려했던 흔적을 찾아볼 수 있다. 투어회사, 숙박 시설, 레스토랑이 많아서 코로만델 반도 관광을 위한 전초 기지로 삼기에도 좋다.
머큐리 베이는 긴 백사장과 서핑으로 유명한 버팔로 해변 Buffalo Beach을 비롯해 조용하고 아름다운 해변이 많은 북섬 최고의 휴양지로

손꼽힌다. 제임스 쿡 선장과 그 일행이 이곳에서 수성(머큐리)을 관측했던 데에서 그 이름이 유래한다. 뉴질랜드를 처음 발견한 쿠페도 이곳에 들렀다고 하는데, 휘티앙아의 본래 이름인 '휘티앙아 아 쿠페 Whitianga-a-Kupe'는 '쿠페가 건너온 장소'라는 뜻.

코로만델은 템스에서 북쪽으로 포후투카와 코스트 Pohutukawa Coast를 따라 약 45㎞ 떨어져 있는 조그마한 항구 마을. 1852년 이 일대에 골드러시를 몰고 온 최초의 금맥 드라이빙 크릭 Driving Creek은 여기에서 불과 5㎞도 떨어지지 않은 곳에 있다. 한때 일확천금을 노리는 사람들로 넘쳐나던 이곳은 오늘날 도예가와 조각가 등 예술인이 많이 사는 곳으로 유명하다.

어디서 뭘 먹을까?

코로만델 반도에서는 무엇보다 씨푸드를 맛보아야 한다. 특히 청정 해역에서 잡은 굴과 초록입 홍합요리는 다른 어떤 곳보다 신선한 맛을 자랑한다. 또 이 지역을 여행할 때는 레스토랑이나 상가가 나오면 놓치지 말고 식사를 하거나 먹을거리를 비축해두라고 당부하고 싶다. 인가 자체가 드물고, 도시라고 해봐야 규모가 작아서 딱히 먹을 만한 곳을 찾기가 쉽지 않기 때문이다.

어디서 자면 좋을까?

코로만델 반도 전체를 여행하려면 최소 1박 2일 정도는 예상해야 한다. 따라서 어떤 방향으로 이동하든 숙박은 불가피하다.

먼저 이동할 방향을 정한 다음, 어느 도시에서 머물 것인지 결정했으면 미리미리 예약하는 것이 중요하다. 특히 현지인들이 여행을 즐기는 성수기나 주말에는 방 구하기가 쉽지 않다.

ACCESS

코로만델 반도 가는 방법

코로만델 반도로 가는 길은 그리 만만치가 않다. 북으로 갈수록 산세가 험해지고 비포장도로가 많아서 자가 운전을 할 경우에는 특별히 신경써야 하는 구간이다. 사정이 이렇다 보니 여행자들은 대부분 템스에서 시작해 서해안을 따라 코로만델까지 올라간 뒤 동해안의 마타랑기 Matarangi · 휘티앙아 Whitianga 등의 도시들을 거점으로 여행하는 노선을 선택한다.

페리 Ferry

오클랜드 페리 터미널에서 코로만델 타운까지 운항하는 '360 Discovery Ferry'를 이용하면 단 2시간 만에 손쉽고 우아하게 코로만델에 닿을 수 있다. 매일 한 차례씩 운항하며 도중에 와이헤케 아일랜드를 경유하고, 코로만델 선착장에 도착하면 시내까지 무료 셔틀이 대기하고 있다. 페리 회사 퓰러스 Fullers에서는 페리 서비스 이외에도 코로만델 반도 곳곳의 관광지와 연계한 다양한 투어 상품도 선보이고 있다. 단, 비수기에는 운항을 중단하는 경우가 많으니 홈페이지를 통해 미리 확인할 것.

• **360 Discovery Ferry** 09)307-8005 www.fullers.co.nz

버스 Bus

인터시티 버스는 오클랜드에서 출발, 템스와 휘티앙아, 코로만델까지 1일 2회 이상씩 운행하며, 오클랜드~템스~타우랑가를 연결하는 동서 노선도 1일 3회 템스를 경유한다. 오클랜드에서 템스까지 1시간 45분, 코로만델까지 약 3시간 30분 소요.

코로만델 반도 끝까지는 인터시티나 매직 버스 같은 장거리 버스들도 운행하지 않기 때문에 이 일대 로컬 버스를 이용하거나 투어 버스를 이용해야 한다. 코로만델 반도의 로컬 버스로는 휘티앙아를 거점으로 운행하는 코로만델 어드벤처스 Coromandel Adventures가 독보적이다.

• **Coromandel Adventures** 480 Driving Creek Road. 866-7014 www.coromandeladventures.co.nz

REAL TALK **코로만델의 범위는?**

코로만델이라는 이름은 영국 해군함에 사용할 카우리 나무를 실어 나르던 배의 이름에서 따왔습니다. 코로만델 호 HMS Coromandel는 템스 일대에서 코로만델까지 목재를 이동하는 데 사용했던 범선. 여기에서 따온 이름이 이 일대 산맥의 이름 Coromandel Range가 되고, 도시 Coromandel의 이름이 되고, 심지어 반도 Coromandel Peninsula 전체의 이름이 된 거랍니다.

REAL MAP

코로만델 반도 지도

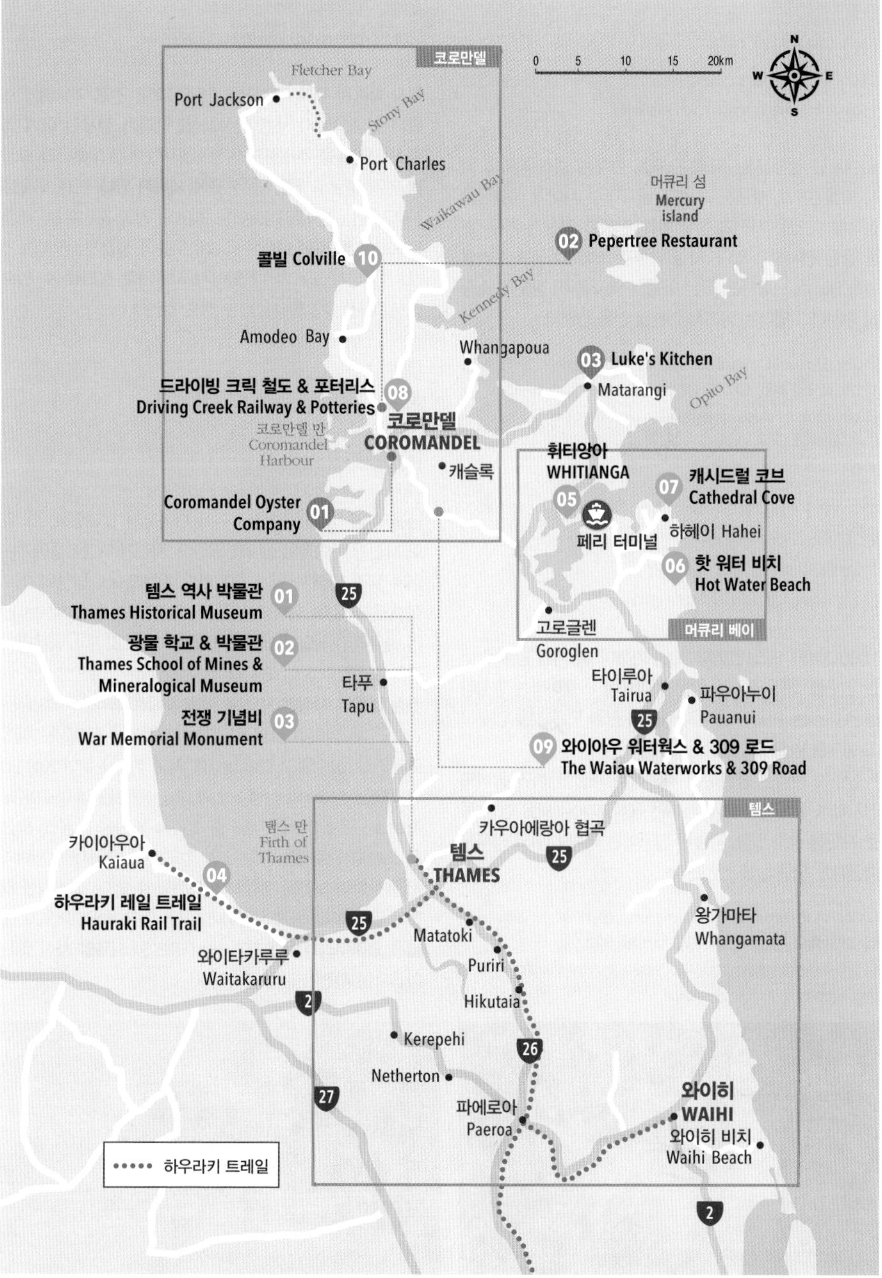

코로만델

0 5 10 15 20km

N E S W

Fletcher Bay

Port Jackson

Stony Bay

Port Charles

Waikawau Bay

머큐리 섬
Mercury island

02 Pepertree Restaurant

콜빌 Colville 10

Kennedy Bay

Amodeo Bay

Whangapoua

03 Luke's Kitchen

Matarangi

Opito Bay

드라이빙 크릭 철도 & 포터리스
Driving Creek Railway & Potteries 08

코로만델 만
Coromandel Harbour

코로만델
COROMANDEL

캐슬록

휘티앙아
WHITIANGA

07 캐시드럴 코브
Cathedral Cove

05 페리 터미널

하헤이 Hahei

Coromandel Oyster Company 01

06 핫 워터 비치
Hot Water Beach

템스 역사 박물관
Thames Historical Museum 01

25

고로글렌
Goroglen

머큐리 베이

광물 학교 & 박물관
Thames School of Mines & Mineralogical Museum 02

타푸
Tapu

타이루아
Tairua

파우아누이
Pauanui

전쟁 기념비
War Memorial Monument 03

25

09 와이아우 워터웍스 & 309 로드
The Waiau Waterworks & 309 Road

템스

카우아에랑아 협곡

카이아우아
Kaiaua

템스 만
Firth of Thames

템스
THAMES

25

04

하우라키 레일 트레일
Hauraki Rail Trail

25

Matatoki

왕가마타
Whangamata

와이타카루루
Waitakaruru

Puriri

Hikutaia

2

Kerepehi

26

Netherton

27

파에로아
Paeroa

와이히
WAIHI

와이히 비치
Waihi Beach

•••••• 하우라키 트레일

2

템스 THAMES

SEE

01
작은 마을 시간 여행
템스 역사 박물관
Thames Historical Museum

100여 년 전에 지은 교회 건물로, 현재는 템스 지역의 역사 박물관으로 사용하고 있다. 골드러시 시대의 생활상을 짐작할 수 있는 사진과 함께 의류·인쇄기·사진기·가구·소품 등을 전시하고 있다. 사실 박물관이라 하기에는 초라할 만큼 왜소해 보이지만, 작은 마을의 역사를 이 정도로 소중히 전시하고 있다는 점에서 교훈을 얻을 만하다.

Cnr. Pollen&Cochrane Sts., Grahamstown 10:00~13:00, 목요일 휴무 어른 N$5, 어린이 N$2 868-8509
www.thameshistoricalmuseum.weebly.com

02
골드러시 시절 광부 교육장
광물 학교 & 박물관
Thames School of Mines & Mineralogical Museum

1885년부터 1954년까지 80년 가까이 이 지역 광물에 대한 연구를 하던 곳이다. 박물관 이름에 '스쿨'이라는 명칭이 붙은 이유는, 이곳이 광석과 광물에 관한 모든 것을 연구하고 광부들을 교육하던 곳이기 때문.
뉴질랜드 전역은 물론이고 해외에서 채굴한 희귀 광석도 전시하며, 골드러시 당시 캐내던 광석들과 금 채굴 장면 등을 재현해 놓고 있다. 박물관 입구에는 마차 바퀴와 광석을 채굴하는 도구 등을 전시한다.

Cnr. of Brown and Cochrane Sts. 11:00~16:00
어른 N$10, 동반 어린이 무료 868-6227
www.heritage.org.nz/places/places-to-visit/coromandel/thames-school-of-mines

03
정겨운 풍광을 간직한 전망 포인트
전쟁 기념비
War Memorial Monument

역사 박물관 뒤쪽, 나지막한 언덕 위에는 전쟁 기념비가 세워져 있다. 제1차 세계대전에 참전했다가 전사한 이 지역 출신 군인들을 추모하기 위한 것으로, 마치 우리나라 묘처럼 양지 바르고 전망 좋은 곳에 세워져 있다. 또한 이곳은 시내가 한눈에 내려다보이는 최고의 전망 포인트로, 푸른 목초지에 둘러싸인 템스 시내의 모습이 정겹게 내려다보인다. 정상까지 도로가 나 있어서 자동차로 올라갈 수 있으며, 걸어서는 시내에서 30분 정도 걸린다.

04
북섬 최고의 자전거 트레일
하우라키 레일 트레일
Hauraki Rail Trail

금을 실어 나르던 폐철로 위에 마사토가 깔려있고, 그 위로 자전거 바퀴들이 신나게 달린다. 자전거 여행자들에게는 이미 널리 알려져 있는 성지와도 같은 코스. 남섬의 대표적 자전거 길이 오타고 레일 트레일이라면, 북섬에서는 단연 하우라키 레일 트레일을 꼽을 수 있을 것이다. 하우라키 레일 트레일의 중심 도시 와이히 Waihi는 코로만델 반도의 가장 남쪽에 자리한 곳으로, 금광 채굴로 화려한 시절을 구가했던 곳. 와이히 금광 인근에서 시작되는 트레일은 파에로아 Paeroa, 템스 Thames를 지나 카이아우아 Kaiaua에 이르는 113㎞의 상행 노선에, 최근 완성된 테 아로아 Te Aroha 구간(23㎞)을 더해 총 136㎞ 노선을 완공했다. 전체 노선을 완주하는 데는 5일 정도가 소요되지만, 체력과 시간에 따라 노선을 분할하여 도전할 수 있다. 고즈넉한 자전거 길을 따라 협곡과 언덕이 나타나는가 하면, 어느새 드넓은 와이너리와 목초지가 펼쳐지는 등 지루할 사이 없는 아름다운 자전거 길의 연속이다.

머큐리 베이 MERCURY BAY

SEE

05
코로만델 반도의 동쪽 번화가
휘티앙아 Whitianga

평화로운 항구 도시 휘티앙아는 머큐리 베이와 휘티앙아 하버 Whitianga Harbour가 만나는 중간 지점에 자리잡고 있다. 코로만델 반도의 동해안 일대에서 가장 번화한 곳이며, 머큐리 베이의 중심 도시이기도 하다. 휘티앙아에서 가장 활기찬 곳은 부두 주변. 해안 휴양지답게 일몰 때가 되면 낚시를 마친 배들이 하나 둘 귀항하는데, 배가 들어올 때마다 구경꾼들이 모여들어 그날의 월척을 품평하느라 분주하다.

부두 건너편 머큐리 베이 박물관에서는 도시의 옛 모습이 담긴 사진과 1959년 머큐리 베이 근해에서 잡힌 1300kg짜리 대형 상어의 턱뼈를 전시하고 있다.

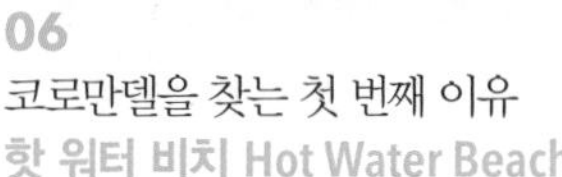

06
코로만델을 찾는 첫 번째 이유
핫 워터 비치 Hot Water Beach

하헤이에서 남쪽으로 약 7km 내려가면, 바닷가에서 뜨거운 물이 나오는 일명 '뜨거운 물 Hot Water' 비치가 있다. 코로만델 반도 전체를 통틀어 가장 유명한 곳으로, 오클랜드 등 근교 도시에서 이곳을 찾아오는 사람들로 늘 활기가 넘친다.

머큐리 베이 일대에는 해변이 많지만 유독 이곳만 모래사장을 파면 따뜻한 물이 나온다. 그것도 천연 온천수가! 각자의 사이즈에 맞게 개인탕·가족탕을 파고 물 속에 몸을 담그고 있으면 온천이 따로 없다. 잘만 파면 펄펄 끓는 물도 뿜어나오지만, 바로 옆에서 파는데도 유난히 온천 줄기를 못 찾는 사람도 있다. 뜨거운 물은 모래사장 여기저기서 솟아오르는데, 무턱대고 파지 말고 거품이 올라오는 곳을 찾아서 파는 게 요령. 또, 아무 때나 모래를 판다고 뜨거운 물이 나오는 것도 아니다. 온천을 할 수 있는 시간은 매일 정해져 있는데, 휘티앙아 비지터 센터나 해변 주차장 옆 안내판에서 시간을 알 수 있다. 만조 때는 해변 전체가 바닷물에 잠기므로 반드시 아래의 사이트에서 조수 Tide 시간을 확인하고 가도록 하자. 모래를 파는 데 사용할 삽도 잊지 말고 챙길 것! 도구를 못 챙겼을 때는 바닷가 입구 Hotties Cafe나 Top 10 홀리데이 파크에서 대여할 수 있다.

핫 워터 비치까지는 페리 선착장에서 셔틀버스가 출발한다. 이 버스는 종점인 훼누아키테에서 타이루아를 거쳐 템스 방면 버스와 연계된다.

핫 워터 비치 조수 시간 확인
www.thecoromandel.com/weather-and-tides

07
영화 속 바로 그 장소
캐시드럴 코브
Cathedral Cove

하헤이 비치 Hahei Beach 북쪽의 캐시드럴 코브는 파도에 침식된 동굴들과 기하학적인 모양의 섬들이 이어지는 독특한 볼거리를 제공한다. 조수간만에 따라 밀려오고 쓸려나가는 바닷물이 자연 동굴을 만들고, 이 일대의 섬들이 어우러지면서 독특한 경관을 연출하는 것. 이런 천혜의 풍경을 배경으로 영화 〈나니아 연대기〉의 촬영이 이루어지기도 했다.

하헤이 비치 입구에 자리한 주차장 The Hahei Visitor Car Park에서 출발하는 셔틀버스를 이용하거나, 휘티앙아 페리 선착장에서부터 핫 워터 비치와 캐시드럴 코브를 연결하는 투어를 이용하면 손쉽게 도착할 수 있다. 하지만 주차장에서 캐시드럴 코브까지 이르는 약 2.5㎞의 트레킹 코스 또한 즐거움이 가득하니, 왕복 1시간 30분 정도의 시간을 투자할 수 있다면 도보 여행을 추천한다. 조금 더 시간을 낼 수 있다면 카약이나 다이빙 등의 액티비티에 도전해 볼 것을 권한다. 눈길 머무는 곳마다 그림엽서가 되는 경이로운 체험을 하게 될 테니 말이다.

The Hahei Visitor Car Park 셔틀버스

Ⓢ 왕복 어른 N$5, 어린이 N$3

REAL TIP 반도 여행의 동서남북

코로만델 반도는 크게 동해안과 서해안, 반도 끝부분으로 나뉜다. 먼저 동해안은 휘티앙아를 중심으로 하는 머큐리 베이 Mercury Bay 일대로, 코로만델 반도에서 휴양지 분위기가 가장 짙게 느껴지는 곳이다. 온천이 나오는 비치나 해안가를 따라 기암 동굴이 발견되는 등 볼거리가 많은 지역이다. 반면, 동해안에서 반도 끝쪽을 지나 서해안으로 가면 마을이 줄어들고 주변 경관도 밋밋해진다. 특히 코로만델 북쪽, 반도 끝부분으로 가면 마치 벽지 같은 기분이 든다. 이 지역에서는 동해안의 휘티앙아를 관광 거점으로 삼는 것이 가장 무난하다.

코로만델 COROMANDEL

 SEE

08

자연과 스토리텔링의 합작품
드라이빙 크릭 철도 & 포터리스
Driving Creek Railway & Potteries

드라이빙 크릭 철도는 이 땅의 소유주인 도예가 배리 브리켈 Barry Bricknell이 도자기용 흙을 운반하기 위해서 만든 것이다. 자신의 가마까지 질 좋은 흙을 옮기기 위한 예술가의 집념이 이 같은 협곡열차를 만들어낸 것. 레일 폭 381m, 총 길이 2.5㎞의 철로는 드라이빙 계곡을 끼고 있어서 경사가 무척 급하다. 그 덕분(?)에 경사면을 오르기 위해 지그재그로 방향을 바꾸면서 진행하도록 만든 스위치백과 산맥을 넘는 터널, 철교 등 다양한 구조물과 자연 경관을 감상할 수 있게 되었다.

현재는 관광열차로 운행되고 있는데, 마치 놀이공원의 꼬마 기차처럼 생긴 열차를 타면 1시간 정도 드라이빙 크릭을 돌아볼 수 있다. 아울러 인근 도예가 마을을 찾아서 작업하는 모습을 감상하거나 도자기 등을 구입할 수도 있다.

380 Driving Creek Rd. 어른 N$39, 어린이 N$19
0800-327-245 www.drivingcreek.nz

09
폭포와 놀이공원
와이아우 워터웍스 & 309 로드
The Waiau Waterworks & 309 Road

코로만델에서 휘티앙아로 갈 때는 대개 25번 국도를 이용하지만, 코로만델 남쪽에서 휘티앙아까지 삼림 지대를 잇는 도로도 사람들의 발길이 잦아지고 있다. 도로 번호를 따서 '309 로드'라고 하는 이 도로변에 걸출한 볼거리가 많기 때문. 25번 도로에서 309 로드로 7㎞쯤 들어가면 와이아우 폭포 Waiau Falls와 함께 와이아우 워터웍스 Waiau Waterworks가 나온다. 계단 모양의 폭포는 높이가 약 8m에 이르며 여름에 수영을 즐기기에 딱 좋다. 이 일대를 개발한 워터웍스는 70개가 넘는 물놀이 기구들과 바비큐장, 기념품숍까지 구색을 갖춘 소규모 워터파크인 셈이다.
폭포에서 100m쯤 떨어져 있는 '캐슬 록 Castle Rock'은 주위의 숲과 그 너머 바다를 바라볼 수 있어서 전망 포인트로 아주 좋다. 한편 물을 이용해서 만든 진기하고 기발한 발명품들을 숲속 정원에 전시하고 있는 워터웍스는 일종의 작은 놀이동산으로, 물을 이용한 각종 아이디어가 감탄을 자아낸다. 폭포에서 1㎞ 정도 떨어진 '카우리 그루브 Kauri Groove'에 가면 세계에서 가장 큰 카우리 거목을 볼 수 있다. 도로 이름을 따서 '309 카우리'라 부르는데, 어른 네 명이 팔을 벌려서 둘러도 닿지 않을 만큼 커다란 거목 앞에서 자연의 경이로움이 절로 느껴진다.

471 The 309 Rd., Coromandel Town 여름 10:00~18:00, 겨울 10:00~16:00 어른 N$28, 어린이 N$23(온라인 구매 시 10% 할인) 866-7191 www.thewaterworks.co.nz

10
코로만델 최북단 도시
콜빌 Colville

코로만델에서 서해안을 따라 28㎞ 정도 북상하면 반도 최북단의 도시 콜빌이 나온다. 도시라고는 하지만 도저히 도시라고 할 수 없을 만큼 썰렁한 모습으로 몇몇 상점만이 관광객을 맞는다. 그러나 이곳은 반도의 끝 포트 잭슨 Port Jackson과 플레처 베이 Fletcher Bay로 가는 길이자, 반도에서 가장 높은 산 마운트 모에하우 Mt. Moehau에 오르려면 반드시 통과해야 하는 곳이다.
마운트 모에하우는 1920년경 폴리네시아 섬에서 카누를 타고 건너온 마오리 항해사 타마 테 카푸아 Tama Te Kapua의 유해가 매장되어 있다고 해서 마오리들이 성지로 여기고 있는 산이다.

코로만델 청정 해역의 초록입 홍합을 아시나요?

코로만델 일대에서 대를 이어 살아온 마오리족들에게는 관절염이 없다고 합니다. 유독 이 일대 사람들에게만 관절염이 없다는 사실을 의아하게 여긴 어느 과학자가 몇 년 동안 그 이유를 연구한 결과, 원인은 코로만델 일대에 서식하는 초록입 홍합 Green Mussel에 있다는 것이 밝혀졌습니다. 뉴질랜드의 홍합은 우리가 흔히 알고 있는 홍합과는 비교가 안 될 만큼 크고, 특이하게도 둘레에 초록색 띠를 두르고 있습니다. 어릴 때는 초록색이 나타나지 않고 어느 정도 자랐을 때 초록색을 띠게 됩니다. 이렇게 다 자란 초록입 홍합 속에는 '리프리놀'이라는 성분이 다량 함유되어 있는데, 바로 이 성분이 관절염에 특효라고 하네요.
뉴질랜드의 다른 지역에서도 홍합은 자라지만, 특히 코로만델 반도에서 자라는 홍합의 리프리놀 함량이 더 높다고 합니다. 이 성분만 추출해 알약으로 만들어두었으니, 뉴질랜드를 여행할 때는 부모님 선물로 코로만델산 초록입 홍합 한 통 구입하세요~.

EAT

01
코로만델 수산물의 지존
Coromandel Oyster Company

코로만델 산 양식 굴을 뉴질랜드 전역에 공급하는 회사에서 운영하는 레스토랑. 싱싱한 굴과 홍합을 튀긴 씨푸드 바스켓과 오이스터 차우더를 한 번 맛본 사람은 그 맛을 잊을 수 없다. 음식 재료는 모두 이 회사에서 직영하는 농장에서 나온 것. 즉석에서 조리되는 십여 종류의 핫 메뉴가 모두 2~5불 내외인 점도 칭찬할 만하다. 원하는 사람들에게는 조리되지 않은 싱싱한 해산물을 판매하기도 한다.

1161 State Hwy. 25, Coromandel
10:00~17:00 866-8028
www.freshoysters.co.nz

02
지역민들이 사랑하는 레스토랑
Pepertree Restaurant

1928년에 처음 문을 연, 100년이 넘은 레스토랑. 1994년에 자리를 옮긴 현재의 건물 역시 유서 깊은 카우리 목조 건물. 따뜻하면서도 고급스러운 분위기와 제대로 맛을 낸 요리로 매년 다양한 기관으로부터 최고의 레스토랑 상을 독점하고 있다. 씨푸드 뿐 아니라 치킨과 램 스테이크 등 다양한 메뉴를 선보이며, 직접 볶은 원두커피와 디저트용 케이크 맛도 수준급이다.

31 Kapanga Rd., Coromandel
10:00~21:00 866-8211
www.peppertreerestaurant.co.nz

03
룩을 찾아보세요
Luke's Kitchen

흥겨운 라이브 음악과 시원한 생맥주, 그리고 맛있는 피자가 어우러진 완벽(?)한 공간. 오너의 이름을 걸고 하는 곳인 만큼 남다른 퍼포먼스와 음식 맛이 인상적이다. 레스토랑이 있는 쿠아오투누 비치 Kuaotunu Beach는 히티앙아 시내에서 10분 정도 거리에 있지만, 대부분의 사람들이 들렀다 가는 유명한 바닷가다. 레스토랑 이외에 아트 갤러리도 함께 운영한다.

20 Blackjack Rd., Kuaotunu, Whitiang
09:00~22:00 866-4480
www.lukeskitchen.co.nz

왕가레이
WHANGAREI

인구
5만 5,000명

지역번호
09

인포메이션 센터 Whangarei Information & Travel Centre

Tarewa Park, 92 Otaika Rd. 월~금요일 09:00~17:00, 토·일요일, 공휴일 09:00~16:30 438-1079 www.whangareinz.com

도시와 전원이 공존하는 곳 왕가레이는 파 노스로 가는 관문이자 낙농업·임업·축산업·조선업 등이 발달한 노스랜드 최대의 산업 도시다. 여기부터 최북단의 케이프 레잉아까지는 소규모 타운들만 이어진다. 아울러 왕가레이 헤드까지 이어지는 길고 큰 천혜의 항만은 예부터 교통과 산업 기지로 발달해 왔으며, 해양 스포츠와 피크닉 명소로도 사랑받고 있다.

시가지는 넓게 정비되어 있고, 도시 한가운데를 흐르는 하테아 강은 타운 베이슨이라는 아름다운 휴식 공간을 제공한다. 도심 깊숙이 들어와 있는 요트의 행렬, 자연과 어우러진 나지막한 건물들은 여유로운 느낌을 준다.

이런 풍요로움 때문에 최근에는 급격한 인구 유입이 이루어지고 있는데, 그만큼 도시 곳곳의 활기도 커지고 있다.

왕가레이 폭포와 카우리 숲 같은 근교의 볼거리를 섭렵하고 나면, 조금 더 여유를 가지고 왕가레이 헤드 끝까지 달려가 볼 것을 권한다. 나만의 히든 플레이스에서 색다른 여행지의 추억을 갖게 될 것이다.

왕가레이 미리 보기

CITY PREVIEW

어떻게 다니면 좋을까?

왕가레이 전체는 만만하게 볼 규모가 아니지만, 여행자들에게 필요한 볼거리는 시내를 중심으로 몰려 있어서 2~3시간만 걸어 다니면 충분히 둘러볼 수 있다. 그러나 일상화된 자동차 문화를 반영하듯 관광안내소가 시내 중심부에서 꽤 떨어진 시 초입에 있으며, 정작 눈이 번쩍 뜨일 왕가레이 헤드의 풍경도 걸어서는 볼 수 없는 거리에 있다.
따라서 이 도시에 한나절쯤 머물 예정이라면 시내 중심의 볼거리만 걸어서 둘러보고, 하루 이상의 일정이라면 렌터카나 시내버스를 이용하는 것이 좋다.

어디서 무엇을 볼까?

마오리어로 '소중한 항구'라는 뜻의 왕가레이.
이 도시의 볼거리는 타운 베이슨과 카메론 스트리트 몰만 봐도 절반 이상을 본 것과 다름없다.
나머지 절반은 자동차로 가깝게는 10분 거리에서 멀게는 1시간 거리에까지 퍼져 있는 근교의 볼거리들. 딱 떨어지는 대중교통 수단이 없다는 점이 아쉽지만, 가능하다면 왕가레이 폭포와 A. H. Reed 카우리 파크 등은 놓치지 말고 찾아보자.

어디서 뭘 먹을까?

카메론 스트리트를 중심으로 제임스 스트리트 James St.와 존 스트리트 John St.에 상가가 밀집되어 있다. 특히 존 스트리트에는 은행과 우체국을 비롯한 관공서가 많으며, 타운 베이슨 맞은편에는 Park'n Save라는 이름의 대형 슈퍼마켓이 있다. 대부분의 레스토랑 역시 카메론 스트리트와 타운 베이슨을 중심으로 밀집되어 있어서 멀리 갈 필요 없이 이 일대에서 식도락이 해결된다.

어디서 자면 좋을까?

대규모 호텔이나 프렌차이즈 숙소들보다는 국도변에 위치한 소규모 모텔이나 B&B들이 훨씬 많은 곳이다. 그리고 도시의 규모에 비해서 숙소 찾기가 쉽지 않은 곳이기도 하다. 자동차 여행자라면 시내 중심보다는 근교 관광지 인근의 중급 숙소들을 염두에 두고, 배낭여행자라면 도시 초입의 관광안내소나 타운 베이슨 근처의 백패커스들을 노크해 볼 것.

ACCESS

왕가레이 가는 방법

인터시티 InterCity, 네이키드 Naked, 마나 Mana 버스는 물론, 다양한 로컬 버스가 노스랜드의 주요 도시를 연결한다. 왕가레이는 이들 버스의 경유지로, 1일 2회 이상씩 장거리 버스가 정차한다. 기차는 철로가 놓여 있지만 화물 운송용으로만 쓸 뿐 일반 승객을 태우지는 않는다.

비행기 Airplane

오클랜드에서 출발하는 에어뉴질랜드가 1일 5회 이상을 왕가레이 공항까지 직행한다. 소요 시간은 35분으로, 이륙과 동시에 착륙이라고 느낄 만큼 가깝다. 왕가레이 공항은 시내에서 동남쪽으로 약 8㎞ 떨어진 오네라히 Onerahi에 있으며, 공항에서 시내까지는 셔틀버스나 시내버스로 쉽게 이동할 수 있다.

- **Wangarei Airport Shuttle** 438-6005

버스 Bus

왕가레이에서 가장 가까운 교통의 거점 도시는 오클랜드. 매일 1회 이상씩 오클랜드에서 출발한 장거리 버스가 왕가레이를 거쳐 베이 오브 아일랜드 Bay of Island와 카이타이아 Kaitaia까지 운행한다. 오클랜드와 왕가레이 구간은 매일 3~4차례 장거리 버스가 운행되고 있으며 매일 오전 7시 30분 오클랜드에서 출발하는 인터시티 버스만 고정적으로 운행하고 그 밖의 시간대에는 요일과 시즌별로 운행시간이 조금씩 다르므로 사이트나 관광안내소를 통해 미리 확인하는 것이 좋다. 오클랜드에서 3시간, 파이히아에서 1시간 10분이 소요된다. 인터시티 버스 정류장은 타운 베이슨에 있는 허브 인포메이션 센터를 이용한다.

- **The HUB Information Centre** The Town Basin, 91 Dent St. 438-2653 www.intercity.co.nz

시내 교통 TRANSPORT IN WANGAREI

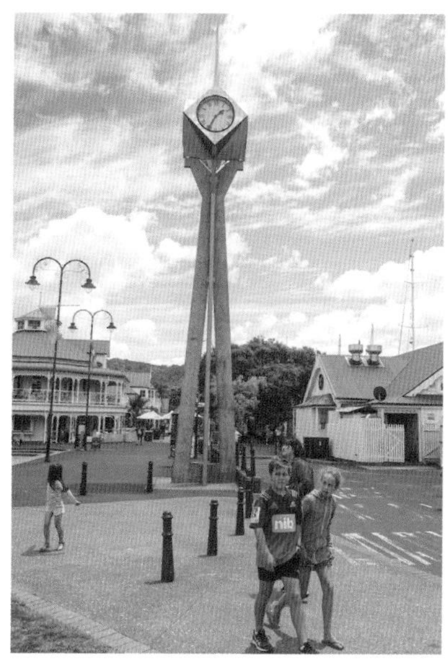

노스랜드 최대의 도시답게 왕가레이 시내에는 꽤 넓은 지역을 커버하는 시내버스, 시티링크 왕가레이 Citylink Whangarei가 운행되고 있다.
버스 노선은 크게 3~4가지로 나뉘며, 모든 노선의 버스는 로즈 스트리트 Rose St. 터미널에서 출발한다. 정확한 노선과 시각표는 터미널에 비치되어 있으며, 관광안내소에서도 자세히 알려준다. 한 가지 아쉬운 점은 이 버스가 관광용이 아니라 거주자용이어서 여행자들이 이용하기에는 조금 비효율적이라는 것. 왕가레이 폭포를 갈 때는 여행자도 유용하게 이용할 수 있다.

• 시티링크 왕가레이 Citylink Whangarei

N$2 438-7142 www.citylinkwhangarei.co.nz

REAL COURSE
왕가레이 추천 코스

예상 소요 시간 6~8시간

왕가레이의 모든 길은 타운 베이슨으로 통한다 해도 과언이 아니다. 날씨가 좋은 날은 온 동네 아이들이 다 나와 있는 것처럼 북적거리는 타운 베이슨의 놀이터와 산책로, 고르는 재미가 있는 레스토랑과 박물관과 갤러리까지…. 만약 왕가레이에서 딱 3시간만 머물러야 한다면 타운 베이슨 한 곳에서만 머물렀다가도 별로 아쉬울 것이 없다. 그러나 진짜 볼거리는 조금 떨어진 곳에 숨겨져 있다. 이 도시를 제대로 보기 위해서는 꽉 찬 24시간이 필요하다.

START 카메론 스트리트 몰

도보 10분

타운 베이슨

자동차 8분

A.H.리드 카우리 파크

자동차 6분
도보 30분

FINISH 왕가레이 폭포

REAL MAP 왕가레이 시내 & 근교 지도

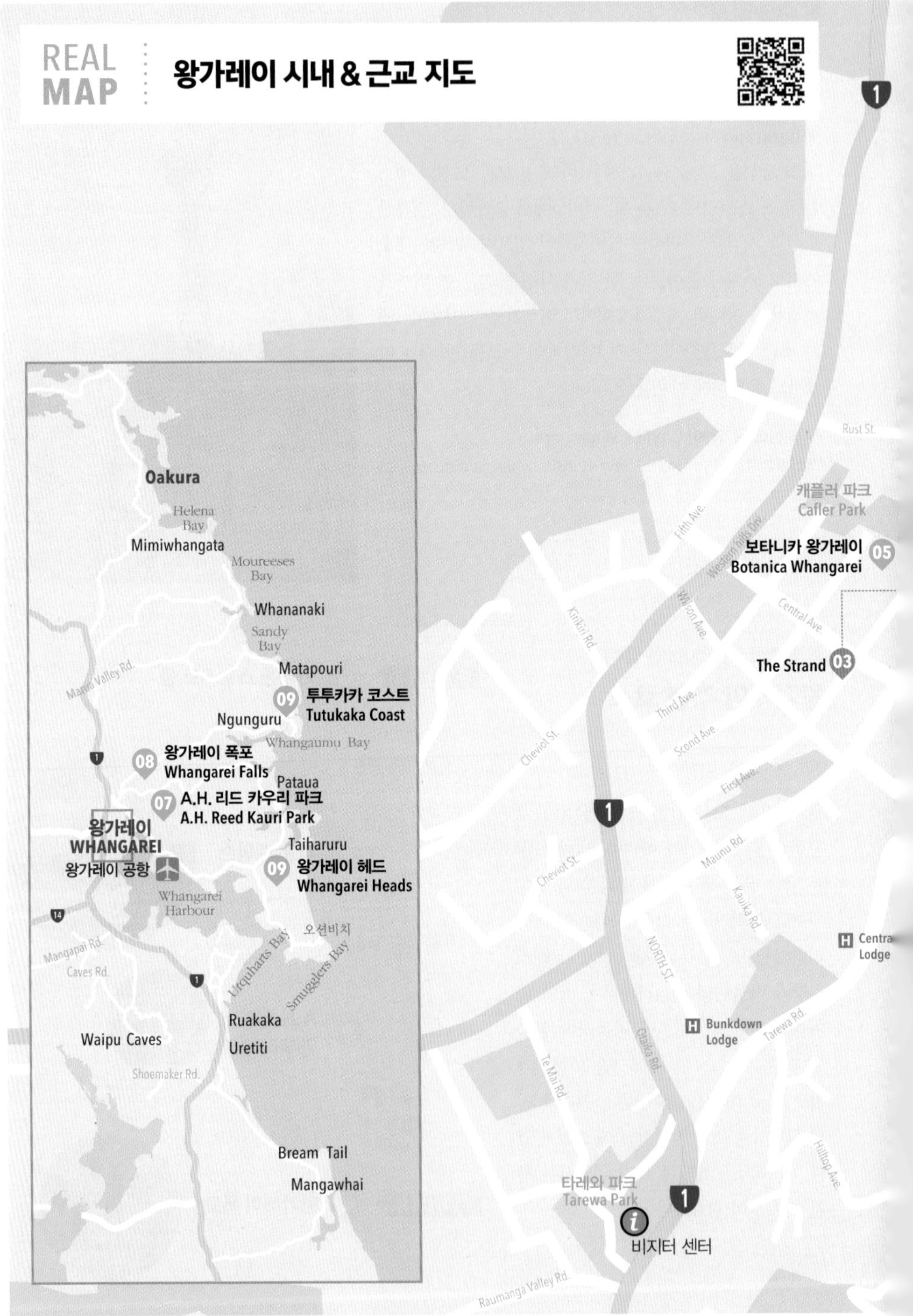

Oakura
Helena Bay
Mimiwhangata
Moureeses Bay
Whananaki
Sandy Bay
Matapouri
Manaia Valley Rd.
09 투투카카 코스트 Tutukaka Coast
Ngunguru
Whangaumu Bay
08 왕가레이 폭포 Whangarei Falls
Pataua
07 A.H. 리드 카우리 파크 A.H. Reed Kauri Park
왕가레이 WHANGAREI
Taiharuru
왕가레이 공항
09 왕가레이 헤드 Whangarei Heads
Whangarei Harbour
오션비치
Mangapai Rd.
Caves Rd.
Urquharts Bay
Smugglers Bay
Ruakaka
Waipu Caves
Uretiti
Shoemaker Rd.
Bream Tail
Mangawhai

Rust St.
캐플러 파크 Cafler Park
Fifth Ave.
Western Hills Dr.
보타니카 왕가레이 Botanica Whangarei 05
Wilson Ave.
Kirikiri Rd.
Central Ave.
The Strand 03
Third Ave.
Scond Ave.
Cheviot St.
First Ave.
Cheviot St.
Maunu Rd.
Kauika Rd.
NORTH ST.
Central Lodge
Bunkdown Lodge
Otaika Rd.
Tarewa Rd.
Te Mai Rd.
Hilltop Ave.
타레와 파크 Tarewa Park
비지터 센터
Raumanga Valley Rd.

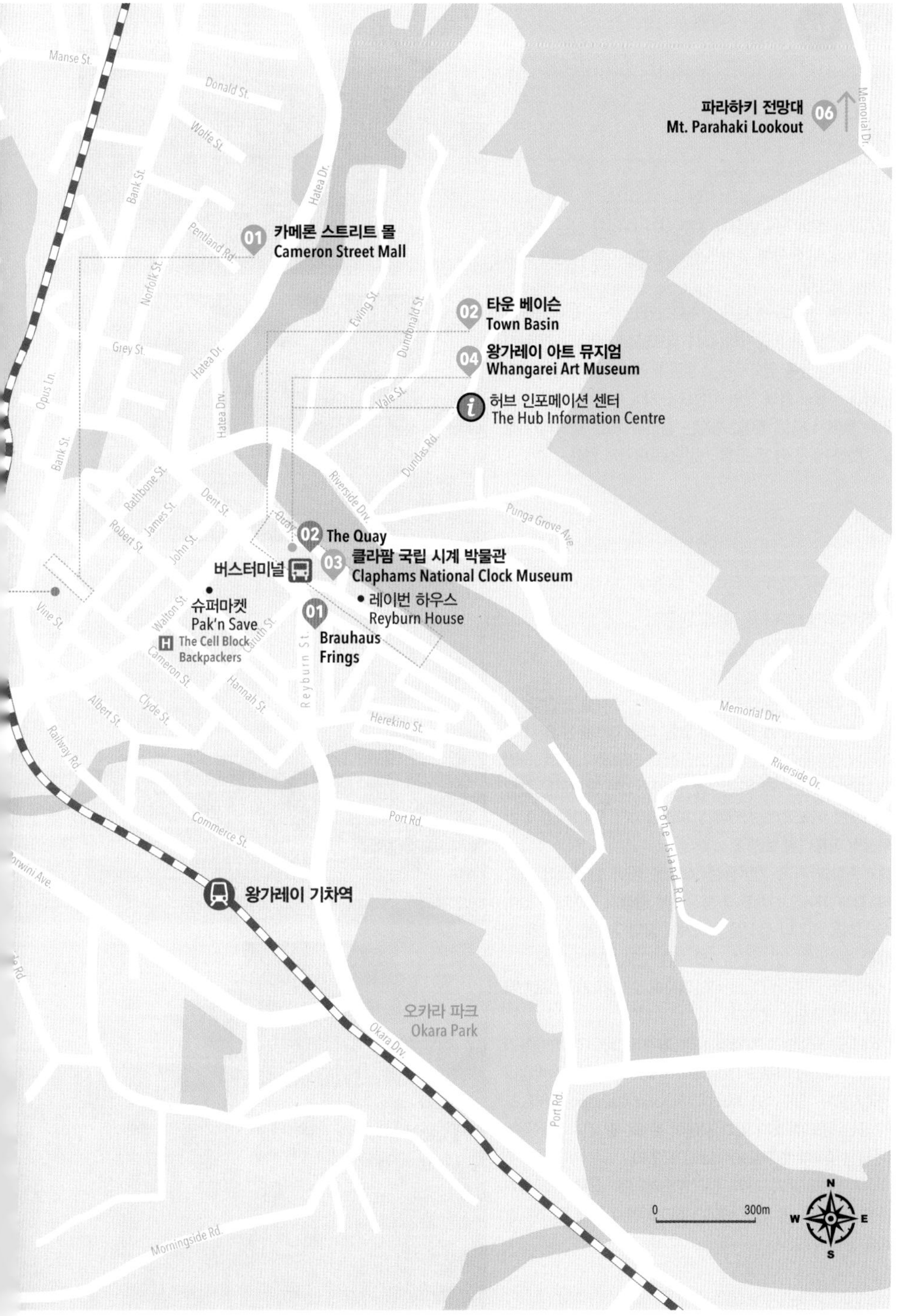

파라하키 전망대
Mt. Parahaki Lookout
06
01 카메론 스트리트 몰
Cameron Street Mall
02 타운 베이슨
Town Basin
04 왕가레이 아트 뮤지엄
Whangarei Art Museum
허브 인포메이션 센터
The Hub Information Centre
02 The Quay
03 클라팜 국립 시계 박물관
Claphams National Clock Museum
버스터미널
슈퍼마켓
Pak'n Save
The Cell Block Backpackers
레이번 하우스
Reyburn House
01 Brauhaus Frings
왕가레이 기차역
오카라 파크
Okara Park
Manse St.
Donald St.
Wolfe St.
Bank St.
Hatea Dr.
Pentland Rd.
Norfolk St.
Ewing St.
Dundonald St.
Grey St.
Hatea Dr.
Vale St.
Opus Ln.
Hatea Drv.
Dundas Rd.
Bank St.
Rathbone St.
Dent St.
Riverside Drv.
Punga Grove Ave.
James St.
Robert St.
John St.
Quay
Vine St.
Walton St.
Cauth St.
Cameron St.
Hannah St.
Reyburn St.
Albert St.
Clyde St.
Herekino St.
Memorial Drv.
Railway Rd.
Riverside Dr.
Commerce St.
Port Rd.
Pohe Island Rd.
Memorial Dr.
Okara Drv.
Port Rd.
Morningside Rd.
0 300m
N W E S

SEE

01
비즈니스, 식도락 중심가
카메론 스트리트 몰
Cameron Street Mall

왕가레이 최대(?)의 번화가. 자동차가 다니지 않는 보행자 전용 도로로, 바닥에 깔린 노란색과 오렌지색 타일이 아주 경쾌해 보인다.

몰 곳곳에 화단과 벤치가 설치되어있고, 가운데 광장에서는 거의 언제나 누군가의 즉석 퍼포먼스나 연주가 펼쳐지고 있다. 몰 양쪽 옆으로는 쇼핑몰과 레스토랑이 즐비하고, 은행과 우체국 등의 편의 시설도 근처에 있다. 카메론 스트리트 몰에서 타운 베이슨까지는 걸어서 10분 내외의 거리로, 여행자들은 이 두 곳을 거점으로 오가게 된다.

02
반짝반짝 아름다운 워터프런트
타운 베이슨 Town Basin

'베이슨'이라는 말은 나지막하게 형성된 '분지'를 뜻한다. 시내 안쪽까지 만으로 형성되어 있는 타운 베이슨은 마치 치마폭에 둘러싸인 요람처럼 포근하고 평화롭다. 요트 하버가 내려다보이는 워터프런트에 정박해 있는 요트들은 그림엽서처럼 예쁘고, 노천카페의 파라솔마저 햇빛을 받아 반짝반짝 아름다워 보인다.

레스토랑과 카페·기념품점·쇼핑몰 등이 형성되어 있으며, 길게 이어진 산책로의 중간쯤에 광장과 놀이터가 있어서 산책을 하거나 휴식을 취하기에 좋다. 시계탑과 시계 박물관, 놀이터가 있는 곳이 메인 광장으로, 관광안내소 The Hub Information Centre도 이곳에 있어서 가장 오랜 시간을 보내게 되는 곳이다.

이외에도 노스랜드 지역의 유명 화가 로버트 레이번을 기념하는 '레이번 하우스 Reyburn House'와 요트 정박장을 가로지르는 '빅토리아 캐노피 Victoria Canopy' 다리, 조각 공원 등도 빼놓지 말고 감상해 볼 것. 길 건너 맞은편에는 대형 슈퍼마켓 'Park'n Save'도 있다.

수상자전거라든가 카약·인라인스케이트·스쿠터·자전거 등을 타고 싶으면 타운 베이슨 하이어에서 각종 필요한 장비를 빌릴 수 있다.

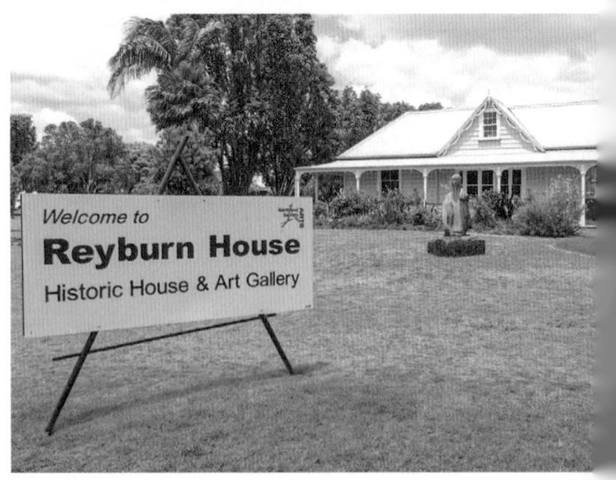

03
동서고금의 시계를 한 자리에
클라팜 국립 시계 박물관
Claphams National Clock Museum

타운 베이슨의 얼굴마담 격인 시계 박물관. 건물 앞 정원에는 커다란 해시계가 설치되어 있고, 독특한 형태의 건물 외관에는 벽화가 그려져 있다. 안으로 들어가면 시계 박물관과 시계 숍으로 나뉘어 있다. 박물관에는 세계 각국에서 수집한 동서고금의 시계 1300여 개를 전시한다. 그 중에서도 코메트 Komet라는 이름의 뮤직박스를 전시해 둔 공간이 눈길을 끄는데, 1890년에 독일 회사에서 만들어진 이 뮤직박스는 하우라키 만을 오가던 증기선에 실린 채 수많은 승객들의 사랑을 받다가, 1950년대에 이곳 클라팜 시계 박물관에 전시되면서 이곳의 명물이 되었다. 박물관 입구의 시계 숍에서는 카우리 나무로 만든 핸드메이드 시계를 비롯해 다양한 종류의 시계를 판매한다.

09:00~17:00 어른 N$10, 어린이 N$4 438-3993
www.claphamsclocks.com

04
인포메이션에 아트가 덤으로
왕가레이 아트 뮤지엄
Whangarei Art Museum

타운 베이슨에 자리한 더 허브 인포메이션 센터와 입구를 공유하고 있다. 인포메이션 센터에 들러 여행 자료만 챙기지 말고, 잠시 작품 감상을 해보며 이 도시의 문화 수준을 가늠해보는 것도 의미있는 시간이 될 듯. 회화, 조각, 설치미술 등 다양한 근현대 작품들을 전시하고 있으며, 중소 도시의 미술관치고는 실속있는 기획 전시가 눈에 띈다. 오클랜드 국립박물관과 자매결연을 맺고 있어서 기획 전시를 공유하기도 한다.

91 Dent St., The Hub, Town Basin 10:00~16:00 크리스마스, 복싱데이, 굿프라이데이 휴무 기부금 약 N$5
430-4240 www.whangareiartmuseum.co.nz

05
왕가레이의 허파
보타니카 왕가레이 Botanica Whangarei

카메론 스트리트 몰에서 도보로 10분 정도 거리에, 왕가레이의 '허파'라 불리는 실내외 정원이 자리하고 있다. 뉴질랜드의 상징이라 할 수 있는 은고사리를 포함한 다양한 고사리류가 있는 Marge Maddren Fernery 온실, 1970년대에 조성된 열대 식물원 The Snow Conservatory, 그리고 가장 최근에 만들어진 선인장 온실 The Cactus House까지 총 세 개의 커다란 온실과 졸졸 흐르는 시냇물, 산책로를 둘러싼 고목 등이 어우러져 평화로우면서도 에너지 가득한 휴식처가 완성되었다. 아주 이름난 관광지는 아니어서 주중에는 고즈넉한 느낌마저 들지만, 주말에는 결혼식과 피크닉을 즐기는 시민들로 활기 넘친다.

2 First Ave., Whangarei · 09:00~16:00 · 무료
430-4200

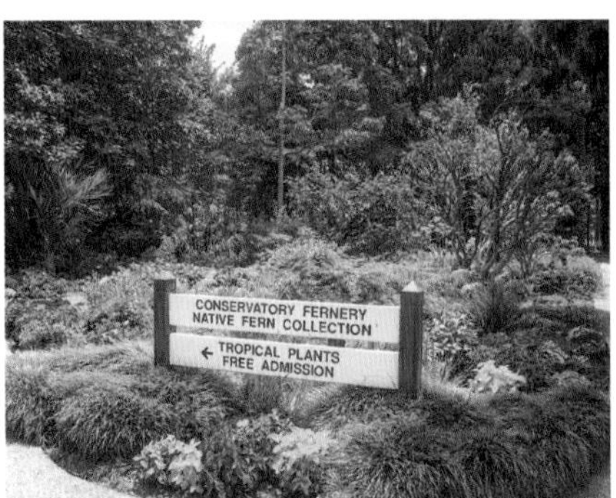

REAL TALK 천혜의 항구, 왕가레이

왕가레이에 처음 정착한 유럽인은 윌리엄 캐루스 William Carruth라는 사업가입니다. 1839년 처음 발을 디딘 그는 이 지역을 관장하던 마오리족에게서 땅을 구입하고 스코틀랜드에서 온 백인들과 함께 도시를 개척했지요.

그 뒤 조용하던 마오리 마을 왕가레이는 조금씩 유럽 이주민이 늘어나 1966년에는 3만 1000명까지 늘어나게 되었습니다. 온화한 기후와 비옥한 토지, 덧붙여 천혜의 항구는 산업 발달에 주요한 원동력이 되었고, 이에 따른 인구 증가는 당연한 결과였지요. 도시 곳곳에 유난히 공원과 녹지가 많아서 '정원사의 천국 Gardener's Paradise'이라는 별칭이 붙었답니다.

06
왕가레이를 내 품안에
파라하키 전망대 Mt. Parahaki Lookout

시내 북쪽에 있는 파라하키 산은 왕가레이 시내를 한눈에 조망할 수 있는 해발 241m의 전망대. 마오리 파 Pa(요새)가 있던 장소로도 유명한데, 지금은 전쟁기념탑이 그 자리를 지키고 있다. 자동차로는 강을 끼고 리버사이드 드라이브 Riverside Dr.를 따라가다가 메모리얼 드라이브 Memorial Dr.로 진입하면 정상까지 올라갈 수 있다. 도보로는 던다스 로드 Dundas Rd. 쪽으로 난 산책로를 이용하면 쉽게 갈 수 있다. 정상으로 가는 동안에 펼쳐지는 작은 계곡들과 하늘을 가릴 만큼 키 큰 나무 숲길은 걷는 것만으로도 힐링이 된다. 단, 인적이 드문 시간대에는 일행과 함께 오르는 것이 좋고, 하산 시간을 계산해서 출발할 것을 권한다.

07

세상 어디서도 만날 수 없는 숲의 정령들

A.H. 리드 카우리 파크
A.H. Reed Kauri Park

시내에서 약 4㎞ 가량 떨어진 거리에 있는 신비하고 울창한 숲. 빽빽이 들어찬 나무는 모두 500년 이상 된 수령의 카우리 나무로, 어른 서너 명이 둘러싸도 남을 만큼 커다란 나무 기둥이 하늘을 받치고 있다. 카우리 파크 전체의 산책로에는 숲을 훼손하지 않고 감상할 수 있도록 캐노피 보드웨이 Canopy Boadway가 깔려 있다. 보드웨이 아래 지면에는 수백 년 된 이끼가 끼어 있으며, 나무 사이로 다람쥐와 새들이 자유롭게 오간다.

주차장이 있는 입구에는 카우리 파크를 설립한 A. H. 리드 Reed에 관한 설명과 숲의 생태계를 보여주는 안내판이 설치되어 있고, 외부로부터의 오염을 방지하기 위해 신발 바닥을 소독하거나 먼지를 털어낼 수 있는 기계가 설치되어 있다. 숲을 보호하기 위해서, 그냥 지나치지 말고 반드시 이곳에서 발을 털고 들어가도록 하자.

작은 개울을 지나면 본격적인 산책로가 시작된다. 숲속에 들어서면 폐부 깊은 곳까지 시원해질 만큼 맑은 공기가 후각을 자극한다. 카우리 파크의 하이라이트는 캐노피 보드의 중간 정도에 위치한 어마어마한 크기의 카우리 나무. 모두가 멈춰서서 두 팔을 뻗어 안아보지만 턱도 없을 만큼 큰 둘레의 나무다. 산책로를 한 바퀴 돌아나오는 데 30분 정도가 소요된다.

한편 카우리 파크에서 왕가레이 폭포까지 부시워킹을 즐길 수 있는 숲길도 이어져 있다. 왕복 1시간 정도 소요되므로, 시간 여유가 있다면 왕가레이 폭포와 카우리 파크를 연결하는 Hatea Walkway를 걸으며 맑은 공기를 만끽해볼 것.

199 Whareora Rd, Whareora

08
시원하게 떨어지는 포말이 장관을 이루는
왕가레이 폭포 Whangarei Falls

시내에서 북동쪽으로 5㎞, 하테아 강을 따라 올라가면 공원처럼 형성되어 있는 왕가레이 폭포 입구가 나온다. 시내에서 뱅크 스트리트 Bank St.를 따라 북쪽으로 계속 올라가다가 키리파카 로드 Kiripaka Rd.에서 우회전, 그 뒤부터는 이정표를 따라 이동하면 된다. 피크닉 장소로 사랑받는 넓은 잔디밭과 폭포까지 내려가는 산책로가 잘 정비되어 있으며, 26m 높이에서 내려다보는 폭포의 모습이 장엄하기까지 하다.

10분 남짓 산책로를 따라 폭포 아래까지 내려가면 수직으로 떨어져 하얗게 부서지는 폭포의 분말이 장관을 이룬다. 폭포 바닥 쪽은 의외로 잔잔하고 야트막한 평지가 형성되어 있어서 물놀이를 즐기는 시민들의 모습도 볼 수 있다. 다시 올라갈 때는 구름다리를 건너 반대편 산책로를 이용하면 된다. 왕가레이 최고의 촬영 스폿으로 강력 추천!

6 Ngunguru Rd, Tikipunga 🚌 시티링크 왕가레이 버스 3, 3A번을 타고 Boundary 정류장에서 하차

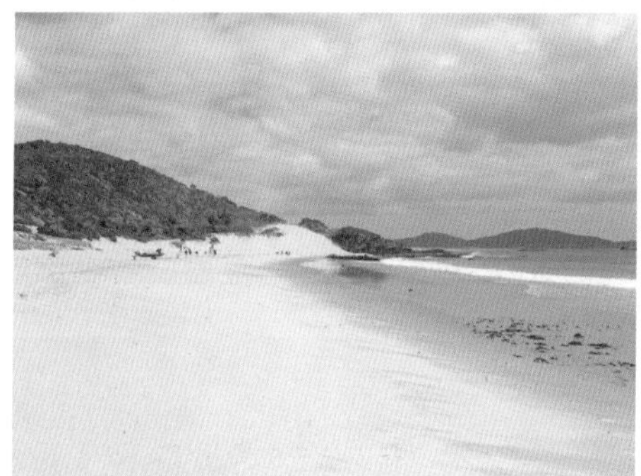

09
태곳적 풍경을 간직한 아름다운 해안 도로
왕가레이 헤드 & 투투카카 코스트
Whangarei Heads & Tutukaka Coast

하테아 강을 따라 35㎞ 정도 이어지는 해안 도로는 눈부시게 아름답다. 길 오른쪽으로 펼쳐지는 왕가레이 하버는 굽이마다 아름다운 풍경을 간직한 채 왕가레이 헤드까지 이어진다. 내륙으로 깊숙이 들어와 있는 천혜의 항구 왕가레이에서 태평양을 향해 튀어나온 왕가레이 헤드에 이르는 곳은 피크닉과 각종 레포츠·낚시의 명소로 각광받고 있다. 시내에서 20분쯤 드라이브를 즐기면 공항이 있는 작은 마을 오네라히 Onerahi가 나타나고, 왕가레이 헤드의 맨 끝에는 아름다운 오션 비치 Ocean Beach가 있다. 깊이 들어갈수록 인적이 드물어지면서 태초의 모습을 간직한 뉴질랜드의 자연이 자태를 드러내는데, 보는 것만으로도 감동의 연속이다. 렌터카 등의 교통편이 준비되어 있다면, 꼭 들러야할 곳으로 강력 추천한다.
한편, 왕가레이 폭포를 지나 북동쪽으로 이어지는 투투카카 코스트는 왕가레이 헤드 반대편으로 형성된 드라이브 코스. 왕가레이 시내를 벗어나 넓은 평야와 과수원 지대를 지나면 동쪽 끝에 작은 해안 도시 투투카카가 나오는데, 왕가레이에서 투투카카에 이르는 이 일대를 투투카카 코스트라고 한다. 멋진 해변들이 이어지고, 스쿠버 다이빙의 명소로 알려진 푸어 나이트 섬 Poor Knights Islands으로 향하는 길목이기도 하다.

REAL TALK 뉴질랜드 대표 선수, 카우리 나무

뉴질랜드를 여행하는 동안 무수히 듣게 될 '카우리'라는 말은 노스랜드 일대에 군락을 이루고 있는 나무 이름입니다. 가공성과 강도가 뛰어나며, 수천 년 동안 물속에서도 썩지 않는 내구성이 있어서 가구와 공예품, 선박에까지 널리 이용되는 목재라고 합니다. 19세기 후반에는 산업 개발의 중요한 자원으로 사용되었으나 무분별한 벌채로 많은 숲이 훼손되고 말았습니다. 다행히 노스랜드의 카우리 코스트 일대와 왕가레이는 카우리 나무를 잘 보존하고 있는 지역으로, 수백 년 된 카우리 나무숲이 있답니다.

 EAT

01
난파선 모양의 독특한 외관
Brauhaus Frings

타운 베이슨 놀이터가 끝나는 지점 정도에서 길 건너편을 보면 검은색의 선박 모양 건물이 눈에 들어온다. 화덕 피자 전문점이자 생맥주가 맛있는 펍, 그리고 각종 채널 시청이 가능한 스포츠 바의 역할까지, 다양한 사람들의 욕구를 충족시키는 바 & 카페다. 뉴질랜드 대표 맥주 10종을 생맥주 탭에서 바로 받아 맛볼 수 있고, 화덕에서 방금 나온 피자는 토핑으로 가득하다. 햄버거와 핫도그, 스테이크까지 골고루 맛있고, 가격도 합리적이다.

104 Lower Dent St. 월요일 11:00~20:00, 화~수요일 11:00~21:00, 목~금요일 11:00~23:45, 토요일 11:00~22:00, 일요일 11:00~19:00
438-4664

02
언제나 북적북적
The Quay

타운 베이슨에서도 가장 핫한 자리에서 성업 중인 레스토랑. 식사 시간 외에도 차나 디저트 메뉴를 즐기는 사람들로 언제나 만석이다. 음식 맛보다는 분위기와 입지만으로 점수를 얻고 들어가는 곳. 왕가레이 외에도 타우랑가와 와이푸 등에 모두 6개 지점이 있다. 간단하게 즐길 수 있는 브런치 메뉴에서부터 육해공을 망라하는 스테이크 메뉴까지 시간대별로 다양하다.

31 Quayside 09:00~23:00
430-2628
www.thequaykitchen.co.nz

03
헤맬 필요 없이 이곳에서 해결
The Strand

왕가레이에서 가장 큰 쇼핑센터로, 입구가 카메론 스트리트 몰, 뱅크 스트리트, 바인 스트리트 세 군데에 나 있다. 의류·화장품·기념품·생필품 등을 판매하는 40여 개의 매장이 입점해 있으며, 레스토랑·바·패스트푸드점 등도 있다. 백화점이 없는 왕가레이에서 거의 백화점 역할을 하는 곳. 쇼핑센터를 둘러싼 골목들에도 크고 작은 커피숍과 레스토랑들이 포진해 있어서 명실상부한 왕가레이의 중심가라 할 수 있다. 점찍어 둔 레스토랑이 없을 때는 더 스트랜드가 가장 확실한 대안이다.

Cameron St. Mall, Bank&Vine Sts.

REAL PLUS

카우리 코스트 Kauri Coast

노스랜드의 서해안 일대, 왕가레이에서 12번 국도를 따라 펼쳐진 해안선 일대를 카우리 코스트라고 한다. 이름 그대로 카우리 나무를 잘 보존하고 있는 지역으로, 카우리 나무와 관련한 기념품과 관광지가 주를 이룬다. 카우리 코스트의 중심 도시는 다가빌 Dargaville. 오클랜드에서 자동차로 3시간 거리에 있으며, 목가적인 분위기가 물씬 풍기는 곳이다.

1872년 조셉 다가빌이 설립한 이 도시는 한때 카우리 목재의 수출항으로 꽤 번성했으나, 벌목량이 줄어들면서 더 이상의 산업 발전을 기대할 수 없게 되었다. 그러나 자연 그대로의 숲이 보존되고 도시 분위기도 뉴질랜드 농가의 전형적인 형태를 보이는 등 자연 친화적인 모습이 그 자리를 대신하고 있다.

Kauri Coast Information Centre

SEE

전원도시의 생활상을 보고싶다면

다가빌 박물관 Dargaville Museum

와이로아 강 하구에 나지막하게 펼쳐진 다가빌 시내는 아주 조용하고 전원적인 도시다. 박물관이 있는 언덕에도 양과 염소를 방목하고 있으며, 언덕에서 바라보는 풍경은 흐르는 강물과 어우러져 평화롭기 그지없다.

커다란 공장 건물처럼 생긴 박물관 안에는 전시장으로 향하는 입구와 레스토랑으로 향하는 입구가 마주보고 있다. 레스토랑에서는 언덕 아래에 펼쳐진 도시 전경을 조망하며 식사를 즐길 수 있다. 전시장 안에는 초기 정착민들의 생활용품, 마오리족이 쓰던 카누, 난파된 배에서 발견한 유물 등 자잘한 소품들이 주를 이룬다. 건물 바깥에 있는 거대한 배의 닻이 눈길을 끄는데, 이 닻은 환경 보호 단체 그린피스의 범선 '무지개 전사 Rainbow Warrior'에 설치했던 것이라고 한다.

Harding Park, Dargaville 09:00~17:00(여름), 09:00~16:00(겨울) 어른 N$15, 어린이 N$5 439-7555
www.dargavillemuseum.co.nz

카우리의 모든 것

마타코헤_더 카우리 박물관 Matakohe_The Kauri Museum

1번에서 12번 국도로 진입해 약 30분을 달리면 마타코헤라는 소도시가 나오고, 그곳에서 어렵지 않게 카우리 박물관을 찾을 수 있다. 카우리의 채벌 과정과 카우리 수액 채취 모습 등을 모형과 사진 자료로 소개하고 있는 박물관으로, 22.5m에 이르는 거대한 카우리 재목은 이곳에서 꼭 봐야 할 볼거리. 카우리 나무로 만든 19세기의 가구와 각종 생활용품들도 전시한다. 박물관 내 카우리 숍에서는 기념이 될 만한 목공예품도 판다.

5 Church Rd., Matakohe 09:00~17:00 크리스마스 휴무 어른 N$25, 어린이 N$8 431-7417
www.kaurimuseum.com

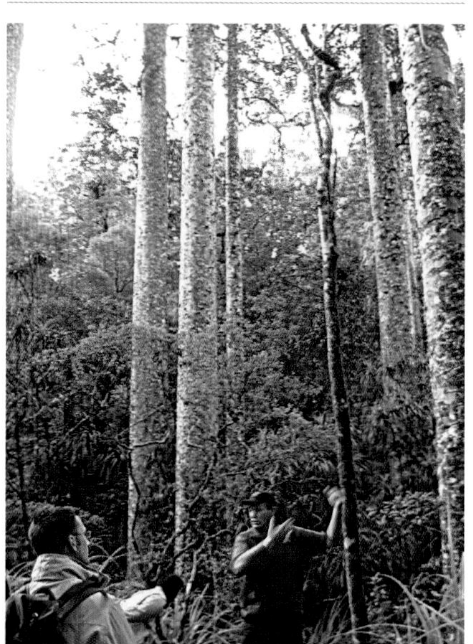

카우리 코스트의 으뜸 숲

와이포우아 카우리 숲 Waipoua Kauri Forest

12번 국도를 따라 펼쳐지는 광대한 카우리 숲은 이곳이 카우리 코스트임을 실감하게 한다. 와이포우아 카우리 숲이 특히 유명한 이유는 뉴질랜드에 현존하는 카우리 중에서 가장 큰 '티 마투아 나헤레(숲의 아버지)'가 있기 때문. 이밖에도 어마어마한 거목들이 산책로를 이루고 있다. 한 시간쯤 삼림욕을 즐기기에 딱 좋다.

기스본
GISBORNE

GISBORNE

인구
3만 6,600명

지역번호
06

인포메이션 센터 Gisborne Visitor Information Centre
209 Grey St. 월~금 요일 08:30~17:00, 주말 10:00~17:00
868-6139 www.tairawhitigisborne.co.nz

뉴 밀레니엄 시티 기스본은 이스트랜드 최대의 도시다. 북섬 동쪽에 바다를 향해 뻗어 나온 반도 이스트랜드는 뉴 밀레니엄을 앞두고 대형 이벤트를 주최하면서 전 세계의 주목을 받은 바 있다. 누구보다 먼저 새천년을 맞이하고 싶은 사람들이 앞다투어 몰려오면서 날짜 변경선에서 가장 가까운 기스본이 축제 분위기에 휩싸였던 것. 이곳은 뉴질랜드를 발견한 영국의 항해사 제임스 쿡이 가장 먼저 첫발을 디딘 장소이기도 해서 도시 곳곳에 쿡 선장과 관련된 사적이 많이 남아 있다. 한편 기스본에서 네이피어로 이어지는 호크스 베이 일대는 풍부한 일조량 덕분에 품질 좋은 와인 생산지로 유명하다.

기스본 미리 보기
CITY PREVIEW

어떻게 다니면 좋을까?

시내의 주요 도로는 서쪽에서 시내로 들어오는 글래드스톤 로드 Gladston Rd. 이 도로를 따라 시내 입구 근처에는 숙박업소들이 즐비하고, 시내로 들어가면 레스토랑과 상가가 이어진다. 기스본 시내에서 운행하는 정기 노선버스는 없다. 관광객들은 주로 걸어 다니거나 자전거를 이용하지만, 시내가 아담해서 전혀 불편하지 않다. 자전거는 글래스톤 로드와 로벅 로드 Roebuck Rd.의 코너에 있는 Maintrax Cycles에서 빌릴 수 있다.

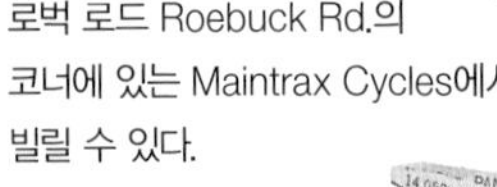

어디서 무엇을 볼까?

기스본은 와이마타 Waimata 강과 타루헤루 Taruheru 강이 만나는 곳에 형성되어 있다. 도시를 가로지르는 강 사이에는 여러 개의 다리가 놓여 있어 '다리의 도시'라고도 불린다.

기스본 시내 관광의 포인트는 바로 이 강과 강 사이의 녹지대, 그리고 캡틴 쿡과 관련된 사적을 둘러보는 것이다.

어디서 뭘 먹을까?

레스토랑이 가장 많이 몰려 있는 곳 역시 글래드스톤 로드다. 이 길을 가운데 두고 그레이 스트리트와 필 스트리트에도 크고 작은 레스토랑이 많다. 해변이나 강변 쪽에는 분위기와 전망 좋은 레스토랑이 많다.

어디서 자면 좋을까?

저렴한 호스텔은 관광안내소를 중심으로 시내 곳곳에 흩어져 있다. 시내까지 대개 도보 10분 안팎의 거리여서 특별한 교통수단은 필요 없다. 다른 도시보다 숙박료가 1N$ 정도 저렴한 편인데, 그래서인지 특별히 현대적인 설비를 갖춘 곳은 눈에 띄지 않는다. 그러나 모텔의 경우 뉴 밀레니엄 즈음해 대규모 레노베이션을 거쳐서 사정이 조금 낫다.

ACCESS

기스본 가는 방법

이스트랜드를 여행하는 사람들은 대부분 네이피어를 목적지로 정한다. 네이피어에서 다시 3시간을 달려야 도착하는 기스본은 상대적으로 목적지 선정에서 소외된 것도 사실. 그러나 작은 도시 기스본을 넘어서 이어지는 동부 해안 지역은 험하고 먼 만큼 잊지 못할 풍경을 선사하는 최고의 드라이브 코스다.

버스 Bus

오클랜드에서 기스본으로 가는 장거리 버스는 인터시티 버스뿐이다. 그나마도 노선은 단 하나뿐. 해밀턴과 로토루아, 오포티키를 거쳐 최종 목적지 기스본에 도착한다. 몇 종류의 노선이 연결되는 다른 주요 도시들보다 상대적으로 노선이 적은 편이며, 그나마 매일 상하행선 1회씩만 운행한다. 웰링턴에서 기스본까지도 노선 하나가 운행되는데, 도중에 헤이스팅스와 네이피어를 경유한다.

인터시티 버스로 오클랜드에서 9시간(렌터카로는 6시간), 로토루아에서 5시간(3시간 30분), 네이피어에서 약 4시간(3시간) 걸리는 등 거리에 비해 소요 시간이 긴 것도 특징. 이는 동부 해안 곳곳에 굴곡이 심하고 급커브 길이 많기 때문이다. 따라서 직접 운전할 때는 각별히 주의해야 한다.

버스 정류장은 그레이 스트리트 Grey St.의 관광안내소 바로 옆에 있어서, 도착과 함께 관광안내소에서 다양한 정보를 수집할 수 있다.

비행기 Airplane

항공편은 에어뉴질랜드가 오클랜드와 웰링턴에서 기스본까지 매일 직항편을 연결한다. 공항은 시내 서쪽 4㎞ 떨어진 곳에 있으며, 셔틀 버스를 이용하면 시내까지 쉽게 갈 수 있다.

REAL MAP

이스트랜드 & 기스본 지도

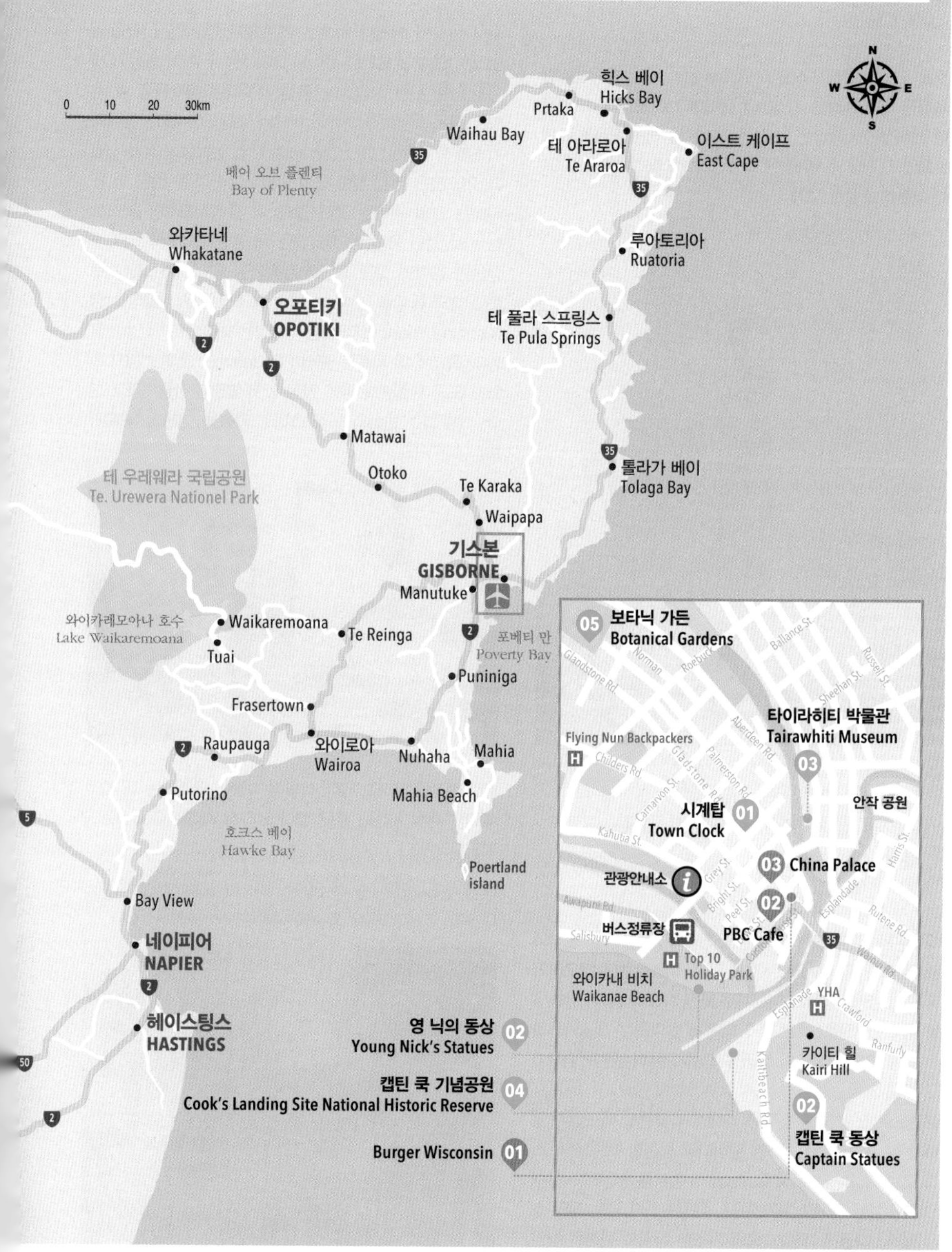

0 10 20 30km

N W E S

힉스 베이
Hicks Bay
Prtaka
Waihau Bay
테 아라로아
Te Araroa
이스트 케이프
East Cape
베이 오브 플렌티
Bay of Plenty
와카타네
Whakatane
오포티키
OPOTIKI
루아토리아
Ruatoria
테 풀라 스프링스
Te Pula Springs
Matawai
톨라가 베이
Tolaga Bay
테 우레웨라 국립공원
Te. Urewera Nationel Park
Otoko
Te Karaka
Waipapa
기스본
GISBORNE
Manutuke
와이카레모아나 호수
Lake Waikaremoana
Waikaremoana
Tuai
Te Reinga
포베티 만
Poverty Bay
Puniniga
Frasertown
Raupauga
와이로아
Wairoa
Nuhaha
Mahia
Mahia Beach
Putorino
호크스 베이
Hawke Bay
Poertland island
Bay View
네이피어
NAPIER
헤이스팅스
HASTINGS

05 보타닉 가든
Botanical Gardens
Glandstone Rd.
Norman
Roebuck
Ballance St.
Russell St.
Sheehan St.
Aberdeen Rd.
타이라히티 박물관
Tairawhiti Museum
03
Flying Nun Backpackers
Childers Rd
Gladstone Rd.
Palmerston Rd.
Carnarvon St.
시계탑
Town Clock
01
안작 공원
Kahutia St.
Harris St.
03 China Palace
관광안내소
Grey St.
Bright St.
Peel St.
Awapuni Rd.
02
Esplandade
Rutene Rd.
버스정류장
PBC Cafe
Salisbury
Top 10 Holiday Park
Wolnut Rd.
와이카내 비치
Waikanae Beach
YHA
Esplanade
Crawford
Kaitbeach Rd.
카이티 힐
Kairi Hill
Ranfurly
02
캡틴 쿡 동상
Captain Statues

영 닉의 동상
Young Nick's Statues 02
캡틴 쿡 기념공원
Cook's Landing Site National Historic Reserve 04
Burger Wisconsin 01

SEE

01
기스본의 랜드마크
시계탑 Town Clock

주요 도로인 글래드스톤 로드 Gladston Rd. 한가운데에 세워진 이 시계탑은 기스본의 랜드마크로 통한다. 1891년에 세워졌던 시계탑은 1931년 기스본을 휩쓴 지진으로 파손되었고, 지금의 시계탑은 그 뒤 도시를 재건하면서 1934년 새롭게 조성한 것이다.

02
누구세요?
캡틴 쿡 & 영 닉의 동상
Captain Cook's & Young Nick's Statues

시내 남쪽의 커스텀 하우스 스트리트 Custom House St.와 그레이 스트리트 사이의 녹지대는 두 개의 동상이 세워져 있는 작은 공원이다. 공원 서쪽에는 해수욕을 할 수 있는 작은 해변과 홀리데이 파크가 조성되어 있고, 동쪽의 기스본 항구 Port Gisborne에는 대형 선박들이 정박해 있다. 기스본은 마치 캡틴 쿡의 고향처럼 느껴질 만큼 이 도시에는 그와 관련된 곳이 많다. 그 중에서도 하이라이트는 바로 캡틴 쿡 동상이다. 캡틴 쿡 동상에서 서쪽으로 몇 걸음만 옮기면 젊은 청년이 무언가를 가리키며 고함지르는 모습의 동상을 만날 수 있다. 그의 이름은 니콜라스 영 Nicholas Young이지만, 영 닉이라는 애칭으로 더 많이 불린다. 쿡 선장이 지휘한 엔데버 Endeavour 호의 선원으로, 항해 도중 뉴질랜드 땅을 가장 먼저 발견한 사람이라고 한다. 그때 그는 동상의 동작 그대로 외쳤을 것이다. "육지가 보입니다!"라고.

03
이스트랜드를 기억하게 하는 알찬 전시
타이라히티 박물관
Tairawhiti Museum

기스본은 물론이고 이스트랜드 전역의 지질·환경·문화와 관련한 다양한 전시가 눈길을 끈다. 이스트랜드 마오리와 유럽 이주민의 역사에 대해서는 사진 자료와 함께 모형·유물 등을 전시한다. 기스본 지역에서 활약하는 예술가들과 전 세계 유명 작가들의 작품을 전시하는 미술관을 겸하기도 한다.

본관으로 쓰는 박물관 뒤편의 해양 박물관도 빠뜨리지 말아야 할 곳. 1912년 기스본 앞바다에 침몰한 대형 선박 '스타 오브 캐나다 Star of Canada'의 일부를 인양해 박물관으로 조성한 것이다. 1980년대 후반까지 이 배는 개인 소유였으나 지금은 제임스 쿡의 기스본 상륙과 관련된 다양한 자료를 전시하고 있다. 그밖에 박물관 안뜰에는 1870년 세워진 개척 시대의 주택 윌리 코티지 Wyllie Cottage도 복원되어 있다.

10 Stout St. 월~금요일 10:00~16:00, 주말 13:30~16:00
N$5 867-3832 www.tairawhitimuseum.org.nz

04
동상 따로 기념비 따로
캡틴 쿡 기념공원
Cook's Landing Site National Historic Reserve

1769년 10월 9일 영국의 항해사 제임스 쿡이 유럽인으로는 최초로 뉴질랜드 땅에 발을 디딘 곳. 정작 캡틴 쿡의 동상은 강 건너편에 세워놓고, 이곳에는 기념탑을 세워두었다. 지금은 기념탑 바로 옆에 있는 카이티 비치 Kaiti Beach에 수출용 목재들만 쌓여 있다.

카이티 힐 Kaiti Hill

캡틴 쿡 기념탑 맞은편에는 카이티 힐로 올라가는 산책로가 조성되어 있다. 작은 이정표가 세워져 있는 샛길을 따라 올라가면 정상까지 이른다. 정상에 오르면 기스본 시내가 한눈에 들어오는데, 강과 공원, 바다에 둘러싸인 시내의 모습이 무척 평화로워 보인다.
자동차로 갈 때는 에스플러네이드 Esplanade에서 크로포드 스트리트 Crawford St.와 퀸스 드라이브 Queens Dr.를 지나 전망대까지 이어진 도로를 달리면 된다.

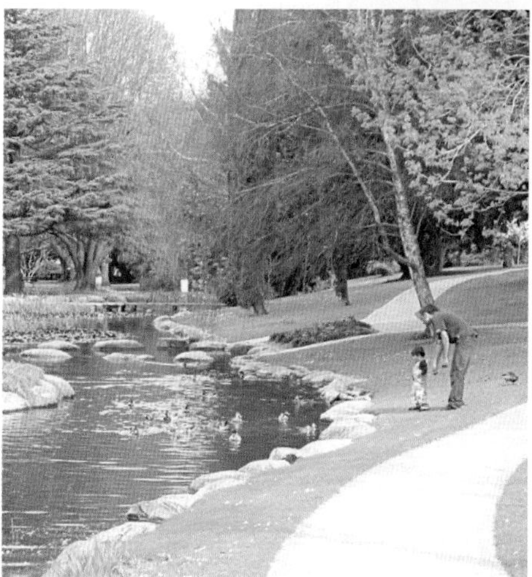

05
시민들의 피크닉 플레이스
보타닉 가든
Botanical Gardens

애버딘 로드 Aberdeen Rd.와 타루헤루 강 사이에 조성되어 있는 기스본 시민들의 휴식 공간이다. 얼핏 보면 그리 큰 것 같지 않지만 실제로는 5ha(5만㎡)가 넘는 작지 않은 규모로 1874년 처음 조성된 이후 150년 가까이 잘 유지 관리되고 있다. 공원에는 세월을 말해주는 오래된 아름드리 나무와 호수, 장미와 선인장 정원 그리고 어린이 놀이터 등이 갖춰져 있다. 넓은 잔디밭은 피크닉 장소로 사랑받고 있다.

Kaiti Beach Rd, Inner Kaiti

01
건강한 버거의 좋은 예
Burger Wisconsin

버거 위스콘신은 기스본 뿐 아니라 오클랜드와 웰링턴에 각각 9군데, 혹스베이, 크라이스트처치 등의 대도시에서도 흔히 볼 수 있는 버거 프렌차이즈이다. 맥도날드나 버거킹 같은 패스트푸드가 아니라, 100% 수제로 제작한 십여 종의 버거를 판매한다. 특히 호박·두부·블루치즈 등을 이용한 버거는 이곳이 아니면 맛보기 어려울 만큼 독특해서, 햄버거만이 전부라고 생각했던 고정 관념을 확실하게 깨준다. 단, 오후 12시부터 2시까지, 오후 5시부터 9시까지만 영업을 하니 시간을 잘 맞춰야 한다. 요일에 따라 8시 30분에 문을 닫기도 한다.

26 Gladston Rd. 867-6442
www.burgerwisconsin.co.nz

02
아름답고 우아한 시간
PBC Cafe

기스본에서 둘째라면 서러울 정도로 유명한 카페. 1974년에 지어진 히스토릭 하우스를 통째로 사용하고 있어서, 마치 대저택에 초대받은 것처럼 색다른 경험을 선사한다. 빅토리아풍 건축물의 정원에 만들어진 야외 테이블들은 일조량 많은 이 도시의 햇살을 즐기기에 안성맞춤인 곳으로도 입소문이 났다. 낮 시간에는 카페로, 밤이 되면 시네마로 변신하는 것도 재미있다. 내부에 들어서면 1900년대 후반의 앤티크 소품들로 공간이 잘 정돈되어 있고, 매일 바뀌는 생화 장식도 우아함을 더한다.

38 Childers Rd. 863-3165

03
푸짐한 한끼
China Palace

푸드몰에서 흔히 볼 수 있는 중국음식점. 30여 종에 이르는 다양한 메뉴를 뷔페식으로 준비해 접시 크기별로 3~4종류를 고를 수 있게 해두었다. 작은 접시는 N$6~8, 큰 접시는 N$8~10 정도면 원하는 요리 서너 가지를 맛볼 수 있다. 내부가 꽤 넓고 홀에 놓인 테이블 수도 많아서 저녁 시간에는 꽤 북적이는 곳이다. 모든 메뉴는 포장해서 가져갈 수 있으며, 시내의 숙소까지 배달도 가능하다.

60 Peel St. 11:00~22:30
867-5037

REAL GUIDE

이스트랜드의 드라이브 코스

이스트랜드를 제대로 감상하려면 렌터카로 해안선을 따라 여행하는 것이 가장 좋다. 특히 반도 끝부분의 이스트 케이프 East Cape는 일출을 감상하는 포인트로 널리 알려져 있으며, 뉴 밀레니엄을 앞두고 수많은 사람들이 새천년의 첫 해를 보기 위해 몰려들었던 곳.
서쪽 구간에 비탈길이 많은 것을 제외하면 도로 사정도 좋은 편이다. 테 아라로아 Te Araroa에서 이스트 케이프에 이르는 약 20km 구간은 드라이브를 즐기기에 딱 좋은 코스다.

오포티키~테 아라로아 Opotiki~Te Araroa

이스트랜드 북쪽의 현관 구실을 하는 인구 1만 명의 오포티키 Opotiki를 벗어나면 반도 안에서는 은행이나 큰 상점을 찾아볼 수 없다. 35번 도로를 타고 동쪽으로 가면 해안도로에서 수평선 너머로 화산섬 화이트 아일랜드 White Island가 바라다보인다. 오포티키 해의 48㎞ 지점에 떠 있는 이 섬은 활화산으로, 지금도 섬 가운데에 흰 연기가 피어오르는 것이 보인다.
오포티키에서 28㎞쯤 가면 하와이 Hawai라는 작은 마을이 나온다. 이 일대부터 비포장도로가 눈에 띄게 늘어나고 호크스 베이까지 험한 길이 계속된다. 테 아라로아로 진입하기 바로 전, 마지막 산을 넘어가는 구간 도로 옆의 전망대는 아름다운 해안선이 한눈에 들어오는 전망 포인트다.

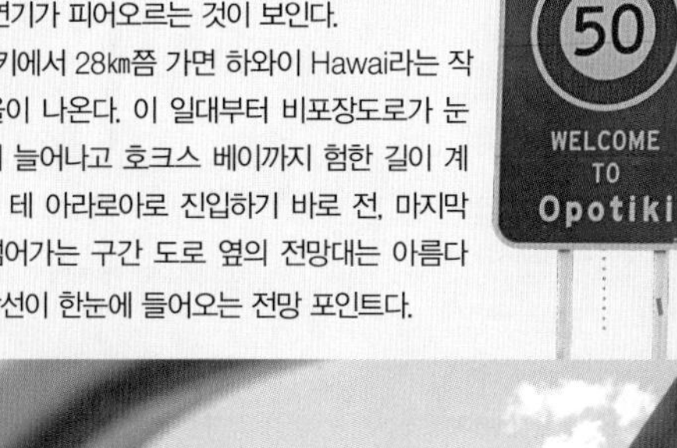

테 아라로아~이스트 케이프 Te Araroa~East Cape

테 아라로아는 반도 연안부에서는 비교적 큰 마을이지만, 상점 몇 개와 캠프장이 있는 정도의 오지 마을. 뉴질랜드 본토 동쪽 끝에 있는 이스트 케이프로 가는 분기점이기도 하다. 해변을 따라 나 있는 도로 양쪽으로 목장이 펼쳐져 있고, 곳곳에서 소나 양을 볼 수 있는 평화로운 풍경이 이어진다.
20㎞ 정도 가면 언덕 위에 서 있는 등대가 보이는데, 이것이 바로 동쪽 끝의 이스트 케이프 등대. 등대까지 가려면 계단 500개를 올라가야 한다. 20분쯤 올라가면 드디어 양쪽으로 바다가 보인다! '뉴질랜드에서 해가 가장 먼저 뜨는' 이곳은 일출을 보기 위해 찾는 사람들이 많다.

네이피어
NAPIER

NAPIER

인구
6만 2,000명

지역번호
06

인포메이션 센터 Napier i-Site Visitor Centre

100 Marine Pde. 09:00~17:00
834-1911 www.hawkesbaynz.com

아르데코풍의 예술 도시 네이피어는 도시 전체가 바다를 끼고 형성된 아름다운 해안 도시다. 아르데코풍의 건축물들은 이 도시를 다른 어떤 곳보다 돋보이게 하는 코드. 1931년 대지진은 도시의 지형을 바꿔놓을 만큼 큰 재앙이었지만, 그 후 도시는 당시 서구에서 유행하던 아르데코풍의 낭만 가득한 건축물로 채워지며 완벽하게 복구되었다. 독특한 건축물과 파스텔톤 컬러에 덧붙여 온난한 기후와 긴 일조량이 축복처럼 어우러져 '남반구의 캘리포니아'로 거듭나게 된 것이다.

네이피어가 속한 호크스 베이 일대는 와인 산지로도 유명하며, 쌍둥이 도시라 불리는 헤이스팅스와 함께 멋과 맛, 낭만의 도시로 손꼽힌다. 이 도시에서 반드시 해야 할 일도 와인과 관련된 것들이다. 짧게는 반나절부터 1박 2일까지 다양하게 준비되어 있는 와이너리 투어에 참가하거나, 그렇지 못한 경우에는 산지에서 즐기는 호크스 베이 와인의 특별한 맛이라도 음미해야 한다.

네이피어 미리 보기
CITY PREVIEW

어떻게 다니면 좋을까?

네이피어의 중심부는 비지터 센터 건너편의 에머슨 스트리트 Emerson St.다. 클라이브 스퀘어 Clive Square까지 계속되는 보행자 전용 도로로, 이 일대 500m 이내에 레스토랑과 상가가 밀집해 있다.
시내 중심부에서는 머린 퍼레이드를 따라 걸어 다니는 것만으로도 주요 볼거리를 모두 둘러볼 수 있을 만큼 아담해서 교통수단이 필요 없다. 헤이스팅스 역시 시빅 스퀘어 Civic Sqare를 중심으로 걸어 다니면서 시내를 충분히 돌아볼 수 있다. 그러나 네이피어에서 헤이스팅스까지 가거나 헤이스팅스에서 케이프 키드내퍼스 등의 근교로 가려면 렌터카나 투어버스를 이용하는 것이 좋다.

어디서 무엇을 볼까?

네이피어의 볼거리는 아르데코와 바다로 요약된다. 도시 안에서의 관광지는 아르데코풍 건축물과 문화재가 주를 이루고, 도시 밖의 관광지는 바다를 낀 머린 퍼레이드에 100% 밀집되어 있기 때문이다. 단, 머린 퍼레이드를 만만하게 생각해서는 안 된다. 북쪽의 오션 스파에서 남쪽의 수족관까지만 걸어도 한 시간은 훌쩍 넘을 정도로 중간중간 볼거리도 많고, 거리 또한 생각보다 길다.

어디서 뭘 하고 놀까?

호크스 베이에서 빠뜨리지 말아야 할 것은 와인 투어다. 특히 우리나라 여행자에게는 흔히 접하기 어려운 와이너리 투어가 색다른 추억이 될 것이다. 또 뭔가 선물이 될 만한 것을 찾고 있다면 뉴질랜드 최고의 품질을 자랑하는 양털 회사 '클래식 쉽스킨' 공장을 찾아보는 것도 도움이 된다.

어디서 뭘 먹을까?

네이피어를 포함한 호크스 베이는 뉴질랜드 최고의 와인과 음식을 맛볼 수 있는 곳이다. 조그만 레스토랑이나 카페에서도 저마다 선호하는 이 지역 와인을 판매하고, 비옥한 토양에서 자란 싱싱한 채소와 육류는 음식의 풍미를 돋운다. 네이피어와 헤이스팅스에서는 어떤 음식을 먹든 반드시 뉴질랜드산 와인을 곁들일 것을 권한다.

어디서 자면 좋을까?

네이피어의 숙소는 대부분 한 블록 너머의 헤이스팅스 스트리트에 밀집해 있다. 굳이 좋은 호텔이 아니더라도 머린 퍼레이드 쪽에 자리 잡은 숙소들은 모두 바다 쪽 전망을 감상할 수 있어서 좋다. 한편 과일과 채소의 최대 산지인 호크스 베이의 배낭여행자 숙소들은 대부분 농장 일자리를 알선하고 있는 것이 특징.

ACCESS

네이피어 가는 방법

네이피어와 헤이스팅스는 모든 면에서 세트처럼 인식된다. 교통편에 있어서도 네이피어로 향하는 장거리 버스들은 모두 헤이스팅스를 경유한다고 생각하면 된다. 여행자들 또한 어느 한 도시만 여행하는 것이 아니라, 두 도시 모두 둘러보는 것이 좋다. 가깝고 비슷하지만, 또 한편으로는 다른 느낌을 찾아보는 것도 재미있다. 개인적으로는 네이피어가 백인들의 도시라면 헤이스팅스는 마오리들의 도시라는 느낌이 들었다.

비행기 Airplane

항공편은 오클랜드·웰링턴·크라이스트처치에서 직항으로 운항하는 에어뉴질랜드를 이용하면 된다. 가장 가까운 호크스 베이 공항은 네이피어 시내에서 북쪽 4km 지점에 있다. 공항에서 시내까지는 슈퍼셔틀이나 택시를 이용하면 된다.

버스 Bus

남쪽에서는 웰링턴~기스본을 연결하는 인터시티 버스가 헤이스팅스와 네이피어를 경유하고, 북쪽에서는 오클랜드~헤이스팅스를 연결하는 인터시티 버스가 해밀턴, 타우포를 거쳐 네이피어·헤이스팅스까지 운행한다.

인터시티 버스로 오클랜드에서 네이피어까지는 약 7시간, 웰링턴에서 네이피어까지는 약 4시간 20분 걸리고, 네이피어에서 헤이스팅스까지는 자동차로 20분쯤 걸린다.

네이피어에 도착하는 모든 장거리 버스는 칼라일 스트리트(12 Carlyle St.)에 출도착하고, 헤이스팅스에서는 러셀 스트리트 Russel St.의 관광안내소 앞에 버스가 도착한다.

네이피어 ↔ 헤이스팅스

네이피어에서 헤이스팅스까지는 20km 남짓, 자동차로 20~30분이면 닿는 거리다. 50A 도로를 따라 내륙으로 갈 수도 있고, 조금 시간이 걸리지만 바다를 보며 달리는 2번 국도도 생각할 수 있다. 장거리 버스들도 모두 두 도시를 차례로 정차하며, 두 도시 간 이동 시간은 버스로 25분 정도가 걸린다.

REAL MAP 호크스 베이 & 네이피어 지도

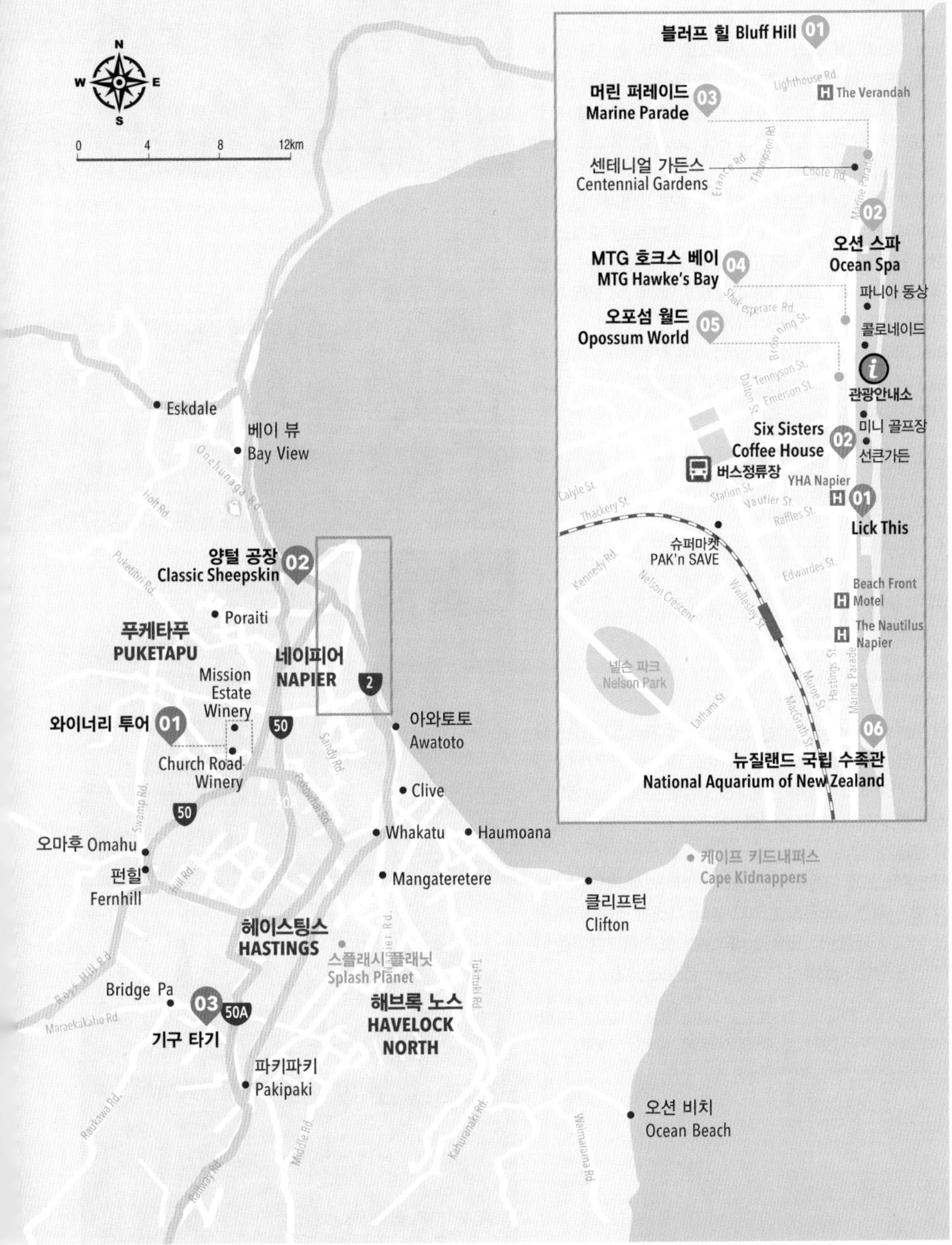

N
W E
S
0 4 8 12km

블러프 힐 Bluff Hill 01
Lighthouse Rd.
H The Verandah
머린 퍼레이드 Marine Parade 03
센테니얼 가든스 Centennial Gardens
France Rd.
Thompson Rd.
Coote Rd.
Marine Parade
02
오션 스파 Ocean Spa
MTG 호크스 베이 MTG Hawke's Bay 04
파니아 동상
Shakespeare Rd.
Browning St.
오포섬 월드 Opossum World 05
콜로네이드
Tennyson St.
Emerson St.
Dalton St.
관광안내소
Six Sisters Coffee House 02
미니 골프장
선큰가든
버스정류장
YHA Napier
H 01
Lick This
Carlyle St.
Thackery St.
Station St.
Vautier St.
Raffles St.
슈퍼마켓 PAK'n SAVE
Kennedy Rd.
Nelson Crescent
Wellesley St.
Edwardes St.
H Beach Front Motel
H The Nautilus Napier
넬슨 파크 Nelson Park
Latham St.
Hastings St.
Marine Parade
Munroe St.
MacGrath St.
06
뉴질랜드 국립 수족관 National Aquarium of New Zealand

Eskdale
베이 뷰 Bay View
Onehunaga Rd.
Holt Rd.
양털 공장 Classic Sheepskin 02
Puketitiri Rd.
Poraiti
푸케타푸 PUKETAPU
네이피어 NAPIER
2
Mission Estate Winery
와이너리 투어 01
50
Church Road Winery
Sandy Rd.
아와토토 Awatoto
Swamp Rd.
Pakowhai Rd.
50
Clive
Whakatu
Haumoana
오마후 Omahu
펀힐 Fernhill
Mangateretere
케이프 키드내퍼스 Cape Kidnappers
Hill Rd.
클리프턴 Clifton
헤이스팅스 HASTINGS
스플래시 플래닛 Splash Planet
Tukituki Rd.
Roys Hill Rd.
Bridge Pa
03 50A
Maraekakaho Rd.
기구 타기
해브록 노스 HAVELOCK NORTH
파키파키 Pakipaki
Raukawa Rd.
Middle Rd.
Kahuranaki Rd.
Waimarama Rd.
오션 비치 Ocean Beach
Railway Rd.

SEE

01

올라가보기를 권함
블러프 힐 Bluff Hill

머린 퍼레이드를 따라 시내 북쪽으로 올라가면 도시를 한눈에 내려다볼 수 있는 블러프 힐이 나온다. 자동차로 갈 때는 쿠테 로드 Coote Rd.를 통해 정상까지 올라갈 수 있고, 걸어서 갈 때는 혼시 로드 Hornsey Rd. 쪽으로 난 산책로를 이용하면 된다.

전망대 Look out에 오르면 아래로 쪽빛 바다가 아름다운 네이피어 항 Napier Port이 보이고, 동쪽으로는 호크스 베이의 긴 해안선과 남태평양이 펼쳐진다. 전망대가 있는 언덕 정상에는 넓은 도메인이 조성되어 있으며, 곳곳에 벤치가 놓여 있어서 휴식을 취하기에 좋다.

머린 퍼레이드 근처까지 내려오면 작은 식물원 센테니얼 가든 Centennial Garden의 형형색색 꽃들과 작은 폭포가 산책자를 반긴다.

50 Lighthouse Rd., Bluff Hill

02

바다 위로 떠오르는 해를 바라보며
오션 스파 Ocean Spa

관광안내소에서 약 500m 떨어진 곳에 자리잡고 있는 야외 수영장 겸 스파 풀. 머린 퍼레이드 쪽으로 입구가 나 있고, 수영장과 스파에서는 바다를 조망할 수 있다. 수영이나 스파 뿐 아니라 마사지와 뷰티 테라피 같은 다양한 서비스를 받을 수 있다.

새벽부터 문을 여는 이곳은 호크스 베이에서 떠오르는 해를 보기 위한 장소로도 인기가 높다. 따뜻한 스파 풀에 몸을 담그고 태평양의 일출을 바라보는 것도 특별한 기분이다. 건물 안에 피트니스 센터와 레스토랑도 있다.

42 Marine Pde. 월~토요일 06:00~22:00, 일요일 08:00~22:00 어른 N$11.50, 어린이 N$8.50 835-8553
www.oceanspanapier.co.nz

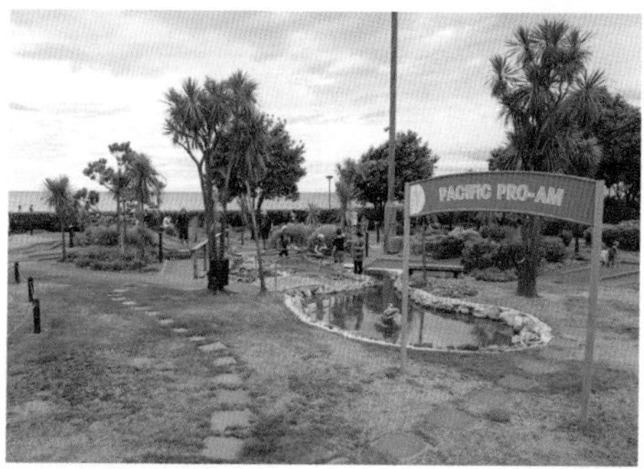

03

네이피어의 거의 모든 것
머린 퍼레이드 Marine Parade

네이피어의 모든 볼거리는 머린 퍼레이드를 따라 퍼레이드처럼(!) 펼쳐진다고 해도 과언이 아니다. 가운데 관광안내소를 중심으로 남과 북으로 이어지는 긴 머린 퍼레이드는 볼거리와 자연의 풍광이 어우러져 무척 인상적인 해안 도로다. 수 킬로미터 이어지는 마린 퍼레이드에는 다양한 어트랙션이 지루할 새 없이 이어지는데, 미니 골프장과 선큰 가든 같은 오밀조밀한 볼거리부터 국립 수족관 같은 걸출한 볼거리까지 다양하다. 특히 바다를 향해 돌출한 오션 뷰 플랫폼 Ocean Viewing Platform에서 바라보는 석양은 그 자체로 인생 샷!

호주의 골드코스트처럼 휴양지 분위기가 물씬 풍기는 이곳은 넓은 해변에서 피크닉이나 윈드서핑·수영을 즐기는 사람들로 언제나 활기가 넘친다. 주요 관광지는 물론이고 레스토랑과 호텔·모텔 등이 머린 퍼레이드를 따라 조성되어 있으며 관광안내소 역시 머린 퍼레이드에 자리잡고 있어서 명실상부 네이피어 관광의 중심지라 할 수 있다. 전나무 가로수가 조성되어 있는 머린 퍼레이드의 2차선 도로를 따라 가면 케이프 키드내퍼스와 헤이스팅스까지 연결된다.

사운드 셸 & 콜로네이드 Sound Shell & Colonnade

네이피어를 소개하는 관광 자료에 나오는 사진 가운데 단연 으뜸으로 손꼽히는 대표적인 장면은 바로 이곳에서 촬영한 것이다. 사운드 셸은 이 공간의 가운데에 있는 조개 모양의 공연장을 가리킨다.

콜로네이드는 사전적인 의미 그대로 '길게 늘어선 기둥'을 뜻하는데, 그리스의 신전처럼 기둥 여러 개가 세워져 있는 이 공간은 네이피어의 주요 행사나 이벤트가 개최되는 일종의 야외 공연장이다. 평소에는 산책을 즐기는 시민들의 휴식처가 되고 있다.

토요일과 일요일 오전 8시부터 오후 2시 사이에는 사운드 셸 주변에서 바자회 Bay City Bazar도 열린다. 손으로 만든 장식품과 의류, 앤티크 소품 등을 판매하며, 먹을거리 코너도 마련된다.

파니아 동상 Statue of 'Pania of Reef'

사운드 셸 & 콜로네이드에서 머린 퍼레이드를 따라 북쪽으로 걸어가면 동상 하나가 나온다. 코펜하겐에 세워진 인어공주 동상처럼 다소곳이 앉아 있는 이 여인의 이름은 파니아. 마오리 전설의 여주인공이다. 바다에 살던 파니아는 육지에 사는 카리토키라는 남자와 사랑에 빠져 결혼했다. 그러나 파니아가 살던 바다 사람들은 두 사람의 사랑을 허락하지 않고, 파니아를 바다로 불러 다시는 육지로 돌아가지 못하게 바닷속 동굴에 가두어버렸다. 결국 파니아는 다시는 육지에 오르지 못했다는 슬픈 사랑 이야기. 이야기를 듣고 나서 동상을 다시 보면, 하염없이 어딘가를 응시하고 있는 듯한 그녀의 눈빛이 무척 애절하게 느껴진다.

56 Marine Parade

스피리트 오브 네이피어 Spirit of Napier

머린 퍼레이드를 따라 시내를 거의 벗어날 즈음, 해변의 녹지대에 조성된 동상 하나가 눈에 들어온다. 색색의 꽃이 만발한 가운데, 하늘을 향해 금방이라도 날아갈 듯한 조각상. 이름하여 네이피어의 정신이다. 근처에 바다를 배경으로 세워져 있는 반원형의 조형물 또한 예사롭지 않아 보인다.

04
대지진과 도시의 재건
MTG 호크스 베이 MTG Hawke's Bay

박물관과 미술관을 겸하고 있는 전시 공간. 건물 전면의 모던한 통유리가 인상적이다. 입구가 있는 테니슨 스트리트의 현대식 건물은 2013년 9월에 리모델링한 새 건물이고, 마린 퍼레이드 쪽을 향하고 있는 원통형 조형물들은 구관의 일부를 보존해 둔 것이다. 건물 앞쪽의 미술관에서는 마오리 전통 장신구, 뉴질랜드 출신 미술가들의 회화 작품, 근대 공업 디자인 작품 등 다양한 장르의 미술품을 전시한다. 뒤쪽에 있는 박물관에서는 호크스 베이의 이주와 개척, 근대화 과정과 시련 등을 주제별로 전시한다. 특히 1931년 2월 3일 일어난 대지진과 그 후 도시 재건 사업의 모습을 담은 비디오 자료가 흥미롭다. 겉보기보다 내부 공간은 꽤 넓어서 실내 음악회 등이 열리는 소극장 Theater도 시설이 잘 갖춰져 있다.

1 Tennyson St. 09:30~17:00 무료 835-7781
www.hawkesbaymuseum.co.nz

REAL+

아르데코 워크 Art Deco Walk

아르데코 시티 네이피어. 아르데코 건축 양식이 한 도시 안에 이처럼 몰려 있는 곳을 찾기도 쉽지 않을 것이다. 특히 옛 모습 그대로 오늘날까지 사용되고 있는 곳은 더더욱. 따라서 건물마다 얽힌 이야기를 들으며 도시 전체를 감상할 수 있는 '아르데코 워크'는 이 도시에서만 즐길 수 있는 독특한 투어로 널리 알려져 있다. 그 중에서도 아르데코 트러스트 Art Deco Trust가 운영하는 가이드 워킹 투어는 가장 알찬 프로그램을 자랑하는데, 협회 본부인 데스코 센터 Desco Centre에서 비디오를 통해 대략적인 설명을 듣고 나서 본격적인 투어가 시작된다.

가이드 투어는 크게 세 종류. 오전 10시에 시작하는 모닝 워크 Morning Walks와 오후 2시에 시작하는 애프터눈 워크 Afternoon Walks, 셀프 가이드 투어로 나뉜다. 총 소요 시간은 비디오 설명까지 포함해 2시간 30분 정도다.

모닝 워크는 관광안내소 앞에서 출발해 아르데코 숍에서 끝나고, 애프터눈 워크는 출발과 시작이 모두 아르데코 숍을 기준으로 한다. 센터 내의 기념품점에서 아르데코와 관련된 상품이나 서적 등을 구입할 수 있다. 투어에 참가하지 않을 때는 관광안내소에서 판매하는 주요 건축물의 소재지 표시 지도를 구입해 셀프 가이드 투어를 즐기는 것도 괜찮다.

매년 2월 말에 열리는 '아르데코 위크엔드 Art Deco Weekend'는 재즈 콘서트, 클래식 카 퍼레이드 등이 펼쳐지는 네이피어 최고의 축제. 이 기간 중에는 관광객이 많으므로 숙박할 곳을 서둘러 마련해둬야 한다.

Art Deco Trust 7 Tenyson St. 가이드 투어 10:00, 14:00 오전(10시) N$29.50, 오후(2시) N$31.50
835-0022 www.artdeconapier.com

05
모피와 환경 보호
오포섬 월드 Opossum World

우리말로 주머니쥐라 불리는 오포섬은 호주가 원산지인 희귀 동물이다. 다람쥐처럼 얼굴이 귀엽지만 뉴질랜드에서는 삼림 파괴의 주범인 골칫덩어리다. 오포섬 월드에서는 오포섬의 생태와 환경 파괴에 대한 전시를 통해 사람들에게 환경 보호의 중요성을 환기시키고 있다. 한편 이곳에서는 오포섬을 이용한 다양한 상품도 선보이고 있다. 북극곰의 모피와 비슷한 느낌의 오포섬 털은 니트웨어나 목도리·인형 등의 재료로 활용되고 있다. 일부러 시간을 내어 찾아볼 정도는 아니고, 모피에 관심이 있다면 한번 들러볼 만하다.

106 Hastings St. 09:00~17:00 무료
835-7697 www.opossumworld.com

네이피어와 아르데코

19세기부터 유럽인의 이주가 시작되었던 오래된 도시 네이피어에 왜 1930년대에 유행한 아르데코 양식의 건축물이 많은 걸까요? 그 이유는 1931년 2월 3일에 일어난 리히터 7.9도의 대지진 때문입니다. 엎친 데 덮친 격으로 화재까지 발생해 시내 중심부는 대부분 파손되고 재만 남았지요.

도시의 재건을 앞두고 사람들은 새로운 도시에 걸맞은 새로운 방식의 건축물을 모색했습니다. 1931년 당시 세계적으로 가장 혁신적인 건축 양식은 아르데코 Art Deco 스타일이었습니다. 네이피어 사람들은 아르데코 양식의 깨끗하고 단순한 선들이 새 도시 건설에 적합하다고 판단했습니다. 큰 지진을 겪으면서 건물에 산만하게 붙어있던 장식들로 피해가 커지자, 장식을 배제하고 건축비가 저렴한 이 양식을 더욱 선호했답니다. 그 후 10년이 지나, 네이피어는 세계에서 가장 새롭고 멋스러운 도시로 변모했습니다. 고전적인 줄무늬의 스패니시 미션 양식과 아르데코 양식이 건물마다 표현되었고, 여기에 마오리 전통 문양까지 받아들여 독특함을 더한 것이지요. 세상에 이보다 더 멋진 도시가 어디 있을까요!

06
기대 이상의 수족관과 오션 쇼
뉴질랜드 국립 수족관
National Aquarium of New Zealand

섬나라 뉴질랜드에는 유난히 수족관이 많다. 바다를 접하고 있는 지리적 장점과 해양 생물이 풍부한 이점을 살린 수준 높은 수족관들은 여행자의 호기심을 자극한다. 머린랜드 Marineland라는 이름의 소규모 수족관을 통합하여 내셔널 아쿠아리움으로 이름을 바꾼 이곳 역시 기대 이상의 시설과 해양 생물 보존 활동으로 정평이 나 있다. 단순히 수족관에 있는 해양 생물을 보는 것 뿐 아니라, 호주 골드코스트의 씨랜드처럼 해양 동물들이 연출하는 다양한 재미가 있는 곳. 돌고래·물개·펭귄 등이 펼치는 동물 쇼가 오전·오후 2회 펼쳐지고, 돌고래와 함께 나란히 수영할 수 있는 스윔 위드 돌핀 Swim with Dolphins 같은 아기자기한 프로그램을 운영한다.

나지막하고 날렵한 건물 주변에는 커다란 호수처럼 물웅덩이와 분수가 조성되어 있고, 안에는 대형 수족관이 관광객을 기다린다. 터널식 수족관을 따라가면서 형형색색의 물고기와 상어·가오리·바다거북 같은 뉴질랜드 해양 생물을 만날 수 있다. 매일 10:00, 14:00에는 다이버들이 수족관에 직접 들어가 상어와 바다거북에게 먹이를 준다. 어린이를 위한 해양 생태 교육 프로그램도 충실하다.

Marine Pde. 09:00~17:00/동물 쇼 10:30, 14:00
어른 N$27, 어린이 N$14 834-1404
www.nationalaquarium.co.nz

01
이 도시에서는 꼭!
와이너리 투어

뉴질랜드 최대의 와인 산지인 호크스 베이의 와이너리 투어. 2~5군데의 와이너리를 반나절~하루 정도의 일정으로 둘러보고, 각 와이너리 마다 특색 있는 와인을 테이스팅한다. 와인 테이스팅에는 간단한 치즈나 크래커가 제공된다. 투어 요금에는 차량과 가이드가 포함되어 있다.

Hawke's Bay's Best Wine Tours
843-6953 N$85~ www.baytours.co.nz

02
뉴질랜드 베스트 양털 가공장
양털 공장 방문

뉴질랜드에서 가장 유명한 양털 가공 공장 '클래식 쉽스킨'의 본사가 네이피어에 있다. 시내에서 그리 멀지 않아서 자전거나 택시로 갈 수 있다. 무료 가이드 투어에 참가하면 양털 가공에서 완제품 포장과 판매 과정까지 견학할 수 있지만, 내부적인 이유 때문에 가이드 투어는 열리지 않는 경우도 많으니 홈페이지 등을 통해 미리 확인할 것. 그렇지만 매장에 진열되어 있는 다양한 제품들을 체험하고 구입할 수 있다는 것은 큰 장점이다.

Classic Sheepskins
22 Thames St, Pandora, Napier.
월~금요일 08:30~17:00, 주말 09:00~16:00
835-9662 www.classicsheepskins.com

03
호크스 베이에서 날아오르다
기구 타기

넓고 비옥한 호크스 베이를 가장 잘 볼 수 있는 방법은 뭐니뭐니 해도 하늘에서 보는 것! 이른 아침 기구를 타고 공중으로 올라가면 희뿌옇게 밝아오는 하늘 아래로 호크스 베이와 넓은 대평원의 모습이 파노라마처럼 펼쳐진다.

balloon Flight Specialist
어른 N$400~ www.balloonflightspecialist.com

EAT

01
네이피어의 햇살을 닮은 맛
Lick This

햇살 내리쬐는 머린 퍼레이드를 걷다 보면 간절해지는 것이 아이스크림이다. 네이피어에서 가장 유명한 아이스크림 가게 릭 디스는 이런 사람들의 간절함과 재료의 신선함을 잘 버무려놓은 인기 맛집이다. 수백 개는 될 것 같은 아이스크림 스쿱을 이용한 인테리어도 신선하고, 흔히 볼 수 없는 재료들로 직접 제조한 아이스크림의 종류도 눈길을 끈다. 일반적인 맛의 아이스크림은 물론이고 위스키와 커피, 럼주와 건포도 같은 색다른 조합의 아이스크림들이 매일매일 새롭게 선보인다. 조금 투박해 보이지만 푸짐하게 토핑 된 아이스크림 케이크도 찾는 사람들이 많다.

290 Marine Parade 10:00~17:00 835-9427
www.lickthis.co.nz

02
지친 오후를 충전해 줄 맛있는 커피
Six Sisters Coffee House

머린 퍼레이드를 오가는 사람들의 풍경과 시원스레 불어오는 바람, 그리고 손에 닿을 듯한 바다까지 한꺼번에 만끽할 수 있는 위치에 자리 잡은 터줏대감. 독특한 상호 때문에 기억하기도 쉽지만, 유난히 사람들이 복작이는 유명세 때문에도 찾기가 쉬운 곳이다. 테이블 2개가 겨우 들어가는 테라스 좌석은 일찌감치 자리가 차지만, 실망하지 말고 내부로 들어가면 더 아기자기한 풍경이 기다린다. 식사 메뉴보다는 가벼운 마실거리 위주이지만, 지친 오후에 카페인을 보충하기에는 최적의 장소다.

201 Marine Parade 월~금요일 07:30~16:00, 토·일요일 08:00~16:00 835-8364

REAL PLUS | 헤이스팅스 Hastings

1870년대에 개척자 프란시스 힉스 Francis Hicks가 개발한 헤이스팅스는 오늘날처럼 도시로 발전하기 전에는 힉스 빌 Hicks Ville이라고 일컬어졌다. 네이피어와 거의 같은 규모, 지진을 겪은 비슷한 역사 그리고 아르데코 양식 건축물들 때문에 두 도시는 쌍둥이 도시라고까지 불린다. 그러나 네이피어에서 남쪽으로 20㎞ 떨어져 있는 이곳은 항구 도시 네이피어와 달리 뉴질랜드에서 가장 비옥한 평야 지대에 자리 잡고 있다. 헤이스팅스 일대에서 생산하는 풍부한 채소와 과일은 냉동하거나 통조림으로 만들어 전 세계로 수출된다.

특별한 볼거리를 기대한다면 실망할지도 모르는 도시다. 대신 여유로운 마음으로 오래된 시가지를 들여다보면, 지진으로 아픔을 겪었던 도시의 뒤안길이 가슴에 와닿을 것이다.

인포메이션 센터
The Hastings Visitor Centre
101 Heretaunga St. East, Hastings
월~금요일 09:00~17:00, 토요일 09:00~15:00, 일요일 10:00~14:00
873-5526 www.hawkesbaynz.com

인구
8만 명

지역번호
06

이래 뵈도 디자인 공모작
시계탑
Clock Tower

시계탑은 헤이스팅스의 중심가 러셀 스트리트를 사이에 두고 관광안내소와 마주보고 있다. 보행자 전용 도로인 센트럴 플라자 Central Plaza에는 시계탑을 둘러싼 분수와 하늘 높이 떠 있는 공 모양의 조형물 그리고 오래된 철로와 양 모양의 동상이 한데 어우러져 이 도시를 기억하게 하는 풍경이 된다. 센트럴 플라자 한쪽에 세워져 있는 시계탑은 1935년 디자인 공모에 당선된 젊은 건축가 시드니 채플린 Sydney Chaplin이 완공했는데, 그는 이 탑을 디자인해 거금의 상금을 손에 넣었다고 한다.

진화하는 워터파크
스플래시 플래닛
Splash Planet

시내 중심에서 동쪽으로 약 2㎞ 떨어진 윈저파크 안에 있으며, 총 19종의 놀이기구를 갖춘 워터파크. 어린이가 있는 가족 여행객 중 시간 여유가 있다면 하루 정도 스플래시 플래닛을 방문할 만하다. 조그만 성을 중심으로 워터 슬라이드, 아이스링크, 점프 보트, 토들러 풀, 미니 골프 등의 다양한 놀이시설이 마련되어 있다. 규모 또한 상당해서 워터 슬라이드는 웬만한 테마파크의 그것과 견주어도 손색이 없다. 스낵과 음료를 판매하는 야외 테라스 레스토랑과 카페·기념품점 등도 함께 운영한다.

스플래시 플래닛 입구에서 조금만 시선을 돌리면 넓은 부지의 윈저파크가 눈에 띄는데, 주말이면 피크닉 나온 가족들과 놀이터에서 뛰어노는 아이들의 모습이 그지없이 평화롭다.

1001 Grove Rd. 10:00~17:30
슈퍼 패스 어른 N$40, 어린이 N$30(온라인으로 예매 시 10% 할인) 873-8033 www.splashplanet.co.nz

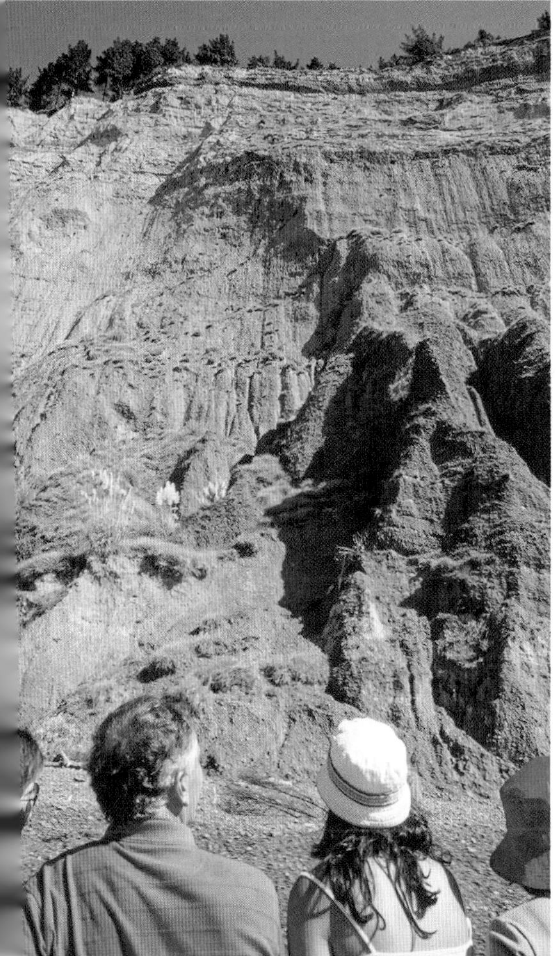

이스트랜드 베스트 원 어트랙션

케이프 키드내퍼스 Cape Kidnappers

네이피어 시내에서 해안을 따라 남쪽으로 30㎞쯤 떨어진 곳으로, 헤이스팅스에서는 동쪽해안 쪽으로 28㎞쯤 가면 작은 곶이 나온다. 이 일대는 세계에서 가장 큰 가닛 서식지 Gannet Colonies로 알려져 있다. 갈매기와 비슷하게 생긴 가닛은 뉴질랜드 북섬 연안을 중심으로 많이 서식하는 바다새. 무리를 지어 생활하는 이 새는 새끼일 때는 호주 연안에서 보내다가 알을 낳을 때가 되면 다시 뉴질랜드로 돌아오는 습성이 있다. 가닛의 번식지는 곶 끝부분에 있는데, 포장도로가 끝나는 클리프턴 Clifton에서 모래사장을 따라 약 8㎞ 더 들어가야 한다. 여기부터는 일반 차량의 통행을 금지하기 때문에 대부분 투어 차량을 이용해 들어간다. 네이피어나 헤이스팅스에서 클리프턴까지 가는 대중교통 수단도 없다. 이래저래 투어에 참가하는 것이 가장 좋은 방법.

'케이프 키드내퍼스(어린이 유괴자의 곶)'라는 지명은 1769년 제임스 쿡 선장이 이곳을 찾았을 때, 이 지역 마오리들이 제임스 쿡이 타고 있던 엔데버 호에서 어린 타히티 소년을 납치하려고 시도한 데서 붙여진 이름이다.

마오리 사람들은 이곳을 '테 마타우아마우이 Te Matau-a-maui'라 부르는데, '마우이 Maui의 낚싯바늘 Fishhook'이라는 뜻이다.

Gannet Safaris Overland Ltd.

396 Clifton Rd., Te Awanga, Hawke's Bay

875-0888

3시간 레귤러 투어 어른 N$96, 어린이 N$48

www.gannetsafaris.co.nz

REAL GUIDE

세계에서 이름이 가장 긴 마을

헤이스팅스에서 남쪽으로 20㎞ 정도 내려가면 세계에서 가장 긴 지명을 가진 마을이 나온다. 2번 국도를 타고 가다가 샛길로 접어드는 52번 도로 쪽으로 좌회전, 갈림길이 나오는 곳에 아주 작게 'Historic Name'이라고 쓰인 이정표를 만나게 된다. 다시 이곳에서 10분 정도 차를 몰면 해발 300m 정도의 나지막한 언덕이 나온다. 바로 이 평범하기 짝이 없는 언덕이 이름만 특별한 '세계에서 가장 긴 지명'의 마을. 이름하여, 'Taumatawhakatangigangakoauauotamateaturipukakapikimaungahoronukupokaiwhenuakitanatahu.' 마오리어로 '타마테아라는 커다란 등나무가 있는 산을 힘들게 올라간 랑이이타라는 남자가 사랑하는 이를 위해서 플루트를 불었던 장소'라는 뜻이라고 한다. 전쟁에서 죽은 쌍둥이 형제를 그리워하며 플루트를 불었다고 하는데, 뉴질랜드의 많은 지명들처럼 이곳 역시 전설에 기초하고 있다. 대부분의 지명이 생략되어 짧아진 것에 비해 지금까지 옛 이름이 남아 있다는 사실에 점수를 줄 만하다. 그렇다고 이곳을 일부러 찾아가 보라는 말은 절대 아니다. 이곳은 긴 지명을 적어둔 이정표 외에는 별다른 볼거리가 없는 평범함 그 자체의 언덕이니까.

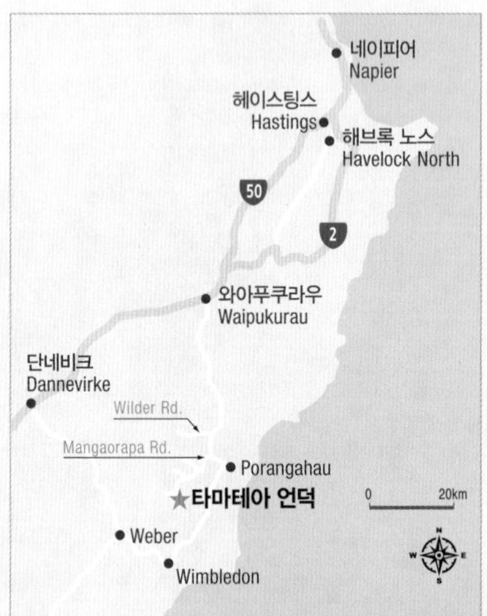

타우랑가
TAURANGA

TAURANGA

인구
10만 4,000명

지역번호
07

인포메이션 센터 Tauranga i-SITE Visitor Information Centre
95 Willow St. 08:30~17:00 주말·공휴일 09:00~17:00
578-8103 www.bayofplentynz.com

북섬의 동해안 '베이 오브 플렌티 Bay of Plenty' 지역은 제임스 쿡 선장 일행이 이 지역 마오리족과 교섭에 성공, 풍부한 물자를 얻게 되었다는 데서 유래한 이름 그대로 풍요롭고 아름다운 곳. 동부 해안 타우랑가에서 내륙의 로토루아 일대까지 넓은 지역을 망라하고 있다. 이 지역의 중심 도시 타우랑가는 풍부한 일조량과 온화한 기후를 자랑하는 휴양 도시다. 뉴질랜드 사람들은 이곳을 '키위 홀리데이'라고 하는데, 이 말에는 키위가 많이 난다는 의미 외에도 키위, 즉 뉴질랜드 사람들이 즐겨 찾는 휴양지라는 뜻이 담겨 있다. 한편 마오리 말로 '카누가 정박하는 곳'이라는 의미의 '타우랑가'는 해상 교통의 중심지로서의 지위도 남다르다.

타우랑가 미리 보기
CITY PREVIEW

어떻게 다니면 좋을까?

타우랑가는 복잡한 지형 위에 세운 도시로, 시내 중심부의 폭이 1㎞ 안팎에 불과한 좁은 반도 모양이다.
그러나 바다에 둘러싸여 있으면서도 해수욕에는 적합하지 않은 곳이어서, 관광객은 대부분 다리 건너 마운트 망가누이로 간다. 따라서 타우랑가 시내와 마운트 망가누이 안에서는 별다른 교통수단이 필요 없으며, 두 지역을 오갈 때는 버스나 택시·페리를 이용해야 한다.

어디서 무엇을 볼까?

타우랑가 시내의 중심 도로는 더 스트랜 The Strand이다. 한편 시내를 남북 방향으로 관통하는 카메론 로드 Cameron Rd.에는 슈퍼마켓과 패스트푸드점이 많다.
카메론 로드와 직각을 이루는 동서 횡단 도로에는 특이하게도 미국식 이름을 붙였는데, 1st.에서 23rd 애버뉴까지 차례로 이어진다.
수로를 사이에 두고 마주보는 타우랑가가 상업 도시라면, 마운트 망가누이는 리조트 같은 느낌을 준다. 좁고 긴 반도 모양의 지형 끝에 우뚝 솟은 망가누이 산은 도시의 이름이 될 정도로 묵직한 존재감이 있는 곳이다.
도시를 사이에 두고 양쪽으로 펼쳐지는 해안 중에서 북동쪽의 메인 비치는 언제나 사람들로 붐빈다. 넓은 모래사장과 산책로가 있고 파도가 적당해서 해수욕과 서핑을 동시에 즐길 수 있기 때문.
반대편의 파일럿 베이는 상대적으로 조용해서 분위기 있는 레스토랑이 많이 자리잡고 있다.

어디서 뭘 먹을까?

타우랑가의 먹을거리는 더 스트랜과 그레이 스트리트를 중심으로 몰려 있다. 특히 더 스트랜에는 전망 좋은 레스토랑과 바가 많아서 밤 시간에는 무척 활기가 넘친다. 저렴한 패스트푸드점이나 슈퍼마켓을 찾는다면 시내를 남북으로 관통하는 카메론 스트리트로 가면 된다. 이 길을 따라 맥도날드·KFC 같은 패스트푸드점이 늘어서 있다.

어디서 자면 좋을까?

휴양 도시답게 다양한 숙박 시설이 있다. 타우랑가 쪽에는 저렴한 호스텔이 많고 마운트 망가누이 쪽에는 모텔과 고급 호텔이 많다는 것이 특징. 배낭여행자를 위한 백패커스는 주로 타우랑가 시내 쪽에 있어서 교통이 편리하다.

ACCESS

타우랑가 가는 방법

타우랑가는 오클랜드에서 동남쪽으로 210km 떨어져 있으며, 자동차로 3시간 정도 걸린다. 오클랜드, 해밀턴 등 북섬의 주요 도시에서 가까워 대중교통도 발달해 있는 편이다. 한 가지 특이한 점은, 도시로 진입하는 입구에 뉴질랜드에서 찾아보기 힘든 유료 도로 Express Way가 있다는 것. 왼쪽 톨게이트 방향으로 가면 통행료를 내고 시내까지 빨리 갈 수 있고, 일반 도로로 가면 무료지만 조금 돌아서 가게 된다. 자가 운전일 경우 참고하자.

버스 Bus

오클랜드·해밀턴·네이피어·웰링턴 등에서 출발하는 인터시티 버스가 타우랑가를 종착지로 하고 있으며, 이 중 몇몇 노선은 마운트 망가누이 Mt. Maunganui까지 연장 운행한다. 오클랜드에서 출발할 때는 템스 Thames를 지나 타우랑가, 마운트 망가누이까지 운행하는 노선을 이용하는 것이 가장 쉽다. 오클랜드에서 타우랑가까지는 인터시티 버스로 3시간 45분, 타우랑가에서 마운트 망가누이까지는 15분이 더 소요된다.
인터시티를 비롯한 대부분의 장거리 버스 정류장은 시내 워프 스트리트 Wharf Street에 위치하고 있다.

비행기 Airplane

오클랜드, 크라이스트처치, 웰링턴에서 타우랑가까지 에어뉴질랜드 비행기가 매일 오간다. 오클랜드에서 타우랑가까지 비행 시간은 약 35분이며 운행 횟수는 하루 3~4차례.
타우랑가 공항은 타우랑가와 마운트 망가누이의 중간 지점 Jean Batten Drive에 있으며, 양쪽에서 3㎞ 정도 거리다. 시내까지 택시를 타면 7~10분 정도가 소요되고, 요금은 N$25~30 정도가 든다. 공항에서 시내까지 Tauranga Airport Shuttle을 이용해도 된다.

REAL MAP 타우랑가 & 마운트 망가누이 지도

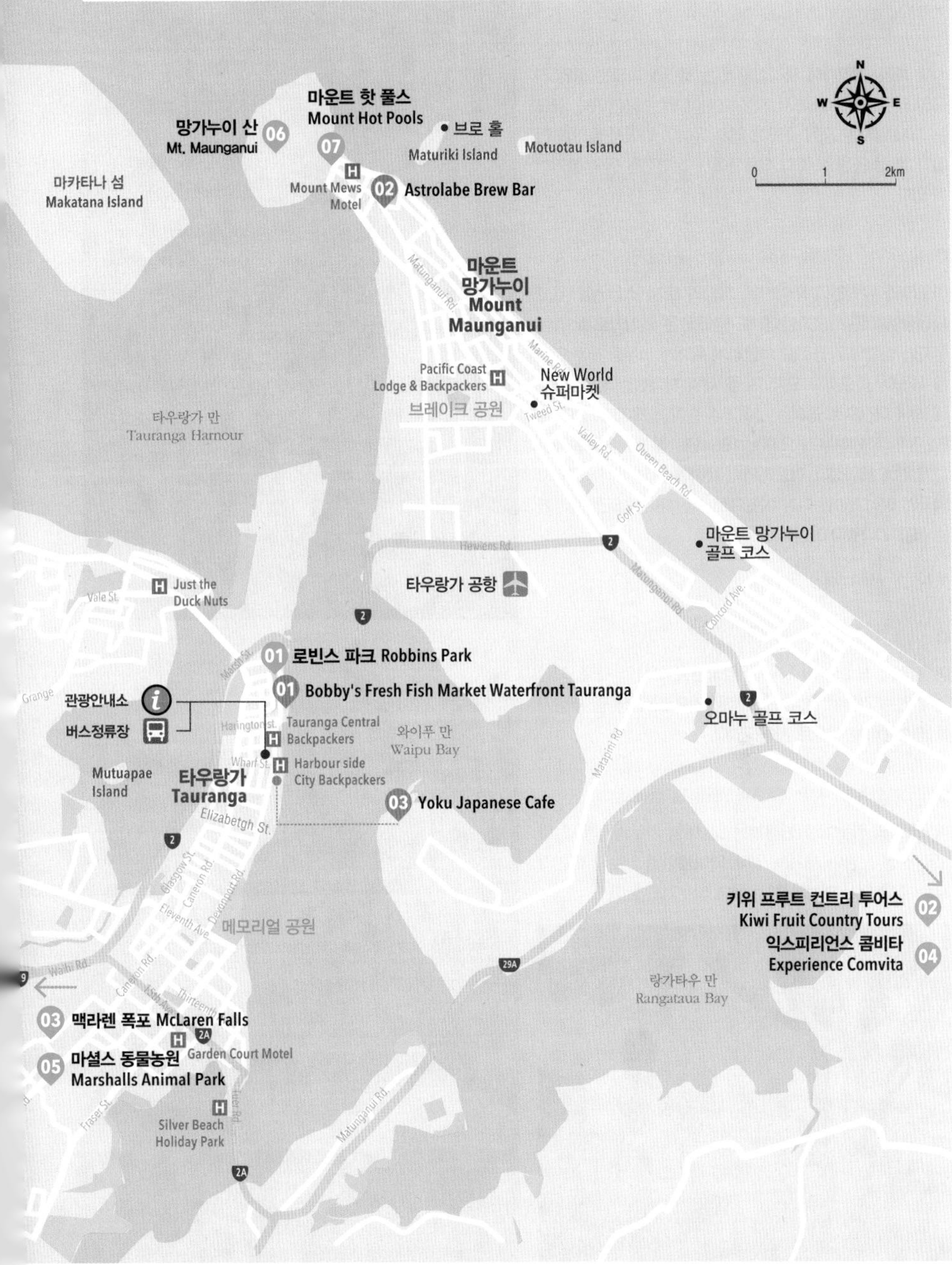

마운트 핫 풀스
Mount Hot Pools
브로 홀
망가누이 산
Mt. Maunganui
06
07
Maturiki Island
Motuotau Island
마카타나 섬
Makatana Island
Mount Mews Motel
02 Astrolabe Brew Bar
0 1 2km
N W E S
Matunganui Rd.
마운트 망가누이
Mount Maunganui
Marine Pde.
Pacific Coast Lodge & Backpackers
New World 슈퍼마켓
브레이크 공원
Tweed St.
타우랑가 만
Tauranga Harnour
Valley Rd.
Queen Beach Rd.
Golf St.
Hewlens Rd.
마운트 망가누이 골프 코스
Just the Duck Nuts
Vale St.
타우랑가 공항
Maunganui Rd.
Concord Ave.
01 로빈스 파크 Robbins Park
March St.
01 Bobby's Fresh Fish Market Waterfront Tauranga
Grange
관광안내소
버스정류장
Harington St.
Tauranga Central Backpackers
와이푸 만
Waipu Bay
오마누 골프 코스
Matapihi Rd.
Wharf St.
Harbour side City Backpackers
Mutuapae Island
타우랑가
Tauranga
03 Yoku Japanese Cafe
Elizabetgh St.
Glasgow St.
Cameron Rd.
Devonport Rd.
Eleventh Ave.
메모리얼 공원
키위 프루트 컨트리 투어스
Kiwi Fruit Country Tours 02
익스피리언스 콤비타
Experience Comvita 04
Waihi Rd.
Cameron Rd.
15th Ave.
Thirteenth Ave.
랑가타우 만
Rangataua Bay
03 맥라렌 폭포 McLaren Falls
05 마셜스 동물농원
Marshalls Animal Park
Garden Court Motel
Fraser St.
Silver Beach Holiday Park
Matunganui Rd.

01
타우랑가 직장인들의 산책 코스

로빈스 파크 Robbins Park

시내 북쪽, 해안가에 자리잡고 있는 로빈스 파크는 상업 지구인 타우랑가 시내에서 작은 휴식이 되는 공간이다. 규모는 크지 않지만 공원 곳곳에 역사 유적이 있어서 둘러볼 만하다. 특히 공원 북쪽의 식물원에는 장미정원 등의 볼거리가 있다.

몬마우스 요새 Monmouth Redoubt

마오리와 유럽인이 와이카토 지방의 토지 소유권을 두고 싸움을 벌이던 1860년대 초, 영국군은 와이카토로 가는 물자와 병력의 공급로를 차단하기 위해서 타우랑가에 요새를 세웠다. 마오리도 요새 Pa를 세워 저항했는데, 이 가운데 최대 격전으로 꼽히는 것이 타우랑가의 게이트 파 Gate Pa 전투다. 맨마우스 요새는 1864년 1월 이 싸움에 대항하기 위해 세워졌다. 마오리와의 사이에 긴장이 팽팽해지자 영국인 여성과 어린이가 이곳으로 피신하여 오클랜드로 가는 배를 기다렸다고 한다.

13~15 Monmouth St.

미션 하우스 Mission House

이 지역에 최초로 이주해 온 영국인 선교사의 사택. 지금 남아 있는 건물은 1847년에 세운 것으로, 전쟁 중 부상자들을 수용하는 시설로 사용되었다.

테 아와누이 카누 Te Awanui Canoe

마오리족의 카누를 복원해놓은 것. 대형 카누의 앞뒤에 마오리 전통 문양이 새겨져 있다. 와이탕이의 카누와 마찬가지로, 주요 행사 때는 실제로 물에 띄우기도 한다.

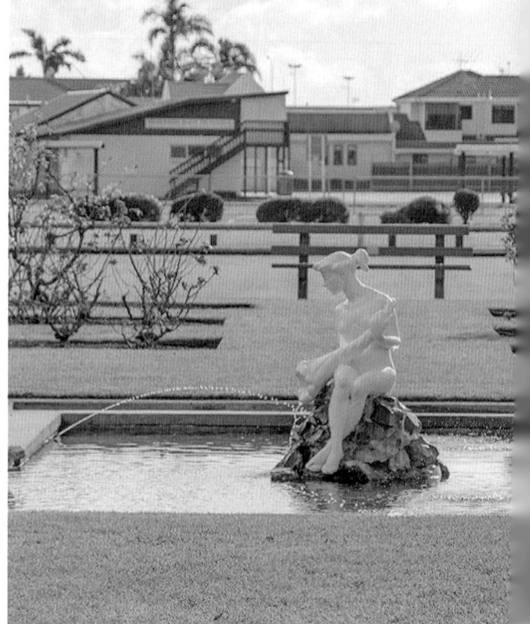

02
키위로 할 수 있는 모든 것
키위 프루트 컨트리 투어스
Kiwi Fruit Country Tours

타우랑가와 로토루아를 잇는 2번 국도변의 테 푸케 Te Puke 지역은 과일 농장이 많은 곳으로 유명하다. 이곳에서 남쪽으로 5㎞만 더 내려가면 도로변에 커다란 키위 슬라이스 모형을 세워둔 키위 프루트 컨트리가 나오는데, 여기가 바로 키위를 재배하는 농장이기도 하고, 우리나라 등지에 키위를 수출하는 '제스프리' 본사가 있는 곳이기도 하다.
키위 재배부터 수확과 포장까지 모든 작업 과정을 볼 수 있도록 가이드 투어를 실시하며, 건물 안에 있는 기념품점에서는 키위로 만든 와인과 키위 캔디 등 다양한 키위 제품을 판매한다.
투어는 버스를 타고 진행하는 'Glorious Bay of Plenty', 'Tauranga Highlights & Kiwifruit'가 오전 오후 타임에 나눠 이뤄지고, 크루즈선을 타고 베이 오브 플렌티 지역을 둘러보는 크루즈 십 Cruise Ships 투어도 인기가 있다.

Kiwi Farm Rd., Te Puke, Bay of Plenty 09:00~16:00
021-522-960 www.kiwifruitcountrytours.co.nz

03
하루쯤 묵어가도 좋은 곳
맥라렌 폭포
McLaren Falls

타우랑가 시내에서 남서쪽으로 15㎞ 떨어진 곳에 있는 맥라렌 폭포는 바위틈에서 시원스런 물보라가 일어나는 곳. 높은 곳에서 떨어지는 일반 폭포와는 달리 나지막한 경사에서 힘찬 물살이 일어나는 광경이 장관이다. 까만 바위틈 사이로 소용돌이치는 물살이 보기만 해도 시원하다. 29번 국도변에서 맥라렌 폴스 로드를 따라 자동차로 5분쯤 가면 오래된 다리가 나오는데, 이 다리 위에서 폭포를 바라볼 수 있다.
한편 맥라렌 폭포를 포함한 일대는 지역 공원으로 지정되어 관리되며, 캠핑과 송어낚시, 승마 등의 액티비티를 즐기기에도 좋은 곳이다. 공원 입구의 안내센터에서 숙박과 트레킹 등에 대한 안내도 받을 수 있고 공원 내에 카페도 있어서 호젓하게 쉬어가기 좋다.

McLaren Falls Rd.
여름 07:30~19:30, 겨울 07:30~17:30 577-7000

04

마누카 꿀에 관심있는 사람이라면 고고!

익스피리언스 콤비타
Experience Comvita

키위 프루트 컨트리에서 자동차로 10분 정도 떨어진 거리에 뉴질랜드 최고의 건강식품 회사인 콤비타 뉴질랜드가 있다. 이 회사는 뉴질랜드에서만 나는 마누카 꿀을 최초로 제품화한 회사로, 1974년 설립 이후 지금까지 다양한 연구를 통해 마누카 꿀의 우수성을 알리고 있다.

익스피리언스 콤비타는 바로 이 회사의 체험관으로, 관광지로 소개하기는 애매하지만 뉴질랜드 꿀에 대해 관심 있는 사람이라면 한번쯤 들러봐도 좋을 곳이다. 조금 더 깊이 알고 싶은 사람이나 어린이를 동반한 가족 여행이라면 가이드 투어에 참여해 보는 것도 색다른 경험이 된다. 하루 4차례, 약 40분 동안 진행되는 투어에서는 마누카 꿀 뿐 아니라 벌꿀의 생태와 제품 제작에 이르기까지 자세한 설명을 듣고 입체적인 체험을 할 수 있다. 물론, 투어에 참가하지 않아도 상관없다. 전시장에서는 마누카 꿀의 생성 과정을 모형과 사진으로 알기 쉽게 전시하며 마누카 꿀 외에 프로폴리스·로열제리 같은 여러 종류의 제품을 판매하는 코너도 마련되어 있으며, 카페도 함께 운영한다.

23 Wilson Rd. South, Paengaroa, Te Puke
주중 08:00~17:00, 주말 09:00~16:00 755-1987
www.comvita.co.nz

05

정다운 미니 동물원

마셜스 동물농원
Marshalls Animal Park

맥라렌 폭포를 지나서 호숫가 길을 따라 500m쯤 들어가면 동물농원 이정표가 나온다. 이곳은 말 그대로 동물농원이다. 동물원보다는 규모가 훨씬 작지만 다양한 동물을 만날 수 있으며, 특히 염소나 말·들소 같은 가축류를 울타리 없이 가까이서 볼 수 있다.

조랑말을 타고 농원을 둘러볼 수 있으며 동물들에게 직접 먹이를 줄 수도 있는 넓은 농원은 피크닉 장소로 더없이 좋다. 산책로와 졸졸 흐르는 개울도 있어서 아기자기한 재미가 있다. 단, 언제나 문을 여는 것이 아니므로 주의할 것.

140 McLaren Falls Rd. 주말과 공휴일10:00~16:30, 수~금요일 10:00~14:00 크리스마스, 복싱데이 휴무
어른 N$14, 어린이 N$8 543-3734
www.marshallsanimalpark.co.nz

06
느낌표처럼 생긴 큰 산
망가누이 산
Mt. Maunganui

좁고 긴 반도 모양의 마운트 망가누이는 마치 느낌표(!)를 거꾸로 세워놓은 것처럼 생겼다. 마오리어로 '망가누이'는 '큰 산'이라는 뜻. 반도 끝에 우뚝 솟은 산은 마침표의 작은 점처럼 자신의 존재감을 확실하게 알려준다.

해발 232m 높이의 망가누이 산 정상에 오르면 길쭉한 도시와 양쪽 옆으로 펼쳐진 바다가 파노라마처럼 들어온다. 홀리데이 파크가 자리잡은 머린 퍼레이드 Marine Pde.에서 정상까지는 1시간 정도의 트레킹 코스. 올라갈수록 시야가 넓어지고 가슴이 탁 트인다.

시내 서쪽의 파일럿 베이 쪽에서도 산을 한 바퀴 도는 해안 트랙이 정비되어 있는데, 45분 정도면 둘러볼 수 있다. 타우랑가에 갔다면 반드시 마운트 망가누이에 올라보자!

07
피로 회복과 염증 치료에 특효
마운트 핫 풀스
Mount Hot Pools

마운트 망가누이 바로 아래, 애덤스 애버뉴의 가운데에 자리 잡고 있는 해수 온천장. 워터 풀 바로 옆에는 홀리데이 파크와 마운트 망가누이로 올라가는 산책로가 나있다.

600미터 깊이에서 끌어올린 해수 온천물은 미네랄 성분을 풍부하게 함유하고 있어서 피로 회복과 질병 치료, 특히 염증 치료에 효과가 있다고 한다. 직접적으로는 아토피 같은 피부병과 관절염에 특효라고 알려져 있다.

대중탕으로는 31~35℃의 온도를 유지하는 유아 풀과 액티브 풀, 37~39℃의 패시브 풀이 있으며, 더 높은 온도의 원수를 공급하는 3군데 프라이빗 풀도 운영하고 있다. 별도의 요금과 예약이 필요하지만 원한다면 스파 숍에서 수준급의 마사지도 받을 수 있다. 수영복을 미처 챙기지 못했을 때는 카운터에서 대여도 가능하다.

9 Adams Ave., Mt. Maunganui
월~토요일 06:00~22:00, 일·공휴일 08:00~22:00
어른 N$26, 어린이 N$17
577-8551 www.mounthotpools.co.nz

EAT

01
인생 피시 앤 칩스!
Bobby's Fresh Fish Market Waterfront Tauranga

더 스트랜을 지나 북쪽 끝까지 가면 약간 한적한 분위기의 부두가 나온다. 바로 이 부둣가에 자리 잡은 프레시 피시 마켓은 우리나라로 치면 수산물 공판장 같은 곳. 배에서 금방 잡아 올린 생선과 홍합, 굴을 팔기도 하고, 그 생선으로 만든 피시 앤 칩스를 팔기도 한다.

바다 쪽으로 나무 테이블 몇 개가 있어서 방금 튀겨낸 피시 앤 칩스를 그 자리에서 맛볼 수 있다. 싱싱한 재료를 방금 튀겨낸 그 맛! 1인분이면 둘이 먹을 수 있을 만큼 양도 푸짐하고, 감히 말하건데 뉴질랜드 전체를 통틀어서 넘버 3에 들만큼 맛있다.

1 Drive Crescent, Tauranga
08:00~19:00 578-1789

02
왠지 편안한, 늦은 밤까지 기분 좋은 맥줏집
Astrolabe Brew Bar

마운트 망가누이 지역에서, 합리적인 가격에, 아침 점심 저녁 어느 때고, 식사와 차와 맥주를 즐길 수 있는 곳. 실내 마감재로 사용한 목재는 세월의 흔적을 말해주듯 정겹고, 과하지 않게 흘러나오는 음악은 언제 어느 때고 마음을 편안하게 만들어준다. 실제로 사용되던 폐목선을 비롯해서 넓은 공간 곳곳에 비치된 소품들을 둘러보는 것만으로도 흥미진진한 곳. 10여 종류의 생맥주와 시간대별로 조금씩 달라지는 메뉴를 골라 먹는 재미가 있다.

82 Maunganui Rd., Mt. Maunganui
11:00~늦은 밤 574-8155
www.astrolabe.co.nz

03
골라먹는 깔끔한 맛
Yoku Japanese Cafe

데본포트 로드의 번화가에 있다. 입구의 조형물과 실내 장식은 일본풍인데, 정작 주인은 한국 사람이다. 타우랑가에 있는 스시집 서너 군데도 들어가 보면 대부분 한국 사람이 운영한다. 그 중에서 가장 오래된 이곳은 음식 맛이 깔끔하다. 다양한 종류의 스시, 치킨 데리야키, 돈부리 등의 메뉴 외에 한국식 라면도 있다. 물론 한국에서 먹는 라면 값보다는 훨씬 비싸지만 맛은 제대로다.

64 Devonport Rd., Tauranga
09:30~17:00 578-6400

REAL GUIDE

키위, 키위새 그리고 키위 프루트

뉴질랜드에는 세 개의 키위가 있다. 우리가 흔히 외국인을 보고 '한국 사람 다 됐네'라고 말하듯이, 뉴질랜드에서는 '키위 다 됐네'라는 말을 한다. 이때 키위는 뉴질랜드 사람을 의미한다.
두 번째 키위는 뉴질랜드의 국조, 키위 새다. 지구상 유일하게 키위 새가 사는 땅이 뉴질랜드고, 그 땅에 사는 사람들은 스스로를 키위라 부르며 정체성과 자부심을 키운다. 마지막 키위는 바로 키위 프루트. 우리말로 '참다래'인 키위가 뉴질랜드에서는 국민 과일로 재배되고 전세계에 수출되고 있다. 특히 이곳 베이 오브 플렌티 지역에서 말이다.

키위 프루트는 뉴질랜드를 대표하는 농산물 가운데 하나다. 타우랑가를 중심으로 하는 베이 플렌티 연안 지방에서도 풍부한 일조량을 바탕으로 키위 프루트의 생산이 활발하게 이루어지고 있다.
그런데 우리가 알고 있는 것과 달리 키위 프루트의 원산지는 뉴질랜드가 아니고 중국 양쯔강 유역이다. 그래서 처음 뉴질랜드에 키위 프루트가 들어왔을 때는 차이니스 구스베리라고 불렸으며 정원에서 관상용으로 키우기도 했다. 키위의 상업적인 생산은 1930년대부터 시작되었고, 뉴질랜드에서 정식으로 키위 프루트를 수출하기 시작한 때는 1950년대이며, 1959년에 비로소 키위 프루트라는 이름이 붙여졌다. 이 이름은 뉴질랜드의 국조 키위에서 따온 것으로, 한국에서는 키위라고 하지만 영어로는 반드시 키위 프루트라 부른다.
1970년대 후반부터 1980년대 초반은 키위 프루트의 생산이 급성장한 시기로, 베이 오브 플렌티 지방에서는 키위 프루트의 재배로 막대한 부를 축적한 사람들이 생겨나기도 했다. 최근에는 남미 등에서도 키위 프루트를 대량 생산하고 있는데, 이 영향으로 뉴질랜드 산 키위 프루트는 1997년부터 제스프리 Zespri라는 새 브랜드를 도입하여 차별화하고 있다. 그러니까 우리가 알고있는 제스프리는 키위 프루트의 또 다른 이름인 셈이다.

해밀턴 & 와이카토
HAMILTON & WAIKATO

HAMILTON & WAIKATO

인구
19만 5,000명

지역번호
07

인포메이션 센터 **Hamilton i-SITE Visitor Information Centre**

120 Victoria St. 958-5960

www.visithamilton.co.nz

비옥한 영토와 풍요로운 일상 뉴질랜드에서 네 번째로 큰 도시 해밀턴은 비옥한 와이카토 지방의 중심 도시로, 낙농과 원예의 최대 산지다. 뉴질랜드의 다른 도시들보다 평지가 넓고 농산물이 풍부해 옛날부터 침략이 잦았다. 해밀턴이라는 이름도 마오리족 게이트 파 Pa(요새)와의 전투에서 전사한 영국인 장교 존 F. C. 해밀턴을 추모하기 위한 것이라고. 따라서 초기에는 도시로서의 효용보다는 군사 기지로서의 가치가 더 컸으나, 1867년 해밀턴과 오클랜드 사이에 도로가 개통된 이후 본격적으로 도시의 외양을 갖추게 되었다. 오늘날에는 초기보다 13배 가까이 면적이 늘어난 산업 도시로 거듭나고 있다.

총길이 425㎞로 뉴질랜드에서 가장 긴 와이카토 강은 타우포 호수에서 시작해 해밀턴을 거쳐 태즈만 해로 흘러간다. 와이카토 강을 중심으로 서쪽에는 상업 지구가, 동쪽에는 주택가가 형성되어 있다. 해밀턴은 교육과 문화의 도시로 유명한데, 오클랜드와 가까우면서 훨씬 전원적인 분위기 때문에 우리나라 유학생과 이민자 수가 늘어나고 있다.

해밀턴 & 와이카토 미리 보기

CITY PREVIEW

어떻게 다니면 좋을까?

와이카토 강 서쪽에 형성되어 있는 시내는 걸어서도 둘러볼 수 있을 만큼 아담하다. 최고 번화가는 인포메이션 센터가 있는 가든 플레이스. 이곳을 중심으로 와이카토 박물관과 유람선 선착장 등의 관광지는 걸어서 또는 무료 CBD Shuttle을 이용하면 손쉽게 둘러볼 수 있고, 시내에서 조금 떨어진 해밀턴 가든과 동물원까지는 시내버스(Busit)나 자전거 등을 이용하면 편리하다. 근교의 와이토모 동굴은 투어를 이용하는 것이 좋다.

어디서 무엇을 볼까?

도심을 동서로 나누는 와이카토 강 동쪽으로는 주택가가, 서쪽으로는 상업 지구가 조성되어 있다. 해밀턴 시내의 주요 볼거리도 와이카토 강을 따라 형성되어 있다. 리버 워크, 크루즈처럼 강에서 즐길 거리는 물론, 강가에 세워진 와이카토 박물관도 이 도시의 주요 관광지다. 그러나 개인적으로 가장 추천하고 싶은 곳은 동서양 주요 나라들의 정원을 재현해 둔 '해밀턴 가든'이다.

와이토모는 여러 개의 대형 종유동굴이 있는 지역으로, 동굴 안에 서식하는 반딧불이 덕분에 널리 알려지기 시작했다. 반딧불이는 뉴질랜드 전역에서 볼 수 있는 발광성 곤충이지만, 특히 이 지역의 동굴에는 커다란 동굴 천장을 가득 메울 만큼 엄청나게 많은 반딧불이가 서식하고 있어서 별이 반짝이는 밤하늘처럼 아름답고 신비롭다. 와이토모까지는 오클랜드·로토루아·해밀턴에서 출발하는 투어 버스를 이용해 당일치기로 다녀오는 것이 가장 일반적이다. 단, 버스 투어에 참가하면 종유동굴과 반딧불이를 효율적으로 관찰할 수 있지만, 그 밖의 볼거리와 레포츠를 체험하려면 투어만으로는 시간이 부족하다.

어디서 뭘 먹을까?

해밀턴은 관광지 보다는 생활 도시에 가깝다. 오클랜드에서 로토루아로 향하는 도중에 잠시 들르는 곳으로 여기기에는 도시의 규모나 인구수가 상당하다. 이처럼 잘 가꿔진 규모 있는 도시이므로, 먹을거리 또한 발달되어 있고 해밀턴 시민들에게 검증받은 일상의 먹을거리가 많다. 무료 셔틀버스가 운행되는 CBD 구역을 중심으로 백화점과 레스토랑도 밀집되어 있다.

어디서 자면 좋을까?

해밀턴은 도시 규모에 비해 숙박업소의 수가 적은 편이다. 특히 배낭여행자들을 위한 백패커스가 적은데, 그나마도 시내 곳곳에 흩어져 있다. 시내의 모텔들은 빅토리아 스트리트 Victoria St. 북쪽의 얼스터 스트리트 Ulster St.에 몰려 있어서 찾기가 쉽다.

ACCESS

해밀턴 & 와이카토 가는 방법

해밀턴은 우리나라의 대전 같은 도시다. 수도까지의 거리나 도시의 지위·중요도·성격 등이 많이 닮은 느낌을 준다. 교통수단도 그렇다. 교통의 요지에 자리 잡고 있어서 버스, 기차, 비행기 등 다양한 교통수단으로 편리하게 연결되고 있으며, 자동차로 2시간쯤 걸리는 소요 시간까지 비슷하다.

버스 Bus

오클랜드에서 남쪽으로 129㎞ 떨어져 있으며, 소요 시간은 약 2시간. 오클랜드~로토루아, 오클랜드~기스본, 오클랜드~파머스톤 노스, 오클랜드~네이피어, 마지막으로 오클랜드~웰링턴 등 다양한 노선의 인터시티 버스가 해밀턴을 경유한다. 해밀턴까지 가는 버스 노선이 다양한 만큼 운행 횟수도 많아서 시간 맞추려고 종종거릴 필요가 없다.

장거리 버스 터미널은 브라이스 스트리트 Bryce St.와 앵글시 스트리트 Anglesea St.의 교차로에 있는 현대식 건물. 장거리 버스뿐 아니라 해밀턴 시내의 주요 버스들도 모두 이곳에서 출발·도착한다. 대합실에는 각종 투어 팸플릿과 시내버스 노선도 등이 비치되어 있다.

기차 Train

웰링턴 방향과 오클랜드 방향을 오가는 노던 익스플로러 Northern Explorer가 각각 일주일에 3차례씩(상행 : 화, 금, 일요일/하행 : 월, 목, 토요일) 해밀턴 기차역에 정차한다. 오클랜드와 웰링턴 방면에서 출발한 기차들은 해밀턴 역에서 20분쯤 정차한 뒤 상·하행 철로를 따라 떠난다. 소요 시간은 오클랜드에서 2시간 10분, 웰링턴에서 9시간.

해밀턴 기차역인 프랭크톤 트레인 스테이션 Frankton Train Station은 시티 센터 서쪽으로 1㎞ 떨어져 있는 퀸스 애버뉴에 있다. 티켓은 기차역뿐 아니라 시내 관광안내소에서도 구입할 수 있다. 관광안내소에서 기차역까지는 버스가 운행되고 있다.

- **프랭크톤 트레인 스테이션(해밀턴 역)**
  Fraser St., Frankton ☎ 846-8353, 442-3639
  www.greatjourneysofnz.co.nz

 비행기 Airplane

에어뉴질랜드가 뉴질랜드 내 주요 도시(오클랜드, 크라이스트처치, 웰링턴, 파머스톤노스 등)에서 해밀턴까지 직항편을 운항한다. 경비행기를 운항하는 Barrier Air와 Sun Air도 있지만, 여행자들의 이용 빈도가 높지는 않다.

공항은 시티 센터에서 15㎞ 떨어진 남쪽에 있으며, 공항에서 시내까지는 더 슈퍼 셔틀 The Super Suttle 버스를 이용하면 된다.

시내 교통 TRANSPORT IN HAMILTON

시티 센터를 도는 CBD 셔틀을 포함한 모든 시내버스는 앵글시 스트리트 Anglesea와 브라이스 스트리트 Bryce St. 교차로에 위치한 트랜스포트 센터 Transport Centre에 출·도착한다. CBD 구역 내에서는 모든 노선 버스를 N$1에 이용할 수 있지만, 교통카드(BEE Card)가 있어야 가능하고, 현금 요금은 N$3이다. 버스 노선과 요금 안내는 센터 안에 있는 안내소에서 받을 수 있다.

해밀턴 시내버스 Busit. 0800-205-305 www.busit.co.nz/Hamilton-routes/CBD-shuttle

REAL COURSE
해밀턴 추천 코스

해밀턴 시내를 둘러보는 데는 반나절이면 충분하다. 도시자체가 워낙 전원적이고 조용해서, 관광지라기보다는 주거 중심의 도시라는 느낌이 더 강하다. 따라서 시내의 볼거리는 해밀턴 가든에서 도시 분위기를 익히는 정도로 끝내고, 근교의 볼거리를 찾아 떠나는 것이 좋다.

관광객들은 대개 해밀턴을 거쳐 와이토모 동굴을 당일 코스로 다녀온다. 최근에는 영화 〈반지의 제왕〉 촬영지인 마타마타의 호비톤 마을도 나날이 인기가 높아지고 있다. 그러나 와이토모 동굴이나 마타마타 등은 오클랜드에서도 하루 안에 다녀올 수 있는 거리이기 때문에, 반드시 이 도시에서 출발해야 하는 것은 아니다. 다만 오클랜드나 로토루아에서 이들 관광지 행 투어에 참가하지 못했다면 해밀턴에서 한번 도전해보라는 뜻. 소다 온천이 있는 테아로하도 당일 관광지로 추천할 만하다.

REAL MAP

해밀턴 시내 지도

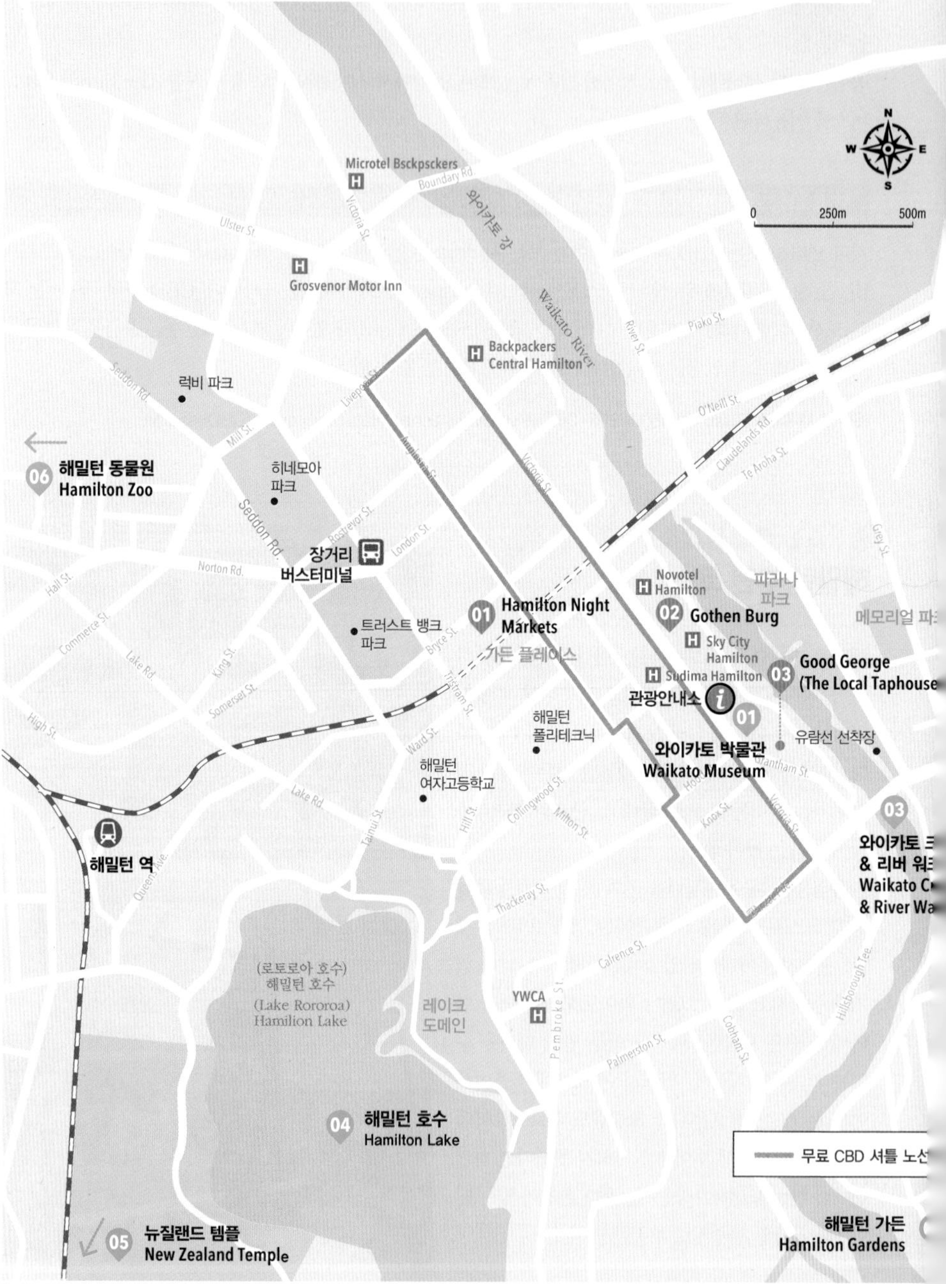

Microtel Bsckpsckers
Boundary Rd.
와이카토 강
Waikato River
Ulster St.
Victoria St.
Grosvenor Motor Inn
Backpackers Central Hamilton
River St.
Piako St.
0 250m 500m
N W E S
Seddon Rd.
럭비 파크
Liverpool St.
Mill St.
O'Neill St.
Claudelands Rd.
Te Aroha St.
06 해밀턴 동물원 Hamilton Zoo
히네모아 파크
Anglesea St.
Victoria St.
Rostrevor St.
London St.
장거리 버스터미널
Norton Rd.
Hall St.
Grey St.
Novotel Hamilton
파라나 파크
02 Gothen Burg
메모리얼 파크
01 Hamilton Night Markets
트러스트 뱅크 파크
Bryce St.
가든 플레이스
Commerce St.
Lake Rd.
King St.
Somerset St.
Sky City Hamilton
Sudima Hamilton
03 Good George (The Local Taphouse)
관광안내소
Tristram St.
High St.
해밀턴 폴리테크닉
01 와이카토 박물관 Waikato Museum
유람선 선착장
Ward St.
Grantham St.
해밀턴 여자고등학교
Lake Rd.
Collingwood St.
Knox St.
Victoria St.
Milton St.
Tainui St.
Hill St.
03 와이카토 리버 워크 Waikato River Walk
해밀턴 역
Queens Ave.
Thackeray St.
Clarence St.
Hillsborough Tce.
(로토로아 호수) 해밀턴 호수 (Lake Rororoa) Hamilion Lake
레이크 도메인
YWCA
Pembroke St.
Palmerston St.
Cobham St.
04 해밀턴 호수 Hamilton Lake
무료 CBD 셔틀 노선
05 뉴질랜드 템플 New Zealand Temple
해밀턴 가든 Hamilton Gardens

REAL MAP

와이카토 지도

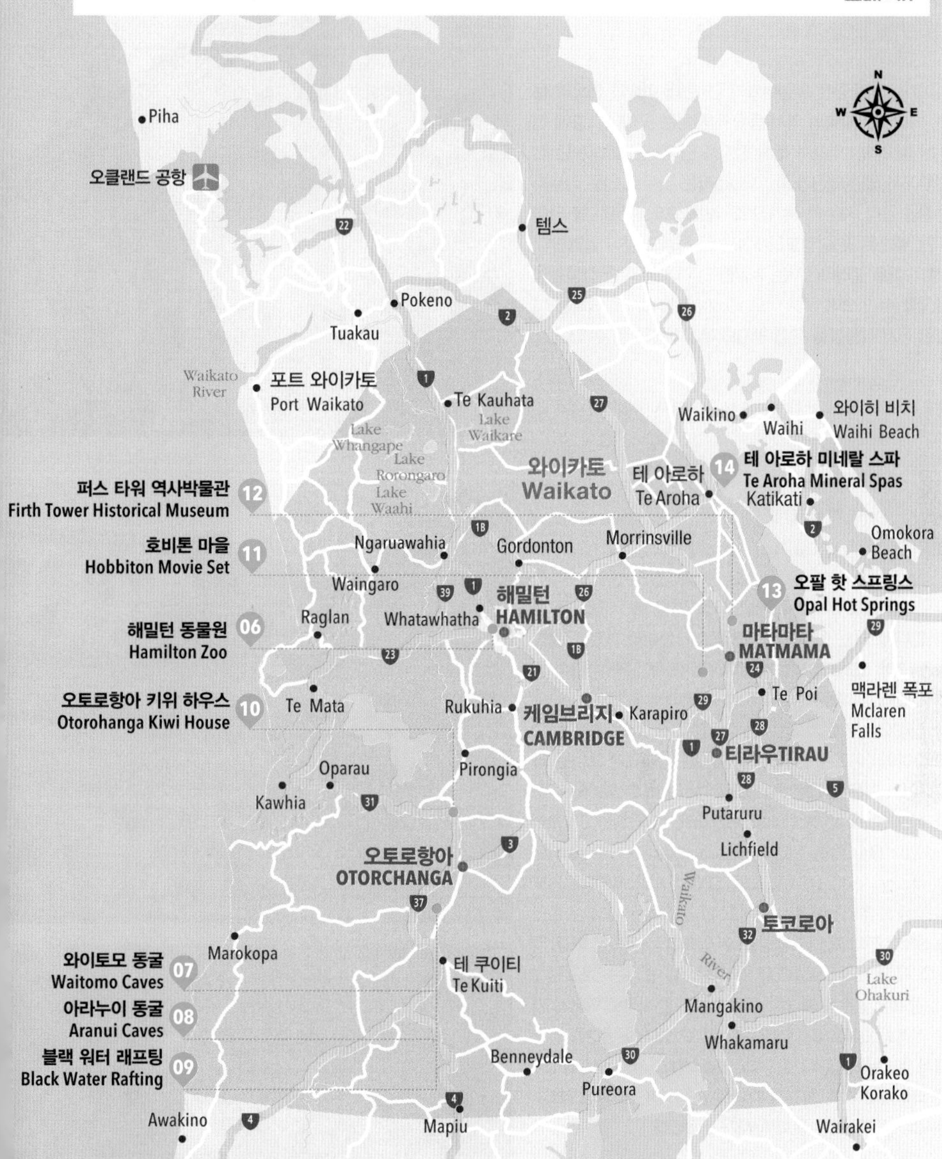

SEE

01

와이카토 강을 따라 흐르는 도시의 역사
와이카토 박물관 Waikato Museum

와이카토 박물관은 뉴질랜드의 근·현대 미술과 마오리 문화, 와이카토 지역의 역사 등을 전시하는 곳이다. 1층에 전시된 마오리의 역사와 문화 전시품 중에서는 150여 년 전 전투에서 썼던 테윈카 Te Winka라는 나무로 만든 카누가 눈길을 끈다. 카누에 새겨진 조각만으로도 충분히 볼 만하지만, 훼손된 곳을 정교하게 보수한 정성도 높이 살만하다. 2층의 아트 갤러리에서는 뉴질랜드 국내 외 미술 작품들을 감상할 수 있으며, 익사이트 Excite라는 과학관에서는 다양한 전시 작품들을 직접 만져보거나 작동해 볼 수 있다.

Cnr. Grantham&Victoria Sts. 10:00~17:00 크리스마스 휴무 무료 838-6606 www.waikatomuseum.co.nz

02

해밀턴 넘버 원 어트랙션
해밀턴 가든 Hamilton Gardens

타우포나 로토루아에서 해밀턴으로 향할 때, 시내보다 먼저 만나게 되는 곳이 바로 해밀턴 가든이다. 1번 도로변에 있으며, 58ha의 넓은 부지가 와이카토 강과 나란히 펼쳐져 있다. 시내 남쪽 2㎞ 지점, 시내에서 도보로는 30분쯤 걸리지만, 자동차로는 금방 도착할 수 있는 거리다. 이곳의 하이라이트는 전 세계의 정원을 한 자리에 모아둔 파라다이스 가든 콜렉션 Paradise Garden Collection. 중국 정원 Chinese Scholars Garden, 영국 정원 English Flower Garden, 일본 정원 Japanese Garden of Contemplation 등이 있으며, 그밖에 미국·이태리, 인도 정원 등이 추가됐지만 아쉽게도 한국 정원은 없다. 관광안내소에서 전체 지도를 받아볼 수 있으며, 아름다운 가든 카페와 레이크 레스토랑에서 커피 한잔을 즐기는 것도 괜찮다. 강과 맞닿은 곳에 와이카토 크루즈 승착장도 있어서 가든 여행과 크루즈를 차례로 연계할 수 있다. 매년 2월 이곳에서 열리는 해밀턴 가든 서머 페스티벌 Summer Festival은 와이카토 지역 최고의 축제로 손꼽히며, 오페라·영화·콘서트 등 다채로운 문화 행사가 펼쳐진다.

State Hwy. 관광안내소 10:00~16:00, 센트럴 테마 가든 여름 07:30~20:00/겨울 07:30~18:30 무료 856-3200, 838-6897 www.hamiltongardens.co.nz

03
강 따라 시간을 거슬러
와이카토 크루즈 & 리버 워크 Waikato Cruise & River Walk

사실 해밀턴에서는 활동적인 관광지를 기대하기는 어렵다. 대부분 조용히 걸어 다니며 관람하거나 산책하는 정도. 그나마 와이카토 크루즈는 시원한 강바람을 맞으며 오후 한때를 보낼 수 있어서 인기 있는 관광 코스에 속한다. 와이카토 강 동쪽, 박물관 근처 메모리얼 파크 부두에서 출발하는 크루즈 여행은 고풍스러운 외륜선 와이파 델타 M. V. Waipa Delta호에 오르는 것으로 시작한다. 1876년부터 운항한 이 유람선은 유람선의 원조라 할 정도로 긴 역사와 전통을 자랑한다. 오래되긴 했지만 배 안에는 레스토랑이 있어서 런치나 디너를 즐길 수 있다. 최소 인원이 모이면 즉시 출발하며, 총 수용 인원은 139명. 성수기에는 미리 예약을 해두는 것이 좋다.

한편, 시내를 통과하는 와이카토 강변에는 공원과 산책로가 여러 군데 있어서 산책과 피크닉을 느긋하게 즐기기에 좋다. 시티 중심부에서는 강 서쪽, 번화가 바로 뒤에 페리뱅크 공원이 있으며, 맞은편으로 파라나 파크와 전쟁 기념 메모리얼 파크가 이어진다.

메모리얼 파크에는 마오리와의 전쟁에서 영국군이 군함으로 사용했던 랑기리리 SS Rangiriri 호가 서 있다. 1890년경 침몰한 이 배를 1982년 인양해서 보존하고 있는데, 부식 정도가 심해서 형체를 알아보기는 사실 힘들다.

Waikato River Explorer(Scenic Cruises)
투어 출발 해밀턴 가든 Ⓢ 어른 N$24.50, 어린이 N$12.25
☏ 0800-139-756 ⌂ www.waikatoexplorer.co.nz

04
피크닉 플레이스
해밀턴 호수 Hamilton Lake

시내 남쪽, 걸어서 20분 정도 걸리는 곳에 있는 호수. 둘레가 약 3㎞ 밖에 안 되는 작은 호수지만 녹음에 둘러싸여 있어서 한갓지게 산책을 즐기기 좋다. 주변에 미니 골프장, 스케이트장, 장미 정원, 어린이용 기관차 등이 있고, 호수에서는 윈드서핑이나 요트를 즐기는 모습도 많이 볼 수 있다. 어떤 이유인지 모르겠지만, 현지 사람들은 이곳을 로토로아 호수 Lake Rotoroa라고도 한다.

05
이 종교에 관심이 있다면
뉴질랜드 템플 New Zealand Temple

1958년 남반구 최초로 세워진 모르몬교 사원. 직선을 많이 사용한 심플한 느낌의 하얀색 건물은 녹색의 잔디와 꽃에 둘러싸여 경건함을 더해준다. 매년 12월 중순부터 1월 초순까지는 야간에 조명을 밝히는데 멀리서도 보일 만큼 무척 화려하고 아름답다. 시내에서 남서쪽으로 12㎞쯤 떨어져 있으며, 템플 뷰 지구 언덕 위에 있어서 주변 경관이 한눈에 들어온다. 그러나 특별히 종교적 관심이 있는 사람이 아니라면 일부러 찾아갈 필요는 없는 곳이다.

509 Tuhikaramea Rd, Temple View 846-2750

06
뉴질랜드에도 사자가 산다?
해밀턴 동물원 Hamilton Zoo

자연 지형과 삼림을 그대로 살려서 조성한 대규모 동물원. 아름다운 울타리와 널찍한 산책로 등이 자연스러운 맛을 더해준다. 동물들과 교감을 나눌 수 있는 여러 가지 프로그램이 있으며, 사자·코끼리·하마 등 남반구에서 보기 힘든 동물들도 방문객을 맞고 있다. 이곳에서 살고있는 600여 종의 동물들 가운데 특히 인기 있는 종류는 파충류와 양서류들이다. 공룡의 후손으로 알려져 있는 투아타라 Tuatara는 물론 뉴질랜드 토종 개구리 Hochstetter's Frog를 만날 수 있는 귀한 기회가 된다. 넓은 부지를 걸어다니기 위해서는 운동화와 가벼운 옷차림이 필수. 그래도 힘들 때는 The Hungry Morepork Cafe에 들러 잠시 쉬어가도 좋다. 직접 요리할 수 있는 바비큐장과 어린이 놀이터 등 각종 부대시설도 잘 갖춰져 있다.

183 Brymer Rd. 09:30~16:30(15:30 마지막 입장) 크리스마스 휴무 어른 N$26, 어린이 N$12 838-6720
www.hamiltonzoo.co.nz

와이토모 WAITOMO

07
반딧불의 향연
와이토모 동굴 Waitomo Caves

와이토모의 세 군데 대형 동굴 중에서 가장 널리 알려진 곳. 관광객 대부분은 이곳에서 반딧불이를 만나게 된다. 동굴이 처음 발견된 것은 1887년. 현지 마오리 부족장 타네 티노라우와 영국인 측량기사 프레드 메이스가 아마 줄기로 만든 뗏목을 타고 지하 통로를 통해 동굴 안으로 들어갔다. 촛불에만 의지한 채 그들이 통로로 삼은 곳은 바로 오늘날 관광객들이 동굴 탐험을 마치고 바깥으로 나오는 지점이었다. 동굴 안으로 들어간 그들은 눈을 의심할 수밖에 없었다. 무수히 반짝이는 별들이 바로 동굴 천장에 매달린 수천 마리 반딧불이의 불빛이라니! 그뒤 정부의 자세한 측량을 거쳐, 1988년에는 일반인에게 동굴이 공개되었다.

1906년 동굴 소유권이 정부로 넘어가기도 했으나, 1989년부터는 본래 소유자의 후손들에게 반환되어 현재 동굴은 최초의 탐험자 후손들이 관리하고 있다. 동굴 탐험은 매 시각 30분마다 시작하는 투어를 통해서만 할 수 있으며, 가이드와 함께 최대 50명의 관람객이 한꺼번에 동굴을 관람하게 되어 있다. 개별 행동은 절대 금지. 또한 동굴을 훼손하는 어떤 행위도 금지한다.

반딧불이를 보기 전에 종유동굴을 돌면서 동굴의 자연과 생태에 관한 설명을 듣고, 마지막으로 보트를 타고 반딧불이를 관찰하게 된다. 짧은 시간이지만 마치 꿈을 꾸는 듯한 광경에 감탄을 금치 못할 정도. 눈을 감아도, 눈을 떠도 온통 별천지다.

정오부터 오후 2시까지는 단체 여행객이 많아서 가장 붐비는 시간이므로 개별 여행자라면 이 시간을 피하는 것이 좋다. 또 비가 내린 다음에는 동굴 안의 수위가 올라가서 보트를 탈 수 없기 때문에 투어가 취소될 수 있으니 미리 확인할 것!

Waitomo Cave Rd., Waitomo Caves
여름 08:30~17:30, 겨울 09:00~17:00(투어 45분 소요)
어른 N$75, 어린이 N$34 878-8227
www.waitomo.com

08
와이토모의 히든카드
아라누이 동굴
Aranui Caves

와이토모 동굴에서 약 2.5㎞ 떨어진, 자동차로 불과 5분 거리의 울창한 숲속에 있는 아라누이 동굴은 와이토모 지역의 히든카드와 같다. 와이토모 동굴보다 천장이 높고, 반딧불이는 없지만 수만 년 된 종유석들이 감탄을 자아낸다. 와이토모 동굴보다 관광객이 적어서 조용하고 여유로운 것도 장점. 동굴 내부는 투어에 참가해야만 둘러볼 수 있다. 'Two Caves Combo' 티켓을 구입하면 아라누이와 와이토모 동굴을 함께 둘러볼 수 있다. 참고로 아라누이 동굴에서 1시간이 소요된다.

Two Caves Combo
Ⓢ 어른 N$116, 어린이 N$49

REAL TALK 반딧불이가 빛을 내는 이유는?

전깃불이 흔치 않았던 부모님 세대에 반딧불이를 잡아서 '형설지공'을 이루었다는 전설을 들어본 적 있나요? 도대체 얼마나 많은 반딧불이를 잡아야 책을 읽을 정도가 될까요?
와이토모 동굴에 다녀온 사람들이라면 그 전설에 의심의 눈초리를 보낼 수밖에 없습니다. 동굴 천장에 수천 마리의 반딧불이가 매달려 있었지만 동굴 안은 밤하늘처럼 깜깜했거든요. 와이토모 동굴을 비롯해 뉴질랜드에서만 볼 수 있는 반딧불이 Glowworm는 모기의 이웃사촌격인 곤충(학명 Fungus Gnat)의 유충이 빛을 내는 것으로, 우리나라의 반딧불이와는 전혀 다른 별종이라고 합니다. 그리고 반딧불이가 모두, 항상, 빛을 내는 것도 아니라고 하네요.
그럼, 반딧불이가 반짝이는 이유는 무엇일까요? 이성을 유혹하기 위해서도 빛을 내지만, 그보다는 먹이를 유인하기 위해서 빛을 낸다고 합니다. 먹이를 잡기 위해 빛을 내고 점액질과 가는 실로 이루어진 관모양의 집을 짓는데, 이 집은 여러 가닥의 미세한 줄에 의해 동굴 천장에 매달려 있게 됩니다. 관모양의 집 밑에는 끈끈한 점액으로 덮여 있는 낚싯줄 모양의 줄 약 20~30개가 매달려 있어서, 유인되어 날아온 작은 곤충들이 이 끈끈한 줄에 달라붙게 되는 거죠. 먹이를 잡아먹는 것은 유충 단계일 때뿐이고 성충은 아무것도 먹지 않습니다. 그래서 입도 없다고 하네요.
반딧불이는 충분한 먹이, 습한 환경, 그리고 매달릴 수 있는 천장만 있으면 어디서나 살 수 있습니다. 아마도 와이토모 동굴은 반딧불이가 좋아하는 이 세 가지를 갖춘 천혜의 장소인 모양이죠?!

09
스릴, 흥미진진!
블랙 워터 래프팅
Black Water Rafting

아라누이 동굴에서 500m쯤 더 올라가면 루아쿠리 동굴 Ruakuri Cave이 나온다. 블랙 워터 래프팅은 이곳에서 즐기는 흥미진진한 레포츠. 헤드라이트가 달린 헬멧을 쓰고 방수복을 입고 타이어 튜브를 착용한 뒤, 캄캄한 동굴 속을 탐험한다. 일반 래프팅은 고무보트를 타고 급류를 즐기지만, 이 래프팅은 개인용 튜브에 몸을 싣고 어둠과 싸워야 하는 것이 관건. 깜깜한 동굴 속에서 좁은 바위틈을 헤쳐가다 보면 어느 순간 3m 높이의 바위 아래로 떨어지기도 하고, 어느 순간에는 발을 헛디뎌 물 위를 떠다니기도 한다. 래프팅 마지막에는 동굴 속에서 반딧불이가 내뿜는 환상적인 빛을 볼 수도 있다. 길이와 난이도에 따라 투어 종류가 나뉘고, 래프팅을 주관하는 회사도 4~5군데 정도 되므로 조건을 잘 따져보고 선택한다.

소요 시간 5시간 N$299 0800-228-464

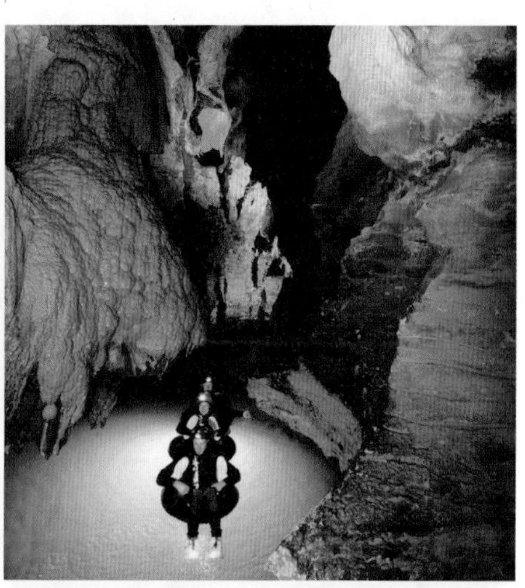

10
키위의 고향
오토로항아 키위 하우스
Otorohanga Kiwi House

오토로항아는 해밀턴에서 와이토모로 향하는 3번 국도변에 자리한 소도시. '키위의 고향'이라고도 불리는 이곳에 키위 하우스가 있다. 뉴질랜드에서 가장 큰 규모의 키위 하우스로, 키위 사육장이 다른 곳보다 밝은 편이다. 따라서 키위를 발견할 수 있는 확률도 다른 곳보다 높고, 키위 외에 카카 Kaka·웨카 Weka·키아 Kea 등 뉴질랜드에서만 볼 수 있는 야생 조류도 만날 수 있다. 오토로항아 역에서 북쪽으로 약 700m 떨어진 언덕에 있다. 시내 중심부에서 23번 국도를 타고 서쪽으로 5㎞쯤 가서 뉴캐슬로드 Newcastle Rd.에서 우회전한 다음, 브라이머 로드 Brymer Rd.에서 좌회전하면 안내 표지판이 나온다.

20 Alex Telfer Dr., Otorohanga 9~5월 09:00~16:30, 6~8월 09:00~16:00(투어 45분 소요) 어른 N$26, 어린이 N$10 873-7391 www.kiwihouse.org.nz

마타마타 MATAMATA

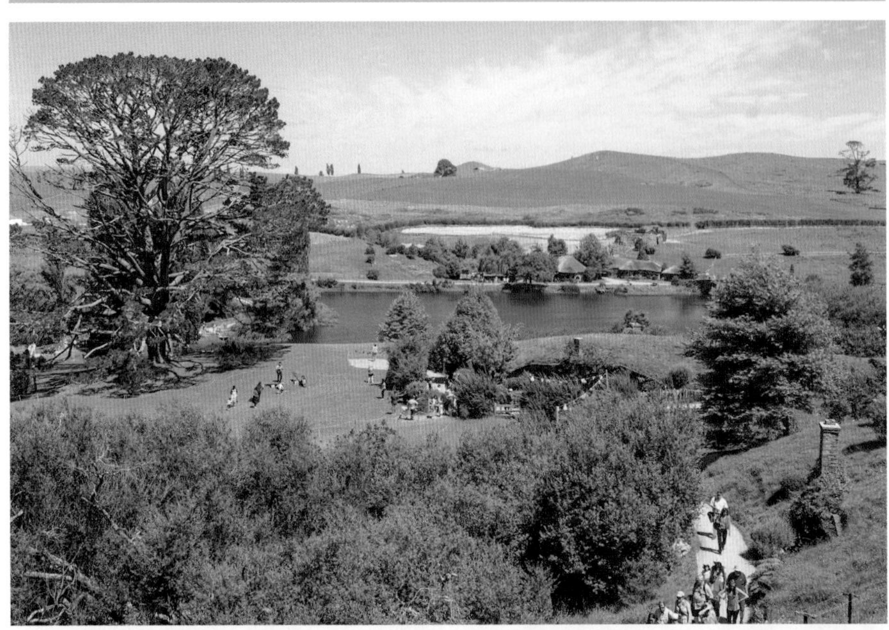

11
〈반지의 제왕〉 속 바로 그 장소?
호비톤 마을
Hobbiton Movie Set

호비톤 마을은 영화 〈반지의 제왕〉에서 중간계 Middle Earth의 배경, 즉 호빗들이 사는 마을이다. 마치 버섯처럼 땅에 절반쯤은 파묻혀 있는 집들…. 영화를 본 사람이라면 배경만으로도 영화의 장면들을 떠올릴 수 있을 것이다. 그러나 호비톤 마을의 정확한 위치는 일반인에게 공개하지 않는다. 질문을 해봐도 정확한 위치는 가르쳐주지 않으며, 이는 아마 개별 여행자들이 몰려들 경우 자연을 훼손할 우려가 있다는 판단에서 나온 것 같다. 가이드가 딸린 투어를 통해서만 이곳을 방문할 수 있다.

마타마타의 관광안내소 사이트에서도 신청 및 출발이 가능했으나 코로나19 이후에는 홈페이지를 통해 예약한 후 The Shire's 레스토랑을 찾아가야 한다. 투어는 09:30부터 15:30까지 거의 30분 간격으로 출발하는데 한 타임에 40명이 함께한다.

투어 버스를 타고 5분쯤 가면 약 5만㎡(1만 5000평)에 달하는 광활한 영화 촬영지가 나오는데, 직접 영화를 본 사람이라면 장소마다 새록새록 영화 속 장면들이 생각날 곳들이다. 호빗들의 집은 대부분 실제로 들어가 볼 수 있고, 내부에 들어가면 소꿉장난 하듯 아기자기한 소품들에 감탄이 절로 나온다. 집 뒤뜰에 널려있는 빨래까지도 실제 옷을 호빗 사이즈로 줄여놓은 것이고, 정원의 나무들도 실제 나무를 호빗의 비율에 맞게 다운사이징하여 앙증맞게 조경해 두었다. 금방이라도 호빗들이 하루 일과를 마치고 돌아올 것처럼 모든 것이 실감난다.

투어 도중에 드래곤 바에 들러 생강 맥주 '진저 비어'를 맛보는 것도 잊지 말 것. 영화 〈호빗: 뜻밖의 여정〉에서 주인공들의 여정이 시작되었던 '드래곤 인 The Dragon Inn'을 '드래곤 바'라는 이름으로 오픈한 것인데, 가장 최근에 문을 연 곳이어서 코스 가운데 가장 인기가 높다. 투어에 참여하는 모든 사람들에게 드래곤 바의 음료 1잔씩이 무료로 제공되니, 마음에 드는 음료 또는 맥주를 선택하면 된다.

그러나 영화의 실제 촬영은 헐리우드 스튜디오에서 이루어졌고, 이곳에 남아있는 세트는 최대한 영화 속 장면에 충실하게 재현했다는 사실. 피터 잭슨 감독이 이곳에서 촬영 전 리허설을 했다는 설명이 그나마 위로가 된다.

Shire's Rest Cafe, 501 Blackland Rd., Hinuera, Matamata 어른 N$120, 어린이 N$60 888-1505
www.hobbitontours.com

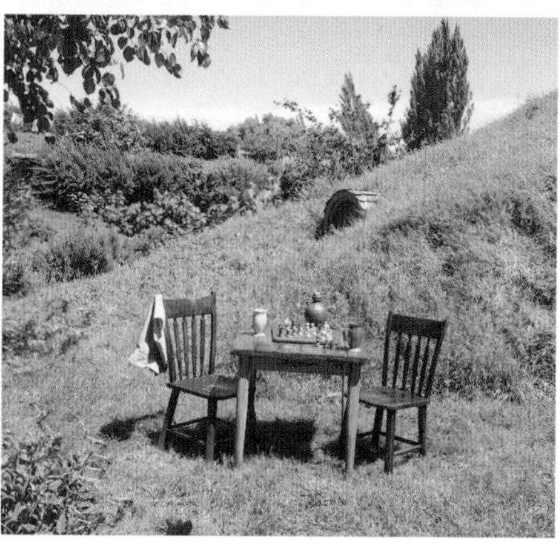

REAL+
개과천선 마타마타 Matamata

해밀턴과 타우랑가를 잇는 내륙 지역에 자리한 마타마타는 영화 〈반지의 제왕〉이 상영되기 전까지는 그야말로 작은 전원 마을에 지나지 않았다. 그러나 양떼가 뛰노는 목초지가 영화 속 호빗들의 마을로 변하고부터는 전세계에서 몰려온 관광객들로 작은 열병을 앓고 있는 듯 보인다. 마타마타라는 지명보다는 '호비톤 마을'이라는 이름으로 더 많이 알려지게 되었으며, 관광안내소의 외관까지 영화 속 호빗의 집처럼 새단장을 했다.

Information Matamata
45 Broadway, Matamata 888-7260
www.matamatanz.co.nz

12
마타마타의 시간을 간직한 건물
퍼스 타워 역사 박물관
Firth Tower Historical Museum

마타마타 관광안내소에서 도보로 20분, 자동차로 약 5분만 북동쪽으로 가면 작은 성처럼 생긴 탑이 나온다. 탑이라고 하지만 4층 높이밖에 안 되는 작은 규모. 그러나 주변의 푸른 잔디와 붉은 지붕의 건물들이 잘 어우러져 나름대로 아기자기한 맛이 있다.

1882년 요시아 퍼스 Josiah Clifton Firth에 의해 지어진 이 건물은 주변 지역을 조망하기 위한 목적으로 언덕 위에 자리잡았다고 하는데, 관공서, 숙소 등을 거쳐 현재는 마타마타 일대의 역사와 19세기의 생활상을 보여주는 역사 박물관으로 사용되고 있다. 넓은 정원에 농기구 전시장과 아담한 교회당, 19세기 가구 전시장, 기념품점 등이 옹기종기 모여 있다. 주말이면 박물관 정원에서 결혼식을 올리거나 피크닉을 즐기는 시민들의 모습을 볼 수 있다.

한편, 몇 해 전부터 이곳은 모터홈 홀리데이 파크로도 활용하고 있는데, 캠핑카가 없는 여행자들을 위해 비치되어 있는 모터홈을 빌려주기도 한다.

266 Tower Rd., Matamata 월, 목, 금요일 09:00~15:00, 주말 10:00~16:00 화, 수요일 휴무 어른 N$10, 어린이 N$5
888-8369 www.firthtower.co.nz

13
숙소와 스파, 별보며 온천하기
오팔 핫 스프링스
Opal Hot Springs

마타마타 시내에서 6㎞ 떨어진 곳에 있는 온천장. 퍼스 타워 역사 박물관을 지나 스프링 로드 Spring Rd.에서 좌회전하면 길가에 오팔 핫 스프링스 이정표가 보인다. 퍼스 타워를 지었던 퍼스 가문에 의해 1880년대에 처음 개발된 온천장으로, 마타마타 지역의 헤리티지 건물로 지정되어 있다. 수영장으로 사용하는 미네랄 야외 풀이 세 개 있으며, 호젓한 개인탕 Private Pool도 인기가 높다. 온천풀 뿐 아니라 숙소도 함께 운영하고 있으니, 별을 보며 온천하는 호사를 누리고 싶으면 숙소로 정해 보는 것도 좋은 방법이다.

257 Okauia Springs Rd., Rd. 1, Matamata
09:00~21:00 노천탕 N$8, 개인탕 30분 N$10
888-819 www.opalhotsprings.co.nz

REAL+

소다수 온천 마을

테 아로하 미네랄 스파가 있는 테 아로하는 해밀턴에서 북동쪽으로 자동차로 1시간 거리에 있는 작은 마을이다. 오클랜드와 해밀턴을 비롯한 주변 도시 사람들이 즐겨 찾는 온천지로, 우리나라 관광객들에게는 비교적 덜 알려져 있다. 이곳이 유명한 이유는 뉴질랜드 유일의 소다수 온천 덕분. 약효가 뛰어나서 입소문을 타고 찾아오는 사람들이 늘어나고 있는 추세다.

14
오리지널 소다수 온천
테 아로하 미네랄 스파
Te Aroha Mineral Spas

1898년에 개장한 온천장. 목조 건물 7개가 나란히 붙어 있는 모케나 스파 배스 Mokena Spa Baths 뒤로 끓어오르는 간헐천 Geyser이 박진감 넘친다. 끓어오르는 지열로 데운 온천수를 바로 끌어다 사용하고 있는 이곳의 물은 소다수로 유명하다. 이처럼 이름난 온천수인데도 이 지역 주민들은 관광객이 느는 것을 바라지 않는다고 한다. 그래서 관광 수입을 올리기보다는 마을의 자원인 온천을 지키기 위해 최소한의 시설만 설치하고 있는 것. 그나마 최근에 리노베이션을 거쳐 로맨스 풀 Romance Pool 등의 업그레이드 된 욕조들을 선보이고 있다.

최대 4명 정도를 수용할 수 있는 일반 욕조는 모두 7개가 설치되어 있으며, 각각의 건물로 독립되어 있다. 안에는 샤워실과 화장실이 딸려 있고, 안쪽에 나무로 만든 욕조가 있다. 욕조에서는 스파 거품이 나오고, 물은 비누칠을 하지 않아도 미끈미끈한 성질을 지니고 있다. 입장하기 전에 반드시 마실 물을 챙겨갈 것을 권한다.

가족 단위 손님들은 한 채의 욕조에 함께 들어갈 수 있으며, 혼자 가도 한 채를 차지하게 되어 있다. 손님이 많은 주말에는 미리 예약하지 않으면 하루 종일 기다리거나 아예 탕 속에 들어가지 못하는 경우도 비일비재하다. 이럴 때는 100m 정도 떨어진 곳에 있는 위본 레저 풀 Wyborn Leisure Pool 쪽으로 가보자. 이곳에는 야외 수영장과 함께 실내에 설치한 커다란 대중탕이 있어서 많은 사람이 한꺼번에 온천욕을 즐길 수 있다. 미네랄 스파 뒤쪽 산에는 트레킹 코스가 조성되어 있다. 내비게이션에 이름을 찍고 가다 보면 Boundary St.의 거의 끝 지점에 입구가 나타난다.

Te Aroha Domain off Boundary St.
월~목요일 10:30~21:00, 금~일요일 10:30~22:00 크리스마스 휴무 N$28(30분), N$32(45분), N$41(1시간)
884-8717 www.tearohamineralspas.co.nz

EAT

01
밤도깨비들을 위한 만찬
Hamilton Night Markets

시티 한가운데, 브라이스 스트리트의 대형 마트 주차장에서 열리는 주말시장. 보통의 주말시장들이 새벽에서 오전 시간까지 열리는 데 반해, 이 시장은 해질녘부터 시작해 늦은 밤까지 이어지는 나이트 마켓이다. 밤에 열리는 시장인 만큼 다양한 요깃거리와 흥겨운 엔터테인먼트가 넘쳐난다. 특히 아시안 푸드는 나라별로 빠짐없어 보일 정도로 다양한 식재료와 음식들이 식욕을 자극한다. 케이마트 주차장 차양 아래서, 비가 와도 열린다.

Kmart carpark, Bryce St., Hamilton 토요일 17:00~23:00
689-9520

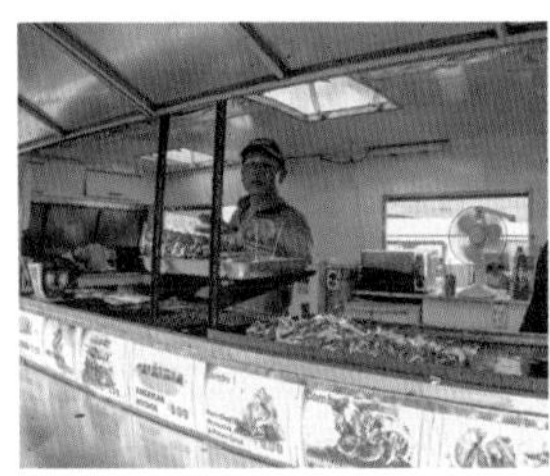

02
버거 아니고, 타파스
Gothen Burg

상호만 봐서는 마치 버거 가게 같지만 햄버거는 찾을 수 없다. 분위기 역시 버거 가게와는 완전히 다른, 높은 천장과 리버 뷰, 격식을 모두 갖추고 있으며, 심지어 주 메뉴는 뉴질랜드에서는 다소 생소한 타파스이다. 타파스는 일종의 에피타이저로, 식전에 식욕을 돋우기 위해 나오는 스페인 음식. 타파스로 나오는 음식의 종류는 셀 수 없이 많고, 셰프의 창의에 의해 완성되기 때문에 의외의 즐거움이 있는 음식이다. 와이카토 강이 내려다보이는 분위기 있는 곳에서 다양한 타파스와 디저트를 맛보고 싶다면 가장 추천할 만한 곳이다. 와이카토 박물관 근처에 있다.

ANZ Centre, 17 Grantham St., Hamilton
09:00~23:00 834-3562
www.gothenburg.co.nz

03
맥주 마니아라면 기억해야 할 이름
Good George (The Local Taphouse)

해밀턴에만 5군데 지점이 있는 굿 조지. 맥주 마니아들 사이에서는 꽤 입소문이 난 레스토랑 겸 펍이다. 프랑크톤과 로토투나, 해밀턴 이스트 쪽 지점들이 규모면에서는 더 크지만, 접근성에서는 시티 센터에 자리한 The Local Taphouse와 리틀 조지 Little George가 가장 찾기 쉽다. 굿 조지가 직접 제조한 뉴질랜드 맥주를 포함, 총 15종의 세계 맥주를 탭에서 바로 즐길 수 있으며, 맥주에 어울리는 다양한 안주(?)를 합리적인 가격에 맛볼 수 있어서 좋다. 시티 센터 두 군데를 제외한 대부분의 지점들은 교외의 교회 건물을 리모델링해서 높은 천정과 탁 트인 실내가 인상적이다.

346 Victoria St, Hamilton
834-4923
www.goodgeorge.kiwi.nz

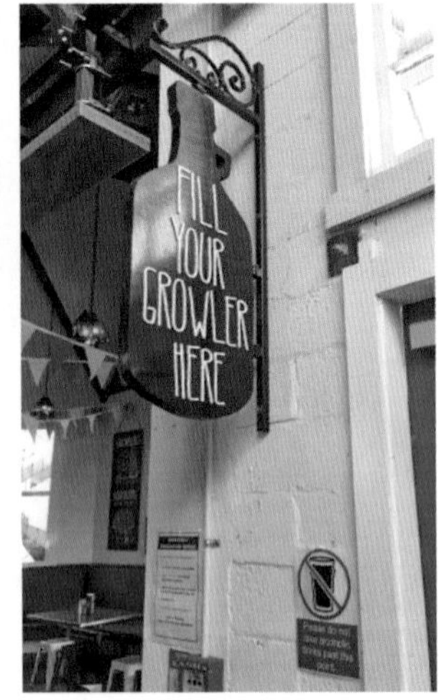

REAL GUIDE

동화 같은 마을
티라우 TIRAU

마타마타 남쪽, 타우포로 향하는 1번 도로변에는 재미난 모양의 건물이 있다. 가도 가도 목초지만 이어지다가 갑자기 눈앞에 나타나는 것은 빨간 혀를 내밀고 있는 커다란 개!! 그 개 한 마리가 길가에 앉아 있는 모양의 건물이 나온다.

일명 '양치기 개' 보더콜리의 형상을 하고 있는 이곳은 바로 남 와이카토 South Waikato 지역에 자리한 티라우 Tirau 관광안내소다. 티라우는 원주민 마오리말로 Ti(양배추)+Rau(많다) 즉, '양배추가 많은 마을'이라는 뜻. 실제로 이 마을에 양배추가 많은 지는 확인해보지 못했지만, 이름처럼 정겨운 마을임에는 틀림없다. 양치기 개 옆에는 화려한 의상의 양치기 동상이 있고, 한 술 더 떠서 양 모양 기념품 가게 'Merino Story'까지 구색을 갖추고 있다. 시내라고 해봐야 관광안내소를 중심으로 좌우 1㎞도 안 되는 도로변이 전부. 몇 안 되는 상가는 대부분 앤티크 숍과 카페로 구성되어 있는데, 한곳 한곳 모두 들어가 보고 싶을 만큼 아기자기 재미난 모양의 간판들이 눈길을 끈다. 보는 것만으로도 재미있는 외관의 가게들을 하나하나 살펴보면 마치 동화 속 세상처럼 흥미진진하다.

대중교통을 이용하면 대부분 그냥 지나치게 되지만, 혹시 렌터카를 이용한다면 한 번쯤 들러보길 바란다. 가는 내내 초록은 풀이요 간혹 양떼와 소떼만 보이던 시야에 알록달록 정겨운 풍경이 펼쳐질 것이다. 흡사 길을 잃고 동화책 속으로 떨어진 것처럼……. 특히 앤티크 소품에 관심 있는 사람이라면 뜻밖의 성과가 있을지도 모른다.

티라우 관광안내소
65 Main Rd., Tirau 09:00~16:00 883-1202
www.tirauinfo.co.nz

로토루아
ROTORUA

ROTORUA

인구
7만 2,000명

지역번호
07

인포메이션 센터 Rotorua Visitor Information Centre
1167 Fenton St. 여름 07:30~19:00, 겨울 07:30~18:00
348-5179 www.rotoruanz.com

뉴질랜드 최고의 관광 도시 뉴질랜드 전역을 통틀어 로토루아만큼 알찬 관광 도시는 없다. 양파 껍질처럼 아무리 벗겨도 한 겹 한 겹 새로운 볼거리가 나타나는 곳. 아름다운 호수와 울창한 숲, 부글부글 살아 있는 온천과 마오리의 노랫소리 그리고 뉴질랜드를 대표하는 양털깎기 쇼와 다양한 액티비티…. 자연은 자연대로, 자잘한 인공적인 재미들은 또 그것대로 어울려 로토루아를 뉴질랜드 최대의 관광 도시로 만들고 있다.

그러나 로토루아의 인상이 처음부터 좋은 것은 아니다. 도시의 들머리부터 관광객을 반기는 것은 코를 찌르는 유황 냄새! 이곳이 '유황의 도시'임을 실감하게 하는 이 냄새는 하루에도 몇 번씩 솟구치는 간헐천에서 내뿜는 것이다. 냄새에 익숙해질 때쯤 만나게 되는 뿌연 증기 가득한 온천 호수와 온천 폭포 등은 살아 있는 지구의 안쪽 세계를 상상하게 한다. 이 지구상 어디에서 또 이런 상상을 할 수 있겠는가. 거기다가 여행의 피로를 풀어줄 온천욕까지 기다리고 있으니…. 남녀노소 누구나, 취향 까다로운 어떤 사람이라도 이 도시에서는 즐거울 수밖에 없다.

로토루아 미리 보기
CITY PREVIEW

어떻게 다니면 좋을까?

시내에 자리한 가버먼트 가든, 폴리네이시안 스파 정도를 제외하면 걸어서 다닐 수 있는 관광지는 거의 없다. 이때 지리를 모르는 초행자들이 가장 쉽게 이용할 수 있는 것은 관광안내소에 비치된 팸플릿 정보를 읽고 자기에게 맞는 투어 버스를 골라 타는 방법이다. 관광안내소에 가면 'Rotorua Super Pass' 또는 'Rotorua Hot Deals'라는 이름의 패키지 상품을 전시하고 있는데, 이 가운데 자기가 원하는 관광지 위주로 짜여진 투어를 선택하면 된다. 요금에 따라 교통편만 제공되는 것과 주요 관광지 입장료가 포함된 것, 그리고 숙박비까지 포함된 것 등으로 나뉜다. 투어에 참여하지 않고 개별적으로 이동할 계획이라면, 로토루아 시내 버스, 베이 버스 Bay Bus를 이용하면 된다.

어디서 무엇을 볼까?

로토루아에서는 하루가 너무 짧다. 지열지대 관광과 마오리 문화 체험, 온천 등을 즐기는 데만도 하루 이틀은 금방 지나간다. 최고의 관광지답게 도심을 벗어나 먼 거리까지 골고루 볼거리가 포진되어 있다. 하루에 2~3군데 볼거리만 돌아도 3박 4일이 모자란 곳이니, 미리 지도를 보고 동선이 중복되지 않도록 하는 것이 중요하다. 호수를 중심으로 남쪽에는 시내가 형성되어 있고, 서쪽에는 양떼가 뛰노는 아그로돔과 송어 양식장 파라다이스 밸리가, 동쪽에는 진흙 열탕지대인 티키테레, 시내의 남쪽에는 마오리 마을과 간헐천이 자리잡고 있으니 동선에 참고할 것. 다음 일정이 타우포 방향이라면 동북쪽부터 차근차근 동선을 잡아 남쪽으로 내려가는 것이 좋다.

어디서 뭘 먹을까?

로토루아에서는 끼니마다 이곳저곳 헤맬 필요가 없다. 이트 스트리트 Eat Street에서 먹거리 고민을 한 방에 날려버릴 수 있기 때문. 투타이카이 스트리트의 북쪽, 푸카키 스트리트 Pukaki St.와 와카우에 스트리트 Whakaue St. 사이 구간이 바로 이트 스트리트라 불리는 먹자골목인데, 약 100미터 가량 되는 거리에 이탈리아, 태국, 필리핀, 그리스 등 다양한 국적의 음식점이 빼곡히 들어서 있다. 시내 주요 호텔 레스토랑에서는 매일 밤 마오리 전통 음식 항이를 맛볼 수 있는 디너가 펼쳐진다.

어디서 자면 좋을까?

배낭여행자를 위한 저렴한 숙소는 시내 중심가에 있으며, 중급 숙소인 모텔은 펜톤 스트리트와 연결되는 시내 남쪽 5번 도로변에 몰려 있다. 고급 호텔들은 로토루아 호수의 전망을 즐길 수 있는 호숫가에 자리 잡고 있다. 주의할 것은, 여름 성수기에는 모든 숙소들이 10~30% 정도 요금을 올린다는 사실.

ACCESS

로토루아 가는 방법

내륙에 위치한 로토루아는 분지 지형에다 호수를 끼고 있어서 유난히 안개가 많은 곳이다. 이른 오전에는 안개 때문에 운전에 각별히 주의해야 한다. 대중교통의 경우, 비행기와 장거리 버스 노선도 많고 횟수도 많아서 이동에 불편함은 없다.

비행기 Airplane

오클랜드·웰링턴·크라이스트처치·퀸스타운에서 출발하는 에어뉴질랜드 항공편이 1일 3회 이상씩 로토루아 공항에 도착한다. 오클랜드에서 약 45분, 웰링턴에서 약 1시간 10분, 크라이스트처치에서 1시간 40분이 소요된다. 그 밖의 중소 도시에서는 경유편을 이용해서 로토루아로 갈 수 있다.

• **에어뉴질랜드** Cnr. Fenton & Hinemoa Sts. 343-1100

공항 ---> 시내

로토루아 공항은 시내에서 10㎞ 정도 떨어진 로토루아 호수 동쪽에 자리하고 있다. 공항에서 시내까지는 슈퍼 셔틀 Super Shuttle 버스로 쉽게 이동할 수 있다. 이 버스는 원하는 숙소 앞까지 도어 투 도어 Door to Door 서비스를 하므로, 승차하면서 운전사에게 미리 목적지를 말해두어야 한다. 재미있는 것은 로토루아 공항에서 시내까지 운행하는 셔틀 버스의 요금이 사람 수에 따라 달라진다는 것. 즉 혼자일 때는 N$21이지만, 일행이 여러 명일 때는 추가되는 인원부터 각각 N$4~5씩만 더 내면 된다. 스마트폰 앱을 통해서도 쉽게 예약할 수 있다. 공항에서 시내까지 택시를 이용할 경우 요금은 약 N$25~30, 시간은 15분 정도 소요된다.

시내 버스를 이용해서도 시티까지 들어갈 수 있는데, 베이 버스 Bay Bus 10번 노선이 공항과 시내를 연결하는 버스 노선이다.

• **슈퍼 셔틀 로토루아 supershuttle Rotorua**
거리에 따라 편도 N$21~ 345-7790 www.supershuttle.co.nz

버스 Bus

로토루아까지는 북섬의 어떤 도시에서 출발하더라도 바로 그날 도착할 수 있을 만큼 많은 버스 노선이 이어져 있다. 오클랜드에서 매일 오전 8시 15분에 출발하는 인터시티 버스는 해밀턴, 마타마타를 거쳐 오후 12시 10분이면 로토루아에 도착하며, 그 뒤에도 네 차례나 더 오클랜드와 로토루아를 연결한다.

백패커를 위한 스킵 버스 Skip Bus도 로토루아에 정차한다. 로토루아에 도착한 모든 장거리 버스는 펜톤 스트리트 Fenton St.에 있는 관광안내소 앞에 서며, 티켓 예매나 숙소 예약 등의 업무도 대행해준다. 버스 정류장도 시내 한복판에 있고, 숙소들이 대부분 시내에 몰려 있어서 별다른 픽업 서비스는 필요하지 않다.

자동차 Car

오클랜드에서 1번 국도를 타고 해밀턴을 경유한 뒤 5번 국도를 이용하는 것이 가장 일반적이다. 웰링턴에서 로토루아로 올라갈 때는 1번 국도를 따라 타우포까지 간 다음 다시 5번 국도를 이용하면 된다. 코로만델 반도 쪽의 2번 국도를 따라 해안 도로를 달리는 길도 추천할 만하다. 항구 도시로 유명한 타우랑가를 지나 로토루아로 들어가는 이 길은 창밖으로 보이는 바닷가 경치만으로도 뉴질랜드를 만끽할 수 있는 최고의 드라이브 코스. 그러나 도중에 넘어야 할 산이 많으며, 특히 굽은 도로가 많으므로 운전에 주의해야 한다.

시내 교통 TRANSPORT IN ROTORUA

베이 버스 Bay Bus

로토루아 시내 버스의 이름은 베이 버스다. 전체 11개의 노선이 이 도시의 웬만한 관광지는 모두 커버하고 있으며, 1회 이용료로 60분 내에 환승도 가능하다. 모든 노선 버스는 로토루아 CBD의 아라와 스트리트 Arawa St. 정류장에서 출발하고 정차한다.

Ⓢ 1회권 현금 N$2.80, Daysaver N$7
⌂ www.baybus.co.nz/rotorua/rotorua-urban

베이 버스 주요 노선 번호와 관광지

01	Ngongotah(via Rainbow Springs/Skyline/ Heritage Farm and Agrodome)
03	Ōwhata(via Lynmore and the Redwoods)
04	Sunnybrook(via Fordlands)
05	Western Heights(via Selwyn Heights)
10	Airport(via Ngāpuna and Ōwhata)

자전거 Bicycle

도로 넓고 교통량 적고, 공기 맑고 경치까지 좋은 로토루아에서는 자전거 여행에 도전해보는 것도 좋은 추억이 된다. 곳곳에 언덕과 구릉이 있고 몇몇 관광지는 자전거로 이동하기에 약간 멀지만, 그래도 한번쯤 자전거 여행을 해보고 싶다면 로토루아처럼 적당한 곳도 없을 듯. 대부분의 자전거 대여소에서 산악지대용과 시내용으로 나누어 빌려주고 있다. 체력이 걱정되는 사람은 전기 자전거를 빌리는 것도 좋은 방법. 1시간 대여료는 일반 자전거는 N$20부터, 전기 자전거는 N$25부터 시작되며 성능과 용도에 따라 선택의 폭이 넓다.

• **Electric Bike Rotorua** ⦿ 1265 Fenton St. ☏ 460-0844 ⌂ www.electricbikerotorua.co.nz

REAL COURSE

로토루아 추천 코스

5번 도로를 타고 로토루아로 가는 길에 가장 먼저 만나게 되는 관광지는 아그로돔이다. 주변에 서너 군데의 볼거리가 모여 있으니 시내로 들어가기 전에 동선을 체크하자.

DAY 01

첫째 날 로토루아 시내에 깨알처럼 박혀있는 즐길 거리를 둘러보는 데에도 하루가 모자란다. 아그로돔의 양털깎기 쇼를 시작으로 시내에서는 로토루아 호수와 가버먼트 가든을 둘러본 뒤, 폴리네시안 스파와 항이 디너로 하루를 마무리한다.

예상 소요 시간 8~12시간

START **아그로돔**
박진감 넘치는 양털깎기 쇼

자동차 5분

레인보우 스프링스(국립 키위 부화장)
뉴질랜드의 때묻지 않은 자연

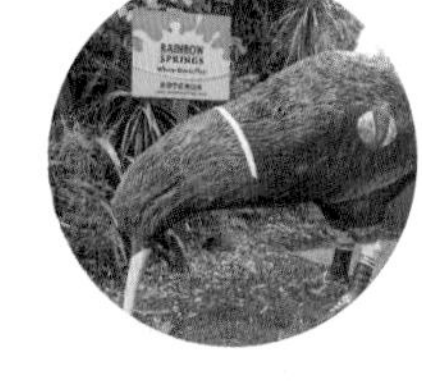

자동차 5분

스카이라인
로토루아 시내를 한눈에

자동차 13분

파라다이스 밸리
뉴질랜드 야생 동물의 천국

자동차 15분

로토루아 호수
애틋한 사랑 노래, 〈연가〉의 고향

도보 5분

가버먼트 가든
아름다운 관공서

도보 3분

폴리네시안 스파
여행의 피로를 한 방에 날려버릴 수 있는 곳

도보 5분

FINISH **항이 디너와 하카 댄스**
마오리 문화의 진수

DAY 02

둘째 날 본격적인 지열지대 탐사(?)와 마오리 문화 체험에 나선다. 와카레와레와 지열지대와 지옥의 문, 와이오타푸 등 다양한 지열지대가 있으니 그 중 한두 군데를 둘러본 다음, 레드우드 숲, 마오리 빌리지와 매몰촌 등을 차례로 둘러본다.

예상 소요 시간 8~12시간

START

지옥의 문
지옥의 열기와 스멜

자동차 20분

레드우드 삼림욕장
하늘을 가린 전나무 숲

자동차 15분

테 푸이아
로토루아에서 가장 크고 유명한 지열지대

자동차 10분

테 와이로아 매몰촌
화산재에 매몰된 마오리촌

자동차 15분

와이망구 계곡

자동차 20분

FINISH

와이오타푸 서멀 원더랜드
알록달록 컬러풀 용암지대

로토루아 광역 지도

팜 하우스

하무라나 온천
Hamurana Springs

Lake Rotoiti Lakeside Holiday Park

Lake Rotoche

33

로토이티 호수
Lake Rotoiti

30

로토루아 호수
Lake Rotorua

08 지옥의 문 지열 파크 & 머드 스파
Hell's Gate Geothermal Park
& Mud Bath Spa

아그로돔
Agrodome 01

5

모코이아 섬
Mokoia Island

Mountain Action

02 레인보우 스프링스(국립 키위 부화장)
Rainbow Springs(National Kiwi Hatchery)

Skyline Restaurant 05

로토루아 시내

로토루아공항

09 레드우드 삼림욕장
Redwood Grove

농고타 산
Mt. Ngongotaha

04

오카타이나 호수
Lake Okataina

파라다이스 밸리
Paradise Valley

10 테 푸이아(와카레와레와)
Te Puia(Whakarewarewa)

오카레카 호수
Lake Okareka

와카레와레와
삼림공원

Blue Lake

타라웨라 호수
Lake Tarawera

03 스카이라인 곤돌라
Skyline Gondola

11

Green Lake

테 와이로아 매몰촌
Te Wairoa Burried Village

30

로토마하나 호수
Lake Rotomahana

12 와이망구 화산 계곡
Waimangu Volcanic Valley

5

Lake
Rerewhakaaitu

레인보우 마운틴

13 와이오타푸 서멀 원더랜드
Wai-O-Tapu Thermal Wonderland

타우포 방면

N
W
S

0 2.5km

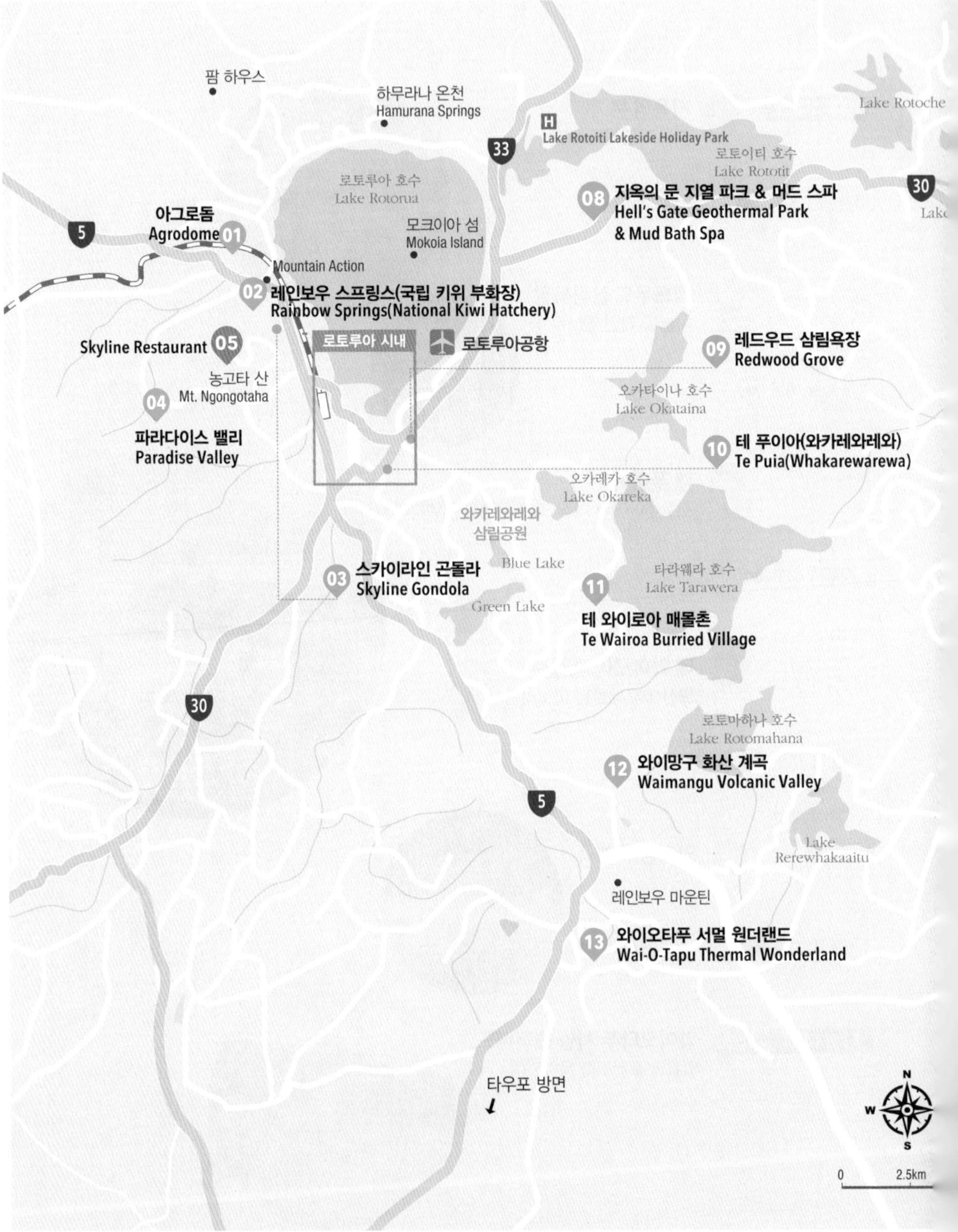

REAL MAP 로토루아 시내 지도

로토루아 역
Cleveland Motel
오히네무트 · 마오리 마을
Ohinemutsu
Lake Rd.
05 로토루아 호수
Lake Rotorua
08 Macs Steak House
유람선 승선장
5
Base Backpackers
(Hot Rock)
Kiwi Paka
로토루아 병원
퀸 엘리자베스 병원
06 가버먼트 가든
Government Garden
Tarawera Rd.
YHA Rotoua
CBK(Craft Bar
And Kitchen) 02
Whakaue St.
Lake St.
관광안내소
Rorotua Museum
01 Fat Dog Café & Bar
쿠이라우 파크
Kuirau Park
Arawa St.
Aquatic Centre
Rotorua Downtown
Backpackers
Rorotua Conventiona Center
난 정원 The Orchid Gardens
03 Amazing Thai
Top 10
홀리데이 파크
Pukuatua St.
Rangiuru St.
Tutanekai St.
Rotorua Central
Backpackers
튜더 타워
Capers Epicurean 04
Rorotua Central Post
Hinemoa St.
Eruera St.
07 Valentines
07 폴리네시안 스파
Polynesian Spa
30A
Amohau St.
Pererika Rd.
슈퍼마켓
PAKnSAVE
Venture
06 Pig & Whistle
Victoria St.
Union Victoria
Motor Lodge
Liquor Land
Union St.
Toko St.
Funky
Green
Voyager
Aces Club
Malfroy Rd.
5
New World
슈퍼마켓
Seddon St.
Fenton St.
Old Taupo Rd.
Ranolf St.
Carnot St.
30
아라와 파크
Arawa Park
Grey St.
Robertson St.
Rydges Rotorua
Te Ngae Rd.
Sumner St.
Marguerita St.
Lytton St.
Devon St.
Ward Ave.
Sophia St.
Otonga Rd.
Long Mile Rd.
아라카파카파 골프장
Arikikapakapa Golf Course
B.P.(주유소)
Sala St.
Froude St.
레드우드 삼림욕장
Redwood Grove 09
Meade St.
200m 400m

Hemo Rd.
포후투 가이저
마오리 공예학교
10 테 푸이아(와카레와레와)
Te Puia(Whakarewarewa)
Waiarilk
Polytechnic

SEE

01
꿀잼 양털깎기 쇼
아그로돔 Agrodome

로토루아 시내에서 북쪽으로 약 10㎞ 떨어진 5번 도로변에 있다. 오클랜드 방면에서 자동차로 이동하는 사람들에게는 가장 먼저 만나는 로토루아의 관광지기도 하다. 뉴질랜드 농장의 모습을 한눈에 볼 수 있는 이곳에는 양몰이 쇼, 양털깎기 쇼, 소 젖짜기 시범 등의 볼거리가 있으며, 팜 투어와 팜 스테이도 가능하다. 하루 세 차례 열리는 양털깎기 쇼는 재치 있고 노련한 목동의 사회로 한 시간쯤 진행된다. 양털의 종류와 가공법, 양을 다루는 방법부터 본격적인 양털깎기까지 다양한 시범과 질문이 이어지고, 각 나라별 관광객을 무대로 불러내 즉석 퀴즈 대결을 펼치기도 한다. 입구에서 나눠주는 헤드폰을 끼고 한국어를 선택하면 우리나라 아나운서가 중계하는 한국어 설명을 들을 수 있다.

실내에서 양털깎기 쇼가 끝나면 모두 밖으로 나와 양몰이 개가 양을 모는 모습과 목동들이 넓은 벌판에서 양을 다루는 모습 등을 구경하게 된다. 양털깎기 쇼와 양몰이 시범이 끝난 뒤에는 120ha나 되는 아그로돔 농장을 둘러보는 팜 투어가 기다린다. 아그로돔은 한국 단체 관광객들이 반드시 들르는 주요 관광지인 만큼, 이때 대부분 국적별로 트랙터를 타고 이동하고 한국인 가이드까지 동행하므로 언어의 불편 없이 즐겁게 즐길 수 있다. 드넓은 목장과 키위 농장을 둘러보며 소와 양에게 직접 먹이를 주는 체험은 참가자들에게 뉴질랜드 농가에 대한 깊은 인상을 남긴다.

최근에는 단순한 볼거리를 넘어 농장 안에서 즐기는 액티비티도 다양하게 선보이고 있는데, 아그로제트 Agrojet·번지 Bungy·헬리프로 Helipro·조브 Zorb 등의 어드벤처에도 한번쯤 도전해보길!! 쇼가 펼쳐지는 실내에는 양모제품을 전시 판매하는 대규모 기념품점이 있다.

141 Western Rd. 08:30~17:00(양털깎기 쇼 09:30, 11:00, 14:30) 어른 N$49, 어린이 N$25 357-1050, 0800-339-400 www.agrodome.co.nz

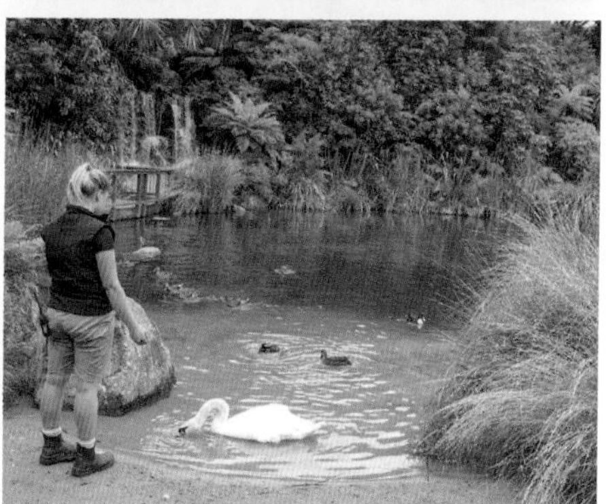

02
맑은 물과 새소리, 물통 지참 필수
레인보우 스프링스(국립 키위 부화장)
Rainbow Springs(National Kiwi Hatchery)

언덕에서 끓어오르는 자연 열천을 보기 위해 100여 년 전부터 사람들은 레인보우 스프링스를 찾았다. 그 무렵에는 이곳을 '요정의 샘 Fairy Springs'이라 했다고 한다. 지금은 뉴질랜드 관광업계의 선두인 쇼토버 제트 Shotover Jet 社 소유로, 최근에 개장한 '빅 스플래쉬'와 함께 가족 단위 관광지로 개발되었다.

뉴질랜드의 상징인 은고사리 숲에서는 이름 모를 새소리가 들려오고, 맑은 눈의 꽃사슴과 백조, 키위, 키아 등의 다양한 동물들이 사람들을 반긴다. 숲속을 흐르는 샘물은 물속을 헤엄치는 물고기의 몸짓이 그대로 보일 만큼 맑고, 샘의 상류는 바로 떠서 그냥 마실 수 있을 만큼 물이 깨끗하다. 입구에서 나눠주는 한국어 팸플릿과 헤드폰을 통해 포인트마다 한국어 설명을 들을 수 있다.

이 밖에도 레인보우 스프링스에서 특히 자랑하는 곳으로 '키위 엔카운터 Kiwi Encounter'와 '빅 스플래쉬 Big Splash'를 들 수 있는데, 전자는 뉴질랜드의 상징 키위새를 보존하고 보호하는 곳이며, 후자는 자연을 테마로 한 소박한 워터파크라 할 수 있다. 두 군데 모두 뉴질랜드의 자연을 테마로 하고 있다는 점에서 일맥상통한다. 이곳은 코로나19 이후 국립 키위 부화장으로 역할이 바뀌었지만, 마오리 원주민이 다시 부지를 매입하면서 2024년 재개장 소식이 들려오고 있다.

National Kiwi Hatchery Agrodome, 141 Western Rd. 09:30~14:00 어른 N$59, 어린이 N$30 350-0440 www.nationalkiwihatchery.org.nz

03
곤돌라 타고 올라가고, 루지 타고 내려오고

스카이라인 곤돌라 Skyline Gondola

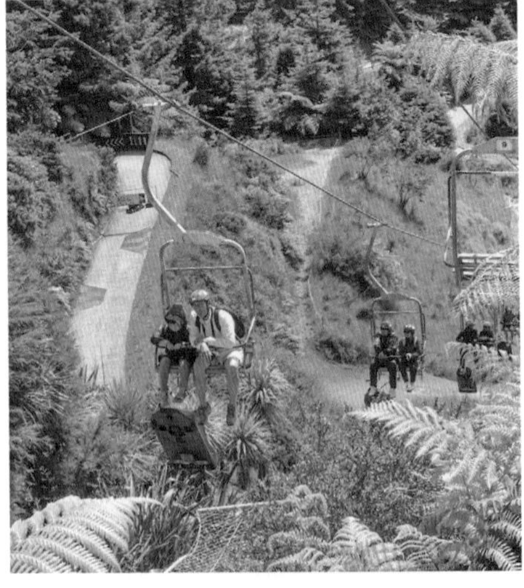

로토루아 시내에서 자동차로 10분 거리, 아그로돔과 레인보우 스프링스로 이어지는 5번 도로변에 스카이라인 곤돌라 탑승장이 있다. 이곳은 로토루아 호수 서쪽에 있는 농고타 산 정상에 세워둔 스카이라인 전망대. 곤돌라를 타고 정상에 올라가면 레스토랑·카페·기념품점·전망대 등의 편의 시설을 비롯해 360도 회전하는 공중 그네 스카이 스윙 Sky Swing, 벤츄러 시뮬레이터 Venturer Simulator, 사격 Slug Target Shooting 등의 놀이 시설이 반겨준다. 그중에서도 백미는 정상에서 산 아래로 전망을 즐기며 내려가는 박진감 넘치는 루지 Luge. 봅슬레이를 개조한 루지는 초보자도 탈 수 있는 시닉 트랙부터 속도감을 즐길 수 있는 어드밴스 트랙까지 세 단계로 나뉘어 있다. 한 번 타고 나면 몇 번이고 다시 타고 싶을 만큼 의외의 재미가 있다.
한편 곤돌라를 타고 올라갈수록 펼쳐지는 풍경은 한 폭의 그림처럼 아름답다. 울창한 숲과 로토루아 호수 그리고 호수에 떠있는 작은 섬 모코이아 아일랜드까지 파노라마처럼 거침없이 펼쳐진다. 전망대 레스토랑에서는 점심과 저녁 뷔페를 선보이는데, 메뉴에는 김치와 된장·고추장까지 있어서 한국 관광객들에게 인기가 높다.

Fairy Springs Rd. 09:00~저녁 늦게까지 곤돌라 N$40, 곤돌라&루지 1회 N$57, 곤돌라 + 런치 뷔페 N$79, 곤돌라 + 디너 뷔페 N$99 347-0027 www.skyline.co.nz

04

동식물의 파라다이스

파라다이스 밸리 Paradise Valley

마운트 농고타 뒤로 숨은 이 계곡은 이름 그대로 파라다이스 같은 곳. 주도로에서 파라다이스 밸리 이정표를 따라 좁은 비포장길을 10분 이상 가야 만날 수 있다. 자연 그대로의 숲에서는 왈라비·주머니쥐 같은 유대류와 새들이 지저귀고, 공원 안을 흐르는 고타하 강에서는 송어·잉어·뱀장어 등이 유리알 같은 물속을 헤엄친다. 공원 전체를 한 바퀴 도는 데 소요되는 시간은 한 시간 남짓이지만, 도중에 키위도 찾아봐야 하고 돼지나 사슴 먹이도 주다 보면 한나절이 금방 지나가버린다. 특히 오후 2시 30분에 펼쳐지는 사자 먹이 주는 시범은 놓치지 말아야 할 볼거리. 서너 마리의 사자가 바로 눈앞에서 입을 쩍 벌리고 고깃덩이를 받아먹는 모습도 스릴 넘치지만, 무엇보다 맹수가 없는 뉴질랜드에서 사자를 본다는 사실만으로도 특별한 볼거리다.

Paradise Valley Rd. 08:00~18:00 어른 N$38, 어린이 N$19 348-9667 www.paradisev.co.nz

REAL TALK 〈연가〉의 고향 로토루아

"비바람이 치던 바다…"로 시작하는 〈연가〉라는 노래 아시죠? 바로 그 노래의 고향이 뉴질랜드의 로토루아라는 사실도 알고 있나요? 한국전쟁 때 파병되었던 뉴질랜드 병사들이 우리나라에 퍼뜨려 〈연가〉가 되었다는 이 노래의 원제목은 'Po Karekare Ana'랍니다. 이 노래는 뉴질랜드 출신의 세계적인 소프라노 가수 키리 테 카나와 Kiri Te Kanawa가 불러서 더욱 유명해졌습니다. 키리 테 카나와가 부른 마오리 노래들은 전 세계 사람들의 사랑을 받고 있답니다. 로토루아에 왔으면 호숫가에서 〈연가〉 한번 불러봐야죠. 이왕이면 원어로.

Po kare kare ana 포 카레 카레 아나
Nga wai o Rotorua 가 와이 오 로토루아
Whiti atu koe hine 휘티 아투 코에 히네
Mari no ana e 마리 노 아나 에

Chorus
E hine e 에 히네 에
Hoki mai ra 호키 마이 라
Ka mate a hau 카 마테 아 하우
Te aroha e 테 아로하 에

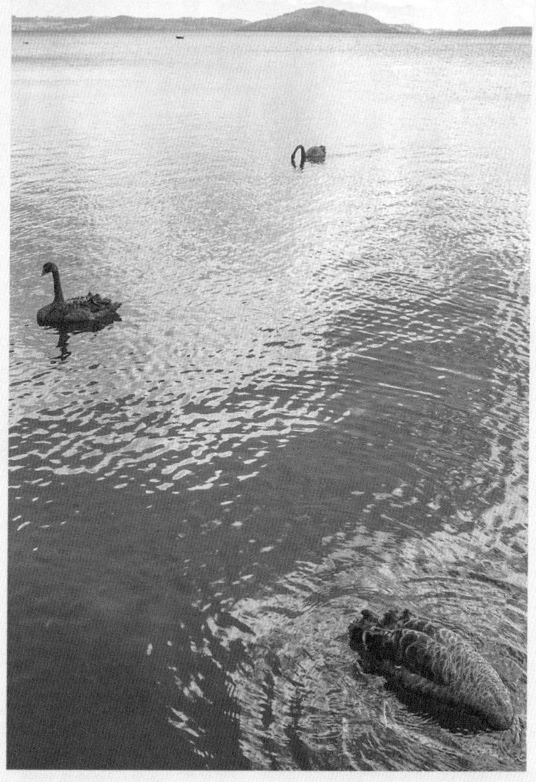

05
〈연가〉의 사랑 이야기
로토루아 호수
Lake Rotorua

로토루아를 대표하는 가장 큰 호수이자 뉴질랜드 북섬에서 타우포 호수 다음으로 큰 호수다. 즉 로토루아라는 지명 그대로 '두 번째 큰 호수'. 화산이 폭발하는 과정에서 생긴 커다란 웅덩이에 물이 고여 만들어졌다. 햇빛에 반짝이는 물빛은 뭐라 형언할 수 없을 만큼 아름답다. 호숫가는 넓은 잔디밭이 펼쳐진 피크닉 존과 놀이터로, 삼삼오오 모여 샌드위치나 바비큐를 즐기는 모습이 평화로워 보인다. 호수와 접해있는 워 메모리얼 파크 War Memorial Park 안에는 소규모 놀이공원으로 조성되어 있는데, 알록달록 원색으로 칠해진 놀이기구들이 눈길을 끈다.

마치 바다처럼 넓은 이 호수는 가운데에 섬까지 품고 있다. 이 섬의 이름은 모코이아 Mokoia. 이곳은 뉴질랜드판 〈로미오와 줄리엣〉인 히네모아와 투타네카이의 전설적인 사랑으로 유명하다. 옛날 옛적 모코이아 섬에 살던 마오리 청년 투타네카이는 추장의 딸 히네모아와 사랑에 빠졌다. 두 사람의 사랑을 인정하지 않는 추장은 투타네카이를 섬에서 추방해버렸다. 추장 딸 히네모아는 과연 어떻게 했겠는가. 당연히 사랑하는 님을 따라 맨몸으로 로토루아 호수를 건넜고, 두 사람은 사랑을 이루었다나 뭐라나…. 후세 사람들은 그들의 사랑을 노래로 전했고, 우리는 〈연가〉라는 제목의 그 노래를 흥얼거린다. 마오리 청년이 타고 왔다는 마오리 선박도 호숫가 산책로에 잘 보존되어 있다.
날씨가 좋을 때는 호반의 여왕이라 불리는 'Lakeland Queen' 유람선을 타고 모코이아 섬까지 가보거나 호숫가를 산책하는 것도 무척 운치 있다.

06

이토록 아름다운 관청

가버먼트 가든 Government Garden

식민지 시대의 관청으로 사용되었던 가버먼트 가든. 지금은 로토루아 시민과 관광객을 위한 공원으로 활용되고 있다. 튜더 타워를 중심으로 끝없이 펼쳐진 잔디밭과 오색 꽃 만발한 영국식 정원, 그리고 중후하고 멋스러운 붉은 지붕의 건물이 인상적이다. 가버먼트 가든 어디에서든 카메라 셔터만 누르면 멋진 사진엽서 한 장이 된다.

9 Queens Dr.

블루 배스 The Blue Baths

가버먼트 가든 안에 있으며 식민지 시대 귀족적인 생활의 단면을 보여주는 곳. 1933년에 지어진 이 건물은 일종의 대중목욕탕으로, 배스 하우스 Bath House라고도 한다. 1982년부터 1999년까지 17년 동안은 폐쇄되어 있었고, 몇 차례의 보수를 거쳐 지금 모습이 되었다. 건물 가운데에 풀이 있고, 건물의 역사와 재현 과정을 보여주는 뮤지엄, 그리고 티 룸과 이벤트 홀이 있다.
블루 배스의 수영장은 1999년 이후부터 일반인에게도 공개하고 있지만, 잦은 보수로 문을 닫는 때가 많다. 티 룸은 결혼식이나 개인적인 기념일 등에만 예약을 통해 이용할 수 있고 일반인에게는 공개되지 않는다. 이래저래 안에 들어가지 못하고 외관만 보고 돌아서야 할 경우가 많은데, 이때는 건물 바로 옆의 지열탕(?)으로 가보자. 울타리를 쳐둔 둥근 웅덩이에서 부글부글 끓는 용암의 숨소리에 귀와 코와 눈이 동시에 마비될 지경이다.

여름 10:00~, 겨울 12:00~ 350-2119
www.bluebaths.co.nz

로토루아 박물관 Rotorua Museum

1906년에 지어진 튜더 양식의 건물로, 가버먼트 가든을 대표하는 사진 모델(?). 안으로 들어서면 높게 트인 천장과 로비 양쪽 옆의 계단이 무척 귀족적이다. 매표소 오른쪽은 로토루아의 역사와 마오리 문화를 보여주는 박물관 전시장이고, 왼쪽에는 당시의 목욕 문화를 보여주는 모형과 실제 도구 등이 그대로 보존되어 있다. 건물 자체가 무척 아름답기 때문에 건물 밖을 산책하듯 둘러보는 것만으로도 운치를 느낄 수 있다.

* 2024년 3월 현재 건물 보수와 리모델링을 위해 잠정 휴업 중이다.

350-1814 www.rotoruamuseum.co.nz

07
이 도시의 센터는 바로 이곳
폴리네시안 스파 Polynesian Spa

폴리네시안 스파는 뉴질랜드에서 가장 유명한 온천 가운데 하나이자 로토루아를 세계적인 온천 휴양 도시로 만든 주인공이기도 하다. 이곳의 온천수는 류머티즘과 근육통·피부병 등에 효과가 있는 것으로 알려져 한국인을 비롯한 동양인에게 특히 인기가 높다. 남녀 성별로 나누지 않고 수영복을 입은 채로 즐기는 남녀 혼탕이며, 개인 타월과 수영복은 필수다. 예전에는 성분이 다른 여러 종류의 온천수를 함유한 노천탕도 운영했으나, 몇 해 전 관광객 한 명이 유황가스에 질식해 사망한 뒤로 잠정 폐쇄 되었다.

아이들과 함께 즐길 수 있는 패밀리 스파, 개인 또는 연인끼리 즐길 수 있는 프라이빗 스파, 그리고 럭셔리한 분위기를 만끽할 수 있는 레이크 스파 리트리트 풀을 운영하고 있다. 개인적인 의견을 더하자면, 북적거리는 대중 풀보다는 프라이빗 풀을 이용하는 것이 더 좋을 듯. 시간 제약은 있지만, 사실 30분만 있어도 충분히 땀 빠지고 기운 빠지므로 그리 짧다는 생각은 들지 않는다. 프라이빗 풀은 작은 공간에 동시에 3명 정도가 들어갈 수 있는 개인 욕조와 샤워 시설을 갖추고 있다. 고급스러운 욕조에서 흘러나오는 물도 깨끗하고 무엇보다 조용한 것이 최대 장점. 또 하나의 호화탕은 레이크 스파 리트리트. 이곳에서는 로토루아 호수를 바라보며 노천 온천욕을 즐길 수 있다. 요금은 조금 비싸지만 타월과 개인 라커가 요금에 포함되어 있다. 단, 자연석을 그대로 활용한 바닥이 미끄럽고 울퉁불퉁해서 간혹 발가락 등을 다칠 수 있으니 주의할 것. 건물 안에는 기념품점과 카페, 마사지 센터 등의 부대시설을 갖추고 있는데, 특히 이곳의 스파 마사지는 여행자들에게 인기가 높다. 크리스마스 등의 휴일에도 문을 닫지 않고, 365일 같은 시간에 문을 연다.

1000 Hinemoa St. 08:00~23:00(마지막 입장 22:15) 레이크 뷰 프라이빗 스파(2인) N$89.90, 스카이 뷰 프라이빗 스파(2인) N$59.90/패밀리 스파 어른 N$26.95, 어린이 N$11.95/디럭스 레이크 스파 N$88.95 348-1328 www.polynesianspa.co.nz

08

지옥처럼 치명적인 진흙탕
지옥의 문 지열 파크 & 머드 스파
Hell's Gate Geothermal Park & Mud Bath Spa

공항을 지나 동쪽으로 차를 달리면 시내에서 약 10분 떨어진 북동쪽에 이름도 거창한 '지옥의 문', 헬스 게이트가 나온다. 같은 지열지대라도 와카레와레와가 단체 관광객들로 북새통을 이루는 데 비해서 훨씬 조용하고 내실 있다. 마오리 소유인 이곳은 걸어서 45분 정도면 돌아볼 수 있는 지열지대 입장료와 진흙·유황 스파로 즐기는 목욕료를 각각 따로 내야한다. 이왕 여기까지 왔으니 어느 것을 할까 갈등하지 말고, 두 가지 모두를 경험해보기 바란다. 지열지대는 크고 작은 유황천으로, 부글거리는 뿌연 수증기가 시야를 가린다. 처음 만나게 되는 '악마의 목욕탕'은 수심 6m에 95℃의 유황천이 끓고 있다. 이름 그대로 악마나 목욕을 할 만하다. 계속되는 총 22개의 유황천도 '지옥' '악마의 가마솥' '악마의 목구멍' 등등 이름이 모두 무시무시하다. 정말 지옥의 모습은 이런 걸까? 한편 스파 시설도 독특하다. 수영복으로 갈아입고 나오면 마오리 종업원들이 진흙탕·유황탕 등의 코스로 안내한다. 진흙 목욕이야말로 이곳의 하이라이트. 머드팩 1만 개 정도를 풀어헤쳐 놓은 것 같은 진흙탕을 지나고 나면 피부가 미끄러질 듯 부드러워진다. 스파 마사지 숍도 운영하고 있다.

351 State Highway 30, Tikitere 08:30~20:00 크리스마스 휴무 공원 어른 N$42, 어린이 N$21 / 머드 배스&스파 어른 N$85, 어린이 N$42.50 / 공원 입장료+배스&스파 어른 N$105, 어린이 N$52.50 345-3151 www.hellsgate.co.nz

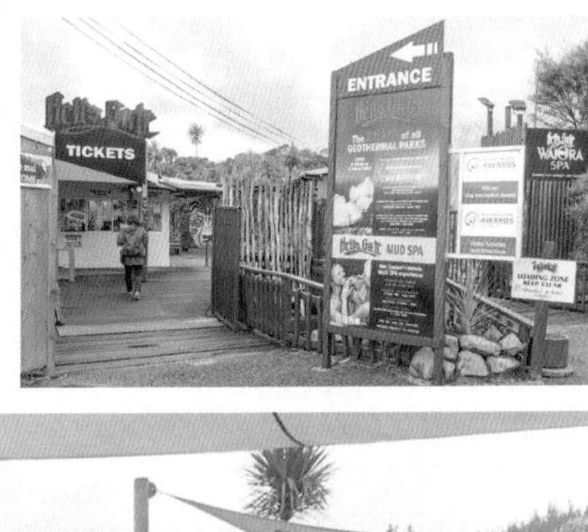

09
《노르웨이의 숲》보다 한 수 위
레드우드 삼림욕장
Redwood Grove

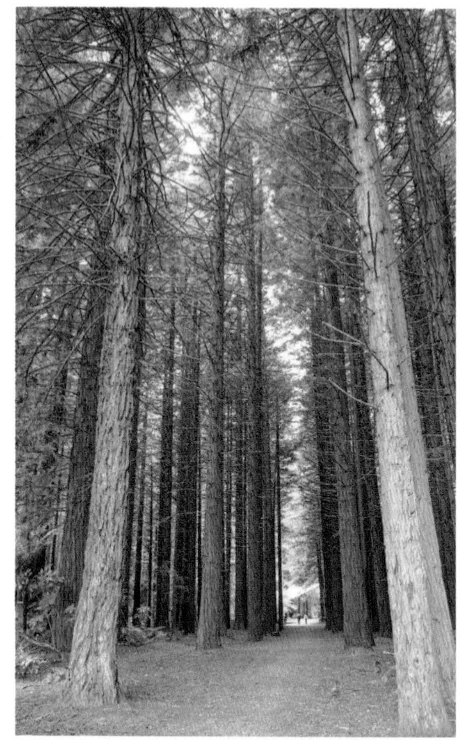

뉴질랜드 임업 시험장이 있는 레드우드에는 아름드리나무가 하늘을 가릴 정도로 빽빽이 들어차 있다. 울창한 숲이 햇빛을 가려서 대낮에도 해질녘처럼 어둑하고 묘한 정적마저 흐른다. 제2차 세계대전에 참가한 뉴질랜드 병사들을 추모하는 의미로 미국 캘리포니아산 수목을 심었는데, 이 나무들을 산림청 직원이 육종하기 시작하면서 지금처럼 울창한 수목원이 되었다고 한다. 들어서는 순간 고목의 그윽한 향과 신선한 기운에 머리가 맑아지는 것을 느낄 수 있다. 통나무로 지어진 비지터 센터를 지나면 30분부터 8시간까지 다양한 코스의 산책로가 개발되어 있다. 코스마다 빨강·초록·노랑 등 각기 다른 색깔로 표지판을 만들어 두었기 때문에 컬러 표지판만 따라가면 길 잃을 염려는 없을 듯. 그렇더라도 비지터 센터에서 지도 한 장 챙겨두자.
시티라이드 Cityride 버스 3번을 타면 레드우드 이정표가 있는 Tarawera Road 앞에 정차한다. 이곳에서 비지터 센터가 있는 롱마일 로드 Longmile Rd.까지는 가볍게 도보로 이동할 수 있다.

Redwoods I-Site & Visitor Information Centre
Long Mile Rd. 여름 08:30~18:00, 겨울 08:30~17:00
750-0110 www.redwoods.co.nz

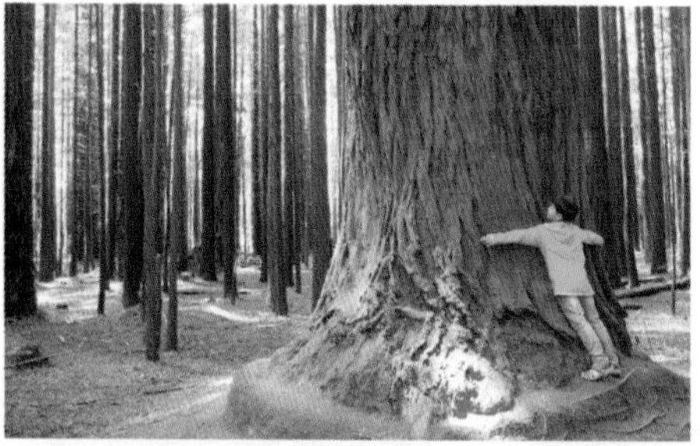

레드우드 트리워크 Redwoods Treewalk

레드우드 비지터 센터가 있는 작은 광장에는 세상에서 제일(?) 창의적인 모양의 화장실들과 삼나무 숲길의 높은 허리를 가르는 트리워크가 놓여있다. 트리워크는 22개의 삼나무를 이어 만든 21개의 현수교 위를 걷는 숲 체험이다. 12미터 높이의 나무 위에서 바라보는 숲과 땅은 경이로움 그 자체. 총 553미터의 트리워크를 걸어 돌아나오게 된다. 로토루아 시티 비지터 센터 또는 레드우드 비지터 센터에서 티켓을 구매한 후, 자유롭게 워킹을 시작한다. 낮 동안에 숲을 파고드는 햇살을 느껴보는 것도 좋고, 트리워크 위에서 석양을 감상하는 나이트 워크도 색다른 감동을 준다. 티켓 구입 후 3일 이내에는 동일 티켓으로 나이트워크도 가능하다.

09:00~23:00 어른 N$39, 어린이 N$24
www.treewalk.co.nz

10
살아 숨 쉬는 지구의 속살
테 푸이아(와카레와레와)
Te Puia(Whakarewarewa)

시내 중심에서 남쪽으로 3㎞ 정도 떨어져 있으며, 로토루아에서 가장 크고 유명한 지열지대이자 마오리 문화를 가장 가까이에서 볼 수 있는 공간. 마오리 전통 목조문으로 들어가면 옛 모습 그대로 재현해놓은 마오리 마을이 나온다. 마을을 지나 카페와 기념품점·갤러리를 통과하면 본격적인 간헐천 여행이 시작된다. 테 푸이아에 있는 대표적인 간헐천 포후투 Pohutu(마오리말로 '솟아오르는 물'이라는 뜻)는 대개 1시간에 한 번꼴로 분출하는데, 그 높이가 자그마치 20~30m나 되어 장관을 연출한다. 한 번 분출할 때마다 5~10분 동안 가스와 수증기를 뿜어올리는데, 최고 기록으로는 무려 15시간이나 쉬지 않고 분출되었다고 한다. 흥미로운 사실은 포후투가 분출하기 전에는 항상 Prince of Wales Feathers라는 이름의 간헐천이 먼저 분출한다는 것. 아마도 이 지역의 지형 아래쪽이 서로 연결되어 있기 때문인 듯하다. 머드팩의 원료로 사용되는 진흙 풀 Mud Pool이 지열로 인해 끓어오르는 모습도 볼 만하고, 우리나라 찜질방처럼 절절 끓는 이 지대의 바위에 걸터앉아 잠시 아랫목의 정취를 느껴보는 것도 재미있다.

테 푸이아에서 빼놓지 말아야 할 것은 바로 마오리 예술공예관 Maori Arts&Crafts Institute. 이곳에는 마오리족의 공예품을 모아놓은 미술관과 지금도 마오리족이 살고 있는 마오리 마을, 살아있는 키위를 찾아볼 수 있는 키위 하우스 등이 함께 있다. 테 푸이아 전체를 한 바퀴 돌고나면 시간 맞춰 하카 공연장으로 향해야 한다. 마오리 족장이 나와서 손님들을 맞는 퍼포먼스를 하면 그들의 안내에 따라 공연장으로 입장한다. 뉴질랜드 곳곳에서 하카 공연을 관람할 수 있지만, 박력 넘치는 마오리 민속 공연을 제대로 관람하려면 테 푸이아가 가장 권할 만하다.

한편 이곳은 와카레와레와라는 이름에서 테 푸이아로 정식 명칭이 바뀌었지만, 여전히 이곳을 와카레와레와라 부르는 사람들도 많다.

Hemo Rd. 여름 08:00~18:00, 겨울 08:00~17:00
Te Ra 가이드 투어 어른 N$90, 어린이 N$45
348-9047 www.tepuia.com

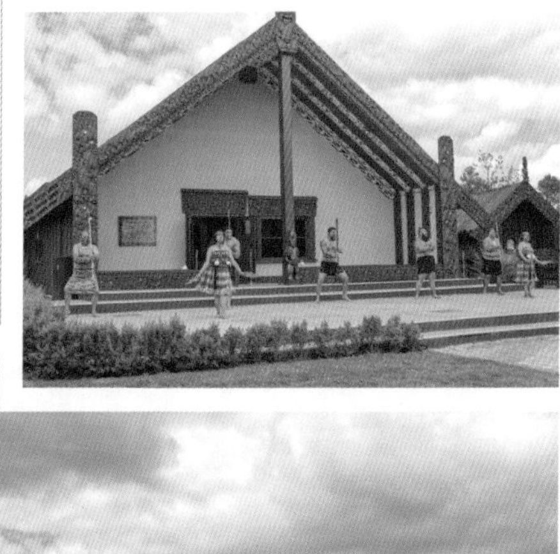

REAL TALK **로토루아는 마오리 문화의 심장부!!**

로토루아 지방은 와이카토 강을 시발로 하는 로토루아 호수를 중심으로 이루어졌습니다. 이 호수는 14세기 중반 하와이키에서 카누를 타고 항해해 온 오호마랑이 부족의 후손인 이헹아라는 원주민이 발견했으며, 로토루아라는 지명은 '두 번째 호수'라는 의미의 원주민 말에서 왔습니다.

시작이 이러했듯이, 로토루아는 뉴질랜드 원주민인 마오리 문화의 심장부라 할 수 있습니다. 호주의 애버리진이나 미국의 인디언 정책과는 달리, 뉴질랜드는 원주민을 탄압하고 말살하기보다는 마오리의 문화를 인정하면서 평화와 공존을 선택한 나라랍니다. 덕분에 로토루아에서 만나는 마오리 원주민 테아라와 부족은 자기 고장에 전해 내려오는 오랜 신비와 문화를 관광객에게 알리는 일에 자부심을 가지고 따뜻한 마음으로 외부인을 환영합니다.

테 아라와 부족의 전설에 따르면 얼어붙어 죽어가는 형제에게 영적 세계의 두 자매가 불을 가져갔는데, 이 불이 변하여 로토루아의 지열 에너지가 되었다고 합니다. 1886년에 폭발한 타라웨라 산은 현재 사화산이 되었지만, 이 산에는 이처럼 흥미진진한 설화들이 아직도 살아 숨쉬고 있습니다.

마오리 문화를 접하지 않고는 진정한 뉴질랜드를 느낄 수 없다는 말을 이곳 로토루아에서 실감할 수 있을 겁니다. 뉴질랜드에 가서 마오리식 인사법인 '눈 크게 뜨고 혓바닥 내밀기'를 체험해보지 않았다면 진정한 뉴질랜드를 만난 것이 아니니까요.

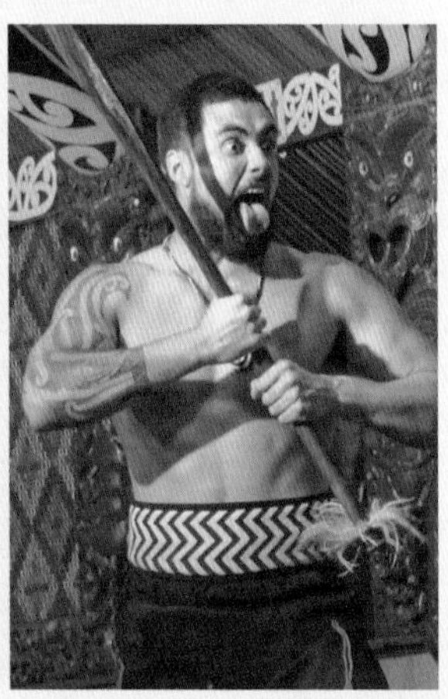

11
자연 재앙의 현장, 그러나 기억해야 할
테 와이로아 매몰촌
Te Wairoa Burried Village

아직도 활동 중인 화산 지대 로토루아. 뉴질랜드 최대의 자연 재앙으로 기록되고 있는 1886년 6월 10일의 화산 폭발은 호숫가의 아름다운 마을 테 와이로아를 잿더미로 뒤덮어버렸다. 흘러내리는 용암과 분출하는 가스 그리고 어른 키를 훌쩍 넘는 2m 높이의 화산재가 단란했던 가정과 마을의 흔적마저 한순간에 덮어버린 것. 이 사고로 150명이 넘는 사람이 화산재 속에 파묻히고 말았다.

매몰촌 뮤지엄에서는 과거의 모습을 재현한 건물들과 당시의 참상을 전해주는 사진 자료, 그리고 오디오·비디오 자료를 전시한다. 타라웨라 호수에 접하고 있는 매몰촌 내부에는 타라웨라 폭포와 아름다운 실개천을 감상할 수 있는 워킹 트랙이 마련되어 있다.

로토루아 시내에서 타라웨라 호수로 가는 타라웨라 로드 Tarawera Rd.를 따라 자동차로 15분 정도 가다보면, 호수에 2㎞ 못 미쳐 자리 잡고 있다.

1180 Tarawera Rd., RD 5 여름 09:00~17:00, 겨울 09:00~16:30 어른 N$30, 12세 미만 무료 362-8287 www.buriedvillage.co.nz

12
계곡 따라 굽이굽이 감탄사
와이망구 화산 계곡
Waimangu Volcanic Valley

테 와이로아 마을을 파묻은 1886년의 화산 폭발로 인해 형성된 또 하나의 장관. 타라웨라 화산의 격렬한 폭발은 와이망구 계곡 일대에 여러 개의 분화구로 구멍을 뚫어놨는데, 이 화산 폭발로 형성된 독특한 지형과 현상은 세계 어디에서도 찾아볼 수 없는 독특한 환경을 만들어 냈다.
짙은 초록이 눈을 의심케 하는 '에메랄드 풀', 연못 위로 항상 수증기가 피어올라 달궈진 프라이팬처럼 보이는 '팬 레이크', 점토와 진흙으로 파묻힌 '매몰 지층' 등을 지나 계곡 끝에 다다르면, 물빛 푸른 로토마하나 호수 Lake Rotomahana가 반겨준다.
매표소에서 호수까지는 약 1시간 50분이 소요되는 트레킹 코스다. 트레킹 도중 만나게 되는 푸케코·투이·피게온 등의 야생 조류와 왈라비·족제비·사슴 등의 야생 동물들은 뜨거운 화산 지대에서도 살아남은 생명의 신비 그 자체다.
로토마하나 호수는 보트를 타고 둘러볼 수 있다. 호수 주변을 45분 정도 둘러보는 동안 육지에서는 볼 수 없었던 분화구나 열수 등을 관찰할 수 있다. 티켓은 입구 매표소 또는 보트 선착장에서 구입할 수 있는데, 돌아오는 시간까지 고려해서 결정해야 한다. 와이망구 계곡은 생각보다 넓고 긴 산책로여서, 갈 때는 걸어서 가고 돌아오는 길에는 계곡을 순환하는 무료 셔틀 버스를 이용하는 게 좋다. 셔틀 버스를 한번 놓치면 30분 이상 기다려야 하는 등 시간 손실이 크므로 미리 시간을 확인하고 움직이도록 한다. 정류장은 세 군데 있으며, 정확한 시각표와 와이망구 계곡 지도 등은 매표소에서 나눠준다. 한글 자료도 준비되어 있다.

587 Waimangu Rd.(off SH5) 08:30~17:00(1월에만 18:00) 워킹 N$46, 보트 크루즈 N$49, 워킹&크루즈 N$94
366-6137 www.waimangu.co.nz

13
아름답고 경이로운 자연의 팔레트
와이오타푸 서멀 원더랜드
Wai-O-Tapu Thermal Wonderland

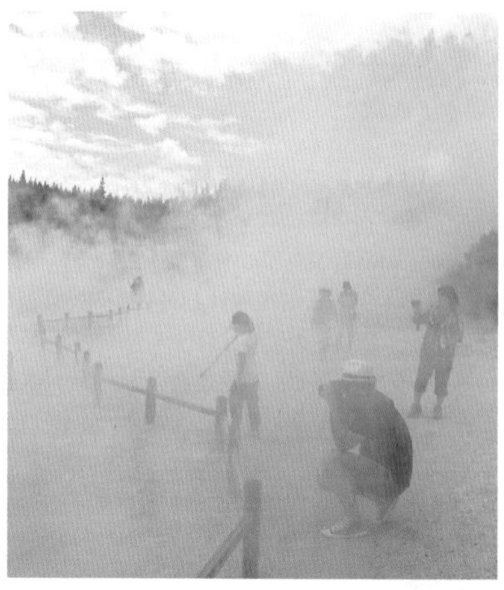

로토루아에서 타우포 방면으로 27㎞, 자동차로 20분쯤 걸린다. 로토루아 일대의 여러 지열지대 중에서 가장 화려한 컬러의 간헐천으로 유명하다. 대부분의 간헐천이 거무스름한 빛깔로 부글대는 데 비해서, 와이오타푸의 지열지대는 마치 물감을 풀어놓은 것처럼 오렌지·노랑·연두·초록 등 아름다운 빛으로 경이로움을 자아낸다. 이름처럼 화려한 '예술가의 팔레트 Artist's Palette', '샴페인 풀 Champagne Pool'만큼은 놓치지 말고 꼭 보도록 하자.

전체를 다 둘러보는 코스는 30분에서 1시간 15분까지 세 코스로 나뉘어 있다. 원하는 코스를 둘러본 뒤 자동차로 5분쯤 반대쪽으로 이동하면 또 다른 볼거리가 기다리고 있다. 간헐천 레이디 녹스 가이저 Lady Knox Geyser가 바로 그 주인공. 레이디 녹스 가이저는 매일 오전 10시 15분에 한 차례만 인공적으로 분출시키는 간헐천으로, 비누를 넣어서 지층의 화산 활동을 촉발시킨다. 조금씩 흘러내리던 간헐천이 본격적으로 분출하기 시작하면 최대 20m까지 하늘로 치솟는 장관을 연출한다. 와이오타푸를 방문할 예정이라면 반드시 오전의 간헐천 분출 시각에 맞추어 방문할 것!

201 Waiotapu Loop Rd. 여름 08:30~18:00, 겨울 08:30~17:00
어른 N$45, 어린이 N$15 366-6333 www.waiotapu.co.nz

REAL GUIDE

액티비티의 천국 로토루아!

예전의 로토루아는 양털깎기 쇼와 온천으로 대표되는 목가적이고 다소 정적인 풍경의 뉴질랜드 대표 관광지였다(적어도 한국 관광객들에게는). 여전히 패키지 여행자들은 로토루아에서 곤돌라 타고, 양털깎기 쇼 보고, 온천에 들러 급히 하루 이틀을 보내고 지나가지만, 개별 여행자들에게 로토루아는 조금 다른 의미로 인식되고 있다. 아름다운 뉴질랜드의 자연을 단순히 눈으로 보는 것을 넘어서, 온몸으로 체험하고 다양한 방법을 동원해서 깊숙이 체험하게 된 것. 대표적인 것으로 산 전체가 목초지인 뉴질랜드의 지형을 잘 활용한 '오고 OGO'와, 수륙양용차를 타고 도시의 대부분을 차지하는 로토루아 호수 속으로 직접 들어가보는 '덕 투어 Duck Tour', 원시림을 헤치며 즐기는 '부시 사파리 Bush Safari', 후카 폭포를 가르는 '제트 보트 Jet Boat' 등을 들 수 있다. 좀 더 여유가 있다면 아름다운 로토루아 호수에서 크루즈를 즐기거나 CF의 한 장면처럼 낚시를 즐겨보자. 모두가 뉴질랜드의 자연이 있어서 더 환상적인 체험들이니, 놓치지 말고 즐겨볼 것!

오고 OGO

이걸 뭐라고 이름 붙여야 할까. 형태는 거대한 공인데, 외부에서 굴리는 공이 아니라 사람이 들어가서 구르는 공이고, 한정된 공간이 아니라 산 전체를 굴러내려 오는 거대한 덩어리. 1994년에 처음 발명되었다니 아직은 낯선 액티비티라 할 수 있다. 그런데 일단 한번 체험해 본 사람들은 누구나 엄지 손가락을 치켜들 만큼 스릴이 넘친다. 특히 산 전체를 구른다는 현실 앞에 처음에는 어안이 벙벙해지지만, 공 안에서 정신없이 뒤집어지고 웃다 보면 어느새 산 아래에 내려와 있다. 공 안에 물을 채운 채 수영복을 입고 즐기는 웨트 Wet 코스와 물 없이 즐기는 드라이 Dry 코스가 있으며, 다시 직선 코스와 지그재그 코스로 나뉜다. 갈아입을 옷만 있다면 웨트 코스를 추천한다. 공 내부에 달린 카메라를 통해 촬영한 사진과 동영상은 CD 또는 USB에 담아준다. 로토루아 내에 'OGO' 외에 'ZORB'라는 이름의 회사도 있는데, 최근에 두 회사가 합병하여 한 회사가 되었다. 로토루아 시내에서 스카이라인 곤돌라 방향으로 가다 보면, 스카이라인 바로 직전에 커다란 간판이 보인다.

OGO(ZORB)

525 Ngongotaha Rd., Fairy Springs
Straight Track N$45, Sidewinder N$65, Mega N$75 343-7676
www.ogo.co.nz

부시 사파리 4W 투어

독특하게 개조한 사륜구동 차량을 타고 수풀을 헤치며 즐기는 부시 사파리는 활동적인 사람들에게 아주 매력적인 액티비티임에 틀림없다. 시내에서 북쪽으로 15분쯤 가면 오프 로드 이정표가 나오는데, 이곳에서부터 무한 질주 사파리가 시작된다. 운전자는 운전면허증을 소지해야 하고, 어린이도 함께 탈 수 있다. 코스 및 차량의 종류에 따라 여러 종류의 패키지가 있으니 설명을 듣고 선택하는 것이 좋다. 약 45분 소요된다.

Off Road NZ

193 Amoore Rd. 부시 사파리 어른 N$118, 어린이 N$43 332-5748
www.offroadnz.co.nz

수륙양용차 덕 투어

로토루아는 호수 도시다. 로토루아 호수 외에도 블루 레이크, 타라웨라 레이크 등 크고 작은 호수들이 도시를 감싸고 있다. 이런 호수 속으로 직접 들어가는 방법은 레이크 크루즈를 타고 우아하게 호수를 유람하는 방법과 수륙양용차를 타고 요란하게 물살을 갈라보는 방법 두 가지가 있다. 수륙양용차는 말 그대로 육지와 물 양쪽을 자유자재로 다닐 수 있는 차량을 말한다. 관광안내소 앞에서 출발하는 덕 투어 차량을 타면 로토루아 시내 주요 볼거리를 한 바퀴 도는데, 도중에 나눠주는 오리 모양 호루라기를 불며 동심으로 돌아가는 기분을 만끽하기도 한다. 레드우드 근처의 호숫가에 이르면 요란한 〈007〉 음악이 흘러나오며 바퀴 부분이 수중용으로 변신, 호수 위를 유유히 떠다니게 된다. 1시간 30분이라는 시간이 다소 지루하게 느껴질 수도 있지만 어린이를 동반한 가족 여행객들에게는 추천할 만한 경험이다.

Rotorua Duck Tours
1241 Fenton St. 90분 프로그램 어른 N$85, 어린이 N$50 345-6522
www.ducktours.co.nz

크루즈 Cruise

'호수의 여왕'이라 불리는 '레이크 랜드 퀸 크루즈'를 타고 로토루아 호수를 둘러본다. 호수 가운데 떠 있는 모코이아 섬을 방문해 마오리의 전설과 독특한 섬 문화를 체험할 수도 있다. 오전 8시에 출발하는 블랙퍼스트 크루즈와 오후 1시에 출발하는 런치 크루즈, 오후 6시에 출발하는 디너 크루즈가 가장 인기 있는 코스이고, 이외에도 커피 크루즈와 와인 크루즈까지 다양하게 준비되어 있다.

* 2024년 3월 현재 리뉴얼을 위해 잠정 휴업 중이다.

Lakeland Cruise
Memorial Drive, Lakefront
348-6634
www.lakelandqueen.com

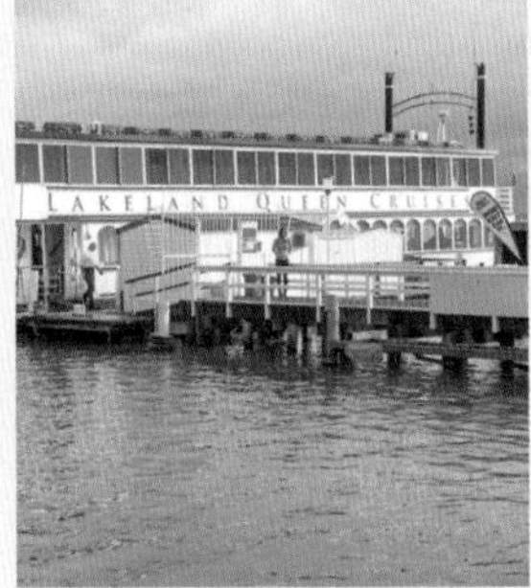

낚시 Fishing

로토루아 주변은 송어 낚시의 메카로 알려져 있다. 초보자를 위한 낚시 지도부터 낚시에 필요한 장비 대여까지 필요한 모든 것을 도와준다. 로토루아 주변 로토이티 호수, 오카타이나 호수, 타라웨라 호수 등에서 즐기는 손맛. 월척에 도전해보자!

Trout Express
1시간 N$90~ 전화 346-1693

Kiwi Fishing Rotorua
1시간 N$120~ 3357-4646

REAL+

로토루아 쇼핑 리스트

뉴질랜드 남섬에서는 양이나 알파카·사슴과 관련된 제품이 많이 생산되고 북섬에서는 화산 활동 관련 상품들이 많이 나온다. 외국인을 대상으로 하는 웬만한 쇼핑센터에는 중국어·일본어·한국어를 하는 사람들이 배치되어 있어서 어렵지 않게 의사소통을 할 수 있다. 환율이 수시로 변동하므로 쇼핑할 때는 카드로 결제하는 것이 좋다. 추천할 만한 쇼핑 품목으로는 머드 상품과 꿀·프로폴리스가 있는데, 특히 머드 제품의 경우 로토루아의 진흙열탕에서 생산된 품질 좋은 머드팩이나 머드크림·머드파스 등이 유명하다. 프로폴리스란, 식물에 상처가 나면 나오는 진액인 피톤치드를 벌이 물어가 벌의 타액과 섞여 효소화한 것으로, 벌집에서 추출한다. 구강 질환, 식중독, 아토피성 피부염, 당뇨 등 다양한 질환에 효과가 있다고 알려져 있으며 피를 맑게 하고 항균작용도 뛰어나다. 프로폴리스 원액이나 프로폴리스 목캔디, 프로폴리스 가글액 등의 프로폴리스 제품은 구입해도 후회없을 아이템이다.

01
캐주얼한 분위기와 다양한 메뉴
Fat Dog Café & Bar

관광안내소에서도 가깝고 먹자골목 이트 스트리트에서도 가까운 지리적 이점 때문에 오며가며 한번쯤 눈에 띄는 곳이다. 원색적이고 코믹한 강아지 로고도 인지도를 높이는 일등 공신. 1995년부터 20년 넘게 자리를 지키며 늘 흥겹고 캐주얼한 분위기와 다양한 메뉴를 자랑한다. 자칫 많은 메뉴를 취급하다보면 맛이 떨어지는 경우가 많은데, 이곳의 장점은 무엇을 시키든 골고루 푸짐하고 맛있다는 것. 이른 아침부터 늦은 밤까지 만만하게 즐기기 딱 좋은 곳이다.

1161 Arawa St.
월~수요일, 일요일 07:00~21:00, 목~토요일 07:00~21:30 347-7586
www.fatdogcafe.co.nz

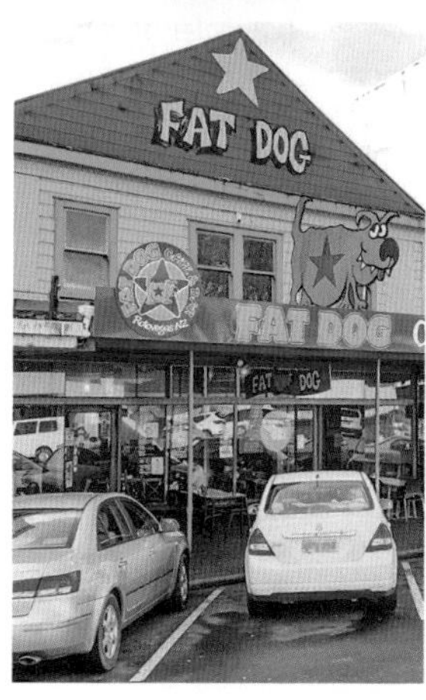

02
줄서서 먹는 스톤 스테이크
CBK(Craft Bar And Kitchen)

먹자골목 이트 스트리트 Eat Street 입구에 자리잡고 있는 정통 스테이크 레스토랑. 별 생각 없이 지나가던 사람들도 한번쯤 관심을 가질 만큼 거의 언제나 긴 줄이 이어져 있다. 60종이 넘는 뉴질랜드 산 와인과 맥주를 골라 마실 수 있고, 무엇보다 양질의 뉴질랜드 산 쇠고기와 양고기를 취급한다는 것이 최대 장점이다. 뜨겁게 달군 돌 위에 올려내는 스톤 스테이크가 대표 메뉴. 24시간 숙성시킨 고기를 사과나무, 히코리 나무, 메이플 등의 우드 향에 훈연시키고 마지막에 후추와 허브를 입혀서 굽는다. 뜨거운 불판과 함께 서빙되어 생고기 상태에서 지글지글 익어가는 모든 과정을 하나의 퍼포먼스처럼 지켜보는 재미가 쏠쏠하다. 물론 스테이크 외에도 햄버거, 피시 앤 칩스 등의 스트리트 메뉴와 파스타 종류도 다양하게 주문할 수 있다.

1115 Tutanekai St.
09:00~23:30 347-2700
www.cbk.nz

03
제대로 맛을 낸 타이음식
Amazing Thai

관광안내소에서 두 블록 떨어진 펜톤 스트리트와 히네모아 스트리트의 코너에 있다. 자주색과 금색으로 치장한 태국식 간판이 눈길을 끌며, 안으로 들어가면 정갈하고 고급스러운 분위기에 다시 한 번 매혹 당한다. 현지인들에게도 인기가 있어서 식사 시간이면 좌석이 꽉 찰 정도. 모든 스태프가 태국 사람으로 볶음국수나 똠얌꿍 같은 메뉴는 태국의 맛을 제대로 내고 있다. 음식의 양이 조금 적은 것과 동남아 음식의 특징인 짠맛이 옥의 티다.

1246 Fenton St.
12:00~14:30, 17:00~22:00
343-9494
www.amazingthairotorua.co.nz

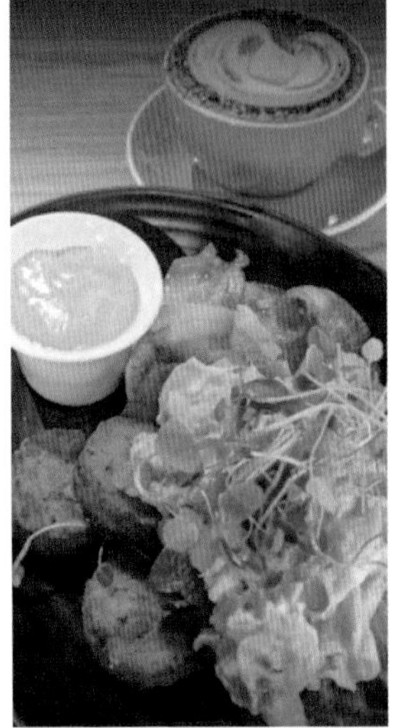

04
든든한 블랙퍼스트 메뉴
Capers Epicurean

접시 위에 포크와 나이프가 올라 있는 입체적인 간판이 눈길을 끈다. 에루에라 스트리트에 있는 이 카페는 통유리를 통해 실내가 훤히 들여다보이는 캐주얼한 분위기. 진열대 가득 놓여있는 각종 샐러드와 클럽 샌드위치, 피자 등과 거품 가득한 카푸치노 향이 식욕을 돋운다. 오전 7시에 오픈해 간단한 블랙퍼스트 메뉴를 선보이므로 아침 식사 할 곳을 찾는다면 한 번쯤 들러도 좋을 듯. 테이크 어웨이도 가능하며, 와인·향신료·주방용품 등의 상품도 판매한다. 2017년에는 뉴질랜드 전역에서 꼽는 '올해의 카페'에도 선정된, 자부심 가득한 곳이다.

1181 Eruera St. 07:00~21:00
348-8818 www.capers.co.nz

05
곤돌라 타고, 뷔페 먹고
Skyline Restaurant

로토루아 호수 서쪽, 마운트 농고타 정상에 있는 곤돌라 레스토랑. 스카이라인 곤돌라를 타고 정상에 올라가면 확 트인 전망을 자랑하는 뷔페 레스토랑이 나온다. 샐러드·해산물·스시·과일·음료 등 수십 종의 먹음직스러운 음식과 즉석에서 조리하는 BBQ 메뉴가 식욕을 자극한다.

한국인의 입맛을 고려한 김치와 고추장도 있다. 뷔페 요금에는 곤돌라 왕복 이용권이 포함되어 있으니 곤돌라와 식사를 한꺼번에 즐길 예정이라면 시간을 잘 고려해서 방문하도록 한다.

178 Fairy Springs Rd., Fairy Springs 347-0027

06
라이브 밴드와 맛있는 맥주
Pig & Whistle

돼지와 휘슬이라는 요상한(?) 상호와 달리 하얀 2층 건물은 무척 중후해 보인다. 1940년 건립한 경찰서 건물을 레스토랑으로 개조해 나름대로 이 지역에서 유명세를 타고 있는 명소다. 내부에는 대형 스카이 TV 게임 스크린이 설치되어 있고, 확 트인 가든 테라스도 마련되어 있다. 가든 바에서는 매주 금요일과 토요일 밤 밴드의 연주가 펼쳐진다. 간단한 음료와 주류부터 수제 햄버거, 스테이크, 파스타에 이르기까지 다양한 메뉴를 선보인다.

1182 Tatanekai Sts.
11:30~22:00 347-3025
www.pigandwhistle.co.nz

07
가성비 높은 씨푸드 뷔페
Valentines

펜톤 스트리트와 아모하우 스트리트의 코너에 자리 잡고 있는 뷔페 레스토랑. 로토루아 뿐 아니라 오클랜드와 해밀턴 등 뉴질랜드 주요 도시에 체인을 두고 있다. 하트 모양의 로고가 인상적인 이곳은 고급스러운 인테리어와 양질의 뷔페 음식, 친절한 서비스로 고객들을 유혹한다.
수십 종의 뷔페 메뉴와 아이스크림·커피·케이크 등의 디저트가 마련되어 있다. 특히 해산물 코너에서는 싱싱한 굴과 새우, 꼴뚜기 등의 해산물을 껍질째 마음껏 즐길 수 있다. 단, 음료는 뷔페에서 제외. 점심 뷔페는 1인당 주중 29달러, 주말 35달러이며, 저녁 뷔페는 45달러로 결코 적은 금액이 아니지만, 뉴질랜드에서는 흔치 않은 뷔페 레스토랑이어서 예약이 필요한 경우가 많다.

Cnr. Fenton&Amohau Sts.
12:00~14:30, 17:30~늦은 밤
349-4490
www.valentines.co.nz

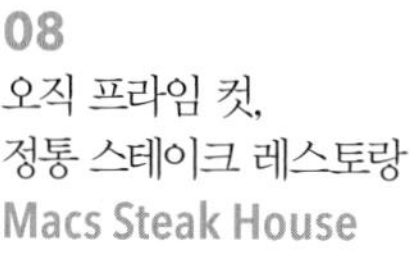

08
오직 프라임 컷, 정통 스테이크 레스토랑
Macs Steak House

제대로 된 푸짐한 스테이크를 맛보고 싶다면 단연 이곳으로 가야 한다. 1983년 오픈 이후 30년이 넘는 세월 동안 한 자리에서 오직 프라임 컷만을 고집해 온 정통 스테이크 레스토랑이기 때문. 다양하게 마련된 육류 가운데 마음에 드는 것을 고르면 즉석에서 그릴에 구워 요리해준다. 한국 사람들에게 인기 있는 메뉴는 쇠고기지만, 대부분의 고객들은 양고기 스테이크를 선택한다. 양고기를 맛보지 못했거나 누린내 때문에 꺼렸다면 이곳에서 한번 시도해보자.

1110 Tutanekai St. 런치 12:30~, 디너 17:30~ 347-9270
www.macssteakhouse.co.nz

REAL+

로토루아에서 꼭 맛봐야 할 항이 Hangi

로토로아 지역은 어디라고 할 것 없이 도시 전체가 온천과 열천으로 끓고 있다. 이곳에서는 미리 준비한 날달걀을 망에 넣어 끓어오르는 간헐천에서 익혀 먹는 관광객들을 흔히 볼 수 있다. 항이 Hangi는 이러한 지열을 이용해 요리하는 마오리족의 전통 조리법으로, 각종 고기와 채소·조개 등을 땅 속에 넣어서 찐 것. 로토루아에 왔다면 반드시 맛보아야 할 음식이다. 시내 주요 호텔에서는 항이 뷔페와 마오리 공연을 즐길 수 있는 항이 콘서트가 매일 저녁 7시 30분에 열린다.

항이 콘서트가 열리는 호텔
Millenium Hotel 347-1234
Grand Tiara Hotel 349-5200
Royal Lakeside Novotel 346-3888
Centra Rotorua 348-1189
Lake Plaza Hotel 348-1174

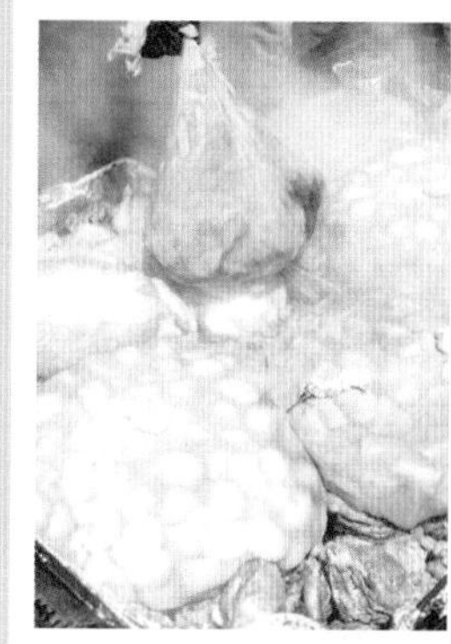

타우포
TAUPO

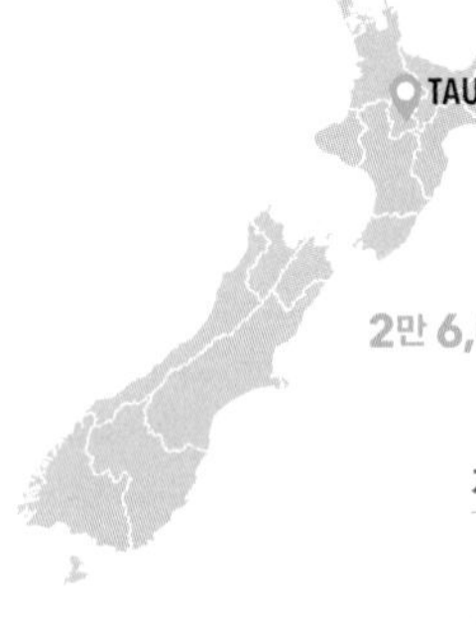

인구
2만 6,000 명

지역번호
07

인포메이션 센터 Taupo Visitor Centre

30 Tongariro St.
여름 09:00~17:30, 겨울 09:00~16:30
376-0027 www.lovetaupo.com

바다처럼 넓은 호수 타우포라는 지명은 뉴질랜드에서 가장 큰 호수 '레이크 타우포'에서 왔다. 한 도시의 지명이 될 만큼 큰 타우포 호수의 면적은 싱가포르를 통째로 집어넣고도 남을 만큼이라면 실감이 날까? 이처럼 큰 호수를 끼고 발달한 도시는 호수처럼 평화롭고 넉넉해 보인다. 호수 너머로 눈 덮인 루아페후 산이 엽서의 한 장면처럼 솟아 있고, 통가리로 국립공원의 장엄한 산들은 병풍처럼 도시를 두르고 있다. 또한 이곳은 뉴질랜드에서 가장 긴 강 와이카토의 발원지기도 하다.

타우포는 로토루아와 함께 지열지대로 유명하다. 지열을 이용한 세계 유일의 지열발전소와 새우농장, 그리고 여러 군데의 간헐천은 놓치지 말아야 할 볼거리. 영화 〈번지점프를 하다〉에 소개된 와이카토 번지 점프, 장엄한 후카 폭포의 제트보트, 와카파파 스키 등 사계절 내내 액티비티를 즐길 수 있는 곳이다. 휴식을 원하는 이에게는 평화로운 휴양지가, 액티비티를 원하는 이에게는 레포츠 천국이 되어주는 곳. 타우포의 두 얼굴을 만나보자.

타우포 미리 보기
CITY PREVIEW

어떻게 다니면 좋을까?

시내가 좁아서 걸어 다니는 데 불편한 점은 없지만, 정작 제대로 된 관광지를 찾아 나서려면 두 다리만으로는 역부족. 이럴 때 이용할 수 있는 것이 타우포 커넥터, 버짓 Taupo Connector, Busit 이라는 이름의 시내버스다. Taupo Central, Taupo North, Taupo West의 3가지 노선을 운행하는데, 웬만한 관광지를 다 커버하고 있다. 관광안내소에서 타우포 커넥터 노선도를 미리 챙겨두면 편리하다.
일단 타우포 호수 주변은 천천히 산책하듯 걸어 다니면서 둘러보고, 래프팅이나 번지점프·제트보트 등의 액티비티를 할 때는 각 회사의 픽업 서비스를 받는 것도 좋다.

Taupo Connector, Busit
현금 N$3 0800-205-305 www.busit.co.nz

어디서 무엇을 볼까?

타우포는 호수와 함께 온천·폭포·강·산 등의 다채로운 자연 경관이 펼쳐지는 곳이다.
이 도시의 아름다움을 제대로 즐기려면 크게 타우포 시내와 호수 주변, 와이라케이 지열지대로 나누어 돌아볼 필요가 있다.
한편 타우포 시내에서 북쪽으로 조금 벗어나면 와이라케이 파크라는 지열지대가 나온다.
이 일대에는 타우포에서 빼놓을 수 없는 관광지 후카 폭포와 지열발전소, 와이카토 강의 수력을 이용한 수력발전소, 온천 등의 볼거리가 일직선으로 포진해 있다.
타우포에서 출발하는 투어나 렌터카를 이용하면 편리하다.

어디서 뭘 먹을까?

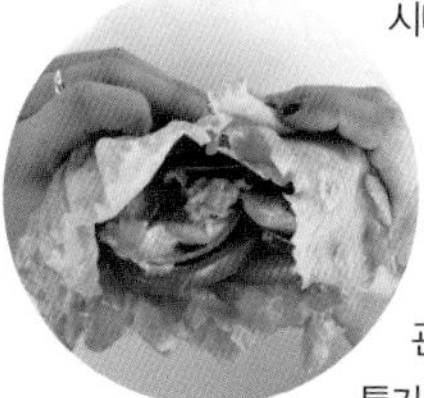

시내 규모는 작지만, 고급 휴양지로 떠오르는 곳답게 저마다 다른 입맛을 충족시키는 레스토랑들이 눈에 띈다. 관광안내소가 있는 통가리로 스트리트와 호수를 끼고 있는 레이크 테라스를 중심으로 레스토랑과 쇼핑센터 등이 몰려 있다.
피자헛이나 KFC 같은 패스트푸드점을 찾는다면 레이크 테라스 쪽으로 갈 것.

어디서 자면 좋을까?

저렴한 숙소는 장거리 버스 터미널 근처의 스파 로드나 통가리로 스트리트를 중심으로 몰려 있고, 호수를 조망할 수 있는 고급 숙소는 레이크 테라스를 따라 길게 형성되어 있다.
최근 이 일대에 생겨난 모텔들은 이름만 모텔일 뿐 웬만한 호텔 못지않은 시설과 서비스를 자랑한다.
그러나 숙소가 그렇게 많은데도 성수기에는 대부분 'No Vacancy(방 없음)'라는 불빛이 들어오니 예약을 서두르는 것이 좋다.

ACCESS

타우포 가는 방법

북섬 종단의 최단 코스인 1번 도로를 따라 발달한 타우포는 동서 횡단 코스인 5번 도로와의 교차로기도 하다. 그러니까 이 도시는 동서남북 사방에서 달려오는 버스들이 정차하는 교통의 십자로인 셈이다.

비행기 Airplane

에어뉴질랜드가 매일 1회 이상 오클랜드와 웰링턴에서 타우포까지 운항한다. 오클랜드에서 45분, 웰링턴에서 55분이 소요된다. 웰링턴에서 출발할 때는 말보로 일대에서 운행되는 사운즈 에어 Sounds Air 비행기를 이용하는 사람도 많다.
공항은 타우포 시내에서 1번 도로를 따라 남쪽으로 8km 떨어진 곳에 있다. 공항에서 시내까지는 비행기 도착 시간에 맞춰 기다리고 있는 공항 셔틀 버스를 이용하는 것이 가장 일반적이다.

- **사운즈 에어 Sounds Air** 0800-505-005 www.soundsair.com
- **공항 셔틀** 0800-654-875

버스 Bus

오클랜드와 웰링턴 구간을 오가는 인터시티 버스가 하루 3회씩 타우포에 정차하고, 네이피어와 타우랑가에서 오는 버스도 이 도시를 경유한다. 스킵 Skip 같은 장거리 버스들도 모두 타우포를 경유한다. 만약 성수기에 오클랜드에서 출발하는 타우포 행 버스 좌석이 없을 때는 타우랑가나 로토루아 행 버스를 이용하는 것도 괜찮다. 타우랑가나 로토루아에서는 타우포 행 버스가 훨씬 자주 다니므로 시간에 여유가 있다면 이들 도시를 경유하는 것도 좋은 방법. 오클랜드에서 약 4시간 30분, 웰링턴에서 6시간, 네이피어에서 1시간 45분 그리고 타우랑가에서는 2시간 20분이 소요된다.
타우포의 장거리 버스 터미널 Taupo Travel Centre Coach Terminal은 시내 한가운데 있어서 숙소까지 별다른 교통수단 없이도 이동할 수 있다.

- **Taupo Travel Centre Coach Terminal**
  16 Gascoigne St. 378-9005

REAL MAP 타우포 광역 지도

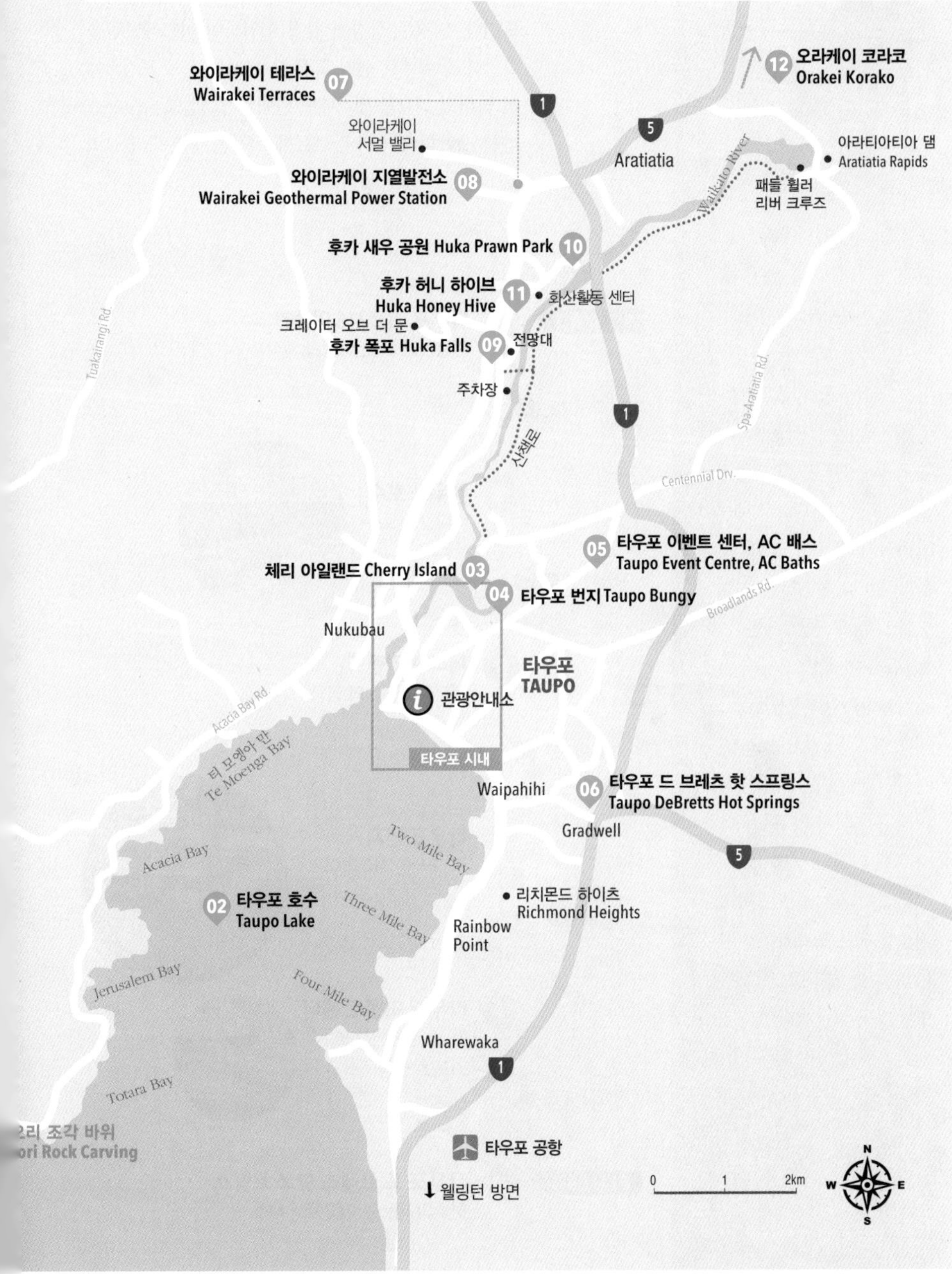

07 와이라케이 테라스 Wairakei Terraces

와이라케이 서멀 밸리

08 와이라케이 지열발전소 Wairakei Geothermal Power Station

12 오라케이 코라코 Orakei Korako

Aratiatia

아라티아티아 댐 Aratiatia Rapids

패들 휠러 리버 크루즈

Waikato River

10 후카 새우 공원 Huka Prawn Park

11 후카 허니 하이브 Huka Honey Hive

화산활동 센터

크레이터 오브 더 문

09 후카 폭포 Huka Falls

전망대

주차장

산책로

Tuakairangi Rd.

Spa-Aratiatia Rd.

Centennial Drv.

05 타우포 이벤트 센터, AC 배스 Taupo Event Centre, AC Baths

03 체리 아일랜드 Cherry Island

04 타우포 번지 Taupo Bungy

Broadlands Rd.

Nukubau

타우포 TAUPO

관광안내소

Acacia Bay Rd.

티 모엥아 만 Te Moenga Bay

타우포 시내

Waipahihi

06 타우포 드 브레츠 핫 스프링스 Taupo DeBretts Hot Springs

Gradwell

Acacia Bay

Two Mile Bay

02 타우포 호수 Taupo Lake

Three Mile Bay

리치몬드 하이츠 Richmond Heights

Rainbow Point

Jerusalem Bay

Four Mile Bay

Wharewaka

Totara Bay

오리 조각 바위 ori Rock Carving

타우포 공항

↓ 웰링턴 방면

0 1 2km

N E S W

REAL COURSE

타우포 추천 코스

교통수단과 액티비티 선택 여부에 따라 유동성은 있지만, 타우포를 둘러보려면 꼬박 하루가, 또는 여유있는 이틀이 필요하다. 만약 자동차가 있고 오클랜드 방면에서 출발했다면 타우포 시내로 들어서기 전에 먼저 핵심 볼거리들을 섭렵하는 것이 좋다. 시내로 들어가는 1번 도로변에 와이라케이 지열발전소와 후카 폭포, 체리 아일랜드 등의 관광지를 거치기 때문이다. 미리 준비하지 않고 타우포 비지터 센터에서 시작하려면 길을 되돌려 거슬러가야 하므로 주의할 것. 반대로 웰링턴 방면에서 출발했다면 일단 시내로 들어와 전열을 가다듬는 것이 좋다.

DAY 01

첫째 날 우선 타우포 박물관 옆 관광안내소에서 자료를 취합한 다음 호숫가를 둘러보거나 크루즈에 도전해보자. 이어서 타우포 번지점프에서 몸을 던져보거나, 던지는 광경에 감정 이입하며 아드레날린을 발산하고, 이벤트 센터 혹은 드 브레츠 핫 스프링스에서 하루의 피로를 씻어내면 완벽한 일정! 크루즈나 스파를 생략한다면 바로 이틀째 일정을 응용해서 교외로 나가보는 것도 좋다.

예상 소요 시간 6~8시간

START **타우포 박물관&미술관**
관광안내소 옆, 여행의 시작

도보 7분 

타우포 호수
바다같은 호수

자동차 10분 

체리 아일랜드
번지점프 관전의 명당

자동차 5분 

타우포 번지
이 도시의 하이라이트

도보 10분 

타우포 이벤트 센터
물 좋은 온천장 또는 스포츠 콤플렉스

자동차 10분  

FINISH **타우포 드 브레츠 핫 스프링스**
하루의 피로는 이곳에서 해소

DAY 02

둘째 날 두 번째 날은 볼거리, 즐길 거리 많은 와이라케이 지열시대에서 짜임새 있게 시간을 보낸다. 고즈넉한 지열 스파로 아침을 열고, 부글부글 끓어오르는 지열과 폭포로 온탕과 냉탕을 오간 후, 후카 새우 공원에서 소소한 즐거움을 낚아보자. 조금 거리가 있지만 늦지 않게 오라케이 코라코까지 다녀올 것을 추천한다.

예상 소요 시간 7~8시간

START

와이라케이 테라스
어른들만 스파

자동차 2분
도보 18분

와이라케이 지열발전소
뉴질랜드 에너지 스테이션

자동차 6분

후카 폭포
눈과 귀가 시원한

자동차 6분

후카 새우 공원
새우의 모든 것

자동차 3분
도보 20분

후카 허니 하이브
맛보기만으로도 본전 뽑는

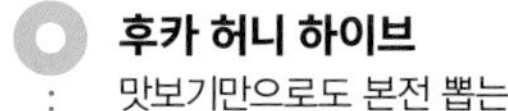

자동차 25분

FINISH

오라케이 코라코
리얼 히든 밸리

REAL MAP 타우포 시내 지도

체리 아일랜드 Cherry Island
타우포 번지 Taupo Bungy
05 Riverside Market
The Rainbow Lodge Backpackers
YHA Taupo Finlay Jacks Backpackers
Taupo Travel Centre Coach Terminal 장거리 버스터미널
슈퍼마켓 Pakn's Save
관광안내소
우체국
크루즈·수상 비행기 출발하는 곳
01 타우포 박물관&미술관 Taupo Regional Museum & Art Gallery
Haka Lodge Taupo
Finns Global Backpackers
Base Taupo
Taupo Urban Retreat Backpackers
03 Piccolo
Burger Fuel 01
02 Dixie Brown
Tiki Lodge
04 Taupo Thai Restaurant & Bar
미니 골프장
02 타우포 호수 Taupo Lake

Kaihua Rd. Woodward St. Arama St. Thermal Explorer Hwy Huka St. Motutahae St. Rickit St. Waikato St. Opepe St. Norman Smith St. Acacia Bay Rd. Mareti St. Pitiroi St. Spa Rd. Noble St. Redoubt Rd. Paorahape St. Scannel St. Rauhao St. Ruapehu St. Titiraupenga St. Motukaiko St. Kaimanawa St. Tongariro St. Story Pl. Wheretia St. Tamamutu St. Horomatangi St. Heuheu St. Heathcote St. Roberts St. Fletcher St. Rifle Range St. Lake Terrace Tui St. Kaka St.

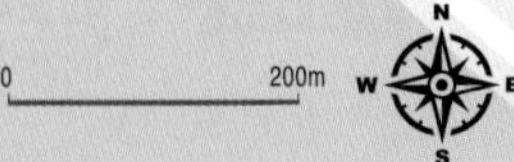

01
관광안내소 옆
타우포 박물관&미술관
Taupo Regional Museum & Art Gallery

번화가인 통가리로 스트리트의 비지터 센터 바로 맞은편에 있다. 규모는 작지만 타우포 일대의 역사와 문화·예술을 보여주는 소중한 자료들을 전시하는 곳. 타우포 호수에 처음 정착한 마오리족의 자료와 모습을 사진으로 전시하며, 목각 조각 등의 예술 작품도 눈에 띈다. 입장료는 기부금(도네이션)으로 대체하고 있는데, 일반적으로 어른은 N$5 정도를 지불한다.

4 Story Place 10:00~16:30
어른 N$5, 어린이 무료 376-0414

02
호수야, 바다야?
타우포 호수 Taupo Lake

면적 616㎢, 길이 46㎞, 둘레 길이 193㎞의 거대한 크기에, 최고 수심 186m. 숫자만으로는 감이 잘 안 오겠지만 서울시 면적이 605㎢라는 비교 수치를 듣고 나면 비로소 조금 실감이 난다. 뉴질랜드에서 가장 큰 호수이자, 오세아니아 전체를 통틀어서도 파푸아뉴기니의 머레이 호수에 이어 두 번째로 큰 호수로 기록되어 있다.
화산이 분출할 때 생겨난 분화구에 물이 고여서 형성된 타우포 호수는 얼음과 불이 공존하는 곳이다. 호숫가에 앉아 보글보글 끓어오르는 온천수와 멀리 바라보이는 루아페후 산의 만년설을 보면 누구나 '얼음과 불'이라는 이질적인 두 단어를 떠올리게 된다.
눈앞에 펼쳐지는 끝이 보이지 않는 호수는 수치를 떠올리지 않더라도 충분히 거대해 보인다. 커다란 포물선을 그리며 파도가 치는가 하면, 호숫가 주변에서는 군데군데 달걀을 삶을 수 있을 만큼 뜨거운 온천수가 솟구친다. 뜨겁지도 않은지 헤아릴 수 없이 많은 흑조가 노닐고, 호숫가를 산책하는 사람들까지 자연의 일부가 되는 풍경이다. 아침 시간에는 수영복을 입고 온천수에 몸을 맡기는 사람들도 흔히 보인다. 호수를 따라 나지막히 형성된 주택과 숙박 시설들이 고급 휴양지다운 면모를 보여주고, 누구 하나 급할 것 없어 보이는 느린 발걸음과 표정에서 여행자의 기분마저 릴렉스 되는 곳이다.

타우포 크루즈 Taupo Cruise

바다 같은 호수를 즐기는 가장 추천할 만한 방법으로는 크루즈 탑승을 들 수 있다. 인포메이션 센터의 서쪽 끝 페리 로드로 가면 크루즈선들이 늘어서 있는 보트 하버 Boat Harbour가 나오는데, 이곳에서 출발하는 타우포 크루즈를 타고 1시간 30분 가량 호수를 조망하는 코스다. 호숫가에서 바라보던 것보다 훨씬 넓고 짙은 호수의 깊이를 실감할 수 있다. 크루즈에서는 무료 티와 다과가 제공되고, 도중에 마오리 록 카빙이 있는 마인 베이 Mine Bay를 돌아오는 것이 코스의 하이라이트다. 마인 베이에서 씨카약 등의 액티비티를 옵션으로 선택할 수도 있다.

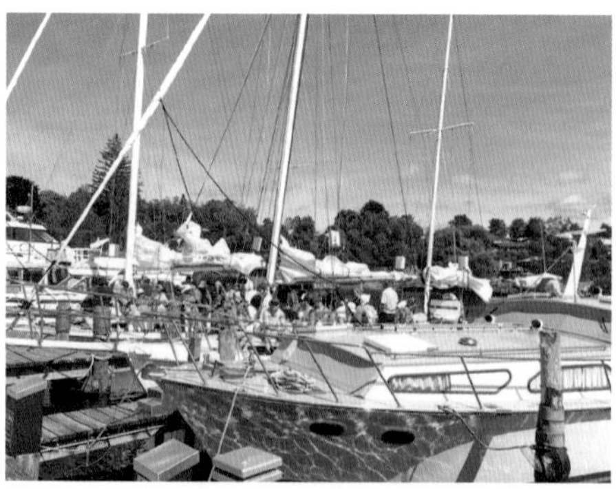

Chris Jolly Outdoors

Berth 4, Taupo Boat Harbour, Ferry Rd.
운행 시간 10:30, 13:30 외 어른 N$49, 어린이 N$20
378-0623 www.chrisjolly.co.nz

마오리 록 카빙 Maori Rock Carving

타우포 호수 한가운데 마인 베이에는 호수 위로 우뚝 솟아난 것처럼 강인하게 조각된 마오리 얼굴이 있다. 크루즈를 타고 40분 정도 지났을 때 모두가 갑판 위에 나와 탄성을 지르는 바로 그 지점. 1976년부터 1980년까지 4년간에 걸쳐 4명의 조각가가 완성한 마오리 얼굴 조각은 마오리 정신을 상징하고 있다. 조각가들이 사용한 것은 안전용 고글과 바위에 밑그림을 그릴 분필, 그리고 조각용 칼이 전부였다고 한다. 첨단의 기술로 완성한 것이 아니라 바위에 매달린 채 4년 여에 걸쳐 이뤄낸 인간 승리의 현장이라 할 수 있다. 이를 아는 듯 큰 바위 얼굴은 마치 '이 땅의 주인은 마오리다'라고 선언하는 것처럼 엄숙하면서도, 묘하게 친숙한 표정을 짓고 있다.

REAL+

타우포 동서남북

타우포 시내에서 기억해야 할 주도로는 통가리로 스트리트 Tongariro St.. 비지터 센터와 박물관 등이 이 길을 따라 자리 잡고 있다. 통가리로 스트리트와 교차하는 호로마탕이 스트리트 Horomatangi St.와 휴휴 스트리트 Heu Heu St.는 레스토랑·상점·숙소들이 밀집해 있는 상업 지구다. 호수를 끼고 있는 레이크 테라스 Lake Tce.에는 고급 레스토랑과 패스트푸드점이 있으며, 동쪽으로 갈수록 호수를 조망할 수 있는 전망 좋은 숙소가 많아진다.

레이크 테라스 서쪽 끝으로 가면 와이카토가 시작되는 곳에 크루즈와 수상 비행기가 출발하는 선착장이 나온다. 이어지는 리다웃 로드 Redoubt Rd.는 한적하고 고즈넉해서 산책을 즐기기에 그만이다.

03

의외로 좋은 곳

체리 아일랜드 Cherry Island

시내에서 스파 로드를 따라 20분쯤 걸어가면 체리 아일랜드 이정표가 나온다. 이정표라고는 하지만 작은 입간판 수준이어서 그냥 지나치기 쉬우므로 주의할 것. 입구는 이렇게 빈약하지만 막상 체리 아일랜드 입구에 도착하고 보면 신비감마저 감돈다. 와이카토 강 가운데 홀연히 떠 있는 섬, 주차장에 차를 대고 작은 다리를 건너가면 유원지처럼 잘 가꾼 섬이 나온다. 송어양식장과 작은 동물원, 레스토랑, 카페 등이 있었으나 현재는 사유지인 이곳의 다리가 폐쇄되어 들어갈 수 없다. 섬 입구에서 바라보면 타우포 번지점프대가 보이고, 낭떠러지 아래로 몸을 던지는 용감한 젊은이들의 절규(?)와 함성만이 조용한 섬을 울린다.

🚇 시내에서 스파 로드를 따라 북쪽으로 가다가 모투하에 스트리트 Motuhahae St.로 좌회전, 와이카토 스트리트 Waikato St.에서 다시 한 번 우회전해 100m쯤 내려가면 입구가 나온다.

04

오리지널, 베스트, 온리 원 번지점프

타우포 번지 Taupo Bungy

남섬에서는 퀸스타운의 와이라우 강 번지를, 북섬에서는 바로 이 타우포 번지를 최고로 꼽는다. 그러나 시야가 확 트인 타우포 번지가 전망 면에서는 남섬보다 한 수 위다. 타우포 번지는 영화 〈번지 점프를 하다〉에서 마지막 장면을 촬영한 곳이기도 하다. 점프대로 가는 다리 입구에는 날마다 갱신되는 무사고 기록이 전광판으로 표시되는데, 특이하게 한글로도 표기되어 있다. 점프대에 서면 마치 비행기를 탄 것처럼 까마득히 먼 와이카토 강의 줄기가 한눈에 들어오고, 뛰어내리는 순간 물에 비치는 자신의 모습이 스릴을 더해준다. 실제 높이는 강수면에서 45m. 최근에는 연인이나 친구가 함께 뛰어내리는 탠덤(2인용) 점프가 인기 있다. 뛰어내리는 순간을 촬영한 사진과 비디오, 기념셔츠 등은 별도로 판매한다. 사실 번지점프대에는 뛰어내리는 사람보다 난간에서 구경하는 사람의 숫자가 훨씬 많다. 번지점프에 자신 없는 사람도 지켜보는 꿀잼을 포기하지 말 것.

202 Spa Rd. 09:00~17:00(10~3월에는 예약에 한해 19:00까지 연장) 번지점프 N$235, 스윙점프 N$210
0800-286-4958 www.taupobungy.co.nz

05

스포츠와 온천, 도심의 레저타운

타우포 이벤트 센터, AC 배스
Taupo Event Centre, AC Baths

시내 북쪽 스파 로드와 AC 배스 애버뉴의 코너에 있는 대규모 레저 센터. AC Bath라는 이름의 온천장을 종합 이벤트 센터로 리노베이션했다. 수영장과 피트니스 센터, 실내 암벽장 같은 스포츠 시설이 있으며, 옥외에는 3개의 노천 수영장과 워터 슬라이드가 있다.

가장 큰 장점은 지열을 이용한 온천과 수영을 동시에 즐길 수 있다는 것. 시내 동쪽에 있는 타우포 드 브레츠 핫 스프링스 Taupo De Bretts Hot Springs와 함께 타우포의 대표적인 온천장이다.

시내 관광안내소 앞에서 시내버스 Busit의 'Taup Central' 노선을 타고 AC Baths 정류장에 내린다.

26 AC Baths Ave. 06:00~21:00 어른 N$10, 어린이 N$5 376-0350 www.taupodc.govt.nz

06

어린이를 동반한 가족이라면 강추

타우포 드 브레츠 핫 스프링스
Taupo DeBretts Hot Springs

어린이가 있는 여행자라면 특히, 하루 정도 이곳에서 숙박과 온천욕을 함께 즐기라고 강력 추천한다. 타우포 드 브레츠 내에 캠핑장에서 호텔까지 다양한 형태의 숙박 시설이 갖춰져 있고, 숙박객에게는 온천 이용 요금 할인도 해준다. 언덕을 끼고 있는 자연 지형을 활용한 이곳은 매표소를 지나 온천장으로 들어가는 입구에서부터 싱그러움이 가득하다. 졸졸 흐르는 계곡을 따라 오솔길을 따라가다 보면 옴폭하게 파인 비밀의 정원 같은 곳이 나타난다. 시설은 생각보다 규모가 크다. 대규모 워터 슬라이드와 온천수 그대로를 받아놓은 온천장, 프라이빗 룸 등도 잘 갖춰져 있어서 가족 단위 이용자들이 많다.

한편, 함께 운영하는 캠핑장은 시설과 조망권 면에서 최고점을 줄 수 있다. 타우포 시내가 한 눈에 내려다보이는 기가 막힌 뷰를 가지고 있으며, 공동 시설들도 최상으로 관리되고 있다.

76 Napier-Taupo Rd., SH 5, Taupo 08:30~21:30
워터파크 어른 N$24, 어린이 N$13 377-6502
www.taupodebretts.co.nz

와이라케이 지열지대 WAIRAKEI

07
오래된 마오리 약수터
와이라케이 테라스 Wairakei Terraces

와이라케이 지열발전소의 뜨거운 김이 모락모락 피어오르는 입구에 있다. 지열발전소로 가려면 비지터 센터부터 방문해야하는데, 5번 국도변에 있는 이 비지터 센터가 와이라케이 테라스의 입구를 겸하고 있다.

안으로 들어가면 '실리카 테라스 Silica Terrace'라는 이름의 지열탕, '카빙 하우스 Carving House'라는 이름의 마오리 조각 전시장, 이밖에 발을 담글 수 있는 슈팅 풋배스, 폭포, 블루 풀 그리고 동물농장 등의 다채로운 볼거리가 차례로 나타난다. 평소 관광객 수가 많지 않아서 마오리 문화를 한가로이 감상할 수 있고, 로토루아에서보다 여유롭게 간헐천을 살필 수 있다. 최근에 오픈한 야외 온천풀 Thermal Pools의 경우 규모도 크고 시설도 현대적이어서 날로 인기가 높아지고 있다. 간헐천이 솟아나는 원수천에서부터 단계별로 계단식 풀이 조성되어 있고, 풀마다 온도가 달라진다. 특히 이곳의 온천수는 치유와 치료의 물로 알려져 백 년 전부터 먼 곳의 마오리족들이 물을 길러 가던 곳으로도 유명한데, 노화 예방과 편두통 치료에 효과가 입증된 실리카 성분이 특히 많은 것으로 알려져 있다. 약성이 높다보니 14세 미만의 어린이는 온천풀 입장을 금할 정도. 실리카 성분 이외에도 관절염에 좋은 나트륨과 고혈압과 혈당 관리에 용이한 칼륨, 마그네슘 성분도 다량 함유되어 있다.

- State Highway 1, Wairakei
- 여름 08:30~21:00, 겨울 08:30~20:30
- Walkway 어른 N$15, 어린이 N$7.50/Thermal Pools N$27
- 378-0913 www.wairakeiterraces.co.nz

08
불난 거 아니에요
와이라케이 지열발전소 Wairakei Geothermal Power Station

5번 국도를 타고 가다가 마치 불이 난 것처럼 연기가 피어오르는 골짜기가 나타나면 와이라케이 지열발전소가 가까워졌다는 신호다. 이곳은 말 그대로 지열을 이용해서 발전을 하는 파워 스테이션으로, 뉴질랜드 연간 전력 소비의 약 5%에 해당하는 15만kw의 전력을 생산한다.
입구에서 길을 따라 계속 가면 나지막한 언덕으로 올라가는 길이 나오는데, 언덕 정상에는 지열발전소 전체가 한눈에 들어오는 전망대가 있다. 긴 관으로 연결된 발전소 시설과 곳곳에서 피어나는 하얀 증기를 보면 땅 밑에서 끓고 있는 지열의 위력을 실감하게 된다. 와이라케이 테라스 입구로 사용하는 비지터 센터에서는 지열 발전의 원리와 발전소 건립의 역사를 보여주는 사진과 모형들을 전시한다.

State Highway 1 비지터 센터 09:00~17:00
무료 376-1900

아라티아티아 수력발전소 Aratiatia Rapids

와이라케이 파크 맨 끝쪽, 타우포에서 북쪽으로 10㎞ 정도 떨어져 있다. 와이카토 강의 급류를 막아 건설한 댐으로, 매일 세 차례씩 수문을 열 때마다 엄청난 양의 물이 한꺼번에 쏟아지는 장관을 보여준다. 평소에는 잔잔해 보이던 계곡이 방류 때마다 격류를 일으키며 하얀 포말로 부서지는 그 모습! 댐 윗부분은 도로로 연결되어 있으며, 산책로를 따라 5분쯤 오르막길을 따라가면 전망대가 나온다.

방류 10:00, 12:00, 14:00(여름에는 16:00에도 방류)

09
어마어마한 포말과 우레같은 소리
후카 폭포 Huka Falls

후카 폭포는 뉴질랜드에서 손꼽히는 관광 명소다. 높은 낭떠러지에서 가파르게 떨어지는 물줄기를 폭포라고 생각했다면, 이곳은 그 고정 관념을 여지없이 깨주는 통쾌한 현장이다. 타우포 호수에서 시작하는 와이카토 강이 좁은 협곡을 빠져나올 때까지는 그저 작은 강줄기에 지나지 않지만, 후카 폭포에 이르러서 본성을 드러내게 된다. 그리 높지도 넓지도 않은 강줄기가 어느 순간 급물살을 타고 급변하는 것. 10m도 안 되는 높이에서 뿜어내는 물의 양은 초당 230t이 넘고, 어찌나 속도가 빠른지 물빛마저도 하얀 포말 그 자체다.
폭포 위로 설치되어 있는 작은 다리에서 바라보는 물줄기도 장관이지만, 조금 더 걸어가 폭포가 떨어지는 지점 바로 옆 전망대에서 바라보면 훨씬 역동적인 모습을 감상할 수 있다. 주차장에서 전망대까지는 걸어서 10분쯤 걸리며, 폭포를 지나 숲길로 이어지는 산책로도 잘 정비되어 있다. 주차장에는 화장실과 관광안내 부스가 설치되어 있지만, 폭포를 관람하는 요금은 무료다.
시내 관광안내소 앞에서 시내버스 Busit의 'Taupō North' 노선을 타면 폭포 입구까지 갈 수 있다.

295 Huka Falls Rd., Wairakei Park 08:00~18:30

10
어디서 이런 체험을
후카 새우 공원 Huka Prawn Park

독특한 환경을 활용한 새우 양식장. 높은 지열을 이용한 온수에서 새우를 양식하고, 그 새우를 즉석에서 조리하는 레스토랑과 양식장 투어를 운영한다. 후카 폴스 루프 로드를 따라 끝까지 들어가면 요새처럼 숨겨진 새우 양식장이 나오는데, 마치 모내기 전의 논바닥처럼 네모반듯하게 구획을 짠 양식장에서 새우를 기른다. 지열을 이용한 새우 양식은 뉴질랜드 농업의 기술력을 보여주는 것으로, 매우 성공적인 기술 사례라고 한다. 하루 4차례 있는 가이드 투어에 참가하면 새우를 양식하는 과정을 좀 더 자세하게 알 수 있다. 건물 안으로 들어가면 기념품점과 안내소·레스토랑이 있다. 레스토랑 입구의 수족관에는 어린아이 손 길이만한 민물새우가 긴 수염을 실룩이며 움직이고 있다. 레스토랑에서는 이 새우를 즉석에서 요리해준다. 노천 테라스에서 즐기는 기분도 좋지만, 무엇보다 저렴한 가격에 왕새우를 푸짐하게 맛볼 수 있다는 것이 최고 매력이다.
입장료에는 파크 내에서 즐기는 새우 낚시와 페달 보트, 패들 보드, 워터 바이크, 송어 먹이주기 체험 등이 포함되어 있어서 온 가족이 즐기기에 좋다.

Huka Falls Loop Rd., Wairakei Park 편 파크 주말 09:00~15:00, 레스토랑 금~화요일 (수, 목요일 휴업) 어른 N$27.50, 어린이 N$15 374-8474 www.prawnpark.com

11
달콤하고 유익한
후카 허니 하이브 Huka Honey Hive

후카 폴스 루프 로드를 따라 새우 양식장으로 가다 보면 귀여운 꿀벌 모양의 마스코트가 나온다. 노란색 꿀벌이 이끄는 대로 이정표를 따라가면 뉴질랜드를 대표하는 벌꿀 센터 하니 하이브가 나온다. 뉴질랜드의 맑은 공기는 벌꿀 생산에도 아주 유리한 조건인데, 이곳은 뉴질랜드에서 생산한 다양한 벌꿀을 한 자리에 모아둔 최대의 벌꿀 전시장이다. 아울러 양봉과 벌의 생태, 꿀을 모으는 과정에 대한 다양한 자료도 전시한다. 그러나 전시장의 실제 목적이 판매인만큼 전시와 동시에 벌 인형, 벌꿀 캔디, 벌꿀 양초, 벌꿀 화장품 등등 다양한 벌꿀 제품을 판매한다. 카페에서는 벌꿀을 넣어 직접 만든 달콤한 아이스크림을 맛볼 수 있다.

65 Karetoto Rd.(off Huka Falls Loop Rd.), Wairakei Park
10:00~17:00 무료 374-8553
www.hukahoneyhive.com

12
히든 밸리, 인디아나 존스처럼
오라케이 코라코 Orakei Korako

로토루아 남쪽이면서 타우포 북쪽, 즉 두 도시의 중간 지점에서 타우포 쪽으로 약간 더 가까운 지점에 자리잡고 있다. 타우포에서는 자동차로 30분쯤 가야 하는 오라케이 코라코. 이곳은 화산 활동으로 생긴 온천과 간헐천·동굴이 있는 '숨겨진 계곡 Hidden Valley'이다. 지리적으로는 로토루아와 타우포 중간 정도에 있지만, 와이라케이 지열지대보다 위쪽에 있어서 상대적으로 관광객 수가 적은 편이다.

'숨겨진 계곡'이라는 별칭에 걸맞게 사람들의 발길이 닿지 않는 곳에 숨겨진 최후의 낙원과도 같은 곳. 특히 워킹 트랙에 포함되어 있는 루아타푸 동굴 Ruatapu Cave은 이곳이 아니면 만나기 힘든 환상적인 비경을 감추고 있다. 요금에는 오하쿠리 호수 Lake Ohakuri를 건너는 보트 탑승이 포함되어 있으며, 원하는 사람에게는 카누도 빌려준다.

보트를 타고 5분 정도 짧게 강을 건너가면, 마치 인디아나 존스가 된 것처럼 지열지대 탐험이 시작된다. 가벼운 등반을 하듯 각양각색의 지열지대를 지나다보면 어느새 고사리 나무 울창한 숲길로 접어들고, 신비한 동굴이 나오고, 마침내 하늘이 뻥 뚫린 산 정상에까지 오르게 된다. 도중에 만나게 되는 코끼리 얼굴, 엘리펀트 록 Elephant Rock은 숨은그림찾기처럼 소소한 즐거움이다. 인위적인 모습이 아니라 자연 그대로 남겨둔 진짜 지열 지대를 보고 싶다면 오라케이 코라코를 강력 추천한다.

계곡 투어를 끝내고 와이카토 강을 바라보며 마시는 카푸치노의 맛도 일품이다. 레스토랑과 야영장·기념품점 등의 편의 시설이 있다.

494 Orakei Korako Rd., Taupo 여름 08:00~16:30(마지막 입장), 겨울 08:00~16:00(마지막 입장) 어른 N$47, 어린이 N$21 378-3131 www.orakeikorako.co.nz

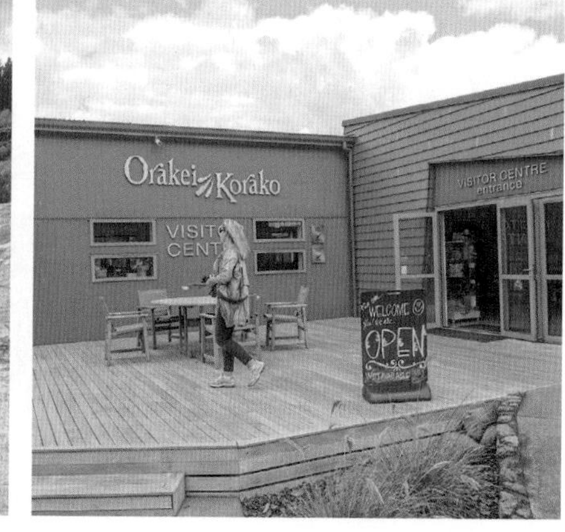

REAL GUIDE

타우포 베스트 액티비티

얼핏 보기에 별 놀거리가 없어 보이는 타우포. 그러나 자세히 들여다보면 무궁무진한 액티비티가 도시 곳곳에 널려 있다. 특히 강과 호수에서 즐기는 레포츠에는 타우포가 아니면 최고를 만끽할 수 없는 것도 많다.

제트 보트 JET BOAT

시속 80㎞로 물 위를 질주하는 스릴 만점의 레포츠. 그 중에서도 박진감 넘치는 후카 폭포에서의 제트 보트 타기는 스릴 두 배의 최고 인기 스포츠다. 요금을 생각하면 쉽게 결정하기 어려울지 모르지만, 실제 체험해보면 돈이 아깝지 않을 정도로 재미있고 특별한 체험이다. 후카 새우 공원이 있는 와이라케이 파크에서 출발해서, 전속력으로 달려 아라티아티아 댐 근처의 급류와 후카 폭포 급류 사이를 왕복하며 30분 동안 스릴을 만끽한다. 폭포 바로 직전까지 다가갔을 때는 아슬아슬 까무라칠 듯 위험해 보이지만, 안전에 대해서는 절대 안심해도 될 정도로 완전 숙련된 운전 솜씨이니 믿고 순간을 즐기시길.

Huka Jet
Wairakei Tourist Park, Taupo
여름 08:00~18:30, 겨울 09:00~17:00 어른 N$139, 어린이 N$95
374-8572 www.hukafallsjet.com

낚시 FISHING

로버트 레드포드 주연의 〈흐르는 강물처럼〉 포스터를 연상시키는 풍경, 타우포 호수는 뉴질랜드 최고의 낚시 포인트다. 특히 타우포에서 한 시간 거리에 있는 투랑이 Turangi는 통가리로 국립공원으로 가는 길목으로, 물이 맑고 고기가 많기로 유명하다. 타우포에는 여러 개의 낚시 전문 회사가 상주하고 있으며, 초보자에게는 낚시 방법과 포인트 등을 안내해주기도 한다.

Go Fish 378-9395

South Taupo Charters
386-6024

Chris Jolly Outdoors
0800-252-628

01
몸에 이로운 연료
Burger Fuel

남섬에는 퀸스타운의 퍼그 버그가 있다면, 북섬에는 버거 퓨엘이 있다. 개인적으로는 퍼그 버그가 조금 더 인상적이지만, 버거 퓨엘의 인기 또한 만만치 않다. 이곳의 특징은 100% 뉴질랜드 산 쇠고기와 닭고기, 그 지역에서 재배된 싱싱한 채소를 사용하는 건강한 맛이다. '퓨엘'이라는 의미 역시 사람에게 이로운 '연료'가 되겠다는 원대한 포부인 듯. 메뉴는 맥도날드 정도의 구색을 갖췄다고 생각하면 된다. 팝콘 위에 카라멜 소스를 잔뜩 올린 어마어마한 열량의 디저트들과 감자와 비슷하게 생긴 쿠마라 Kumara 튀김도 눈에 띈다.
오클랜드, 헤이스팅스, 네이피어, 로토루아, 타우랑가, 웰링턴 등에도 지점이 있으며, 북섬 만큼은 아니지만 남섬에도 4군데 가량 지점을 두고 있다.

2 Roberts St.
08:00~17:00 378-0002
www.burgerfuel.com

02
최고의 전망 레스토랑
Dixie Brown

타우포 호수와 눈 덮인 루아페후 산을 동시에 조망할 수 있는 아름다운 레스토랑. 오클랜드에도 두 군데 지점을 가지고 있지만, 탁 트인 뷰와 주변 환경 때문인지 타우포 쪽이 더 기억에 남는다. 비교적 이른 시간부터 문을 열지만, 이곳에서 블랙퍼스트를 즐기는 여유로운 여행자들의 발길로 늘 기분좋은 활기가 넘친다. 뉴질랜드 산 쇠고기를 사용하는 다양한 스테이크가 대표 메뉴고, 피자나 파스타 등의 메뉴들도 고르게 맛이 있다. 우아하고 고급스러운 인테리어를 자랑하지만 실내 보다는 실외 테이블 자리가 먼저 찬다.

38 Roberts St. 06:00~22:00
378-8444 dixiebrowns.co.nz

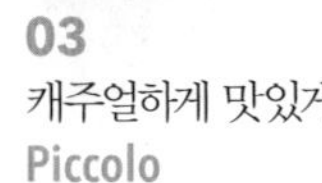

03
캐주얼하게 맛있게
Piccolo

2016년에 북섬 최고의 레스토랑으로 선정되었던 곳. 물론 이 상은 한 두 곳만 수상하는 것이 아니니 너무 큰 의미를 둘 필요는 없지만, 그래도 한번쯤 발길이 가는 것도 사실이다. 뉴질랜드 어디서나 흔히 볼 수 있는 캐주얼한 레스토랑으로, 친절한 서비스와 맛있는 음식 등을 기본으로 장착하고 있다. 캐비닛에 진열되어 있는 음식들 중에서 손쉽게 주문하거나 포장할 수 있고, 꽤 공들인 피자와 샌드위치, 버거 메뉴도 다양하다. 바리스타 팀을 따로 운영할 정도로 커피 맛에도 심혈을 기울인다.

41 Ruapehu St.
07:00~16:00 376-5759
www.taupocafe.co.nz

04
칼칼한 맛이 그리울 때는 Taupo Thai Restaurant & Bar

타우포에서 유일한 한국 음식점이 있던 자리였으나, 몇 해 뒤 찾아가니 타이 레스토랑이 대신하고 있다. 호수까지 걸어서 3분도 채 안 걸리는 대로변에 있어서 찾기 쉽고, 숙박업소인 모터로지까지 함께 운영하고 있어서 여러모로 눈에 띈다. 꽤 큰 단독건물 1층과 2층을 모두 레스토랑으로 사용한다. 비지터 센터 근처의 'Thai Delight Restaurant'가 태국 음식점으로는 평가가 약간 우세하지만, 조용한 분위기를 원한다면 타우포 타이가 한 수 위다. 두 곳 모두 여행 중에 뭔가 칼칼한 맛이 그리울 때 들러볼 만하다. 단, 주중에 점심 식사를 할 수 없는 요일이 있으니, 영업 시간을 확인하고 찾아갈 것.

100 Roberts St. 토~월 17:00~21:30, 화~금 12:00~14:30, 17:00~21:30 376-5438
taupo-thai.tuckerfox.co.nz

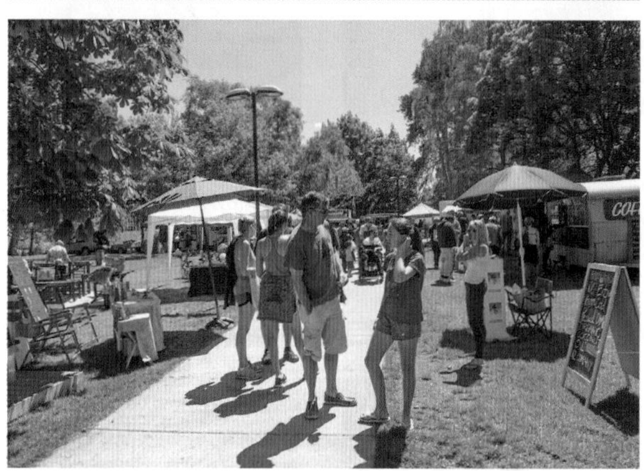

05
토요일에는 Riverside Market

리버사이드 마켓은 우리나라의 오일장처럼 토요일마다 열리는 주말 시장이다. 공식적인 장소는 Redoubt St.의 리버사이드 파크 리저브지만, 그냥 이 동네에서 가장 큰 슈퍼마켓인 '카운트다운 Countdown' 맞은편 강가에서 열린다고 하는 것이 더 쉬울 것 같다. 주말 오전의 활기찬 분위기 속에 채소, 과일, 수공예품, 책 등 다양한 상품이 길게 늘어선 풍경은 이국적인 동시에 친근하다. 모두가 직접 재배하거나 만든 것들, 혹은 사용하던 물건들을 직접 내다 파는 것이어서 저렴하고, 구경하는 재미가 쏠쏠하다. 푸드 트럭에서 갓 만들어낸 갖가지 먹을거리도 넘쳐난다.

토요일 09:00~13:00

번지 점프를 하다

몇 번을 죽고 다시 태어난대도
결국 진정한 사랑은
단 한 번뿐이라고 합니다.
대부분의 사람은 한 사람만을
사랑할 수 있는 심장을
지녔기 때문이라죠.
인생의 절벽 아래로
뛰어내린대도, 그 아래는
끝이 아닐 거라고,
당신이 말했었습니다.
다시 만나 사랑하겠습니다….
사랑하기 때문에
사랑하는 것이 아니라
사랑할 수밖에 없기 때문에
당신을 사랑합니다….

영화 〈번지 점프를 하다〉에서 주인공 현빈과 인우는 타우포 번지점프대 앞에서 그 사랑을 맹세하며 몸을 던집니다. 두 사람의 손은 허공에서도 꼭 잡은 채로. 인생의 절벽 아래로 뛰어내린다해도 그 아래는 끝이 아닐거라고 믿었기 때문이겠죠. 세상이 허락하지 않는 사랑을 주제로 한 영화지만, 마지막의 타우포 번지점프 장면은 영화 전체를 아름다운 멜로영화로 기억하게 하는 중요한 코드로 작용하고 있습니다.

루아페후 RUAPEHU

통가리로 국립공원
TONGARIRO NATIONAL PARK

인포메이션 센터 The Whakapapa DOC Visitors Centre

State Highway 48, Whakapapa Village, Ruapehu

여름 08:00~17:00, 겨울 08:30~16:30 892-3729 www.nationalpark.co.nz

지역번호
07

세 개의 산, 신화의 땅 세계문화유산에 빛나는 통가리로 국립공원은 북섬에서 가장 높은 산과 원시림, 독특한 화산 지형을 지닌 뉴질랜드 최초의 국립공원이다. 약 8만ha에 이르는 국립공원은 세 개의 산, 마운트 루아페후 Mt. Ruapehu(2797m), 마운트 나우루호에 Mt. Ngauruhoe(2287m), 마운트 통가리로 Mt. Tongairo(1967m)로 이루어져 있으며, 이중에서 가장 높은 루아페후 산은 활화산으로 유명하다. 한편 루아페후 산에는 북섬 최고의 스키장인 와카파파와 투로아가 있어서, 스키 리프트를 타고 국립공원의 수려한 절경을 감상할 수 있다. 눈 덮인 화산의 절경을 감상할 수 있는 또 하나의 방법은 통가리로 크로싱에 참가하는 것. 본격적인 트레킹 외에 와카파파 빌리지 주변의 하이킹 코스도 잘 조성되어 있다.

루아페후 (통가리로 국립공원) 미리 보기

CITY PREVIEW

어떻게 다니면 좋을까?

이 지역은 크게 두 개의 타운으로 이뤄져 있다. 국립공원 입구에 해당하는 내셔널 파크 빌리지와 중심가인 와카파파 빌리지가 그것. 두 군데 모두 도보로 모든 것이 해결될 정도로 아주 작은 규모의 타운이다. 두 빌리지 사이는 통가리로 트랙 트랜스포트 버스 등의 로컬 버스가 운행되며, 버스는 내셔널 파크 로지 앞과 와카파파 빌리지 버스 정류장에서 출발·도착한다.
중심지이자 대부분의 트랙이 시작되는 와카파파 빌리지에서는, 제일 먼저 그랑 샤토 통가리로가 보인다. 맞은편에는 통가리로 트랙 트랜스포트의 작은 버스 정류장이 있으며, 50m 정도만 더 올라가면 비지터 센터가 보인다. 날씨 정보나 지도 등 트레킹에 필요한 모든 정보를 얻을 수 있으며, 비디오·사진·디오라마 등의 자료를 통해서 국립공원 전체의 지리와 지형을 파악할 수 있다.

어디서 무엇을 볼까?

사람들이 통가리로 국립공원을 찾는 이유는 두 가지로 요약된다. 첫째는 뉴질랜드 풍경의 백미로 손꼽히는 국립공원 트레킹에 도전하기 위한 것, 그리고 둘째는 만년설에서 바람을 가르며 스키를 타기 위한 것. 트레킹을 할 계획이라면, 출발에 앞서 자신의 체력과 가능한 여유 시간을 미리 확인할 것을 권한다. 그리고 반드시 비지터 센터에 들러 트레킹 지도와 코스에 대한 설명을 숙지하고, 자신에게 맞는 코스에 도전해야 한다. 짧게는 45분 워킹 코스부터 6~7일이 걸리는 크로싱 코스까지 다양한 가능성이 열려있다.

어디서 뭘 먹을까?

극단적으로 말하자면, 먹을 곳이 거의 없다는 표현이 맞다. 이 넓은 국립공원을 통틀어 두 군데, 와카파파 빌리지와 내셔널 파크 빌리지 외에는 음식점이 전무하고, 그나마 빌리지 안에서도 대부분 숙박업소와 함께 운영하는 카페나 소규모 레스토랑이 전부다. 트레킹을 위해서는 미리 음식을 준비하고, 나머지 식사는 숙소에서 해결하는 것이 최선이다.

어디서 자면 좋을까?

숙소가 있는 지역 역시 와카파파 빌리지와 내셔널 파크 빌리지로 나뉜다. 와카파파 빌리지에는 그랑 샤또와 스코텔 알파인 두 군데의 호텔과 한 군데의 캠핑장이 있으며, 내셔널 파크 빌리지에는 크고 작은 모텔과 몇몇 백패커스가 자리 잡고 있다. 와카파파 빌리지는 캠핑장을 제외하고는 비교적 고가의 숙소들이기 때문에, 상대적으로 저렴한 홀리데이 파크 캠핑장은 늘 예약이 차 있다. 가벼운 트레킹을 위한 숙소로는 와카파파 쪽이 편리하지만, 중저가의 숙소를 원한다면 내셔널 파크 빌리지 쪽이 좋다.

ACCESS

루아페후 가는 방법

국립공원 서쪽을 지나가는 47번 국도에서 48번 국도로 진입해 8㎞쯤 가면 와카파파 빌리지가 나온다. 이곳은 통가리로 국립공원의 관광 거점이자 트레킹과 크로싱이 시작되는 곳. 황량한 들판이 펼쳐지는 길을 따라 마을 입구에 들어서면 중세의 성을 연상시키는 호텔 그랑 샤토 통가리로 Grand Chateau Tongariro가 가장 먼저 눈에 띈다. 멀리 보이는 루아페후의 설산 아래, 비현실적일 만큼 선명한 색상의 성채가 여행자를 맞이한다.

버스 Bus

통가리로 국립공원의 최고 번화가는 와카파파 빌리지 Whakapapa Village(현지 발음은 파카파파라고 한다)로, 비지터 센터와 숙박 시설·버스 정류장 등이 모여 있다. 와카파파까지 직행하는 장거리 버스는 없지만, 스트레이 버스와 인터시티 버스가 근처 타우포와 투랑이까지 가는 도중에 와카파파 빌리지에 정차하고, 지역의 로컬 버스들도 근처 도시에서 통가리로 국립공원까지 교통편을 제공한다. 인터시티 버스로 오클랜드에서 약 6시간, 웰링턴에서 5시간 30분 정도 소요된다.

기차 Train

오클랜드와 웰링턴을 잇는 노던 익스플로러 Northern Explorer 열차가 내셔널 파크 역에 월·목·토요일 하행선(오클랜드→웰링턴) 1회씩, 화·금·일요일 상행선(웰링턴→오클랜드) 1회씩 도착한다. 작은 간이역이지만, 대합실이 있는 실내에는 따뜻한 음식을 먹을 수 있는 레스토랑도 함께 있다.

기차역이 있는 내셔널 파크 빌리지에서 와카파파 빌리지까지는 자동차로 15분 정도 걸리며, 통가리로 트랙 트랜스포트 Tongariro Track Transport 버스가 두 마을을 포함한 국립공원 곳곳을 연결한다.

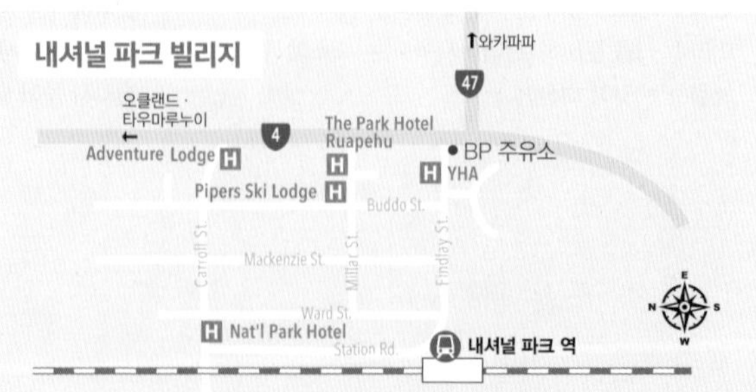

REAL MAP

통가리로 국립공원 지도

41
1
오타망가카우 호수
Lake Otamangakau
47
피항아
Piganga
로토아이라 호수
Lake Rotoaira
47
랑이포
Rangipo
4
통가리로 크로싱 루트
46
케테타히 산장
Ketetahi Hut
라우리무
Raurimu
통가리로 산 03
Mt. Tongariro
Mangatepopo Rd.
나우루호에 산 04
Mt. Ngauruhoe
망가테포포 산장
Mangatepopo Hut
47
48
내셔널 파크 기차역
오투레레 산장
Oturerenu Hut
내셔널 파크 빌리지
National Park Village
01
타마 호수
Tama Lake
와이호호누 산장
Waihohonu Hut
Waihohonu Track
와카파파 빌리지
Whakapapa Village
와카파파 스키장
Grey St.
Hauhungatan
투키노 스키장
루아페후 산
Mt. Ruapehu
02
투로아 스키장
블라이스 산장
Blyth Hut
Round the Mountain Track
4
Ohakune Mountain Rd.
오하쿠네
Ohakune
1
랑가타우아
Rangataua
Lake Moawhango
N
W
E
S
0 5 10km
49
05 군사 박물관
Army Museum
탕이와이 열차사고 위령지
와이오우루
Waiouru
트레킹 루트

REAL MAP 와카파파 빌리지 & 통가리로 크로싱 지도

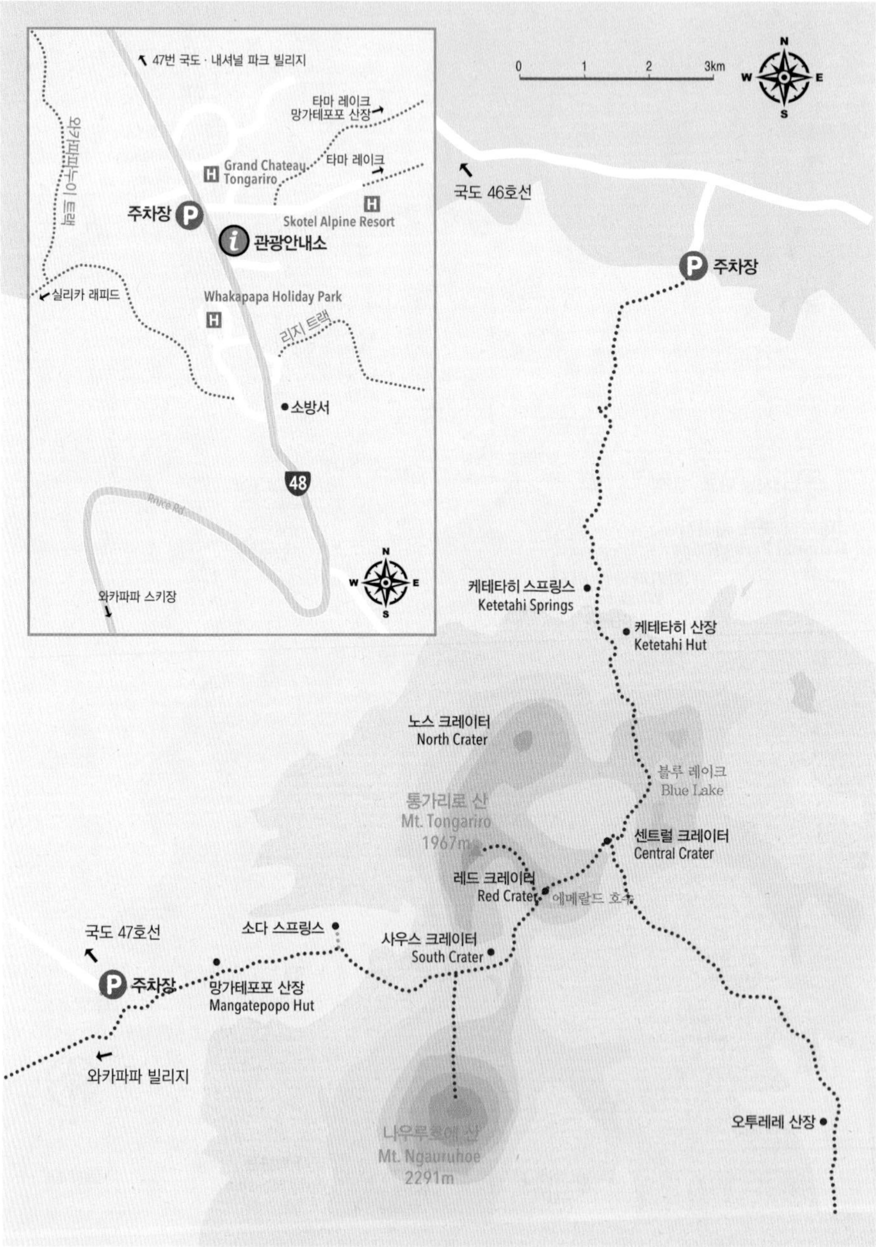

47번 국도 · 내셔널 파크 빌리지
타마 레이크
망가테포포 산장
Grand Chateau Tongariro
타마 레이크
와카파파누이 트랙
주차장
Skotel Alpine Resort
관광안내소
실리카 래피드
Whakapapa Holiday Park
리지 트랙
소방서
48
Bruce Rd
와카파파 스키장
N W E S

0 1 2 3km
N W E S
국도 46호선
주차장
케테타히 스프링스
Ketetahi Springs
케테타히 산장
Ketetahi Hut
노스 크레이터
North Crater
블루 레이크
Blue Lake
통가리로 산
Mt. Tongariro
1967m
센트럴 크레이터
Central Crater
레드 크레이터
Red Crater
에메랄드 호수
국도 47호선
소다 스프링스
사우스 크레이터
South Crater
주차장
망가테포포 산장
Mangatepopo Hut
와카파파 빌리지
오투레레 산장
나우루호에 산
Mt. Ngauruhoe
2291m

01
초급자 코스, 반드시 도전해 볼 것
와카파파 빌리지에서 출발하는 트레킹
Whakapapa Walks

아래에 소개하는 4개의 루트는 모두 운동화를 신고 걸을 수 있을 정도의 무난한 트랙이다. 단, 타마 레이크 코스는 거리가 멀기 때문에 식수나 간식거리를 미리 준비해가는 것이 좋다. 출발에 앞서 와카파파 비지터 센터에서 날씨와 트랙 상태를 미리 확인할 것!!

타라나키 폭포 Taranaki Falls

루아페후 산의 분화로 인해 생긴 용암 사이로 흘러내리는 높이 20m의 타라나키 폭포를 볼 수 있는 코스. 빌리지에서 출발하면 트랙이 2개로 갈라지기 때문에 오갈 때 다른 루트를 잡으면 두 코스를 다 돌아볼 수 있다. 산 쪽 루트인 어퍼 트랙 Upper Track에서는 주로 확 트인 초원지대를 걷게 되고, 아래쪽 루트인 로어 트랙 Lower Track에서는 계곡을 따라 트레킹한다. 무난한 난이도와 다양한 볼거리 때문에 많은 사람들이 선택하는 코스이며, 비지터 센터에서 가장 추천하는 코스기도 하다. 왕복 2시간 소요.

리지 트랙 Ridge Track

비지터 센터에서 산 쪽으로, 매점 건너편에서 좁은 길로 들어간 곳이 출발점이다. 숲속을 지나가는 짧은 코스인데, 빌리지에서는 잘 보이지 않는 나우루호에 산도 볼 수 있다. 걷는 일에 자신 없는 사람도 부담없이 도전해 볼 수 있는 코스로, 왕복 45분 정도 소요된다.

실리카 래피드 Silica Rapids

와카파파 홀리데이 파크에서 산 쪽으로 난 길을 따라가면 트랙이 나온다. 출발 직후부터 푸른 강물을 따라 걷는 기분 좋은 트랙이다. 숲을 빠져나오면 푸른 목초지대가 펼쳐지는 등 다채로운 풍경을 감상할 수 있다. 순환 트랙으로 조성되어 있는데, 빌리지에서 약 2㎞ 떨어진 곳이 종착 지점이다. 왕복 2시간 30분 소요.

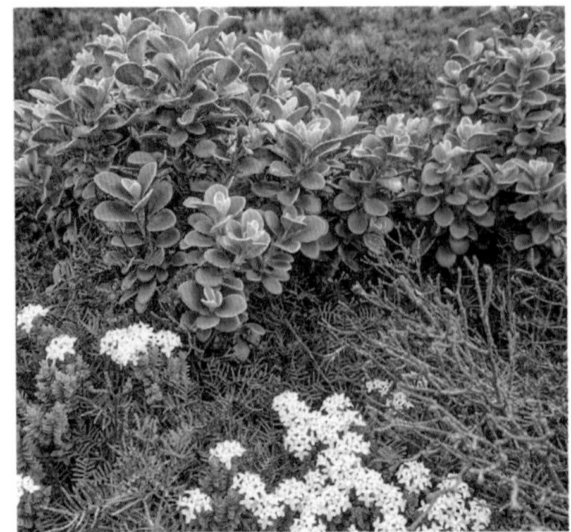

타마 레이크 Tama Lake

루아페후 산과 나우루호에 산 중간 부분에 있는 2개의 화구호로 가는 코스. 위에서 소개한 3개의 루트보다는 코스가 어렵고 거리도 멀기 때문에 장비 준비를 철저히 해야 한다. 코스의 시작점은 빌리지에서 타라나키 폭포로 가는 루트를 따라서 가면 된다.

맑은 날에는 트레킹 내내 나우루호에 산의 모습을 볼 수 있다. 처음 나오는 전망대에서 아래쪽 호수 Lower Tama가 보이지만, 위쪽 호수 Upper Tama 전망대로 가려면 이곳에서 비탈길을 40분쯤 더 올라가야 한다. 이 루트는 강풍이 부는 곳이 많아서 방풍·방한 장비를 반드시 갖춰야 한다. 또 넓은 초원지대에는 군데군데 루트가 불분명한 곳이 있으므로 길을 잃지 않도록 주의한다.

REAL TALK 이런 숙소도 있어요~

트레킹과 캠핑을 위해 장비를 준비하고 와카파파 홀리데이 파크 캠핑장에 도착한 때는 오후 2시를 조금 넘은 시간. 리셉션에서 청천벽력 같은 말을 했습니다. 사이트가 가득 차서 자리가 없다는 것. 성수기의 통가리로 국립공원에서는 흔히 있는 일이라 서둘러 도착했건만, 벌써 다 차고 말았다는 겁니다. 불쌍한 표정으로 사정을 했더니 친절하게도 두 군데 캠핑장에 전화를 걸어 확인까지 해주었지만 결과는 모두 자리가 없다는 것입니다. 정말 불쌍해보였는지 마지막으로 직원이 종이에 그림을 그려가며 위치를 알려준 곳은 바로 바로, 무려 '무료 숙소'였습니다. 정식 이름은 '망가후이아 캠프사이트 Mangahuia Campsite'. 약간의 도네이션을 내고 캠프 사이트와 화장실, 식수 등을 이용할 수 있는 시설입니다. 국립공원 직원이 상주하고 있어서 사이트 전체가 안전하게 관리되고 있으며, 캠프 사이트를 감아도는 맑은 계곡물은 더위를 식히기에도 좋았습니다.

단, 이곳에는 정말 화장실과 식수대 외에는 아무런 시설이 없다는 점을 기억하고, 텐트와 취사 도구 등 모든 장비는 개인이 준비해야 합니다. 와카파파 빌리지와 내셔널 파크 빌리지의 중간 지점, 47번 국도변에 위치하고 있습니다. 사이트에서 와카파파 빌리지까지는 망가후이아 트랙으로 연결되어 있어서 도보로도 이동이 가능합니다.

02
상급사 코스, 스키장도 있어요
루아페후 산 등반 Mt. Ruapehu Climb

통가리로 국립공원 내 3개의 산 가운데 가장 높은 루아페후 산을 일주하는 트랙은 완주하는 데 4~5일이 소요된다. 최단기 코스도 왕복 3시간 이상이 걸리고, 주로 등반 경험이 있는 서양 여행자들이 도전하는 코스로, 강인한 체력이 요구된다. 이때 스키 리프트를 타고 산 중턱까지 올라가거나 스카이 와카 곤돌라를 타고 정상까지 가는 방법도 있다.
두 대의 스키 리프트를 이용하면 2020m 높이까지 힘들이지 않고 쉽게 올라갈 수 있는데, 리프트 종점에서 여름철에는 운행하지 않는 최상부 리프트를 따라 암벽을 오른다. 이 리프트를 지나면 루트 표시가 전혀 없기 때문에 코스를 파악하려면 세심한 주의가 필요하다. 따라서 악천후로 시야가 가려 있을 때는 더 이상 올라가지 않는 것이 안전하다.
산 중턱에는 풀 한 포기 없고 부분 부분 용암에 덮여 있는 황량한 풍경이 펼쳐진다. 중턱으로 올라갈수록 기온이 낮아지고 바람도 강하게 불기 때문에 여름에도 두툼한 겉옷을 준비하는 것이 좋다. 산 정상에는 분화할 때 흘러내린 용암의 흔적이 생생하게 남아 있고 눈도 쌓여 있는데, 자칫하면 미끄러지기 쉬우므로 조심해야 한다. 한편 최근에 오픈한 스카이 와카 Sky Waka 곤돌라는 와카파파 스키장에서 루아페후 산 정상까지 1.8km에 이르는 거리를 편안하게 이동할 수 있는 관광 케이블카로 주목받고 있다.

Sky Waka Gondola Top of Bruce Rd., Wakapapa, Mt Ruapehu 10:00~16:00 왕복 곤돌라 어른 N$49, 어린이 N$25 892-4000 www.mtruapehu.com/sky-waka

와카파파 스키장 Whakapapa Ski Field

루이페후 산 북쪽 경사면에 펼쳐진 뉴질랜드 최대 면적의 스키장. 표고차가 670m나 되며, 총 23대의 리프트와 스노우 머신 설비도 최고 수준을 자랑한다. 슬로프 사정은 투로아와 거의 비슷하며, 표고가 높아서 반드시 방한·방풍 대책을 세워야 한다.
스키장에서 가장 가까운 숙박 시설은 약 6㎞ 떨어진 와카파파 빌리지이며, 가장 가까운 마을은 21㎞ 떨어진 내셔널 파크 빌리지. 스키장으로 가는 셔틀 버스 예약은 내셔널 파크에 있는 숙박 시설이나 스키 대여점에서 신청하면 된다. 와카파파 빌리지에서도 정기적으로 셔틀 버스를 운행한다.

투로아 스키장 Turoa Ski Field

루아페후 산의 남서쪽 경사면에 펼쳐진 폭 2㎞의 넓은 스키 리조트. 해발 고도 1600~2300m로 오세아니아 지역에서 가장 높으며, 스키 시즌은 6~11월로 매우 길다. 표고차 700m, 4㎞ 길이의 다운 힐에 도전해보자. 맑은 날에는 산 아래로 펼쳐지는 멋진 전망도 감상할 수 있다. 스키장 전체가 넓은 경사면에 있어서 단조롭지만 구조가 시원하다. 표고가 높기 때문에 중간 시즌의 눈이 내린 직후에는 양질의 파우더 스노우를 즐길 수 있다.

루아페후 알파인 리프트
892-3738 www.mtruapehu.com

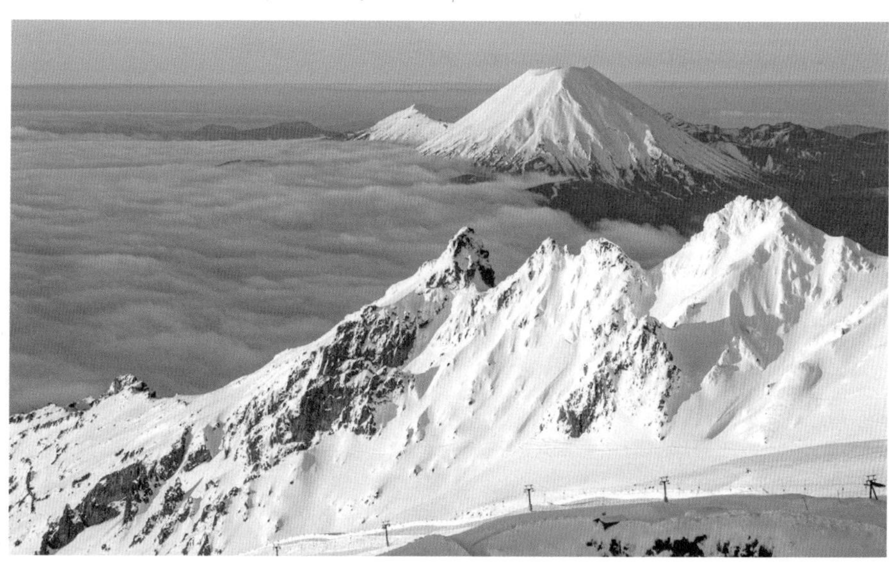

03
중급자 코스, 도전해 볼 만함
통가리로 크로싱
Tongariro Crossing

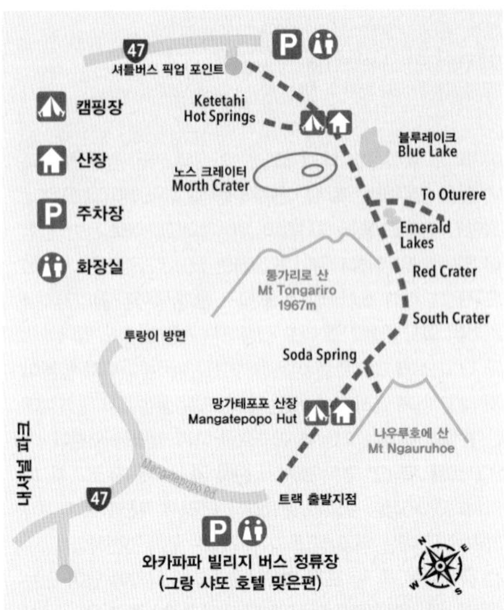

통가리로 국립공원에 있는 트레킹 루트 가운데 가장 인기 있는 코스. 보행 거리 17㎞, 편도 7~8시간이 소요되는 장거리 루트인데, 중간에 연기를 뿜어내는 분화구나 화구호 등 통가리로 산의 독특한 풍경을 모두 감상할 수 있다. 특히 크로싱이 끝나갈 무렵 나타나는 블루 레이크 Blue Lake는 통가리로 크로싱의 하이라이트로, 비현실적인 컬러와 고즈넉한 풍경에 숨이 멎을 지경이다.

트랙의 남쪽 기점은 망가테포포 산장 Magatepopo Hut, 북쪽 기점은 케테타히 산장 Ketetahi Shelter이다. 두 지점 사이를 남쪽에서 북쪽으로 오르면 노스 크레이터에서 케테타히 산장에 이르는 급경사 지대를 내리막길로 갈 수 있다. 반대 방향으로 갈 경우에는 오르막길을 가야하므로 1시간 정도 더 걸린다. 편도 코스이므로 교통수단을 미리 확보해 두는 것이 좋다. 여름에는 타우포·투랑이·와카파파에서 트레킹의 출발점과 종점을 연결하는 버스가 운행된다.

통가리로 트랙 트랜스포트

Adventure Lodge, 23 Carroll St., National Park
왕복 어른 N$55, 어린이 N$40 0800-872-258
www.thetongarirocrossing.com

04

보기에는 중급자, 실제로는 상급자 코스
나우루호에 산 등반
Mt. Ngauruhoe Climb

해발 2291m의 나우루호에는 원추형 산으로, 약 2500년 전에 생성된 것으로 추정된다. 나우루호에 등반은 통가리로 크로싱 루트에 맞춰서 할 수 있으며, 메인 트랙에서 왕복하려면 3시간 정도 걸린다. 통가리로와 나우루호에를 모두 등반할 경우에는 하루만으로는 부족하므로 산장에서의 1박이 필수. 나우루호에만 등반할 때는 망가테포포에서 왕복 6~7시간 정도 소요된다. 겉으로 보기에는 매우 아름답지만 막상 오르면 산 전체가 바위와 모래뿐이고, 경사가 급해서 오르기 쉬운 산은 아니다. 또 루트 표

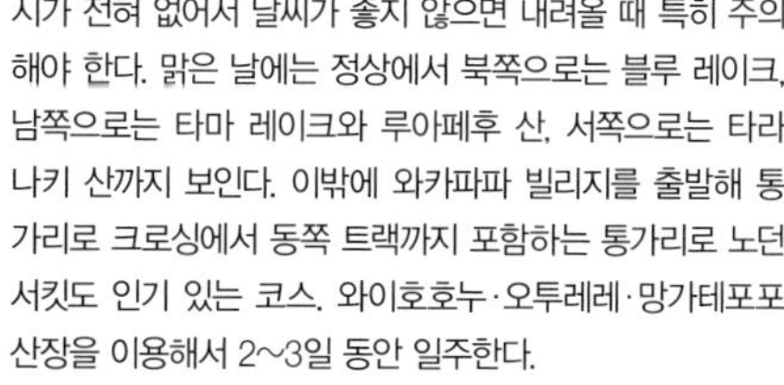

시가 전혀 없어서 날씨가 좋지 않으면 내려올 때 특히 주의해야 한다. 맑은 날에는 정상에서 북쪽으로는 블루 레이크, 남쪽으로는 타마 레이크와 루아페후 산, 서쪽으로는 타라나키 산까지 보인다. 이밖에 와카파파 빌리지를 출발해 통가리로 크로싱에서 동쪽 트랙까지 포함하는 통가리로 노던 서킷도 인기 있는 코스. 와이호호누·오투레레·망가테포포 산장을 이용해서 2~3일 동안 일주한다.

REAL TALK 마오리 족장의 위대한 결단

통가리로 국립공원은 뉴질랜드 최초의 국립공원이자 원주민이 기증한 토지에다 조성한 세계 최초의 국립공원이기도 합니다. 1887년, 응가티 투와레토아 부족의 최고 지도자 테 헤우헤우 투키노 4세 Te Heuheu Tukino IV는 통가리로 산과 나우루호에 산, 루아페후 산 정상들을 포함한 2630ha의 화산 중심 지역을 뉴질랜드 정부에 기증했습니다. 목적은 유럽 이주민들이 무자비하게 개발하려는 자신들의 성지를 지키기 위한 것. 이를 위해 정부 차원의 보존을 요구하면서 이 땅을 정부에 기증한 것입니다.

통가리로는 마오리어인데, 통가 Tonga는 '남풍', Riro는 '옮긴다'는 뜻. 마오리 전설에 따르면 '나토로이랑이'라는 남자가 토지를 찾아 이곳까지 와서 산에 올라갔는데, 혹독한 추위로 꼼짝할 수 없게 되자 고향인 하와이키에 있는 여동생이 불을 가져오기를 간절히 기원했다고 합니다. 그런데 이 소리가 남풍을 타고 동생에게 전해졌다고 하네요. 결국 그는 불을 가져온 여동생 덕분에 생명을 구할 수 있었구요.

이처럼 아름다운 전설을 품은 성지를 국가에 기증한 마오리 족장의 결단 그 자체만으로도 존경받을 만한데, 그 조건이 자연을 보존하는 것이라니…. 그의 결단 덕분에 온 세상 사람들이 루아페후 산의 빼어난 아름다움을 감상할 수 있게 된 거지요.

05

뜬금없지만 반가운
군사 박물관 Army Museum

군사 박물관은 통가리로 국립공원의 남쪽, 1번 도로변에 자리잡고 있다. 투랑기에서 박물관이 있는 와이오우루 Waiouru까지는 멀리 설산과 허허벌판만이 펼쳐지는 지루한 드라이브 코스가 계속되는데, 이런 도로변에 세워져 있는 현대적인 외관의 군사박물관은 존재 자체만으로도 반가울 수밖에 없다. 차를 세우고 잠시 들러 관람과 휴식·민생고를 한꺼번에 해결할 수 있기 때문. 뉴질랜드 군대의 역사뿐 아니라 전 세계 전쟁에 관한 기록, 그리고 전쟁 무기와 관련한 전시가 눈길을 끈다. 건물 밖에 세워져 있는 탱크와 로비에 설치된 조형물은 인기있는 사진 촬영 장소다. 관내에 카페와 기념품점·휴게실 등이 있다. 대중교통은 인터시티 버스가 박물관 앞에 정차한다.

SH1 Waiouru · 09:00~16:30, 크리스마스 휴무
어른 N$15, 어린이 N$5 · 387-6911
www.armymuseum.co.nz

웰링턴
WELLINGTON

인구

36만 7,000명

지역번호

04

인포메이션 센터 Wellington Visitor Centre

111 Wakefield St.

월~금요일 08:30~17:00, 공휴일 09:00~17:00 크리스마스 휴무

802-4860 www.wellingtonnz.com

명실상부 뉴질랜드의 수도 호주의 시드니와 캔버라처럼, 뉴질랜드 역시 문화의 수도 오클랜드와 행정 수도 웰링턴을 분리하고 있다. 그래서인지 뉴질랜드의 수도가 오클랜드라고 굳게 믿고 있는 사람들에게 수도 웰링턴의 존재는 약간 낯설다. 1865년 수도 이전 당시 웰링턴이 낙점된 이유는 단 하나, 남섬과 북섬으로 나뉜 국토의 한가운데여서 행정력이 고루 미칠 수 있는 입지라는 점 때문이었다. 또한 도시를 원형 극장처럼 감싸고 있는 쿡 해협과 항구는 해외 무역의 거점이자 남북 교통의 십자로 구실을 담당할 것이라는 기대 심리가 더해졌다. 그후 기대는 적중하여, 잘 다듬어진 웰링턴은 행정 수도로서 뿐만 아니라 최고의 공연 예술 도시로 명성을 더해가고 있다.

도시 전체가 부채꼴 모양으로 바다에 둘러싸인 웰링턴은 화산 활동으로 불쑥 솟아오른 언덕에 항구가 형성되고 그 위에 도시가 세워진 '바람의 도시'기도 하다. 윈디 웰링턴에서 한번이라도 '바람 맞아본' 사람은 '바람 잘 날 없는' 이 항구 도시의 다이내믹한(?) 매력을 결코 잊을 수 없을 것이다.

웰링턴 미리 보기

CITY PREVIEW

어떻게 다니면 좋을까?

웰링턴 자체는 결코 작은 도시가 아니지만, 시내의 규모만 놓고 보면 크다고도 할 수 없다. 게다가 시내의 형태가 단순해서 길을 잃거나 헤맬 확률은 0%. 마음만 먹으면 걸어서도 충분히 시내 구석구석까지 즐길 수 있다. 그러나 체력과 시간이 2% 부족한 관광객들을 위해서는 다양한 교통편이 준비되어 있으니 이를 적절히 활용하는 것도 방문자의 미덕(?)이라 하겠다.

어디서 무엇을 볼까?

한쪽은 길게 이어진 해안선, 다른 한쪽은 가파른 언덕. 좁고 긴 지형과 호흡을 맞추듯 웰링턴 시내의 번화가는 해안선을 따라 길게 형성되어 있다. 기억해야 할 주요 도로는 옛 항구 도시의 면모를 짐작하게 하는 램턴 키 Lambton Quay. 빌딩과 카페·레스토랑·쇼핑센터 등이 즐비하고 직장인과 대학생이 함께 어울려 세련된 분위기와 낭만이 넘쳐난다. 시빅 스퀘어와 쿠바 몰이 있는 웨이크필드 스트리트 Wakefield St.도 눈여겨봐야 할 번화가다.

어디서 뭘 먹을까?

정치·외교·비즈니스의 중심지 웰링턴은 먹을거리에 관한 한 공인된 국제 도시라고 할 수 있다. 인구 비례로 따지면 뉴욕보다 레스토랑 수가 더 많다고 한다. 인도·터키·말레이시아·그리스·일본·한국 등 전 세계를 축소해놓은 것처럼 다양한 국적의 음식들이 끼니마다 선택의 기로에 서게 만든다. 카페와 라이브바가 많은 것도 이 도시의 특징인데, 문화예술의 도시답게 저마다 독특한 분위기로 승부한다. 웰링턴의 최고 번화가 쿠바 스트리트와 코트니 플레이스에서 원하는 가격과 맛을 찾을 수 있을 것이다.

어디서 무엇을 살까?

쿠바 스트리트 Cuba St. 일대가 웰링턴 쇼핑의 골든 루트에 속한다. 가게들은 대부분 목~금요일에는 오전 9부터 오후 5시30분까지 영업하지만, 토·일요일에는 각각 오후 4시와 2시면 문을 닫는다. 주말에 쇼핑을 즐길 예정이라면 조금 서두르는 것이 좋다.

어디서 자면 좋을까?

저렴한 숙소는 주로 기차역 주변과 쿠바 스트리트, 마운트 빅토리아 방면에 몰려 있고, 고급 호텔은 전망 좋고 교통이 편리한 시내 중심의 테라스 스트리트 Terrace St., 키 스트리트 Quay St., 램턴 키 쪽에 모여 있다. 비즈니스맨을 위한 중저가 호텔이 많은 것도 웰링턴의 특징이다.

ACCESS

웰링턴 가는 방법

웰링턴으로 가는 길은 육·해·공으로 열려 있다. 한 나라의 수도답게 교통면에서는 타의 추종을 불허하는 네트워크를 갖추고 있다. 대부분의 대도시에서 웰링턴으로 향하는 비행기를 운항하고, 북섬을 길게 달려온 기차와 버스도 웰링턴에 이르러 가쁜 숨을 멈춘다. 남섬으로 가는 페리 부두까지 있어서, 여행자들에게는 수도라는 의미보다 남섬 여행의 전초 기지로서 의미가 더 크다.

비행기 Airplane

에어뉴질랜드·콴타스·제트스타 등 뉴질랜드 상공을 날아다니는 모든 항공사의 비행기가 웰링턴 공항에 이·착륙한다. 에어뉴질랜드는 뉴질랜드 내 가장 많은 도시에서 웰링턴까지 연결하고 있으며, 콴타스 항공 역시 남북 섬의 주요 도시에서 하루에도 몇 차례씩 웰링턴까지 운항한다. 특히 두 항공사는 시드니·브리즈번·퍼스 등 호주의 주요 도시에서 웰링턴까지를 국제선으로 연결하고 있다.
아쉽게도 우리나라에서는 웰링턴까지 한 번에 갈 수 있는 직항편이 없으며, 오클랜드를 통해서 들어가는 것이 가장 일반적이다.

공항 ---→ 시내

시내까지 거리가 짧아서 이동하는 데 걸리는 시간은 15~20분이면 충분하다. 공항에서 시내까지는 에어포트 익스프레스 버스 Airport Express Bus나 도어 투 도어 Door to Door 버스로 이동하면 된다. 오클랜드 공영교통국 Metlink에서 운영하는 에어포트 익스프레스 버스는 공항에서 시내 중심가 웰링턴 역까지 7정거장을 정차하며 오간다. 요금은 웰링턴 교통카드, 현금 모두 지불 가능하고, 버스 내에서 무료 와이파이도 이용할 수 있다. 메트링크 2번 노선 버스로도 시내까지 이동할 수 있는데, 승차 지점까지는 7분 정도 걸어야 하므로, 초행길 여행자에게는 권하지 않는다.
공항에서 시내 주요 호텔까지 도어 투 도어 서비스해주는 버스로는 Shuper Suttle과 AP Shuttle 두 종류가 있지만, 코로나19 이후 두 회사 모두 운행 여부가 불규칙적이다. 택시를 이용할 경우에 요금은 N$40~50 정도 나오고, 우버 택시를 이용하면 조금 더 저렴하다.

- **에어포트 익스프레스 버스 Airport Express Bus**
  N$10 0800-801-700 www.wellingtonairport.co.nz

웰링턴 국제공항

웰링턴 공항은 시내 중심부에서 남쪽으로 약 7㎞ 떨어져 있다. 명색이 국제공항이지만 체크인 카운터가 오전 7시부터 오후 7시까지만 영업하고, 이후 시간에는 모든 숍이 문을 닫아서 무척 썰렁해진다. 일찍 출발하거나 경유편을 이용하는 승객을 위해 공항 자체는 늦게까지 문을 열지만, 그마저도 새벽 2~4시에는 완전히 폐쇄한다.

Stewart Duff Drive, Rongotai 03:30~01:30 385-5100 www.wellingtonairport.co.nz

버스 Bus

오클랜드에서 타우포를 지나 달려온 인터시티 버스가 멈추는 곳은 웰링턴. 지리적인 이유로 섬을 오가는 버스들이 반드시 멈추어야 하는 종착지다. 키위 버스, 매직 버스도 북섬에서는 웰링턴이 종착점이다. 오클랜드에서 출발한 두 종류의 인터시티 버스는 1일 3회씩 웰링턴에 도착하고, 타우랑가·뉴플리마우스·기스본 등에서 출발한 또다른 노선의 인터시티·뉴먼스 버스들도 1일 3회 이상씩 이 도시에서 시동을 끈다. 버스 터미널은 기차역의 9번 플랫폼과 나란히 붙어 있으며, 백패커스 버스들은 예약된 백패커스 앞에 내려준다.

기차 Train

1937년에 세워진 웰링턴 역은 여러 개의 기둥이 떠받치고 있는 중후한 대리석 건물로, 웬만한 관광지 못지않은 볼거리를 제공한다. 시내 중심부에 위치하는 웰링턴 역은 국회의사당과 박물관, 페리 터미널 등과도 가까워서 오며가며 여러모로 눈에 띈다. 외관뿐 아니라 역할에서도 비중이 느껴지는데, 웰링턴 근교의 교외선과 노던 익스플로러 Northern Explorer가 하루에도 몇 번씩 플랫폼을 드나든다.

오클랜드에서 출발하는 노던 익스플로러는 월, 목, 토요일에 매일 한 차례씩 운행하며, 웰링턴까지의 소요 시간은 약 11시간. 오전 7시 45분 오클랜드를 출발해서 오후 6시 25분 웰링턴에 도착하는데, 비수기와 성수기의 운행 시간이 조금씩 다르다. 도중에 해밀턴과 통가리로 국립공원, 팔머스톤 노스 등을 경유한다.

- **Trantz Scenic(기차)** 0800-872-367 www.greatjourneysofnz.co.nz
- **웰링턴 역** 월~금요일 07:15~17:30, 주말 07:15~24:15 498-2058

REAL GUIDE

페리로 북섬과 남섬 이동하기

남섬과 북섬 사이의 아름다운 바다를 감상할 수 있는 가장 좋은 수단은 페리 Ferry다. 바다에서 바라보는 웰링턴 항구의 평화로운 모습과 밀포드 사운드의 신비한 장관은 뱃길의 재미를 더해준다. 남섬의 픽턴과 북섬의 웰링턴을 잇는 바닷길 쿡 해협 Cook Strait은 대형 페리로 연결된다. 인터아일랜더 Interislander와 링스 The Lynx라는 두 종류의 페리가 운항하는데, 두 종류 모두 자동차를 함께 실을 수 있는 대형 선박이다. 인터아일랜더는 Aratere, Kaitaki, Kaiarahi라는 각각 다른 이름의 선박으로 이루어져 있으며, 웰링턴에서 픽턴까지는 약 3시간~3시간30분이 걸린다.

날렵한 모양의 링스는 쿡 해협을 2시간 15분 만에 건너는 고속 페리지만, 12월에서 4월 사이 성수기에만 운항하기 때문에 대부분의 여행자들은 인터아일랜더를 이용하게 된다. 인터아일랜더와 링스 모두 자전거나 차량을 함께 싣고 갈 때는 늦어도 하루 전에 미리 예약해두어야 하고, 그렇지 않은 경우에도 며칠 전에 예약하지 않으면 매진되기 일쑤니 반드시 인터넷이나 전화로 예약해놓을 것! 예약은 6개월 전부터 할 수 있으며, 출항 30분 전까지 터미널에 도착해서 탑승 수속을 마쳐야 한다. 또 차량용 체크인 카운터와 차가 없는 승객용 카운터가 다르니 미리 위치를 확인해 두는 것이 좋다.

인터아일랜더 페리 터미널은 시내 중심에서 북쪽으로 약 1㎞ 떨어져 있는 아오테아 키 Aotea Quay에 있으며, 링스 페리 터미널은 시내 웰링턴 역 근처에 있다. 시티에 있는 웰링턴 기차역 10번 플랫폼에서 출발하는 무료 셔틀 버스를 이용하면 손쉽게 페리 터미널까지 갈 수 있다. 셔틀 버스는 페리 출발 60분 전에 기차역에서 출발한다.

페리 시간표와 운행 횟수는 계절에 따라 크게 바뀌므로 예약 전에 미리 홈페이지를 통해 확인하는 것이 좋다.

Interislander

Aotea Quay, Pipitea 06:30~18:15 0800-802-802

www.greatjourneysofnz.co.nz/interislander

웰링턴 출발	선박 종류	특이 사항	승객 요금(N$)
02:00	Kaiarahi	월요일 휴항	75~85
06:15	Aratere	월요일 휴항	
08:45	Kaitaki	매일 운항	
13:00	Kaiarahi	매일 운항	
15:45	Aratere	매일 운항	
20:30	Kaitaki	토요일 휴항	

픽턴 출발	선박 종류	특이 사항	승객 요금(N$)
02:30	Kaitaki	일요일 휴항	75~85
07:30	Kaiarahi	월요일 휴항	
11:00	Aratere	월요일 휴항	
14:15	Kaitaki	매일 운항	
18:30	Kaiarahi	매일 운항	
20:35	Aratere	매일 운항	

시내 교통 TRANSPORT IN WELLINGTON

고 웰링턴 버스와 메트링크 Go Wellington & Metlink

웰링턴 시내버스의 대표선수 이름은 고 웰링턴 Go Wellington. 오클랜드와 마찬가지로 NZ Bus 그룹에 의해 운영된다. 시내 구석구석은 물론 근교의 중소 도시까지 거미줄처럼 노선이 연결되어 있지만, 여행자에게 큰 쓸모는 없을 듯하다. 요금은 구간에 따라 다르므로 탈 때 운전사에게 행선지를 말하고 요금을 내는 것이 좋다. 요금을 내면 그 자리에서 영수증을 발급해준다. 한편 메트링크 Metlink는 버스와 기차를 통합하는 교통 시스템인데, 웰링턴 전 지역을 14개의 ZONE으로 나누어 요금을 부과한다. 상당히 넓은 지역까지 커버하고 있지만, 여행자라면 시티 섹션인 존1에서 존3 정도만 기억하면 된다.

- **고 웰링턴 Go Wellington**
  Ⓢ 존1(시티 섹션) N$2.50, 존2 N$4.00, 존3 N$5.50 ☎ 387-8700

교통 카드

거주자 혹은 장기 여행자라면 '스내퍼 Snapper'라는 이름의 스마트 교통 카드를 이용하는 것이 비용면에서 20% 정도 저렴하다. 그러나 온라인을 통한 등록 절차와 별도의 카드 비용(N$10) 등을 생각하면 하루 이틀 정도의 여행자는 현금 이용이 더 속편하다. 대신 이용 횟수가 상당하다고 생각될 때는 아래의 메트링크 익스플로러 데이패스를 고려할 만하다.

Day Pass	요금(N$)	내용
존 1~3	11	1일 이용권. 메트링크 버스와 트레인을 해당 존 내에서 하루 동안 무제한 이용, 공항 버스도 이용 가능(단, 평일은 오전 9시 이후 사용)
존 1~7	16	

교외선 전철 노선도

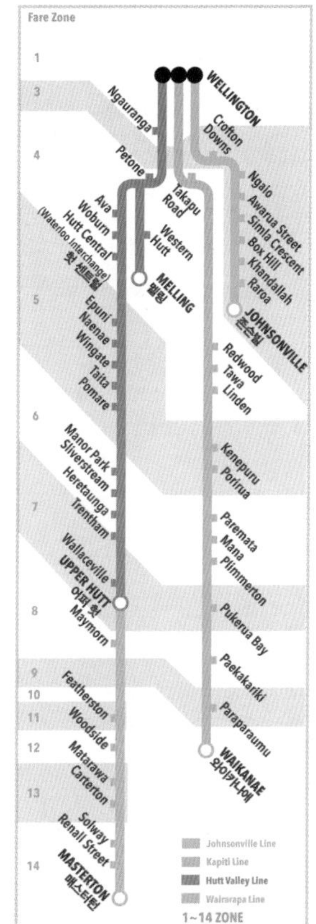

교외선 전철 Suburban Train

웰링턴에는 지상으로 다니는 교외선 전철 트랜츠 메트로 Tranz Metro가 있다. 시내 교통 수단은 버스가 되고, 시내를 벗어난 교외의 주요 교통 수단은 바로 이 교외선 전철이 되는 셈. 기차라고는 하지만 대개 2~3량의 짧은 전동차가 연결되어 있어서 귀엽기까지하다. 웰링턴의 교외선 전철은 우리나라 경춘선처럼 도시 외곽에 펼쳐지는 아름다운 풍경을 감상할 수 있는 가장 좋은 방법이다.

컬러별로 총 5개 노선을 운행하며, 모두 웰링턴 중앙역에서 출발한다. 기차역 안에 마련된 비지터 센터에서 각 노선별 타임 테이블과 요금표를 받을 수 있다.

- **메트링크 Met Link** ☎ 0800-801-7000 ⌂ www.metlink.org.nz

REAL COURSE

웰링턴 추천 코스

한 나라의 수도치고는 규모가 아담한(?) 웰링턴. 시내의 볼거리는 발걸음 빠른 사람이라면 하루 동안 다 돌아볼 수 있을 정도다. 관광지가 대부분 시내에 있고, 걸어서 이동할 수 있는 거리에 모여 있다는 것도 갈 길 바쁜 여행자에게는 고마운 일. 단, 국립 박물관이나 보타닉 가든에서는 한나절쯤 따로 시간을 보내는 것도 괜찮다. 아울러 근교의 관광지까지 꼼꼼히 둘러보려면 이틀 정도의 일정이 가장 이상적이다.

예상 소요 시간 8~14시간

START

시빅 스퀘어
웰링턴의 상징

도보 3분

쿠바 몰
쇼핑과 먹거리 천국

도보 7분

콜로니얼 코티지 박물관
개척민의 생활을 엿볼 수 있는 곳

자동차 8분

마운트 빅토리아
아름다운 요새

자동차 8분

자동차 10분

웰링턴 동물원
키위를 찾아라

자동차 10분

FINISH

웨타 케이브
영화 특수 효과의 산실

국립 박물관 테 파파
뉴질랜드 최고, 최대의 박물관

도보 3분

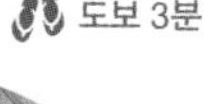

워터프런트
바다를 만끽하는 최고의 장소

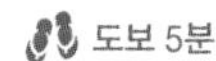
도보 5분

웰링턴 박물관
웰링턴 개발과 바다의 모든 것

도보 15분

케이블카
언덕 위를 오르는
빨간색 레트로

도보 1분

보타닉 가든
케이블카 종점 언덕에 펼쳐진
아름다운 공원

도보 2분

카터 천문대
남반구의 밤하늘이
궁금하세요?

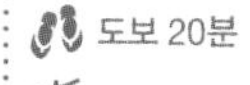
도보 20분

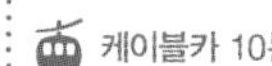
케이블카 10분

국회의사당
벌집 모양, 수도 웰링턴의 심장

도보 8분

올드 세인트 폴 교회
언덕 위의 소박한 교회

도보 10분

캐서린 맨스필드 생가
뉴질랜드 출신 여류작가의 생가

REAL MAP

웰링턴 광역 & 중심부 지도

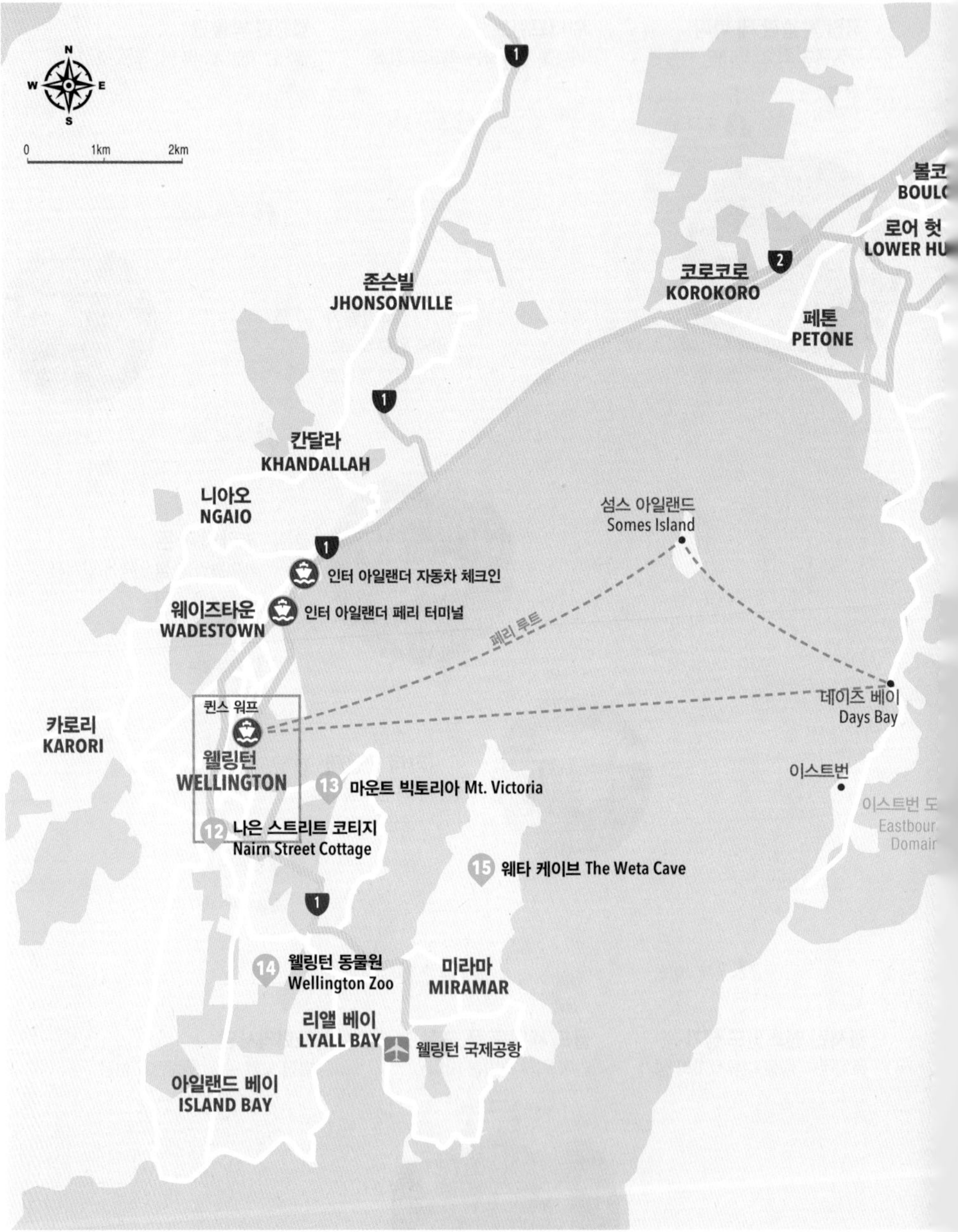

N
W
E
S
0
1km
2km
존슨빌
JHONSONVILLE
코로코로
KOROKORO
페톤
PETONE
칸달라
KHANDALLAH
니아오
NGAIO
섬스 아일랜드
Somes Island
인터 아일랜더 자동차 체크인
웨이즈타운
WADESTOWN
인터 아일랜더 페리 터미널
페리 루트
데이즈 베이
Days Bay
퀸스 워프
카로리
KARORI
웰링턴
WELLINGTON
13 마운트 빅토리아 Mt. Victoria
이스트번
12 나은 스트리트 코티지
Nairn Street Cottage
15 웨타 케이브 The Weta Cave
14 웰링턴 동물원
Wellington Zoo
미라마
MIRAMAR
리앨 베이
LYALL BAY
웰링턴 국제공항
아일랜드 베이
ISLAND BAY

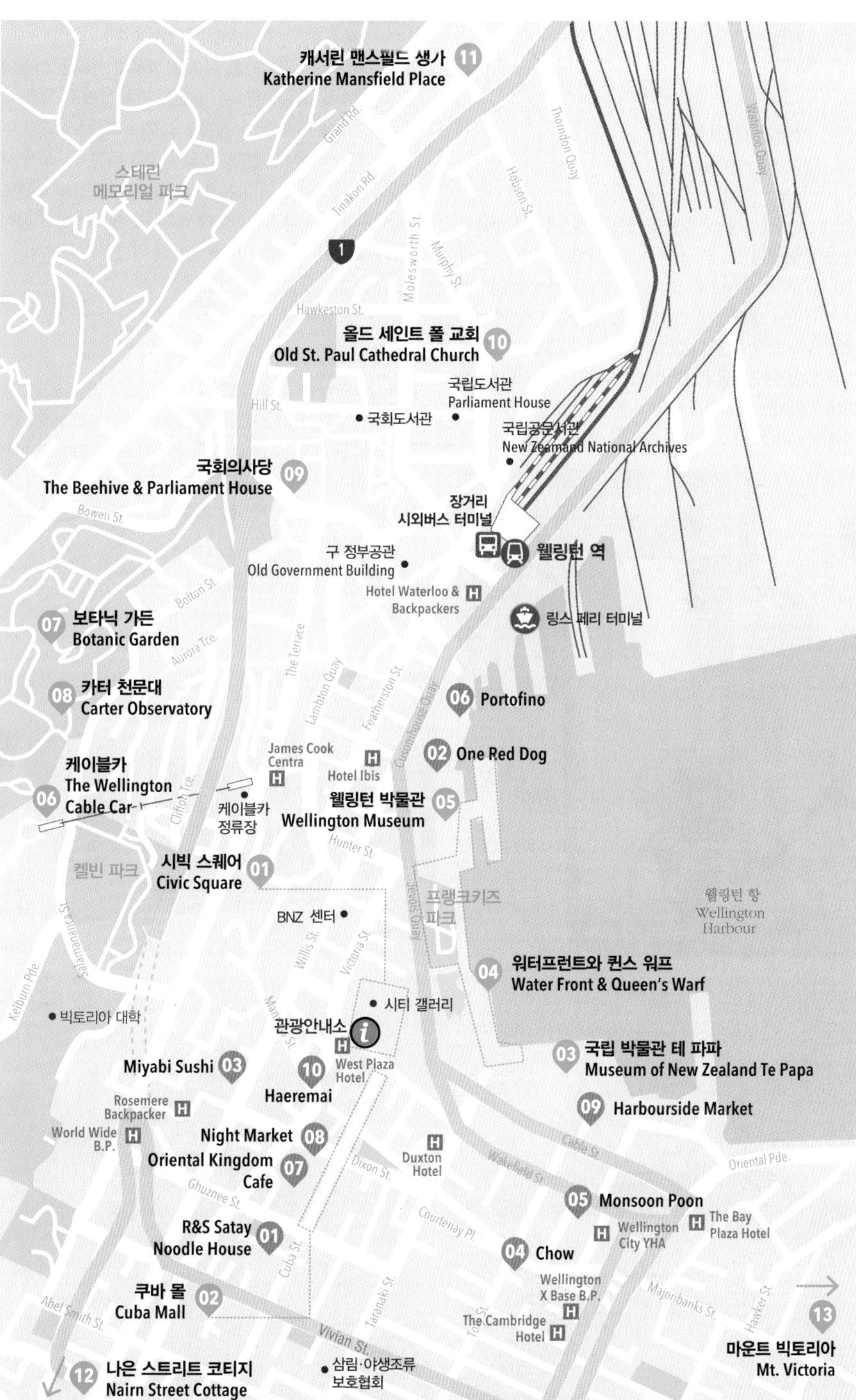
캐서린 맨스필드 생가 11
Katherine Mansfield Place
스테린 메모리얼 파크
Grand Rd.
Tinakori Rd.
Thorndon Quay
Waterloo Quay
Hobson St.
Molesworth St.
Murphy St.
Hawkeston St.
올드 세인트 폴 교회 10
Old St. Paul Cathedral Church
국립도서관
Parliament House
Hill St.
국회도서관
국립공문서관
New Zealand National Archives
국회의사당 09
The Beehive & Parliament House
Bowen St.
장거리 시외버스 터미널
웰링턴 역
구 정부공관
Old Government Building
Hotel Waterloo & Backpackers
Bolton St.
링스 페리 터미널
07 보타닉 가든
Botanic Garden
Aurora Tce.
The Terrace
Lambton Quay
Featherston St.
Customhouse Quay
08 카터 천문대
Carter Observatory
06 Portofino
James Cook Centra
Hotel Ibis
02 One Red Dog
케이블카
The Wellington Cable Car 06
Clifton Tce.
케이블카 정류장
웰링턴 박물관 05
Wellington Museum
Hunter St.
켈빈 파크
시빅 스퀘어 01
Civic Square
Jervois Quay
프랭크키즈 파크
BNZ 센터
웰링턴 항
Wellington Harbour
Salamanca St.
Kelburn Pde.
Willis St.
Victoria St.
04 워터프런트와 퀸스 워프
Water Front & Queen's Warf
빅토리아 대학
Manners St.
시티 갤러리
관광안내소
03 국립 박물관 테 파파
Museum of New Zealand Te Papa
Miyabi Sushi 03
10 Haeremai
West Plaza Hotel
09 Harbourside Market
Rosemere Backpacker
World Wide B.P.
Night Market 08
Cable St.
Oriental Kingdom Cafe 07
Dixon St.
Duxton Hotel
Wakefield St.
Oriental Pde.
Ghuznee St.
05 Monsoon Poon
Courtenay Pl.
Wellington City YHA
The Bay Plaza Hotel
R&S Satay Noodle House 01
Cuba St.
04 Chow
Taranaki St.
Wellington X Base B.P.
Majoribanks St.
Hawker St.
쿠바 몰 02
Cuba Mall
Tory St.
The Cambridge Hotel
Abel Smith St.
Vivian St.
13
마운트 빅토리아
Mt. Victoria
12 나운 스트리트 코티지
Nairn Street Cottage
삼림·야생조류 보호협회

01
웰링턴 여행의 시작
시빅 스퀘어 Civic Square

관광안내소, 중앙도서관, 타운홀, 콘서트홀, 마이클 파울러 센터 등에 둘러싸인 시빅 스퀘어는 널찍한 광장이다. 관광안내소가 있어서 대부분의 관광객들이 이곳에서 웰링턴 여행을 시작한다. 웰링턴 시민들에게는 담소를 나누거나 일광욕을 즐길 수 있는 휴식 장소인 동시에, 다양한 이벤트로 날마다 뜨거워지는 공연 문화의 중심지이기도 하다. 광장 가운데에 설치된 조형물과 바닥에 깔린 붉은색 바닥재, 타일 벽화가 그려진 분수대 등이 눈길을 끈다.

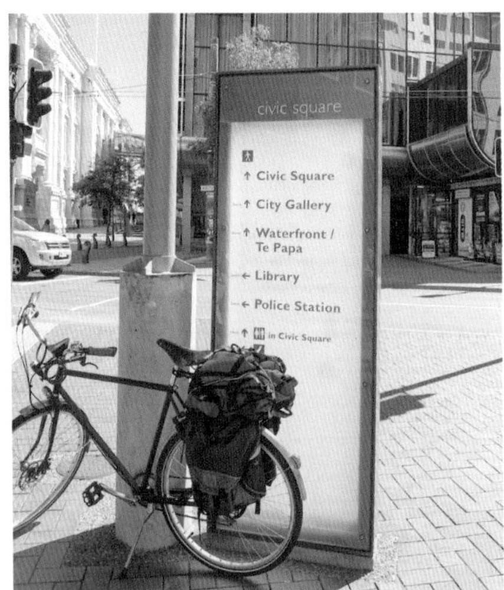

마이클 파울러 센터 Michael Fowler Centre

관광안내소 뒤편에 자리한 마이클 파울러 센터는 다수의 건축대상에 빛나는 아름다운 공연장이다. 놀라운 음향 성능을 갖춘 넓은 강당은 뉴질랜드 심포니 오케스트라의 주 공연장이자, 국제적인 컨퍼런스와 시상식 등에 주요하게 사용되고 있다. 3층 높이의 유리 정면을 가진 건물의 외관도 아름답지만, 이탈리아 대리석과 뉴질랜드 산 목재들로 장식한 웅장한 실내 공간은 시선을 압도할 만큼 인상적이다.

111 Wakefield St. 801-4231

시티 갤러리 The City Gallery

시티 갤러리는 매우 급진적인 전시와 변화무쌍한 프로그램으로 유명하다. 시빅 스퀘어의 중심에 있는 이 대리석 건물은 실제로는 중앙도서관과 같은 건물을 쓰고 있다. 특별전을 제외한 일반 전시는 무료 관람이니 한번쯤 들러보자. 시티 갤러리 옆으로 난 계단을 따라 올라가면 탁 트인 바다와 워터프런트가 나온다.

Civic Square, 101 Wakefield St. 10:00~17:00
무료 801-3952 www.citygallery.org.nz

02
언세나 힛 플레이스
쿠바 몰
Cuba Mall

쿠바 스트리트를 따라 길게 이어진 번화가. Cuba라고 씌어진 붉은색 이정표가 인상적이다. 시내 구츠니 스트리트 Ghuznee St.와 딕슨 스트리트 Dixon St. 사이의 보행자 전용 도로를 쿠바 몰이라 하고, 딕슨 스트리트에서 웨이크필드 스트리트 Wakefield St.까지 계속 분위기가 이어진다. 거리의 악사, 퍼포먼스를 선보이는 무명 예술가, 인라인 스케이트를 즐기는 젊은이 등이 함께 빚어내는 거리의 활기는 여행자의 가슴마저 설레게 만든다.

거리 양쪽 옆에는 이름난 레스토랑과 바가 즐비하고, 푸드몰과 노천카페·선물가게 등이 발길을 잡는다. 매년 2월에는 이곳의 바와 나이트클럽 등을 중심으로 라이브 뮤직·댄스 축제, '쿠바 카니발 Cuba Canival'이 열리기도 한다. 영화 〈반지의 제왕〉 시사회가 열린 극장도 이곳에 자리하고 있다.

03
클래스가 다른 규모와 전시
국립 박물관 테 파파
Museum of New Zealand Te Papa

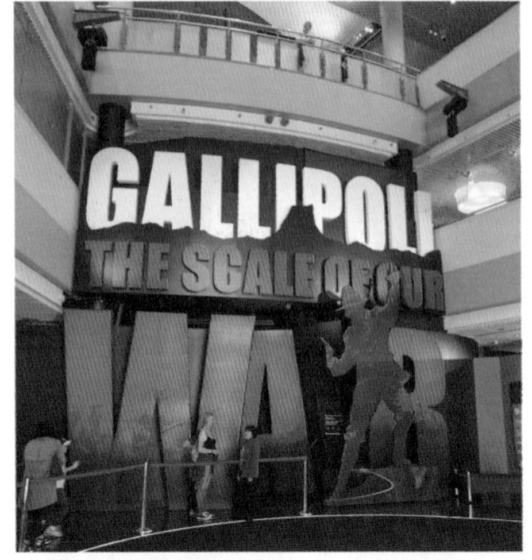

뉴질랜드의 과거와 현재·미래를 동시에 보여주는 공간. 국립 박물관이라는 명칭에 걸맞게 뉴질랜드에서 유일하게 정부가 운영하는 박물관이며, 뉴질랜드 최대 규모와 최고의 수준을 자랑한다. 총 공사비 317만 달러를 들여 4년 간의 공사 끝에 1998년 개관한 대규모 석조 건물의 웅장한 외관은 웰링턴 워터프런트의 당당한 랜드마크로 우뚝 서 있다. 개관 첫 해에 벌써 전세계 2만 명의 방문객이 다녀갔으며, 웰링턴을 찾는 누구라도 거쳐가지 않을 수 없는 명소가 되었다. 뉴질랜드 사람들은 이곳을 'Our Place'라 부르는데, 이 박물관에 대한 그들의 자부심이 얼마나 큰지 짐작할 만하다. 1층은 박물관, 2층은 미술관이다. 전시품과 자료는 모두 뉴질랜드의 역사·예술·자연환경 그리고 마오리 문화에 대한 다각적인 이해를 돕고 있다. 특히 4층에 마련된 마오리 전시관에서는 마오리 집회 장소인 '마레'를 재현해두었으며, 그들의 생활상을 이해할 수 있는 오디오와 비디오 자료를 충실히 갖추었다. 뉴질랜드를 포함한 태평양 지역의 자연환경과 생활상을 보여주는 퍼시픽 갤러리에서는 고래와 공룡 등의 대형 화석도 전시한다.

박물관 안에 있는 쇼핑센터와 서점에는 독특한 기념품이 많으며, 2층 인포메이션 센터에는 각종 이벤트 정보가 가득하다. 최근에는 여행자들 사이에서 무선 인터넷을 사용할 수 있는 곳으로 더 유명한데, 전시 관람이 아니라 인터넷 사용을 위해 찾는 사람도 있을 정도.

참고로, 웰링턴의 미술관과 박물관들은 무료 입장인 곳이 많다. 한 나라의 수도답게, 웰링턴의 많은 어트랙션들이 무료로 개방되고 있으니 반드시 시간 여유를 두고 여러 군데를 다녀보길 바란다.

55 Cable St., Wellington Waterfront 10:00~18:00 크리스마스 휴무 무료 381-7000 www.tepapa.govt.nz

04

웰링턴 사람들이 부러워지는 곳 워터프런트와 퀸스 워프 Water Front & Queen's Warf

테 파파에서 해양 박물관까지 해안을 따라 길게 이어진 보행자 도로 워터프런트. 그 가운데도 가장 번화한 퀸스 워프는 언제나 반짝반짝 활기차고 왁자지껄 생기가 넘친다. 언더그라운드 마켓, 한국전쟁 기념비 등이 곳곳에 있으며, 어린이 놀이터도 곳곳에 설치되어 있다. 바닷물을 막아 만든 다이빙대에서는 누구라도 물속으로 뛰어들 수 있고, 실제로 끊임없이 뛰어드는 사람들을 구경하는 것만으로도 재미가 쏠쏠하다. 주말에는 하버사이드 마켓이 열리고, 바다를 배경으로 펼쳐지는 각종 퍼포먼스와 버스킹 공연들, 다양한 설치 미술 작품들, 그리고 웰링턴 항의 낭만이 어우러진 최고의 어트랙션이다.

05

도시와 바다를 이해하는 시간 웰링턴 박물관 Wellington Museum

항구의 모습과 여러 종류의 배를 재현해 놓은 박물관이다. 1892년에 지은 중후한 대리석 건물로, 원래 선박용 화물의 보세 창고로 지었다고 한다. 건물 내부는 모두 8개의 갤러리로 나뉘어 있고, 바깥의 퀸스 워프에 대형 스크린을 설치해 아홉 번째 갤러리로 사용하고 있다. 공간 자체는 그리 넓지 않지만, 해양 도시 웰링턴의 생활상과 개발 과정, 초기 이민자들의 생활 그리고 이 도시를 휩쓴 태풍 피해에 관한 자료 등 도시와 해양에 관련된 다양한 이미지를 전시하고 있다.

3 Jervois Quay, Queen's Warf
10:00~17:00 크리스마스 휴무 무료 472-8904
www.museumswellington.org.nz/wellington-museum

06
치명적인 붉은색
케이블카 The Wellington Cable Car

시내 중심에서 언덕 위의 주택가 켈번 Kellburn까지 연결하기 위해 만든 케이블카. 100년 가까운 역사를 자랑하는 이 명물은 웰링턴의 상징과도 같다. 1902년 처음 운행을 개시했을 때는 나무로 만든 케이블카였는데, 1978년부터는 스위스에서 디자인한 지금의 금속 케이블카를 운행하고 있다. 총 운행 거리는 610m. 종착역인 켈번 역은 해발 122m에 있다. 정상에 오르면 전망을 즐길 수 있는 레스토랑과 기념품점, 케이블카 박물관 등의 시설이 기다리고 있다. 시내의 케이블카 정류장은 램턴 키 서쪽, 카운트다운 슈퍼마켓과 플라이트 센터 사이에 난 케이블 카 레인에 있다. 붉은색 케이블카가 언덕으로 올라갈수록 웰링턴 항구와 쿡 해협의 푸른 바다가 범위를 넓혀가며 눈앞에 펼쳐진다. 특히 노을 질 무렵 붉게 물든 도시의 오후 풍경이 압권이다. 올라갈 때는 케이블카를 이용하고, 내려올 때는 보타닉 가든을 가로질러 걸어 내려오는 것도 좋다. 단, 내려오는 길이 여러 갈래여서 자칫 헤맬 수도 있으니 반드시 지도를 지참할 것.

Cable Car Lane, 280 Lambton Quay
월~금요일 07:00~22:00, 토요일 08:30~22:00, 일요일·공휴일 08:30~21:00 편도 N$6, 왕복 N$11 472-2199
www.wellingtoncablecar.co.nz

케이블카 박물관 Cable Gallery

케이블카 종착점인 켈번 역에서 도보 1분도 채 걸리지 않는 곳에 있다. 웰링턴 시민들에게 케이블카의 존재가 얼마나 소중한지를 엿볼 수 있게 하는 곳. 1900년대 초기에 운행하던 목조 케이블카를 원형 그대로 보존하고 있으며, 마네킹 기관사가 운전하는 목조 케이블카에 직접 탑승해 사진을 찍을 수도 있다. 아울러 케이블카의 원리와 공사 과정, 웰링턴의 역사 등을 보여주는 사진 자료와 모형들도 전시하고 있다.

1 Upland Rd., Kelburn Top of the Cable 월~금요일 09:30~17:00, 주말·공휴일 10:00~16:30 무료 475-3578
www.museumswellington.org.nz/cable-car-museum

07
해발 122미터 정원
보타닉 가든
Botanic Garden

케이블카 종착역을 나오면, 언덕 전체에 넓게 펼쳐진 25ha 규모의 식물원이 나온다. 1868년 개장한 이곳은 시티 카운실 City Council에서 관리하기 시작한 1891년 뒤로 로즈 가든(1950년), 베고니아 하우스(1960년), 트리 하우스 비지터 센터(1991년)를 차례로 오픈하면서 오늘날과 같은 규모를 갖추게 되었다. 메인 가든 역할을 하는 대규모 유리 온실에서는 계절별로 피어나는 화초뿐 아니라 희귀종 식물 수십 종이 제각기 모양을 뽐내고 있다. 봄철과 이른 여름에는 3만 송이의 튤립이 한꺼번에 만개해서 장관을 이루기도 한다. 가장 최근에 오픈한 트리 하우스에는 식물원의 지도와 각종 자료를 비치한 비지터 센터가 마련되어 있으며, 베고니아 하우스에는 가든 카페와 기념품점이 있다.

101 Glenmore St., Kelburn 여름 10:00~17:00, 겨울 10:00~16:00 무료 499-1400

08
기대 이상, 5G의 완성
카터 천문대
Carter Observatory

케이블카 박물관 뒷길, 산책로를 따라 올라가면 돔 모양의 천문대가 나온다. 카터 천문대는 뉴질랜드의 천문 관측 시설 중 최대 규모를 자랑하는 곳으로, 초대형 천체 망원경을 보유하고 있다. 빅토리아 대학의 일부에 속해 있어서 다양한 교육 프로그램과 이벤트가 열리기도 한다.

남반구의 밤하늘을 생생하게 관찰할 수 있는 플라네타리움 쇼 Planetarium Show는 이곳에서 놓치지 말아야 할 볼거리. 좌석에 앉으면 돔 모양의 천정이 360도 파노라마로 펼쳐지고, 우주의 탄생에서부터 별자리까지 천체의 모든 것을 우주여행 하듯이 체험할 수 있다. 다양한 3D 영상을 활용한 남반구의 밤하늘은 경이로움 그 자체로 다가온다.

플라네타리움 쇼를 보기 위해서 예약까지 할 필요는 없지만, 시간대별로 입장하므로 미리 시간을 확인하고 찾는 것이 좋다. 45분 동안 가이드와 함께하는 천문대 투어도 권할 만하다.

40 Salamanca Rd., Kelburn
화, 금요일 16:00~23:00, 토요일 10:00~23:00, 일요일 10:00~17:30 월, 수, 목요일, 크리스마스 휴무
어른 N$14, 어린이 N$9 910-3140
www.museumswellington.org.nz/space-place

09
벌집 모양의 건축미
국회의사당
The Beehive & Parliament House

뉴질랜드 국회의사당 콤플렉스 Parliament Complex에는 건물 세 동이 나란히 있다. 맨 왼쪽에는 마치 벌집처럼 생겼다 해서 비하이브 Beehive라 불리는 정부 청사가 있고, 바로 옆으로 국회의사당 Parliament House이, 마지막으로 네오 고딕 양식의 국회도서관 Paliamentary Library이 있다. 그 중에서도 독특한 외양 덕분에 유명세를 치르고 있는 비하이브는 영국의 건축가 바질 스펜스 Basil Spence가 설계한 뉴질랜드 건축 기술의 백미. 1969년 착공해서 1980년 완공했다. 지은 순서로 보면 1899년에 세운 국회도서관이 가장 오래된 건물이고, 1922년 완공된 국회의사당이 뒤를 잇는다. 의회가 열리지 않을 때는 세 건물 모두 일반인에게 공개하는데, 국회의사당 안 비지터 센터에서는 일반인을 위한 가이드 투어와 안내를 돕는다.

Molesworth St. 가이드 투어 월~금요일 10:00~16:00, 토요일 10:00~15:00, 일요일 12:00~15:00 471-9999
www.beehive.govt.nz

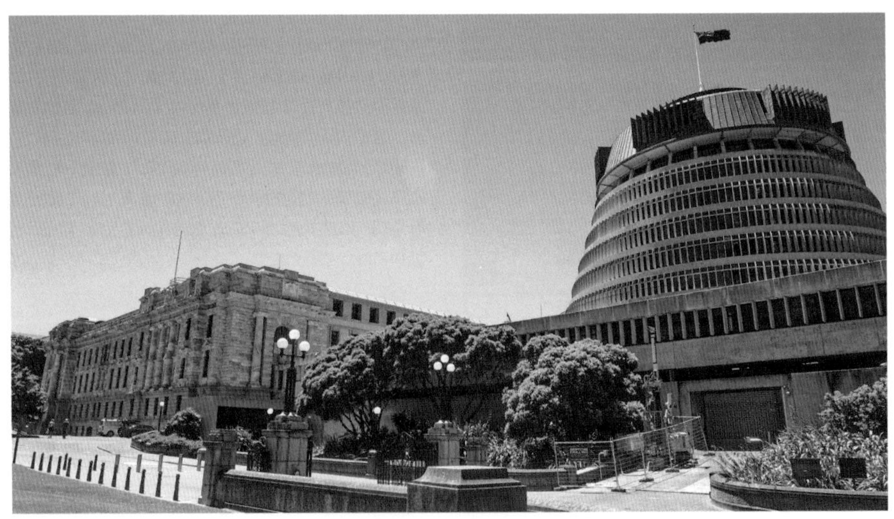

REAL TALK 뉴질랜드의 수도는 웰링턴

웰링턴의 원래 이름은 '테왕가누이아타라 Te Whanga-Nui-a-Tara'. 지명 마지막에 붙어있는 '타라'는 혹스 베이 Hawkes Bay에 가장 먼저 도착한 마오리 족장 와통가 Whatonga의 아들 이름에서 따온 것입니다.

혹스 베이 일대에서 세를 형성했던 와통가는 타라와 그의 형제에게 북섬의 남쪽을 탐험하라고 지시했습니다. 1년의 탐험을 마치고 돌아온 그들은 남쪽에 좋은 땅이 있다고 보고했으며, 이 말을 들은 와통가는 부족민을 이끌고 웰링턴 지역으로 이주했습니다.

한편, 평화로운 테왕가누이아타라를 처음 발견한 유럽인은 탐험가 쿠페였으며, 이 땅에 처음 유럽 이주민의 발길이 닿은 것은 뉴질랜드 선박회사 New Zealand Company의 오로라 Aurora 호가 니콜슨 항 Port Nicholson에 정박하면서부터입니다.

수도 이전 계획 초기에 뉴질랜드 정부는 웰링턴을 두 구역으로 분리할 계획이었다고 합니다. 니콜슨 항은 상업 도시로, 좀 더 북쪽은 농업의 중심지로 두 도시를 건설하려는 청사진을 갖고 있었던 것. 그러나 계획은 초반부터 난항을 겪었습니다. 마오리족이 니콜슨 항 근처의 땅을 파는 것을 반대했기 때문이지요. 그 뒤 30여 년 동안 마오리와 뉴질랜드 정부 간의 토지 협상이 계속된 끝에 마침내 도시의 윤곽이 오늘과 같은 형태로 굳어졌습니다. 1852년 이후 시작한 매립 공사는 도시의 크기를 바다 쪽으로 점점 넓혔으며, 1865년에는 오클랜드에서 웰링턴으로 수도를 옮겨오는 대역사를 이룩하게 되었습니다.

10

목조 건물 특유의 따뜻함에 시간을 담다

올드 세인트 폴 교회

Old St. Paul Cathedral Church

1866년 목사이자 건축가인 프레드릭 서치가 완공한 예스럽고 우아한 교회 건물. 영국의 초기 고딕 양식을 보여주는 목조 건물로, 이 시대 건축물을 연구하는 사람들에게는 소중한 사료다.

안으로 들어서면 외관 못지않게 아름답고 경건한 분위기가 감도는데, 천장을 받치고 있는 오래된 목조 구조가 무척 따뜻하게 느껴진다. 햇빛을 받아 더욱 영롱하게 빛나는 스테인드글라스는 초기 웰링턴의 역사를 보여주는 작품으로 이루어졌으며, 교회 곳곳에도 역사의 흔적이 묻어 있다. 최근에는 결혼식장이나 콘서트장으로도 사용하고, 문화재로 관리하고 있다. 따로 정한 입장료는 없지만, 성의껏 기부금을 내는 것이 일반적이다.

34 Mulgrave St. 09:30~17:00 기부금으로 대체
473-6722 www.oldstpauls.co.nz

11

뉴질랜드가 사랑하는 여류 작가

캐서린 맨스필드 생가

Katherine Mansfield Place

캐서린 맨스필드는 뉴질랜드 사람들에게 존경받는 작가 중 한 명이다. 1888년 웰링턴에서 태어나 19세에 유럽으로 떠난 뒤 젊은 시절의 대부분을 프랑스에서 보내다가, 34세의 짧은 생을 마감했다. 그녀는 D. H. 로렌스, 버지니아 울프, 토머스 엘리엇 등과 함께 유럽 문단을 주름잡았으며, 특히 단편 소설에서 두각을 나타낸 여류 작가였다. 그녀가 죽은 뒤 역시 소설가이던 남편 존 머리 John Murry가 단편 소설집을 출간했으며, 오늘날까지 그녀의 소설은 뉴질랜드인들의 필독서로 꼽히고 있다. 캐서린 맨스필드의 생가는 그녀가 태어나서 5살까지 어린 시절을 보낸 곳으로, 100년 전에 지은 건물이지만 잘 보존해서 공개하고 있다. 웰링턴역에서 도보로 약 10분 거리에 있다.

25 Tinakori Rd. Thorndon
10:00~16:00 월요일 휴무 어른 N$10, 어린이 무료
473-7268 www.katherinemansfield.com

12
오래된 집의 정원에서 바라보는 풍경
나은 스트리트 코티지 Nairn Street Cottage

웰링턴 지역에서 가장 오래된 건물. 빅토리아 양식의 콜로니얼 코티지로, 1958년 윌리엄 윌리스 Willlam Wallis라는 목수가 지어서 1977년까지 그의 가족이 살았다. 140년이 넘는 세월이 흘렀지만 초기의 모습을 고스란히 간직하고 있으며, 실내에는 당시 개척민의 생활을 엿볼 수 있는 소품과 가구들을 전시하고 있다. 시내에서 걸어갈 수 있는 거리지만, 언덕 가운데에 있어서 발품을 팔 각오는 하는 것이 좋다. 대신, 박물관의 작은 정원에서 바라보는 웰링턴 항구의 풍경은 고생한 만큼의 보람을 안겨준다. 차를 마실 수 있는 작은 티룸과 기념품점을 함께 운영한다.

68 Nairn St. 12:00~16:00
어른 N$8, 어린이 N$4 384-9122
www.museumswellington.org.nz/nairn-street-cottage

13
하늘을 바라보는 장소
마운트 빅토리아 Mt. Victoria

시내 중심부에서 남쪽에 자리 잡고 있는 해발 196m의 나지막한 언덕. 이 언덕에서 바라보는 시내 풍경이 매우 아름답다. 이곳의 원래 이름은 '마타이랑이'로, 원주민 말로는 '하늘을 바라보는 장소'라는 뜻이다. 마오리 부족 간의 전쟁에서는 중요한 요새 구실을 했으며, 마오리 파 Pa(요새)가 주둔해 있던 곳이기도 하다. 정상의 전망대 Lookout에 서면 바람의 도시답게 바람 잘 날 없이 강풍이 몰아치지만, 가슴이 뻥 뚫리는 일탈도 맛보게 된다. 눈앞에 펼쳐진 오리엔탈 베이의 바다와 하늘이 한손에 잡힐 듯 일렁인다. 자동차가 있다면 쉽게 접근할 수 있고, 대중교통으로는 고 웰링턴 20번 버스가 가장 근처까지 간다. 버스에서 내려서 룩아웃 로드를 따라 산책하듯이 언덕을 올라가면 정상이 나온다.

Mount Victoria Lookout Rd., Hataita 802-4860

14

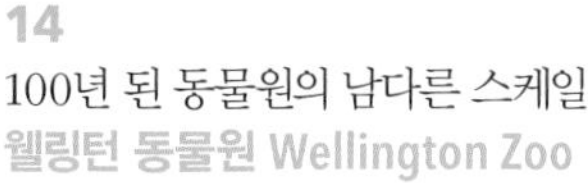

100년 된 동물원의 남다른 스케일
웰링턴 동물원 Wellington Zoo

동물원의 역사는 100년 전으로 거슬러 올라간다. 1906년 웰링턴 시내에는 서커스단에서 기르던 킹딕 King Dick이라는 이름의 새끼 사자가 있었다. 당시 장관이던 리처드 세던은 이 사자를 보타닉 가든에서 보호하게 하고, 동물 몇 마리를 추가해 작은 동물원을 만들었다. 다음해 리처드 세던이 사망하자 시티 카운실은 이 동물들을 뉴타운 지역으로 이주시켰는데, 이를 계기로 뉴질랜드 최초의 동물원이 탄생하게 됐다. 그 후 동물의 수도 늘어나고 동물원 규모도 급격히 커졌다. 1950년대에는 500마리가 넘는 동물의 보금자리가 되었으며, 나날이 다양한 동물 쇼도 선보이고 있다. 규모면에서는 오클랜드 동물원보다 조금 작지만, 역사와 자부심만큼은 둘째가라면 서러워할 정도. 웰링턴 기차역에서 10번 버스를 타고 종점 Newtown Park에 내리면 된다.

200 Daniell St., Newtown 09:30~17:00 어른 N$24, 어린이 N$14 381-6755 www.wellingtonzoo.com

15

살아있는 영화 제작 현장
웨타 케이브 The Weta Cave

꽤 오래 전부터 전문가들 사이에서 웰링턴은 영화 특수 효과의 메카로 알려져 왔다. 전세계 영화 제작자들이 가장 일하고 싶어하는 곳이자, 가장 믿을 만한 곳으로 손꼽는 영화 제작 스튜디오 웨타 케이브. 리차드 Richard와 타니아 Tania 부부에 의해 설립된 이 스튜디오의 시작은 웰링턴의 작은 아파트 방 한 칸이었다. 1987년에 영화의 특수 효과 일부분을 제작하는 것으로 시작되었으나 1989년 피터 잭슨 감독을 만나면서부터 이들의 역량은 더 이상 뉴질랜드 내에 머무는 것이 아니었다. 〈반지의 제왕〉〈호빗〉〈아바타〉〈킹콩〉〈나니아 연대기〉 등 셀 수 없이 많은 블록버스트 영화들의 성공 이후 이곳은 전 세계적으로 일반대중에까지 널리 알려진 명소가 된 것이다.

입구 역할을 하는 웨타 케이브 숍은 무료 입장이고, 이곳에서 시작되는 투어 프로그램들은 유료로 진행된다. 시간이나 비용이 맞지 않아 투어에 참가하지 못하더라도 숍 안에 진열되어 있는 각종 피규어와 캐릭터 상품, 그리고 영화 제작과 관련된 다큐멘터리 영화 등을 보는 것만으로도 심장이 뛰는 곳이다. 투어에 참여하면 소품 제작에 직접 참여하거나 실제 제작 중인 영화 속 캐릭터들의 제작 현장을 볼 수도 있다. 투어의 종류와 내용을 잘 살펴보고 관심 있는 분야를 선택하는 것이 좋으며, 투어에 참가할 계획이라면 홈페이지 등을 통해 미리 시간 예약을 하는 것이 좋다.

1 Weka St., Miramar 09:00~17:30, 크리스마스 휴무 N$59 909-4100 www.wetaworkshop.com

01
꼬치와 얼큰한 국물
R&S Satay Noodle House

마치 학교 앞 분식집 같은 인테리어가 정겹다. 사테 Satay는 닭고기나 돼지고기 등을 꼬치에 끼워서 숯불에 구운 말레이시아 전통 음식인데, 이 집에서는 국수 위에 사테를 올린 음식이 주 메뉴다. 계란국수·쌀국수·우동 등에 꼬치에 끼운 사테를 올려서 낸다. 쌀국수 국물에서 묘하게도 닭죽 맛이 나는 게 특징.
음식점 많기로 유명한 쿠바 스트리트에서 이 정도 인테리어로 이리 굳건한 이유는 음식 맛의 내공 때문이다. 얼큰한 국물 맛이 그리울 때 강력 추천한다.

148 Cuba St.
일~수요일 11:00~ 20:45, 목~토요일 11:00~21:45 385-1496
www.randssataynoodlehouse.co.nz

03
20년을 지켜온 스시 맛
Miyabi Sushi

1997년 오픈한 이래 20여 년을 한 곳에서 한결같이 문을 열고 있다. 일본의 대중적인 요리를 젊은 사람들의 입맛에 맞게 만들어 내는 곳으로 유명하다. 생선회를 올린 스시보다는 아보카도나 채소를 올린 스시가 주를 이루며, 그만큼 저렴하게 즐길 수 있어서 현지인들에게 인기가 높다. 점심시간 이후에 저녁 시간까지 브레이크 타임을 지키는 집이니 시간에 유의하자. 얼핏 좁아 보이지만 내부에는 크고 작은 룸도 마련되어 있다.

3/148 Willis St., Te Aro 11:00~14:30, 17:30~늦은 밤 801-9688
www.miyabisushi.co.nz

02
간판이 재미있는 이탈리안 레스토랑
One Red Dog

재미있는 상호처럼 가게를 상징하는 마스코트 역시 붉은 개 한 마리다. 그렇다면 혹시 보신탕집?? 그러나 상호와는 전혀 달리 이곳은 이탈리안 레스토랑이다. 피자·파스타 등이 주메뉴이며, 와인 리스트도 충실하게 갖추고 있다. 이탈리안 잡 Italian Job, 대부 God Father, 그리스인 조르바 Zorba the Greek 등 영화 제목에서 따온 피자 메뉴가 흥미를 끈다. 시티 센터 블레어 스트리트 Blair St.에서 오랫동안 명성을 다져오다가 퀸스 워프로 자리를 옮겼다.

Steamship Warf Bd., Customhouse Quay 11:00~늦은 밤 918-4723
www.onereddog.co.nz

04
코트니 플레이스의 차이니즈 맛집
Chow

쿠바 스트리트와 쌍벽을 이루는 번화가, 코트니 플레이스 Courtenay Place에 자리한 정갈한 분위기의 중식당. 깔끔한 맛과 친절한 서비스로 웰링턴에서 꽤 유명한 음식점이다. 요리는 신선한 재료로 만든 헬시 푸드를 표방한다. 저녁 시간이면 항상 현지인들로 붐비며, 토리 스트리트에 이어 우드워드 스트리트 Woodward St.에도 지점을 오픈했다. 온라인으로 주문하고 테이크어웨이할 수 있도록 시스템이 잘 갖춰져 있고, 25불, 40불 세트 메뉴도 꽤 알차게 구성되어 있다.

45 Tory St., Te Aro 12:00~24:00
382-8585 www.chow.co.nz

05
줄 선 시간이 안 아까운 맛
Monsoon Poon

동남아 음식점이 유난히 많은 웰링턴에서도 세 손가락 안에 꼽히는 아시안 레스토랑. 평일 저녁에도 1시간 이상 줄을 서야할 정도로 유명세를 치르고 있는 곳이기도 하다. 오래 기다리기만 하고 실속은 없는 곳도 많은데, 이곳은 대체로 만족도가 높다. 사찰에서 모티브를 딴 고급스러운 실내 분위기와, 유명세에도 불구하고 합리적인 음식값 역시 만족도를 높이는 요인이다. 다소 간이 센 동남아 음식들이지만 웰링턴의 대표 맥주 투아타라 Tuatara와 함께 먹으면 궁합이 맞다. 참고로 이곳은 예약을 받지 않는다.

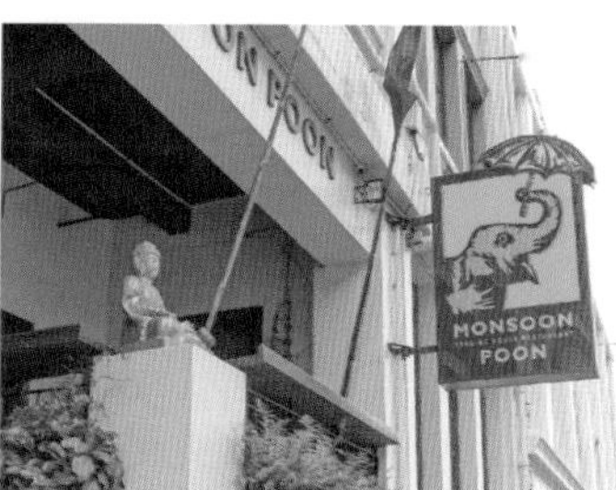

12 Blair St., Te Aro 803-3555
www.monsoonpoon.co.nz

06
가성비 높은 런치 메뉴
Portofino

이탈리아의 고급 휴양섬 '포르토피노'라는 상호에서 알 수 있듯이 전문 이탈리안 레스토랑이다. 오픈 이후 30년 넘게 한 자리에서 가업을 잇고 있다. 서빙하는 종업원들까지 모두 일가친척이라는 설명을 듣고 문득 영화 〈대부〉가 떠올랐다. 추천 메뉴를 물으면 해산물 리조또와 씨푸드 플레이트를 권하는데, 그대로 시켜도 후회 없을 만큼 훌륭하다. 점심 메뉴는 N$20 이하로도 맛볼 수 있는 추천 레스토랑이다.

33 Customhouse Quay
499-5060
www.wellingtonportofino.co.nz

07
맛있고, 양 많고, 저렴한
Oriental Kingdom Cafe

중국식과 말레이시아식이 합해진 아시안 푸드가 주 메뉴다. 실제로 중식 메뉴와 말레이시아식 메뉴를 모두 맛있게 조리해낸다. 쿠바 스트리트를 걷다가 옆으로 살짝 빠진 골목, 레프트 뱅크에 자리잡고 있어서 호젓하면서도 여유있게 식사를 즐기기에 좋다. 꽤 넓고 깔끔한 실내도 좋지만, 헌책방과 나란히 하고 있는 가게 앞 테이블들이 더 먼저 자리가 찬다. 맛있고 양도 푸짐한데 가격은 저렴한 편이다.

Left Bank, 203 Cuba St.
11:00~22:00 381-3303

08
금토 먹방을 책임지는
Night Market

금요일과 토요일 해질녘부터 쿠바 스트리트 일대는 맛있는 냄새에 휩싸인다. 어디선가 들려오는 음악 소리가 있다면 소리와 냄새가 이끄는 대로 따라가도 좋다. 여행자들에게는 웰링턴의 어느 어트랙션보다 흥겹고 기억에 남으며, 또한 가성비 좋은 저녁 나들이가 된다. 아침 시간에 열리는 주말 시장들에 비해 나이트 마켓은 먹거리 가게가 월등히 많다. 금요일에는 116 Cuba St. 일대에서 열리고, 토요일에는 Lower Cuba St.에서 열린다.

Cuba St.
금, 토요일 17:00~22:30

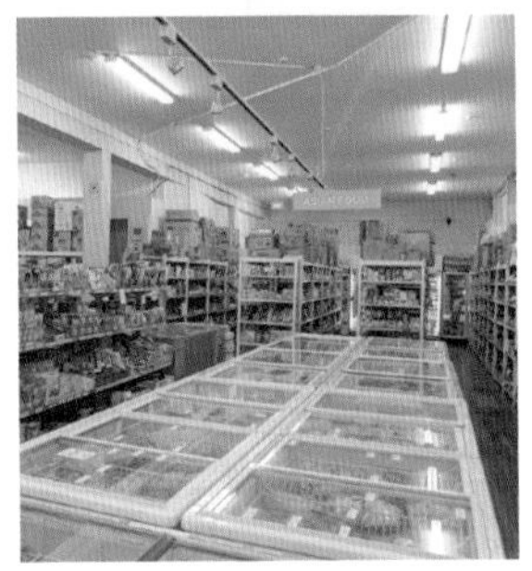

09
웰링턴 사람들의 주말 일상
Harbourside Market

매주 일요일 아침이면 와이탕이 공원과 해안 도로가 접한 곳, 하버 사이드에서 장이 열린다. 웰링턴에서 가장 규모가 큰 주말 시장으로, 이 도시 사람들의 일상을 엿볼 수 있는 활기찬 시간이며 공간이다.

근교에서 재배한 싱싱한 채소와 과일이 주를 이루고, 다양한 앤티크 상품과 소품도 눈길을 끈다. 우리나라의 오일장 정도의 규모를 생각했다면 오산이다. 쇼핑과 식도락을 한꺼번에 만족시키는 이 시장은 규모나 구성면에서 생각보다 조직적이고, 합리적이다. 상품의 퀄리티나 판매자의 정보까지 사전에 점검하고 관리하는 덕에 나날이 규모가 커지고 있다.

1 Herd St.
일요일 07:30~13:00(겨울), 07:30~14:00(여름) 495-7895

10
요모조모 실속있는 한국식품점
Haeremai

하에레마이는 마오리 말로 '환영 Welcom'의 뜻이다. 간결한 한글 간판을 따라 들어간 곳은 한국 식품점. 식당은 아니지만 다양한 한국식품과 군것질거리들이 있는 유용한 곳이다. 김치, 냉동 식품, 컵라면, 각종 한국 과자들에서 교민 잡지까지. 캠핑장이나 취사 가능한 숙소를 이용한다면 반드시 들러볼 만한 곳이다.

125 Victoria St, Te Aro
화~금요일 09:00~20:00, 토요일 10:00~19:00, 일요일 09:00~18:00, 월요일 12:00~18:00 385-8342

REAL GUIDE

투어로 마스터하는 수도, 웰링턴

대부분의 여행자들은 웰링턴을 남섬으로 가기 위해 거쳐 가는 곳 정도로 생각하는 경향이 있다. 수도라는 의미는 비즈니스맨들에게나 중요할 뿐, 사실 여행자에게는 그리 매력적인 요소가 아니기 때문. 그래도 한 나라의 수도인데…, 하는 미련이 들 때는 투어 프로그램을 찾아보자. 도시의 이면과 아름다운 자연을 즐기고 싶을 때도 투어 회사의 상품은 적절한 대안이 되어준다. 바다로 둘러싸인 웰링턴 근교는 사람의 발길이 닿지 않는 섬과 바다 생물, 울창한 숲과 와이너리 같은 속살을 감추고 있다.

시티 투어

숙련된 가이드와 함께 시내를 걸어서 돌아보는 워크 투어, 미니 밴을 타고 돌아보는 자동차 투어로 나뉜다. 도시 구석구석을 머릿속에 새기며 둘러보는 워크 투어가 기억에는 더 오래 남을 것이고, 자동차 투어는 몸이 편안한 장점이 있다. 워크 투어는 90분 동안 올드 세인트 폴 교회 등 역사적 건축물을 방문하는 '센트럴 시티 투어'와 워터프런트 주변의 타운홀·박물관 등을 돌아보는 '하버 투어' 두 종류가 있다.

차량을 이용하는 시티 투어는 2시간 30분~1일까지 다양한 상품이 준비되어 있으며, 대부분의 시내 관광지와 웰링턴 근교의 관광지까지 둘러본다.

Walk Wellington

☎ 384-9590 ⌂ www.wellingtonnz.com/walkwellington

물개 견학 투어

웰링턴 남쪽, 쿡 해협과 마주하는 사우스 코스트는 물개의 대규모 서식지로 알려져 있다. 특히 붉은색 바위로 덮여 있는 레드 록스 Red Rocks 일대는 수백 마리의 물개가 휴식을 취하는 곳. 물개뿐 아니라 수천 마리의 가닛 떼도 볼 수 있다. 물개 견학 투어는 4WD를 이용해 웰링턴의 때 묻지 않은 자연을 찾아나서는 투어.

Seal Coast Safari

Ⓢ N$125~ ☎ 0800-732-527

⌂ www.sealcoast.com

사이클링 투어

웰링턴 근교에는 산악 자전거를 즐길 수 있는 트레일이 많다. 초보자는 시내를 둘러볼 수 있고, 경험자는 난이도가 있는 트레일에 도전하는 등, 자기 수준에 맞는 사이클링 투어를 선택할 수 있다. 단순 대여부터 가이드 투어까지 다양한 상담이 가능하다.

Mud Cycles Tours

Ⓢ 자전거 대여 4시간 N$50, 24시간 N$90

☎ 476-4961

⌂ www.mudcycles.co.nz

데이즈 베이·섬스 아일랜드 페리 투어

깊이 들어와 형성된 만을 사이에 두고, 퀸스 워프와 데이즈 베이 Days Bay가 마주보고 있으며, 이 가운데에 섬스 아일랜드 Somes Island가 있다. 퀸스 워프에서 출발하는 페리를 타고 30분쯤 가면 데이즈 베이가 나오는데, 도중에 섬스 아일랜드를 경유하게 된다. 섬스 아일랜드 페리 투어에 참가하면 섬스 아일랜드의 때 묻지 않은 자연을 감상할 수 있으며, 데이즈 베이에서 10분 남짓 떨어진 해안 마을 이스트번에서 해수욕도 즐길 수 있다.

East by West

Ⓢ 퀸스 워프~데이즈 베이 편도 N$14, 섬스 아일랜드 왕복 N$28 ☎ 499-1282

⌂ www.eastbywest.co.nz

PART 04

진짜 뉴질랜드를 만나는 시간

REAL NEW ZEALAND

SOUTH ISLAND 남섬

픽턴
PICTON

PICTON

인구
4,400 명

지역번호
03

인포메이션 센터 Picton Visitors Centre

The foreshore(픽턴 역 맞은편) 08:00~18:00
520-3113 www.marlboroughnz.com

남섬의 관문 페리를 이용하는 여행자들에게 픽턴은 남섬 여행의 출발지이자 종착지다. 넘실거리는 쿡 해협의 파도와 말보로 사운드의 아름다운 섬들, 도시를 감싸고 있는 나지막한 언덕들…. 픽턴에 도착하는 순간, 북섬과는 또 다른 경관에 도시의 공기마저 다르게 느껴진다.

많은 사람들이 픽턴에 도착하자마자 넬슨이나 크라이스트처치 등으로 떠나지만 사실 이곳은 말보로 사운드 해양공원과 퀸 샬롯 사운드 등 겹겹이 숨겨둔 비경을 찾아가는 출발점이기도 하다. 바다와 변화무쌍한 지형을 이용한 카약 · 트레킹 · 크루즈 등 다양한 레포츠와 놀거리 역시 픽턴의 숨겨진 매력. 매년 여름이면 호수처럼 잔잔한 바닷가에서 휴가를 보내려는 사람들로 도시 인구가 부쩍 늘어난다.

픽턴 미리 보기

CITY PREVIEW

어떻게 다니면 좋을까?

픽턴 시내는 손바닥만 하다는 표현이 딱 어울리는 규모다. 볼거리도 페리 터미널과 해변을 중심으로 모여 있어서 걸어서 충분히 둘러볼 수 있다. 해안선을 따라 형성된 런던 키 London Quay와 직각을 이루는 하이 스트리트 High St.는 픽턴 시내의 메인 스트리트로, 이 길을 따라서 상점과 숙소들이 옹기종기 모여 있다. 숙소에서 빌려주는 자전거를 이용하면 시내 외곽까지 좀 더 여유롭게 둘러볼 수 있다.

어디서 무엇을 볼까?

시내에서 바라보면 바다가 육지 안으로 깊이 파고들어 마치 작은 호수처럼 보인다. 이는 픽턴의 독특한 지형적 특성 때문인데, 이로 인해 형성된 퀸 샬롯 사운드와 말보로 사운드는 픽턴에서 출발해 둘러볼 수 있는 대표적인 볼거리다. 시내의 작은 어트랙션을 둘러보는 것도 좋지만, 시간 여유를 두고 자연 풍광에 도전해 볼 것을 권한다.

어디서 뭘 먹을까?

바다를 조망할 수 있는 런던 키 London Quay를 따라 고급 레스토랑들이 줄지어 있다. 간단한 스낵류나 피시 앤 칩스 등을 찾는다면 런던 키 보다는 하이 스트리트 High St.를 공략하는 것이 좋다. 4 Square 슈퍼마켓과 주방용품점 Home Hardware도 하이 스트리트를 따라 자리하고 있다.

어디서 자면 좋을까?

도시의 규모가 작아서 숙소의 종류나 수가 넉넉하지는 않다. 다행히 저렴한 숙소들이 대부분 관광안내소와 하이 스트리트 주변에 몰려 있고, 모텔이나 중급 이상의 숙소는 와이카와 로드 Waikawa Rd. 쪽에 몇 군데 있다. 오히려 자동차로 30분쯤 떨어진 블렌하임 Blenheim 쪽에 숙소가 더 많은데, 여름 휴가철에 방을 못 잡았을 때는 블렌하임 쪽으로 가볼 것!

ACCESS

픽턴 가는 방법

남섬과 북섬을 잇는 교통의 요충지 픽턴으로 가는 방법은 페리·비행기·기차 등 다양하다.
단, 비행기는 에어뉴질랜드 같은 메이저 항공사의 노선이 없고, 사운즈 에어 Sounds Air 사의 경비행기가 웰링턴과 픽턴 사이를 오간다. 일종의 유람 비행으로, 쿡 해협과 말보로 사운드의 아름다운 경관을 감상할 수 있다.

페리 Ferry

북섬의 웰링턴에서 출발하는 페리는 인터아일랜더 Interislander와 쾌속선 링스 The Lynx 두 종류가 있다. 92㎞의 해협을 건너는데 인터아일랜더로는 3시간, 링스로는 2시간 15분 걸리며, 쾌속선 링스는 12월~4월의 성수기에만 운항한다. 연중 운항하는 인터아일랜더는 자동차와 자전거 등을 실을 수 있는 대형 크루즈로, 선박 안에 레스토랑, 카페, 어린이 놀이터, PC 방, 독서실 등의 편의 시설을 갖추고 있다.

- **The Interislander Line**
  0800-802-802 www.greatjourneysofnz.co.nz/interislander

버스 Bus

인터시티 버스가 남섬의 동해안을 따라서 크라이스트처치~카이코우라~픽턴 노선과 서해안을 따라 빙하지대~그레이마우스~넬슨~픽턴 두 가지 노선을 운행한다. 북섬의 웰링턴에서 페리로 갈아탄 뒤 다시 남섬에서 인터시티 버스를 이용할 수 있는 티켓도 판매한다.
남섬 전역을 연결하는 아토믹 셔틀 Atomic Shuttle도 저렴한 요금과 편리한 노선으로 여행자들 사이에서 많이 이용되는 교통수단. 참고로, 크라이스트처치에서 픽턴까지 인터시티 버스로는 6시간, 아토믹 셔틀로는 5시간이 걸린다. 장거리 버스 터미널은 페리 터미널 맞은편, 인포메이션 센터 측면에 있다.

- **Atomic Shuttle** 573-7477 www.atomictravel.co.nz

기차 Train

픽턴에서 크라이스트처치까지 운행되는 '코스탈 퍼시픽 Coastal Pacific'의 출발지이자 도착지. 픽턴, 블렌하임, 카이코우라, 랑기오라를 거쳐 크라이스트처치까지 성수기(9월~4월)에만 매일 한 차례씩 오간다. 기차역은 도로 하나를 사이에 두고 인포메이션 센터 맞은편에 있다.

REAL MAP 픽턴 지도

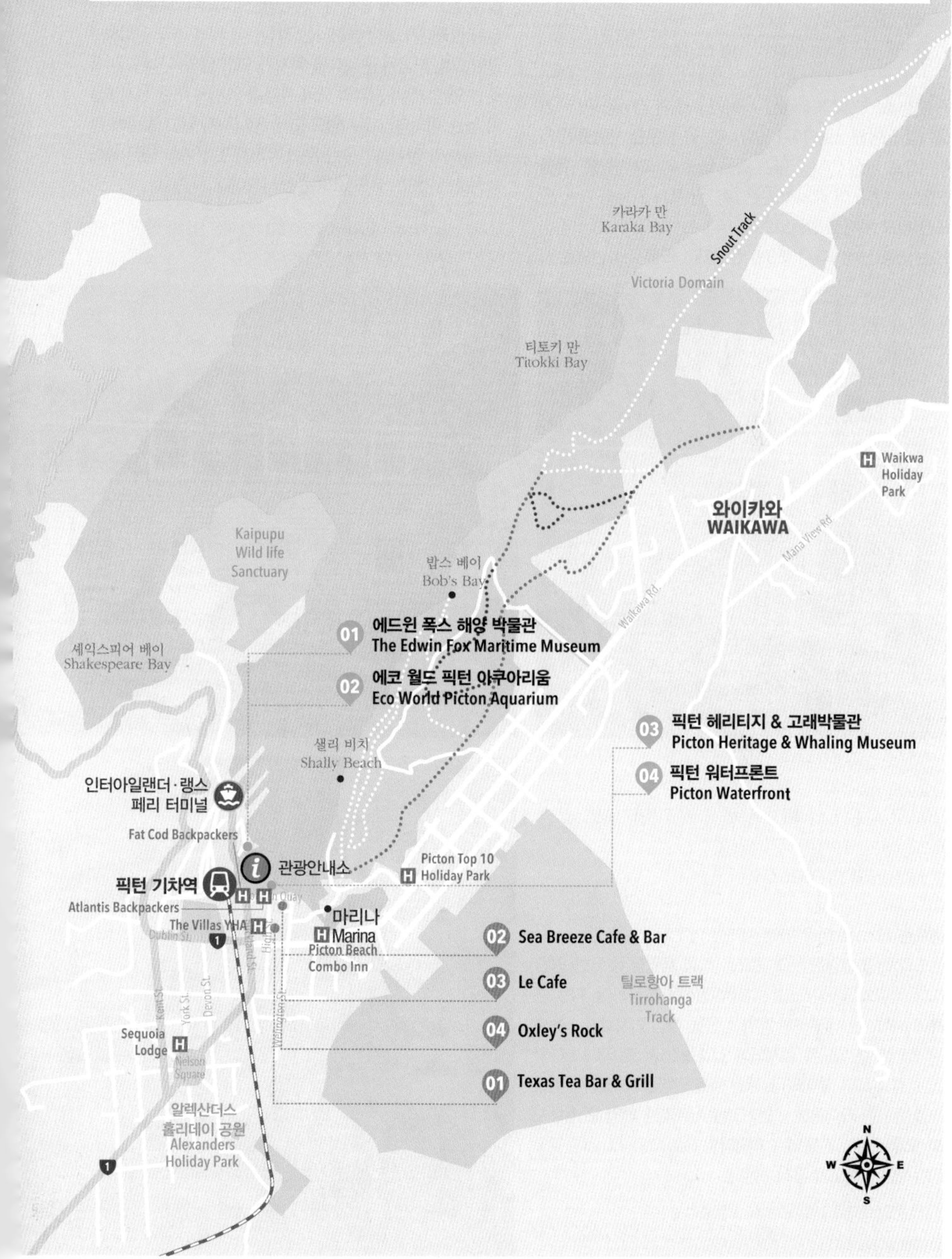

카라카 만
Karaka Bay
Snout Track
Victoria Domain
티토키 만
Titokki Bay
Waikwa Holiday Park
와이카와
WAIKAWA
Mana View Rd
Waikawa Rd.
Kaipupu Wild life Sanctuary
밥스 베이
Bob's Bay
01 에드윈 폭스 해양 박물관 The Edwin Fox Maritime Museum
02 에코 월드 픽턴 아쿠아리움 Eco World Picton Aquarium
셰익스피어 베이
Shakespeare Bay
03 픽턴 헤리티지 & 고래박물관 Picton Heritage & Whaling Museum
04 픽턴 워터프론트 Picton Waterfront
샐리 비치
Shally Beach
인터아일랜더·랭스 페리 터미널
Fat Cod Backpackers
관광안내소
Picton Top 10 Holiday Park
픽턴 기차역
Atlantis Backpackers
The Villas YHA
Dublin St.
마리나
Marina
Picton Beach Combo Inn
02 Sea Breeze Cafe & Bar
03 Le Cafe
04 Oxley's Rock
01 Texas Tea Bar & Grill
틸로항아 트랙
Tirrohanga Track
Kent St.
York St.
Devon St.
Sequoia Lodge
Nelson Square
알렉산더스 홀리데이 공원
Alexanders Holiday Park
N
W
E
S

SEE

01

남섬에서 처음 만나는 어트랙션

에드윈 폭스 해양 박물관

The Edwin Fox Maritime Museum

관광안내소와 페리 터미널 사이에 세월의 더께를 이고 정물처럼 정박해 있는 배가 있다. 픽턴을 방문한 사람들이 지리적으로 가장 먼저 만나는 것은 바로 이 고색창연한 유물(?)일 수 있다. 이 배의 이름은 에드윈 폭스 Edwin Fox. 인도산 티크 목재로 만들었으며, 무게 760t, 길이 48m에 이르는 대형 선박이다. 1853년 진수되어 화물 수송선으로 사용되다가 크림 전쟁 Cream War 당시에는 범죄자들을 호주로 이동시키는 용도로도 사용되었다. 영국에서 뉴질랜드로 향하는 이민자들을 다섯 차례나 실어 나른 이력도 갖고 있다. 이 배가 지금 이 자리에 멈춰선 것은 1897년, 이주민들을 싣고 픽턴에 입항한 것이 마지막이었다. 보수를 위해 잠시 멈췄다가 점점 늘어나는 강철선에 밀려 결국 은퇴하고 말았으며, 지금은 관광객들 차지가 되고 말았다. 에드윈 폭스 호와 함께 이 지역의 해양 환경과 역사에 대한 전시물들이 있는 마리타임 뮤지엄도 그냥 지나치지 말고 방문해 볼 것. 규모와 전시품의 수준은 소박하지만, 100살 넘은 배에 승선하는 것만으로도 고마운 전시장이다.

Dunbar Wharf 09:00~17:00 어른 N$10, 어린이 N$5
573-6868 www.edwinfoxship.nz

02

말보로 사운드의 해양 생물을 보고 만지고

에코 월드 픽턴 아쿠아리움

Eco World Picton Aquarium

에드윈 폭스 호 바로 옆에 자리한 아쿠아리움은 말보로 사운드의 해양 환경을 눈과 손으로 직접 체험할 수 있는 공간이다. 바다와 맞닿아 있는 지리적 장점을 활용하여, 픽턴 근해에 서식하는 대부분의 해양 생물을 직접 만져보거나 눈으로 확인할 수 있도록 설계되어 있다. 물고기 뿐 아니라 다양한 종류의 해마, 투아타라, 펭귄 등을 만나볼 수 있어서 어린이를 동반한 가족들에게 인기있는 어트랙션. 매일 오전 11시와 오후 2시에 진행되는 피딩타임 Feeding Time에 맞춰 방문하면 만족도가 급상승한다.

* 재정적인 문제로 2024년 현재 잠정 휴업 중.

Picton Foreshore 573-6030

03

고래잡던 항구의 추억
픽턴 헤리티지 & 고래 박물관
Picton Heritage & Whaling Museum

런던 키의 바닷가 녹지대에 지은 박물관으로, 아담한 규모에 2000여 점의 전시품을 간직하고 있는 보물 창고 같은 곳. 1827년 유럽인의 이주가 시작된 지 불과 20년 만인 1848년, 영국인들이 금화 300파운드를 주고 구입한, 픽턴의 역사를 알 수 있는 공간이다. 특히 포경기지로 번영을 누린 도시답게, 고래 잡는 총을 포함해 포경과 관련한 전시물들이 흥미를 끈다.

9 London Quay 10:00~15:00 크리스마스 휴무
어른 N$10, 학생 N$3, 어린이 N$1 573-8283
www.pictonmuseum-newzealand.com

04

이보다 멋진 놀이터가 있을까
픽턴 워터프론트
Picton Waterfront

초록의 잔디밭 위에서 반짝반짝 빛나는 바다를 마주하고 놀이기구를 탄다. 이보다 더 멋진 놀이터가 있을까. 남섬에서 만나는 첫 번째 풍경일 수도 있는 이 장면은 오랫동안 이 도시를 기억하게 할 동화같은 풍경이다. 아이가 있는 여행자라면 반나절쯤 이곳에서 시간을 보내도 좋고, 어른들에게도 잠시나마 동심으로 돌아갈 수 있는 멋진 장소다. 몇 개의 탈거리는 유료지만, 대부분의 놀이기구는 무료 시설이며 근처에 관광안내소, 산책로, 페리 터미널 등이 밀집되어 있어서 화장실 등의 편의 시설을 이용하기에도 손색이 없다. 워트프론트에서 하이 스트리트로 이어지는 곳에 자리한 흰색 게이트 모양의 조형물은 전쟁기념비 War Memorial다.

05

강력 추천 트레킹 코스 퀸 샬롯 사운드 산책로 Queen Charlotte Sound Walkways

말보로 사운드라는 꼬불꼬불하고 좁은 협만 Sounds 안쪽에 깊숙이 자리한 픽턴. 넓고 복잡한 말보로 사운드의 수많은 협만 가운데 규모가 가장 큰 것은 바로 픽턴 시내와 인접해 있는 퀸 샬롯 사운드다. 이곳은 바닷가를 따라 트레킹 루트가 잘 정비되어 있고 대체로 경사가 완만해, 산길이라기보다는 숲길 같은 인상을 준다. 구불구불한 해안선을 따라 걷다 보면, 멀리서 들려오는 파도 소리와 함께 말보로 사운드를 건너 남섬으로 막 입항하는 인터아일랜드의 모습도 여유롭게 지켜볼 수 있다. 공식적으로 알려진 코스만 5~7개에 달하고 왕복 40분에서부터 4시간까지 다양한 선택지가 있다.

시간 여유가 많지 않은 여행자라면, 픽턴 마리나 Picton Marina에서 출발해서 셀리 비치 Shelly Beach를 거쳐 밥스 베이 Bob's Bay까지 돌아오는 왕복 40분 코스를 추천한다. 완만한 경사를 가진 가벼운 산책로이지만 탁 트인 바다와 수평선, 숲이 조화롭게 펼쳐져 사색과 힐링의 시간이 된다.

이 지역 트레킹에 관한 자세한 정보는 관광안내소에 비치된 'Queen Charlotte Sound Walkways' 같은 안내 자료를 참고하면 된다. 혹은 관광안내소 직원에게 문의하면 지도와 함께 자세한 안내를 받을 수 있다.

퀸 샬롯 워킹 & 트레킹 코스 Walks & Tracks

코스	난이도	소요 시간
Shelly Beach-Bob's Bay	하	왕복 40분
Picton Marina-Waikawa Marina	하	왕복 2시간
Snout Track-Peninsula Track	중	왕복 4시간
Esson's Valley-Valley Bush Walk	하	왕복 1시간 30분
Tirohanga Track-Hill Track	중	왕복 1시간 40분
The Queen Charlotte Track	상	3~5일

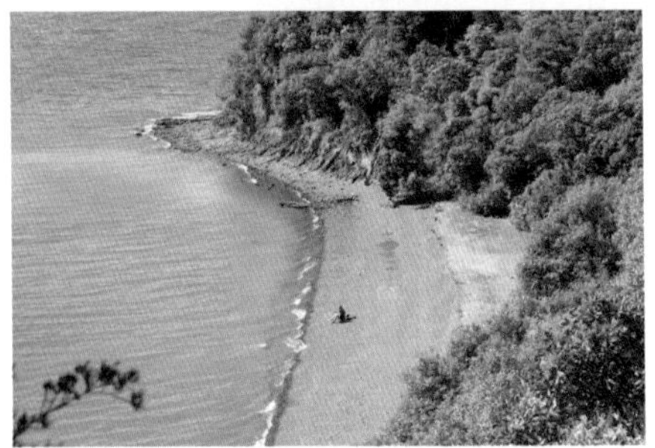

06

조금 더 깊이 퀸 샬롯 사운드 크루즈 Queen Charlotte Sound Cruise

퀸 샬롯 사운드를 둘러보는 방법 가운데 추천할 만한 것은 크루즈다. 픽턴에 상주하는 많은 관광 회사들이 퀸 샬롯 크루즈를 운항하고 있다. 그 중에서 가장 인기 있는 것은 비치 콤버 Beach Comber 사에서 운영하는 메일 보트 크루즈 The Mail Boat Cruise. 이 배는 원래 협만 곳곳에 흩어져 있는 민가에 우편물을 배달하기 위한 목적으로 취항했으나, 지금은 관광 목적과 접목되어 인기를 모으고 있다. 메일 보트 크루즈는 런던 키 부두에서 일요일을 제외한 매일 오후 1시 30분에 출발한다. 운항 도중 쉽 코브에서 15분쯤 정박하며, 총 소요 시간은 4시간 정도 걸린다. 오전 시간대를 선택한다면, 매일 아침 9시에 출발하는 쉽 코브 크루즈도 있다. 비치 콤버에 버금가는 크루즈 회사로는 쿠가 라인 Cougar Line이 있는데, 프로그램과 요금은 대동소이하다.

Beach Comber

The Waterfront · 메일 보트 크루즈 N$117, 쉽 코브 크루즈 N$101 · 573-6175 · www.beachcombercruises.co.nz

Cougar Line

The Watertront · N$110~135 · 0800-504-090 · www.cougarline.co.nz

 EAT

01
아름다운 정원에서의 런치
Texas Tea Bar & Grill

픽턴의 중심 도로 하이 스트리트에 있어서 오며가며 아치형의 간판이 눈에 띄는 레스토랑이다. 마치 가정집처럼 철제 대문이 있고 마당에 놓여있는 테이블에 삼삼오오 모여 맛있는 음식과 수다를 즐기는 사람들의 모습이 평화로워 보인다. 집에 놀러온 손님을 맞는 것처럼 스태프들도 한 명 한 명 모두 친절하다. 말보로 사운드에서 잡힌 해산물로 만든 클램 차우더와 피시 앤 칩스는 이 집의 대표 메뉴다.

18 High St. 09:00~21:00 972-2751

02
이름 그대로 '바닷바람' 맞으며
Sea Breeze Cafe & Bar

런던 키와 하이 스트리트가 맞닿은 모퉁이에 파란색 간판이 보인다. 이 도시에서 이보다 좋은 명당은 없을 것이다. 실내는 밝고 경쾌한 분위기다. 하지만 실내보다 카페 외부의 테이블에 자유롭게 앉아 바다와 오가는 사람들의 표정을 즐기는 손님이 더 많다. 브런치나 가벼운 점심을 위한 장소를 찾는다면 추천할 만하다. 이른 아침부터 문을 열고, 오후 4시면 문을 닫는다.

24 London Quay 07:00~16:00 573-6136
www.seabreezecafe.co.nz

03
디저트와 커피가 맛있는 카페
Le Cafe

실내에 들어서면 과감하고 컬러풀한 그림들이 눈에 띄고, 자유분방한 분위기의 실내는 밤늦게까지 흥이 넘쳐난다. 해가 지면 작은 라이브 무대에서 통기타 음악이 흘러나오고, 스태프들의 발걸음도 하나같이 경쾌하다. 낮과 밤의 분위기가 사뭇 다르지만, 어느 쪽도 나쁘지 않다. 카페 어느 자리에서도 바다가 보이고, 케이크 등의 디저트 메뉴는 엄지가 절로 올라가는 맛이다.

12-14 London Quay 08:00~새벽 1:00 573-5588
www.lecafepicton.co.nz

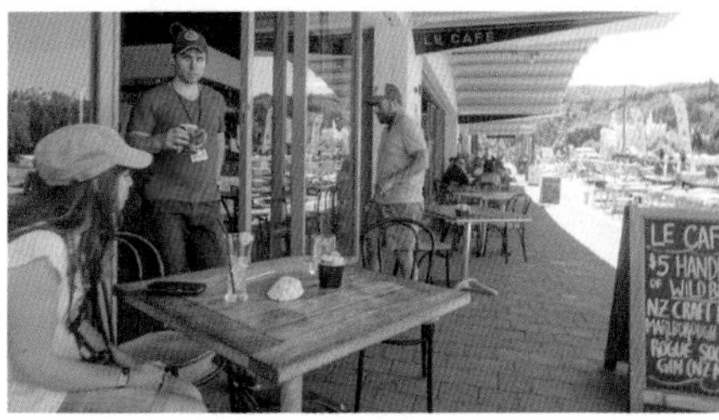

04
밤이 더 흥겨운 록 카페
Oxley's Rock

상호에 들어있는 '록'이라는 단어가 이 집의 주제인 듯, 바다와 로큰롤이 어우러진 느낌의 분위기다. 실제로 밤 시간에는 로큰롤 음악을 라이브로 들을 수도 있는 곳. 메뉴가 다양하지만 요리 하나하나에 공을 들여서 푸짐하고 만족스러운 맛이다. 소스의 맛이나 플레이팅에 있어서는 다른 곳에서 맛보기 힘든 이 집만의 개성도 엿보인다. 시원한 생맥주와 다양한 종류의 피자가 추천 메뉴.

1 Wellington St. 10:00~새벽 1:00 573-7645
www.oxleys.co.nz

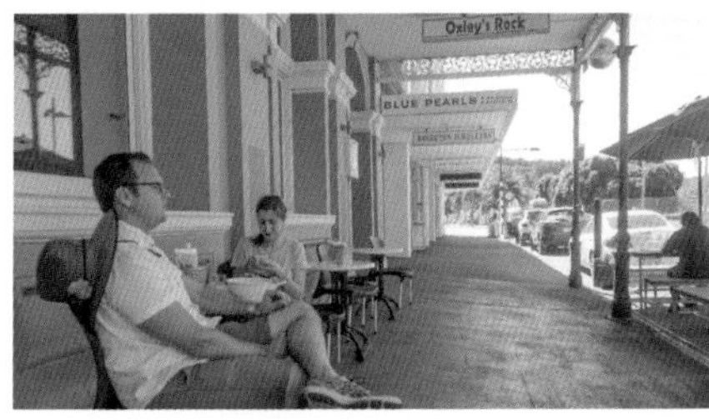

넬슨
NELSON

인포메이션 센터 Nelson Visitor Information Centre

Cnr. Trafalgar & Halifax Sts.

여름 08:30~18:00/겨울 월~금요일 08:30~17:00, 주말 10:00~16:00

548-2304 www.nelsontasman.nz

NELSON

인구

5만 2,000 명

지역번호

03

예술과 태양의 도시 남섬 북쪽에 자리잡은 넬슨은 뉴질랜드에서 연중 일조량이 가장 풍부한 '선샤인 시티 Sunshine City'다. 풍부한 태양빛과 바닷바람은 농작물을 살찌우고, 온화한 기후는 사람들의 표정까지 넉넉하게 만든다. 몬타나 웨어러블 아트와 재즈 페스티벌 같은 국제적인 예술 행사가 이 도시에서 펼쳐지는 것도 기후와 무관하지 않은 듯하다.

도시를 둘러싼 주변에는 세 개나 되는 국립공원과 태즈만 해와 맞닿은 바다가 있다. 그 중에서 해안 트레킹과 바다 카약 등을 즐길 수 있는 아벨 타스만 국립공원이 가장 인기 있는 명소. 호수와 숲에 둘러싸인 넬슨 호 국립공원과 서해안 트레킹 루트로 유명한 카후랑이 국립공원에도 관광객의 발길이 잦아지고 있다.

도심에서는 알알이 영근 과일과 와인을 맛보고, 해변에서는 트레킹이나 카약 같은 액티비티를 즐겨보자. 바다와 산이 모두 아름다운 넬슨에서는 무엇을 해도 반짝반짝 빛나는 하루가 된다.

넬슨 미리 보기
CITY PREVIEW

어떻게 다니면 좋을까?

넬슨을 여행하는 사람들은 대부분 걸어 다닌다. 제법 큰 도시지만 걸어 다니기에 무리가 없고, 무엇보다 활기찬 넬슨의 분위기를 만끽하는 데는 튼튼한 두 발 이상이 없기 때문. 시내와 근교를 연결하는 정기 버스가 있지만 이를 이용하는 여행자는 몇 안 된다. 그러나 여름철에 이 도시를 찾는다면 사정은 달라진다. 영국 런던에서 공수해온 붉은색 2층 버스 London Double Decker Summertime Bus가 여름철에만 한시적으로 운행되기 때문이다. 시내 주요 관광지를 순환하는 이 버스는 하루 동안 원하는 곳에서 몇 번이고 내렸다가 다시 탈 수 있다. 시내를 한 바퀴 도는 데 걸리는 시간은 1시간이며, 요금은 운전사에게 직접 내면 된다.

London Double Decker Summertime Bus
브리지 스트리트 출발 11:00, 13:00 548-3290
www.nelsoncoaches.co.nz

어디서 무엇을 볼까?

시내 중심부는 대성당이 있는 트라팔가 광장이다. 최고 번화가는 이 광장에서 관광안내소까지 길게 이어지는 트라팔가 스트리트 Trafalgar St.와 이 길 중간쯤에서 교차하는 브리지 스트리트 Bridge St.. 시내의 볼거리도 이곳을 중심으로 모여 있다. 그러나 뉴질랜드에서 가장 멋진 선샤인 시티에 와서 도심에서 어슬렁거리는 것은 시간 낭비다. 대성당, 뉴질랜드 배꼽을 찍고 나면 지체 없이 바로 해변으로 달려가 어마어마한 규모의 바다와 뜨거운 모래를 만끽해야 한다!

어디서 뭘 먹을까?

풍요로운 도시 넬슨에는 먹을거리도 풍성하다. 트라팔가 스트리트와 브리지 스트리트를 중심으로 수많은 레스토랑이 모여 있으며, 쇼핑센터 안의 푸드몰에서는 저렴한 가격에 각국의 다양한 요리를 맛볼 수 있다. 잊지 말아야 할 것은, 넬슨 지역의 풍부한 일조량이 빚어낸 와인을 맛보는 일! 이 지역의 대표적인 와인 품종으로는 뉴 월드 피노 누아 New World Pinot Noir와 리슬링 Riesling, 소비뇽 블랑 Sauvignon Blanc 등이 있다.

어디서 자면 좋을까?

넬슨의 숙소는 시내 곳곳에 흩어져 있다. 대도시답게 숙소의 종류도 많고, 저렴한 숙소들도 시설이 괜찮은 편이다. 다음 목적지를 그레이마우스나 빙하지대 등 서해안 노선으로 잡고 있는 사람들은 인터시티 버스가 아침 일찍 출발하므로 시내 쪽에 숙소를 마련하는 것이 좋고, 넬슨의 태양을 만끽하고 싶은 사람은 타후나누이 비치 근처의 숙소나 홀리데이 파크를 예약하는 것이 좋다. 특히 타후나누이 비치에 있는 홀리데이 파크는 며칠이고 머물고 싶은 베스트 플레이스에 속한다. 캐빈이나 모텔룸도 있으니, 캠핑족이 아니더라도 숙소로 염두에 둘 것.

ACCESS

넬슨 가는 방법

넬슨을 둘러싸고 있는 도로는 6번 국도다. 아름답기로 유명한 남섬의 웨스트포트 Westport가 시작되는 도로이며, 끝없이 펼쳐지는 와이너리의 녹색 융단을 감상할 수 있는 길이기도 하다. 창밖으로 펼쳐지는 풍경에 잠시 넋을 놓아도 좋다.

버스 Bus

픽턴에서 64㎞ 떨어진 넬슨은 인터시티와 아토믹 셔틀 Atomic Shuttle로 2시간 30분이면 닿을 수 있다. 인터시티 버스는 크라이스트처치에서 픽턴을 거쳐 오는 동해안 노선과 빙하지대에서 그레이마우스를 거쳐 오는 서해안 노선 두 가지. 이 중에서 동해안 노선은 픽턴을 거쳐 오므로 직접 운전할 때보다 시간이 더 많이 걸린다.
장거리 버스 터미널은 시내 번화가 브리지 스트리트 Bridge St.에 있다. 터미널에 도착하기 직전 관광안내소에 들르는데, 이곳에 내려 지도 등의 자료를 미리 챙기는 것이 좋다.

자동차 Car

픽턴에서 넬슨까지는 아름다운 해안 도로를 따라 달리는 퀸 샬롯 드라이브 Queen Charlotte Dr.가 있는데, 지도상으로는 단거리 코스로 보이지만 이 길이 실제로 운전을 해보면 무척 먼길이다. 포장도로지만 길이 험하고 급커브와 오르막이 많아서 주의해야 한다. 그러나 시간 여유가 있는 사람이라면 꼭 한 번 이 길을 거쳐 가길 추천한다. 잊지 못할 만큼 아름다운 비경을 간직하고 있으므로. 참고로, 대중교통편으로는 이 길을 지날 수 없다.

비행기 Airplane

항공편은 에어뉴질랜드가 오클랜드와 크라이스트처치, 웰링턴 간 직항편을 운항한다. 공항은 시내에서 남서쪽으로 6㎞ 떨어진 곳에 있으며, 시내까지는 슈퍼셔틀 버스로 연결된다.

REAL MAP 넬슨 시내 & 근교 지도

0 100 200 300m
파운더스 파크
넬슨 항
Queen Elizabeth Dr.
New Northern Hwy
North Rd.
Wainui St.
트라팔가 공원
Trafalgar Park
마이타이 강
Maitai River
Tasman Bay Backpackers
Weka St.
Paradiso
트라팔가 센터
Paru paru Rd.
Elliot St.
Cambria St.
Hathaway Tce.
Almond House Backpackers
Miton Chalet Motel
루더포드 공원
Grove St.
Grove St.
Haven Rd.
Ajax Ave.
Shakespeare Walk
Milton St.
관광안내소
시청사 우체국
Halifax St.
Halifax St.
Achilles Ave.
New St.
Trafalgar St.
장거리 버스 터미널
Abel's Backpackers
Bridge St.
Bridge St.
Avon Terrace
YHA Nelson by Accents
Vanguard St.
쇼핑센터
Collingwood St.
02 수터 미술관 Suter Art Gallery
Domett St.
퀸스 가든
04
Yaza Cafe 03
뉴질랜드의 배꼽 Centre of New Zealand
Hardy St.
Hardy Pl.
04 The Vic Public House
폴리테크닉
Selwyn Pl.
Tasman St.
Tory St.
Club Nelson Backpackers
Rutherford St.
Alton St.
01 크라이스트처치 대성당 Christ Church Cathedral
Honey Suckle House
Nile St. West
Nile St.
Sussex St.
Trampers Rest

태즈만 베이 Tasman Bay
볼더 뱅크 Boulder Bank
아벨 타스만 국립공원 06
Tahunanui Beach Holiday Park
넬슨 항 Port Nelson
동물원
Courtesy Court Motel
Golf Rd.
Beach Rd.
05 타후나누이 해변 Tahunanui Beach
01 The Boat Shed Cafe
넬슨 공항
The Bouncing Lamb
Rocks Rd.
Wakefield Quay
타후나누이 TAHUNANUI
Parkers Rd.
Muritai St.
Tahunanui Drv.
파디스 언덕
데이비스 전망대
Princes Drv.
Quarantine Rd.
Pascoe Rd.
Songer St.
Nayland Rd.
WOW 뮤지엄
02 The Hot Rock (Gourmet Pizza&Pasta Bar)
파운더스 헤리티지 공원 Founders Heritage Park
Annesbrook Drv.
전망대
Vincent St.
Vanguard St.
03
Atawhai Drv.
Main Road Stoke
Rutherford St.
Trafalgar St.
넬슨 향토박물관
Waimea Rd.
Hardy St.
07 넬슨 호 국립공원
스토크 STOKE
넬슨 사우스 NELSON SOUTH
대성당
Nile St.
Milton St.
Tasman St.
뉴질랜드의 배꼽
0 1 2km
전망대
Brook St.
넬슨 시내

01

넬슨의 심장, 넬슨의 센터
크라이스트처치 대성당 Christ church Cathedral

넬슨의 심장과도 같은 크라이스트처치 대성당은 마오리 부족이 있던 트라팔가 스트리트 한복판에 자리잡고 있다. 남섬 최대의 도시 크라이스트처치와 이름이 같은 이곳은 넬슨 주민들에게 크라이스트처치에 있는 대성당만큼이나 자긍심을 안겨주는 곳이다.

남섬에서는 최초로 유럽인의 이주가 이루어진 넬슨에서 초기 이민자들은 정신적인 안정과 세를 과시하기 위해서 대성당을 건립했다. 마오리 마을이 있던 자리, 고향 영국으로 가는 배가 바라보이는 언덕에 대성당을 세운 것도 그런 이유 때문이었다. 성당이 처음 완공된 것은 1850년이지만, 그 뒤로 두 차례의 증·개축 공사를 거쳐 지금과 같은 모습으로 거듭나게 되었다. 지금의 건물은 1925년부터 시작된 공사가 47년이라는 세월이 지난 후 완공된 것이다. 대성당 내부는 일반인에게도 공개하고 있는데, 멋진 장식품들과 스테인드글라스가 장관이다.

Trafalgar Square 09:00~17:00 무료
548-1008 www.christchurchcathedral.co.nz

02

퀸스 가든 옆 미술관
수터 미술관 Suter Art Gallery

번화가 브리지 스트리트 동쪽에 자리 잡은 퀸스 가든 안에 아담한 벽돌 건물의 수터 미술관이 있다. 1889년 개관할 당시에는 약간의 석판화 작품을 전시하던 공간이었지만 지금은 인쇄물과 회화뿐 아니라 악기·도예품 등 다양한 물건을 전시하며, 사진과 조각을 판매하는 상점과 카페도 있다. AV관에서 펼쳐지는 서라운드 음향쇼는 미술관을 찾은 사람들이 가장 흥미로워하는 프로그램이다.

208 Bridge St. 09:30~16:30 무료
548-4699 www.thesuter.org.nz

03
유럽 이주민들의 넬슨 정착기를 보여주는 민속촌
파운더스 헤리티지 공원
Founders Heritage Park

시내 북동쪽, 넬슨 항과 접하고 있는 이곳은 넬슨의 도시 초기를 보여주는 일종의 민속촌이다. 파운더스 공원의 볼거리 중에서는 은행과 상점 등 1880~1930년대 옛 모습 그대로의 거리와 구식 버스·비행기 등을 재현한 전시가 가장 인기 있다. 산업과 기술·문화적으로 눈부신 발전을 거듭한 넬슨의 과거에서 현재까지를 한 자리에서 볼 수 있으며, 공원 안내소로 사용하는 커다란 풍차 안에는 엽서나 기념품을 판매하는 상점이 있다. 시내 관광안내소에서 트라팔가 스트리트 북쪽까지 간 다음, 퀸 엘리자베스 드라이브를 따라 10분쯤 걸어가면 나온다.

87 Atawhai Drive 10:00~16:30 어른 N$11.50, 어린이 N$5 548-2649 www.founderspark.co.nz

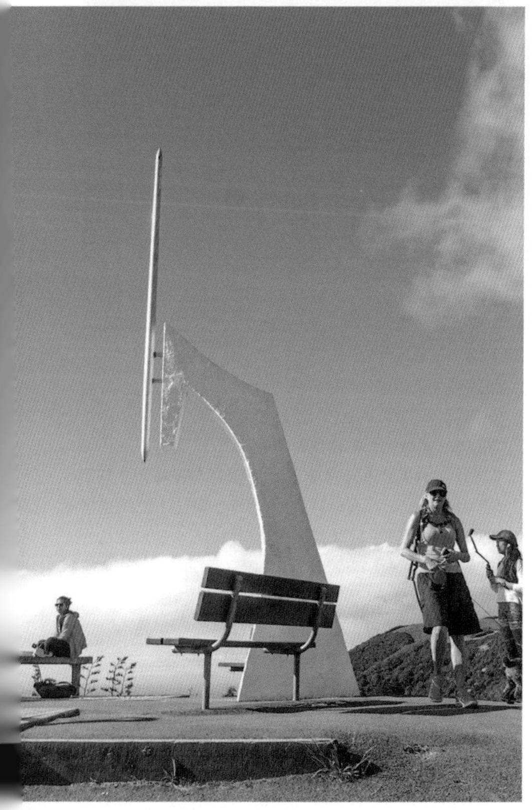

04
출발 20분 후 만나는 가슴이 뻥 뚫리는 풍경
뉴질랜드의 배꼽
Centre of New Zealand

지도를 놓고 봤을 때 넬슨은 뉴질랜드의 중심에 해당한다. 호주의 배꼽이 에어즈 록에 있다면, 뉴질랜드의 배꼽은 바로 넬슨에 자리 잡고 있다. 에어즈 록의 규모에 비하면 무척 부실하지만….

시내 동쪽의 보타닉 리저브 Botanic Reserve 안에 있으며, 산책로를 따라 20~30분 정도 걸어 올라가야 한다. 중턱쯤에는 제법 가파른 언덕도 있지만 매일 이곳을 오르는 넬슨 시민들과 그들의 애완견을 따라 걷다 보면 어느새 코끝을 스치는 시원한 바람과 함께 하얗게 우뚝 솟은 뉴질랜드의 배꼽탑이 나타난다. 대단한 규모를 상상했다면 실망할 수도 있지만, 눈앞에 펼쳐진 아름다운 넬슨 시내의 모습과 멀리 태즈만 해의 푸른 바다를 보는 순간 가쁜 숨과 땀방울이 보람으로 바뀐다.

Botanic Reserve 내

05
부서지는 햇살과 반짝이는 물빛
타후나누이 해변 Tahunanui Beach

시내에서 5㎞ 정도 서쪽에 자리잡은 타후나누이 해변은 넬슨 시민들의 주말 휴양지로 인기 높은 곳이다. 현지인들 사이에서는 '타후나'로 불리며, 미니 골프장과 운동장·워터슬라이드·동물원 Nature Land Zoo까지 갖추고 있어서 가족이 함께 즐기기에 좋다.

맑은 날 시티센터에서 타후나누이 해변까지 이어지는 웨이크필드 키 Wakefield Quay를 따라 걷거나 드라이빙하다 보면 부서지는 햇살과 반짝이는 물빛이 빚어내는 기가 막힌 풍경에 감탄사가 절로 나온다. 이런 여행자의 기분에 호응하듯 긴 모래사장을 따라 낭만적인 레스토랑과 카페가 즐비하고, 해안가로는 모텔과 백패커스까지 밀집해 있다. 정작 바닷물에 발이라도 담그기 위해서는 넓디넓은 모래사장을 걸어 들어가야 하는데, 눈앞에 펼쳐진 광활한 해변에 또 한 번 감탄사가 나오고 만다. 천리포 만리포 해수욕장이 무색해지는 규모다. 토요일 오전에는 해안가를 따라 꽤 큰 규모의 주말시장도 열린다.

06
바다 카약 명당
아벨 타스만 국립공원
Abel Tasman National Park

넬슨에서 북서쪽으로 약 60㎞ 지점에 있는 아벨 타스만 국립공원은 풍부한 일조량과 온난한 기후 덕분에 1년 내내 여행자들의 발길이 끊이지 않는 곳이다. 아름다운 해안 풍경을 즐길 수 있는 해양 레포츠가 다양하게 운영되고 있는데, 특히 해안선을 따라 잘 정비된 트램핑과 바다 카약 투어가 인기 만점. 국립공원의 이름은 유럽인 최초로 호주와 뉴질랜드를 탐험한 아벨 타스만의 이름에서 따온 것이라고 한다. 그러나 그는 마오리족의 저항으로 정작 육지에는 한 발짝도 내딛지 못하고 돌아서야 했다고. 타스만의 상륙 300주년을 기념해 이 일대는 국립공원으로 지정되었다. 국립공원으로 가는 버스는 넬슨 관광안내소 뒤쪽에서 출발한다.

07

변화무쌍한 자연의 풍광

넬슨 호 국립공원

Nelson Lakes National Park

넬슨 시내에서 100㎞ 정도 내륙 쪽에 있는 면적 10만 2000ha의 국립공원. 약 8000년 전부터 퇴적되기 시작한 빙하의 흔적이 변화무쌍한 풍경을 연출하고 있다.

넬슨 호 국립공원의 중심은 로토로아 호수 Rotoroa Lake와 로토이티 호수 Rotoiti Lake. 이곳을 중심으로 캠핑·트레킹 등의 레저 활동이 활발하게 이루어진다. 주변에 레인보 Rainbow와 마운트 로버트 Mount Robert 스키장이 있어서 스키도 즐길 수 있다.

REAL+

세계가 주목하는 뉴질랜드 최고의 의상 축제 WOW(World of Wearable Art)

매년 9월 펼쳐지는 WOW 축제에서는 의상과 예술을 접목시킨 신선한 작품들이 세계의 이목을 집중시킨다. 전 세계 공모를 통해 선정된 '입을 수 있는 예술작품'들이 한 자리에 전시되고, 패션쇼와 함께 다양한 이벤트가 펼쳐진다. 1987년 의상 디자이너 수지 몬크리프 Suzie Moncrieff가 텐트 안에서 연 패션쇼가 시작이었는데, 기존의 의상과는 완전히 다른 시도가 사람들의 공감을 끌어내게 되었다. 그 뒤 이 축제는 연중행사로 자리 잡게 되었으며, 뉴질랜드를 대표하는 예술축제로 손꼽히고 있다. 도저히 입을 수 없을 것 같은 옷, 그러나 실용성과 예술성을 겸비한 옷들이 축제의 주인공이 되고, 세상에 하나밖에 없는 아이디어들이 해마다 새로운 옷으로 태어나고 있다. 한편, 넬슨 시내에 있는 WOW 박물관에 가면 역대 수상작들을 감상할 수 있었지만, 현재 이곳은 클래식 카 전시장으로 사용되고 있다.

National WOW Museum & Nelson Classic Car Collection
1 Cadillac Way, Annesbrook 10:00~17:00 크리스마스 휴무
547-4573 www.worldofwearableart.com

  EAT

01
이 도시에서 꼭 가봐야 할 맛집
The Boat Shed Cafe

시내에서 타후나누이 해변으로 향하는 웨이크필드 키의 해안가에 호젓하게 자리잡고 있는 맛집. 넬슨에서 가장 유명한 맛집 중 한 곳이어서 언제나 사람들로 북적이고, 주말에는 브런치를 즐기는 사람들이 많아서 예약을 하는 것이 좋다. 바다를 향해 돌출된 목조 건물에서 바라보는 바다는 정말, 감탄사가 절로 나올 지경이다. 풍경 뿐 아니라 음식까지 딱 어우러져서 모든 것이 흡족하다. 초록홍합과 조개가 어우러진 스튜에 곁들인 빵만 찍어 먹어도 세상을 다 얻은 것처럼 행복하다. 접시 위의 음식 양이 조금 작은 것이 옥의 티다.

Wakefield Quay 350 State Hwy, Stepneyville 월~금요일 10:00~21:00, 주말 9:30~21:00 546-9783 www.boatshedcafe.co.nz

02
건강한 패스트푸드점
The Hot Rock (Gourmet Pizza&Pasta Bar)

화덕 피자와 홈메이드 파스타를 선보이는 곳. 2012년에는 넬슨 시에서 주관하는 최고의 레스토랑에 꼽히기도 한 꽤 이름난 이탈리안 레스토랑이다. 모든 재료는 넬슨 인근에서 나는 신선한 것들만 사용하고, 홍합 등의 해산물 또한 신선도가 눈에 띄게 훌륭하다. 무게 잡고 먹는 레스토랑보다는 캐주얼하게 즐기는 건강한 패스트푸드점의 분위기. 피자나 파스타 등은 포장은 물론, 가까운 호텔이나 숙소로 배달도 가능하다.

8-10 Tahunanui Dr.
월~목요일 16:30~23:00, 금~토요일 16:30~24:00, 일요일 16:30~22:00
546-4421 www.hotrock.co.nz

03
카페인이 필요할 때
Yaza Cafe

트라팔가 스트리트에서 가까운 몽고메리 스퀘어에 자리하고 있는 밝고 캐주얼한 분위기의 카페. 다양한 음료와 직접 볶은 커피를 판매하며, 이른 아침부터 늦은 점심 메뉴까지 주문할 수 있다. 주중에는 오전 8시부터 오후 5시까지, 주말에는 오후 서너 시까지만 문을 연다. 단, 여름에는 연장 오픈한다. 토요일 오전에는 카페 바로 앞에서 넬슨 토요시장 Nelson Saturday Market이 열려서 이른 아침부터 야외 테이블이 꽉 찬다.

117 Hardy St.(Montgomery Sq.)
월~금요일 08:00~17:00, 토요일 07:00~16:00, 일요일 08:00~15:00
548-2849 yazacafe.co.nz

04
언제나 왁자지껄 흥겨운 곳
The Vic Public House

시내 한가운데, 트라팔가 스트리트에 있다. 영국식 퍼브 분위기가 물씬 풍기는 이곳은 다양한 종류의 주류가 눈길을 끈다. Mac's라는 이름으로 제조된 이 집만의 수제 맥주와 뉴질랜드 로컬 맥주를 맛볼 수 있으며, 와인 리스트도 충실히 갖추고 있다. 곁들일 수 있는 음식으로는 수제 햄버거와 감자튀김부터 양갈비 스테이크까지, 하나같이 맛있다. 특히 감자튀김 위에 치즈를 잔뜩 올려 오븐에 구워 낸 치즈 감자는 맥주 안주로 강추.

281 Trafalgar St. 월~목요일 12:00~22:30, 금, 토요일 09:00~새벽 00:30, 일요일 09:00~22:00 548-7631
www.thevicpub.co.nz

카이코우라
KAIKOURA

인구
3,900명

지역번호
03

인포메이션 센터 The Kaikoura Visitor Centre

West End 여름 월~토요일 08:30~18:00, 일요일 09:00~17:30/ 겨울 월~금요일 09:30~17:00, 주말 10:00~16:00
319-5641 www.kaikoura.co.nz

고래의 전설 크라이스트처치와 픽턴 사이, 태평양에 접하고 있는 카이코우라는 어업과 축산업을 주산업으로 하는 조그만 어촌 마을이다. 인구 4000명 미만의 손바닥만 한 소도시지만, 세계 각지에서 모여드는 관광객의 수는 인구에 비할 바가 아니다. 그 이유는 바로 고래를 직접 볼 수 있으며, 심지어 고래와 수영도 할 수 있다는 것 때문. 싱싱한 바닷가재 요리를 맛볼 수 있다는 것도 빠뜨릴 수 없는 이유이다. 고대 마오리 탐험가 중 한 사람이 이곳에서 바닷가재를 먹은 뒤 그 맛이 하도 좋아 이곳을 카이코우라 Kaikoura[Kai(먹다)+Koura(크레이피시)]라고 했다는데, 그의 말처럼 이 일대는 크레이피시 어장으로 유명하다.

카이코우라 미리 보기
CITY PREVIEW

어떻게 다니면 좋을까?

카이코우라는 정말 작은 도시다. 걸어 다니기에도 너무 작아서 갔던 길을 또 가고, 만난 사람 또 만나게 된다. 드넓은 태평양 한 귀퉁이에 조그맣게 자리 잡고 있는 카이코우라 시내는 반도 북쪽 끝에 펼쳐져 있다.
도시의 중심은 역에서 동쪽으로 100m 정도 떨어져 있는 웨스트 엔드 West End. 인포메이션 센터도 바로 이 웨스트 엔드의 해안 쪽에 있으며, 해양 레포츠에 관한 다양한 정보를 비치해두었다. 각종 투어나 숙소 예약은 물론 카이코우라의 자연을 소개하는 비주얼 쇼도 상영한다.
이 일대와 동쪽 해안을 연결하는 길은 에스플러네이드 Esplanade라고 하며, 이곳부터 1㎞가 채 안 되는 거리에 상점과 숙소들이 모여 있다.

어디서 무엇을 볼까?

카이코우라에 가는 이유는 단 하나, 이 일대를 지나는 향유고래를 보기 위해서다. 일단 고래 관찰부터 하고, 시간이 남으면 돌고래도 보고 물개도 보고, 야생 조류도 보고…. 그래서 이곳을 야생 생태계의 보물 창고라고 하는지도 모른다.

어디서 뭘 먹을까?

에스플러네이드를 따라 시내 동쪽으로 가면 조그만 항구가 나온다. 명물 바닷가재를 포함해서 굴·홍합 등의 해산물을 저렴하게 맛보려면 이곳으로 가면 된다. 부둣가 작은 어선들 사이에서 갓 잡아 올린 바닷가재와 파우어(전복의 일종)·홍합 등을 싸게 파는 노점이 있기 때문. 또는 이곳에서 싱싱한 해산물을 구입한 뒤 숙소에서 조리해 먹으면 푸짐한 한 끼 식사가 된다. 물론 카이코우라에 있는 대부분의 레스토랑에서도 씨푸드를 선보이고 있다. 해먹든 사먹든 결론은, 카이코우라에서는 해산물을 먹어야 한다는 것!

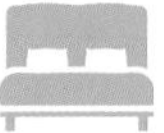

어디서 자면 좋을까?

도시의 규모에 비해 숙소가 많은 편이다. 특히 저렴한 배낭여행자용 호스텔이 많아서 주머니 가벼운 여행자들이 모처럼 선택의 기로에 설 정도. 에스플러네이드와 처칠 스트리트를 중심으로 숙소가 몰려 있고, 간혹 부두 쪽의 해안가에서도 저렴한 숙소를 찾아볼 수 있다.

ACCESS : 카이코우라 가는 방법

크라이스트처치에서 북쪽으로 183㎞ 지점에 자리 잡고 있는 카이코우라는 동해안 노선의 중간 정착지로, 크라이스트처치에서 픽턴으로 향하는 버스와 기차 모두 이 도시를 경유한다. 인터시티 버스로 픽턴에서 2시간, 크라이스트처치에서 2시간 30분이 소요된다.

버스 정류장은 비지터 센터 맞은편의 타운 카 파크 Town Car Park. 티켓 구입과 안내는 비지터 센터에서 대행한다.

기차 역시 크라이스트처치와 픽턴을 왕복하는 동해안 노선 코스탈 퍼시픽 Coastal Pacific이 카이코우라에 정차한다. 상행선은 매일 오전, 하행선은 매일 오후에 픽턴 역에 도착한다.

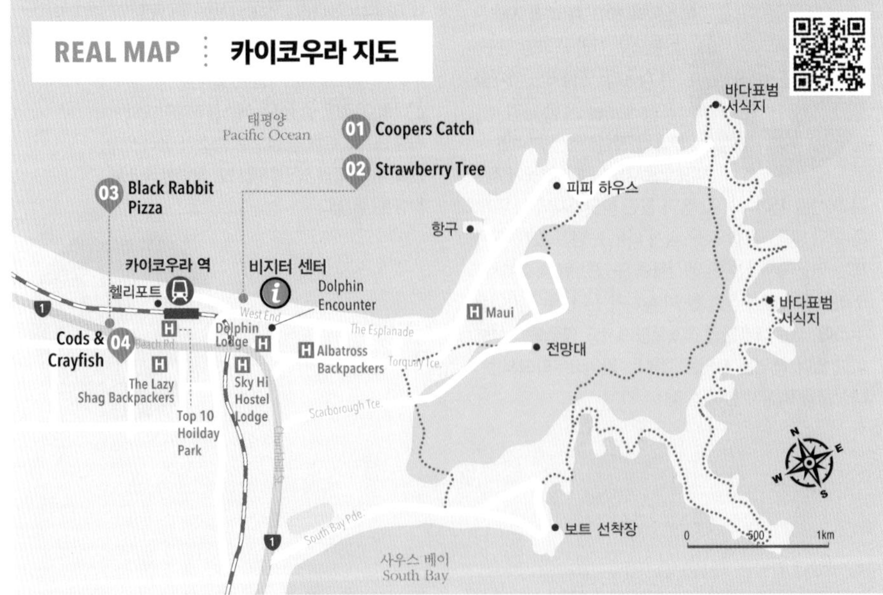

 SEE

01
카이코우라의 존재 이유
고래 관찰
Whale Watching

카이코우라 앞바다에서는 고래 중에서도 가장 큰 향유고래 Sperm Whale를 자주 만날 수 있다. 수컷의 경우 길이 15~20m, 몸무게 35~42t에 이르는 거구들이다. 그러나 격렬한 움직임보다는 유유히 움직이면서 내뿜는 물줄기와 우아한 지느러미의 움직임이 더욱 감탄을 자아낸다. 일단 고래가 발견되면 쾌속정의 모터를 끄고 모두 숨죽여서 고래의 움직임을 지켜보게 되는데, 운이 좋으면 30m 이내의 가까운 거리에서 관찰할 수 있다.

배를 이용한 고래 관찰 여부는 날씨에 따라 많이 좌우된다. 5~7월에는 고기들이 바닷가로 많이 모이기 때문에 거의 고래를 볼 수 있고 그 밖의 시기에도 열에 아홉은 고래를 볼 수 있다. 그런데 문제는 배가 아예 출항하지 않는 날도 있다는 것. 따라서 배가 출항할 수 있는 날씨인지 미리 일기예보를 확인하는 것이 좋다. 하루 전까지 예약 필수.

만약 날씨 때문에 배가 운항하지 않는다면 비행기나 헬리콥터를 이용하는 방법도 있다. 고래를 보호하기 위해 가까이 접근할 수는 없지만, 고래의 전체적인 모습을 한눈에 볼 수 있다는 것이 장점이다.

Whale Watch Kaikoura

투어 출발 07:15, 10:00, 12:45(여름에는 15:30 추가, 2시간~2시간 30분 소요) 어른 N$165, 어린이 N$60
0800-655-121 www.whalewatch.co.nz

Wings Over Whales Kaikoura

319-6580 www.whales.co.nz

02
돌고래와 함께 수영을
스윔 위드 돌핀
Swim with Dolphin

카이코우라가 자랑하는 색다른 즐거움 가운데 하나는 돌고래와 수영을 하는 것. 배를 타고 바다로 나가 실제로 야생 돌고래와 함께 수영을 한다. 사람들과 친숙한 돌고래는 수영하는 사람들 바로 옆까지 다가와서 점프를 하거나 함께 헤엄을 치기도 한다. 단, 투어 규칙상 돌고래를 손으로 만지거나 수영 전 몸에 오일을 바르는 것은 금지되어 있으니 주의하도록 한다.

10월부터 4월 사이의 여름에 특히 인기있는 레포츠로, 이때는 해수의 온도가 수영을 즐기기 적당하게 상승한다. 겨울에는 수온 때문에 수영은 무리지만 대신 돌고래를 가까이에서 관찰할 수는 있다. 돌고래 대신 바다표범과 함께 헤엄치는 Swim With Seal도 있다. 바다표범 서식지에서 함께 수영을 즐기는 이 투어는 서양 여행자들 사이에서 인기가 있다.

Dolphin Encounter

96 Esplanade 투어 출발 08:30, 12:30(여름에는 05:30 추가) 와칭 N$115, 스위밍 N$230 0800-733-365
www.dolphinencounter.co.nz

아름다운 선물, 카이코우라

카이코우라에는 아름다운 전설이 전해옵니다. 옛날 옛적 하늘과 땅의 경계만 있던 시절, 젊은 신 마로쿠라 Marokura는 이 지역을 만드는 임무를 맡았다고 합니다. 그는 먼저 길쭉하게 땅을 만들어 카이코우라 반도를 만들고, 이어서 조금 작은 반도인 하우무리 곶 Haumuri Bluff을 만들었습니다. 그런 다음 두 반도 사이에 바다와 깊은 해구를 만들었습니다. 이곳에서 남쪽의 차가운 바다와 북동쪽의 따뜻한 바다가 만나게 한 것이지요.

하늘의 신인 투테라키와노아 Tuterakiwhanoa는 이것을 보고 감탄하여 말했다고 합니다. "이곳은 숨은 아름다움을 볼 수 있는 사람들을 위한 선물(Koha)이 될 것이다"라고요. 그래서 카이코우라는 이 지역 마오리들에게 아직도 '마로쿠라의 선물 Te Koha O Marokura'이라는 이름으로 불리고 있답니다.

전설에서처럼 카이코우라 앞바다에는 남쪽의 한류와 북쪽의 난류가 만나고 있습니다. 두 해류가 만나 상승 해류를 형성하기 때문에 심해에 사는 해양 생물들은 수면 위로 올라오구요. 그래서 고래와 돌고래들이 이 지역으로 먹이를 찾아 몰려드는 것입니다. 이만하면 정말 자연이 준 '아름다운 선물'이라고 할 만하죠?

EAT

01 터줏대감 컨테이너 Coopers Catch

정확하게 오전 11시면 문을 열고 자정까지 시간 지켜 영업하는 성실한 곳이다. 얼핏 보기에는 컨테이너 가건물처럼 생긴 이곳이 웨스트 엔드의 터줏대감으로 롱런할 수 있는 비결도 바로 이런 성실함 때문이다. 캐주얼하고 부담 없는 분위기만큼이나 메뉴도 다양하고 골고루 맛있다. 대표 메뉴는 다양한 종류의 피시 앤 칩스, 그리고 바닷가재 구이도 맛있다. 재료가 떨어지면 일찍 문을 닫으니 허탕 치지 않으려면 서둘러야 한다.

9 West End
11:00~21:00 319-6362
www.cooperscatch.co.nz

지진의 후유증

카이코우라 지역은 지난 2016년 11월 22일에 발생한 리히터 7.4지진의 직격탄을 맞았습니다. 기차 선로는 끊기고, 육로마저 폐쇄되어 오랫동안 관광객의 발길이 끊기고 말았지요. 이 때문에 이 일대의 레스토랑들은 하나 둘 문을 닫기 시작했습니다. 잠시 문을 열었다가 코로나19로 다시 문을 닫게 된 곳들도 많답니다. 여기에 소개한 곳들 가운데서도 잠정 휴업 상태인 곳들이 있으니, 참고하세요.

02
동네사람들의 사랑방
Strawberry Tree

왁자지껄 이벤트 가득한 곳이다. 편안한 분위기의 레스토랑이기보다는 다소 흥분되는 퍼브에 가깝지만, 여행지의 추억을 만들기에는 좋은 곳. 화덕 피자와 생맥주 피처에 가득 담긴 로컬 맥주가 맛있다.

21 West End 11:00~22:00
319-6451
www.strawberrytreekaikoura.co.nz

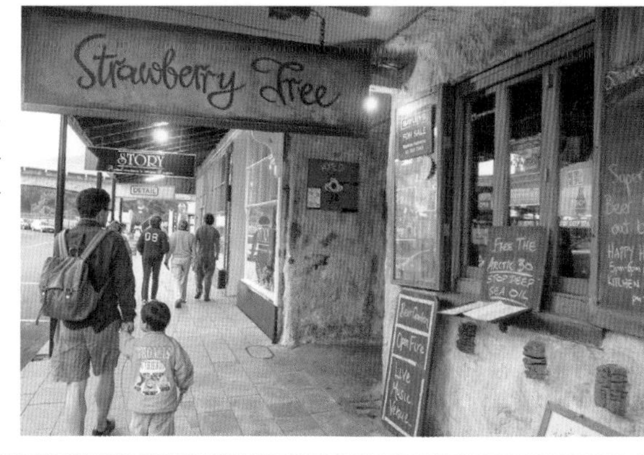

03
무궁무진한 피자의 세계
Black Rabbit Pizza

카이코우라의 메인 스트리트인 비치로드에 자리한 피자집. 나지막한 단층 건물 전체를 사용하고, 지붕 위에 고래 꼬리 조형물이 있어서 이 일대 랜드마크가 되었다. 이 작은 도시에서 아침 일찍 문을 열고 저녁 늦게 문을 닫는 것도 장점이다. 피자, 버거, 파스타, 그리고 간단한 브런치 메뉴까지 다양하지만, 대표 메뉴는 다양한 토핑의 피자들이다. 특히 새우와 오징어가 듬뿍 들어간 시푸드 피자와 독특한 풍미의 버터치킨 피자는 이곳만의 시그니처 메뉴. 채식주의자를 위한 비건 피자도 5종류나 준비되어 있다.

94 Beach Rd.
08:00~23:30 319-6360
www.blackrabbitpizza.co.nz

04
딱 마음에 드는 씨푸드
Cods & Crayfish

가족이 운영하는 씨푸드 레스토랑. 이 말은 가족이 바다에 나가 낚시하고 채집해 온 재료로 모든 요리를 해 낸다는 뜻이다. 마치 생선 가게처럼 냉장고에 진열된 씨푸드 재료들 중 마음에 드는 것을 선택하면 즉석에서 조리를 해준다. 피시 앤 칩스처럼 간단한 튀김류는 물론이고 쭈꾸미, 홍합 등이 잔뜩 들어간 샐러드와 바닷가재 요리도 가능하다. 가격은 일반 씨푸드 레스토랑보다 저렴한 편이지만, 신선도 하나만큼은 고급 레스토랑 못지않다.

81 Beach Rd. 09:00~20:30
319-7899 www.codsncray.co.nz

REAL GUIDE 

카이코우라에서 만나는 고래 & 돌고래 이야기

돌고래를 포함한 고래과 동물은 전 세계에 76종이 서식한다. 그중 약 절반에 해당되는 35종류가 뉴질랜드 근해에 서식하거나 회유하고 있다. 또 그중에서도 자주 볼 수 있는 종류는 다음과 같으니, 고래 관찰 투어에 앞서 곧 만나게 될 고래들에 대해 한번쯤 읽어두는 것은 어떨까.

뉴질랜드에 고래와 돌고래가 많은 이유

지도를 보면 태평양 남서쪽에 홀연히 떠있는 뉴질랜드는 다른 나라들과 격리된 듯 보이기도 하는데, 이런 지형이 고래와 돌고래들에게는 서식지를 찾는 일종의 표식 같은 역할을 한다.

적도 부근에서 해저 깊숙이 잠겨 있던 해류는 남쪽으로 흐르다가 다시 해면으로 떠올라 남극 부근에서 동쪽 방향으로 빠져나간다. 이 과정에서 긴 여행을 거쳐 이동해온 해류는 해양 식물 플랑크톤을 대량 운반해오고, 플랑크톤을 주식으로 하는 작은 물고기나 크릴새우가 많아지고, 다시 이를 먹이로 하는 고래와 돌고래들이 모여드는 생태계 먹이사슬이 형성된다. 카이코우라 연안에서 끝나는 히쿠랑기 해구에는 플랑크톤이 많아 이를 먹이로 하는 물고기와 오징어도 엄청나게 많고 또 이를 주식으로 하는 고래가 많이 찾아오는 것이다.

뉴질랜드에서 관찰할 수 있는 고래와 돌고래

향유고래 Sperm Whale

수컷의 몸길이는 약 20미터, 암컷은 12미터. 대형 고래 가운데서는 유일하게 아래턱에만 18~25개의 이빨이 있으며 고래 중에서 가장 오랫동안 호흡을 정지할 수 있다. 3천 미터까지 잠수할 수 있다고 알려져 있다. 몸 전체 길이의 3분의 1을 차지하는 상자 모양의 큰 머리가 특징인데 머리 중심에서 약간 왼쪽에 있는 공기 분출구에서 뿜어내는 바닷물의 양이 엄청나다.

참고래 Long-finned Pilot Whale

몸길이는 4~8미터. 검은색으로 볼록하게 튀어나온 머리 부분이 특징이다. 호흡을 정지하고 5~10분 동안 잠수할 수 있으며 30~60미터 정도의 잠수는 일반적이고 수심 1000미터 깊이에서 2시간 이상 잠수할 수 있다.

열대 고래 Brydes Whale

수염 고래 중에서는 유일하게 열대, 아열대 기후를 좋아하며 북섬의 하우라키 만에서 그 모습을 볼 수 있다. 완전히 성장하면 몸길이가 14미터 정도 되며 어두운 회색을 띤다. 주둥이에서 공기 분출구까지 둥그스름한 3개의 능선이 있으며 머리 부분이 몸 전체 길이의 3분의 1 이상을 차지한다.

혹등고래 Humpback Whale

매년 가을에 남극 해에서 폴리네시안 해로 번식을 위해 이동하는 도중 뉴질랜드 근해를 찾는다. 거대한 흰색 지느러미, 혹이 달린 머리, 흰색 부채 모양의 꼬리지느러미가 특징이다. 등을 굽힌 상태에서 잠수하고 등에 작은 혹들이 있어서 험프백(고양이 등)이라는 이름이 붙여졌다. 몸길이는 약 16미터.

밍크고래 Minke Whale

남극, 북극 양쪽 해역에서 서식한다. 해안에서는 그 모습을 볼 수 없고 육지에서 가까운 수역을 좋아한다. 몸길이는 9미터로 다른 고래들에 비해 작은 편이다. 몸통은 가늘고 홀쭉한 유선형이며 머리 모양은 뾰족하다. 공기 분출구는 있지만 분출하는 모습은 좀처럼 보기 어렵다. 우리나라 근해에서 서식하는 유일한 고래기도 하다.

긴수염고래 Right Whale

한때 그 수가 수천 마리에 이르렀으나 1860년대에 엄청나게 남획된 결과로 지금은 거의 찾아볼 수 없다. 몸길이 15~18미터, 등지느러미가 없는 것이 특징이다. 아치 모양의 윗턱은 보닛으로 불리는데, V자 모양으로 5미터 높이의 바닷물을 뿜어내기 때문에 다른 고래와 구분하기 쉽다.

오르카 Orca

해면으로 튀어나온 거대한 검은색 등지느러미의 길이만도 수컷이 약 2미터, 암컷도 매우 크기 때문에 다른 고래와 구별하기 쉽다. 흰색과 검정색의 대비가 특징이며 눈 윗부분

도 흰색이다. 수명이 긴 만큼 임신 기간도 16개월이나 되는데, 일생 동안 한 번 밖에 임신하지 못한다.

커먼 돌핀 Common Dolphin

이름 그대로 뉴질랜드 특히 하우라키 만 북쪽에서 가장 흔하게 볼 수 있는 돌고래. 무리를 지어 다니며 몸은 3가지 색깔로 나뉘어져 있다. 매우 사교적이고 온순해서 배나 보트를 피하기보다는 같이 헤엄치기를 좋아한다.

베틀렌노스 돌핀 Bottlenose Dolphin

커먼 돌핀에 이어 가장 많이 볼 수 있는 돌고래. 몸길이는 3~4미터, 깊은 바다에 사는 물고기를 먹이로 하며 최고 10분 동안 계속해서 잠수할 수 있다. 소리를 내서 대화를 나누며 인간과도 친숙하다. 새로운 장소를 찾으면 무리 중 한 마리를 정찰시키는 독특한 특성을 갖고 있다.

더스키 돌핀 Dusky Dophin

뉴질랜드에서 볼 수 있는 돌고래 가운데 가장 덩치가 크다. 몸길이가 2미터로 멋진 점프 실력을 자랑한다. 코끝이 뭉툭하며 큰 등지느러미가 있다. 사교적이며 소리를 내서 의사를 전달한다. 커먼 돌핀이나 보트와 함께 헤엄치는 모습도 볼 수 있다.

헥터스 돌핀 Hector's Dolphin

연안부에서 수백 미터 이내에 서식하는 몸길이 약 1.4미터의 세계에서 가장 작고 희귀한 돌고래. 둥근 모양의 등지느러미가 있으며 점프는 좀처럼 하지 않고 동작도 느린 편이다. 지방이 많아서 '바다의 팬더'로도 불린다. 남섬의 아카로아 부근에는 헥터스 돌핀 전용 보호구역이 있다.

고래 등을 타고 세상의 빛이 된 소녀, 영화 〈웨일 라이더〉

2004년 아카데미 영화상 시상식에는 할리우드의 내로라하는 배우들 가운데 낯선 이름 하나가 노미네이트되었습니다. '케이샤 캐슬휴즈'. 그녀는 뉴질랜드 출신의 여성 감독 니키카로의 영화 〈웨일 라이더〉의 주연이자, 아카데미 사상 최연소 여우주연상 후보로 기록된 마오리 소녀입니다. 신비한 힘과 용기를 지닌 한 소녀의 이야기를 그리고 있는 웨일 라이더는 바로 카이코우라를 배경으로 한 뉴질랜드 저예산 영화. 주인공 소녀 파이키아(파이)는 뉴질랜드의 카이코우라에 사는 마오리 족장의 손녀입니다. 파이의 엄마는 출산 도중 쌍둥이 오빠와 숨을 거두고, 그 충격으로 아빠는 고향을 떠나버렸습니다. 할아버지, 할머니의 손에 키워진 파이는 자라면서 뛰어난 영특함을 보이지만 지도자는 장남이어야 한다는 관습 때문에 그녀의 능력은 외면당하고 맙니다. 그러던 중 마을의 해변에는 한 무리의 고래 떼가 밀려와 죽어가는 기이한 사태가 벌어집니다. 마을 사람들은 수호신처럼 여기는 고래들을 바다로 돌려보내려 하지만 고래들은 꿈쩍도 하지 않고….

고래에 관한 전설을 토대로 인간과 인간, 인간과 자연의 신뢰와 사랑을 잔잔하고도 감동적으로 그려내고 있는 웨일 라이더. 카이코우라 해변에 서면, 영민하고 또롱또롱한 눈망울의 마오리 소녀가 금방이라도 달려올 것 같답니다.

크라이스트처치 CHRISTCHURCH

CHRISTCHURCH

인구
39만 명

지역번호
03

인포메이션 센터 Christchurch i-SITE Visitor Centre

28 Worcester Blvd, Christchurch Central(The Arts Centre)
08:30~17:00 379-9629 www.christchurchnz.com

남섬 최대의 도시였던 곳, 현재는 도시 전체가 '공사 중' 뉴질랜드에서 두 번째, 남섬에서 가장 큰 도시 크라이스트처치는 남섬의 정치, 경제, 문화, 관광의 중심지이다. '영국 밖에서 가장 영국스러운 도시', '정원의 도시' 등의 별칭으로 불리는 크라이스트처치 곳곳에는 영국 옥스퍼드 출신들이 건립한 도시라는 남다른 자부심이 넘쳐흐르고 있다. 도시의 이름마저도 '옥스퍼드 크라이스트처치 칼리지' 출신들이 자신의 출신교 이름을 따서 지었을 정도. 그러나 이 도시의 명망은 2011년 2월 22일 이후 모든 것이 달라져 버렸다. 도시의 풍경도, 사람들의 삶도, 자랑하고 싶었던 아름다운 건축물도 모두 리히터 6.3의 지진과 함께 부서져 버렸다. 지진이 휩쓴 지 여러 해가 지난 지금까지도 도시는 완전히 복구되지 못했다. 더디게 진행되는 복구 작업에 시민들은 지치고, 도시의 재정까지 악화되었지만 희망마저 버리지는 않았다. 언제 다시 예전의 아름다운 모습을 되찾을지 기약할 수도 없고, 대부분의 관광지들이 더 이상 관광지가 아니게 되었지만, 분명한 것은 조금씩 나아지고 있다는 것이다.

크라이스트처치 미리 보기
CITY PREVIEW

어떻게 다니면 좋을까?

도시의 규모는 꽤 큰 편이지만, 남극 센터나 곤돌라, 리틀턴 같은 근교를 제외한 관광지는 일정한 거리 안에 모여 있어 도보 여행만으로 충분하다. 특히 대지진 이후의 이 도시는 관광보다는 잠시 스쳐가는 교통의 요지처럼 인식되고 있어 시내 교통 수단이 의미가 없어졌다. 여전히 공사 중인 대성당을 중심으로 시내를 천천히 도보로 돌아보는 것이 좋은데, 참고로 트램 노선을 따라 걸으면 대부분의 관광지를 둘러 볼 수 있다.

어디서 무엇을 볼까?

도시 자체는 여전히 어수선하다. 볼 수 있는 곳보다 볼 수 없는 곳이 더 많아졌고, 아름다운 자연과 광장을 대신해서 지진과 관련한 어트랙션들이 새로이 생겨났다. 그러나 새롭게 정비되고 있는 관광지만 소개하기에는 예전 이 도시가 지녔던 아름다운 모습이 자꾸 눈에 밟힌다. 그래서 이 책에서는 대성당과 광장의 모습 등 이제는 사라진 관광지의 설명과 기록이 담긴 사진을 함께 수록하고자 한다. 지진이 일어나기 전, 이 도시가 얼마나 아름다웠는지를 조금이라도 알리고 싶은 마음, 그리고 다시는 자연재해로 도시가 파괴되는 일이 없기를 바라는 마음을 담았다. 소개하는 관광지 가운데서도 여러 곳이 아직 복구 중임을 미리 밝힌다.

어디서 뭘 먹을까?

도심의 큰 건물들까지도 유리창이 깨진 채 그대로 방치되어 있는 크라이스트처치. 관광객의 수가 확연히 줄어들고, 남섬 최고의 도시라는 영예도 사라진 지 오래. 자연스레 레스토랑이나 쇼핑 숍의 수도 줄었고, 그나마 대부분의 쇼핑과 식사는 리스타트 몰에서 이루어지고 있다. 지진 이후 문을 닫았던 한국 식당도 여러 군데 있었으나, 하나 둘 원래의 모습을 찾아가고 있다.

어디서 자면 좋을까?

대성당 광장과 시티몰 지역에 밀집해 있던 저렴한 숙소의 절반 가까이가 지진 피해를 입었다. 건물 자체가 없어진 곳도 있고, 현재까지 힘겹게 부분 복구 중인 곳도 있다. 예전에는 하루 이상 머물던 도시였지만 현재는 공항에 도착해서 지나가는 도시로 인식되면서 숙소의 수요도 많이 줄어들었다. 바로 이동할 계획이라면 공항 근처의 비즈니스 호텔들을, 하루 이상 머물 예정이라면 복구를 마친 시티 센터의 YHA나 YMCA를 추천한다.

ACCESS

크라이스트처치 가는 방법

지진으로 인해 관광지로서의 명성은 예전과 달라졌지만, 남섬 최대의 교통 요지라는 사실은 변함이 없다.
카이코우라에서 오마루에 이르는 캔터베리 대평원은 남섬의 각 도시로 향하는 거점이자 남섬의 경제를 책임지는 중심축이기 때문이다.
특히 크라이스트처치 공항은 뉴질랜드 전역에서 두 번째로 큰 국제공항으로, 여전히 많은 나라의 관광객들이 드나드는 남섬의 현관을 담당하고 있다.

비행기 Airplane

크라이스트처치는 남섬을 대표하는 국제적인 관문이다. 한때는 한국에서도 여름방학과 겨울방학 시즌 동안 한시적으로 대한항공 직항이 운행되었으나, 최근에는 운행을 멈춘 상태다. 대신 일본을 경유하는 에어뉴질랜드나 호주의 시드니, 브리즈번을 경유하는 콴타스 항공 등의 경유편을 이용하면 쉽게 크라이스트처치에 도착할 수 있다. 뉴질랜드 내의 국내선은 국적기인 에어뉴질랜드가 북섬의 오클랜드와 웰링턴에서 하루 10~15회씩 크라이스트처치를 오가고 있으며, 남섬의 퀸스타운, 더니든 등의 주요 도시에서도 하루 5~10회씩 운행되고 있다.
현재 크라이스트처치 공항을 드나드는 항공 노선은 크게 9개로, 국내선 3개 항공사, 국제선 7개 항공사가 직항 및 경유편을 운행하고 있다. 참고로 국내선 3개 항공 중 에어채텀스 Air Chathams의 경우는 뉴질랜드 영으로 되어있는 채텀스 아일랜드와 남북섬을 연결하는 항공편으로, 일반 여행자들이 이용할 확률은 높지 않다.

- **국내선 운항 항공사**
  에어뉴질랜드 ☎ 0800-737-000 ⌂ www.airnz.co.nz
  제트스타 ☎ 0800-800-995 ⌂ www.jetstar.com
  에어채텀스 ☎ 03-305-0209 ⌂ www.airchathams.co.nz
- **국제선 운항 항공사** 에어뉴질랜드, 중화 항공, 남방 항공, 에미레이트 항공, 피지 에어웨이스, 제트스타, 콴타스, 싱가포르 항공, 버진 오스트레일리아
- **크라이스트처치 공항** ☎ 358-5029 ⌂ www.christchurchairport.co.nz

공항 ---→ 시내

크라이스트처치 국제공항은 시내에서 북서쪽으로 12㎞ 가량 떨어져 있다. 2개 층으로 이루어진 공항에는 국내선과 국제선 터미널이 나란히 있다. 국내선과 국제선 터미널 모두 24시간 운영되는 것은 아니지만, 공항 내에 짐을 보관할 수 있는 무인 라커와 렌터카 데스크, 관광안내 부스, 면세점 등의 편의 시설이 잘 갖춰져 있다.

공항에서 시내까지 가장 손쉽게 가는 방법은 택시를 이용하는 것. 소요 시간은 약 15~20분이며, 요금은 N$45~65 정도다. 두 번째 방법은 슈퍼셔틀이라 불리는 공항 택시를 이용하는 것. 공항과 시내를 오가는 이 택시는 3~4명의 일행이 있을 때 가장 효율적으로 이용할 수 있는 교통수단으로, 전체 승객 수에 따라 개인당 요금이 달라진다.

마지막으로 가장 일반적이면서 저렴한 방법은 뭐니뭐니 해도 버스를 이용하는 것이다. 도착 로비를 나오자마자 공항버스 정류장이 있어서 초행자도 손쉽게 찾을 수 있다. 예전에는 레드버스 Red Bus라는 이름으로 자체 운영되었지만, 현재는 크라이스트처치의 메트로에 편입되어 '메트로 29번'으로 운행된다. 예전의 이미지를 버리지 않고 붉은 색의 차 정면에 'RED BUS'라고 쓰인 차량도 많다. 공항을 출발한 버스가 시티의 센트럴 스테이션까지 가는 데 걸리는 시간은 약 25분. 메트로 버스 3번도 공항에서 시내까지 운행하지만, 이 버스는 도중에 여러 곳을 경유하며 약 50분 정도 소요되므로 주의할 것. 요금은 현금보다 메트로 카드 요금이 절반 이상 저렴하지만, 메트로 카드 구입비가 N$5인 것을 감안하면 굳이 장만할 필요는 없다.

• **공항버스 메트로 29번** Ⓢ 메트로 요금 적용, 메트로 카드 편도 N$2, 현금 편도 N$4 ☎ 366-8855
⌂ www.metroinfo.co.nz

버스 Bus

메이저급 버스 회사로는 인터시티 InterCity 혹은 뉴먼스코치 라인이 있지만, 그 밖에도 다양한 종류의 로컬 버스가 발빠르게 승객을 나르고 있다. 남섬 최대의 도시이며 교통의 거점 도시인 크라이스트처치로 이동하는 데는 어느 버스 회사를 선택하느냐에 따라 비용면에서도 꽤 차이가 날 듯. 이미 인터시티 트래블 패스를 구입했다면 할 수 없지만, 그렇지 않다면 다양한 로컬 버스를 경험해보는 것도 나쁘지 않다. 대표적인 회사로는 픽턴, 그레이마우스, 더니든, 인버카길, 와나카, 퀸스타운 등 남섬 대부분의 도시와 크라이스트처치를 연결하는 아토믹 셔틀, 아카로아 커넥션 Akaroa Connection 등을 들 수 있다.

최근에 신축 공사를 마치고 오픈한 크라이스트처치 버스 인터체인지 Bus Interchange는 마치 우리나라 고속버스 터미널처럼 크고 모던한 면모를 자랑한다. 인터시티나 로컬 버스는 물론이고, 교외로 나가는 메트로 버스들도 노선별로 출도착하는 종합터미널이다.

• **버스 인터체인지** Lichfield St. & Colombo St. 366-8855

기차 Kiwi Rail

크라이스트처치를 경유하는 기차 노선은 두 종류가 있다. 횡단 열차 트랜츠 알파인 Tranz Alpine과 종단 열차 코스탈 퍼시픽 Coastal Pacific이 그것.

동쪽과 서쪽을 연결하는 횡단열차 **트랜츠 알파인**은 남반구의 알프스라 불리는 서든 알프스를 통과하는 동안 말할 수 없이 아름다운 풍광을 보여준다. 예전에는 서든 알프스의 아서스 패스 구간을 넘기가 너무 힘들어 동서간의 교류가 어려웠으며 아직도 많은 운전자들이 이 지대를 통과하다가 조난당하는 곳인데, 험난한 만큼 아름다운 아이러니를 안전한 열차를 타고 즐겨보는 것도 색다르다. 뉴질랜드에서 기차 여행을 경험하고 싶은 사람에게 강력 추천하는 노선으로, 전문가들이 뽑은 '기차여행 세계 베스트 6'에 선정되기도 했다. 동서 횡단에 소요되는 시간은 4시간 20분.

종단 열차 **코스탈 퍼시픽**은 픽턴에서 크라이스트처치까지의 98㎞ 구간을 연결하는 노선으로 동쪽 해안을 따라 펼쳐지는 숨막히는 풍경을 자랑한다. 픽턴, 블렌하임, 카이코우라 등 7개 역을 거치고 종착역인 크라이스트처치까지는 총 5시간 20분이 소요된다.

기차역은 시내에서 약 4㎞ 떨어진 애딩턴 Addington에 있으며, 시내까지는 공항에서와 같이 기차역 앞에 정차되어 있는 셔틀 택시를 이용하면 쉽게 이동할 수 있다.

• **크라이스트처치 기차 Christchurch Railway Station**
Addington, Christchurch 495-0775, 0800-872-467 www.greatjourneysofnz.co.nz

시내 교통 TRANSPORT IN CHRISTCHURCH

시내버스, 메트로 Metro

여행자라면 크라이스트처치 시내에서 대중교통을 이용할 확률이 높지 않지만, 근교를 여행할 때는 여전히 유용한 교통수단이다. 따라서 간단히 이 도시의 대중교통 시스템과 요금 정보를 적어본다. 예전에는 레드버스라 불렸던 시내버스가 현재는 '메트로 Metro'라는 이름으로 통합되었다. 여전히 버스 차체에 Red Bus라는 이름이 붙어있는 것도 그 때문이다. 도시가 번성하던 시절에는 관광객을 위한 무료 버스 더 셔틀 The Shuttle도 운행되고, 심야 버스 미드나잇 익스프레스 Midnight Express도 운행하였지만 현재는 대부분 서비스가 중지된 상태이다. 여행자를 위한 별도의 트래블 패스도 없고, 시민을 위한 메트로 패스만 존재한다. 여행자라면 굳이 메트로 패스를 구입하기 보다는 현금 사용을 권한다. 단, 여행자를 위해 현금으로 승차하더라도 2시간 이내에 영수증을 보여주면 어떤 노선의 버스든 1회 무료로 이용할 수 있으니 잘 활용할 것.

• **메트로 라인 Metro Line** 366–8855 www.metroinfo.co.nz

메트로는 기존의 복잡한 존 zone 구분을 없애고, 총 29개의 노선으로 운영된다. 거리에 상관없이 메트로 카드 요금과 현금 요금으로만 구분되며, 2시간 이내에는 버스와 페리를 무제한 환승할 수 있다. 다른 도시에 비해 가장 큰 특징은 12세 미만의 어린이와 경로는 무료, 24세 미만의 청소년은 성인 요금의 절반으로 버스와 페리를 이용할 수 있다는 것. 복잡해 보이지만 개념이 잘 정리되어 있어서 실제로 사용해보면 감탄이 나올 정도다. 그래도 어려울 때는 'Chch Metro' 앱을 다운로드 해서 이용하면 내가 가야 할 곳의 노선 컬러와 번호를 손쉽게 알 수 있다.

메트로 요금

교통수단	대상	메트로 카드	현금
버스	어른	N$2	N$4
	어린이 & 청소년	N$1(5~24세)	N$2(5~18세)
페리	어른	N$4	N$6
	어린이 & 청소년	N$2(5~24세)	N$4(5~18세)

여행자를 위한 빨강버스, 시티 사이트씽 City Sightseeing 버스

지진으로 멈췄던 빨간색 이층버스가 다시 도시 곳곳을 누비고 있다. 시티 센터를 한 시간 동안 둘러보는 City Highlights Tour와 시티 센터+근교까지 3시간 동안 둘러볼 수 있는 Discover Christchurch로 노선이 나뉜다. 솔직히 시티 하이라이츠 투어의 경우는 도보로도 이동할 수 있는 곳들로 구성되어, 가이드의 설명에 귀 기울일 생각이 아니라면 비추다. 시간과 경제적 여유가 있다면 디스커버 크라이스트처치를 선택하는 것이 그나마 효율적이고, 두 코스 모두 부모와 동반하는 어린이 2명까지 무료로 이용할 수 있다는 것도 장점이다.

• **Christchurch City Sightseeing**
캔터베리 뮤지엄 앞 출발 N$30 0800–141–146 www.hasslefreetours.co.nz

R E A L
COURSE

크라이스트처치 추천 코스

이제 대부분의 관광객들은 크라이스트처치를 교통의 요충지 정도로 생각한다. 남섬 여행 도중 버스 또는 기차를 갈아타거나 퀸스타운까지 가는 길에 하루 정도 묵었다 떠나는 도시 말이다. 아직까지는 이틀 이상 머물기에는 도시 전체의 분위기가 우울한 것도 사실이다. 예전에는 2박 3일로도 다 둘러보기 모자랐지만, 현재는 하루 정도 여유를 가지고 돌아보는 것이 가장 적당하다.

AM

오전 대성당 광장에서 시작해서 도심을 한 바퀴 돌아 빅토리아 광장 또는 카지노까지 다다르는 일정이다. 대부분 도보로 10분 거리에 자리하고 있어서 천천히 도시의 분위기를 느끼며 걸어 다니다 보면 어느새 마스터할 수 있다.

예상 소요 시간 3~4시간

START

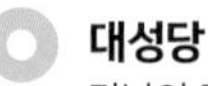

대성당 광장
만남의 광장

도보 5분

리스타트 시핑 컨테이너 몰
희망이 시작되는 곳

도보 2분

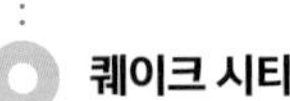

퀘이크 시티
기억해야 할 자연의 재앙

도보 2분

추억의 다리
전쟁 희생자들을 추모하며

도보 10분

보타닉 가든
정원의 도시, 인정!

도보 1분

캔터베리 박물관
지진을 피해간 고마운 공간

도보 3분

아트 센터
아름다운 고딕 건물

도보 3분

크라이스트처치 아트 갤러리
모던하게 재탄생

도보 8분

FINISH

카지노
뉴질랜드 최초의 카지노

PM

오후 크라이스트처치 노심에서 출발해서 조금 먼 거리로 이동해 본다. 소개하는 곳들은 모두 한 곳에서만 오후 시간을 보내도 좋을 곳들이다. 다 가보려고 욕심내기 보다는, 취향에 맞는 한두 군데를 정해서 알찬 시간을 보내보자. 공교롭게도 4군데 모두 대성당 광장에서 10~12㎞ 거리이며, 시간 역시 자동차로 20분이 채 안 걸리는 곳들이지만, 방향은 동서남북 제각각이다.

예상 소요 시간 3~4시간

국제 남극 센터
남극을 체험할 수 있는 최고의 장소

자동차 17분

윌로 뱅크
남반구 희귀 동물의 보물 창고

자동차 19분

대성당 광장

자동차 17분

크라이스트처치 곤돌라
탁 트인 전망

자동차 17분

리틀턴 항구
작고 아담한 바닷가 마을, 이제는 지진의 진앙지

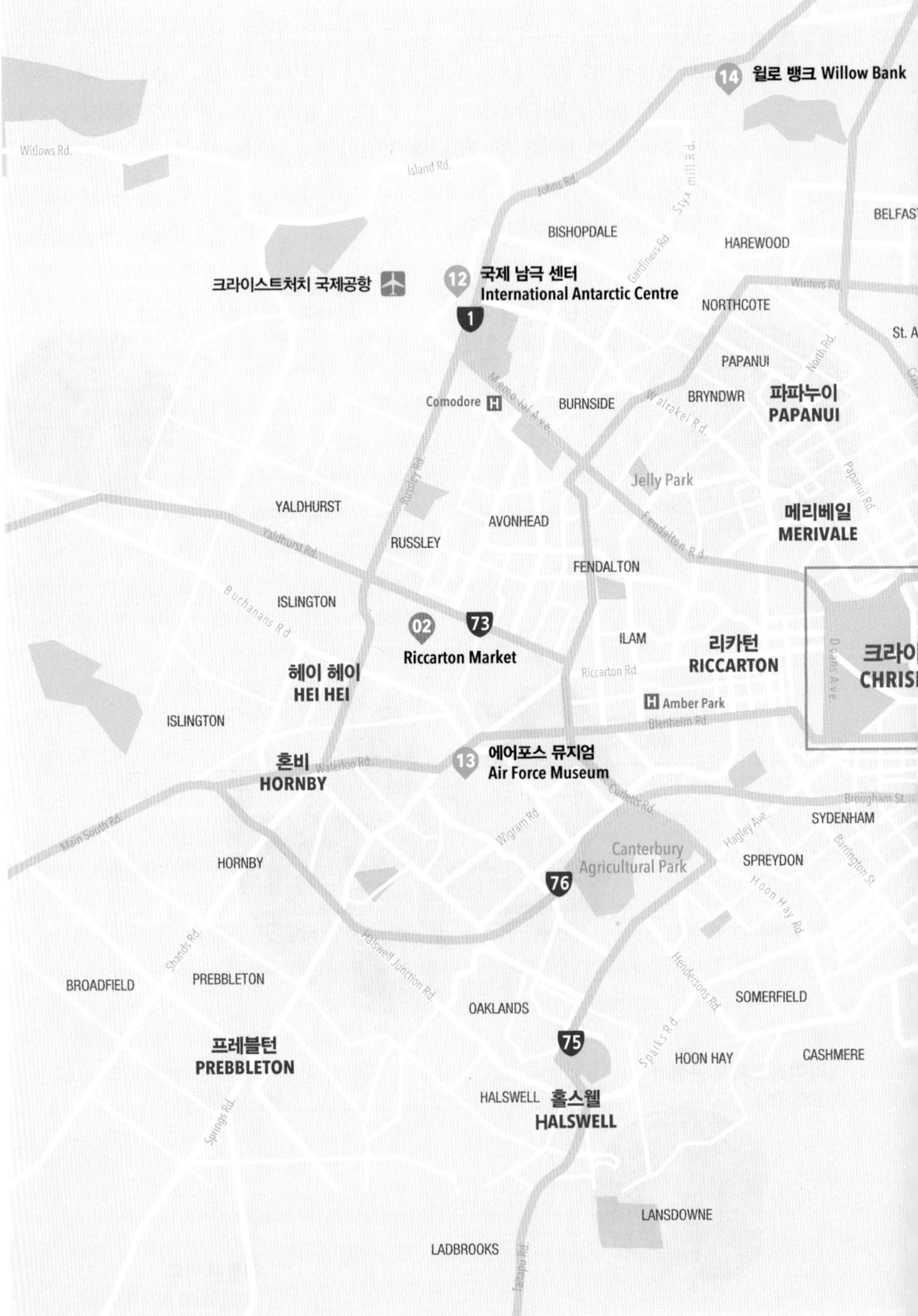

14 윌로 뱅크 Willow Bank
Witlows Rd.
Island Rd.
Johns Rd.
Styx mill Rd.
BELFAST
BISHOPDALE
Gardiners Rd.
HAREWOOD
크라이스트처치 국제공항
12 국제 남극 센터
International Antarctic Centre
Winters Rd.
NORTHCOTE
1
St. AL
North Rd.
PAPANUI
Memorial Ave.
Comodore
BURNSIDE
Wairakei Rd.
BRYNDWR
파파누이
PAPANUI
Russley Rd.
Jelly Park
Papanui Rd.
YALDHURST
메리베일
MERIVALE
AVONHEAD
Fendalton Rd.
Yaldhurst Rd.
RUSSLEY
FENDALTON
Buchanans Rd.
ISLINGTON
73
02
Riccarton Market
ILAM
리카턴
RICCARTON
Deans Ave.
헤이 헤이
HEI HEI
Riccarton Rd.
Amber Park
ISLINGTON
Blenheim Rd.
13 에어포스 뮤지엄
Air Force Museum
혼비
HORNBY
Waterloo Rd.
Curletts Rd.
Brougham St.
Main South Rd.
Wigram Rd.
Hagley Ave.
SYDENHAM
Canterbury
Agricultural Park
SPREYDON
Barrington St.
HORNBY
76
Hoon Hay Rd.
Shands Rd.
Halswell Junction Rd.
Hendersons Rd.
BROADFIELD
PREBBLETON
SOMERFIELD
OAKLANDS
Sparks Rd.
75
프레블턴
PREBBLETON
HOON HAY
CASHMERE
HALSWELL
홀스웰
HALSWELL
Springs Rd.
LANSDOWNE
LADBROOKS
Tai Tapu Rd.

REAL MAP 크라이스트처치 광역 지도

N
W
E
S
0 1km 2km

MARSHLAND
Marshland Rd.
REHAU
BURWOOD
Queen Elizabeth Dr.
74
Davis Rd.
NS
AVONDALE
SHIRLEY
New Brighton Rd.
Marine Parade
남태평양
South Pacific Ocean
Sherbourne St.
BEXLEY
뉴 브라이튼
NEW BRIGHTON
ARANUI
Breezes Bridge St.
이스트처치 중심부
Barbadoes St.
Madras St.
UNWOOD
트처치
URCH
Woodham St.
Pages Rd.
린우드
LINWOOD
BROMLEY
Linwood Ave.
Opawa Rd.
76
Colombo St.
Ferry Rd.
Estuary of the Heathcote and Avon Rivers
페가서스 만
Pegasus Bay
WALTHAM
HEATHCOTE VALLEY
FERRYMEAD
Port Hills Rd.
섬너비치
SUMNER
Barnett Park
74
Tunnel Rd.
Taylors Mistake
Mary Duncan Park
15 크라이스트처치 곤돌라
Christchurch Gondola
TAYLORIS MISTAKE
Mt. Vernon Park
GODLEY HEAD
16 리틀턴 항구
Lyttelton Harbour
Lyttleton Harbour

REAL MAP 크라이스트처치 중심부 지도

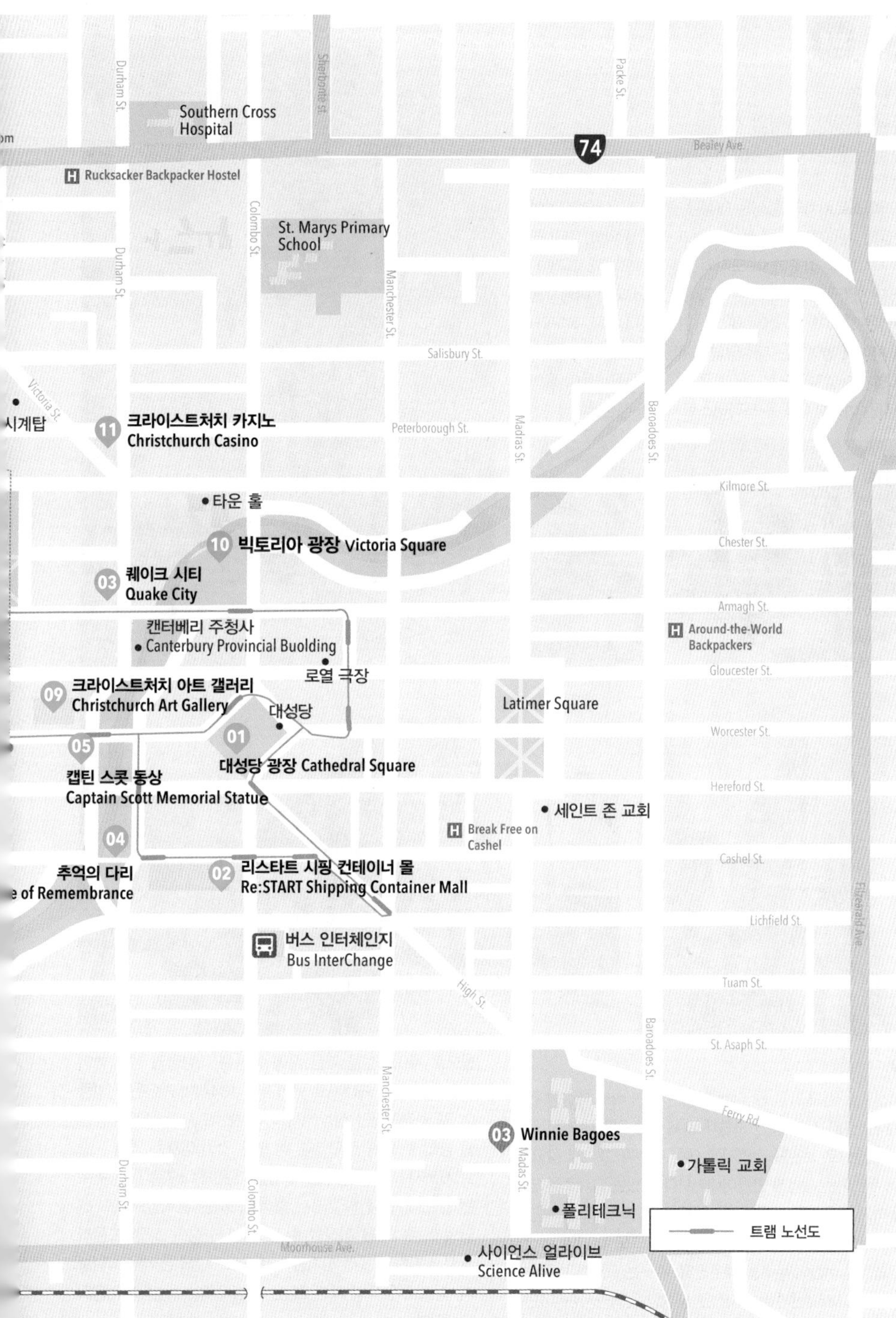

Southern Cross Hospital
74
Bealey Ave.
Rucksacker Backpacker Hostel
St. Marys Primary School
Durham St.
Sherborne St.
Colombo St.
Manchester St.
Packe St.
Salisbury St.
Victoria St.
시계탑
11 크라이스트처치 카지노 Christchurch Casino
Peterborough St.
Madras St.
Barbadoes St.
Kilmore St.
타운 홀
10 빅토리아 광장 Victoria Square
Chester St.
03 퀘이크 시티 Quake City
Armagh St.
Around-the-World Backpackers
캔터베리 주청사
Canterbury Provincial Buolding
로열 극장
Gloucester St.
09 크라이스트처치 아트 갤러리 Christchurch Art Gallery
대성당
Latimer Square
01
Worcester St.
05
대성당 광장 Cathedral Square
캡틴 스콧 동상
Captain Scott Memorial Statue
Hereford St.
세인트 존 교회
Break Free on Cashel
04
추억의 다리
e of Remembrance
02 리스타트 시핑 컨테이너 몰 Re:START Shipping Container Mall
Cashel St.
Lichfield St.
Fitzgerald Ave.
버스 인터체인지
Bus InterChange
High St.
Tuam St.
St. Asaph St.
Ferry Rd.
03 Winnie Bagoes
가톨릭 교회
폴리테크닉
Moorhouse Ave.
사이언스 얼라이브
Science Alive
트램 노선도

SEE

01
만남의 광장, 여행의 시작
대성당 광장 Cathedral Square

크라이스트처치의 중심은 대성당 광장이다. 대부분의 여행자들이 이곳에서 여행 정보를 얻고, 트램을 타고, 거리 산책을 시작했다. 이곳이 이 도시의 상징이었으니까. 그러나 지금 대성당 광장은 또 다른 의미의 상징이 되어 여행자들이 한번은 들러야 할 곳이 되었다. 반쯤 무너진 채 복구와 철거 사이에 놓여있는 대성당의 흔적은 탄식을 자아내고, 한때 활기찬 발자국으로 가득했던 광장은 중장비들이 들어차 있지만 여전히 이곳은 크라이스트처치의 심장부이다.

대성당 The Cathedral

지진으로 인해 가장 큰 피해를 입은 곳이 바로 대성당 건물이다. 현재까지도 예전 모습대로 복구할 것인지 지진 이후의 모습으로 보존할 것인지에 대한 논의가 그치지 않고 있다. 무엇이든 새롭게 만들어내기보다는 있는 그대로를 받아들이고 보존하려는 국민성 때문인지, 아니면 도시 재건에 들어가는 천문학적인 비용 때문인지, 그도 아니면 여전히 위협적인 여진의 두려움 때문인지, 복구는 느리게만 진행되고 있다. 1860년대부터 시작된 대성당 건립공사는 44년이 지나고서야 완공될 수 있었다. 경제난과 나라 안팎의 어려움으로 우여곡절을 겪은 끝에 완공된 대성당의 첨탑 높이는 63m. 첨탑 꼭대기로 올라가는 134개의 계단은 현기증이 일 지경이지만 정상에서 바라보는 도시의 전경은 감탄을 금할 수 없을 정도였다. 이 모든 것이 이제는 역사 속으로 사라져 버렸지만…. 붕괴 위험 때문에 내부로 들어갈 수는 없으나, 건물 바깥에서 들여다보이는 흔적만으로도 성당의 아름다움을 짐작할 수 있다. 수천 장의 스테인드글라스와 경건하게 울려 퍼지던 파이프오르간의 흔적을 찾아보자. 참고로 왼쪽의 사진 2장은 지진 전의 대성당과 광장의 모습이다.

REAL+

멈춰 선 트램, 끊어진 트램웨이, 그리고 다시

노면 위의 레일을 따라 달리는 전차. 호주의 멜번이나 애들레이드의 트램과 달리 공중으로 지나가는 전기선 없이 노면 위로 달랑 한 량짜리 전차가 달린다는 점이 재미있다. 그나마 이 단출한 트램이 이 도시에서 40년 동안이나 사라졌다가 다시 부활한 지 16년 만에 다시 지진으로 멈췄다가 3년만의 재 부활… 이런 사실을 알고 나면 애틋함과 안타까움이 교차한다. 3년 동안 트램은 폐허가 된 대성당 광장 한 쪽에 멈춘 채 관광객들의 사진 속 배경으로만 존재했다. 언제 다시 트램이 달릴 수 있을까, 안타까운 마음들이 모여 기적을 만들었을까. 2014년부터 트램이 다시 달리기 시작했고, 그것만으로도 새로운 혈액이 돌듯 도시에 생기가 돌았다. 트램은 이제 단순히 관광객을 실어 나르는 전차가 아니라, 생명 있는 그 무엇이 되어 이 도시와 명운을 함께 하고 있다. 그러나 주머니 가벼운 여행자들이 이용하기에는 조금 부담스러운 것도 사실이다. 철저히 관광용인만큼 대성당 주변 2.5㎞의 한정된 구간만 순환하는 데다, 그 속도 또한 어찌나 느린지…. 타고 있자면 처음 승차의 기쁨도 잠시, 25분 동안 낮잠을 즐겨도 될 정도다.

🕓 4~9월 10:00~17:00, 9월~3월 09:00~18:00 Ⓢ 어른 N$35, 어린이(어른 1명에 3명까지) 무료 ☎ 366-7830 🏠 www.christchurchattractions.nz

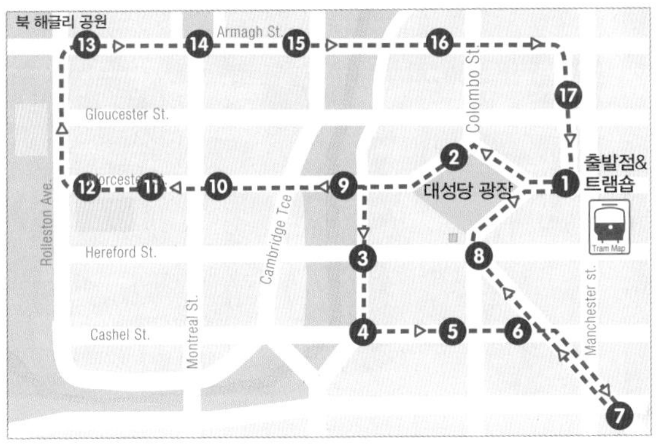

크라이스트처치 패스 Christchurch Pass

크라이스트처치에서 즐길 수 있는 알짜배기 체험인 트램 Christchurch Tram City Tour, 펀팅 Punting on the Avon River , 곤돌라 Scenic Gondola Ride, 그리고 보타닉 가든 투어 Botanic Gardens Tour까지 한꺼번에 즐길 수 있는 시티패스. 각각의 요금의 합보다 저렴하게 이용할 수 있다. 이 모든 프로그램은 웰컴보드 welcomeboard라는 회사에서 통합 관리하는데, 크라이스트처치 패스도 이 회사의 홈페이지 혹은 관광 안내소에서 예매할 수 있다.

구매처

☎ 366-7830 Ⓢ 어른 N$105, 어린이 N$33 🏠 www.christchurchattractions.nz

콤보 Combo 티켓

위의 네 군데 어트랙션 가운데 2군데를 선택할 수 있는 티켓.

Ⓢ 어른 N$70, 어린이 N$18

02
다시 시작, 이미 시작
리스타트 시핑 컨테이너 몰
Re:START Shipping Container Mall

2011년 10월에 오픈한 야외 쇼핑몰. 대성당 남쪽에 자리한 시티 몰이 지진으로 초토화되고, 실의에 빠져있던 상인들이 하나 둘 모여들어 새롭게 만들어낸 삶의 현장이 바로 리스타트 몰이다. 정식 이름은 리스타트 시핑 컨테이너 몰이지만, 현지에서는 그냥 리스타트 몰이라 부른다. 이름에서 알 수 있듯 이곳은 선박용 컨테이너 박스들로 이루어진 쇼핑몰로, 컨테이너 하나하나가 각각의 브랜드 숍으로 운영되었다. 도시가 재건되면서 리스타트 몰의 상점들은 모두 정식 매장으로 이동하고, 선적되어 있던 컨테이너들도 거의 철수한 상태지만, 여전히 자리를 지키고 있는 공공미술품 조각상들이 희망이 필요했던 당시를 추억하고 있다.

Cashel St.

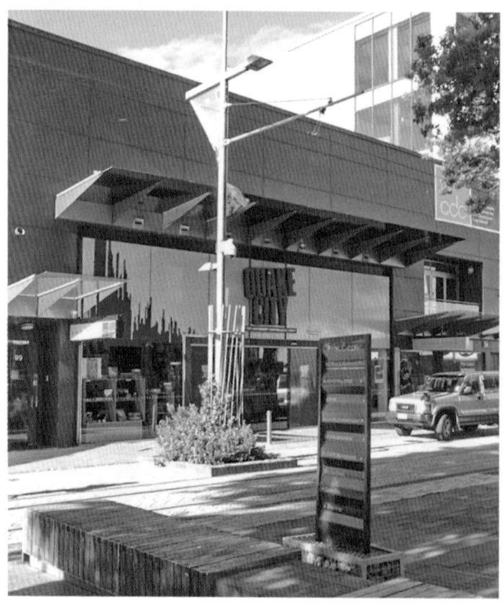

03
이 도시만의 아픈 어트랙션
퀘이크 시티 Quake City

캔터베리 뮤지엄에서 운영하는 퀘이크 시티는 지진이 없었다면 생겨나지 않았을 어트랙션이다. 지진으로 망가진 도시의 현실과 당시의 처참함, 그리고 지진에 대한 경각심과 지식을 전하는 차원의 전시 및 체험 시설이기 때문이다. '퀘이크 시티'라는 용어 역시 '지진이 자주 일어나는 도시'라는 의미의 지구과학 용어. 크라이스트처치의 가장 상징적인 공간 리스타트 몰의 한 가운데 자리한 가장 상징적인 어트랙션이라 할 수 있다. 퀘이크 시티 내부에 있는 두 개의 시계는 2번의 지진 피해가 일어났던 실제 시간을 가리키며 영원히 멈춰있다.

299 Durham St. North 10:00~17:00 어른 N$20, 어린이 N$8 365-8375 www.quakecity.co.nz

04
문이 먼저 보이는
추억의 다리
Bridge of Remembrance

추억의 다리는 에이번 강을 가로지르는 38개의 다리 가운데 하나다. 폭이 넓지 않은 에이번 강은 아기자기하고 예쁜 다리들이 동쪽과 서쪽을 연결하는데, 그 중에서도 추억의 다리는 가장 아름다운 다리로 알려져 있다. 개선문처럼 아치형이어서 '다리' 보다는 '추억의 문'이라는 이름이 더 어울릴 것 같은 생각도 든다. 제1차 세계대전에 참전하기 위해 전장으로 떠나는 군인들이 이 다리를 지났다고 하며, 그 뒤 1923년 이 다리 위에 이처럼 아름다운 아치형 문을 만들어 그들을 추억하고 있다. 리스타트 몰의 서쪽 끝과 연결된다.

Cashel St. 379-9629

05
2인자를 기억함
캡틴 스콧 동상
Captain Scott Memorial Statue

에이번 강 서쪽, 트램의 전찻길이 지나가는 우스터 스트리트에 영국 출신의 남극 탐험가 로버트 스콧의 동상이 세워져 있다. 별다른 관광지는 아니지만 현지 관광책자에도 소개되어 있는 만큼 빠뜨리기에는 왠지 아쉬운 곳. 역사에는 대개 승자의 기록만이 남아있기 마련인데, 간발의 차로 아문센에게 남극 정복자의 자리를 내준 스콧의 동상이 이곳에 세워진 이유는 뭘까? 알고 보니 스콧이 남극 탐험을 위해 출항한 곳이 바로 크라이스트처치의 외항인 리틀턴 항구라고 한다. 안타깝게도 최초의 남극 정복이라는 명예는 놓쳤지만 끝까지 최선을 다한 탐험가 스콧을 추억하기 위해 도심 한가운데 그의 동상을 세운 것이다.

06
도시의 절반
해글리 공원 Hagley Park

크라이스트처치가 '정원의 도시'라는 별칭을 갖게 된 데에는 아마도 해글리 공원의 역할이 컸을 것이다. 도시 곳곳에 아름다운 녹지대와 공원이 있지만, 그 중에서도 해글리 공원은 도심의 절반 이상을 차지할 만큼 큰 규모에 식물원과 미술관까지 갖춘 최고의 공원이기 때문.

입구부터 눈길을 끄는 꽃길에는 사철 내내 수천 종의 꽃이 만발하고, 수령을 알 수 없는 거대한 아름드리 수목들은 짙은 녹음을 드리운다. 곧게 흐르던 에이번 강의 물줄기마저도 해글리 공원 안에서는 한 번 더 굽이쳐 구석구석까지 물길을 뻗는다. 장미 정원에서는 세계에서 가장 다양한 종류의 장미가 한꺼번에 활짝 피어난 장관을 볼 수 있다. 조깅을 해도 좋고, 독서를 즐기기에도 그만이고, 산책을 하기에도 이만한 장소는 없다. 물론 시선을 돌리면 이곳저곳 중장비가 눈에 띄기는 하지만, 여전히 크라이스트처치에서 가장 평화로운 곳 중 하나임은 틀림없다.

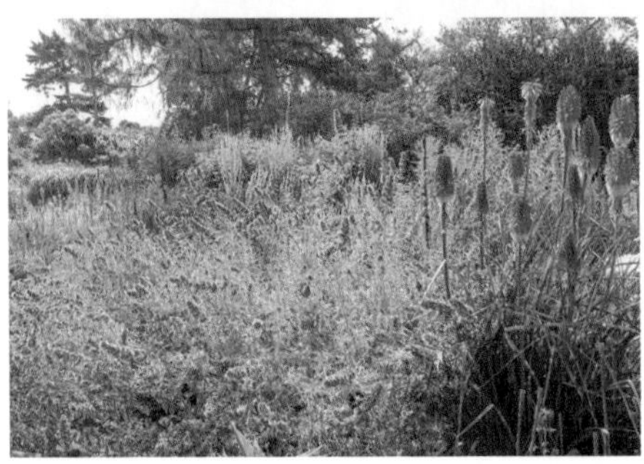

● 보타닉 가든 Botanic Gardens

해글리 공원의 약 20%에 이르는 지역에 펼쳐진 식물원. 뉴질랜드 최대 규모로 손꼽히는 이 식물원은 30ha의 부지 전체가 에이번 강을 따라 형성되어 있으며, 에이번 강의 깨끗한 물로 유지되고 있다. 가장 인상적인 장미 정원에는 250여 종의 장미가 만개하고, 장미 넝쿨이 자라는 곳곳에 벤치와 아치가 놓여 있어서 운치 있다. 가이드 투어에 참가하면 식물의 종류와 이름들을 자세히 설명해준다.

REAL+

펀팅을 아시나요?

한강이나 금강처럼 규모가 큰 강에 익숙한 우리에게 크라이스트처치의 젖줄 에이번 강은 작은 실개천 정도로 보일지 모른다. 강 폭이 넓지 않고 수심 또한 그리 깊지 않아서 물속이 훤히 들여다보일 정도(물론 물속이 보이는 것은 물이 맑기 때문이겠지만…). 그런데 이 정겨운 강물에 배를 띄워놓고 유람하는 사람들이 보인다. 뱃사공은 일어선 채로 노를 젓고, 관광객들은 우아하게 앉아서 말 그대로 '뱃놀이'를 즐기는 거다. 자세히 보니 뱃사공이 젓는 노는 일반 노보다 훨씬 길고, 노를 젓는 폼도 강물 깊숙이 찔러 넣어 힘이 많이 들어 보인다. 이것이 바로 영국식 뱃놀이 '펀팅 Punting'. 조상의 땅 영국을 너무도 사랑한 나머지 남반구에 영국을 건설하고자 했던 사람들은 출신교의 이름을 따 도시 이름을 지은 것만으로는 만족하지 못하고, 도시의 동쪽을 옥스퍼드 테라스, 서쪽을 케임브리지 테라스라 부르기에 이른다. 그러니 영국식 배를 타고, 영국식 의상을 입고, 영국을 그리워하며 강의 동쪽에서 서쪽으로 노를 저어가는 놀이가 발달할 수밖에. 얼핏 보면 별것 없어 보이지만, 한번이라도 타보면 재미가 제법 쏠쏠하다는 것을 알 수 있다. 가끔씩 배가 뒤집어지는 수도 있고 강물로 뛰어드는 청춘 남녀도 보이는데, 언제나 뱃사공의 노를 잡고 살아난다.

펀팅 선착장 Punting On Avon

펀팅 티켓은 온라인과 오프라인에서 구매 가능하다. 온라인은 펀팅 회사 홈페이지에서, 오프라인은 인포메이션 센터에서 사면 된다. 선착장은 우스터 스트리트와 옥스퍼드 테라스가 만나는 우스터 브리지 아래. 'Punting On Avon'이라는 이정표가 있어서 찾는 데 어려움은 없다.

10월~4월 9:00~18:00, 5월~9월 10:00~16:00
어른 N$40, 어린이 N$20 www.punting.co.nz

07
지진을 피해간 고마운 공간
캔터베리 박물관 Canterbury Museum

뉴질랜드의 자연과 환경을 배울 수 있는 최적의 장소. 'Fun & Discovery'라는 박물관의 캐치프레이즈처럼 재미있고 유익한 시간을 약속한다. 내부 규모면에서도 겉보기보다 방대해서 꼼꼼히 살펴보려면 꽤 많은 시간이 걸린다. 특히 문화, 예술, 회화 부문에서 심도 있게 다룬 마오리 전시관과 남극 탐험 자료관이 눈에 띈다. 아문센과 스콧이 사용했던 눈썰매와 탐험도구, 지도 등을 모형과 함께 전시한다. 캔터베리 지역의 초기 생활을 재현한 전시장과 지구상에서 가장 큰 새 '모아'의 화석과 표본을 전시하는 자연과학관도 흥미진진하다.

입장료는 무료지만, 뉴질랜드의 자연, 과학, 문화 전반을 직접 체험해볼 수 있는 디스커버리 센터에 들어가려면 약간의 비용을 지불해야 한다. 지진 이후에 많은 전시장과 미술관이 문을 닫은 것을 생각하면, 도심에서 거의 유일하게 지진을 피해간 건물이자 굳건히 자리를 지키고 사람들을 맞아주는 이 공간이 무척 소중하게 느껴진다.

Rolleston Ave. 10월~4월 09:00~17:30, 5월~9월 09:00~17:00 크리스마스 휴무 입장 무료, 디스커버리 센터 N$2 366-5000 www.canterburymuseum.com

08
현재는 관광안내소
아트 센터
The Art Centre

캔터베리 박물관과 보타닉 가든 맞은편에 있는 아름다운 고딕 건물. 이곳은 애초 캔터베리 대학의 타운 캠퍼스로 지어졌지만, 지진이 일어나기 전까지 아트 센터로 사용되었다. 특히 10여 개의 건물로 둘러싸인 정원이 아름다웠는데, 주말에는 이 정원에서 야외 콘서트가 열리기도 했다. 지진으로 인한 피해가 심해서 몇 해 동안 문을 닫기도 했지만, 최근 인포메이션 센터를 이곳으로 옮겨오면서 활기를 되찾고 있다. 아직까지는 전시 보다는 인포메이션 센터로서의 역할이 크지만, 조만간 전시장도 오픈할 것으로 기대된다.

28 Worcester Blvd. 379-9629

09
리모델링 후 한층 더 모던해진 외관
크라이스트처치 아트 갤러리
Christchurch Art Gallery

지진 전과 지진 후, 도시의 많은 부분들이 180도 달라졌지만 그 중에서도 개인적으로 가장 안타까운 것은 미술관과 전시장들이 문을 닫은 점이었다. 영국 출신의 엘리트들이 자부심을 가지고 완성한 도시답게 도시 곳곳에 아름다운 외관의 미술관과 박물관들이 도시의 품격을 높여주고 있었는데, 지진 이후 한 동안 이 도시에서 예술은 사치가 되고 말았다. 다시 몇 년이 지나 하나 둘 재건되고 있는 건물들이 있는데, 그 가운데 가장 눈에 띄는 곳이 바로 이곳 크라이스트처치 아트 갤러리다. 새롭게 단장한 건물의 외관은 한층 더 모던한 모습이다. 뉴질랜드 전체를 통틀어 가장 중요하게 손꼽히는 공공미술의 메카로, 매번 기획되는 전시마다 화제가 되는 곳인 만큼 이곳의 재개관도 뉴질랜드에서는 커다란 화제가 되었었다. 질 높은 전시품을 감상할 수 있는 무료 입장의 기회를 놓치지 말자.

Cnr. Worcester & Montreal Sts.
10:00~17:00 무료 941-7300
www.christchurchartgallery.org.nz

10
여왕을 위하여
빅토리아 광장 Victoria Square

에이번 강을 따라 도심 북쪽으로 올라가면 빅토리아 여왕을 기념하는 광장이 나온다. 광장 이름도 빅토리아고, 이 광장을 지키고 있는 동상의 주인공도 빅토리아 여왕. 뉴질랜드 사람들의 끊임없는 영국 사랑과 여왕 사랑을 실감할 수 있는 대목이다. 여왕의 광장답게 아기자기하고 우아한 분위기가 특징. 예쁜 꽃시계와 커다란 분수대, 강가의 벤치 등 잘 가꾸어진 광장은 작은 공원을 보는 것처럼 정겹다. 원래는 플리미켓이 열리던 장소였으나 1800년도 후반에 공원으로 리모델링되었고, 지진 이후 약 1년 가량 문을 닫기도 했지만 2012년부터 재개방되어 시민의 공원으로 돌아왔다. 최근에 문을 연 광장 내의 야외 풀장은 크라이스트처치 시민들이 즐겨 찾는 주말 피크닉 장소로 인기가 높다. 빅토리아 여왕과 함께 광장에 나란히 서 있는 동상은 세계 최초로 뉴질랜드를 탐험한 제임스 쿡 선장의 동상. 광장을 가로질러 에이번 강으로 연결되는 철교 Armagh Street Bridge는 이 도시에서 가장 오래된 다리로 기록되어 있다.

11
뉴질랜드 최초의 카지노
크라이스트처치 카지노 Christchurch Casino

호텔과 모텔이 밀집해 있는 시내 북쪽에 자리한 크라이스트처치 카지노. 시내에서 도보로 15분 정도면 갈 수 있지만, 호텔이나 모텔에 묵는다면 카지노에서 운영하는 무료 셔틀 버스를 이용해도 된다. 1994년 처음 개장한 이곳이 뉴질랜드 최초의 카지노라니, 그 이전에는 이 도시의 밤이 얼마나 조용했을지 짐작이 된다. 밤낮 없이 북적이는 사람들로 활기가 넘쳐나는 이곳은 다양한 종류의 바와 레스토랑, 국제 수준의 게임 설비를 갖추고 있다. 청바지나 반바지 차림으로는 들어갈 수 없지만, 여행자가 갖출 수 있는 가벼운 캐주얼 차림이라면 무사통과. 만 20세 이상만 출입 가능하고, 증빙을 위해 여권을 지참해야 한다.

30 Victoria St. 월~목요일 11:00~새벽 03:00, 금요일 11:00~월요일 03:00 365-9999
www.christchurchcasino.co.nz

크라이스트처치 근교 AROUND CHRISTCHURCH

12
꼭 가볼 만한, 이곳이 아니면 체험할 수 없는
국제 남극 센터
International Antarctic Centre

크라이스트처치 공항을 나서자마자 바닥을 볼 것! 바닥에는 'Antarctic Centre'라는 글씨와 함께 펭귄 발자국이 찍혀있고, 이 발자국을 따라 5분만 가면 남극 센터가 나온다. 1993년에 설립된 이곳은 남극에 대한 모든 것을 한눈에 보고 느끼고 체험할 수 있는 공간. 지구에서 가장 추운 어트랙션이라는 애칭에 맞게, 다른 어떤 곳에서도 체험할 수 없는 남극의 극한 환경을 보고 듣고 만지고 느낄 수 있는 곳이다.

남극 탐험의 역사를 보여주는 전시관에서는 아문센과 스콧의 경쟁이 눈에 보일 듯 재현되고, 남극 생물관에서는 남극의 다양한 생물들이 방문자를 맞는다. 스노&아이스 체험관에서는 입구에 준비된 방한복을 입고 영하 40도까지 내려가는 강추위 속에서 눈과 얼음에 얼마나 버틸 수 있는지를 스스로 시험해볼 수 있다. 4D 영화관에서는 눈앞에 몰아치는 비바람을 맞아야 하고 덜컹거리는 의자 위에서 수 초 동안 버텨내야하지만, 영화가 끝날 무렵에는 박수갈채가 터져 나온다.

그밖에도 남극의 환경을 직접 체험할 수 있는 프로그램은 무궁무진하다. 특히 입구에서 출발하는 남극 탐사선 해글런드 Hagglund를 타고 20분 동안 경험하는 가상 남극 체험이나, 1시간 30분 동안 체험하는 아틀란틱 익스플로러 투어에 참가하면 남극에 대해 알차게 경험하고 배울 수 있다. 참고로, 해글런드는 남극에서 실제로 사용했던 각국의 탐사선들이며, 지금도 남극에서는 똑같은 모양의 탐사선이 운행되고 있다. 건물 입구에서 해글런드에 탑승한 후 각종 야외 코스를 20분 가량 돌아나오는데, 엉덩이가 깨질듯 한 난코스를 달리는 독특한 차량의 구조, 그리고 폐쇄적인 승차감까지 어우러져 의외의 즐거움과 스릴이 넘친다.

크라이스트처치 시내에서 남극 센터까지는 무료 셔틀 펭귄 익스프레스 Penguin Express를 이용하면 손쉽게 오갈 수 있다. 여름에는 09:00부터, 겨울에는 10:00부터 16:00까지 매 정시에 캔터베리 뮤지엄 앞에 정차한다.

38 Orchard Rd. 09:00~17:30
입장+얼음과 눈 체험+해글런드+4D 입체영화 어른 N$69, 어린이 N$45 357-0519 www.iceberg.co.nz

13

유료 보다 일찬 무료 관람
에어포스 뮤지엄
Air Force Museum

도심 서쪽의 위그램 지역에 자리잡은 에어포스 뮤지엄은 뉴질랜드 공군의 위용을 보여주는 곳. 비행기 격납고를 연상시키는 널찍한 관내에 28대의 전투기·경비행기·헬리콥터 등을 전시한다.

1923년에 설립되었으며 뉴질랜드 공군뿐 아니라 제1·2차 세계대전 때 각국 공군의 활약상을 보여주는 역사적인 자료를 많이 소장하고 있다. 시내버스 익스체인지에서 위그램 방면 버스를 타고 약 30분 소요되는데, 어린이를 동반한 여행자나 렌터카 여행자라면 일부러 시간 내어 찾아봐도 좋을, 의외의 보물 창고다. 무료 입장이지만, 콘텐츠만큼은 유료 못지 않다.

45 Harvard Ave., Main South Rd., Wigram
10:00~17:00 크리스마스 휴무 무료 343-9532
www.airforcemuseum.co.nz

14

뉴질랜드에서 만나는 캥거루
윌로 뱅크 Willow Bank

남반구에 서식하는 희귀 동물들을 모아둔 일종의 야생동물원. 키위·캥거루·왈라비·올빼미 등 야행성 동물이 많아서 비교적 늦게까지 문을 연다. 어깨 위로 올라앉는 이름 모를 새와 귀를 쫑긋 세우고 다가오는 사슴 그리고 손바닥에 쏙 들어오는 키위까지…. 이곳에서는 다양한 동물들이 사람들에게 손 내밀고 말을 건다. 로토루아의 레인보우 스프링스처럼 동물원 안은 맑은 물과 아름드리 나무가 어울려 자연 그대로를 느낄 수 있게 해두었다. 주간과 야간으로 나뉜 가이드 투어에 참가하면 다양한 동식물에 대한 이해를 넓힐 수 있다. 윌로 뱅크의 레스토랑은 질 좋은 뉴질랜드산 와인을 충실히 갖추고, 캔터베리 지역에서 나는 좋은 재료들로만 음식을 만들고 있다.

시내에서 출발하는 베스트 어트랙션 버스를 타면 가장 쉽게 갈 수 있으며, 버스 익스체인지에서 Ragiona 행 메트로 버스를 타도 된다. 시내에서 자동차로 19분 거리.

60 Hussey Rd., Harewood 09:30~19:00(마지막 입장 18:00) 어른 N$34.50, 어린이 N$13 359-6226
www.willowbank.co.nz

15
정상에서 바라보는 왠지 모를 신비감
크라이스트처치 곤돌라 Christchurch Gondola

뉴질랜드의 산하는 북섬과 남섬의 컬러가 다르다. 짙푸른 산이 북섬의 풍경이라면, 누런 듯 연두색으로 빛나는 낮은 관목 숲이 남섬의 풍경이다. 풍요롭다기보다는 왠지 모를 신비감이 감도는 느낌. 크라이스트처치에서 항구 도시 리틀턴 방향으로 차를 몰아 15분쯤 달려가면 나오는 캐빈디시 산 Mt. Cavendish의 풍경도 그렇다. 해발 400m로 그리 높지는 않지만, 이 산 꼭대기에서 바라보는 풍경만큼은 가릴 것 없이 완벽하다. 곤돌라를 타고 올라갈수록 관목 숲으로 둘러싸인 크라이스트처치 시내와 푸른 파도 일렁이는 리틀턴 항구가 눈앞으로 다가오고, 정상에 서면 멀리 서던 알프스의 연봉까지 파노라마처럼 펼쳐진다. 정상의 레스토랑에서는 탁 트인 전경과 함께 최고급 요리를 맛볼 수 있다. 캔터베리 초기 개척자들의 모습을 전시하는 '헤리티지 타임 터널 Heritage Time Tunnel'도 놓치지 말 것. 시티 트램과 함께 이용할 예정이라면 콤보 티켓을 구매하는 것이 경제적이다.

크라이스트처치 시내 캔터베리 뮤지엄 앞에서 매 시각 30분(오후에는 매 정시)마다 출발하는 곤돌라 셔틀을 이용하면 왕복 N$10에 손쉽게 오갈 수 있다.

10 Bridle Path Rd., Heathcote Valley
10:00~17:00 어른 N$40, 어린이 N$18
384-0700 www.gondola.co.nz

16
지진이 아니었다면
리틀턴 항구 Lyttelton Harbour

크라이스트처치에서 동남쪽으로 13㎞ 떨어진 리틀턴은 작고 평화로운 항구 도시다. 화산 활동으로 만들어진 둥근 모양의 항구는 식민지 시대 물자를 나르는 항으로 각광받기도 했고, 크라이스트처치보다 먼저 도시의 모양새를 갖추기도 했던 곳. 그런데 이곳에서 지진이 발생했다. 크라이스트처치를 강타한 지진의 진앙지가 바로 이곳 리틀턴 항구였던 것. 워낙 피해가 커서 몇 년이 지난 지금까지 공사 중이거나 문을 닫은 건물들이 흔하게 눈에 띈다.

지진이 있기 전에는 식민지 시대의 건축물이 잘 보존되어 있는 항구 도시로 마치 타임머신을 타고 과거로 돌아간 듯한 착각을 일으키는 곳이었지만 지금은 지진이 난 그 시각에 멈춰있는 듯, 또 다른 타임머신을 연상시킨다. 시내 중심가는 런던 스트리트고, 곳곳에 작지만 특색 있는 앤티크숍과 가게가 자리를 지키고 있다. 크라이스트처치에서 리틀턴 항구까지 가려면 1964년에 개통된 2차선 터널을 지나야 하는데, 자동차가 있다면 개별 여행을 시도해보자. 곤돌라가 있는 캐빈디시 산과 묶어 하루 정도 도심 외곽 일정을 잡아보는 것도 좋다. 최근에는 크라이스트처치에서 리틀턴 항구까지 메트로 버스(28번)도 운행하고 있다.

 EAT

01
이토록 감각적인 컨테이너 카페
Humming Bird Coffee

리스타트 몰에서 가장 눈에 띄는 2층 건물. 모던미의 극치를 보여주며 리스타트 몰의 명물이 되었지만, 몰의 폐쇄와 함께 해글리 파크 서쪽으로 자리를 옮겼다. 커피 공장을 함께 운영하고 있어서 깊이 있는 원두 향과 맛을 자랑한다. 커피는 물론이고 샌드위치나 머핀 등의 베이커리도 좋은 평을 얻고 있다.

438 Selwyn St., Addington 월~금요일 08:30~17:00 토, 일요일 휴무 379-0826 www.hummingbirdcoffee.com

02
대규모 주말 시장
Riccarton Market

매주 일요일마다 열리는, 뉴질랜드에서 가장 유명한 주말 시장 가운데 하나. 예전만큼은 아니지만 여전히 이 시장의 규모는 상당해서 과일, 채소와 같은 식료품과 지역 특산물인 울, 스웨터와 가죽 제품 등 다양한 상품을 판매한다. 근교의 농장에서 재배된 싱싱한 과일과 과일잼 등은 여행자들에게도 다채로운 즐거움을 준다. 일요일 오전부터 오후 2시까지, 비가 와도 열린다.

Riccarton Park 일요일 09:00~14:00 339-0011

 **대평원의 맛, 캔터베리 맥주 Canterbury Brewery**

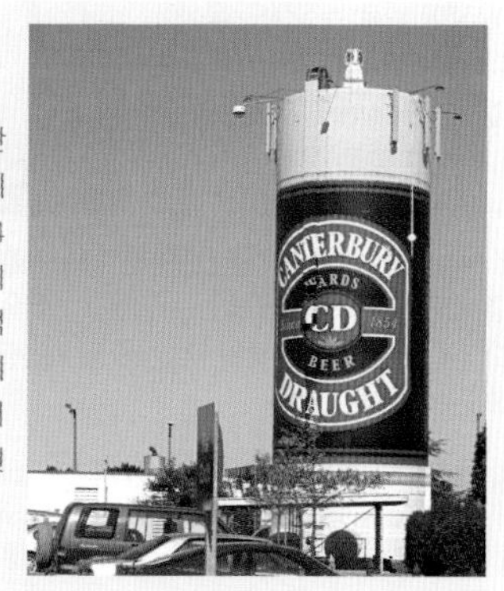

환경이 깨끗한 뉴질랜드에서는 각 지역별로 지명을 브랜드로 내세운 맥주를 생산하고 있습니다. 물맛 좋은 곳은 술맛 좋다는 동서고금의 진리를 증명하듯, 캔터베리 지역의 맥주 맛은 전 뉴질랜드를 통틀어 둘째가라면 서러울 정도지요. 1854년 설립된 캔터베리 맥주 회사는 150년이 지난 지금 이 지역 최대의 맥주 회사이자 가장 큰 산업으로까지 발전했습니다. 예전에는 보타닉 가든 남쪽에 자리한 맥주 공장에서 하루 두 차례 가이드투어가 열렸는데 아쉽게도 현재는 개방을 하지 않습니다. 제조 과정을 직접 감상할 수는 없지만, 크라이스트처치를 포함한 캔터베리 전역에서 캔터베리 맥주를 만날 수 있습니다. 꼭 한번 비옥한 캔터베리 평원의 물맛, 술맛을 즐겨보세요.

03
자부심 하나는 인정
Winnie Bagoes

크라이스트처치에만 3군데 지점을 가지고 있는 유명 레스토랑. 주 종목은 피자지만, 이탈리안도 인정할 수밖에 없는 키위 피자 Kiwi Pizza를 만들겠다는 자부심이 오늘의 성공을 불렀다고 한다. 이방인인 우리 입맛에는 별 차이를 모르겠지만, 어쨌든 맛있다는 사실과 자부심은 인정할 만하다. 메뉴 하나하나에 스토리와 의미를 찾는 진지함이 음식 맛에 그대로 녹아있다. 특히 케이준 파스타와 치킨 알프레도가 맛있지만, 모든 메뉴가 고르게 좋은 평을 받고 있다. 오전 11시부터 늦은 밤까지 문을 열지만, 월요일만큼은 오후 4시부터 문을 여니 참고할 것.

Cnr Madras and Allen Sts. 월요일 16:00~21:00 화~목, 일요일 11:00~21:00 금, 토요일 09:00~23:15 366-6315 www.winniebagoes.co.nz

04
나름대로 해석한 뉴질랜드 퀴진
Fiddlesticks Restaurant

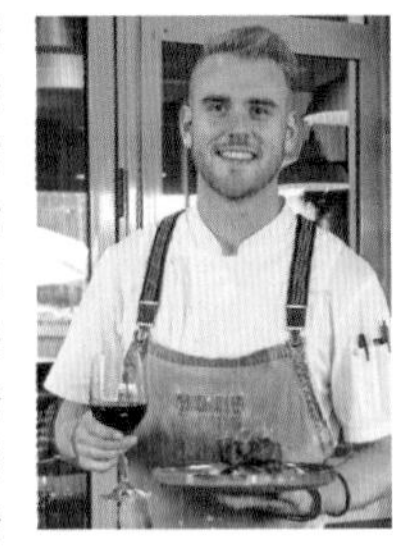

뉴질랜드 음식은 유럽 음식과 유사하다. 프랑스나 이탈리안 퀴진처럼 명확하게 구분되진 않지만, 이 모든 것을 다 포함한 '양식'이 바로 뉴질랜드 음식이다. 마치, 딱히 떠오르는 음식은 없지만 스테이크나 샐러드 등 일반적인 양식이 떠오르는 영국 음식처럼 말이다. 이곳 피들스틱스의 음식들도 그렇다. 우아한 분위기에서, 어떤 메뉴를 선택하든 고르게 맛있는 뉴질랜드 스타일 양식을 맛보고 싶다면 강추한다. 특히 굴, 연어 등 해산물 요리와 양갈비 스테이크가 맛있다.

48 Worcester Bld. 월~금요일 08:00~24:00 주말 09:00~24:00 365-0533 www.fiddlesticksbar.co.nz

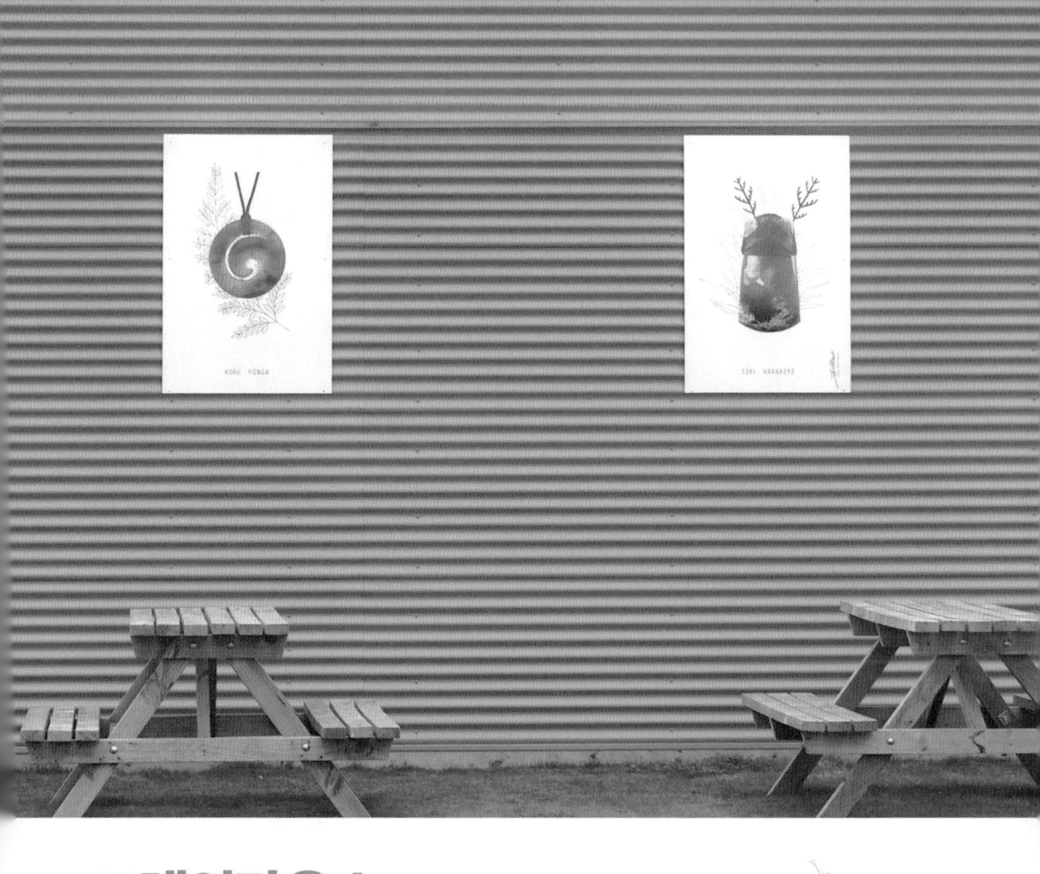

그레이마우스
GREYMOUTH

GREYMOUTH

인구
1만 4,000명

지역번호
03

인포메이션 센터 The Greymouth Visitors Centre

Cnr. Herbert&Mackay Sts.(기차역 내) 여름 09:00~19:00, 겨울 월~금요일 09:00~17:00, 주말 10:00~16:00 768-7080 www.westcoasttravel.co.nz

그레이 강의 축복 이름 그대로 그레이 강의 입구에 자리하고 있는 그레이마우스는 호키티카에서 웨스트포트 Westport에 이르는 남섬의 서해안, 웨스트코스트 Westcoast의 중심 도시다. 1860년대 골드러시와 함께 도시가 개발됐으며, 뉴질랜드 명산품 그린스톤(녹옥)의 산지로도 유명하다. 그러나 뉴질랜드 최고의 산악 지대 아서스 패스를 넘는 트랜츠 알파인 Tranz Alpine 노선이 개통되기 전까지 험준한 산맥과 바다로 둘러싸인 그레이마우스 개발은 쉬운 일이 아니었다. 동서를 잇는 기차의 개통으로 이제 그레이마우스는 웨스트랜드 국립공원의 빙하지대로 향하는 거점 도시이자, 수려한 경관을 자랑하는 기차 여행의 종착지로 각광받고 있다.

그레이마우스 미리 보기
CITY PREVIEW

어떻게 다니면 좋을까?

메인 스트리트는 기차역과 맞닿아 있는 맥카이 스트리트 Mackay St.. 기차역 앞의 도로를 따라 서쪽으로 내려가면 상점들이 늘어서 있는 앨버트 스트리트 Albert St.라는 쇼핑 존이 나온다. 기차역에서 앨버트 스트리트까지 채 1㎞가 못 되는 삼각형의 거리가 그레이마우스의 중심이다. 한편 맥카이 스트리트에서 강 쪽으로 한 블록 떨어진 곳을 마웨라 키 Mawhera Quay라 부르는데, 강둑을 따라 그레이 강의 경치를 즐길 수 있는 산책로다. 시내에서는 당연히 걸어 다니는 것이 가장 좋은 방법이지만, 근교에 있는 팬케이크 록 Pancake Rocks이나 샨티 타운 Shanty Town 등으로 갈 때는 그레이마우스 택시 Greymouth Taxis나 투어를 이용해야 한다.

Greymouth Taxis
138 Mackay St. 768-7078

어디서 무엇을 볼까?

사실 도시 안에서는 볼거리가 별로 없고, 이 도시까지 가는 동안의 여정이 주요 볼거리라고 할 수 있다. 시티 센터에서는 반나절 정도만 시간을 내어 이 지역 특산품인 녹옥을 파는 숍들과 히스토리 하우스 박물관 같은 관광지를 둘러본 뒤, 나머지 시간은 그레이 강둑을 거닐며 여정을 계획하는 것도 좋다. 대신, 그레이마우스 시내를 벗어나면 웨스트포트로 향하는 6번 국도변에 어마어마한 자연의 조각품이 숨어있다. 팬케이크 록을 간직한, 파파로아 내셔널 파크 Paparoa National Park를 절대 그냥 지나치지 말 것. 그레이마우스에서 전열을 가다듬은 다음, 서해안의 절경을 따라 빙하지대로 향하는 길에서는 샨티 타운도 눈여겨 볼 만한다.

어디서 자면 좋을까?

도시가 작고 머무르는 여행자의 수도 적다 보니 숙소 또한 많지 않다. 서너 개의 호텔과 대여섯 개의 백패커스가 여행자들이 선택할 수 있는 숙소의 전부라 해도 과언이 아니다. 그나마 대부분 허름한 편이다. 그러나 도심에서 조금 벗어나면 자동차 여행자들을 위한 홀리데이 파크와 시설 좋은 모텔이 많으므로 폭넓게 숙소를 찾아보는 것이 좋다.

ACCESS : 그레이마우스 가는 방법

기차 Train

그레이마우스로 가는 가장 좋은 방법은 기차 여행의 백미라 불리는 트랜츠 알파인 익스프레스 Tranz Alpine Express를 타는 것이다. 전 세계에서 이 구간의 열차를 타보기 위해 뉴질랜드로 여행을 떠나는 사람들도 있을 정도니, 이왕 이곳까지 왔으면 반드시 기차 여행을 해볼 것을 권한다. 동해안의 크라이스트처치에서 출발하는 기차는 아서스 패스를 지나 서해안의 그레이마우스까지 연결된다. 매일 오전 8시 15분에 출발하는 기차가 그레이마우스 역에 도착하는 시각은 오후 12시 45분으로, 총 4시간 30분이 소요된다. 기차와 인터시티 버스가 연계되어 있어서 이 구간은 기차로 이동하고 나머지 구간은 다시 인터시티 버스로 이동할 수 있다.

버스 Bus

로컬 버스 코스트 투 코스트 버스 Coast to Coast Bus도 크라이스트처치와 그레이마우스를 연결하고 있으며, 인터시티와 아토믹 셔틀 버스가 각각 넬슨(6시간)과 폭스 빙하(4시간)에서 그레이마우스까지 운행하고 있다.

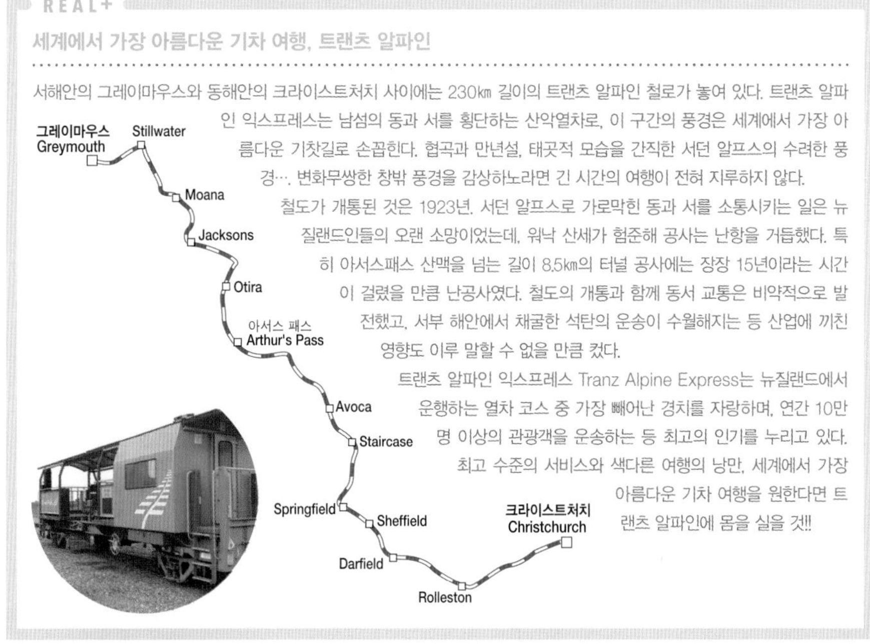

세계에서 가장 아름다운 기차 여행, 트랜츠 알파인

서해안의 그레이마우스와 동해안의 크라이스트처치 사이에는 230㎞ 길이의 트랜츠 알파인 철로가 놓여 있다. 트랜츠 알파인 익스프레스는 남섬의 동과 서를 횡단하는 산악열차로, 이 구간의 풍경은 세계에서 가장 아름다운 기찻길로 손꼽힌다. 협곡과 만년설, 태곳적 모습을 간직한 서던 알프스의 수려한 풍경…. 변화무쌍한 창밖 풍경을 감상하노라면 긴 시간의 여행이 전혀 지루하지 않다.

철도가 개통된 것은 1923년. 서던 알프스로 가로막힌 동과 서를 소통시키는 일은 뉴질랜드인들의 오랜 소망이었는데, 워낙 산세가 험준해 공사는 난항을 거듭했다. 특히 아서스패스 산맥을 넘는 길이 8.5㎞의 터널 공사에는 장장 15년이라는 시간이 걸렸을 만큼 난공사였다. 철도의 개통과 함께 동서 교통은 비약적으로 발전했고, 서부 해안에서 채굴한 석탄의 운송이 수월해지는 등 산업에 끼친 영향도 이루 말할 수 없을 만큼 컸다.

트랜츠 알파인 익스프레스 Tranz Alpine Express는 뉴질랜드에서 운행하는 열차 코스 중 가장 빼어난 경치를 자랑하며, 연간 10만 명 이상의 관광객을 운송하는 등 최고의 인기를 누리고 있다. 최고 수준의 서비스와 색다른 여행의 낭만, 세계에서 가장 아름다운 기차 여행을 원한다면 트랜츠 알파인에 몸을 실을 것!!

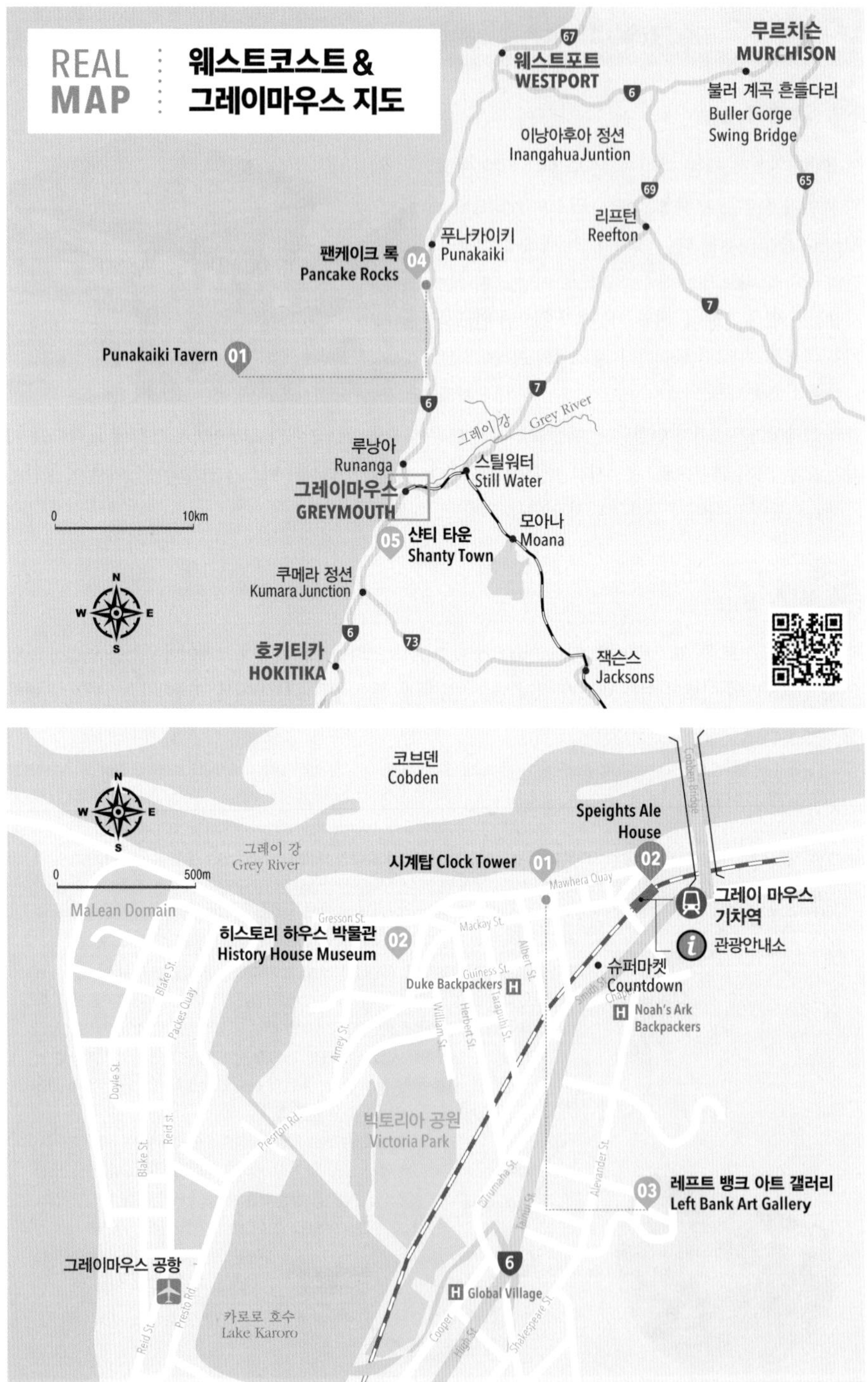
REAL MAP
웨스트코스트 & 그레이마우스 지도
웨스트포트
WESTPORT
무르치슨
MURCHISON
불러 계곡 흔들다리
Buller Gorge Swing Bridge
이낭아후아 정션
InangahuaJuntion
리프턴
Reefton
팬케이크 록
Pancake Rocks
푸나카이키
Punakaiki
Punakaiki Tavern
그레이 강
Grey River
루낭아
Runanga
스틸워터
Still Water
그레이마우스
GREYMOUTH
샨티 타운
Shanty Town
모아나
Moana
쿠메라 정션
Kumara Junction
호키티카
HOKITIKA
잭슨스
Jacksons
코브덴
Cobden
Speights Ale House
시계탑 Clock Tower
MaLean Domain
히스토리 하우스 박물관
History House Museum
Duke Backpackers
그레이 마우스 기차역
관광안내소
슈퍼마켓
Countdown
Noah's Ark Backpackers
빅토리아 공원
Victoria Park
레프트 뱅크 아트 갤러리
Left Bank Art Gallery
그레이마우스 공항
Global Village
카로로 호수
Lake Karoro

SEE

01
그레이마우스의 정체성을 보여주는
시계탑 Clock Tower

그레이 강둑 앞, 마웨라 키와 앨버트 스트리트가 교차하는 곳에 있는 시계탑은 그레이마우스의 상징과도 같다. 1945년에 처음 만든 시계탑을 지금 자리로 옮긴 것은 1992년의 일. 도시의 번영을 비는 그레이마우스 라이온스와 로터리클럽 회원들이 시계가 내장된 현재의 조형물을 시에 기증한 것이다. 그리 크지는 않지만 도시의 무게 중심 역할을 충실히 하고 있는 듯. 시계탑 뒤로 길게 이어지는 강둑은 1990년에 쌓은 제방으로, 그레이 강의 범람을 막기 위해 건설한 것이다.

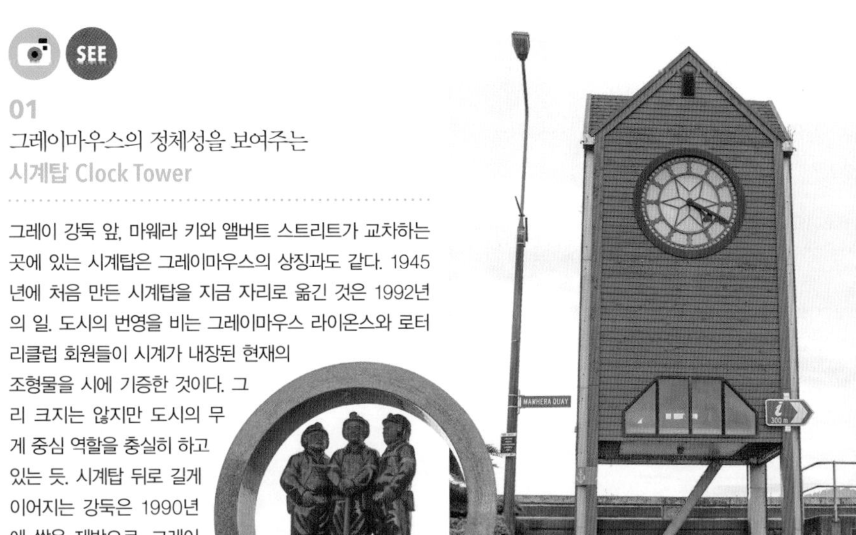

02
시간 속에 꾹꾹 눌러 담은 도시 이야기
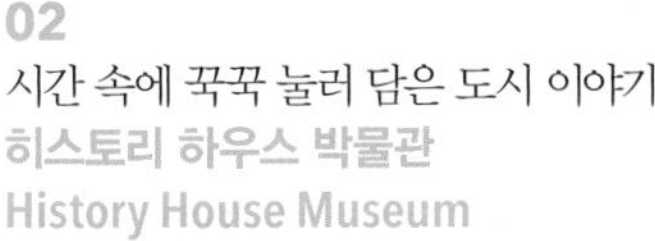
히스토리 하우스 박물관 History House Museum

초기 개척민들의 생활상을 전시하고 있는 공간이다. 험준한 산악 지대인 웨스트코스트의 개척 시대 모습과 골드러시 시대를 보여주는 흑백 사진이 시선을 끈다.
중소 도시답게 박물관의 규모는 아담하지만, 그 속에 담으려는 내용만큼은 충실해 보인다. 건물 밖에는 개척민들이 사용하던 녹슨 농기계와 광산에서 사용하던 기구들을 전시하고있다.

* 구조적 안정성 문제로, 2024년 3월 현재 임시 휴업 중.

27-29 Gresson St www.greydc.govt.nz

03
소박하지만 특색있는 작품들
레프트 뱅크 아트 갤러리 Left Bank Art Gallery

아름다운 자연과 풍부한 자원에 둘러싸인 그레이마우스는 예부터 예술가들이 많은 곳으로 유명했다. 특히 이 지역 특산품인 녹옥 조각은 그 어느 곳 못지않은 예술적인 기량을 자랑하고 있다. 레프트 뱅크 아트 갤러리는 웨스트코스트 지역 예술가들의 작품을 모아둔 일종의 공예 전시장이다. 녹옥뿐 아니라 유리와 목재 등을 이용한 다양한 공예 작품들도 전시하며, 즉석에서 판매하기도 한다.

1 Tainui 화~금요일 10:00~16:00, 토요일 10:30~14:00
무료 768-0038

그레이마우스 근교 AROUND GREYMOUTH

04
탁월한 작명 센스
팬케이크 록 Pancake Rocks

국도 6호선으로 웨스트포트 Westport에서 그레이마우스로 가는 길목에 자리 잡은 푸나카이키 Punakaiki에 가면 자연이 만든 독특한 조형물 팬케이크 록을 볼 수 있다. 겹겹이 쌓인 석회질 바위가 마치 팬케이크를 쌓아놓은 것 같은 모습을 하고 있어서 탁월한 작명센스에 고개를 끄덕이게 된다. 공원 입구에서부터 10분 가량 수목원처럼 잘 가꾸어진 숲길과 캐노피 워크웨이를 따라 걷다 보면, 바다와 맞닿은 기암괴석 사이로 바닷물이 솟아오르는 블로홀 Blow Hole이 나타난다. 바위 틈 사이에서 마치 고래가 숨쉬는 것처럼 하늘로 솟구치는 물줄기는 자연의 경이로움을 온몸으로 느끼게 하는 장관이다. 파파로아 내셔널파크 Paparoa National Park 내에 있는 생각보다 규모가 큰 관광지로, 입구에는 관광안내소와 대규모 주차장까지 갖추고 있다. 이 일대를 지난다면 빠뜨리지 말아야 할 볼거리다.

05
골드러시를 추억하며
샨티 타운 Shanty Town

1865년 골드러시 시대의 도시를 그대로 복원해놓은 민속촌. 그레이마우스에서 남쪽으로 11㎞ 정도 떨어져 있다. 한때 일확천금을 찾아 서쪽으로 서쪽으로 모여들었던 사람들이 마을을 만들었고, 증기 기관차는 쉴 새 없이 금과 사람들을 실어 날랐다. 지금도 당시의 증기 기관차와 마차가 관광객을 실어 나르고 있으며, 활기 넘치던 시절의 교회·이발소·상점 등이 그대로 재현되어 있다. 직접 사금을 채취할 수 있는 프로그램도 있는데, 채취에 성공한 금은 기념으로 작은 병에 넣어갈 수도 있다.

316 Rutherglen Rd, Rutherglen, Greymouth
08:30~17:00 어른 N$39, 어린이 N$19
762-6634 www.shantytown.co.nz

EAT

01
6번 국도의 휴게소
Punakaiki Tavern

웨스트포트에서 그레이마우스로 향하는 6번 국도변은 지루할 정도로 길게 이어지는 해안도로인데, 푸나카이키 인근에 다가가면 유난히 근육질의 바위들이 나타나 한번쯤 차를 멈추게 된다. 이럴 때 잠시 쉬어가기 좋은 곳이 바로 이곳 푸나카이키 타븐 Punakaiki Tavern이다. 미서부 개척 시대의 선술집 같은 느낌의 실내외 장식과 무심한 듯 적당히 친절한 주인의 서비스가 인상적이다. 간단한 음료에서부터 꽤 손이 가는 비스트로 메뉴까지 다양하게 선보인다. 레스토랑과 함께 숙소도 운영하고, 바로 뒤 해변에는 홀리데이 파크도 있어서 하루 정도 쉬어가도 좋다.

Corner Of State Highway 6&Owen St., Punakaiki
731-1188 www.punakaikitavern.co.nz

02
이 동네서 가장 눈에 띄는 퍼브
Speights Ale House

그레이마우스 기차역 맞은편, 널찍한 부지에 자리 잡고 있는 퍼브 레스토랑. 이 일대는 기차역과 카운트다운 슈퍼마켓까지 함께 있어서 그레이마우스의 중심가 역할을 하고 있다. 한겨울을 제외하고는 언제나 실내 좌석보다 실외 노천 테이블 자리가 먼저 차고, 실내로 들어가면 대형 스크린 TV와 스포츠 테이블 등이 마련되어 있다. 상호에서 짐작할 수 있는 것처럼 스파이츠 맥주 직영 퍼브로, 맥주 맛이 유난히 생생(?)하다. 오전 11시부터 밤늦게까지 문을 연다.

130 Mawhera Quay 11:30~22:00 768-0667
www.speightsalehousegreymouth.co.nz

REAL GUIDE

웨스트코스트 6번 국도의 작은 마을
무르치슨 Murchison

넬슨에서 그레이마우스로 향할 때는 대부분 6번 국도를 경유하게 된다. 이 길은 초반의 내륙길을 제외하고는 길게 이어지는 해안 도로다. 서해안의 다소 거친 듯한 바다도 멋있지만, 다른 곳에서는 보기 힘든 기암괴석이 이어지는 것도 이 도로의 특징. 한쪽은 일렁이는 바다, 또 한쪽은 높은 산과 괴석…. 도중에 작은 도시들이 나타나는데 그 중에서도 무르치슨 Murchison은 잠시 쉬어가도 후회 없을 재미있는 '마을'이다. 무르치슨을 지나면 한동안 해안 도로만 이어지니 이곳에서 잠시 쉬어가도록 하자.

여행자의 보물 상자
더스트&러스트 빈티지 스토어 Dust&Rust Vintage Store

여행을 하다보면 전혀 예상치 못한 곳에서 나만의 보물섬을 만나기도 한다. 내게는 바로 이곳 더스트 앤 러스트 빈티지 스토어가 그랬다. 오래된 것들을 아끼고 사랑하는 뉴질랜드에서는 동네마다 빈티지 숍이나 세컨핸즈 숍이 하나 이상 있기 마련인데, 그 중에서도 이곳처럼 완벽하게 빈티지한 곳은 찾아보기 어렵다. 상호마저도 '먼지와 녹'이니 그 세월의 더께가 어떠할지 짐작하고도 남을 정도다. 오래된 마을 회관을 활용한 건물에서부터, 건물 앞에 세워진 번호판이 붙은 정말 오래된 차량들, 그리고 내부에 빼곡하게 진열되어 있는 각종 빈티지 아이템들은 정말 이곳이 오래된 보물섬임을 증명한다. 빈티지에 관심이 없는 사람도 넋을 잃고 30분은 즐거울 수 있으니, 이 길을 지나간다면 반드시 눈도장 찍어보길 권한다.

35 Fairfax St, Murchison 10:00~17:00
523-9300

옥색 계곡 위를 출렁출렁
불러 계곡의 흔들다리 Buller Gorge Swing Bridge

6번 국도, 무르치슨을 지나 불러 고지 근처에 이르면, 길가에 세워진 차들 때문에 속도를 늦추게 된다. 불러 Buller 강의 협곡에 놓인 흔들다리를 보기 위한 차들이다. 주차장에 차를 세우고 계곡 쪽으로 난 입구로 내려가면 매표소가 나온다. 옥색 물빛 위를 가르는 흔들다리는 담력 약한 사람들에게는 다소 하드코어이긴 하지만, 그 옆에서 슈퍼맨 라이드나 제트 보트를 즐기는 사람들에 비하면 가벼운 산책 코스에 가깝다. 샨티 타운에서 사금 채취 체험을 놓쳤다면 이곳에서 시도해 볼 만하다.

Upper Buller Gorge, SH6, State Hwy, Murchison
08:00~18:00 Swing Bridge Walks N$12.50, 사금 채취 N$12.5 523-9809 www.bullergorge.co.nz

빙하지대
THE GLACIERS

인포메이션 센터 **Westland Tai Poutini National Park Visitor Centre**
69 Cron St., Franz Josef ⓒ 여름 08:30~18:00, 겨울 08:30~12:00& 13:00~17:00 752-0796 www.glaciercountry.co.nz

지역번호
03

태곳적의 풍광, 눈과 얼음의 세계 남극과 가장 가까운 나라 뉴질랜드에는 세계적으로 유명한 빙하지대가 있다. 몇 만 년 동안 설원을 이루며 켜켜이 쌓인 빙하와 빙벽, 빙하가 깎여 생겨난 호수, 시리도록 푸른 하늘빛…. 자연이 선사한 가슴 벅찬 선물 앞에 할 말을 잃을 수밖에 없다. 빙하지대로 대표되는 웨스트랜드 지방은 연중 눈으로 덮여 있는 마운트 쿡을 칼로 절단한 듯 깎아지른 모습으로, 해안선에서 불과 10㎞도 안 되는 곳이 빙하에 덮여 다이내믹한 산악 풍경을 연출한다. 그 중에서 일반인들도 쉽게 접근할 수 있는 프란츠 요셉 빙하와 폭스 빙하는 뉴질랜드 여행의 묘미를 보여준다.

빙하지대 미리 보기
CITY PREVIEW

어떻게 다니면 좋을까?

빙하 관광의 시작이 되는 곳은 프란츠 요셉과 폭스 빙하 마을 두 군데다. 두 마을 모두 메인 스트리트 하나를 중심으로 관광안내소, 투어 회사, 레스토랑 등이 몰려 있는 아주 작은 곳이다. 메인 스트리트의 끝에서 끝까지 가봐야 10분이면 다 둘러볼 수 있을 정도. 근처 산악 지대나 산책로를 둘러보고 싶다면 자전거를 빌리면 된다. 프란츠 요셉 시내의 자전거 대여점이나 백패커스 등에서 어렵지 않게 빌릴 수 있다. 그러나 정작 필요한 것은 마을 안에서의 교통수단이 아니라 마을에서 빙하가 있는 곳까지 이동하는 수단이다.
마을에서 빙하지대까지는 가이드 투어나 헬리콥터 투어 등 다양한 투어에 참가하면 숙소에서부터 픽업 서비스를 받을 수 있다. 자가 운전일 경우에는 관광안내소에서 10분쯤 떨어진 빙하 입구까지 차를 가지고 갈 수 있다. 빙하는 입구 주차장에서 30분 이상 더 걸어가야 나온다.

어디서 무엇을 볼까?

빙하 관광은 크게 두 가지 패턴으로 나눌 수 있다. 하나는 가이드 투어나 헬리콥터·경비행기 투어 등 어떤 형태로든 자금이 들어가는, 일명 황제 투어. 다른 하나는 오로지 튼튼한 두 다리로 빙하가 있는 곳까지 찾아가는, 헝그리 투어. 분명한 것은 돈 들인 만큼 더 깨끗한 빙하를 만날 수 있다는 사실. 어떤 방식을 선택하든 봐야하는 것은 빙하 하나다.

어디서 자면 좋을까?

퀸스타운 방면에서 왔다면 폭스 빙하 마을을 거점으로 삼고, 그레이마우스 쪽에서 왔다면 프란츠 요셉 마을에 묵는 것이 좋다. 어디에 묵든 빙하의 규모나 투어 내용은 비슷한데, 굳이 비교하자면 프란츠 요셉이 마을 규모가 조금 더 크고 숙박업소도 많다. 프란츠 요셉의 숙박업소는 국도에서 한 블록 떨어진 크론 스트리트 Cron St.에 모여 있으며, 백패커스 호스텔과 모텔이 주를 이룬다. 한편 폭스 빙하 쪽은 프란츠 요셉에 비해 숙소 숫자가 절반에도 미치지 못하는 대신, 호텔 같은 고급 숙소들이 하나둘 생겨나고 있는 추세다.

ACCESS 빙하지대 가는 방법

아름다운 풍경을 보러 가는 여정은 그리 만만치 않다. 가장 일반적인 방법은 버스를 이용하는 것인데, 서해안 노선 자체가 험준한 산악 지대여서 시간과 체력 면에서 많은 인내력을 요구한다. 인터시티 버스 노선은 퀸스타운에서 와나카를 거쳐 폭스, 프란츠 요셉 빙하지대까지 연결하는 상행선과, 픽턴과 크라이스트처치 양쪽에서 출발하는 하행선으로 나뉜다. 남섬 전역을 커버하는 아토믹 셔틀 버스는 퀸스타운~그레이마우스 행과 폭스 빙하~푸나카이키 행을 각각 1일 1편씩 운행하고 있다.

이밖에 매직 버스와 키위 익스피리언스 같은 배낭여행자 전용 버스도 빙하지대를 운행한다. 최근에 많은 여행자들이 선택하는 방법으로, 크라이스트처치에서 트랜츠 알파인 급행열차를 타고 그레이마우스까지 와서, 이곳에서 연결되는 빙하 행 버스를 이용할 수도 있다. 이렇게 하면 기차 여행의 백미로 꼽히는 아서스 패스와 빙하지대 관광을 동시에 즐길 수 있다.

프란츠 요셉 빙하 ↔ 폭스 빙하

북쪽의 프란츠 요셉 빙하에서 남쪽의 폭스 빙하까지는 25㎞ 정도 떨어져 있고, 이들 가운데 어느 한쪽에 머무르면서 빙하를 살펴보고 진행 방향으로 떠나는 것이 일반적인 여행 루트다. 프란츠 요셉 빙하에서 폭스 빙하까지는 인터시티 버스로 40분 정도 걸린다.

빙하지대 교통 노선 지도

넬슨
웨스트포트
그레이마우스
푸나카이키
호키티카
트랜츠 알파인 열차
프란츠 요셉 빙하
폭스 빙하
크라이스트처치
마운트 쿡 (아오라키)
와나카
퀸스타운

REAL MAP 빙하지대 지도

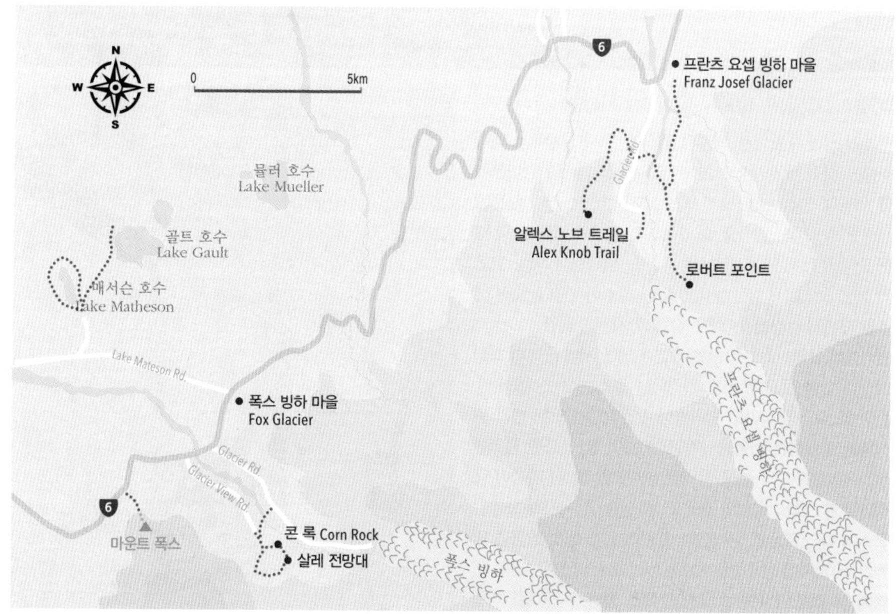

SEE

01
황제의 빙하?
프란츠 요셉 빙하 Franz Josef Glacier

프란츠 요셉 빙하 여행의 출발지. 메인 스트리트가 되는 약 200m의 도로에 투어와 스포츠 관련 회사들이 몰려 있으며, 레스토랑·주유소·식품점 등도 이 도로 하나로 통한다. 빙하 관광을 주도하는 헬리콥터와 경비행기는 큰길 맞은편의 간이 비행장에 이착륙하는데, 넓은 하구 둑을 활주로로 활용하고 있다. 그럼, 이제 본격적으로 프란츠 요셉 빙하에 대해 알아보자. 1865년 이 지역을 맨 처음 탐사한 유럽인은 오스트리아 출신의 지리학자 율리우스 본 하스트 Julius Von Haast였다. 그는 자기 나라 황제 프란츠 요셉의 이름을 따 빙하의 이름을 지었다. 이것이 정말 생뚱맞게도 뉴질랜드의 빙하에 오스트리아 황실의 이름이 붙게 된 유래다. 프란츠 요셉 빙하는 웨스트코스트의 빙하 중에서도 조사와 연구가 가장 많이 이루어진 편인데, 1985년 이후 약 1.7㎞ 이상이 움직였다고 한다. 지금도 하루에 약 70㎝씩 앞으로 움직이고 있지만, 종착지가 될 하스트 Haast까지는 아직 7~8㎞ 정도가 남아 있다. 빙하의 면적은 날씨와 그 밖의 상황에 따라 변한다. 2000년도 중반의 통계상 총길이는 11㎞ 정도였지만, 최근에 본 바로는 눈에 띌 만큼 빙하의 크기가 줄었다. 지구 온난화의 심각성을 온 몸으로 실감하는 현장이다.

헬리콥터 플라이트 Helicopter Flight

비용이 만만치 않아서 그렇지, 빙하는 역시 상공에서 내려다보는 것이 제맛이라고 할 수 있다. 헬리콥터나 경비행기를 이용해 빙하 위를 높게 또는 낮게 날면서 가기 때문에 새로운 각도에서 빙하를 볼 수 있고, 누구의 발도 닿지 않은 순백의 대지 위에 내려서는 기분도 남다르다. 해발 고도가 높은 곳이어서 맑은 날이면 파란 하늘이 열리고 멀리 태즈만 해까지 바라볼 수 있다. 감동 그 자체의 광경.

헬리콥터 플라이트는 프란츠 요셉 시내에 서너 군데의 회사가 사무실을 두고 있으며, 가격이나 코스는 비슷비슷하다. 돈이 조금 더 들더라도 헬리콥터나 경비행기 모두 빙하 위 착륙을 포함하는 상품을 선택하는 것이 좋다. 또한 헬리콥터가 경비행기보다 비용은 약간 비싸지만 좀 더 가까이 내려다볼 수 있고, 날씨의 영향도 덜 받는다. 시간과 요금은 코스에 따라 조금씩 달라진다. 프란츠 요셉 빙하 상공을 비행한 뒤 빙하에 상륙하는 Neve Discover의 경우 20분 비행에 약 N$230, 프란츠 요셉과 폭스 빙하 두 군데를 비행

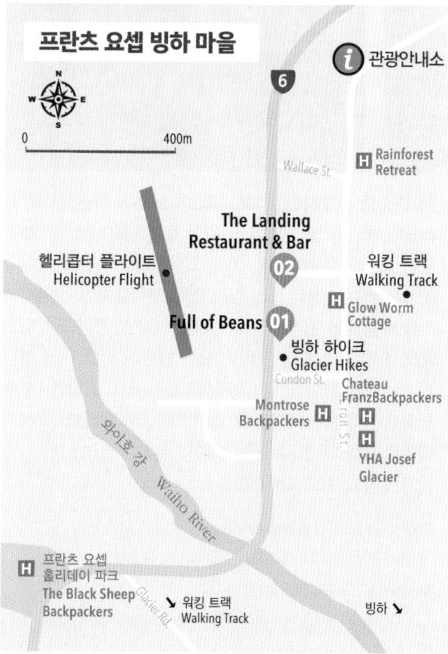

한 뒤 중간에 빙하 착륙이 한 번 포함된 Twin Glacier는 30분에 N$350 안팎, 그리고 마운트 쿡까지 한 바퀴 도는 전망 비행의 경우 40분 비행에 N$450이 넘는다. 성수기와 비수기 요금 차이도 상당하니, 미리 홈페이지나 관광안내소를 통해 확인하는 것이 좋다.

Air Safaris 680-6880 www.airsafaris.co.nz

Glacier Southern Lakes Helicopters LTD
0800-800-732 www.heli-flights.co.nz

The Helicopter Line
752-0767 www.helicopter.co.nz

빙하 하이크 Glacier Hikes

프란츠 요셉 빙하 주변의 하이킹 투어다. 투어는 빙하가 시작되는 부분의 주차장에서 빙하 위를 도보로 일주하는 글래셔 워크(반나절 또는 하루 코스), 헬리콥터로 빙하 중앙부에 착륙해 그 주변을 2시간 정도 걷는 헬리 하이크 두 종류가 있다. 스파이크 신발과 피켈 등을 빌려주기 때문에 가이드와 함께 안전하게 둘러볼 수 있다.

Franz Josef Glacier Guides
752-0763 www.franzjosefglacier.com

The Guiding Company 752-0047

워킹 트랙 Walking Track

혼자서도 빙하를 감상할 수 있는 방법이 있다. 물론 빙하가 흘러내린 입구까지 가서 기념사진 한 장 찍고 돌아오는 수준이지만, 사람들의 손을 많이 타서 빙하라기보다는 거의 눈을 뭉쳐놓은 것처럼 얼룩덜룩해도 빙하는 빙하다. 한편 빙하까지 가는 동안의 풍경도 그 못지않게 아름다우므로 너무 아쉬워하지는 말 것!

Robert Point

마을을 뒤로 하고 와이호 강의 다리를 건너 빙하로 가는 글래셔 로드 Glacier Rd.로 접어든다. 약 2㎞ 들어간 곳이 트랙의 출발 지점. 긴 구름다리로 강을 건너면 그때부터는 계속 외길만 나온다. 바위가 많고 급경사 지대도 지나야 하므로, 특히 비가 온 뒤에는 주의해야 한다. 마을에서 출발해 도보로 왕복 5시간 정도 걸린다.

Alex Knob

해발 1290m의 높이에 있어서 걷는다기보다는 본격적인 등산에 가깝다. 그렇지만 정상에 오르면 빙하의 전경을 한눈에 내려다볼 수 있고, 특히 맞은편으로 펼쳐지는 태즈만 해를 볼 수 있어 많은 사람들이 찾는다. 마을에서 왕복 8시간 정도 걸린다.

Terrace Track

마을 뒤쪽에 있는 트랙으로, 일주하는 데 1시간 정도 걸린다. 가벼운 삼림욕을 즐기기에 알맞은 코스. 야간에는 반딧불이가 나와 많은 이들이 찾는다.

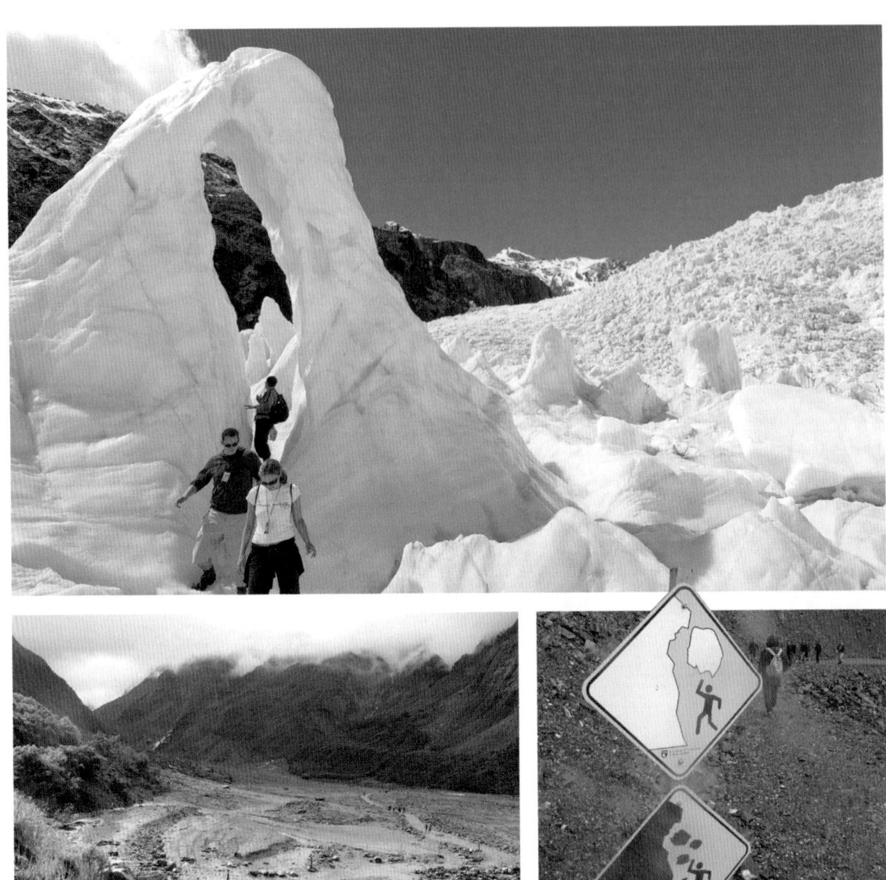

02
개인적으로 더 추천하고픈
폭스 빙하 Fox Glacier

프란츠 요셉에서 남쪽으로 25㎞ 떨어진 폭스 빙하는 크라이스트처치에서 435㎞, 퀸스타운에서는 338㎞ 떨어져 있다. 이곳도 프란츠 요셉과 마찬가지로 빙하를 보기 위해 찾는 관광객들로 늘 북적거린다. 마을은 프란츠 요셉보다 더 작고, 레스토랑과 주유소, 알파인 가이드 Alpine Guides를 제외하면 별다른 건물조차 찾아보기 어렵다.

시내 한가운데 자리 잡고 있는 알파인 가이드는 인터시티 버스의 출발 장소를 겸하고 있으며, 헬리 하이크와 헬리콥터 투어 같은 폭스 빙하의 주요 투어 옵션을 취급한다.

마을의 크기는 작지만, 빙하 자체의 크기만 보자면 폭스 빙하의 길이는 약 14㎞로 프란츠 요셉 쪽보다 규모가 약간 크다. 빙하를 관찰하는 방법은 프란츠 요셉과 마찬가지로 헬리콥터 투어와 헬리 하이크, 워킹 트랙으로 나눌 수 있다. 투어 회사의 종류나 요금·프로그램은 비슷하다. 콘 록이나 매서슨 호수 그리고 폭스 빙하 입구까지 갈 때는 산악자전거를 이용하면 편리하다. 자전거는 알파인 가이드나 숙소 등에서 빌릴 수 있다. 프란츠 요셉 빙하에 비해 여러 가지 면에서 조금 약세이지만, 개인적으로는 폭스 빙하를 더 추천하고 싶다. 빙하까지 가는 길이 조금 더 다채롭고 목적지에 다다랐을 때 볼 수 있는 빙하의 질이나 크기도 폭스 빙하가 조금 더 크기 때문이다.

Fox and Franz Heliservices
0800-800-793 www.heliservices.nz

Mountain Helicopters
751-0045 www.mountainhelicopters.com

콘 록 Corn Rock

콘 록은 폭스 빙하를 바라볼 수 있는 아주 좋은 전망 스폿이다. 와나카 호수 쪽에서 폭스 빙하로 갈 때는 마을에 들어서기 전에 글래셔 로드를 따라 자동차로 10분 이상 들어가면 이정표와 주차장이 나온다. 폭스 빙하 마을에서 도보로 가려면 강을 건너기 전에 글래셔 로드로 들어가는 것이 쉽다. 정상은 492m 되는 지점으로, 도중에 가파른 급경사 지대를 지나야 하지만 정상에 올라서면 노력이 결코 헛되지 않았다는 것을 알 수 있다. 마치 엄청난 수량의 폭포가 급속 냉동되어 멈춰선 듯한 빙하가 눈앞에 펼쳐진다. 시내에서 출발하면 왕복 3시간 정도 걸린다.

매서슨 호수 Lake Matheson

마을에서 서쪽으로 약 5㎞ 떨어진 곳에 있는 매시슨 호수. 맑은 날이면 호수 위에 비치는 서던 알프스의 모습이 그림엽서의 한 장면처럼 아름답다. 시내에서 워킹 트랙의 입구까지는 도보로 1시간 30분 정도 걸리고, 호수를 일주하는 데는 1시간 남짓 걸린다. 그러니까 마을에서 출발하면 왕복 6시간 정도가 걸리는 코스다. 이곳까지 찾아오는 관광객의 수가 그리 많지는 않아서 조용하지만, 인적이 드문 곳이므로 약간 주의할 필요가 있다. 가능하면 트랙 입구까지 자동차나 자전거를 이용해서 가고, 또한 되도록이면 일행과 함께 움직이는 것이 좋다.

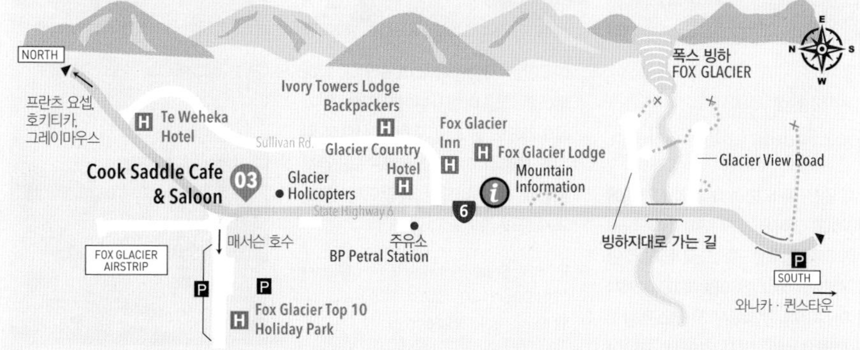

01
언제나 북적북적
Full of Beans

프란츠 요셉 마을, 아니 폭스 빙하까지 포함한 빙하 마을 전체에서 유일한 슈퍼마켓 포 스퀘어 4 Square 바로 옆에 자리하고 있어서 언제나 오가는 사람들로 붐빈다. 노천 테라스에서 즐기는 커피 한잔의 여유도 멋스럽고, 100% 현지 재료를 사용한 비스트로 메뉴도 고르게 맛있다.

22 State Hwy. 6, Franz Josef Glacier
07:00~21:00 752-0139
www.fullofbeanscafe.co.nz

02
빙하 맥주의 맛
The Landing Restaurant & Bar

남섬의 대표적인 맥주 Speight's Beer 회사에서 운영하는 레스토랑. 빙하처럼 차가운 스파이츠 생맥주가 유난히 맛난 곳이다. Full O Beans Cafe와 거의 나란히 대로변에 자리하고 있어서 잠시 선택 장애의 기로에 선다. 오전 시간이라면 카페 위주의 Full O Beans Cafe가, 오후 4시가 넘은 시간이라면 서서히 술꾼들이 몰려드는 이곳이 더 나은 선택이다.

Main Rd., Franz Josef
07:30~22:00 752-0229
www.thelandingbar.co.nz

쏟아져 내린 소녀의 눈물이 빙하로…

프란츠 요셉이라는 이름은 어느 날 갑자기 붙은 머나먼 오스트리아 황제의 이름이고, 마오리족이 부르는 이 지역의 진짜 이름은 '카 로이마타 오 히네후카테레 Ka Roimata O Hinehukatere'입니다. 풀이하자면, 하염없이 쏟아진 소녀의 눈물 The Tears of the Avalanche Girl이라고 하네요. 그 소녀의 이름이 바로 히네후카테레.

옛날 옛적에 히네후카테레라는 소녀가 있었는데, 그 소녀는 산에 오르기를 좋아했다고 합니다. 소녀의 연인 타웨 Tawe도 산에 오르길 좋아했는데, 어느 날 함께 산에 올랐다가 그만 타웨가 꼭대기에서 산 아래로 떨어져 죽고 말았습니다. 이를 지켜본 소녀의 마음이 얼마나 찢어질 듯 아팠겠어요. 소녀의 눈에서 하염없이 눈물이 흘러 빙하가 되었다고 합니다. 뜨거운 눈물이 흘러 빙하가 되다니…. 순백의 빙하를 보면 그 소녀의 아픈 마음이 느껴지는 것 같지 않으세요?

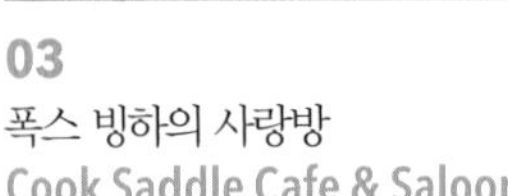

03
폭스 빙하의 사랑방
Cook Saddle Cafe & Saloon

넓지 않은 폭스 빙하 마을의 삼거리에 자리하고 있어서 쉽게 눈에 띈다. 나지막한 건물 전체를 원목으로 둘러 주변의 자연과 무척 잘 어울리고, 여행자의 마음마저 편안해진다. 레스토랑이나 편의 시설이 많지 않아서, 그나마 이곳만한 사랑방이 없어 보인다. 빙하 투어를 끝낸 여행자들이 맥주 한잔 기울이기에도 좋고, 따뜻한 음식으로 원기를 보충하기에도 좋은 곳이다. 감자튀김과 함께 나오는 폭립도 맛있고, 피자 등의 종류도 다양하다.

7859, State Highway 6, Fox Glacier
11:00~21:00 751-0700
www.cooksaddle.co.nz

테카포
TEKAPO

TEKAPO

인구
320명

지역번호
03

인포메이션 센터 Lake Tekapo Visitor Centre

State Hwy. 8 680-6686 www.tekapotourism.co.nz

옥빛 호반의 도시 서던 알프스의 동쪽 고원 지대 맥켄지 컨트리 Mackenzie Country는 목가적이고 평화로우며 빼어나게 아름다운 풍경을 간직하고 있는 곳이다. 그중에서도 중심에 자리 잡은 테카포는 해발 710m의 작은 마을로, 맑은 공기와 함께 서던 알프스의 전경을 바라보기에 가장 좋은 장소로 꼽힌다. 마을보다 훨씬 큰 테카포 호수는 형언할 수 없이 아름다운 물빛으로 여행자들의 감탄을 자아내는데, 쪽빛에 우유를 풀어놓은 듯한 이 컬러는 '밀키 블루'라고 한다. 밀키 블루의 비밀은 빙하에 있다. 빙하 녹은 물에 주변의 암석 성분이 녹아들고, 그 물이 호수로 흘러들어 부드럽고 풍부한 물빛이 된 것. 일출과 일몰, 시간의 흐름에 따라 시시각각 변해가는 호수의 풍경은 결코 잊을 수 없는 장면이다.

테카포 미리 보기
CITY PREVIEW

어떻게 다니면 좋을까?

테카포에서는 사람들이 버스가 정차하는 잠깐 동안 호숫가와 시내를 둘러보고 서둘러 떠난다. 때문에 이 마을에는 정식 버스 정류장도 없고, 이렇다 할 번화가도 눈에 띄지 않는다. 인구 300명 남짓한 마을답게 300m 정도의 도로가 시내의 전부다. 하루 이상 머물 예정이라면 숙소나 근처 투어 회사에서 자전거를 빌리는 것이 좋고, 버스가 쉬는 30분 동안 머물 예정이라면 그저 빨리 걸어서 호숫가를 둘러보는 수밖에 없다. 버스가 정차하는 시간에는 한꺼번에 많은 사람들이 몰리기 때문에 개 동상이나 교회 같은 곳에서는 재빨리 사진을 찍는 순발력이 필요하다.

어디서 무엇을 볼까?

여행자들은 대개 이곳을 크라이스트처치에서 마운트 쿡과 퀸스타운으로 가는 경유지 정도로 생각하지만, 시간의 흐름에 따라 변해가는 호수의 풍경을 감상하면서 하루 이틀쯤 머물러도 후회 없는 선택이 될 것이다. 하루 이상은 머물러야 호숫가의 별도 관측할 수 있고, 아름다운 노을과 일출도 볼 수 있을테니까. 그리고 뜨끈한 온천 풀에 몸을 담그고 호수 위로 지는 해를 바라보는 호사는 어느 곳에서도 누리기 힘든 행복이다. 테카포 호수를 지나자마자 나타나는 푸카키 호수도 놓치지 말아야 할 볼거리. 수량이 풍부한 이 일대는 맥켄지 하이드로 파크라 불리는 뉴질랜드 최대의 수력발전 지대이기도 하다. 테카포 호수, 푸카키 호수를 포함해 모두 여섯 개의 호수가 수로로 연결되어 있으며, 호수 사이의 낙차를 이용해 수력발전을 한다.

어디서 뭘 먹을까?

버스가 정차하는 도로변 한 쪽에 레스토랑과 주유소, 소규모 식품점을 겸한 카페가 모여 있다. 마을 자체는 작지만, 나름대로 작은 쇼핑센터도 있고 일식당과 중식당 등 제법 구색을 갖춘 레스토랑들도 있다. 주유소와 함께 있는 슈퍼마켓 4 Square에서 간단한 반조리 식품과 주류를 구입해 먹을 수도 있다.

어디서 자면 좋을까?

마을 중심에서 가까운 지역에 모텔, 홀리데이 파크, 백패커스 등이 늘어서 있다. 저렴한 숙소는 메인 스트리트 한 블록 뒤인 아오랑이 크레센트 Aorangi Crescent에 한두 군데 있고, 전망 좋은 호텔이나 고급 모텔은 호숫가를 끼고 8번 도로변에 흩어져 있다. 여름철이면 휴가를 즐기려는 현지인들까지 가세해서 방 구하기가 하늘의 별 따기다.

ACCESS

테카포 가는 방법

서쪽의 티마루에서 남쪽의 크롬웰까지 이어지는 8번 국도는 남섬의 내륙을 관통하는 도로다. 간혹 호수가 나타나는 것을 제외하면 끝없이 이어지는 목초지와 양떼가 풍경의 전부인 곳. 산악 지대를 만나면 굽은 길과 경사로를 지나야 하므로 자가 운전 시에는 각별히 졸음에 유의해야 한다.

버스 Bus

퀸스타운과 크라이스트처치의 중간 지점에 있는 테카포는 이 두 도시를 오가는 버스들이 거쳐가는 경유지다. 퀸스타운~마운트 쿡~크라이스트처치로 연결되는 인터시티와 뉴먼스 코치 버스가 상·하행 모두 1일 2회씩 정차하는데, 2회 모두 낮 시간에 정차해서 그 동안에 시내를 둘러볼 수 있다. 인터시티 버스가 정차하는 곳은 레스토랑 Lake Tekapo Tavern 옆 주차장. 8번 국도변에 위치한 아주 작은 번화가의 거의 끝 지점이다. 이 밖에 아토믹 셔틀과 서던 링크 Southern Link, 쿡 커넥션 Cook Connection 등의 로컬 버스도 테카포 호수를 경유한다.

• **Cook Connection 노선** 마운트 쿡~트위젤~테카포
021-583-211 www.cookconnect.co.nz

자동차 Car

렌터카로 가면 크라이스트처치에서 3시간, 퀸스타운에서 3시간 30분 그리고 마운트 쿡에서 1시간 30분이 소요된다. 인터시티 같은 장거리 버스는 여러 도시를 경유하므로 이보다 30분~1시간 정도가 더 걸린다.

REAL MAP 테카포 지도

01
지구에서 가장 아름다운 교회
착한 양치기의 교회 Church of Good Shepherd

세계에서 가장 작은 교회이자 가장 아름다운 교회. 테카포 호숫가에 있는 착한 양치기의 교회는 개척 시대 양치기들의 노고를 위로하기 위해 지어졌다. 아름다운 풍경과 잘 어우러지는 소박한 교회 건물은 누구라도 그 앞에서 스스로를 낮추고 돌아보게 만드는 힘이 있다. 군더더기 없이 정갈하고 경건한 실내에서는 오늘도 실제 예배가 이루어지고 있는데, 여행자들도 의자에 앉아 함께 기도에 참여하거나 자유롭게 내부를 둘러볼 수 있다. 영국산 듀크목과 뉴질랜드산 화강암으로 지은 이 교회는 1935년 8개월의 공사 끝에 완성되었고, 교회 내부는 낮 동안 일반인에게 공개하고 있다. 제단 뒤 커다란 창을 통해 바라보는 밀키 블루의 테카포 호수와 눈 덮인 서던 알프스의 모습이 숨 막힐 듯 아름답다. 버스가 정차하는 곳에서 걸어서 5분 거리.

Pioneer Dr, Lake Tekapo
여름 09:00~17:00, 겨울 10:00~16:00 685-8389
www.churchofthegoodshepherd.org.nz

02
동화 속의 바로 그 양몰이 개
바운더리 개 동상 Boundary Dog Statue

착한 양치기의 교회 바로 옆에 있는 콜리종 양몰이 개의 동상. 개척 시대에는 넓은 방목지 전체에 울타리를 만들 수 없었기 때문에 양몰이 개의 역할이 무엇보다 중요했다. 목장주들은 개들에게 작은 오두막을 지어주고 그곳에서 한 마리씩 지내게 하면서 길 잃은 양을 데려오거나 목장주가 갈 수 없는 지역을 지키는 중요한 임무를 맡겼다. 이 동상은 양몰이 개들의 헌신적인 활약을 기리기 위하여 세운 것이라고 한다. 길 잃은 양을 몰아오거나 부상당해 움직일 수 없는 주인을 자신의 체온으로 살려낸 일화 등, 우리가 동화 속에서 들어온 일들이 이곳에서는 실화로 전해지고 있다.

03
별이 쏟아지는 호숫가
별 관측 투어 Star Watching

하늘에 있는 별자리를 보는 일은 누구나 혼자 할 수 있지만, 별자리의 이름과 정확한 위치를 알아내기는 쉽지 않다. 테카포는 주변에 높은 빌딩이나 불빛이 없어서 별 관측의 최적의 장소로 꼽히는 곳이지만, 일반인들에게는 남십자성을 찾는 것조차 쉽지 않을 터. 이럴 때는 맑은 날을 골라 별 관측 투어에 참가해보자. 전문 가이드가 슬라이드를 상영하며 들려주는 별자리 이야기를 들은 뒤 천체 망원경을 통해 실제 별자리를 들여다보면, 막연하게만 보이던 천체가 손에 잡힐 듯 눈에 들어온다. 최소 인원 4명이 모여야 투어가 가능하다. 대표적인 별 관측 회사로는 Dark Sky Project와 Tekapostargazing이 있는데, 전자는 천문대와 같은 역할을 하고, 후자는 힐링과 스토리텔링을 겸한 별자리 여행이라 볼 수 있다. 후자의 경우 테카포 스프링스와 같은 회사로, 2시간 동안 전문가의 별자리 설명과 아름다운 음악, 그리고 스파를 한꺼번에 즐기는 프로그램이다.

Dark Sky Project
1 Motuariki Lane, Taupo 투어 출발 4~9월 20:00, 10월~3월 22:00(1시간30분~2시간 소요) Summit N$185, Crater N$119 680-6960 www.darkskyproject.co.nz

Tekapostargazing
State Highway 8 어른 N$129, 어린이 N$99
680-6579 www.tekapostargazing.co.nz

04
마운트 쿡으로 가는 가장 럭셔리한 방법
에어 사파리 Air Safaris Scenic Flights

테카포에서 출발하는 에어 사파리는 마운트 쿡과 마운트 타스만, 그리고 폭스 빙하와 프란츠 요셉 빙하까지 둘러보는 여러가지 비행 투어를 운영한다. 관광 비행을 잘 활용하면 이동 거리를 단축할 수 있다. 특히 크라이스트처치에서 육로로 가는 경우 마운트 쿡까지 가는 왕복 200㎞의 거리가 줄어드는 셈이다. 테카포와 마운트 쿡을 모두 다 둘러보면서도 시간을 단축할 수 있어서 시간이 별로 없는 여행자들이 주로 이용하며, 최소 인원이 모이는대로 수시 출발한다.

Air Safaris
수시 출발 30~60분까지 N$350~750
0800-806-880 www.airsafaris.co.nz

05
테카포의 핫 스폿
테카포 스프링스 Tekapo Springs

레이크사이드 드라이브의 길 끝까지 따라 들어가면, 깜짝 놀랄만한 시설물이 사람들을 기다린다. 약간 생뚱맞은 느낌까지 드는 현대식 워터슬라이드가 떡하니 나타나기 때문. 외관은 다소 요란하지만, 정작 노천탕에서 바라보는 호수의 모습은 완벽한 자연 그대로의 아름다움을 뽐낸다. 여름에는 워터슬라이드를, 겨울에는 스케이트장을 개장하지만, 우리 같은 여행자는 그냥, 노천탕에 몸 담그고 호수를 바라보는 신선놀음 이상 욕심내지 않아도 좋다. 처음에는 메인풀 2~3개로 시작했는데, 해를 거듭할수록 다양한 시설과 옵션이 늘어나면서 테카포의 핫 스폿으로 각광받고 있다. 어쨌든, 여행의 피로를 날려버리기에 더없이 좋은 곳이다.

6 Lakeside Dr. 온천(핫 풀) 어른 N$37, 어린이 N$22
680-6550 www.tekaposprings.co.nz

06
눈을 의심하게 만드는 천상의 컬러
푸카키 호수 Lake Pukaki

테카포 호수에서 8번 국도를 따라 45㎞쯤 가면, 어느 한순간 갑자기 시야를 막아서는 밀키 블루의 호수가 여행자의 심장을 멎게 한다. 바로 푸카키 호수. 마운트 쿡을 향하는 8번 도로는 바로 이 푸카키 호수를 끼고 이어지기 때문에 10분 정도 호수의 풍경을 감상하며 드라이브를 즐길 수 있다. 푸카키 호수는 마운트 쿡으로 가는 현관과 같다. 이곳에서부터 8번 도로와 갈라지는 80번 도로를 따라 2㎞ 정도만 더 가면 마운트 쿡이 나온다. 드라이브를 즐기던 차량들이 모두 멈췄다 가는 푸카키 호수는 마운트 쿡을 조망하기에 가장 좋은 위치. 차고 고요한 호수 뒤로 병풍처럼 펼쳐지는 눈 덮인 마운트 쿡이 마치 지상의 풍경이 아닌 것처럼 황홀하게 다가온다.

01
호반 일식집
Kohan Restaurant

테카포 강 다리 가까운 곳, 마을 입구에 자리 잡고 있는 일식 레스토랑. 얼핏 한국 사람이 운영하는 한국 음식점이 아닌가 생각할 수 있지만, 코한은 일본말로 '호반'이라는 뜻. 이름 그대로 호숫가에 있으며, 호수에서 잡은 숭어나 연어 등을 이용한 스시와 회를 선보인다. 꽤 오래되고 유명한 맛집이어서 식사 시간이면 기본 한 두 팀은 대기해야 입장할 수 있다. 연어 벤또가 대표 메뉴.

6 Rapuwai Lane, State Hwy. 8 월~토요일 11:00~14:00, 18:00~21:00, 일요일 11:00~14:00 680-6688
www.kohannz.com

02
동네 슈퍼마켓
Four Square

딱 흔히 볼 수 있는 프렌차이즈 슈퍼마켓이지만, 이 동네에서는 이곳처럼 중요한 곳도 없다. 여행자 수에 비해 인구수가 적어서 레스토랑이나 카페 등의 부대시설도 손에 꼽을 정도인 테카포에서 주민들과 여행자 모두에게 가장 중요하고 유일한 식재료 공수처이니 말이다. 다른 도시의 슈퍼마켓들에 비해서 반조리 식품들이 많은 편이다. 특히 로스트 치킨의 인기는 뜨거워서, 4시쯤에 벌써 동이 날 정도다. 오후 8시가 되면 정확하게 문을 닫으니, 이 도시에 도착하면 가장 먼저 슈퍼마켓으로 달려가야 한다.

State Hwy 8 08:00~20:00
680-6809

REAL TALK 맥켄지 컨트리와 전설의 양도둑 맥켄지

마운트 쿡의 기슭에 펼쳐진 넓은 고원 지대를 맥켄지 컨트리라고 합니다. 이곳의 이름은 전설적인 양도둑 제임스 맥켄지 James 'Jock' Mckenzie의 이름에서 유래했습니다. 1820년경 스코틀랜드에서 태어난 제임스 맥켄지는 1850년대 초 뉴질랜드로 이주했다고 전해집니다. 그러나 개척 사업을 하겠다던 그는 몇 년 뒤 희대의 무법자로 뉴질랜드 역사에 길이(!) 남게 됩니다.

사건인즉, 그의 충실한 양몰이 개 프라이데이 Friday의 도움을 받아 맥켄지 주변의 다른 농장에서 약 1000여 마리의 양을 훔친 것이죠. 1855년 4월 두 명의 마오리 양치기에게 붙잡힌 뒤로 그는 자신의 무죄를 호소하며 세 번씩이나 탈옥했습니다. 마침내 그는 뉴질랜드에서 추방 명령을 받고 호주로 건너갔다고 전해집니다. 과연 호주에서는 조용히 살았을까요?

마운트 쿡
MOUNT COOK
아오라키 AORAKI

MOUNT COOK

인구
250명

지역번호
03

인포메이션 센터 Mount Cook National Park Visitor Centre
1 Larch Grove, Aoraki/Mt Cook 겨울 08:30~17:00, 여름 08:30~18:30
435-1186 www.doc.govt.nz

구름을 뚫는 설산의 위엄 해발 3754m의 마운트 쿡은 뉴질랜드에서 가장 높은 산이다. 남섬을 가로지르는 서던 알프스 산맥의 높은 산 중에서도 단연 돋보이는 곳. 마운트 쿡을 중심으로 해발 3000m가 넘는 18개의 봉우리가 계곡 사이사이를 메우고 있다. 마운트 쿡을 둘러싸고 있는 드넓은 영토는 1986년 세계자연유산으로 지정되었으며, 공식 명칭은 마운트 쿡 국립공원 Mount Cook National Park이다. 이곳의 이름은 영국의 탐험가 제임스 쿡에서 유래했지만, 마오리들은 이곳을 아오라키라고 한다. 아오라키는 '구름을 뚫는 산'이라는 뜻. 이름 그대로 마운트 쿡 정상은 구름을 뚫고 드높은 곳에 있으며, 정상에는 만년설이 쌓여 있다. 햇빛에 반사된 얼음들은 푸른색으로 빛나며, 녹아내린 빙하는 테카포 호수까지 이른다.

ACCESS

마운트 쿡 가는 방법

개인적으로, 마운트 쿡으로 향하는 80번 도로의 풍경은 뉴질랜드 전체를 통틀어서 최고로 꼽을 만큼 아름답다. 설산과 호수를 끼고 달리는 드라이브가 끝날 즈음, 어느새 내가 거대한 산의 품에 들어가 있다.

버스 Bus

마운트 쿡에서 가장 가까운 도시인 테카포와 트위젤에서 인터시티 버스가 하루 1차례씩 오간다. 테카포에서 마운트 쿡 빌리지까지 1시간 20분이 걸리고, 트위젤에서 마운트 쿡 빌리지까지는 50분이면 도착한다. 한편 조금 저렴한 로컬 버스로는 쿡 커넥션 The Cook Connection도 추천할 만하다. 트위젤, 테카포, 마운트 쿡의 삼각 노선을 운행하는 버스로, 인터시티 보다 저렴한 대신 시간이 조금 더 걸리는 단점이 있다. 또 마운트 쿡까지 운행하지 않는 아토믹 셔틀과 뉴먼스 코치를 이용하는 승객들을 마운트 쿡 빌리지까지 데려다주는 커넥션도 담당하고 있다.
인터시티 버스와 쿡 커넥션 버스 모두 비지터 센터와 나란히 있는 허미티지 호텔 Aoraki Hermitage Hotel과 마운트 쿡 YHA 리셉션 두 군데에 정차한다.

- **쿡 커넥션 The Cook Connection**
  0800-266-526 www.cookconnect.co.nz

비행기 Airplane

마운트 쿡 빌리지에서 자동차로 20분 정도 거리에 있는 글렌타너 에어포트 Glentanner Airport는 비행기라기에는 그렇고, 주로 경비행기와 헬기가 이착륙하는 공항이다. 마운트 쿡으로 향하는 80번 국도변에 자리하고 있으며, 헬리콥터 사무실이 있는 글렌타너 파크 Glentanner Park 건물은 전망카페로 사용되고 있어서 마치 고속도로 휴게소 같은 느낌이다. 설산을 배경으로 헬리콥터와 경비행기가 뜨고 내리는 장면은 그것만으로도 진귀한 구경거리다. 커피 한 잔 마시면서, 잠시 쉬어가기 좋은 곳이다.

- **The Helicopter Line**
  Glentanner Park, Mt Cook 435-1801
  www.helicopter.co.nz/english/mount-cook

REAL MAP 마운트 쿡 지도

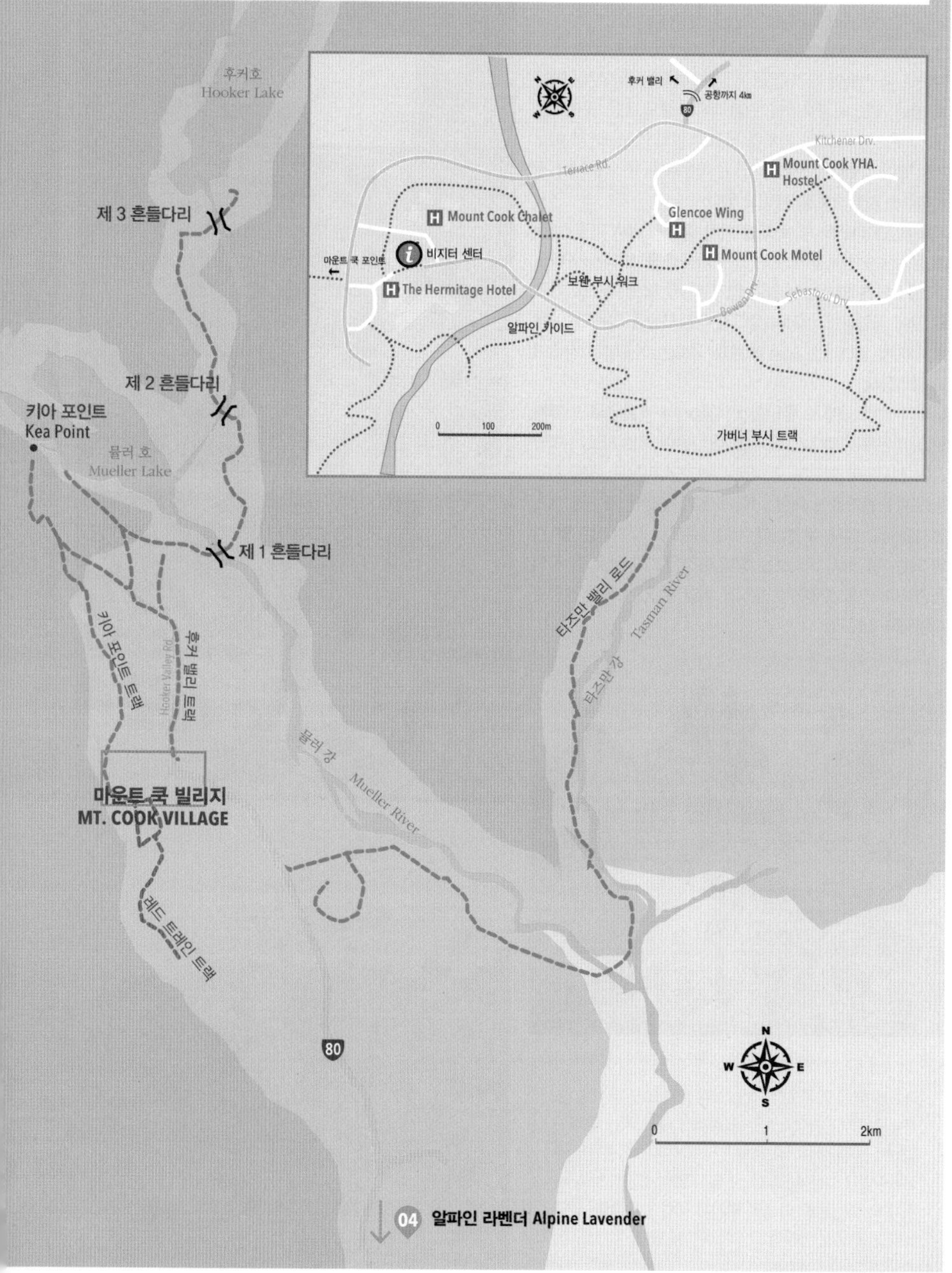

후커 밸리
공항까지 4km
80
Kitchener Drv.
Terrace Rd.
Mount Cook YHA. Hostel
Mount Cook Chalet
Glencoe Wing
마운트 쿡 포인트
비지터 센터
Mount Cook Motel
보웬 부시 워크
The Hermitage Hotel
Bowen Dr.
Sebastopol Dr.
알파인 가이드
0 100 200m
가버너 부시 트랙

후커 호
Hooker Lake
제 3 흔들다리
제 2 흔들다리
키아 포인트
Kea Point
뮬러 호
Mueller Lake
제 1 흔들다리
키아 포인트 트랙
Hooker Valley Rd
후커 밸리 트랙
타즈만 밸리 로드
Tasman River
타즈만 강
뮬러 강
Mueller River
마운트 쿡 빌리지
MT. COOK VILLAGE
레드 트레인 트랙
80
N
W
E
S
0 1 2km
04 알파인 라벤더 Alpine Lavender

SEE

01
산 아래 베이스캠프
마운트 쿡 빌리지 Mt. Cook Village

마운트 쿡 기슭에 자리 잡은 유일한 마을. 19세기부터 마운트 쿡을 찾는 관광객들을 위한 베이스캠프 같은 곳이었는데, 그때는 말이 끄는 마차를 타고 페얼리 Fairlie에서 이곳까지 왔다고 한다. 지금도 이곳은 마운트 쿡을 오르거나 관광하려는 사람들로 늘 붐비고 있다.

국도 80번 마운트 쿡 로드를 따라 끝까지 달려가면 길 끝에 옹기종기 건물들이 모여 있는 마운트 쿡 빌리지가 나오고, 동그랗게 형성된 마을의 양 갈래 길 어느 쪽으로 가도 그 끝에 국립공원 비지터 센터가 여행자들을 맞는다. 마운트 쿡에서 일어나는 모든 활동과 정보는 이곳에서 취합되고 알려진다.

비지터 센터 내부는 웬만한 전시장이나 박물관을 방불케 한다. 마운트 쿡의 자연과 지질, 동식물에 대한 자료가 벽면 가득 전시되어 있으며, 지하로 내려가면 마운트 쿡을 처음 등반한 등반가들에 대한 기록과 초기 생활을 재현한 여러 전시물들도 있다. 무엇보다 지하 1층으로 내려가는 몇 칸 안 되는 계단에서 바라보는 창밖 풍경은 그 자체로 한 폭의 풍경화다. 건물 뒤편에는 휴식을 취할 수 있는 작은 정원도 마련되어 있다.

REAL+

마운트 쿡은 지금보다 더 높았지만 1991년 거대한 눈사태로 꼭대기가 10m 정도 무너져 내려 지금 높이가 되었다. 이때 바위끼리 서로 부딪치며 내는 섬광은 정말 장관이었다고 전해진다. 또한 당시 엄청난 양의 눈과 바위가 타스만 빙하 아래로 부서져 내렸으며, 이로 인해 산의 동쪽 면은 영원히 모양이 바뀌게 됐다.

02
산속으로 한발 한발
마운트 쿡 트레킹
Mt. Cook Tracking

수많은 등산가들이 마운트 쿡에 오르려 했으나 실패를 거듭한 끝에 1884년에야 정상에 오를 수 있었다. 에베레스트산을 최초로 오른 힐러리 경이 산악 훈련 장소로 마운트 쿡을 선택하면서 그 험준함이 다시 한번 세계에 알려지기도 했지만, 지금은 비행기와 헬기를 이용하여 일반 관광객도 손쉽게 오를 수 있다. 그러나 굳이 등반이 아니더라도 마운트 쿡의 위엄과 빙하를 가까이서 느낄 수 있는 방법이 있다. 가장 많은 여행자들이 선택하는 트레킹이 바로 그것.
가벼운 산책에서부터 1일 코스, 며칠간 산장에 머무르며 본격적인 산행을 즐기는 것까지 다양한 트레킹 코스가 마련되어 있다. 비지터 센터에서 코스에 대한 안내를 받고 시간과 난이도에 맞는 코스를 선택하면 된다.

후커 밸리 트랙 Hooker Valley Track

마운트 쿡 등반의 거점으로 이용되는 코스지만, 시작 부분은 일반인들을 위한 트랙이 마련되어 있어서 트레킹 루트로 가장 인기가 높다. 비지터 센터에서 제1 흔들다리까지는 왕복 1시간 30분 정도, 제2 흔들다리까지 다시 2시간 정도가 소요된다. 비지터 센터에서 트랙의 마지막인 후커 레이크까지는 왕복 4시간 거리로, 여기까지가 하루 동안 걸을 수 있는 최대 범위다. 자동차가 있다면 후커 밸리 로드의 끝에 있는 화이트 호스 힐 캠프그라운드 White Horse Hill Campground 주차장에 차를 주차한 후 출발하는 것이 좋은데, 이 경우 30분 정도 단축할 수 있다.
트랙은 처음부터 끝까지 큰 경사 없이 평지를 걷는 코스지만, 도중에 3개의 흔들다리를 건너야 하는 등 다채로운 볼거리와 들꽃의 향연이 가득한 길이다. 목적지인 후커 레이크에 다다르면 마치 다른 행성에 온 것처럼 비현실적인 컬러의 강물과 둥둥 떠내려 온 빙하 덩어리, 그리고 산을 타고 불어오는 강풍에 잠시 넋을 잃을 지경이다.

마운틴 뷰 포인트 트랙 Mountain View Point Track(Kea Point Track)

비교적 간단하게 마운트 쿡의 웅장한 모습을 감상할 수 있는 전망대로, 비지터 센터 옆 허미티지 호텔 앞에서 출발한다. 전망대에 오르면 주변의 빙하 지대와 후커 밸리의 비경이 펼쳐진다. 왕복 2~3시간 소요.

시어리 턴 트랙 Sealy Tarns Track

마운틴 뷰 포인트 트랙에서 나누어지는 급경사면을 따라 1시간 30분을 더 가야하는 난코스. 트랙 바로 앞에 위치한 뮬러 산장 Muller Hut을 지나면, 마운트 올리비아로 이어지는데, 이 길은 전문 산악인들이 즐겨 찾는 곳으로 일반인들이 오를 때에는 특수 장비가 필요하다. 고도 600미터까지 올라가는 만만치 않은 코스이니, 평소 등반에 자신이 있거나 산악 장비를 갖춘 경우에 도전할 것을 권한다. 편도 3~4시간이 소요된다.

레드 턴 트랙 Red Tarns Track

마운트 쿡과 주변의 산을 모두 감상할 수 있는 전망대지만, 이곳에 오르기까지는 험난한 여정을 각오해야 한다. 마운트 쿡 빌리지를 출발해 작은 다리를 건너 급경사 길을 30분 정도 오르고 나면 길 끝에 산 정상의 연못이 오는데, 여기서 다시 30분 정도 더 오르면 평지에 도착한다. 이 연못에는 '레드 턴'이라는 지명의 유래가 된 빨간 수초가 자라고 있다. 왕복 2시간이 소요된다.

블루 호수 & 타스만 빙하 트랙 Blue Lake & Tasman Glacier View Walk

마운트 쿡을 유유히 가로지르는 타스만 빙하를 감상하려면, 국도에서 갈라지는 타스만 밸리 로드 Tasman Valley Rd.를 약 8㎞ 달려 종점에 위치한 블루 레이크 주차장으로 간다. 이곳이 트랙이 시작되는 출발점으로, 블루 호수를 지나면 전망대가 나타난다. 단, 여기서 조망할 수 있는 것은 빙하 하단의 광대한 허허벌판뿐이므로, 빙하를 감상하기보다는 주변의 산을 전망하는 코스로 이용하는 것이 좋다. 차도를 걸어야 하므로 자동차가 있는 사람에게 적합하다. 주차장에서 도보로 왕복 40분.

REAL TALK 돌이 되어버린 아오라키 전설

하늘의 아버지 라키 Raki와 땅의 어머니 파파투아누쿠 Papa-tua-nuku 사이에는 4명의 아들이 있었습니다. 이들의 이름은 각각 아오라키 Ao-raki, 라키로아 Raki-roa, 라키루아 Raki-rua, 라라키로아 Raraki-roa. 이들은 땅의 어머니를 중심으로 빙 둘러앉아 살고 있었다고 합니다.
그러던 어느 날, 어머니의 신발이 물에 떠내려가는 것을 보고 주우러 내려간 네 형제는 그만 마법에 걸려 돌로 변하고 말았다고 하네요. 그 중에서 가장 큰 형이 바로 마운트 쿡이고, 그 둘레를 감싸고 있는 세 개의 봉우리는 각각 동생들이라는, 슬프고도 안타까운 전설이 아오라키 골짜기를 타고 전해 온답니다.

03

100% 리얼
크로스컨트리 스키 Cross Country Ski

마운트 쿡에서의 스키는 헬리콥터나 경비행기를 타고 산 정상에 올라, 활강을 즐기며 내려오는 헬리스키가 일반적이다. 그러나 마운트 쿡 빌리지 안에서 즐기는 겨울철 크로스컨트리 스키도 의외로 재미있다. 크로스컨트리 스키가 가능한 시기는 눈이 많이 온 다음날 정도에 한정되지만, 스키 마니아라면 세계 최고의 천연 스키장에서 즐기는 크로스컨트리 스키는 놓치고 싶지 않은 기회임에 틀림없다.
헬리콥터&경비행기 스키는 물론이고, 크로스컨트리 스키에 대한 장비와 옵션에 대한 상담과 예약은 빌리지 내의 알파인 가이드에서 할 수 있다.

Alpine Guides 98 Bowen Drive 435-1834
www.alpineguides.co.nz

04

또 하나의 컬러
알파인 라벤더 Alpine Lavender

마운트 쿡으로 향하는 80번 도로는 푸카키 호수의 물빛과 점점 가까워지는 마운트 쿡의 만년설이 함께 하는 아름다운 도로다. 지구 위에 이토록 아름다운 풍경이 있을까 눈을 의심하게 하는 풍경 속에 또 하나의 컬러가 나타난다. 푸카키와 마운트 쿡 사이에 있는 알파인 라벤더의 황홀한 보랏빛이 그것.
앨런 티비 Allan Tibby와 블레이크 포스터 Blake Foster라는 이름의 두 친구는 해발 600미터의 이 라벤더 농장을 일구기 위해 청춘을 다 바쳤다고 해도 과언이 아니다. 척박한 땅에 라벤더를 키워내기까지의 이야기가 더해져 알파인 라벤더의 보랏빛이 더 아름다워 보이는 지도 모른다. 2009년부터 시작된 라벤더 프로젝트가 첫 결실을 맺은 것은 불과 3~4년 전의 일이다. 주차장에 차를 대고 보랏빛 물결에 숨어 사진을 찍어도 좋고, 컨테이너 박스처럼 생긴 라벤더 숍에서 100% 순수 오가닉 라벤더 제품들을 구경해보는 것도 좋다.

알파인 라벤더 Alpine Lavender
397 Mount Cook Highway 10:00~17:00 무료
268-1546 www.nzalpinelavender.com

퀸스타운
QUEENSTOWN

인구

1만 4,000명

QUEENSTOWN

지역번호

03

인포메이션 센터 Queenstown i-SITE Visitor Information Centre

Clocktower Bld.(Cnr. Shotover & Camp Sts.)

08:30~21:00 442-4100 www.queenstownisite.co.nz

완벽한 여왕의 도시 퀸스타운으로 향하는 길은 마치 동화 속 세상으로 들어가는 것처럼 아름답다. 짙은 초록의 와카티푸 호수를 따라 깊숙이 숨어 있는 아름답고 품위 있는 도시. 여왕이 살아도 될 만큼 기품 있고 아름다운 도시라는 의미의 '퀸스타운'에 도착하는 순간, 그 이름에 마음 깊이 동감하게 될 것이다. 그러나 뉴질랜드가 자랑하는 세계적인 휴양 도시 퀸스타운도 불과 150여 년 전에는 양떼를 위한 목초지에 지나지 않았다. 1862년, 근처 쇼토버 강에서 금맥을 찾아내기 전까지는 말이다. 골드러시를 타고 사람들이 모여들면서 1년 뒤 이 도시는 끝도 보이지 않을 만큼 많은 건물과 사람들로 넘쳐났다. 오늘날 이 도시는 천혜의 자연을 활용한 각종 레포츠가 발달하면서 세계적인 레포츠의 메카로 거듭나고 있다. 여름에는 호수를 따라 래프팅과 제트스키 등을 즐기고, 겨울에는 스키와 스노보드를 즐기기 위해 리마커블스 스키장으로 몰려드는 사람들. 그들이 있어 여왕의 도시 퀸스타운에는 언제나 젊음의 열기와 활력이 넘쳐난다.

퀸스타운 미리 보기
CITY PREVIEW

어떻게 다니면 좋을까?

퀸스타운 시내를 돌아보는 데는 별다른 교통수단이 필요 없다. 걸어 다니는 것 자체가 즐거운 도시여서 오히려 웬만한 거리는 걸어 다니라고 권하고 싶을 정도.
그러나 숙소들이 폭넓게 흩어져 있기 때문에 볼거리가 있는 시내까지 갈 때나 근교로 이동할 때는 대중교통 오르버스 Orbus를 적절히 이용하는 것도 시간을 절약하는 요령이다.

어디서 무엇을 볼까?

퀸스타운은 노년을 여유롭게 즐기려는 뉴질랜더들과 액티비티를 즐기기 위해 전 세계에서 모여든 젊은이들이 함께 거리를 활보하는 곳이다.
비치 스트리트와 머린 퍼레이드에 길게 늘어선 카페와 잔디광장에서 남녀노소를 불문하고 담소를 나누거나 커피잔을 기울이는 모습이 무척 평화로워 보이는 곳. 따라서 이 도시의 볼거리도 잔잔하고 정적인 것과 다이내믹하고 동적인 것으로 양분된다.
먼저 시내의 정적인 볼거리부터 살펴본 다음 근교로 나가 액티비티를 즐겨보자.
시내의 볼거리가 그렇듯이 근교의 볼거리 역시 멀지 않은 곳에 옹기종기 모여 있다. 가깝게는 15분부터 멀게는 40분까지의 거리여서 부담 없이 둘러볼 수 있다.

어디서 뭘 먹을까?

퀸스타운에서는 무엇을 먹을까보다는 어디에서 먹을까가 더 큰 고민이다. 동서양 요리를 막론하고 먹고 싶은 음식이 모두 모여 있으니 어떤 집에서 먹을까만 고민하면 된다는 말. 여행자들의 주머니 사정을 고려한 저렴하고 캐주얼한 레스토랑을 비롯해 정통을 앞세운 고급 레스토랑까지, 셀 수 없이 많은 음식점이 비치 스트리트와 더 몰 인근에 모여 있다. 밤이 되면 퍼브와 바에서 흘러나오는 라이브 음악이 여행자의 가슴을 설레게 한다.

어디서 자면 좋을까?

시내를 중심으로 광범위한 지역에 숙소들이 흩어져 있다. 중급 이상의 모텔은 퀸스타운 힐 근처의 전망 좋은 곳에 자리잡고 있으며, 저렴한 숙소들은 주로 레이크 에스플러네이드 Lake Esplanade 근처에 있다.

ACCESS

퀸스타운 가는 방법

남섬에서 두 번째로 큰 도시이며 관광지로는 둘째가라면 서러워할 도시인만큼, 퀸스타운으로 가는 교통편은 고르게 잘 발달되어 있다. 단, 선택의 여지는 많지만 남섬 중에서도 꽤 아래쪽에 있는 이 도시까지 이동하려면 긴 인내의 시간이 필요하다.

비행기 Airplane

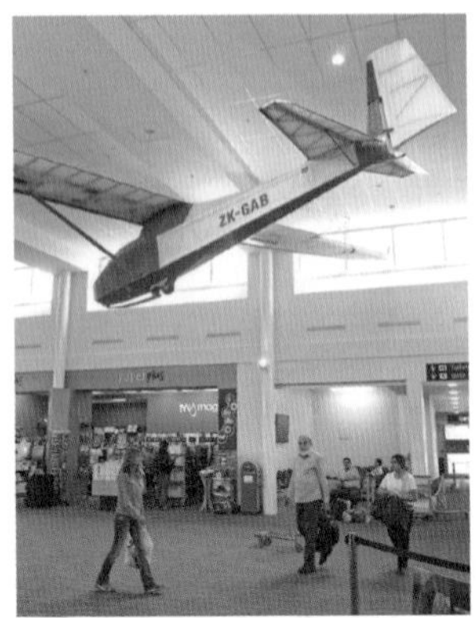

에어뉴질랜드와 콴타스 항공이 각각 퀸스타운까지 운항한다. 에어뉴질랜드는 오클랜드·로토루아·크라이스트처치·웰링턴에서 퀸스타운 행 직항이 있고, 콴타스 항공은 크라이스트처치에서 퀸스타운까지 매일 직항편을 연결한다. 저가 항공 제트스타 Jetstar도 매일 오클랜드와 퀸스타운을 오간다.

- **에어뉴질랜드** 0800-808-767 www.airnewzealand.co.nz
- **콴타스 항공** 441-1900 www.qantas.co.nz

공항 ---→ 시내

퀸스타운 공항은 도심에서 동북쪽으로 약 8㎞ 떨어진 프랭크턴 Frankton 지역에 자리잡고 있다. 공항에서 시내까지는 공항버스 Air Bus를 이용하면 쉽게 이동할 수 있다. 이 공항버스는 퀸스타운의 시내 교통을 담당하는 오르버스 Orbus에서 운영하는 것으로, 손쉽게 연두색의 1번 노선 버스를 타면 된다. 공항이 있는 프랭크턴에서 시내의 더 몰까지 요금은 N$10. 퀸스타운 교통카드 Bee Card를 이용하면 N$2에 퀸스타운 시내 어디든 도착할 수 있다. 대신 비카드 구입 비용이 있으니, 여행 도중 시내버스를 이용할 계획이라면 공항에서부터 비카드를 구입하고, 그렇지 않다면 현금 사용을 권한다.
공항에서 시내까지 택시로 가려면 우버 택시나 퀸스타운 택시를 이용할 수 있다. 택시 요금은 약 N$25~30, 시간은 약 10분 소요된다.

버스 Bus

크라이스트처치에서 출발하는 인터시티 버스는 더니든을 경유하는 노선과 마운트 쿡 Mount Cook을 경유하는 노선으로 나뉜다. 전자는 퀸스타운을 거쳐 테 아나우까지 운행하고, 후자는 퀸스타운이 종점이다. 프란츠 요셉에서 출발하는 동부 노선도 퀸스타운까지 운행하며, 이 모든 인터시티 노선들이 하루 1회 이상 퀸스타운에 도착한다.

한편 남쪽으로부터는 인버카길과 퀸스타운을 오가는 노선 그리고 밀포드 사운드에서 테 아나우를 거쳐 퀸스타운까지 운행하는 노선이 매일 연결된다. 퀸스타운에 도착한 인터시티 버스는 캠프 스트리트 Camp St.의 시계탑과 퀸스타운 YHA 앞 두 군데에 정차한다. 발권 업무는 비지터 센터에 자리잡은 인터시티 사무실에서 한다.

이밖에 키위 익스피리언스, 매직 버스, 플라잉 키위 버스 등도 서부 해안을 따라 넬슨에서 퀸스타운까지 운행한다. 크라이스트처치~마운트 쿡~퀸스타운을 잇는 마운트 쿡 랜드라인 Mount Cook Landline 버스도 이용할 만하다.

• **퀸스타운 인터시티** Cnr. Shotover & Camp Sts. 442-8238 www.intercity.co.nz

시내 교통 TRANSPORT IN QUEENSTOWN

시내버스, 오르버스 Orbus

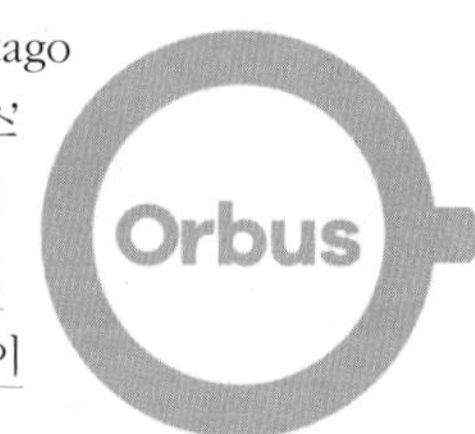

2018년에 새롭게 바뀐 퀸스타운 시내버스의 이름은 '오르버스 Orbus'. Otago Region+Bus가 합해진 합성어로, 퀸스타운이 속해 있는 '오타고 지역의 버스'라는 말이다. 새롭게 바뀐 시스템의 특징은 요금에 있다. 거리에 따라 요금이 달라졌던 이전과 달리, 퀸스타운 내 어디를 가든 현금 N$4, 비카드 N$2에 이용할 수 있도록 통합한 것이다. 단, 공항버스는 예외로, 현금 N$10의 요금이 부과되니 주의할 것.

교통 할인 카드의 일종인 비카드 BeeCard는 공항이나 오코넬스 몰 키오스크에서 N$5에 구입할 수 있고, 비카드를 이용할 경우 30분의 무료 환승도 가능하다(현금은 무료 환승 불가). 비카드는 오타고 지역 내에서 폭넓게 사용되므로 더니든까지 여행할 계획이라면 비카드를 구입하는 것도 경제적이지만, 퀸스타운 내에서만 이용할 계획이라면 굳이 비카드를 구입할 필요는 없어 보인다.

또 한 가지 변화는 애플리케이션을 통한 스마트 시스템을 보다 강화한 것이다. 'Transit'이라는 이름의 앱을 다운받아 놓으면, 가까운 정류장과 타야 할 버스의 번호를 손쉽게 알 수 있다.

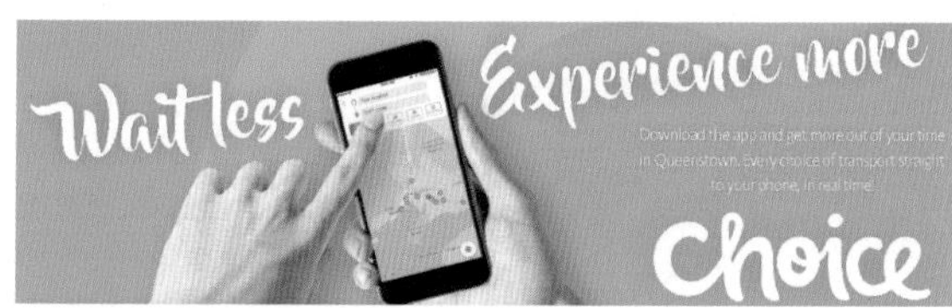

• **오르버스 Orbus** 441-4471 www.orc.govt.nz/public-transport/queenstown-buses

REAL COURSE

퀸스타운 추천 코스

퀸스타운의 무궁무진한 즐거움을 제대로 맛보려면 최소한 3일 이상의 시간이 필요하다. 하루 정도는 와카티푸 호수를 따라 산책하거나 도심의 관광지를 둘러보고, 이틀째에는 애로타운과 와이너리를 둘러본 뒤, 사흘째부터는 본격적인 액티비티 (430p Real Guide 참조)에 돌입한다.

DAY 01

첫째 날 퀸스타운까지 오는 길이 녹녹치 않았을 듯. 그러니 첫째 날은 이 도시의 우아하고 평화로운 모습을 천천히 감상하자. 크게 쇼토버 스트리트와 스탠리 스트리트에 둘러싸인 시내는 걸어서 30분이면 한 바퀴 돌아볼 수 있을 만큼 아담하다.

예상 소요 시간 5~6시간

START

더 몰
퀸스타운 최대의 번화가

도보 2분

와카티푸 호수
이곳에서 증기선 언슬로호를 타보자

도보 1분

수족관
조금 시시하지만 나름대로 정겹다

도보 5분

퀸스타운 가든
평화로움 그 자체

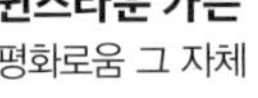

도보 15분

스카이라인 콤플렉스
반드시 올라봐야 할 베스트 스폿

도보 2분

FINISH

키위 공원
건물 앞의 붉은 조형물이 인상적

DAY 02

둘째 날 시내가 한눈에 들어올 쯤 되면 근교로 나가보자. 오전에는 세계 최초의 번지점프대가 있는 깁슨 밸리를 둘러보고, 오후에는 애로타운 등 근교의 하이라이트를 둘러본 다음 온센스파에서 여행의 피로를 푼다.

예상 소요 시간 8~10시간

START

퀸스타운
관광안내소에서 출발

자동차 25분

번지점프 브리지
세계 최초의
번지점프 장소

자동차 10분

깁슨 밸리
뉴질랜드산 와인 한번 맛볼까요?

자동차 20분

애로타운
살아있는 민속촌

자동차 25분

온센 스파
만년설을 녹인 물

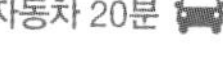

자동차 20분

FINISH

퀸스타운
여왕의 도시로 귀환

REAL MAP 퀸스타운 광역 지도

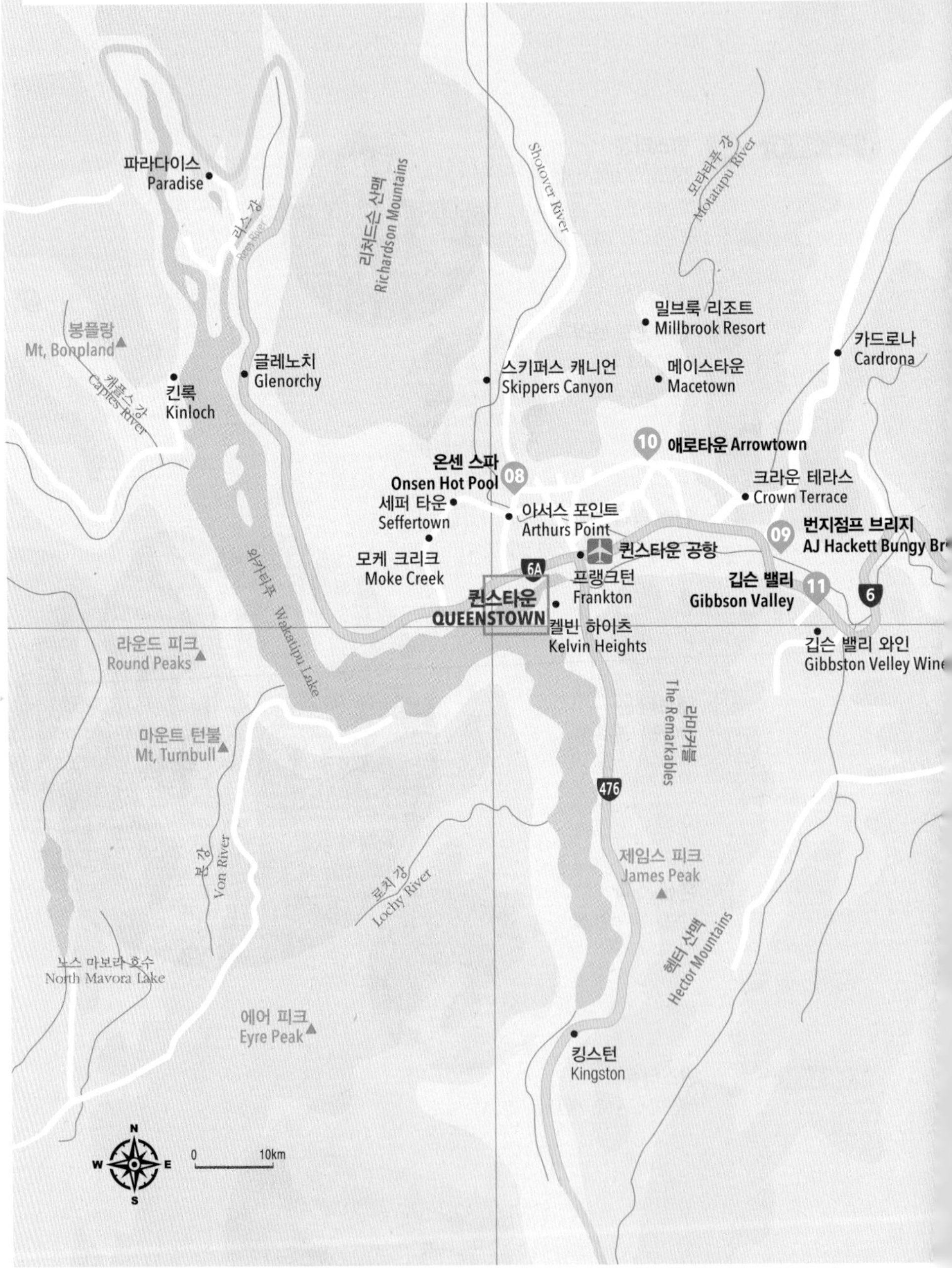

파라다이스 Paradise
리스 강 Rees River
리처드슨 산맥 Richardson Mountains
Shotover River
모타타푸 강 Motatapu River
봉플랑 Mt, Bonpland
캐플스 강 Caples River
킨록 Kinloch
글레노치 Glenorchy
밀브룩 리조트 Millbrook Resort
카드로나 Cardrona
스키퍼스 캐니언 Skippers Canyon
메이스타운 Macetown
10 애로타운 Arrowtown
온센 스파 Onsen Hot Pool 08
세퍼 타운 Seffertown
아서스 포인트 Arthurs Point
크라운 테라스 Crown Terrace
09 번지점프 브리지 AJ Hackett Bungy Br
모케 크리크 Moke Creek
퀸스타운 공항
6A
프랭크턴 Frankton
퀸스타운 QUEENSTOWN
켈빈 하이츠 Kelvin Heights
깁슨 밸리 Gibbson Valley 11
6
깁슨 밸리 와인 Gibbston Velley Wine
와카티푸 Wakatipu Lake
라운드 피크 Round Peaks
마운트 턴불 Mt, Turnbull
The Remarkables 리마커블
476
폰 강 Von River
로치 강 Lochy River
제임스 피크 James Peak
헥터 산맥 Hector Mountains
노스 마보라 호수 North Mavora Lake
에어 피크 Eyre Peak
킹스턴 Kingston
N W E S
0 10km

REAL MAP 퀸스타운 지도

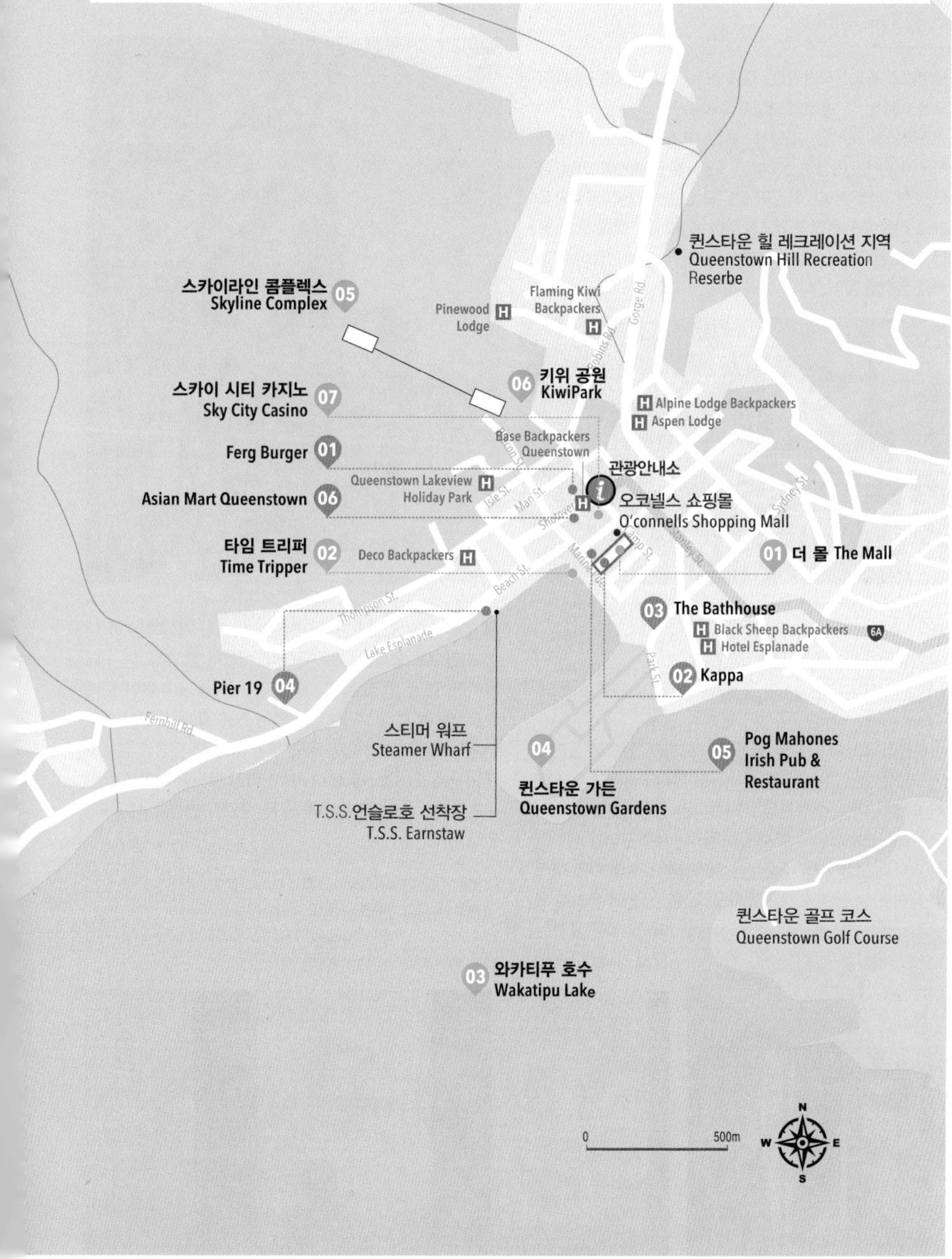

퀸스타운 힐 레크레이션 지역
Queenstown Hill Recreation Reserbe

스카이라인 콤플렉스 05
Skyline Complex

Pinewood Lodge

Flaming Kiwi Backpackers

Gorge Rd.

Robins Rd.

06 키위 공원
KiwiPark

스카이 시티 카지노 07
Sky City Casino

Alpine Lodge Backpackers

Aspen Lodge

Base Backpackers Queenstown

Ferg Burger 01

관광안내소

Queenstown Lakeview Holiday Park

Asian Mart Queenstown 06

Isle St.

Man St.

Shotover St.

오코넬스 쇼핑몰
O'connells Shopping Mall

Sydney St.

타임 트리퍼 02
Time Tripper

Deco Backpackers

Beach St.

Marine Pde

Camp St.

Stanley St.

01 더 몰 The Mall

Thompson St.

03 The Bathhouse

Black Sheep Backpackers

Hotel Esplanade

6A

Lake Esplanade

Park St.

02 Kappa

Pier 19 04

Fernhill Rd.

스티머 워프
Steamer Wharf

04

05 Pog Mahones Irish Pub & Restaurant

퀸스타운 가든
Queenstown Gardens

T.S.S.언슬로호 선착장
T.S.S. Earnstaw

퀸스타운 골프 코스
Queenstown Golf Course

03 와카티푸 호수
Wakatipu Lake

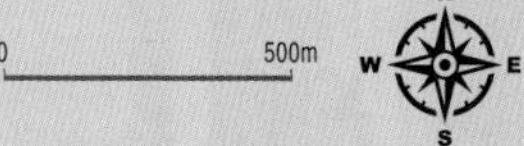

SEE

01
퀸스타운 여행의 시작
더 몰 The Mall

오커넬스 쇼핑센터가 있는 캠프 스트리트부터 머린 퍼레이드에 이르는 약 15m의 보행자 도로.
퀸스타운에 도착한 여행자는 물론 이 도시의 시민 모두가 하루에 한 번 이상은 통과하게 된다 해도 과언이 아닐 정도인 핫 플레이스다. 차량이 다니지 않는 이 거리 양옆으로 크고 작은 쇼핑센터와 레스토랑이 즐비하고, 햇살 좋은 날은 거리 한가운데까지 늘어선 노천카페의 파라솔들이 이국적인 정취를 뿜어낸다.

몰의 남쪽 끄트머리에 있는 머린 퍼레이드는 와카티푸 호수와 맞닿아있어 마치 해변에서처럼 일광욕을 즐기는 사람들로 자유분방한 분위기. 한편, 반대쪽인 캠프 스트리트는 장거리 버스 정류장과 관광안내소, 슈퍼마켓 등과 가까워서 여러모로 이 도시의 중심 역할을 한다.

02
작지만 100% 라이브 수족관
타임 트리퍼 Time Tripper

수족관이라고 하기엔 좀 민망한 규모지만, 안으로 들어가면 '라이브'의 즐거움이 있다. 대규모 유리 터널이라든가 해저 터널이 있는 수족관을 기대했다면 몹시 실망스럽겠지만, 그냥 소박하게 이 도시에 어울리는 수족관이라 생각하면 이마저 정겹다. 이 수족관은 와카티푸 호수의 수면 아래에 유리로 된 건물을 지은 것과 같다. 한 쪽 면이 유리로 되어 있어서 오가는 물고기와 오리떼를 관찰할 수 있도록 만들어놓은 것. 마치 거실에 앉아 대형 화면으로 영화를 보는 듯하다. 여기서 볼 수 있는 최대 하이라이트는 청둥오리나 흑조 같은 야생 조류들이 물속으로 잠수해서 물고기를 잡아먹는 장면. 어느 최신식 대형 수족관에서도 보기 힘든 장면이다. 최근 새 단장을 끝내고 Underwater Observatory에서 타임 트리퍼로 이름을 바꾸고, 대형 스크린도 설치하는 등 다양한 변신을 시도하고 있다.

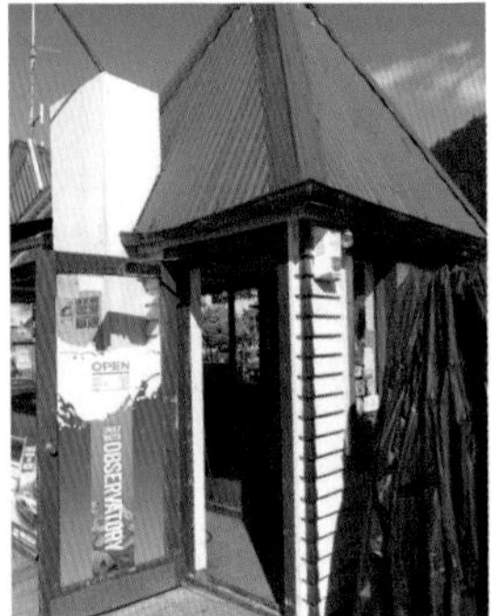

- Maintown Pier(쇼토버 제트스키 승선장 옆)
- 여름 08:30~21:00, 겨울 08:30~18:00
- 어른 N$15, 어린이 N$8, 가족 N$20 0800-529-272
- www.kjet.co.nz/our-trips/time-tripper

03
이 도시의 거의 모든 것 와카티푸 호수 Lake Wakatipu

거울 같은 와카티푸 호수. 마오리들은 이곳을 '비취 호수'라 부르는데, 그 이름처럼 비췻빛으로 반짝이는 물빛은 비현실적일만큼 아름답다. 타우포 호수, 테 아나우 호수에 이어 뉴질랜드에서 세 번째로 큰 규모를 자랑하며, 좁고 긴 S자 형태로 퀸스타운을 감싸돌고 있다.
머린 퍼레이드의 호숫가에서는 마치 바닷물처럼 썰물과 밀물이 생기는 것을 볼 수 있는데, 조수간만의 차가 자그마치 20㎝나 된다. 기온과 기압의 차이에 의한 것으로 알려져 있지만, 어쨌든 눈앞에 펼쳐지는 풍경은 작은 해변의 풍경처럼 다채롭다. 마오리들은 이런 현상이 와카티푸 호수바닥에 누워 있는 거인의 심장 박동 때문이라고 믿고 있다. 호수의 원래 이름 '와카 티파 와이 마오리(거인이 누워 있는 사이사이를 흐르는 물)'도 그런 전설에서 유래한다.

증기선 언슬로 호 T.S.S. Earnslaw

'호수의 귀부인'이라는 애칭을 가진 구식 증기선 언슬로 호는 석탄을 연료로 사용하는 남반구 최후의 증기선 가운데 하나다. 언슬로 호의 애초 목적은 외따로 떨어진 농가에 물자를 전달하기 위한 것이었는데, 1912년 이후 와카티푸 호수를 건너는 관광객을 실어나르는 관광 유람선으로 변했다. 초록빛 호수 위로 하얀 증기를 뿜으며 천천히 물살을 가르는 구식 증기선. 아름다운 와카티푸 호수의 경관을 감상하는 데는 이만한 수단도 없을 듯하다. 퀸스타운 선착장에서 출발한 증기선이 월터 피크 Walter Peak까지 거슬러 올라갔다 돌아오는 데는 왕복 1시간 35분이 소요된다. 13노트의 아주 느린 속도로 움직이는 배의 갑판 위에서 산책을 하거나 구식 증기선 내부를 견학해보는 것도 재미있다. 옛날 방식 그대로 석탄을 집어넣는 모습도 이색적이다.
언슬로 크루즈는 단순히 월터 피크까지 갔다 돌아오는 일정이지만, 그밖에 월터 피크 농장 견학 Walter Peak Farm Tour나 승마 Walter Peak Horse Trek 또는 다이닝 Walter Peak Gourmet BBQ Dinner 등의 옵션도 선택할 수 있다. 목장 견학과 식사·옵션을 포함한 투어는 운항 시각과 소요 시간이 각각 다르다. 유의해야 할 점은 매년 5월 중순~6월 중순 한 달 동안에는 정기 점검을 위해 언슬로 호 대신 신식 동력선을 운항한다는 것.

12:00, 14:00, 16:00(10월~4월 21일은 10:00, 18:00, 20:00에도 출항) 크루즈 어른 N$99, 어린이 N$49
0800-656-501, 249-6000 www.realnz.com

04
여왕을 여왕답게 만드는 곳
퀸스타운 가든
Queenstown Gardens

퀸스타운을 여왕의 도시답게 만드는 또 다른 일등공신. 와카티푸 호수를 향해 엄지손가락처럼 튀어나온 작은 반도 전체를 정원으로 만들어두었다. 머린 퍼레이드를 따라 동쪽 끝까지 걸어가면 퀸스타운 가든 입구와 연결되고, 자연스럽게 내부를 산책하게 된다. 더 몰에서 가든 입구까지는 걸어서 5분이 채 안 걸리는 거리. 이름은 가든이지만 보타닉 가든처럼 식물원 개념이 아니라 그저 평화롭고 정겨운 동네 공원 같은 곳이다. 그래도 다 둘러보려면 1시간은 충분히 걸리는 광대한 부지로, 1867년 문을 열 때 심은 두 그루의 기념 식수가 무성한 잎을 드리우고 있다.
입구에서 끝까지 와카티푸 호수를 끼고 있어서 풍경이 수려하고, 가운데에는 작은 인공 연못까지 있어 더욱 운치를 자아낸다. 장미 정원은 사시사철 꽃을 피우고, 어린이 놀이터, 인라인스케이트장 등의 편의 시설도 잘 갖추어져 있다.

☎ 441-0499 Ⓢ 무료

05
한눈에 들어오는 어메이징 스카이 뷰
스카이라인 콤플렉스
Skyline Complex

전원적인 퀸스타운 시가지와 와카티푸 호수의 아름다운 자태, 그리고 양떼가 풀을 뜯는 목가적인 풍경까지 퀸스타운의 모든 것을 한눈에 감상하고 싶다면 보브스 피크 정상에 자리한 스카이라인 콤플렉스로 가야 한다. 이곳은 해발 790m의 언덕으로, 전망대에 서면 멀리 리마커블스 산맥, 코로넷 피크 그리고 와카티푸 호수 건너편의 월터 피크까지 한 폭의 그림처럼 펼쳐지는 풍경을 즐길 수 있다. 시내에서 브레콘 스트리트 Brecon St.를 따라 약간 경사진 언덕을 올라가면 오른쪽에 '키위 공원'이 나오고, 몇 걸음만 더 가면 곧이어 막다른 곳에 자리한 곤돌라 승강장이 나타난다. 여기에서 티켓을 구매한 후 곤돌라에 오르면 서서히 고도가 높아지면서 시야가 넓어진다.
정상에는 전망대와 레스토랑, 기념품점 그리고 키위 매직 영화관이 모여 있는 복합 건물 스카이라인 콤플렉스가 있다. 특히 전망대 레스토랑은 아름다운 경관을 내려다보면서 양질의 뉴질랜드 산 해산물 뷔페를 맛볼 수 있다는 점 때문에 많은 사람들이 즐겨 찾는 곳. 곤돌라와 백만 불짜리 전망의 레스토랑 뷔페를 묶어서 판매한다. 한편 봅슬레이를 개조해서 만든 루지는 속도와 스릴을 즐길 수 있는 아주

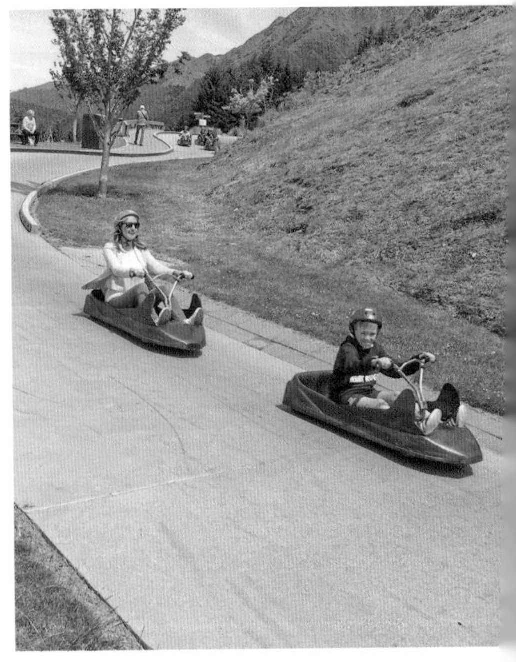

좋은 놀거리(?)다. 초보자를 위한 시닉 트랙 Scenic Track과 경험자를 위한 패스트 트랙 Fast Track으로 나뉘어 있으며, 각각 800m 길이의 가파른 트랙을 순식간에 내려오게 된다. 이밖에 새롭게 개발된 루지번지와 탠덤 파라펜트 Tandem Parapente도 나날이 인기를 더해가고 있다.

Brecon St. 09:00~일몰
곤돌라 어른 N$59, 어린이 N$41/곤돌라+루지 3번 어른 N$81, 어린이 N$57/곤돌라+디너 어른 N$142, 어린이 N$99
441-0101 www.skyline.co.nz

스타게이징 Stargazing

남반구의 밤하늘을 뒤덮은 수많은 별의 향연. 한번이라도 이 장면을 본 사람이라면 평생 그토록 많은 별이 빛나던 순간을 잊을 수 없을 것이다. 그런데 정작 말로만 듣던 남십자성을 찾으려들면 그리 쉽게 내 눈앞에 나타나지 않는다. 나타난다 한들 그것이 남십자성인지 무엇으로 확신할 수 있을까. 설산으로 둘러싸인 퀸스타운에 밤이 내리면, 이 도시에서 사람이 지은 가장 높은 건물인 스카이라인 곤돌라의 정상에서 별 보기 투어가 시작된다. 전문 가이드의 설명을 따라 밤하늘 별바라기를 하다 보면 75분이라는 시간이 순식간에 지나가 버릴 정도. 뉴질랜드에 가면, 그리고 퀸스타운에 가면, 꼭 한번 체험해볼 것을 권한다. 24시간 전에 예약해야 하고, 요금에는 스카이라인 곤돌라 왕복 이용권이 포함되어 있다.

스카이라인 콤플렉스 내 어른 N$139, 어린이 N$99
441-0101 www.skyline.co.nz/queenstown/stargazing

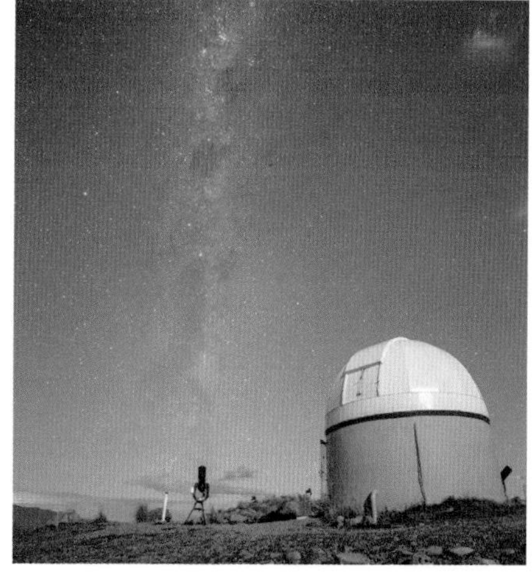

06
뉴질랜드 야생 조류를 만날 수 있는 보물 창고
키위 공원 Kiwi Park

스카이라인 콤플렉스로 향하는 브레콘 스트리트에 자리하고 있으며, 붉은 연통 모양의 특이한 조형물 덕분에 찾기가 아주 쉽다. 1986년부터 이곳을 운영하고 있는 윌슨 패밀리 Wilson Family는 멸종 위기에 처한 야생 조류와 뉴질랜드 국조인 키위를 보호하기 위해서 이 공원을 열었다고 한다. 야행성인 키위를 보호하기 위해 실내는 암실처럼 어둡게 유지되고 있지만, 어둠에 익숙해지면 곧이어 웅크리고 있는 키위를 발견할 수 있다. 카메라 플래시를 터뜨리는 행위는 절대 금지! 사진 촬영도 금지하고 있다. 키위 우리를 나오면 다양한 야생 조류를 만나볼 수 있다. 자연 상태 그대로 재현되고 있는 야생 공원 안에서 자유롭게 날아다니는 올빼미, 파라키트, 블랙 스틸트 Black Stilt, 브라운 틸 Brown Teal 등 우리에게는 이름도 낯선 새들이 형형색색의 날개와 울음 소리로 방문자를 반긴다.

키위 공원이 생태 공원인 이유는 매일 반복되는 의미 있는 만남, 일명 데일리 엔카운터스가 있기 때문이다. 매일 4번의 키위 먹이주기(10:00, 12:00, 13:00, 16:30), 하루 두 번만 허락되는 도마뱀 투아타라 먹이주기(11:00, 15:00), 두 차례씩의 Conservation Shows(11:00, 15:00) 등이 그것. 모든 프로그램은 전문 지식을 갖춘 해설사가 실제 동물과 교감하는 모습을 보여주고, 관객의 참여를 유도한다. 시간 맞춰 프로그램에 참여해보는 것과 그냥 눈으로만 지나쳐 보는 것의 차이가 꽤 큰 관광지다.

30분 남짓 셀프 가이드 트레일을 따라 이동하면서 새삼 환경의 중요성을 느끼는 것도 소중한 결실. 조류의 알과 새끼 다루는 법, 먹이 주는 법 등을 보여주는 시범이 있으며, 공원 안 레스토랑에서는 새들과 함께 아침·점심·저녁 식사를 즐길 수 있다.

Brecon St. 09:00~17:30 크리스마스 휴무
어른 N$52, 어린이 N$26
442-8059 www.kiwibird.co.nz

07
잠 못 이루는 밤에는 이곳으로
스카이 시티 카지노 Sky City Casino

퀸스타운의 스카이 시티 카지노는 얼핏 그냥 지나치기 딱 좋은 곳에 있다. 비치 스트리트의 쇼핑센터 가운데 자리하고 있는데다가 밖에서 보기에는 무척 조용하기 때문. 카지노보다 나란히 있는 하드락 카페를 찾는 편이 더 쉽다. 그러나 외관과 달리 안으로 들어가면 카지노다운 면모를 유감없이 발휘한다. 룰렛·블랙잭·바카라 등 게임이 펼쳐지는 곳마다 딜러와 어깨를 맞대고 앉은 관광객들…. 레스토랑과 바에서는 라이브 음악도 즐길 수 있다. 단, 반바지나 티셔츠 같은 캐주얼 차림으로는 출입할 수 없고, 세미 정장 정도의 의상이면 가능하다.

Beach St. 12:00~새벽 04:00 441-0400

퀸스타운 근교 AROUND QUEENSTOWN

08
반지의 제왕이 된 듯, 진짜 힐링 스파
온센 스파 Onsen Hot Pool

퀸스타운에서 자동차로 15~20분 정도 떨어진 아서스 포인트에 위치한 색다른 분위기의 스파. 도로변에 위치한 조용한 건물 한 채이지만, 스파 욕조에서 바라보는 바깥 풍경은 〈반지의 제왕〉 영화 속 장면이 눈앞에 펼쳐지는 것 같다(실제로 이 일대는 영화의 배경이 되기도 했다). 욕조 옆의 버튼 하나만 누르면 바깥 벽면이 서서히 열리며 말 그대로 자연과 내가 한몸이 되는, 실내 스파와 노천 온천의 기분을 동시에 만끽할 수 있는 곳. 최근에는 한국의 허니문 여행자들이 즐겨 찾는 장소가 되었지만, 배낭여행자들도 하루 정도 호사를 누려볼 것을 강력히 추천한다.

요금은 명시된 바와 같이, 일행이 있어 한 욕조를 사용할 경우 2명부터는 1인 요금이 줄어들어 훨씬 경제적이다. 한 욕조에 들어갈 수 있는 최대 인원은 성인 4인이고, 어린이의 경우 부모와 동반 시에만 이용할 수 있고, 오후 5시 이후에는 야간 요금이 적용된다. 철저한 예약제로, 반드시 예약해야만 원하는 시간에 준비된 온수에 몸을 담글 수 있고, 퀸스타운 시내나 호텔까지는 무료 셔틀 버스가 운행된다.

160 Arthurs Point Rd., Arthurs Point 09:00~23:00
오리지널 온센 욕조당 요금 어른 1명 N$117.50, 어른 2명 N$175, 어른 3명 N$225, 어른 4명 N$260, 어린이 N$30
442-5707 www.onsen.co.nz

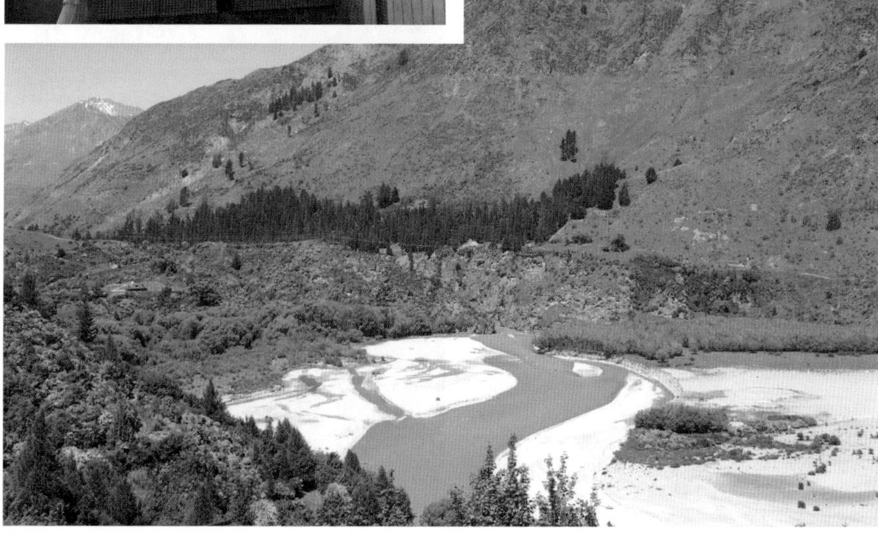

09
명불허전, 세계 최초의 번지점프
번지점프 브리지
AJ Hackett Bungy Bridge

애로타운에서 깁슨 밸리 쪽으로 10분쯤 차를 몰아가면 도로를 가로지르는 카와라우 강 Kawarau River의 줄기를 만나게 된다. 여기가 바로 세계 최초의 상설 번지점프장이 있는 곳. 번지점프 창설자 A.J. 해켓의 이름을 따 회사 이름도, 번지점프대의 이름도 AJ Hackett이다. 1988년 11월 처음 만들어진 43m 높이의 점프장은 강물을 가로지르는 다리 한가운데에 세워져 있다. 점프대가 있는 다리 위는 누구라도 걸어갈 수 있는데, 이곳에서 바라보이는 에메랄드빛 강물은 자못 비장하기까지 하다.

한편 다리 옆의 번지 센터 The Bungy Centre는 건물 안을 나선형으로 관통하는 독특한 형태. 번지점프와 관련된 각종 비디오·오디오, 사진 자료를 전시하며, 참가 신청을 하거나 기념품을 구입할 수 있는 곳이다. 번지점프를 하지 않더라도 방문해 볼 만하다.

SH6 in the Gibbson Valley 번지점프 N$265
450-1300 www.bungy.co.nz/queenstown

번지점프 비하인드 스토리

뉴질랜드 근처, 남태평양의 바투아누 섬에서 시작된 번지점프의 유래는 다음과 같습니다. 그 섬에 사는 한 아내는 남편의 모진 학대를 받았다고 합니다. 어느 날 참지 못하고 집을 나와 반얀 나무 위에 올라가 숨어버린 아내. 그러나 곧이어 뒤쫓아 온 남편은 아내를 발견하고 나무에 오르려고 합니다. 다급해진 아내는 자신의 발에 넝쿨을 묶고 까마득한 나무 아래로…. 나무 위에 오른 남편 역시 그녀를 쫓아 뛰어내렸는데, 아니 글쎄 넝쿨도 묶지 않은 채 뛰어내렸다가 그 자리에서 숨을 거두고 말았지 뭡니까. 이 일이 있은 뒤 이 섬에 사는 기혼 남성들은 부인들이 지켜보는 가운데 발에 넝쿨을 묶고 30m 높이에서 뛰어내리면서 아내에 대한 불만을 드러냈는데, 이것이 하나의 의식으로 정착되었다고 합니다.

10
살아있는 민속촌
애로타운 Arrowtown

뉴질랜드의 개척 시대를 재현해놓은 민속촌. 실제로 주민들이 생활하고 있는 작은 마을이기도 한 이곳의 역사는 1862년 마을을 관통하는 애로 강에서 금맥을 발견하면서 시작됐다고 할 수 있다. 순식간에 전 세계에서 몰려온 수천 명의 광부들로 넘쳐나면서 이 작은 마을은 한때 뉴질랜드에서 가장 부자 마을로 손꼽히기도 했다. 기록에 따르면 최초로 금을 발견한 사람은 이곳에서 자그마치 104㎏이나 되는 금을 캤다고 하니, 당연히 부자 반열에 오르고도 남을 일. 당시의 영광을 재현하고 있는 레이크 디스트릭트 뮤지엄 Lake District Museum에서는 그때의 오리지널 건물들과 생활 소품, 사금 채굴에 사용하던 도구들을 보존·전시하고 있다. 관광안내소로 사용하고 있는 건물은 1875년 완공된 시티홀 자리였으며, 한때 뉴질랜드 은행으로 이용되다가 현재에 이르렀다. 버킹엄 스트리트 Buckingham St.를 따라 늘어선 건물 대부분이 이렇게 실제로 사용되던 역사적 유적이라 할 수 있는데, 지금은 기념품점이나 레스토랑 등으로 용도가 바뀌었다. 얼핏 보기에는 별것 아닌 것 같지만 꼼꼼히 들여다보면 꽤 괜찮은 앤티크 소품들도 눈에 띈다. 애로타운까지는 퀸스타운 시티에서 파란색의 2번 오르버스 Orbus를 타면 된다. 자동차로 시티에서 애로타운까지는 20~30분 정도 걸린다. 인터시티 버스를 이용해 더니든이나 크라이스트처치 방면으로 이동하는 사람들은 퀸스타운에서 따로 교통편을 이용할 필요없이, 인터시티 버스를 타고 애로타운을 경유할 수 있다. 단, 예약과 동시에 미리 기사에게 알려줄 것.

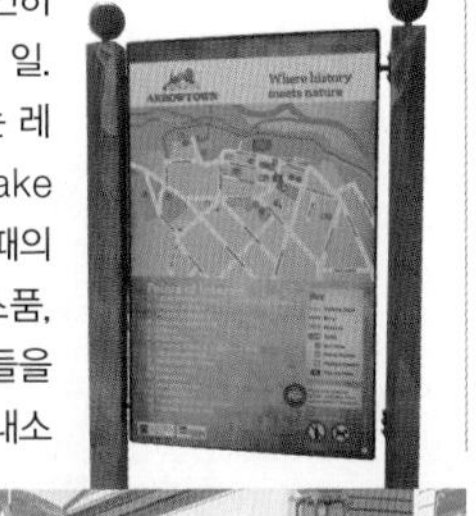

레이크 디스트릭트 뮤지엄&갤러리

49 Buckingham St., Arrowtown
08:30~17:00 크리스마스 휴무 어른 N$12, 어린이 N$5
442-1824 www.museumqueenstown.com

11
골드러시의 추억을 간직한 히든 밸리
깁슨 밸리 Gibbson Valley

퀸스타운 동쪽, 깁슨 밸리의 포도 재배는 1860년대 골드러시와 함께 시작되었다. 골드러시는 끝났지만 이 지역의 포도밭은 해가 갈수록 풍요로워져서 150여 년이 지난 지금 이곳은 와인 콘테스트 골드 메달에 빛나는 와인 산지가 되었다. 와이너리 투어에 참가하면 이 지역에서 생산하는 최고급 와인을 숙성시키는 와인 동굴 Wine Cave을 방문하고, 와인 테이스팅과 쇼핑을 즐길 수 있다.

퀸스타운을 둘러싼 지형은 높은 산과 깊은 골짜기로 이뤄진 곳이 많은데, 깁슨 밸리로 향하는 길 또한 수려한 풍경만큼이나 만만치 않은 지형으로 둘러싸여 있다. 참고로 퀸스타운 북쪽의 스키퍼스 캐니언 로드 Skippers Canyon Rd.는 매년 유력한 기관에서 선정하는 세계에서 가장 위험한 도로 2~3위를 놓치지 않을 정도로 험난한 길이며, 렌터카 회사의 깨알같은 안내문에도 이 지역에서 난 사고는 책임지지 않는다고 할 정도이다. 퀸스타운 인근에서는 아름다운 풍경에 빠져 도로를 잘못 접어들거나 한눈파는 일이 없도록 해야 한다.

EAT

01
현지인들도 줄 서서 먹는 맛집
Ferg Burger

퀸스타운의 명물 중 하나인 수제 버거. 고기를 다져서 만든 패티와 양상추, 토마토 정도만 들어갈 뿐인데도 이 집 햄버거는 왜 이렇게 맛있는 것일까. 평일에도 20분 정도는 기본이고, 주말에는 30분 이상 줄을 서야 햄버거 하나를 손에 들 수 있지만 줄 서서 먹는 보람이 충분히 있는 맛과 양(어른 손바닥 크기)을 자랑한다. 내용물도 신선하지만, 무엇보다 햄버거 빵 맛이 남다르다. 2000년에 문을 연 이후 꾸준히 인기를 얻다가 2011년에 LA 타임즈가 '퀸스타운, 뉴질랜드, 그리고 전 세계 최고의 버거'로 소개하면서 유명세가 절정에 달했다. 기본 버거의 가격이 약 N$13 내외인데, 토핑을 더할수록 가격이 올라간다. 퀸스타운에 가면 꼭, 퍼그 버거를 맛볼 것.

42 Shotover St.
08:00~24:00 441-1231
www.fergburger.com

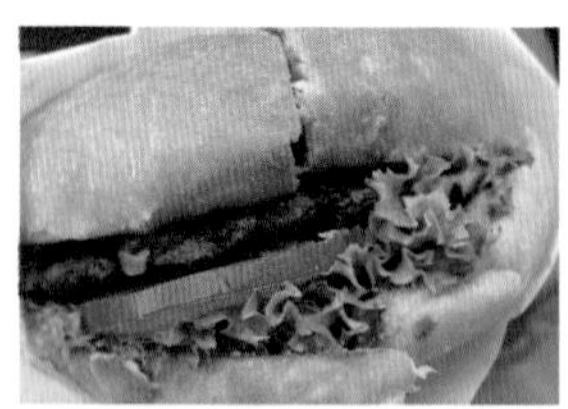

02
오래된 일식집
Kappa

인테리어는 모던하지만 전등·식기·소품 등으로 일식 분위기를 내고 있다. 좌석수가 36개밖에 안 되는 작은 규모지만 위치와 서비스가 좋아서 늘 손님이 끊이지 않는다. 정통 일식 사시미와 스시·데리야키 등의 메뉴가 주를 이룬다.

36A the Mall 12:00~14:30, 17:30~22:00
441-1423

03
목욕탕의 변신
The Bathhouse

1911년에 만들어진 빅토리안 풍의 배스하우스(대중목욕탕)를 레스토랑으로 개조한 곳. 향수를 불러일으키는 실내와 멋스러운 야외 테이블, 그리고 무엇보다 와카티푸 호숫가라는 이점 덕분에 나름대로 퀸스타운의 명물이다. 맑은 날이면 호수에 부서지는 햇살과 병풍처럼 드리워진 산까지 가세해서 누구라도 쉬어가고 싶은 장소가 된다.

38 Marine Pde. 09:00~19:00 442-5625
bathhouse.co.nz

04
그림같은 호숫가 레스토랑
Pier 19

와카티푸 호수와 접하고 있는 스티머 워프에 위치한다. 2층 목조 건물에 그림 같은 테라스가 달려 있으며, 야외 테이블에서 바라보는 호수의 풍경이 그지없이 평화롭다. 모든 요리는 뉴질랜드 해안에서 잡은 해산물과 인근 농장에서 재배한 신선한 재료로 조리하고, 인근 와이너리에서 공수한 질 좋은 와인 리스트도 눈에 띈다. 시간 여유가 없는 사람은 야외 테이블에서 진한 카푸치노 한잔을 권한다.

Steamer Wharf, Beach St. 08:00~24:30 442-4006 www.pier.nz

05
호수를 즐기기에 가장 좋은 명당
Pog Mahones Irish Pub & Restaurant

호수를 바라보며 커피든 맥주든, 무엇이든 맛볼 수 있는 아이리시 퍼브. 실내보다는 야외 테이블이 먼저 자리가 차는 이유도 이곳이 호수를 바라보기에 최적의 위치이기 때문이다. 노란색 외관의 2층 건물이 반짝이는 퀸스타운의 햇살과 잘 어울린다. 낮에는 캐주얼한 메뉴로 가벼운 휴식을 취하려는 여행자들이, 저녁에는 조금 더 분위기 있는 메뉴를 즐기는 커플들이 주로 찾는다.

14 Rees St. 12:00~새벽 02:30 442-5382 www.pogmahones.co.nz

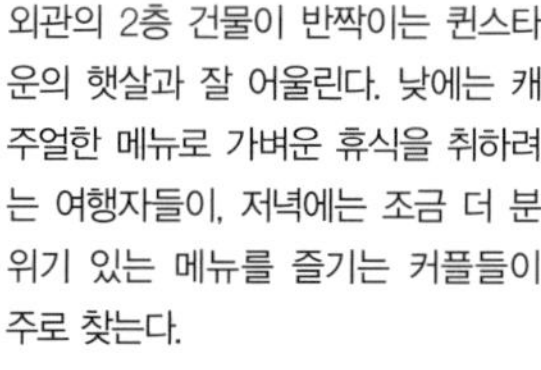

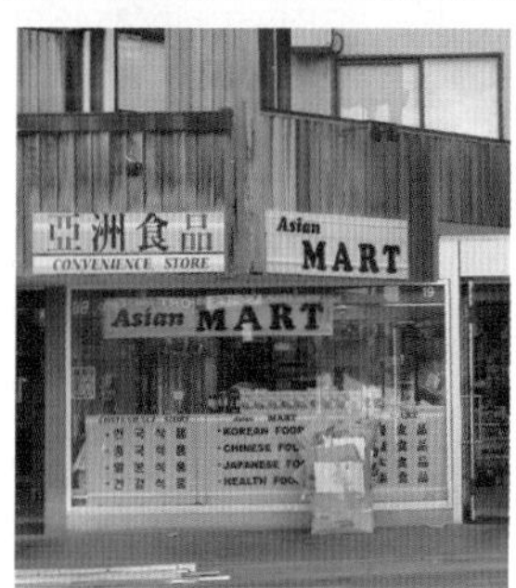

06
김치가 그리울 때는
Asian Mart Queenstown

시내 중심 쇼토버 스트리트에 위치한 아시안 마켓. 원래는 한국인이 운영하는 마트였으나 최근에는 중국 재료와 중국말이 더 많이 들리고 보이는 것을 보면 주인이 바뀐 듯하다. 어쨌든, 거리를 오가다 보면 쉽게 눈에 띄어 퀸스타운에 있는 동안 한번쯤 이용하게 된다. 컵라면이나 과자 등 반가운 한국 제품들이 눈에 띄고, 일본, 중국, 태국 요리에 필요한 각종 조미료와 소스도 다양하게 갖추고 있다.

19 Shotover St. 월~금요일 09:00~21:00 441-8500

REAL GUIDE

퀸스타운에서 레포츠 삼매경에 빠지다!!

퀸스타운에서는 단지 번지점프를 하기 위해 이 도시에 왔다는 사람들을 많이 만날 수 있다. 그러나 번지점프 외에도 래프팅·트램핑·제트보트·크루즈 등 헤아릴 수 없이 많은 레포츠가 관광객을 유혹하는 곳이 바로 여기, 퀸스타운! 이 도시에서는 그 유혹에 과감히 몸을 던지는 것이 '미덕'이다.

번지점프

세계 최대의 번지점프 회사인 AJ Hackett에서는 늘 새로운 형태의 번지점프를 고안하는 데 게으르지 않다. 카와라우 강에서 펼쳐지는 고전적인 번지점프에 이어 380m 높이의 세계 최고공 번지점프 '네비스 하이와이어 Nevis Highwire', 번지점프에 그네 개념을 도입한 업그레이드 번지점프 '스카이스윙 Skyswing', 번지점프에 속도를 더한 '번지 로켓 Bungy Rocket' 등. 몇 년에 한번씩 업그레이드 된 옵션을 선보인다. 퀸스타운 시내와 카와라우 강, 네비스 강, 스키퍼스 캐니언에서 펼쳐지는 번지점프의 유혹을 이겨내기는 쉽지 않을 듯하다.

AJ Hackett

Ⓢ 네비스 스윙 N$280, 카와라우 번지점프 N$265, 네비스 번지점프 N$345

☎ 450-1300 🏠 www.bungy.co.nz

래프팅

고무보트에 몸을 싣고 쇼토버 강과 카와라우 강의 물살을 가르는 워터 스포츠. 차고 맑은 물소리와 새 소리 그리고 일행들의 구령 소리만이 울려 퍼지는 기분 좋은 경험이다. 본격적인 래프팅에 앞서 충분한 안전 교육과 장비를 갖추고, 각 보트마다 한 명씩 숙련된 조교가 함께 타기 때문에 초보자도 쉽게 즐길 수 있다. 약 4~5시간 소요된다.

Go Orange Rafting

📍 Corner Of Shotover & Rees St.

Ⓢ 카와라우 강 N$199, 쇼토버 강 N$299

☎ 442-8517 🏠 www.realnz.com/en/experiences/rafting

크루즈

퀸스타운에서 즐길 수 있는 크루즈는 크게 두 가지가 있다. 하나는 구식 증기선을 타고 와카티푸 호수 주변을 유람하는 것이고, 다른 하나는 세계적인 관광지 밀포드 사운드를 둘러보는 것. 특히 밀포드 사운드 크루즈는 퀸스타운에서 아침 일찍 출발하는 코치 버스와 크루즈가 연계되어 데이 투어 코스로 인기가 높다.

Queenstown Scenic Cruise
출항 10:00, 11:00, 12:00, 13:30, 14:00, 15:00(계절에 따라 변동)
N$49 0800-264-536
www.southerndiscoveries.co.nz

제트보트

파랗고 빨간 원색의 제트보트가 잔잔한 와카티푸 호수 위를 나는 듯 튕겨나간다. 요란한 제트 엔진 소리와 함께 하얗게 일어나는 물보라는 보는 이의 마음까지 시원하게 해준다. 보는 것만으로도 스릴 넘치는 제트보트를 직접 타보면 상상 이상의 재미가 있다. 비행기 제트 엔진의 속도감과 와카티푸 호수의 절경이 어우러져 스릴과 감동 모두 만점. 약 1시간 30분 소요된다.

Shotover Jet
어른 N$157, 어린이 N$89
0800-746-868
www.shotoverjet.com

스카이다이빙과 패러글라이딩

에메랄드처럼 눈부신 와카티푸 호수와 병풍처럼 둘러쳐진 산맥, 아름다운 퀸스타운을 하늘에서 내려다보는 경험은 단순한 스릴 이상이다. 전문가와 2인 1조로 뛰어내리므로 지나치게 겁먹지 않아도 된다. 스카이다이빙이 엄두가 나지 않는다면, 하늘을 나는 또 다른 방법으로 패러글라이딩은 어떨까. 사전 교육을 받은 다음 전문가와 함께 비행하기 때문에 초보자도 안심하고 도전해볼 만하다.

G Force
N$285~ 441-8581
www.nzgforce.com

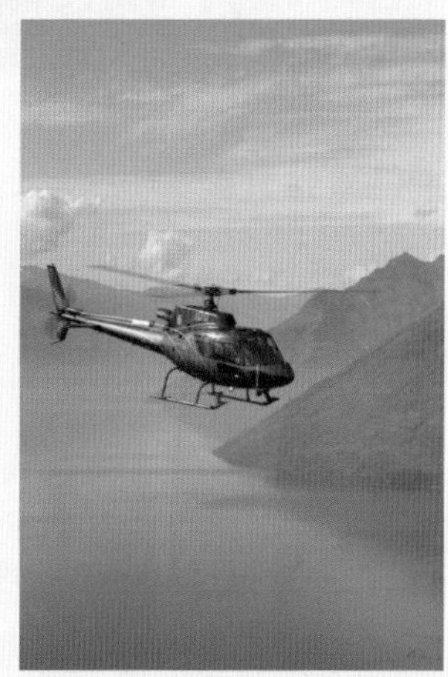

패들보드

납작한 보드 위에 '서서' 유유히 노를 저으며 와카티푸 호수 위를 누빈다. 슬로우 비디오를 보듯 느리고 단순해 보이지만, 이렇게 유유작작하기까지 그리 쉬운 것은 아니다. '길고 좁은 형태의 물에 뜨는 보드'라는 의미의 패들보드, 납작한 면이 수면과 닿아 사람을 받쳐주기 때문에 팔이나 손을 움직여 앞으로 나아가기 쉽다. 최근에는 한강에서도 패들보드를 볼 수 있는데, 이왕이면 그림같은 풍경 속에서 즐겨보는 것은 어떨까.

헬리콥터 비행

보통의 한국 사람들이 헬리콥터 탈 일은 거의 없다. 평생 한 번 있을까 말까 한 헬리콥터 비행. 더구나 눈 아래로 펼쳐지는 경관이 기가 막힌 곳에서의 비행은 평생 잊지 못할 추억이 될 것이다. 밀포드 사운드와 빙하지대, 스키퍼스 캐니언 등 시간과 비용에 따라 코스가 달라진다.

Wanaka Helicopters
N$295~ 443-1085
wanakahelicopters.co.nz

테 아나우
TE ANAU

TE ANAU

인구
3,500 명

지역번호
03

인포메이션 센터 Fiordland i-SITE Visitor Information Centre
85 Lakefront Dr., Te Anau 08:30~18:00
249-8900 www.fiordland.org.nz

피오르드로 가는 길 남섬의 남서부에 넓은 영토를 차지하고 있는 피오르드랜드 국립공원은 뉴질랜드 최대의 국립공원. 협만 Sound 14개가 마치 양곱창처럼 구불구불 굴곡을 이룬 피오르드 지형이다. 그중 가장 유명한 곳은 밀포드 사운드와 다웃풀 사운드이며, 이들 피오르드 관광의 거점이 되는 곳이 바로 테 아나우다. 테 아나우는 도시 전체가 높은 산과 울창한 숲으로 둘러싸여 있으며 마치 손가락 세 개를 내밀고 있는 것처럼 생긴 테 아나우 호수 초입에 자리 잡고 있다.

빙하가 지면을 잘라낸 곳에 물이 채워져 만들어진 테 아나우 호수는 길이 53㎞, 폭 10㎞로 타우포 호수에 이어 뉴질랜드에서 두 번째로 넓으며, 깊이로는 뉴질랜드에서 가장 깊은 호수로 알려져 있다. 테 아나우는 이 지역에 있는 아름다운 종유동굴의 이름이기도 한데, '비처럼 물이 샘솟는 동굴(The Cave of Rushing)'이라는 의미의 마오리어에서 유래했다. 호수와 동굴 그리고 피오르드…. 테 아나우에서는 무엇을 보든 하루가 짧다.

어떻게 다니면 좋을까?

메인 스트리트는 호수에서 북동쪽으로 뻗어 있는 밀포드 로드로, 인포메이션 센터를 중심으로 길게 이어진다. 이 도로에 아웃도어 숍과 슈퍼마켓, 투어 회사들이 있어서 트레킹에 필요한 장비를 준비할 수 있다.
시내 전체를 꼼꼼히 둘러봐도 반나절이 안 걸리는 규모지만, 자전거가 있으면 호수를 따라 제법 먼 곳까지 둘러볼 수 있다.
자전거는 테 아나우 시내 대부분의 숙소에서 빌릴 수 있고, 모코누이 스트리트 Mokonui St.에 있는 자전거 대여점에서도 하루 N$30~40에 빌릴 수 있다.

어디서 무엇을 볼까?

인구 3000명 안팎의 테 아나우가 여름철이면 1만 명이 넘는 관광객으로 넘쳐난다.
그 이유는 밀포드 사운드라는 어마어마한 볼거리가 있기 때문. 뉴질랜드를 방문하고도 밀포드 사운드를 보지 못한다면 머나먼 남반구까지 간 보람이 없다.
밀포드 사운드는 뉴질랜드에서 세 손가락 안에 꼽히는 관광지다. 이곳은 주위의 산들이 빙하에 의해 거의 수직으로 깍인 피오르드 지형으로, 노르웨이의 송네 피오르드와 함께 세계적인 명성을 얻고 있다. 웅장한 산과 단애절벽, 빙하 녹은 물이 흘러 폭포를 이루고 그 사이에 깃들어 사는 생물들과 자연 현상이 어울려 장관을 만들어내는 곳.
크루즈를 타고 우러러보이는 기암절벽과 변화무쌍한 바다는 보는 이를 압도할 만큼 멋지다.
겨우 200여 년 전만 해도 아무도 몰랐던 신비스러운 장소였으며 제임스 쿡 선장조차도 그냥 지나쳤다고 하는데, 지금은 수십만 관광객들의 눈과 가슴을 틔워 주는 명소가 됐다.

어디서 뭘 먹을까?

관광지답게 캐주얼한 분위기의 레스토랑이 많다. 주로 밀포드 로드 Milford Rd.와 모코로아 스트리트 Mokoroa St., 레이크프런트 Lakefront 등을 따라 몰려 있으며, 시내에 대형 슈퍼마켓도 두 군데나 있다.

어디서 자면 좋을까?

테 아나우의 숙소는 대부분 호수와 시내를 중심으로 모여 있다. 백패커스와 모텔은 물론이거니와 대규모 홀리데이 파크도 세 군데 이상이나 있어서 여행자의 편의를 돕는다.
시내의 슈퍼마켓에서 재료를 구입해 숙소에서 직접 조리해 먹기에도 좋은 환경이다.

ACCESS

테 아나우 가는 방법

자동차로 94번 도로를 이용해서 테 아나우로 진입할 경우, 마을 입구의 테 아나우 테라스에 자리잡고 있는 D.O.C. 피오르드랜드 국립공원 관리소가 가장 먼저 관광객을 맞는다. 트레킹을 할 계획이라면 이곳에 들러 각종 정보를 모으는 것이 좋다. 여기부터 번화가까지는 걸어서 10분. 호수를 따라 걷다 보면 밀포드 로드에 위치한 테 아나우 비지터 인포메이션 센터에 도착한다.

버스 Bus

인터시티와 뉴먼스 코치 버스로 테 아나우까지 가는 노선은 두 가지. 하나는 크라이스트처치에서 더니든, 인버카길을 거쳐 테 아나우까지 가는 인터시티 버스 노선이고, 다른 하나는 퀸스타운과 밀포드 사운드를 연결하는 도중에 테 아나우를 경유하는 뉴먼스 코치의 노선이다. 퀸스타운에서 테 아나우까지는 2시간, 테 아나우에서 밀포드 사운드까지는 약 2시간 45분이 소요된다. 이밖에도 인터시티 제휴회사인 톱 라인 투어스 Top Line Tours와 아토믹 셔틀 Atomic Shuttle, 트랙넷 Track Net 등도 각각 퀸스타운에서 출발하는 노선을 운행하고 있다. 장거리 버스가 출발·도착하는 장소는 인포메이션 센터에서 가까운 밀포드 로드 Milford Rd.에 있다.

테 아나우 ---→ 밀포드 사운드

투어 버스 외에 대중교통은 다니지 않는다. 렌터카를 운전할 때는 테 아나우에서부터 밀포드 사운드까지 94번 국도를 따라 끝까지 가면 된다. 테 아나우에서 테 아나우 다운스까지 거리는 29㎞, 약 30분이 소요되고, 다시 이곳에서 밀포드 사운드까지는 88㎞, 약 1시간 30분이 소요된다.

그런데 이는 처음부터 끝까지 쉬지 않고 달렸을 때의 시간이고, 도중에 미러 호수, 캐즘 등에 들렀다 가면 3시간 이상은 여유를 잡고 출발하는 것이 좋다. 왕복 교통 시간과 크루즈 승선 시간까지 계산하면 최소 6~8시간은 감안하고, 가능하면 아침 일찍 출발하도록 한다.

REAL MAP 테 아나우 지도

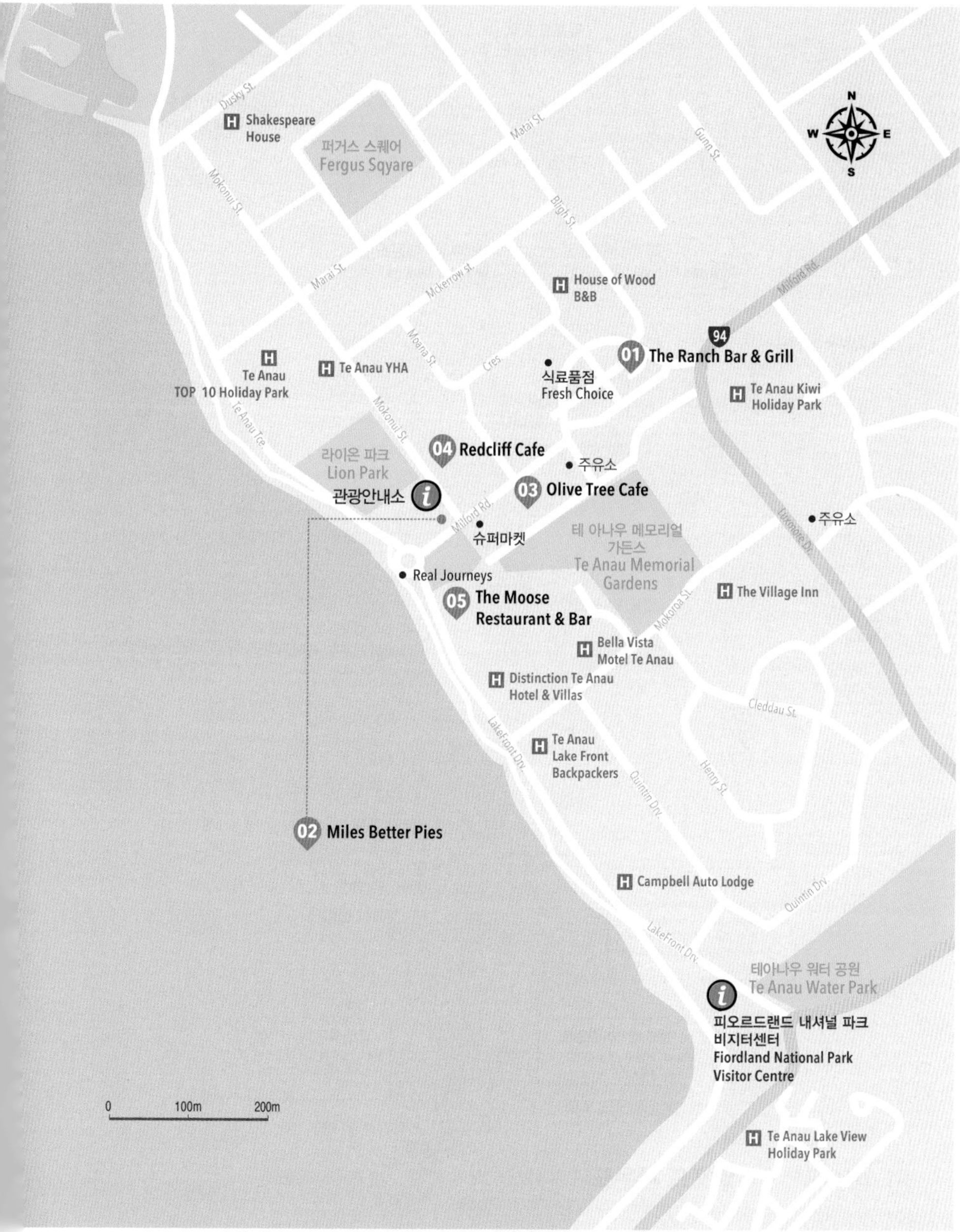

Dusky St.
Shakespeare House
퍼거스 스퀘어
Fergus Sqyare
Matai St.
Gunn St.
Mokonui St.
Bligh St.
Milford Rd.
Marai St.
Mckerrow st.
House of Wood B&B
94
Moana St.
Cres
Te Anau TOP 10 Holiday Park
Te Anau YHA
식료품점 Fresh Choice
01 The Ranch Bar & Grill
Te Anau Kiwi Holiday Park
Te Anau Tce
Mokonui St.
라이온 파크 Lion Park
04 Redcliff Cafe
주유소
03 Olive Tree Cafe
관광안내소
Milford Rd.
슈퍼마켓
테 아나우 메모리얼 가든스 Te Anau Memorial Gardens
Luxmore Dr.
주유소
Real Journeys
05 The Moose Restaurant & Bar
The Village Inn
Mokoroa St.
Bella Vista Motel Te Anau
Distinction Te Anau Hotel & Villas
Cleddau St.
LakeFront Drv.
Te Anau Lake Front Backpackers
Quintin Drv.
Henry St.
02 Miles Better Pies
Campbell Auto Lodge
Quintin Drv.
LakeFront Drv.
테아나우 워터 공원 Te Anau Water Park
피오르드랜드 내셔널 파크 비지터센터
Fiordland National Park Visitor Centre
0 100m 200m
Te Anau Lake View Holiday Park

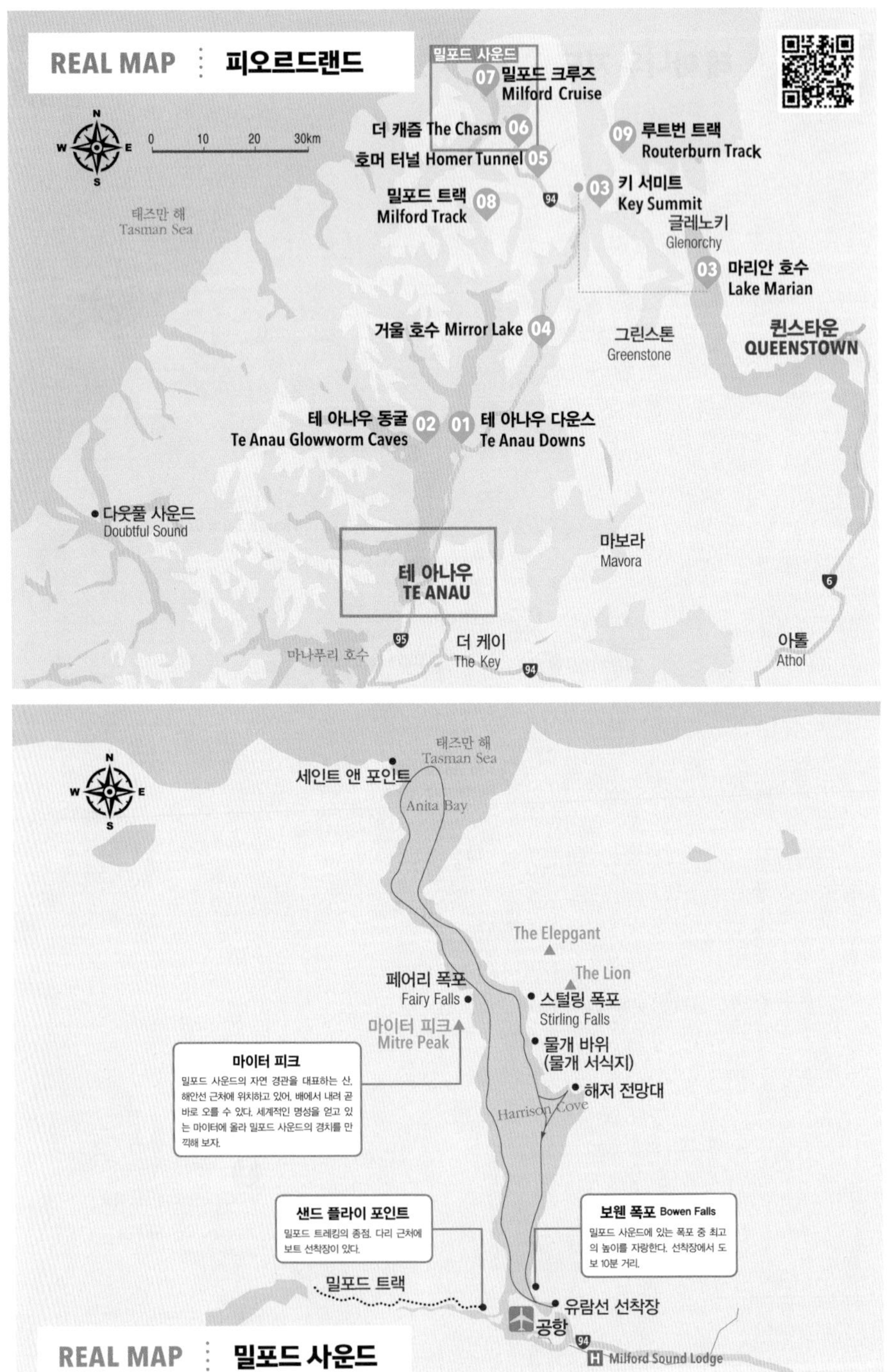
REAL MAP : 피오르드랜드
0 10 20 30km
태즈만 해
Tasman Sea
밀포드 사운드
07 밀포드 크루즈
Milford Cruise
더 캐즘 The Chasm 06
호머 터널 Homer Tunnel 05
밀포드 트랙
Milford Track 08
09 루트번 트랙
Routerburn Track
03 키 서미트
Key Summit
글레노키
Glenorchy
03 마리안 호수
Lake Marian
거울 호수 Mirror Lake 04
그린스톤
Greenstone
퀸스타운
QUEENSTOWN
테 아나우 동굴
Te Anau Glowworm Caves 02
01 테 아나우 다운스
Te Anau Downs
다웃풀 사운드
Doubtful Sound
테 아나우
TE ANAU
마보라
Mavora
마나푸리 호수
더 케이
The Key
아톨
Athol
태즈만 해
Tasman Sea
세인트 앤 포인트
Anita Bay
The Elepgant
The Lion
페어리 폭포
Fairy Falls
스털링 폭포
Stirling Falls
마이터 피크
Mitre Peak
물개 바위
(물개 서식지)
해저 전망대
Harrison Cove
마이터 피크
밀포드 사운드의 자연 경관을 대표하는 산. 해안선 근처에 위치하고 있어, 배에서 내려 곧바로 오를 수 있다. 세계적인 명성을 얻고 있는 마이터에 올라 밀포드 사운드의 경치를 만끽해 보자.
샌드 플라이 포인트
밀포드 트레킹의 종점. 다리 근처에 보트 선착장이 있다.
보웬 폭포 Bowen Falls
밀포드 사운드에 있는 폭포 중 최고의 높이를 자랑한다. 선착장에서 도보 10분 거리.
밀포드 트랙
유람선 선착장
공항
Milford Sound Lodge
REAL MAP : 밀포드 사운드

01
크루즈와 트레킹의 시작 지점
테 아나우 다운스 Te Anau Downs

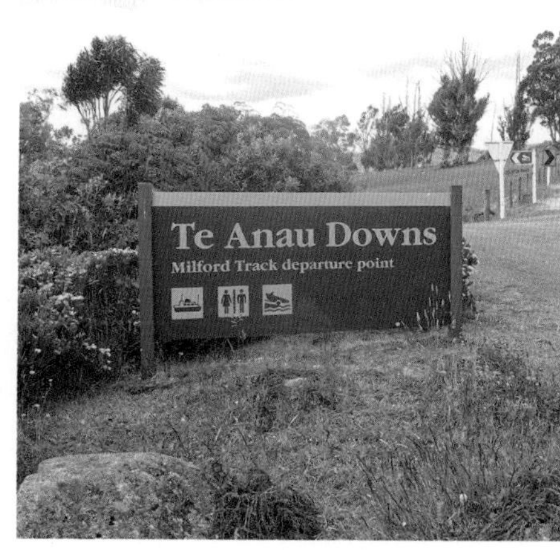

테 아나우에서 밀포드 사운드로 향하는 94번 도로는 우리가 자연에서 상상할 수 있는 모든 아름다움이 숨어 있는 길이다. 앞이 보이지 않을 정도의 폭우가 퍼붓는가 하면 어느새 파랗게 갠 하늘에 무지개가 걸리고, 그림 같은 호수와 울창한 숲길이 이어진다. 이 길을 따라 피오르드랜드 국립공원 입구 변에 자리한 테 아나우 다운스는 민가 몇 채만이 있는 작은 마을. 그러나 호숫가 선착장에서는 밀포드 사운드로 가는 크루즈가 출항하고, 크루즈가 도착하는 글레이드 워프에서 밀포드 사운드 트레킹이 시작된다.

02
남섬의 반딧불이 동굴
테 아나우 동굴 Te Anau Glowworm Caves

호수의 서쪽 지역에 있으며, 호수 이름과 같은 테 아나우 동굴이다. 마오리의 전설이 전해 내려오는 이곳은 1948년 이후 관광지로 개발되기 시작했으며, 호수 기슭에서 보트를 타고 안으로 들어갈 수 있다. 가이드의 설명을 들은 뒤 보트를 타고 안으로 들어가면 폭포와 물이 소용돌이치는 것을 볼 수 있으며, 칠흑 같은 천장 위로 청백색의 빛이 보인다. 깜깜한 동굴 안을 별처럼 수놓고 있는 주인공은 바로 반딧불이.

테 아나우 동굴은 남섬에서는 가장 큰 반딧불이 서식지로 알려져 있다. 동굴 투어는 리얼저니에서 주관하고, 리얼저니 비지터 센터 뒤의 부두에서 출발한다. 이곳에서 쾌속정으로 50분 정도 달리면 동굴 입구가 나온다.

Real Journeys
투어 14:00, 19:00(2시간 15분 소요)
어른 N$119, 어린이 N$59 0800-656-503, 249-7416
www.realnz.com

©Real Journeys

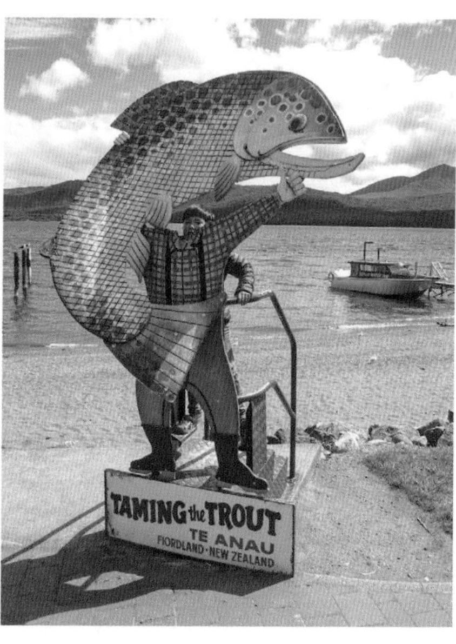

밀포드 사운드 MILFORD SOUND

03
눈과 가슴이 열리는 아름다운 길
트레킹 코스 Day Tracks

테 아나우에서 당일치기로 다녀올 수 있는 트레킹 코스로는 키 서미트와 마리안 호수가 가장 유명하다. 트레킹을 하려면 먼저 버스를 타고 출발 지점까지 가야 하는데, 테 아나우에서 키 서미트와 마리안 호수를 오가는 트랙 넷 Track Net 버스를 이용하면 편리하다. 예약 필수의 트레킹 전용 셔틀로, D.O.C 또는 인포메이션 센터에서 예약하면 된다. 걷기 편한 운동화와 식료품·생수·우비 등의 장비를 빠짐없이 챙겨서 출발해야 하며, 트레킹 지도를 준비하는 것은 기본!

Te Anau D.O.C
Lakefront Dr.(Corner of Lakefront Dr. & Manapouri-Te Anau Highway) 249-0200 www.doc.govt.nz

Track Net 249-7777 www.tracknet.net

키 서미트 Key Summit

일단 밀포드 사운드 행 버스를 타고 1시간 20분 거리의 디바이드 The Divide까지 이동해야 한다. 해발 919m의 키 서미트는 정상에서 바라보는 풍경이 아름다워 루트번 Routeburn 트랙 최고의 코스로 이름난 곳. 산길을 걷는 시간만 해도 3시간이 넘지만, 날씨만 좋다면 정상에 오르기 위해 고생한 보람이 있다.

마리안 호수 Lake Marian

키 서미트 정면에 보이는 마운트 크리스티나 서쪽의 깊은 U자형 계곡 안에 있는 작은 호수. 이 호수는 수면의 고도가 해발 698m나 되며, 높이 2000m 이상의 고산들에 둘러싸여 있다. 1시간 30분 정도 울창한 너도밤나무 숲길을 따라 오르다 보면 갑자기 시야가 확 트이면서 맑은 호반이 보이는데, 기암절벽과 정상 부근의 빙하가 어우러져 그림처럼 아름답다.

퀸스타운에서 밀포드 사운드까지의 교통편 렌터카? 투어?

결론부터 말하자면, 퀸스타운에서 출발하는 밀포드 사운드 크루즈 투어를 이용하라 권하고 싶습니다. 크루즈만 개별적으로 이용할 수도 있지만 이 경우, 현지에서 출발하는 크루즈의 시간까지 계산해야 하고, 돌아오는 교통편 역시 크루즈 도착 시간과 정확하게 맞춰야 하는 부담이 있습니다. 렌터카로 남섬 전역을 여행하는 사람들조차도 퀸스타운에서 출발하는 교통과 크루즈 결합 투어를 이용하는 경우가 많은데요, 이는 밀포드 사운드로 가는 길이 꽤 험하고 멀어서(퀸스타운에서 밀포드 사운드까지는 편도 4~5시간) 초행길에 고생하기보다는 투어 버스를 타고 주변을 감상하는 것이 훨씬 즐겁기 때문입니다. 현지 날씨가 맑은 날보다는 흐린 날이 많다는 것도 중요한 이유이고요.
퀸스타운에서 아침 일찍 출발하는 투어 버스를 타면 거의 12시간 만에 퀸스타운으로 돌아옵니다. 설상가상, 밀포드 사운드에는 숙박할 곳도 마땅하지 않으니, 웬만하면 투어 버스를 이용하시길…. 세 군데 크루즈 회사(442p 참조) 모두 버스와 크루즈가 결합된 투어 상품을 판매합니다.

04
물속이 훤히 보이는
거울 호수 Mirror Lake

테 아나우를 지나 38㎞ 정도를 더 가면, 유리처럼 맑고 깨끗한 '거울 호수'가 나온다. 모든 버스는 거울 호수 입구에 멈추어 승객들이 호숫가를 거닐 수 있도록 배려해주는데, 입구에서 5분 정도 나무 바닥이 깔린 길을 따라가면 호수가 나온다. 재미있는 것은 호수 한가운데에 거꾸로 세워둔 'Mirror Lake' 이정표. 맑은 날 호수에 비친 이정표는 물속이 현실인지, 물 밖이 현실인지 헷갈리게 만든다.
거울 호수가 있는 숲길은 '산이 사라지는 길 Avenue of Disappearing Mountain'이라는 이름의 명소. 이 이름은 도로 정면의 숲 위로 얼굴을 내민 산 정상이 꼭대기로 올라갈수록 깊은 숲에 가려져 마치 숲 속으로 빠져드는 것처럼 보이는 것에서 유래했다고 한다.

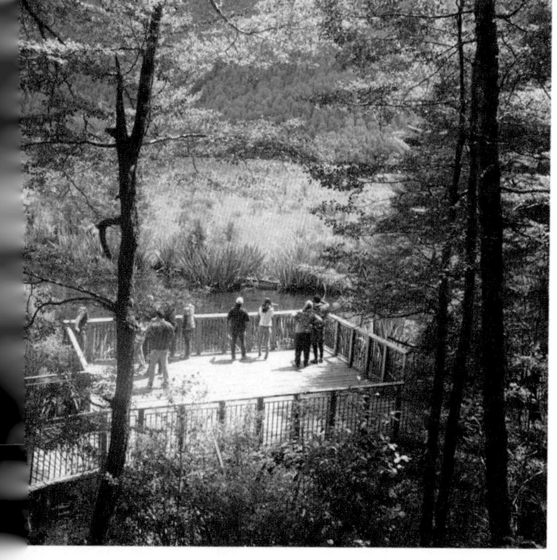

05
터널을 통과하면 완선히 다른 행성
호머 터널 Homer Tunnel

루트번 트랙이 시작되는 디바이드를 지나면서 주변 지형은 점점 더 험준해진다. 남반구의 알프스라는 애칭이 실감날 정도로 높이 솟은 산세를 뚫고 달려온 길 끝에 버티고 있는 것은 바로 1차선의 호머 터널. 더런 산맥을 통과하는 길이 1219m의 터널로, 무려 18년 동안의 난공사 끝에 개통됐다. 지금과 같은 건설 장비가 없었던 1950년대에, 인부들이 일일이 땅을 파서 암반을 폭파시켜가며 완공한 것이라고 한다. 지금도 터널 안은 어두컴컴하고 경사가 급하며, 최소한의 조명 장치밖에 없다. 게다가 차량 두 대가 아슬아슬하게 지나갈 정도로 좁아서 스릴감마저 느껴진다. 그러나 터널 공사는 세계 경제의 불황 속에서 경기를 활성화하고자 뉴질랜드 정부가 마련한 자구책의 일환이었다. 그리하여 1953년 호머 터널의 개통과 함께 밀포드는 세계적인 관광지로 알려지게 되었다.
터널을 지나면서부터는 지금까지와 또 다른 풍광이 펼쳐진다. 구불구불 내리막길이 이어지며, 비라도 오는 날이면 빙하 녹은 물이 마치 눈물처럼 흘러 장관을 연출한다. 눈앞에 펼쳐지는 자연이 하나의 생명체처럼 위대해 보이는 경험을 할 수 있는 곳이다.

06
새소리 물소리 가득한 신비로운 길
더 캐즘 The Chasm

밀포드 크루즈 선착장과 호머 터널의 중간 정도 도로변에 하나 둘 차들이 정차하는 모습이 보인다. 단체 여행자 버스들은 그냥 지나쳐가지만, 개별 여행자들은 대부분 차를 멈추고 왕복 30분 정도 가벼운 산책을 즐긴다.
'캐즘 Chasm'의 사전적 의미는 바위와 바위 사이의 깊은 틈을 말하는데, 바로 그 의미 그대로의 자연 현상을 볼 수 있는 곳이다. 오랜 세월 깊은 낙차에 의해서 바위가 파이고, 그 틈으로 물이 흘러 형성된 신비로운 지형의 계곡. 주차장에서 가벼운 걸음으로 15분 정도 걸어갔다가 되돌아 나오는 코스로, 도중에 이름 모를 새소리와 물소리, 그리고 오래된 숲길을 뚫고 들어오는 햇살 한 줌까지, 신비로운 워킹 코스다.

07
사람들이 뉴질랜드 남섬으로 가는 까닭
밀포드 크루즈 Milford Cruise

머나먼 남반구, 뉴질랜드 남섬까지 찾아간 관광객들은 대부분 밀포드 사운드 크루즈에 참가한다. 마치 통과 의례처럼, 이곳을 거치지 않고서는 뉴질랜드를 봤다고 할 수 없다는 듯이…. 크루즈는 밀포드 사운드의 피오르드 지형과 변화무쌍한 자연 경관을 감상할 수 있는 최고의 수단이다. 밀포드 로드가 끝나는 곳에 있는 크루즈 터미널은 웬만한 중소 공항에 버금갈 만큼 잘 갖춰진 시설을 자랑한다. 내부에 들어가면 리얼 저니스, 사우슨 디스커버, 퓨어 밀포드의 크루즈 데스크가 마련되어 있다. 세 회사 모두 코스는 비슷하고 요금은 시간 별로 약간씩 차이가 나므로 미리 요금과 시간을 확인하는 것이 좋다. 단, 같은 회사라 하더라도 배의 종류와 옵션에 따라 선택의 폭이 달라진다. 안내 데스크에 비치된 한국어 자료를 챙기는 것도 잊지 말 것! 자료에는 크루즈의 운항 노선과 밀포드 사운드의 각 명소에 관한 설명이 자세히 나와 있다.
투어 버스가 아닌, 자가 운전으로 크루즈 선착장에 도착하게 되면 터미널에서 꽤 떨어진 곳에 주차를 해야 한다. 이때 당황하지 말고, 셔틀 버스를 이용하면 무료로 터미널까지 이동할 수 있다. 단, 셔틀 버스 운행 시간을 감안해서 크루즈 출발 시간보다 조금 일찍 도착하는 것이 좋다.

Real Journeys
09:00~15:00, 하루 9~10회 N$135~
0800-656-501 www.realnz.com

Southern Discoveries
09:00~13:30 시닉 크루즈 N$145~(시간대별로 다름)
0800-264-536 www.southerndiscoveries.co.nz

Pure Milford(Jucy)
08:55~15:00 계절별로 출발 시간 다름 N$125~
442-4196 puremilford.co.nz

시닉 크루즈 Scenic Cruises

보웬 폭포 Bowen Falls와 스털링 폭포 Stirling Falls, 마이터 피크 Mitre Peak 등 피오르드 만의 절경을 둘러본 뒤 태즈만 해 입구까지 갔다가 돌아온다. 총 소요 시간 1시간 45분 동안, 깎아지른 듯한 기암절벽과 시원스런 폭포수 그리고 물개와 펭귄 등을 볼 수 있다. 특히 페어리 폭포 Fairy Falls와 스털링 폭포에서는 거의 몸이 젖을 정도로 폭포 가까이 다가가서 스릴을 만끽하게 해준다. 간단한 음료와 비스킷 등의 간식을 제공하며, 오후 1시에 출발하는 런치 크루즈에서는 선상 뷔페를 즐길 수 있다.

오버나이트 크루즈 Overnight Cruise

밀포드 사운드에서 특별한 추억을 남기고 싶다면 오버나이트 크루즈가 어떨까. 리얼 저니스에서 여름철에만 운영하는 이 크루즈는 오후 4시 30분경 승선하여 밀포드 사운드 크루즈를 마친 다음, 해리슨 코브에 정박한다. 정박한 뒤 갑판에서 자유롭게 시간을 보내거나, 트레킹 또는 카약을 탈 수 있다. 수많은 선박과 경비행기가 오가는 약간 분주한 낮과는 달리, 고요한 피오르드의 경관을 감상할 수 있는 저녁과 새벽 무렵의 정취는 색다른 감동을 준다. 객실 형태에 따라 배의 형태와 요금이 달라지며, 어떤 종류든 선상 디너와 아침 식사가 포함되어 있다.

08
뉴질랜드 대자연의 종합 선물 세트
밀포드 트랙
Milford Track

세계에서 가장 아름다운 트레킹 코스로 알려진 밀포드 트랙. 100여 년 전, 테 아나우와 당시 항구였던 밀포드 사운드를 연결하기 위해 개척한 54㎞의 길이 지금은 아름다운 트레킹 코스로 이용되고 있다. 너도밤나무 숲과 야생 조류, 폭포와 피오르드 등 뉴질랜드의 대자연을 충분히 느낄 수 있는 코스로 인기가 높다. 밀포드 트랙은 자연 보호를 위해 철저한 관리 체제로 운영하고 있다. 따라서 반드시 사전 예약해야 하며, 인원도 하루 40명으로 제한된다. 트레킹에 가장 좋은 시기는 10월부터 4월까지이며, 혼자서 할 수 있는 개인 트랙 Independent Track과 가이드가 동행하는 트랙 Guided Track 두 가지로 나뉜다. 코스는 3박 4일 또는 4박 5일 일정이 일반적이다.

09
다이나믹한 산악 코스
루트번 트랙 Routeburn Track

밀포드 사운드 트랙과 비교해서 두 번째 가라면 서러울 만큼 유명하고 아름다운 트레킹 코스. 전체 길이는 33㎞이며, 밀포드 사운드 트랙은 비교적 평탄한 삼림을 걷는 부분이 많은데 비해 루트번 트랙은 다이내믹하고 좀 더 산악 코스다운 매력이 있다. 이곳 역시 방문객들이 많아 산장 예약제를 실시하고 있는데, 엄격하게 관리하는 밀포드 트랙과는 달리 코스와 스케줄을 자유롭게 정할 수 있는 장점이 있다. 사람들은 대개 2박3일 일정을 많이 선택한다. 앞서 소개한 테 아나우의 당일치기 트레킹 코스들도 바로 이 루트번 트랙에 포함되어 있다.

REAL+

비 내리는 밀포드 사운드

피오르드랜드 일대는 비가 많이 내리는 지역으로 유명하다. 그러니 테 아나우와 밀포드 사운드에서 갑작스런 폭우를 만나도 그리 놀랄 일은 아니다. 변덕 심한 날씨는 어느새 폭우를 내렸다가 금방 햇빛을 내기도 하고, 반대로 맑던 날씨가 갑자기 흐려지는 경우도 비일비재하다.
높은 산으로 둘러싸여 있는 곳은 골짜기에 구름이 모이게 되어 비가 더 많이 온다. 저 멀리 하늘은 파란데, 내 머리 위에서는 비가 내리는 현상이 하루에도 열두 번. 그렇지만 비 오는 날에는 밀포드 로드의 산들이 눈물 흘리는 장관을 볼 수 있어서 운이 좋다고 생각하면 된다. 실제로 현지 가이드들은 비오는 밀포드 사운드의 풍경이 진짜라고 말한다.
결론은 그 운 좋은 상황을 위해서, 우비나 방수성이 있는 겉옷을 잊지 말고 꼭 챙겨야 한다는 것!!

 EAT

01
대를 잇는 가정식 레스토랑
The Ranch Bar & Grill

20년 넘게 한 자리에서 한 가족이 운영하고 있는 레스토랑이다. 마치 서부영화 세트장처럼 세월의 흔적이 고스란히 살아있는 건물 안팎과 친근한 서비스가 인상적이다. 오전 8시 문을 열어서 아침, 점심, 저녁 메뉴가 다 가능하다. 이 집의 추천 메뉴는 육즙이 살아있는 BBQ 폭립. 2~3종류의 특제 소스와 함께 나온다.

111 Town Centre
08:00~새벽 01:00 249-8801
www.theranchbar.co.nz

02
뜨끈뜨끈, 정말 맛있는 파이
Miles Better Pies

퀸스타운에서 투어 버스를 타고 밀포드 사운드까지 가는 일정 도중에 이 도시에서 잠시 경유하게 되는데, 이때 가장 많은 사람들이 줄을 서는 곳이 바로 이집 앞이다. 특히 이른 시간에 비몽사몽 버스에 몸을 실은 여행자들의 빈속을 달래주는 파이 냄새는 치명적이게 자극적이다. 다양한 종류의 파이들이 있지만 사실 어떤 것을 주문해도 다 맛있다. 파이를 한 입 베어무는 순간, 짭쪼름한 소스에 버무려진 고기육즙이 입안에 퍼지는 짜릿함…. 관광안내소와 나란히 하고 있으며, 비교적 이른 시간인 오전 8시부터 문을 연다.

17 Town Centre
08:00~15:00 249-9044
www.milesbetterpies.co.nz

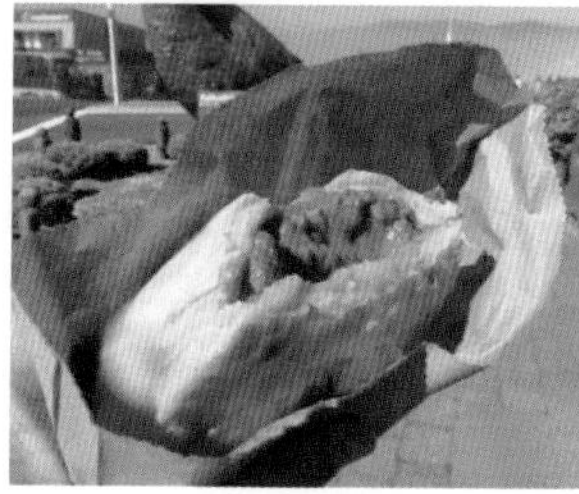

밀포드 사운드의 복병, 샌드 플라이

우리 귀에는 낯선 이름 샌드 플라이. 그러나 뉴질랜드 여행 도중 이 무시무시한 모기를 피하는 일은 절체절명의 과제가 되고 맙니다. 왜? 일단 물렸다 하면 견딜 수 없는 가려움과 뜨겁게 부풀어 오르는 피부는 기본이고, 심할 경우 진물과 함께 최소 6개월은 가는 흉터 때문이지요. 우리가 상상하는 모기, 그 이상의 모기입니다. 오죽했으면 18세기에 뉴질랜드를 여행한 제임스 쿡의 일지에 이렇게 기록되어 있을까요.
"나는 지구상에서 가장 유해한 생물 중 하나인 샌드 플라이의 무차별 공격에 놀랐다. 가려움은 형언할 수 없을 만큼 괴롭고, 그 수 또한 상상을 초월할 만큼 많다."
태평양을 종횡무진 누볐던 쿡 선장도 이놈들의 공격 앞에서는 속수무책이었던 모양입니다. 샌드 플라이는 습지를 좋아하기 때문에 남섬에서도 비가 많이 오는 서해안에 특히 많이 서식합니다. 그 중에서도 밀포드 사운드 지역은 그놈들의 맹위가 극에 달하는 곳. 되도록 피부 노출을 삼가고, 반드시 방충제를 바르세요. 신기한 것은, 우리나라에서 가져간 '물파스'나 '버물리' 같은 걸로는 도저히 진정되지 않는 가려움이 현지에서 구입한 약을 바르면 조금 진정된다는 사실입니다.
신토불이(?). 그 나라 모기에는 그 나라 약이 잘 듣는 모양이죠. 샌드 플라이에 물려 가려운데 약을 구할 수 없는 상황이라면, 시원한 오이를 얇게 썰어서 붙여보세요. 가렵고 열나고 부풀어 오른 피부에 차가운 오이를 올리는 순간 열이 가라앉고 가려움도 진정됩니다. 정말 살 것 같은 기분이죠. 기억하세요. 오이!

03
계란프라이 2개, 올 데이 블랙퍼스트
Olive Tree Cafe

햇살 좋은 작은 정원에서, 오전 8시부터 하루 종일, 맛있는 식사를 즐길 수 있는 곳이다. 특히 커다란 접시에 푸짐하게 담겨 나오는 올 데이 블랙퍼스트 All Day Breakfast는 이 집의 시그니처 메뉴다. 날마다 주방에서 머핀과 케이크를 직접 구워내며, 음식에 사용하는 재료는 모두 테 아나우 근교의 농장에서 공수한 신선한 것들. 반경 5킬로미터 내외의 숙소까지는 배달도 가능하다.

52 Town Centre 08:00~20:00
249-8496

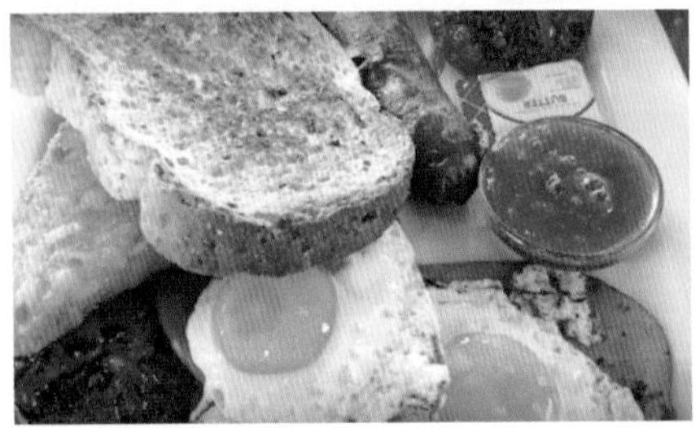

04
라이브가 있는 여름 저녁
Redcliff Cafe

테 아나우에서 꽤 유명한 레스토랑 겸 바. 코티지 스타일의 독특한 외양에 실내외를 모두 사용하고 있어서 여름철에 더욱 인기가 높다. 야외 라이브 공연과 다양한 이벤트도 펼쳐진다. 샐러드·수프 같은 가벼운 식사부터 해산물 샐러드, 스테이크 같은 정식 디너까지 메뉴가 다양하다. 단, 문을 여는 시간이 짧아서 낮 시간에는 거의 문이 닫혀있으니, 오픈 시간을 반드시 확인하고 방문할 것.

12 Mokonui St. 13:00~24:00 249-7431
www.theredcliff.co.nz

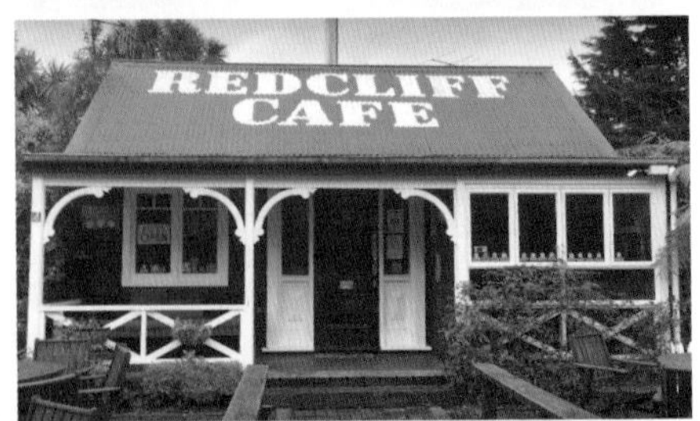

05
시끌벅적 스포츠 펍
The Moose Restaurant & Bar

대형 버스들이 정차하는 호숫가에 자리 잡고 있는 대형 업소로, 레스토랑과 경마 관전소 TAB을 겸하고 있다. 레스토랑 한쪽에는 작은 카지노를 연상시키는 게임 기계들과 포켓볼 테이블 등이 마련되어 있다. 야외에 마련된 가든 테라스 바에서는 호수와 산을 조망할 수 있다. 매일 해피아워에는 맥주를 저렴한 가격에 마실 수 있어서 여행자들에게 인기가 높다.

84 Lake Front Dr. 일~수요일 11:00~21:00, 목요일 11:00~22:30 금, 토요일 11:00~24:00 249-7100

와나카
WANAKA

인구
7,800명

지역번호
03

WANAKA

인포메이션 센터 Lake Wanaka Visitor Information Centre
103 Ardmore St. 월~금요일 08:30~17:30, 주말 09:00~17:00
443-1233 www.lakewanaka.co.nz

만년설과 호수에 둘러싸인 리조트 타운 와나카는 퀸스타운, 테 아나우 등과 함께 남섬 제3의 휴양지로 알려져 있다. 호수를 둘러싸고 시가지가 길게 형성된 점은 테 아나우와 닮았지만, 규모는 조금 작고 아늑한 느낌이다. 와나카 호수는 수영 · 보트 · 낚시 등 수상 스포츠를 즐길 수 있는 조용하고도 활기찬 호수이며, 시가지를 사이에 두고 호수와 나란히 있는 골프장과 스키장, 곳곳의 트레킹 코스까지 가세해 휴양지의 조건을 고루 갖추고 있다. 2년에 한 번 부활절을 전후해 펼쳐지는 대형 에어쇼 Warbirds Over Lake Wanaka 때는 호수 위로 신예 공군기가 날아다니면서 마을은 모처럼 시끌벅적해진다.

와나카 미리 보기
CITY PREVIEW

어떻게 다니면 좋을까?

시내를 돌아다니다 보면, 작지만 꽤 짜임새 있다는 느낌이 든다. 대형 슈퍼마켓 뉴월드를 중심으로 아드모어 스트리트 Ardmore St.와 헬윅 스트리트 Helwick St. 주변이 가장 번화하며, 브라운스톤 스트리트 Brownston St. 근처에는 숙소나 투어 회사들이 많이 있다. 대부분 시내에서만 머물다 떠나는 경우가 많은데, 여유가 있다면 레이크 사이드 로드를 따라 언덕 지대에 올라 색다른 전망을 보는 것도 좋다.
숙소에서 자전거를 빌릴 수 있으면 호수를 따라 1시간 정도 일주해 볼 것을 권한다.

Mountain Bike Wanaka
☏ 443-7739, 025-617-4416

어디서 무엇을 볼까?

와나카에서는 특별한 볼거리를 찾아 나서기보다는 호수에서 즐기는 수상 레포츠에 도전해보는 것이 어떨까. 비지터 센터를 겸하고 있는 호반의 로그하우스에 가면 다양한 액티비티 프로그램들이 비치되어 있다. 레이크 크루즈, 제트보트 투어, 낚시 투어 등을 예약할 수 있고, 산악자전거도 빌릴 수 있다.

어디서 뭘 먹을까?

조금만 둘러보면 시내 곳곳에 다양한 레스토랑들이 있지만, 시간에 쫓기는 대부분의 여행자들은 관광안내소가 있는 아드모어 스트리트에서 먹거리를 해결한다. 이 일대만 돌아다녀도 군침 도는 레스토랑들이 즐비하기 때문이다. 아드모어 스트리트를 따라 쭉 걷다 보면 한국식당도 보이고, 맛있는 햄버거 가게도 보인다.

어디서 자면 좋을까?

도시의 규모는 작지만 휴양 도시답게 숙소는 넉넉하다. 저렴한 백패커스부터 고급 호텔까지 다양한 형태의 숙소가 눈에 띄고, 가족 단위 여행자들을 위한 홀리데이 파크도 시내에만 세 군데가 있다.

ACCESS

와나카 가는 방법

와나카는 퀸스타운에서 북동쪽으로 48㎞ 지점에 있는 휴양지다. 퀸스타운에서 와나카까지는 1시간, 크라이스트처치에서는 7시간, 테카포에서는 2시간 30분이 걸리며, 인터시티나 아토믹 셔틀 같은 대중교통을 이용하면 이보다 30분~1시간 정도 더 걸린다.

버스 Bus

퀸스타운과 빙하지대를 잇는 인터시티 버스와 아토믹 셔틀이 상·하행 각각 1일 1회씩 와나카를 경유한다. 크라이스트처치와 퀸스타운을 잇는 노선도 와나카를 경유하는데, 이 경우 버스로 30분 거리인 타라스 Tarras에서 내려 와나카 행 미니버스로 갈아타야 한다.
이밖에 리치스 와나카 Richies Wanaka라는 이름의 로컬 버스는 퀸스타운과 와나카를 1일 4회 오가고, 퀸스타운에 기반을 둔 오르버스 Orbus 역시 매일 1회 이상 와나카를 오가며 여행자들을 실어 나른다.
인터시티 버스 정류장은 아드모어 스트리트 Ardmore St.에 있으며 비지터 센터에서 약 100m 이내다.

비행기 Airplane

시내에서 자동차로 10분 거리에 있는 와나카 공항은 주로 밀포드 사운드까지 손쉽게 이동할 수 있는 시닉 플라이트 Scenic Flights 용으로 사용된다. 경비행기와 헬리콥터가 뜨고 내릴 수 있는 짧은 구간의 활주로가 있을 뿐. 그러나 와나카 공항은 생각보다 많은 사람들이 드나드는 곳이기도 하다. 공항 부지 안에 있는 '전투기&클래식 자동차 박물관'과 '국립 자동차&장난감 박물관'을 보려는 사람들과 에어쇼를 구경하기 위한 사람들의 발길이 잦다.

• **와나카 공항** Lloyd Dunn Ave., State Highway 6, Luggate
443-1112 www.wanakaairport.com

와나카 시내 & 근교 지도

아스파이어링 국립공원 Aspiring National Park

아스파이어링 산장

로브 로이 빙하 전망대

캐스케이드 산장

라스베리 크릭 Raspbery Creek

마운트 리펄스 Mt. Repulse

마투키투키 강 Matukituki River

Mount Aspiring Rd.

마운트 알타

06 블루 풀스 트랙 Blue Pools Track

6

와나카 호수 Lake Wanaka

와나카 호수 Lake Wanaka

Harwich Island

Crecent Island

로키 마운틴 Rocky Maountain

Lake Hawea

6

Hawea Flat

Maungawera

다이아몬드 레이크 트랙

0 5 10km

그렌듀 베이

05 마운트 아이언 Mt. Iron

전투기&클래식 자동차 박물관 Warbirds & Wheels 03

와나카 시내

마운트 로이

와나카 WANAKA

02 퍼즐링 월드 Puzzling World

국립 자동차&장난감 박물관 National Transport & Toy Museum 04

와나카 공항

6

8A

89

N W E S

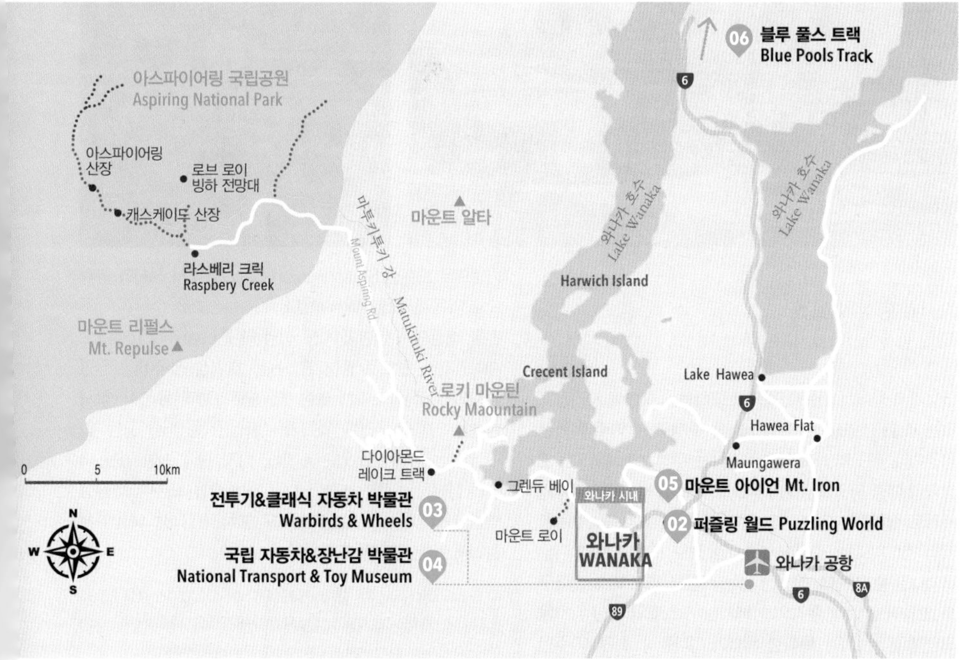

SEE

01
세상의 발명품을 읽으며 걷는 재미
아드모어 스트리트 Ardmore St.

대단한 볼거리는 아니지만, 놓치지 않기를 바라는 마음에 적어보는 어트랙션이다. 호수와 시티를 구분하는 아드모어 스트리트를 따라 길게 이어져 있는 붉은색 보도블록이 그 주인공. 길 한쪽 바닥에 깔려있는 보도블록을 자세히 들여다보면 연도를 나타내는 숫자와 사람 이름 등이 보이는데, 바로 발명품에 대한 것들이다. 예를 들면 최초의 사전은 1755년에 발명되었고, 마요네즈는 1756년 프랑스에서 발명되었다는 등의 사실을 연도별로 이어 붙여 놓았다.
뉴질랜드 뿐 아니라 전 세계의 발명품을 연대별로 아우르고 있으니 재미삼아 한번씩 읽어보면 흥미로운 발걸음이 될 것이다.

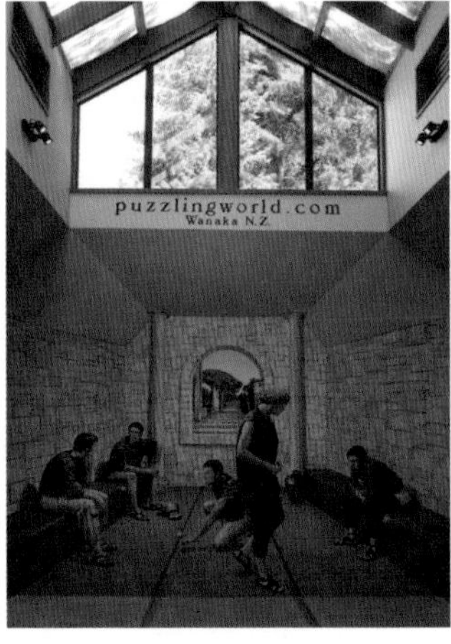

02
착시와 환상의 세계
퍼즐링 월드 Puzzling World

와나카 마을에서 마운트 쿡으로 향하는 국도변에 자리잡고 있는 퍼즐링 월드는 환상과 상상을 주제로 한 아주 독특한 공간이다. 이곳의 대표적인 볼거리는 무려 1.5㎞나 되는 2층짜리 대형 미로 그레이트 메이즈 Great Maze와 각각의 주제로 펼쳐지는 다섯 개의 일루션 룸 Illusion Rooms(환각의 방). 미로는 30분에서 1시간 정도 헤매다 보면 겨우 빠져나갈 수 있는데, 참을성 없는 사람을 위해 비상 탈출구도 만들어 놓았다. 환각의 방에서는 스스로의 현실 감각을 확인해 볼 수 있는 독특한 체험이 기다린다. 최근 40주년 기념으로 오픈한 SculptIllusion Gallery 역시 착시와 환각으로 가득 찬 모험(?)의 세계다.
건물 바깥의 비딱한 전시물 리닝 타워 Leaning Tower도 재미있지만, 안으로 들어가면 온통 호기심 천국이다. 유명인사의 얼굴을 조각해 놓은 방, 홀로그램과 몽상화·착시현상을 이용한 물건들, 와나카의 사탑, 각종 퍼즐 등등. 입구 옆에는 휴게실이 있는데, 이곳 탁자 위에 놓여 있는 퍼즐과 장난감만 갖고 놀아도 시간 가는 줄을 모른다. 화장실 벽을 가득 메우고 있는 착시화도 놓치지 말 것. 마을에서 걸어서 20분 정도면 도착한다.

188 State Hwy. 84 5~10월 08:30~17:00, 11~4월 08:30~17:30 Maze N$20, Illusion N$22.50, Maze+Illusion N$27.50 443-7489 www.puzzlingworld.co.nz

03
에어쇼를 준비하는 공간
전투기&클래식 자동차 박물관
Warbirds & Wheels

와나카 최대의 행사로 손꼽히는 워버드 오버 레이크 와나카 Warbirds over Lake Wanaka는 신예 전투기들이 기량을 뽐내는 에어쇼이자 에어 페스티벌이다. 전투기 박물관은 그 에어쇼에 참가했던 전투기들과 조종사들에 관한 자료를 전시하고 있는 공간으로, 와나카 마을에서 9㎞ 정도 떨어진 공항 부지 안에 있다. 세계대전에 사용되었던 낡은 전투기 2대를 비롯해서 무스탕 Mustang, 스핏파이어 Spitfire, 키티호크 Kittyhawk, SE5A 복엽기 Biplane, 그루먼 어벤저 Gruman Avenger 등의 전투기를 연대별로 재현하고 있다. 일본과 러시아의 비행기도 전시되어 있다.

* 창업주 사망 후, 이곳은 전시물을 관람할 수 있는 카페로 활용되고 있다.

11 Lloyd Dunn Ave., Wanaka Airport
08:00~17:00 443-7010

04
이토록 많은 자동차와 장난감
국립 자동차&장난감 박물관
National Transport & Toy Museum

전투기&클래식 자동차 박물관과 함께 공항 부지 내에 자리 잡고 있는 박물관. 개인 소장품으로는 남반구 최대 규모를 자랑하는 자동차와 장난감 천국이다. 설립자 제럴드 로드스 Gerald Rhodes 옹이 전 인생을 바쳐 모아온 소장품들로, 총 5개의 건물에 주제별로 다양한 자동차, 트럭, 비행기, 장난감 등이 빼곡히 진열되어 있다. 박물관이나 전시장처럼 잘 진열된 느낌보다는 너무 많은 전시품들을 '보관'하고 있다는 느낌이 들 정도. 비행기나 전투기, 자동차에 관심이 있는 어린이를 동반한 여행자라면 비행기를 탈 목적이 아니더라도 와나카 공항에 들러 두 군데 박물관 중 한 곳을 선택해 볼 일이다.

891 Wanaka-Luggate Highway
08:30~17:00 어른 N$22, 어린이 N$6, 패밀리 N$50
443-8765 www.nttmuseum.co.nz

05
암벽 등반 명소
마운트 아이언 Mt. Iron

퍼즐링 월드 입구에서 바라보면 나지막하고 붉은빛이 도는 산이 보인다. 바로 마운트 아이언이다. 해발 546m의 마운트 아이언은 와나카 주변의 몇몇 워킹 트랙 중에서 비교적 가볍게 전망을 즐길 수 있는 장소다. 마을에서 입구까지는 퀸스타운 방면으로 가는 84번 국도를 따라 약 1.5㎞를 가야 한다. 입구에서 정상까지는 목장 울타리를 넘고 지그재그로 연결된 길을 따라 40분 정도 가야 한다. 도중에 사유지가 많으므로 정해진 트랙 외에는 들어가지 않도록 한다. 정상에 서면 나지막한 평야 지대와 함께 와나카 시내와 호수가 아름답게 펼쳐진다. 정상에서는 행글라이더나 암벽 등반을 즐기는 사람들도 만날 수 있다.

06
말 그대로 '블루'
아스파이어링 국립공원 트레킹
Aspiring National Park Tracks

와나카 호수 서쪽에는 3027m 높이의 마운트 아스파이어링을 중심으로 조성된 아스파이어링 국립공원이 있다. 1964년 국립공원으로 지정된 이곳에서는 눈 덮인 산과 얼어붙은 빙하를 만날 수 있다. 이곳의 매력을 가장 생생하게 느끼려면 트레킹을 하는 것이 가장 좋은데, 그 중에서도 3시간 코스의 로브 로이 워크 Rob Roy Walks는 잘 정비된 길과 아름답고 변화가 풍부한 경관으로 유명하다. 4시간 정도 걸리는 웨스트 마투키투키 밸리 트랙 West Matukituki Valley Track 또한 인기가 많은 코스이며, 며칠씩 걸리는 코스도 준비되어 있다.

블루 풀스 트랙 Blue Pools Track

와나카에서 북서쪽으로 72㎞ 떨어진 블루 풀스는 마운트 아스파이어링 국립공원 내에 숨겨둔 보석 같은 곳이다. 일부러 이곳을 목적지로 삼고 찾아가기는 무리이지만, 혹시 렌터카를 이용해서 6번 국도를 따라 서해안 하스트 Haast 방향에서 와나카로 이동하는 일정이라면 빠뜨리지 말고 들러보길 권한다. 입구에서부터 빽빽한 숲길을 따라 20분 정도 걸어들어 가면 탁 트인 풍경과 함께 마카로로아 Macaroroa 강을 가로지르는 흔들다리 Swing Bridge가 나타난다. 다리를 건너는 지점에서부터 펼쳐지는 에메랄드빛 물색에 왜 이곳의 이름이 블루 풀인지 고개를 끄덕이게 될 것이다. 다리 위에서 다이빙을 하는 사람들, 물가에 앉아 하염없이 물빛을 바라보는 사람들, 그리고 햇빛에 부서지는 나지막한 물빛은 하얀 자갈돌과 어우러져 평화롭고 이국적인 풍경의 결정판이 된다. 트랙의 총 길이는 1.5㎞로, 왕복 1시간 정도 걸린다.

Haast Pass–Makarora Rd., Mt Aspiring National Park

EAT

01
햄버거만을 위하여
Red Star Burger Bar

든든하게 배를 채울 수 있는 홈메이드 햄버거 레스토랑. 2004년 문을 연 이후 오랫동안 꽤 많은 입소문을 타고 있는 맛집이다. 적당한 크기의 햄버거 빵 속에 들어가는 두터운 패티와 채소 토핑은 특별한 노하우를 보유하고 있는 듯. 쇠고기, 양고기, 치킨, 생선 등 패티의 종류에 따라 메뉴가 구성되어 있으며 다양한 토핑이 가능하다. 바로 옆에 '시나브로'라는 이름의 한국식당도 있다.

26 Ardmore St. 11:30~21:00 443-9322
www.redstarburgers.co.nz

02
천천히 만들고 빠르게 서빙
Big Fig

'Slow Food Served Fast'. 간판에 적혀있는 이 문구는 이 집의 정체성을 말해준다. 구호 뿐 아니라 실제로 서빙되어 나오는 음식을 보면 뭔가 다르다. 병아리콩, 현미 등을 각종 채소와 함께 조리한 샐러드는 보기만 해도 건강해지는 느낌. 그런데 맛도 있다. 비지터 센터 바로 옆, 호숫가 바로 앞이라는 입지만으로도 가히 명당이라 할 텐데, 음식까지 맛있고 건강하니 언제나 손님들로 북적인다. 내부가 다 찼을 때는 레스토랑 바깥 테이블도 활용할 수 있고, 간단한 메뉴는 포장해서 호숫가에서 피크닉 분위기를 내보는 것도 괜찮다.

105 Ardmore St. 08:00~21:00 443-5023
www.bigfig.co.nz

03
오후에 열리는 직거래 장터
Wanaka Farmers Market

파머스 마켓은 우리나라의 오일장처럼 매주 목요일 오후 3시부터 세 시간 동안 열리는 직거래 장터다. 인근의 농부들이 직접 재배한 채소와 직접 만든 빵, 소스, 잼 등을 가지고 와서 판매하고, 수공예품과 와인 등 구색까지 다양하다. 호수 맞은편 관광안내소 인근에서 펼쳐지므로 관광객들에게도 건강하게 한 끼 해결할 수 있는 재미있는 즉석 레스토랑이 된다.

93 Ardmore St. 목요일 15:00~18:00
www.wanakaartisanmarket.co.nz

더니든
DUNEDIN

인구
12만 명

지역번호
03

인포메이션 센터 The Dunedin Visitor Centre

Moray Place ⓒ 11~3월 월~금요일 08:30~18:00, 토·일요일 08:45~18:00/
4~10월 월~금요일 08:30~17:00, 토·일요일 08:45~17:00
474-3300 www.dunedinnz.com

남반구의 스코틀랜드 크라이스트처치에 이어 남섬에서 두 번째로 큰 도시 더니든, 이곳은 오타고 만 깊숙이 요새처럼 은밀하고, 요람처럼 아늑하게 자리 잡고 있다. 더니든에서 시작해 태평양을 향해 길게 뻗어나간 오타고 반도는 앨버트로스·노란눈펭귄·바다표범 등의 서식지로, 있는 그대로의 자연을 만끽할 수 있는 곳이다. 도시와 자연이 이처럼 완벽한 조화를 이룬 곳도 찾아보기 어려울 듯. 뉴질랜드 이민 초기, 스코틀랜드에서 이주해온 사람들이 이곳 더니든과 오타고 지방에 자리잡고 스코틀랜드 풍 도시를 건설하게 됐다. 스코틀랜드 풍의 중후한 석조 건물과 스코틀랜드 풍 지명, 그리고 매년 3월 중순에 열리는 '스코틀랜드 위크' 축제 등 더니든은 '스코틀랜드 밖에서 가장 스코틀랜드다운' 곳으로 불린다. 더니든의 또 다른 특징은 '대학 도시'라는 점. 뉴질랜드 최초로 세워진 오타고 대학이 이곳에 있으며, 의학에 관한 한 최고 명문으로 알려진 오타고 대학에 진학하기 위해 찾아든 유학생이 전체 인구의 20%를 넘는다. 이 도시에 거주하는 5명 중 1명 이상은 오타고 대학생인 셈이다.

더니든 미리 보기

CITY PREVIEW

어떻게 다니면 좋을까?

더니든 시내는 조지 스트리트 George St., 그레이트 킹 스트리트 Great King St., 컴버랜드 스트리트 Cumberland St. 등 남북으로 이어지는 주도로를 중심으로 비교적 잘 정비되어 있다. 걸어서 한나절 정도 둘러보기에 딱 적당한 규모.

시내의 관광지는 걸어서 다니는 것이 가장 좋고, 오타고 반도나 세인트 클레어 비치 등의 근교는 고 버스 Go Bus나 투어를 활용하는 것이 좋다.

어디서 무엇을 볼까?

더니든 시내에서 눈여겨봐야 할 것은 예스럽고 투박한 스코틀랜드의 향기다.

오래된 건물마다 새겨진 에드워드 양식 문양과 고딕 양식의 뾰족 지붕들. 퍼스트 교회나 올베스턴 저택 같은 건물은 뉴질랜드의 역사와 함께 시작되었다 해도 과언이 아니다.

그러나 더니든 시내를 벗어나면 주제가 달라진다. 반도의 입구 역할을 하는 더니든에서부터 손가락처럼 길게 뻗어나간 오타고 반도는 아름답고 거친 풍광과 동식물의 원형이 보존된 지역으로, 마치 지구 끝까지 다다른 듯한 일탈을 맛보게 한다.

오타고 반도의 주제는 바람 같은 자유다. 렌터카나 투어로 가야하지만, 반드시 하루 정도 시간을 내어 반도의 끝까지 달려보길 바란다.

어디서 뭘 먹을까?

옥타곤을 중심으로 프린스 스트리트와 스튜어트 스트리트 방면에 레스토랑과 바가 밀집되어 있다. 특히 두 거리 사이의 모레이 플레이스 일대에는 저렴하고 다양한 먹거리 촌이 형성되어 있으며, 최근에는 조지 스트리트 일대에 레스토랑들이 밀집되는 추세이니 참고하자.

어디서 자면 좋을까?

도시 규모가 크고 유동인구가 많은 더니든에는 저렴한 숙소부터 고급 호텔까지 다양한 형태의 숙박업소가 있다. 그러나 저렴한 숙소는 대부분 평지보다는 시내 외곽의 언덕에 자리한 곳이 많으므로 숙소의 무료 픽업 서비스를 이용하는 것이 좋다.

ACCESS

더니든 가는 방법

크라이스트처치 남쪽으로 360㎞ 떨어진 더니든은 남섬에서도 남쪽에 치우친 도시다. 북섬의 주요 도시에서는 비행기로, 남섬의 퀸스타운이나 크라이스트처치, 그 밖의 도시에서는 인터시티 버스를 이용해서 가는 것이 일반적이다.

비행기 Airplane

전체 국토에서도 남쪽에 치우쳐 있는 더니든까지는 육로보다는 항공편을 이용해서 가는 것이 훨씬 효율적이다. 가까운 호주의 시드니·브리즈번·멜번 등에서도 더니든까지 직항편이 운행되며, 뉴질랜드 내에서는 오클랜드·웰링턴·크라이스트처치·퀸스타운에서 한 번에 날아갈 수 있다. 다른 주요 도시에서도 직항편이 많아 그리 불편하지는 않다. 에어뉴질랜드와 제트스타가 더니든에 취항한다.

• **에어뉴질랜드** Cnr. Princes St.&The Octagon 477-6594

공항 ---→ 시내

더니든 국제공항은 시내에서 남서쪽으로 27㎞ 떨어져 있다. 슈퍼 셔틀 Super Shuttle을 이용하면 시내까지 쉽게 이동할 수 있으며, 원하는 곳까지 도어 투 도어 서비스를 받을 수 있다. 소요 시간은 25분. 택시를 이용할 경우 시내까지 약 N$80~90 정도.

• **Dunedin Airport** 486-2879 www.dunedinairport.co.nz

기차 Train

기차역은 시내 동쪽 안작 애버뉴 Anzac Ave.에 있으며, 트랜츠 시닉 서더너 Tranz Scenic Southerner의 종착역이었으나 2002년 2월을 마지막으로 운행이 종료되었다. 지금은 내륙으로 향하는 협곡 열차 타이에리 Taieri만이 이 역에서 출발·도착한다. 에드워드 양식을 취한 더니든 역의 웅장한 외관은 그 자체로 훌륭한 볼거리다.

버스 Bus

크라이스트처치에서 약 6시간, 인버카길에서 약 3시간, 퀸스타운에서 약 4시간 40분이면 더니든에 도착한다. 크라이스트처치~테 아나우, 크라이스트처치~퀸스타운을 연결하는 인터시티 버스가 더니든을 경유하고, 아토믹 셔틀 버스도 더니든과 남섬의 각 도시를 연결한다.

시내 교통 TRANSPORT IN DUNEDIN

오르버스 ORC OrBus

더니든의 시내 교통은 크라이스트처치, 해밀턴 등과 같은 시스템으로, 'OrBus'라는 이름으로 운영된다. ORC(Otagon Regional Council)라는 공공교통기관에서 총괄 운영하는, 더니든 뿐 아니라 오타고 지역 전체를 아우르는 교통 시스템이라 할 수 있다. 오르버스의 노선은 옥타곤을 중심으로 방사선 형태로 23개의 노선으로 나뉜다. 일종의 교통카드인 비카드 BeeCard를 이용하면 20% 가량 저렴하게 이용할 수 있지만, 여행자보다는 거주민들에게 유용하다. 참고로 비카드는 퀸스타운 오르버스 Orbus의 비카드와도 통합되어 이 일대에서는 한번 사두면 계속 사용할 수 있으니, 장기간 남섬을 여행할 계획이라면 비카드를 이용하는 것도 고려할 만하다.

• **OrBus(ORC)** 70 Stafford St. 현금 N$3, 비카드 N$2 474-0827 www.orc.govt.nz/public-transport

시티 투어 버스 City Tour Bus

시내를 둘러보기에 가장 좋은 수단은 튼튼한 두 다리이지만, 낯선 도시를 헤매며 관광지를 찾아가기가 부담스럽거나, 시행착오로 허비하기에는 시간이 부족한 여행자라면 시티 투어 버스를 이용하는 방법이 있다.

옥타곤의 로버트 번즈 동상 앞에서 출발하는 시티 투어 버스는 세인트 폴 성당, 올베스톤 저택, 보타닉 가든, 볼드윈 스트리트, 시그널 힐, 오타고 대학 등의 볼거리를 거쳐 더니든 역에서 투어를 마무리하는 1시간 코스와 역에서부터 오타고 반도와 하버, 세인트 클레어 비치까지 크게 돌아서 다시 관광안내소가 있는 옥타곤으로 돌아오는 2시간 코스로 나뉘는데, 이 중에서 본인의 스케줄에 맞게 선택하면 된다.

시티 투어와 타이에리 협곡 열차가 결합된 상품, 또는 시티 투어와 올베스톤 하우스의 입장이 포함된 상품도 있으니, 자세한 내용은 관광안내소에서 꼼꼼히 살펴보고 결정할 것.

• **The Dunedin Visitor Centre** 08:45~17:00 474-3300 www.dunedinnz.com

REAL COURSE

더니든 추천 코스

시내 볼거리는 꼼꼼히 봐도 하루면 충분하다. 진짜 볼거리는 오타고 반도 쪽에 모여 있는데, 때묻지 않은 뉴질랜드의 자연에 중심을 둔 여행이라면 오타고 반도를 놓치지 말아야 한다.

DAY 01

첫째 날 일단 시내에 여장을 풀고 도시 탐험에 나선다. 옥타곤부터 천천히 걷다 보면 오후쯤에는 보타닉 가든이나 볼드윈 스트리트쯤에 도착해 있을 것이다. 돌아오는 길에는 오타고 박물관과 이주민 박물관, 미술관 등에 들러서 문화의 향기에 흠뻑 취해볼 것.

예상 소요 시간 7~8시간

START **옥타곤**
팔각형의 심장

도보 5분

퍼스트 교회
하늘을 찌를 듯한 뾰족 지붕

도보 10분

토이투 이주민 박물관
광대한 전시 자료

도보 5분

스파이츠 맥주공장
물맛 좋은 남섬 맥주

도보 25분

올베스톤 저택
전망 좋은 정원

도보 10분

오타고 박물관
문화와 생태 박물관

도보 20분

보타닉 가든
시그널 힐까지 올라가보세요

도보 22분

볼드윈 스트리트
세상에서 가장 가파른 길

자동차 20분

FINISH **터널 비치**
인간이 만들고 자연이 다듬다

DAY 02

둘째 날 이제 진짜 여행이 시작된다. 오타고 반도는 뉴질랜드의 풍경 중에서도 백미에 속하는 비경을 숨기고 있기 때문. 등뼈처럼 솟아오른 하이클리프 로드 Highcliff Rd.에 오르면 더니든 시내는 물론 오타고 반도 전체까지 한눈에 들어온다. 반도 끝에는 노란눈펭귄과 앨버트로스 그리고 바다표범이 기다리고 있다.

예상 소요 시간 6~8시간

START **옥타곤**

자동차 30분

오타고 반도 박물관
문이 열려있으면 행운!

자동차 12분

펭귄 플레이스
노란눈펭귄을 위하여

자동차 6분

로열 앨버트로스 센터
거대한 크기의 신천옹 서식지

도보 10분

네이처 원더스
자연 그대로의 자연

자동차 30분

라나크 캐슬
뉴질랜드 유일의 성

자동차 20분

FINISH **옥타곤**

REAL MAP 더니든 광역 & 시내 지도

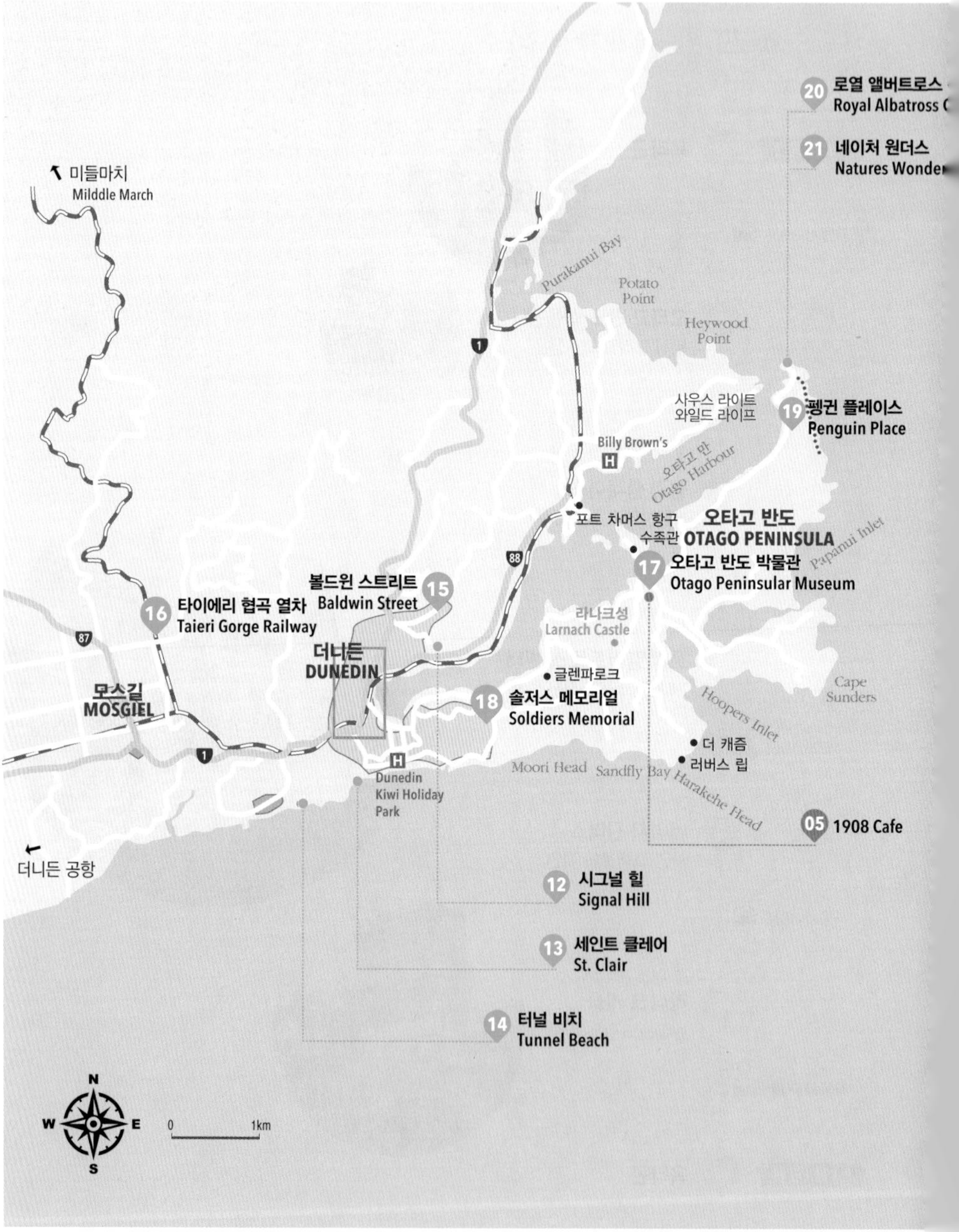

20 로열 앨버트로스
Royal Albatross
21 네이처 원더스
Natures Wonde
미들마치
Milddle March
Purakanui Bay
Potato Point
Heywood Point
1
사우스 라이트 와일드 라이프
19 펭귄 플레이스
Penguin Place
Billy Brown's
오타고 만
Otago Harbour
포트 차머스 항구
오타고 반도
OTAGO PENINSULA
수족관
Papanui Inlet
88
17 오타고 반도 박물관
Otago Peninsular Museum
볼드윈 스트리트
Baldwin Street
15
16 타이에리 협곡 열차
Taieri Gorge Railway
87
라나크성
Larnach Castle
더니든
DUNEDIN
글렌파로크
모스길
MOSGIEL
18 솔저스 메모리얼
Soldiers Memorial
Cape Sunders
Hoopers Inlet
더 캐즘
1
Dunedin Kiwi Holiday Park
Moori Head
Sandfly Bay
러버스 립
Harakehe Head
05 1908 Cafe
더니든 공항
12 시그널 힐
Signal Hill
13 세인트 클레어
St. Clair
14 터널 비치
Tunnel Beach
N W E S
0 1km

15 볼드윈 스트리트 Baldwin Street
11 보타닉 가든 Botanic Garden
12 시그널 힐 Signal Hill
윌슨 위스키
어퍼 가든
Upper Garden
로어 가든
Lower Garden
브라켄 전망대
Bracken's View
H Albatross
H Alcala Motor Lodge
로건 파크
Logan Park
10 오타고 대학
University of Otago
오타고 폴리테크닉
Union St. East
H Kwis Nest
09 오타고 박물관
Otago Museum
녹스 교회
08 올베스톤 저택
Olveston
모아나 풀
버스 터미널
Central Backpackers
On Top Backpackers
Kingsgate Hotel
시의회 의사당
관광안내소
Leviathan Hotel
04 스포츠 홀 오브 페임
Sports Hall of Fame
더니든 역
세인트 폴 교회
01 옥타곤 Octagon
02 더니든 미술관
Dunedin Public Art Gallery
03 퍼스트 교회
First Church
오타고 여자고등학교
Next Stop
05 토이투 이주민 박물관
Toitu Settlers Museum
07 스파이츠 맥주공장
Speight's Brewery
Heritage Centre & Shop
06 중국 정원
Chinese Garden
하버 크루즈 선착장
오타고 만
Otago Harbour
Geeky Geck Backpackers
Etrusco 01
Grand Bar & Restaurant 04
03 Bacchus
Stafford Gables Backpackers
Manor House
02 Vault 21
0 250m 500m

01
팔각형의 심장
옥타곤 Octagon

더니든 여행의 시작은 옥타곤에서! 이름 그대로 팔각형 두 개가 안팎으로 연결된 옥타곤은 더니든의 심장과도 같은 곳이다. 옥타곤을 둘러싸고 있는 시청 빌딩 1층에 관광안내소가 있으며, 더니든 시내의 모든 버스는 옥타곤 앞에서 출발한다. 한편 중앙의 녹지는 시민들의 휴식처가 되고 있으며, 옥타곤에 세워진 동상은 이 도시의 안내 자료 마다 등장하는 스코틀랜드의 민족시인 로버트 번스 Robert Burns. 번스의 동상을 둘러싼 보도블록을 눈여겨보면 청동으로 빛나는 22개의 명판을 발견할 수 있는데, 대부분의 여행자들은 대수롭지 않게 지나가기 일쑤다. 'a literary walk of fame'이라 불리는 이곳은 더니든이 배출하거나 관련 있는 세계적인 문학인들의 명판으로, '유네스코 문학도시 UNESCO Creative City of Literature' 상을 수상한 더니든 시의 자부심을 느낄 수 있는 곳이니 한번쯤 멈춰 서서 의미를 되새겨볼 것.

한편, 옥타곤에는 두 개의 큰 도로가 교차하고 있다. 동서 방향으로 달리는 스튜어트 스트리트 Stuart St.는 옥타곤을 시작으로 서쪽으로는 경사가 매우 급해지고, 옥타곤에서 기차역까지 시원하게 뻗어있는 동쪽도로의 모습은 비교적 평지로 인상적인 도시의 풍경을 연출한다. 남북 방향으로 달리는 프린세스 스트리트 Princess St.와 조지 스트리트는 은행·관공서·상점 등이 즐비한 상업 중심 도로. 오가는 학생들과 관광객·시민들이 어울려 활기가 넘친다. 주말이면 옥타곤 일대에서 다양한 로컬 마켓도 펼쳐진다.

02
무료 관람이니 일단 들어가 볼 것
더니든 미술관 Dunedin Public Art Gallery

1884년 처음 설립할 당시에는 오타고 대학 근처에 있었으나, 1996년 이후 현재의 자리에서 옥타곤을 내려다보고 있다. 오가는 발길이 잦은 위치지만, 모르고 지나치기 좋으니 꼭 기억했다 들러보길 바란다. 모네·터너·뒤러 등 유명 작가의 작품을 볼 수 있으며, 유럽과 뉴질랜드 전역의 컬렉션이 충실하다. 주로 뉴질랜드 젊은 작가들을 중심으로 기획 전시가 열리지만, 획기적인 기획의 특별전으로 주목받기도 한다. 관내 아트 숍에서는 그림엽서·접시·초상화 등의 상품을 판매한다.

30 The Octagon ⏱ 10:00~17:00 Ⓢ 무료
☎ 474-3240 ⌂ www.dunedin.art.museum

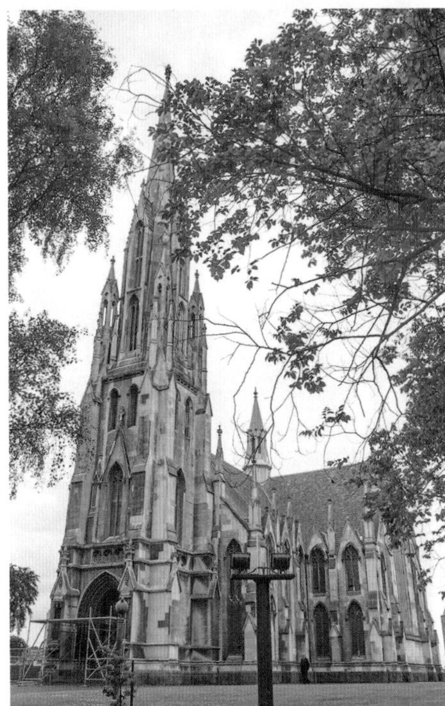

03
이름 그대로 첫 번째 교회
퍼스트 교회 First Church

옥타곤의 큰 팔각형 외곽에 있는 더니든 최초의 교회. 스코틀랜드에서 이주해온 초기 이민자들이 1848년에 세운 교회다. 더니든 시내의 고풍스런 건축물 중에서도 손꼽히는 수작으로 56m에 이르는 뾰족 지붕이 무척 인상적이다. 아름다운 스테인드글라스가 빛을 받아 반짝이는 아담한 실내가 묘하게 마음에 평화를 안겨준다. 입구의 모레이홀 Moray Hall에 비지터 센터가 있다.

415 Moray Place ⏱ 9~5월 10:00~16:00, 6~8월 11:00~14:00 Ⓢ 무료 ☎ 477-7150

04
기차역에 이런 곳이
스포츠 홀 오브 페임
Sports Hall of Fame

1990년, 뉴질랜드 이주 150주년 기념으로 세워진 일종의 스포츠 박물관. 뉴질랜드 사람들이 좋아하는 풋볼이나 크리켓 같은 스포츠를 중심으로, 올림픽과 각종 대회 수상 전적과 선수들을 자세히 소개하고 있다. 단순히 기록을 나열하는 데서 그치는 게 아니라 스포츠와 스포츠를 대하는 뉴질랜드 사람들의 열정도 배울 수 있다. 더니든 역 2층에 있다.

Railway Station, Anzac Ave. 10:00~15:00, 월, 화요일 휴무 어른 N$6, 어린이 N$2 477-7775
www.nzhalloffame.co.nz

05
생각보다 방대한, 기대보다 충실한

토이투 이주민 박물관 Toitu Settlers Museum

빨간 벽돌로 지은 고풍스러운 건물 내부에 19세기 중반부터 현대에 이르기까지 이민의 역사를 보여주는 다양한 자료들을 전시하고 있다. 골드러시를 타고 모여든 유럽 이주민들의 역사와 더니든의 현대 역사 유물이 주요 전시품. 2012년 12월에 기존의 벽돌 건물 앞에 모던한 유리벽으로 설계된 신관 건물이 완공되어, 하늘로 높이 솟은 건물의 외관만으로도 눈길을 끈다. 2008년부터 시작되어 4년에 걸친 대공사를 끝낸 만큼, 이후 새롭게 오픈한 박물관은 더니든의 핫 플레이스로 주목받고 있다. 전시뿐 아니라 다양한 교육 프로그램도 돋보인다. 오타고 지역민들의 초기 생활상을 잘 보여주는 전시의 규모와 내용도 놀랍지만, 이 모든 전시 이용료가 무료라는 사실은 또 한 번 감동이다. 박물관 내부에 카페테리아와 휴식 공간도 충분히 마련되어 있으니 시간 내어 찬찬히 둘러보자.

31 Queens Gardens 10:00~17:00 무료
477-5052 www.toituosm.com

06
익숙한 기와지붕
중국 정원 Chinese Garden

2008년에 문을 연, 오래 되지 않은 어트랙션. 중국 상하이와 더니든의 자매결연을 기념하면서 설립한 곳이다. 상하이에 있는 The Yu Yuan Gardern을 본 따 만들었다고 한다. 현지인들에게는 이국적인 관광지로 자리 잡고 있지만, 같은 동양권인 우리 눈에는 그냥 익숙한 정원 느낌이다. 티 하우스와 기념품 숍이 있어서 고즈넉한 정원에서 즐기는 차 한 잔의 여유는 색다른 즐거움이다. 더니든 기차역과 이주민 박물관 근처에 있으니 동선이 맞으면 한번쯤 들러볼 만하다.

Corn. of Rattray and Cumberland Sts.
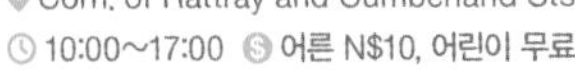
10:00~17:00 어른 N$10, 어린이 무료 477-3248
www.dunedinchinesegarden.com

07
오래된 맥주의 시간
스파이츠 맥주공장
Speight's Brewery Heritage Centre & Shop

뉴질랜드를 대표하는 맥주회사 스파이츠에서 주최하는 투어. 스파이츠는 1876년 창립한 이후 줄곧 더니든의 주요 산업으로 도시와 더불어 성장해왔다. 투어에 참가하면 공장 견학은 물론, 기원전 6000년 당시 바빌로니아의 맥주 양조 기법부터 오늘날의 기법까지 살펴볼 수 있다. 참가자들이 오크통에서 맥주를 직접 받아, 자기 이름이 적힌 병 속에 넣어 마시는 경험은 아주 특별하다. 90분 투어의 마지막에는 맥주 시음회가 마련되어 있으며, 스파이츠 숍에서는 이 회사의 로고를 새긴 티셔츠와 글라스 등 다양한 기념품을 구입할 수 있다. 투어가 시작되는 입구 옆에는 오크통 모양의 조형물 수도꼭지에서 물을 받아가는 사람들을 볼 수 있는데, 이 생수는 바로 스파이츠 맥주를 만드는 원수라고 한다. 좋은 술은 좋은 물에서 나온다는 말처럼, 실제로도 이 수도꼭지에서 받은 물맛이 괜찮은 듯.

200 Rattray St. 가이드 투어 12:00, 14:00, 16:00, 18:00 (여름은 17:00, 18:00, 19:00에도 진행) 어른 N$35, 어린이 N$20 477-7697 www.speights.co.nz

08

뉴질랜드 부잣집 구경
올베스톤 저택 Olveston

1904~1906년 영국의 건축가 에메스트 조지 Emest George가 지은 제임스 1세 시대 스타일 Jacobean Style의 저택. 무역상으로 성공을 거둔 데이비드 테오민 David Theomin과 그의 가족들을 위해 지은 것으로, 지금은 올베스톤 저택이라는 이름으로 일반인에게 공개하고 있다.
35개의 방에 호화로운 가구를 비롯해 도기·회화·무기 등 세계 각국에서 수집한 소장품들이 진열되어 있는데, 가이드 투어를 통해서만 내부를 견학할 수 있다. 투어는 15명 미만의 인원으로 진행하고 미리 예약을 해야 가능하지만, 그렇다고 이 멋진 저택을 그냥 스쳐지나지는 말 것을 당부한다. 입구에서부터 넓게 펼쳐진 정원과 건물 뒤편에 아름답게 가꿔진 온실, 그리고 살짝이나마 실내 분위기를 느낄 수 있는 기념품 숍 등은 무료로 개방되고 있으니 주저 말고 들어가 볼 것. 경사진 정원에서 도심 건너 펼쳐지는 오타고 만의 풍경을 바라보며 의외의 망중한을 만끽할 수 있다.

42 Royal Terrace 09:00~17:00 가이드 투어 09:30, 10:45, 12:00, 13:30, 14:45, 16:00 어른 N$25, 어린이 N$14 477-3320 www.olveston.co.nz

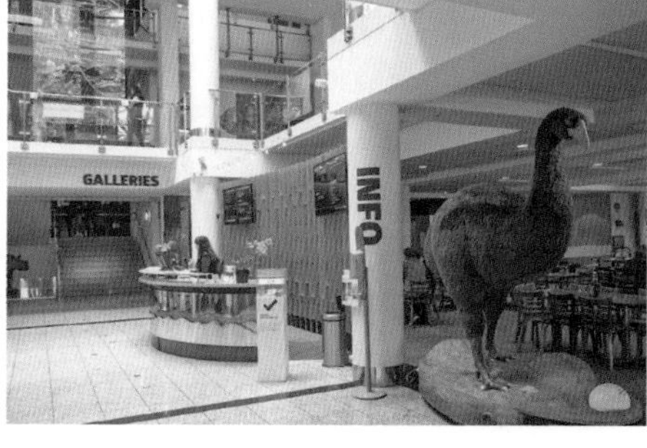

09

오타고 문화와 역사의 집합체
오타고 박물관 Otago Museum

컴버랜드 스트리트를 사이에 두고 오타고 대학과 마주보고 있다. 박물관의 넓은 잔디 정원에는 통신 원리를 설명하는 커다란 집성기(소리를 모으는 기계)가 놓여 있는데, 이 기계 앞에서 어린이나 어른이나 경쟁하듯 소리 지르는 모습이 재미있다. 박물관 안에서는 더 많은 과학의 원리를 직접 체험할 수 있다. 박물관 내에 자리한 Planetarium Show가 바로 그 현장. 건물 1층에 있는 이곳에서는 프리즘, TV 모니터 방식의 현미경 등을 실제로 만지고 사용해 볼 수 있다. 박물관 파트는 뉴질랜드 남부의 마오리 문화를 전시하는 마오리관과 뉴질랜드 동식물의 생태를 알 수 있는 생태관 등으로 구성되어 있다. 마오리의 집회소나 카누 같은 전통적인 공예품을 많이 전시하고, 뉴질랜드 남부 지역의 마오리 문화를 충실하게 설명한다.

419 Great King St. 10:00~17:00
박물관 무료, Planetarium Show N$15 474-7474
www.otagomuseum.nz

10
의학 명문 대학
오타고 대학 University of Otago

1869년 개교한, 뉴질랜드 최초의 대학. 오래되었을 뿐만 아니라 역사와 전통 있는 명문으로 손꼽히는 곳. 특히 의학 분야에 관한 한 뉴질랜드뿐 아니라 세계적으로도 인정받는다. 뉴질랜드 전역과 전 세계에서 모여든 학생의 수가 2만 5000명에 이른다. 이는 더니든 전체 인구의 20%를 넘는 수로, 도시의 분위기를 활기차게 만드는 원동력이다.
시내 한가운데 있는 캠퍼스는 역사를 느끼게 하는 중후한 건물들과 젊음의 열기가 함께 어울려 프레시한 분위기를 자아낸다. 일반인에게도 개방한다.

362 Leith St., North Dunedin 479–7000

11
아름답고 향기로운 휴식
보타닉 가든 Botanic Garden

시내 북쪽에 넓게 펼쳐진 이 식물원은 시그널 힐로 향하는 경사지에 있으며, 지형상 위와 아래로 나뉘어서 '어퍼 가든 Upper Garden', '로어 가든 Lower Garden'으로 구분된다. 시내와 가까이 있는 로어 가든에는 장미 공원과 연못 등이 있어서 피크닉 장소로 적당하고, 어퍼 가든에서는 앵무새 같은 새들을 기르고 있어 다양한 재미를 선사한다. 공원 가운데쯤에 자리 잡고 있는 브라켄 전망대 Bracken's View는 더니든의 전경을 감상할 수 있는 좋은 장소다.

Corner of Great King St. & Opoho Rd. 무료
477–4000 www.dunedinbotanicgarden.co.nz

12
정상에 서면
시그널 힐 Signal Hill

보타닉 가든에서 북쪽으로 3㎞쯤 더 올라간 곳에 있는 해발 393m의 언덕. 식물원에서 이곳까지는 1시간 정도의 가벼운(?) 하이킹 코스로 알려져 있다. 승용차로도 정상까지 올라갈 수 있는데, 가는 동안 내려다보이는 경사만으로도 심장 약한 사람은 기겁할 지경이다. 시내에서부터 도보로 가는 것은 절대 권하지 않으며, 보타닉 가든 또는 언덕 중간 지점까지는 버스를 타고 이동한 후 산책 코스로 접어드는 것이 좋다. 절대 만만치 않은 코스임을 밝혀둔다.
언덕 위쪽은 공원으로 조성되어 있어서 피크닉을 즐기기에도 좋으며, 정상에 오르면 더니든 시내와 가늘고 긴 지형의 오타고 반도가 한눈에 내려다보인다. 정상에서 가장 먼저 눈에 띄는 것은 큰 규모의 석조 기념비. 기념비의 양옆을 남녀 조각상이 지키고 있는데, 이 조각상들은 뉴질랜드 건국 100주년을 기념하여 1940년에 조성한 것들이다. 기념비 앞에는 자매 도시인 영국 스코틀랜드의 에든버러에서 가져온 대형 돌과 명판도 새겨져 있다.

13
장엄한 해안선
세인트 클레어 St. Clair

시내 남쪽 끝에 있는 세인트 클레어는 태평양과 마주하고 있는 해안 지대. 더니든 홀리데이 파크 뒤로 나 있는 산책로를 따라 언덕에 오르면 전망대가 나오는데, 이곳에서 바라보는 풍경이 무척 멋지다. 길게 이어지는 해안선을 따라 밀려오는 파도는 다소 황량하기도 하고 장엄하기도 하다. 세인트 클레어의 해안선은 세인트 킬다 비치 St. Kilda Beach, 터널 비치 Tunnel Beach로 이어진다. 특별한 대중교통 수단이 없으므로, 시티 투어에 참가하거나 자동차가 있을 경우에 찾아보는 것이 좋다.

14
인간이 만들고 자연이 다듬은
터널 비치 Tunnel Beach

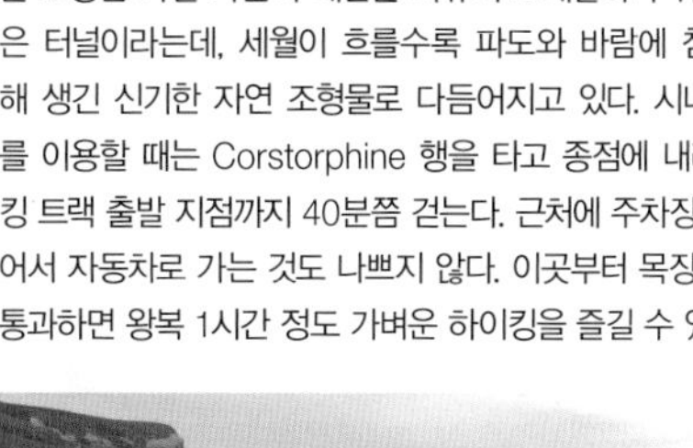

기암절벽으로 이루어진 세인트 클레어 서쪽은 태평양의 황량한 파도가 몰아치는 거친 바닷가. 이곳 절벽에 비치로 내려갈 수 있는 좁은 터널이 나 있다. 1870년대에 이 일대를 호령한 카길 가문이 해안을 사유지로 개발하기 위해 뚫은 터널이라는데, 세월이 흐를수록 파도와 바람에 침식당해 생긴 신기한 자연 조형물로 다듬어지고 있다. 시내버스를 이용할 때는 Corstorphine 행을 타고 종점에 내려, 워킹 트랙 출발 지점까지 40분쯤 걷는다. 근처에 주차장이 있어서 자동차로 가는 것도 나쁘지 않다. 이곳부터 목장 안을 통과하면 왕복 1시간 정도 가벼운 하이킹을 즐길 수 있다.

15
기네스북에 빛나는
볼드윈 스트리트 Baldwin Street

세계에서 가장 경사가 심한 도로 넘버 2. 밑에서 보기에는 그냥 조금 경사진 언덕 정도로 보이는데, 실제 경사는 기네스북에 올라 있을 정도로 아찔하다. 그 경사진 길 양쪽 옆으로 늘어서 있는 집들마저 경사를 이용한 독특한 방식으로 건축되어 있다. 일반 버스는 올라갈 수 없고 승용차나 4WD 차량으로 올라가야 하는데, 거주민 또는 숙련된 운전자가 아니라면 시도하지 않는 편이 현명하다. 하루 온종일 호기심을 안고 도전하는 도보 여행자들이 길을 등반(?)하고 있어서 마치 관광지 같은 활기마저 도는 곳. 정상까지 걸리는 시간은 15~20분 정도, 도중에 한 번 이상은 쉬게 되는 스스로를 정상이라 믿어도 된다.

해마다 이 길을 무대로 '볼드윈 스트리트 심장파열 Baldwin Street Gut-Buster'이라는 엽기적인(?) 이름의 시가행진과 축제가 펼쳐지며, 빨리 올라가기 시합도 열린다. 몇 년 전 한국에서 기아 자동차 K3 광고 촬영지로 주목받기도 했고, 이런 세계적인 유명세에 편승해 증명서를 발급해주는 가게도 길 초입에서 성업 중이다.

16
깡촌의 정취를 간직한 협곡 열차
타이에리 협곡 열차
Taieri Gorge Railway

타이에리 협곡 열차는 19세기 말 건설된 역사적인 철로 위를 달리는 기차. 더니든에서 미들 마치 Middle March에 이르는 77㎞ 구간을 달리는 관광 열차다. 대부분 깊은 계곡과 바위산으로 이어지기 때문에 차창 밖으로 펼쳐지는 풍경이 스릴감 넘친다. 타이에리 강을 지나는 높이 50m의 철교 위에서는 잠시 멈추어 사진 촬영하는 시간도 준다. 종착역인 미들 마치까지는 일요일에만 운행하고(여름철에는 금요일도 운행), 매일 2차례 출발하는 열차는 58㎞ 지점인 푸케랑이까지만 운행한다. 푸케랑이는 마오리어로 '천국의 언덕 Hill of Heavens'이라는 뜻. 해발 250m에 세워진 푸케랑이 기차역은 말 그대로 '깡촌'의 정취를 간직하고 있다. 2024년 현재 타이에리 협곡 열차는 크루즈선과 연계하여 운행되고 있으며, 일반 승객의 경우 예약을 받지 않는다. 대신 더니든역에서 출발하는 다양한 노선의 기차 여행이 가능하다.

출발 장소 더니든 기차역 477-4449
www.dunedinrailways.co.nz

REAL+

더니든의 역사적인 건축물들
Heritage Buildings

일찍이 도시로서 번영을 누린 더니든은 건축물의 형태와 모양만으로도 지난날의 영광을 짐작하게 한다. 마치 중세 유럽의 어느 도시를 옮겨놓은 듯 아름답고 정교한 건축물들에 세월이 더해져 중후함마저 자랑하고 있다.

세인트 폴 교회
St. Paul's Cathedral

1915년부터 1919년에 걸쳐 건설된 앵글리칸 교회. 옥타곤을 이루는 한 축으로, 이 도시에 온 모든 관광객들이 한번쯤 거쳐 가는 곳이다. 더니든에서 북쪽으로 100㎞ 떨어진 지점의 오마루 Omaru 산 석재를 사용해 지었다고 한다. 뾰족 지붕의 외관도 아름답지만, 내부로 들어가면 빛이 부서지는 스테인드글라스에 더 감탄하게 된다.

오타고 데일리 타임즈 Otargo Daily Times

옥타곤과 더니든 역 사이, 스튜어트 스트리트 대로변에 자리한 오타고 데일리 타임즈 건물은 웅장한 자태만큼이나 고풍스러운 역사를 자랑한다. 1867년에 건립된 그 모습 그대로 150년을 넘기며 화려했던 이 도시를 기억하고 있다.

시의회 의사당
Municipal Chambers

옥타곤에 있는 의사당 건물 1층에는 비지터 센터가 입주해 있다. 1880년에 세운 것을 1989년에 복원해 지금과 같은 모습이 되었다.

오타고 반도 OTARGO PENINSULAR

17
일요일만 문을 여는
오타고 반도 박물관
Otago Peninsular Museum

오타고 반도의 가운데쯤, 수족관 입구 바닷가에 세워져 있는 작고 오래된 박물관. 오타고 반도의 역사를 보여주는 여러 가지 컬렉션이 주를 이룬다. 특이한 점은 일요일, 그것도 오후 12시 30분부터 3시 30분까지 3시간 동안만 문을 연다는 것. 관광 안내 부스와 화장실이 있어서 잠시 쉬어가기도 좋다.

17 Harington Point Rd., Otago Peninsula 일요일 12:30~15:30 어른 N$2, 어린이 무료 478-0255
portobello.org.nz/our-history/otago-peninsula-museum

18
아찔한 절벽 드라이빙
솔저스 메모리얼 Soldiers Memorial

제2차 세계대전에서 사망한 병사들의 기념비가 있는 곳이다. 기념비가 세워져 있는 하이클리프 로드 Highcliff Rd.는 이름처럼 아찔할 정도의 절벽길. 반도에서 더니든 시내 쪽으로 들어가는 지점에 자리 잡고 있기 때문에 반도 끝에서 시내까지 한눈에 바라볼 수 있다. 개인적으로는 뉴질랜드 전역을 통틀어 '베스트 3'에 들 정도로 위험하고도 아름다운 도로가 아닌가 싶다. 실제 기념비는 굳이 찾아서 볼 정도의 관광지는 아니다. 주목해야 할 것은 하이클리프 로드의 까마득한 길 위에서 바라보는 오타고 반도의 비현실적인 풍경이다!

19

상처 입은 펭귄들의 안식처

펭귄 플레이스 Penguin Place

오타고 반도 끝에서 약 2㎞ 못 미치는 지점에 있는 펭귄 플레이스는 세계적으로 희귀한 노란눈펭귄 Yellow Eyed Penguin을 볼 수 있는 곳이다. 해링턴 포인트 로드에 나 있는 이정표를 따라 들어가면 맥그로우서 McGrouther 일가가 운영하는 농장이 나오는데, 이 목장 안쪽에서 펭귄을 보호하고 있다. 이 농장에서는 정부의 보조금 없이 방문자들의 입장료만으로 상처 입은 펭귄을 돌보는 등 보호 활동을 하고 있다고 한다. 농장 입구에 설치된 작은 사무실 앞에서 미니버스를 타고 5분쯤 간 다음, 전쟁용 참호처럼 길게 파놓은 길을 따라 펭귄을 보러 간다. 조그만 구멍을 통해 바로 눈앞에 서 있는 펭귄을 볼 수 있다. 개인적으로는 접근할 수 없고, 반드시 가이드 투어를 통해서만 견학할 수 있다. 예약은 더니든의 관광안내소에서도 가능하다. 교통편이 여의치 않으면 아예 더니든에서부터 운행하는 펭귄 플레이스의 투어 버스를 이용하는 것도 좋은 방법이다.

45 Pakihau Rd., Harrington Point 펭귄투어 여름 11:45, 13:15, 15:45, 겨울 15:45 투어 어른 N$65, 어린이 N$25 478-0286 www.theopera.co.nz/tours

20

현존하는 가장 큰 조류를 보다

로열 앨버트로스 센터 Royal Albatross Centre

타이아로아 헤드 Taiaroa Head라고 불리는 오타고 반도의 끄트머리에는 로열 앨버트로스 서식지 Albatross Colony가 있다. 우리나라에서는 신천옹이라고 하는 앨버트로스는 양쪽 날개를 펼치면 길이가 3.5m나 되는, 현존하는 조류 중에서는 가장 큰 동물이다. 연간 20만㎞를 시속 120㎞로 이동하며, 일단 날아오르면 거의 날갯짓을 하지 않고 글라이더처럼 긴 날개를 펴고 우아하게 비행한다. 그렇지만 땅 위에서는 다소 우스꽝스러운 모습이다. 구르듯이 착륙하는 순간부터 뒤뚱거리며 걷는 모습과 웅크리고 앉아 있는 모습 등이 하늘 위에서 보여준 모습과는 영 딴판. 센터 옆으로 가면 울타리를 쳐둔 전망 포인트가 있는데, 이곳에서 앨버트로스의 비행 모습과 바다표범의 수영 솜씨를 동시에 관찰할 수 있다. 단, 신천옹은 바람이 약한 날에는 날지 않기 때문에 항상 나는 모습을 볼 수 있는 것은 아니다.

센터 내의 전시 관람은 무료이고, 앨버트로스 센터에서 출발하는 유료 투어에 참가하면 더 많은 앨버트로스를 좀 더 가까이에서 관찰할 수 있다. 반도 꼭대기에 설치된 타이아로아 요새 Fort Taiaroa와 등대까지 견학할 수 있는 투어도 있다. 최근에는 비디오를 통해 앨버트로스의 생태를 알아보는 앨버트로스 인사이트 투어 Albatross Insight Tour도 선보이고 있다. 센터 안에는 커다란 창이 달린 레스토랑이 있어서 오타고 반도 끝과 맞닿은 바다를 감상하기 좋다.

1260 Harington Point Rd. 478-0499 www.albatross.org.nz

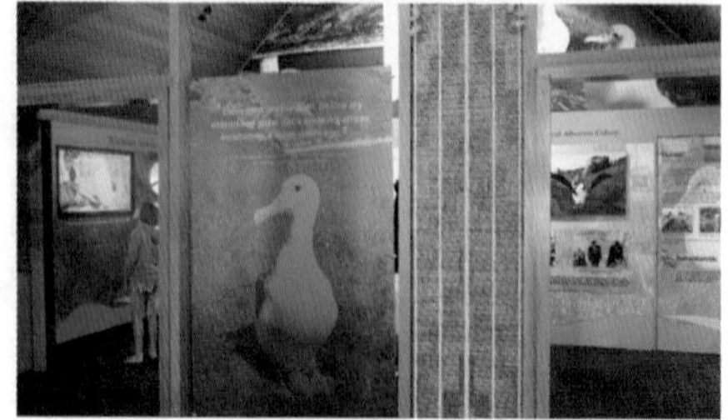

21
때 묻지 않은, 그대로의 자연
네이처 원더스 Natures Wonders

앨버트로스 센터에서 주차장을 지나 동쪽 언덕을 따라 올라가면, 비포장길이 끝나는 정상에 네이처 원더스 투어 사무실이 나타난다. 나무로 지은 2층 건물에는 전망 레스토랑이 있어서 조용히 휴식을 취하기에도 좋다. 이곳에서 가이드와 함께 4WD 차량을 타고 일반인의 발길이 닿지 않는 자연 서식지 탐험 투어를 시작한다. 바다표범과 물개·블루펭귄 등이 자연 상태 그대로 사람들 앞에 모습을 드러내는 곳. 첫 투어는 10시 15분에 시작되는데, 투어가 가능한지 여부는 순전히 날씨에 달려 있으므로 미리 전화로 확인하는 것이 좋다..

Ⓢ 와일드라이프 4WD 투어 어른 N$110, 어린이 N$45 ☎ 478-1150, 0800-246-446 ⌂ www.natureswonders.co.nz

REAL TALK 더니든, 영광과 굴곡의 역사

오래전 더니든은 마오리의 땅이었습니다. 큰 무리를 이루어 살던 그들은 1100년부터 해안에서 물고기를 잡거나 모아새를 사냥하면서 생활하고, 녹옥을 채취해 북쪽의 마오리와 교역하기도 했지요. 이들은 자신들이 정착해 있는 항구를 'Otakou'라고 불렀는데, 이것이 '오타고 Otago'의 어원이 되었습니다. 평온하게 지내던 이 지역은 18세기 말 부족 간의 다툼으로 많은 사상자가 생기고 포경업자들이 옮긴 전염병이 돌면서 인구가 급격히 줄어드는 불운을 맞았지요.
도시의 운명이 다시 살아난 것은 1840년. 유럽인들의 뉴질랜드 이민을 도왔던 '뉴질랜드 협회 The New Zealand Company'는 스코틀랜드 사람들의 이주지로 더니든을 선택했습니다. 마오리들과 직접 교섭하여 1620㎢에 이르는 방대한 땅의 소유권을 갖게 되었고, 드디어 1848년 스코틀랜드 이주민을 태운 범선 두 척이 도착했지요. 그 후로 이민 행렬이 이어져 도시는 차츰 활기를 찾아갔습니다. 그러던 1861년, 더니든에서 100㎞쯤 떨어진 곳에서 금이 발견되자 이곳은 순식간에 골드러시에 휩싸이면서 일확천금을 노리는 사람들로 넘쳐났습니다. 단 6개월 만에 인구는 2배로 늘어났고, 3년이 지나자 3배로 늘어났습니다.
뉴질랜드에서 가장 중요한 도시로 떠오르면서 한때 더니든은 뉴질랜드에서 가장 부유한 도시로 꼽히기도 했습니다. 도시 규모에 맞는 다양한 시설들도 필요해졌지요. 오타고 중·고등학교와 대학교가 설립된 것도 바로 이 시기. 그 후 골드러시 바람은 잠잠해졌으나, 오타고는 축적된 자본력을 바탕으로 조선업과 제조업에서 두각을 나타내면서 오늘날에도 여전히 뉴질랜드 경제의 한 축을 맡고 있습니다.

REAL+

슬픈 사연을 간직한 뉴질랜드 유일의 성, 라나크 캐슬 Larnach Castle

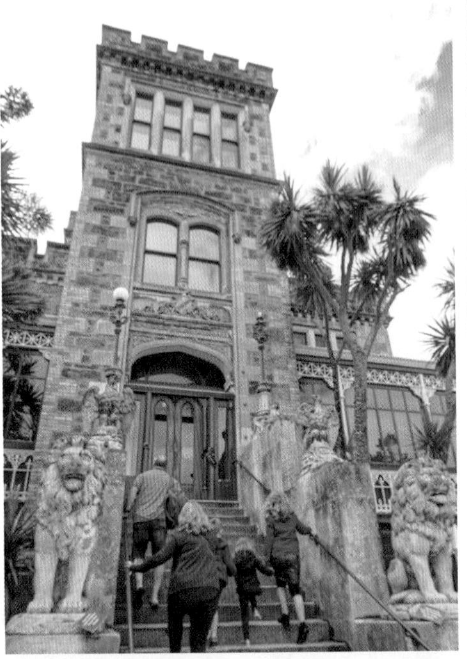

이름은 성 Castle이지만, 사실은 19세기 후반 대부호의 호화 저택이다. 유럽식 성을 본떠서 지었다고 이름까지 성이지만, 뉴질랜드에는 왕이 살지 않으니 성처럼 거대하고 화려한 저택인 셈이다. 그런데 실제로 라나크 성을 방문해본 사람이라면 이곳을 성이라 부르는 데 동의할 수밖에 없다. 은행가로 성공해 거대한 부를 거머쥔 윌리엄 라나크 Wiliam Larnarch가 지은 이 성의 호화찬란한 실내와 값비싼 장식품, 정교한 가구와 식기 등을 본다면 말이다. 원래 모습대로 복원한 침실과 파티를 열던 공간 등은 당시 부호들의 생활상을 잘 보여주고 있다.

그렇지만 성 안에 설치된 비디오 룸에서 라나크 가(家)의 흥망에 관한 영상 자료를 보고 나면, 이 성의 과거가 그리 화려하지만은 않았다는 것을 알게 된다. 라나크 경은 프랑스 귀족 집안 출신인 첫째 부인 엘리자 제인을 위해 인부 200명을 동원해 3년 동안 이 성을 지었다. 전 세계에서 모아온 최고급 자재를 사용하고, 유럽에서 모셔온 최고의 기술자들이 인테리어를 맡았다. 그러나 그의 아내는 성이 완성되기도 전에 병으로 사망했다. 1887년 완공된 성은 딸 케이티의 21번째 생일 선물이 되었다. 그 후 정계에 진출한 라나크 경은 사업에 크게 실패했으며, 둘째·셋째 부인과도 사별하는 아픔을 겪게 된다. 끝내 재기에 실패한 그는 웰링턴 국회의사당에서 자살하고 말았다. 주인이 죽고 난 후 정신병원과 축사 등으로 바뀌기도 했던 성이 복원된 것은 1967년 현주인 버커가 성을 사들이면서부터. 성은 보수를 거쳐 일반인들에게 공개되었고, 오타고 반도의 대표적인 관광 명소가 됐다.

3층으로 이루어진 성 내부를 둘러본 다음 옥탑방을 통해 성의 꼭대기 전망대에 올라갈 수 있다. 해발 1000피트 높이에서 바라보는 전경은 정말이지 눈을 의심하게 할 만큼 아름답다. 좌우로 펼쳐진 바다와 마치 거대한 생명체처럼 느껴지는 오타고 반도의 모습은 지상의 풍경 같지 않은 느낌마저 든다.

14ha의 넓은 정원에는 색색의 꽃과 나무가 장관인데, 정원만 둘러보는 투어도 있다. 한편 이 아름다운 성에서 하룻밤 머물고 싶은 사람들을 위해 로지와 레스토랑 등도 운영한다.

Camp Rd., Otago Peninsula
10월~부활절 09:00~19:00, 부활절~9월 09:00~17:00 정원 어른 N$22, 어린이 무료/성+정원 어른 N$45, 어린이 무료 476-1616
www.larnachcastle.co.nz

01
에스프레소 한 잔에 카페인 충전
Etrusco

모레이 플레이스의 사보이 빌딩 1층에 자리한 이탈리안 레스토랑. 이탈리아 이민자인 부모님과 두 아들이 함께 운영하는 곳으로, 정통 토스카나 파스타와 피자를 맛볼 수 있다. 레스토랑 이름이자 로고이기도 한 '에트루스코'는 그리스 신화에 나오는 사자의 몸, 뱀의 꼬리, 염소의 머리를 가진 동물의 이름이다. 기원전 100년경에 토스카나 지방에 정착한 사람들을 '에트루리아인'이라고도 부른다. 즉, 이 가족은 자신들의 정체성을 요리에 반영하고 있다. 글루텐 프리를 고집하지는 않지만, 유기농 밀가루와 채소를 사용한다. 디저트로 나오는 아주 진한 맛의 이탈리안 커피 또한 오후의 피로를 날려버릴 만큼 강력하다.

The Savoy Bldg., 8A, Moray Place
일~수요일 17:30~21:30 목~토요일 17:30~22:00 477-3737 www.etrusco.co.nz

02
붉은 벽돌과 초록 식물
Vault 21

한국식 프라이드치킨과 싱가포르식 새우 요리, 인도 커리 등의 아시안 소스와 조리법으로 인기 있는 파인다이닝 레스토랑. 오픈과 동시에 창의적인 플레이트와 음식 맛으로 유명세를 탄 곳이다. 메뉴판에는 음식마다 글루텐 프리, 유제품 프리, 비건 등의 표시가 되어 있어서 재료나 조리법에 예민한 여행자도 마음 놓고 선택할 수 있다. 개방된 분위기에서 옥타곤을 바라보며 여유를 만끽하기 좋은 위치에 있다. 붉은 벽돌과 초록 식물의 조화가 어우러진 실내 인테리어도 인상적이다.

21 The Octagon 월~토요일 12:00~01:00, 일요일 12:00~24:00
479-2125 www.vault21.co.nz

03
메이드 인 뉴질랜드
Bacchus

1888년에 세워진 유서 깊은 건물 1층에 자리한 레스토랑으로, 이곳 역시 문을 연지 20년이 넘은 옥타곤 일대의 터줏대감이다. 뉴질랜드 산 와인 리스트를 충실히 보유하고 있으며, 스테이크에 사용하는 재료 역시 최고 등급의 뉴질랜드 산만 취급한다. 식사 시간이 아닐 때는 야외 테라스 좌석에서 음료만 주문해도 된다. 특이하게 일요일은 문을 닫는다.

1st Floor, 12 the Octagon
월~토요일 12:00~22:00, 일요일 휴무
474-0824
www.bacchusdunedin.nz

04
카지노에서의 식사
Grand Bar & Restaurant

더니든 카지노 안에 있는 카페 겸 바. 서던 크로스 호텔과 함께 있다. 카지노 규모는 크지 않지만 블랙잭·룰렛·바카라 등 다양한 게임이 새벽까지 펼쳐지고 카페 역시 늦게까지 오픈한다. 게임에 참가하는 동안은 바에서 제공하는 무알코올 음료를 무료로 마실 수 있고, 마치 우리나라 후라이드 치킨과 양념치킨 같은 닭 요리도 메뉴에 있다.

Southern Cross Hotel, 118 High St. 0800-477-4545
www.grandcasino.co.nz/grand-experiences/dining

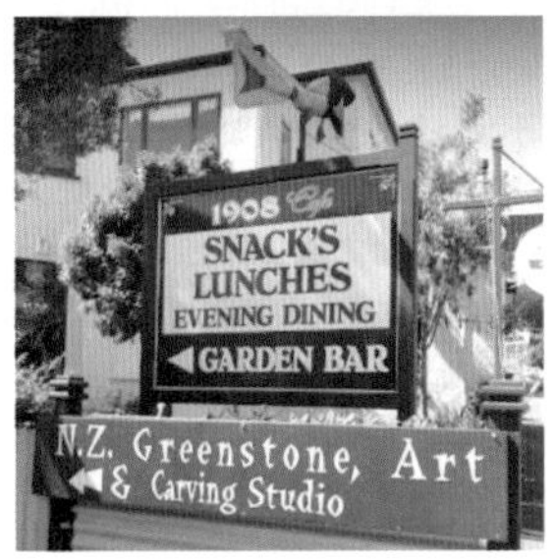

05
100년 넘은 카페
1908 Cafe

1908년부터 지금까지 100년 넘는 세월 동안 지켜온 역사와 전통을 자랑하는 카페. 레스토랑 전체가 마치 앤티크 숍처럼 예스럽고 정성스럽게 잘 보존되어 있다. 약간 투박해 보이기도 하지만, 담백하게 조리한 건강식 메뉴와 집에서 구운 빵·케이크 등의 디저트는 단연 돋보인다. 스테이크·씨푸드 등 다양한 메뉴가 선택 가능하다. 모든 요리는 일가족이 맡아서 하고 있다. 월요일과 화요일은 오후 늦게부터 문을 열고, 비수기에는 문을 열지 않는 때도 많다.

7 Harrington Point Rd. Portobello, Otago Peninsula 수~일요일 12:00~14:00, 17:00~20:30 월, 화요일 17:00~20:30 478-0801
www.1908cafe.co.nz

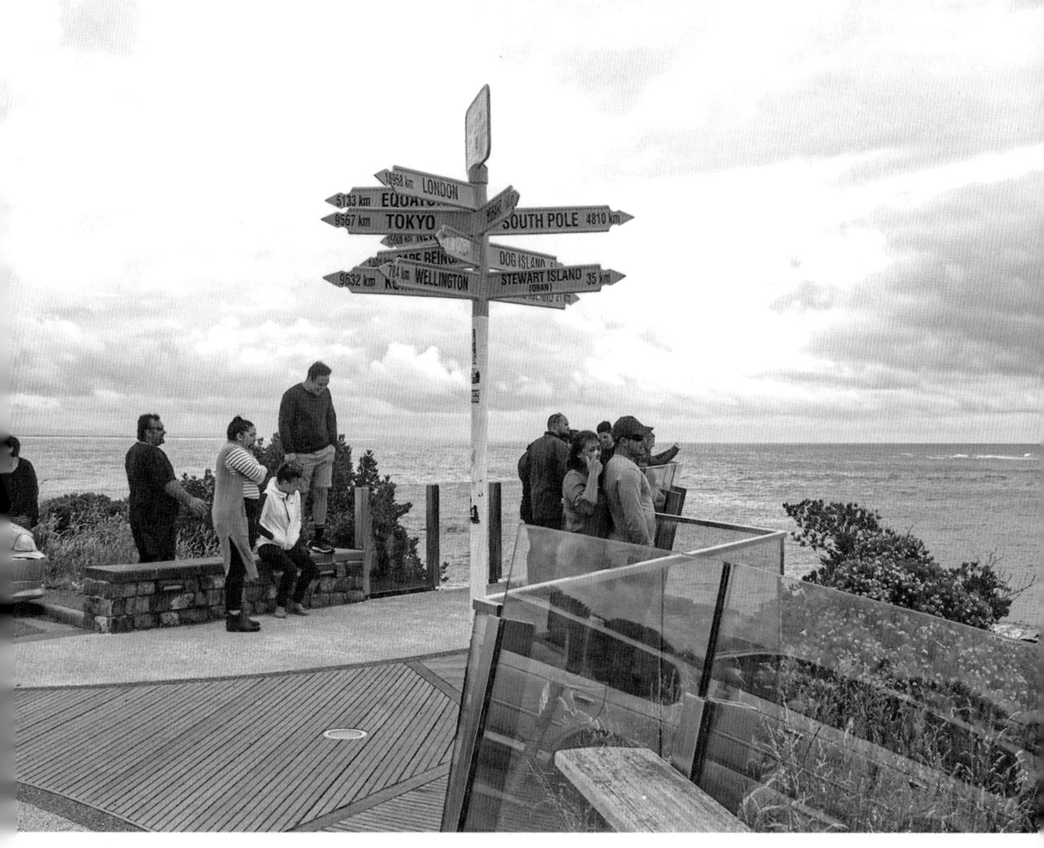

인버카길 & 블러프
INVERCARGILL & BLUFF

인구
5만 6,000명

지역번호
03

인포메이션 센터 Invercargill Visitor Information Centre
108 Gala St. 월~금요일 08:00~17:00, 주말 08:00~16:00
211-0895 www.southlandnz.com

세계 최남단의 도시 인버카길은 뉴질랜드의 가장 남쪽에 자리잡은 세계 최남단의 도시다. 더니든과 마찬가지로 스코틀랜드 이주민들이 개척한 곳으로, 도시 곳곳에 스코틀랜드 풍의 석조 건물이 남아 있다. 고풍스러운 건물들과 최근에 조성된 조형물을 제외하면 별다른 볼거리가 없지만, 시닉 루트로 알려진 캐틀린스 코스트와 스튜어트 아일랜드로 향하는 사람들의 발길이 점차 늘고 있는 추세. 인버카길 남쪽 30km 지점의 블러프는 뉴질랜드의 땅끝 마을로, 스튜어트 아일랜드 행 페리가 출발하는 곳이기도 하다. 여행자는 대부분 이곳에서 페리를 타고 스튜어트 아일랜드로 떠나지만, 하루 정도 머물면서 소박한 땅끝 마을의 정취를 느껴보는 것도 좋다.

인버카길 & 블러프 미리 보기

CITY PREVIEW

어떻게 다니면 좋을까?

인버카길 시내는 뉴질랜드의 도시들 중에서는 드물게 평지에 형성되어 있다. 시가지의 전체적인 모양도 네모반듯하게 정비되어 있어서 길을 찾거나 이동하는 데 무척 편리하다. 중심부는 인버카길 역에서 디 스트리트 Dee St.까지로, 도시의 주요 기관들이 이곳에 모여 있다. 시내 규모는 걸어 다니기에 조금 넓은 편이지만, 볼거리는 모두 시내 중심부에 모여 있기 때문에 별다른 교통수단이 필요 없다.

블러프는 인버카길 보다 더 작은 '마을'이다. 마을 전체를 다 둘러보는 데 천천히 걸어서 1~2시간이면 충분하다.

어디서 무엇을 볼까?

널찍하고 반듯한 시가지와 곳곳에서 눈길을 끄는 조형물들. 인버카길 시내는 반나절 도심을 걷는 것만으로도 볼거리의 80퍼센트는 다 본 거나 마찬가지다.

그 중에서도 사우스랜드 박물관과 퀸스파크는 인버카길의 대표적인 관광지이니 빠뜨리지 말자.

한편 블러프에서는 뉴질랜드 최남단 이정표가 있는 스털링 포인트를 찍고 오는 것이 미션이다.

어디서 뭘 먹을까?

레스토랑과 상가들이 몰려 있어서 손쉽게 식사나 쇼핑을 즐길 수 있다. 특히 디 스트리트의 와치너 플레이스 주변, 에스크 스트리트 Esk St. 주변이 최고의 상권. 인버카길과 블러프에서 꼭 맛보아야 할 음식으로는 굴 요리를 적극 추천한다. 특히 블러프는 매년 오이스터 페스티벌이 열릴 만큼 굴에 있어서는 자부심을 가지고 있는 도시이니, 이 도시에서의 신선한 미식 체험을 놓치지 말아야 한다.

어디서 자면 좋을까?

머물기 위한 곳이 아니라 스쳐가는 곳이라는 이미지가 강해서인지 숙소가 그리 많지 않다. 특히 배낭여행자들을 위한 호스텔은 도시의 규모에 비해 턱없이 부족한 편. 그러나 아이러니하게도 이 도시에서 머무르는 여행자들도 많지 않아서 특별히 방 구하기가 어려운 편은 아니다. 숙박을 해야 한다면 인버카길 쪽 상황이 조금 더 나은 편이고, 블러프의 숙소들은 대부분 오래되고 낡아서 썩 마음에 들지 않을 것이다.

ACCESS

인버카길 & 블러프 가는 방법

뉴질랜드 최남단, 인버카길과 블러프까지 오는 길은 멀고 길었다. 대부분의 여행자들은 대중교통의 종착점인 인버카길에서 여행을 멈추지만, 렌터카 여행자라면 조금 더 욕심을 내어 블러프까지 달려보자. 인버카길 시내에서 1번 국도를 따라 그냥 쭉 끝까지 달려가면 될 일이다. 인버카길에서 블러프까지는 자동차로 20~30분 정도 걸린다.

버스 Bus

크라이스트처치, 더니든을 지나 테 아나우까지 가는 인터시티 버스가 인버카길을 경유한다. 퀸스타운에서 고어 Gore를 지나 인버카길로 향하는 노선도 있는데, 이 경우 도중에 버스를 갈아타야 하므로 시간과 경유 도시에 관한 사항을 미리 확인하는 것이 좋다. 더니든에서 출발하는 네이키드 버스도 3시간 15분 만에 인버카길에 도착한다.

이밖에 로컬에 기반을 둔 아토믹 셔틀과 트랙넷 Tracknet 버스 등이 테 아나우, 퀸스타운, 더니든에서 출발하는 노선을 각각 운행하고 있다. 장거리 버스들이 출발·도착하는 곳은 갈라 스트리트 Gala St.에 있는 인포메이션 센터 앞.

비행기 Airplane

철로는 있지만 기차는 더 이상 운행되지 않고, 비행기를 이용하면 최남단의 도시까지 단숨에 날아갈 수 있다. 에어뉴질랜드는 크라이스트처치와 웰링턴에서 인버카길까지 직항편을 운항하고 있다. 스튜어트 아일랜드 플라이트 Stewart Island Flights는 인버카길과 스튜어트 아일랜드를 하루 3회씩 연결하고 있다.

공항은 시내에서 북동쪽으로 2.5㎞ 떨어져 있으며, 공항에서 시내까지는 인버카길 에어포트 셔틀이나 택시를 이용하면 된다.

REAL MAP : 인버카길 & 블러프 지도

퀸스타운 방향
인버카길
INVERCARGILL
더니든 방향
1
TO BLUFF 22km
블러프
BLUFF

블러프
블러프 해양 박물관
Bluff Maritimo Museum
07
1
Ocean Beach Rd.
Gore St.
Barrow St.
Foreshore Rd.
Gore St.
09
전쟁 기념탑
War Memorial
스튜어드 아일랜드 행
페리 터미널
Shannon St.
Boyne St.
Liffy St.
Barrow St.
Foyle St.
Bann St.
Lagan St.
McDougall St.
Palmer St.
Henderson St.
Onslow St.
Burrows St.
Flagstaff Rd.
Water St.
Raymond St.
Marine Pde.
Oyster Cove
03
스털링 포인트
Stirling Point
08
블러프 힐
Bluff Hill
10
모투포휴 시닉 리저브
Motupohue Scenic Reserve

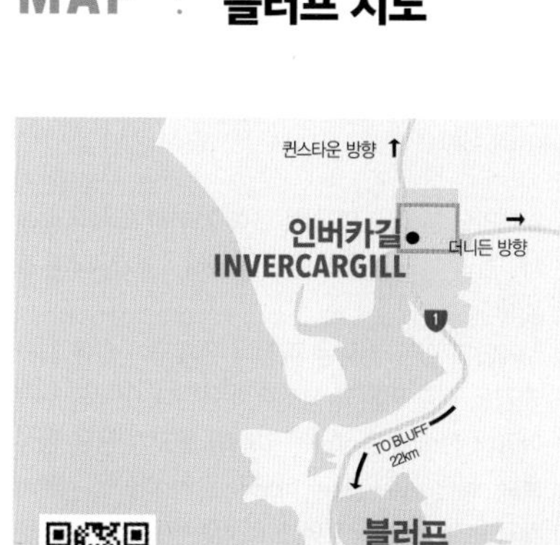

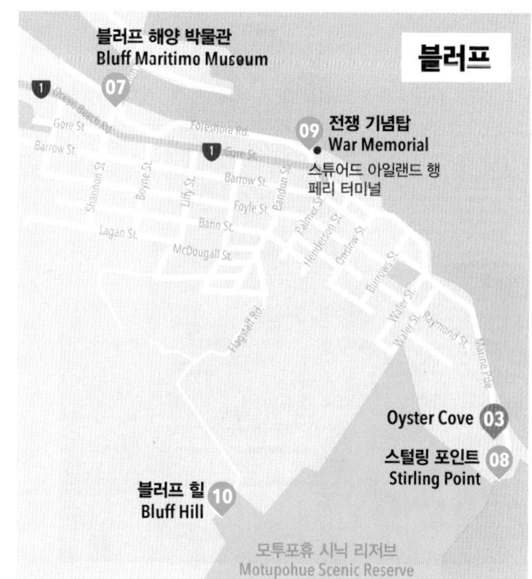

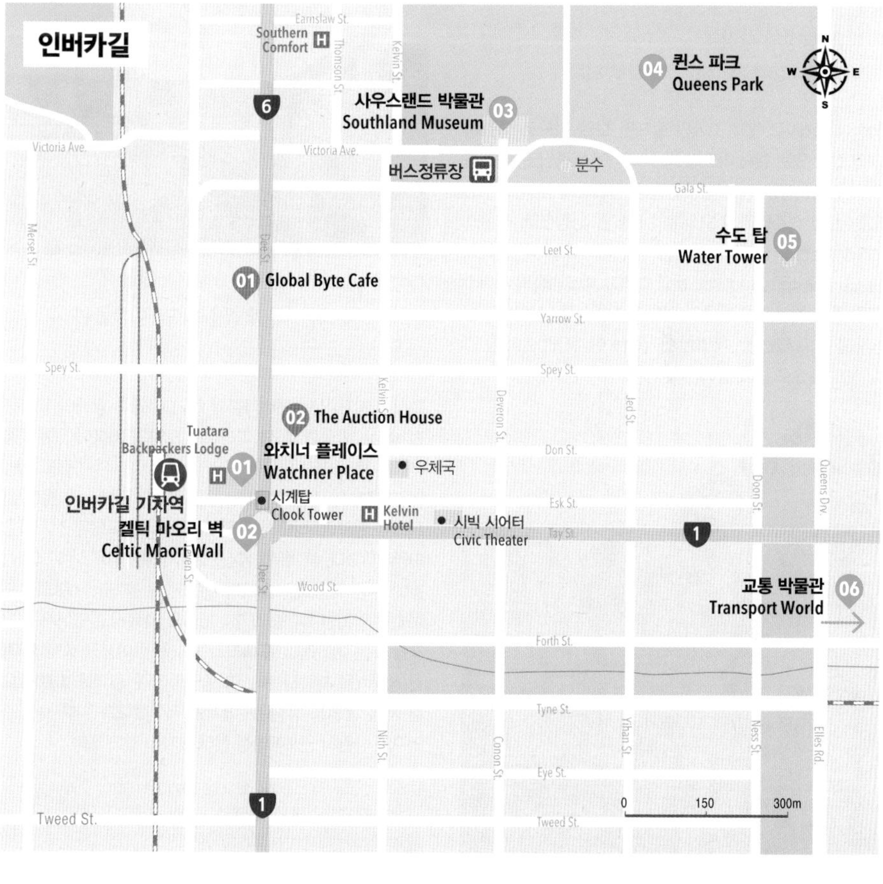

인버카길
Earnslaw St.
Southern Comfort
Thomson St.
Kelvin St.
6
사우스랜드 박물관
Southland Museum
03
04
퀸스 파크
Queens Park
N
W
E
S
Victoria Ave.
Victoria Ave.
버스정류장
분수
Gala St.
Mersey St.
Dee St.
Leet St.
수도 탑
Water Tower
05
01
Global Byte Cafe
Yarrow St.
Spey St.
Spey St.
Kelvin St.
Deveron St.
Jed St.
02
The Auction House
Tuatara
Backpackers Lodge
01
와치너 플레이스
Watchner Place
우체국
Don St.
Doon St.
Queens Drv.
인버카길 기차역
시계탑
Clook Tower
Kelvin Hotel
Esk St.
켈틱 마오리 벽
Celtic Maori Wall
02
시빅 시어터
Civic Theater
Tay St.
1
Dee St.
Wood St.
교통 박물관
Transport World
06
Forth St.
Tyne St.
Nith St.
Conon St.
Yhan St.
Ness St.
Elles Rd.
Eye St.
1
0
150
300m
Tweed St.
Tweed St.

01
사람들이 모이는 시계탑 광장
와치너 플레이스 Watchner Place

에스크 스트리트 Esk St.의 서쪽 끝에 자리한 와치너 플레이스는 시민들의 야외 활동과 공연을 위해 1980년대에 조성된 광장이다.
가운데 시계탑이 있는 건물은 예전에 우체국이 있던 자리였으며, 지금은 주로 만남의 장소로 이용된다. 곳곳의 조각상들은 마오리 전설에 등장하는 고래와 물고기 등을 형상화한 것들로, 유럽 이주민들과 마오리 간의 화합을 기원하는 의미라고 한다. 주말 오후에는 이곳에서 다채로운 공연이 펼쳐진다.

02
만남의 광장의 상징
켈틱 마오리 벽 Celtic Maori Wall

와치너 플레이스에서 고개만 돌리면 보일 정도로 나란히 자리 잡고 있는 켈틱 마오리 벽. 대리석에 육중한 문처럼 새겨진 의미심장한 기호와 패턴들은 켈트족에 뿌리를 두고 있는 유럽 이주민과 마오리족의 문화를 상징한다. 사우스랜드의 자연을 상징하는 물결무늬와 피라미드에서 모티프를 딴 '지구라트 Ziggurat' 문양 그리고 마오리족의 새머리 조각 등등 각기 다른 문화가 어우러져 결국 '잘 살아보자'는 의미를 담고 있는 듯. 특별한 볼거리는 아니지만, 시내를 걷다 보면 저절로 눈에 들어온다.

03
사우스랜드의 시간과 공간을 담은 박물관
사우스랜드 박물관 Southland Museum

포경 기지가 있던 인버카길의 해양 문화와 항해의 역사를 전시하는 박물관. 흰색 피라미드 모양의 지붕이 있는 2층 건물로 퀸스 파크 입구에 자리 잡고 있다. 사우스랜드 지방의 자연과 역사, 근대 회화 등을 각각의 카테고리 별로 전시하고 있으며, 마오리 문화에 관해서는 독립된 전시실을 마련해두었다. 세계문화유산으로 지정된 사우스랜드의 섬들에 관한 영상쇼는 놓치지 말아야 할 볼거리. 1층에는 도마뱀의 일종인 투아타라 Tuatara를 사육하고 있어서 관광객들의 눈길을 끈다. 투아타라는 150년 이상을 살 만큼 강한 생명력을 자랑하는데, 그 동안의 연구 결과에 따르면 오랜 세월 동안을 뉴질랜드에서만 서식했다고 한다. 박물관 입구와 나란히 인포메이션 센터가 자리 잡고 있다.

108 Gala St. 월~금요일 09:00~17:00, 주말 10:00~17:00, 크리스마스 휴무 무료 218-9753
www.southlandmuseum.com

04
도시의 꽃밭
퀸스 파크
Queens Park

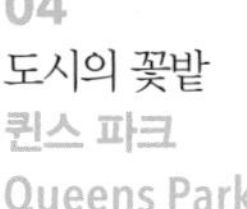

1869년 시의 보호 구역으로 정해진 80ha에 달하는 넓은 부지의 공원. 도심의 절반이 넘는 녹지대가 공원으로 조성되어 있는 셈이다. 공원의 남쪽 입구에는 사우스랜드 박물관과 인포메이션 센터가 나란히 자리하고 있어서 시간이 부족한 여행자라면 퀸스 파크를 찾는 것만으로 이 도시 볼거리의 절반을 본 것과 같다.

장미 공원, 작은 호수, 조각 공원, 일본 정원, 미니 동물원 등이 곳곳에 아기자기하게 조성되어 있어서 여행자는 물론 시민들의 휴식 공간 구실을 톡톡히 하고 있다. 산책을 하거나 오후 한때를 보내기에 아주 좋으며, 공원 안에 18홀의 골프 코스도 있다.

108 Gala St. 무료 211-0895

05
한때는 최고의 어트랙션, 지금은 출입 금지
수도 탑
Water Tower

시내 동쪽에 자리 잡고 있는 높이 42.5m의 수도 탑은 인버카길의 랜드마크다. 1889년 시청 소속의 엔지니어 윌리엄 샤프에 의해 완공되었으며, 이슬람 모스크를 연상시키는 붉은 벽돌 구조물로 시선을 끈다.

세월이 흐르면서 벽돌과 석고 부분의 침식이 심해지고, 도시의 급수 시설이 보완되면서 보조적인 역할로 기능이 제한되었지만, 이 타워에 대한 인버카길 시민들의 자부심은 여전하다. 100주년을 맞아 대대적인 보수를 거쳐 일요일마다 일반인에게 전망대 출입이 허용되었으나, 현재는 그마저도 안전상의 이유로 내부 관람은 중지되었다. 일부러 찾아가면 약간 실망할 수 있으니, 오며가며 눈에 띄면 짐작하는 정도가 좋겠다.

107 Doon St. 211-0895

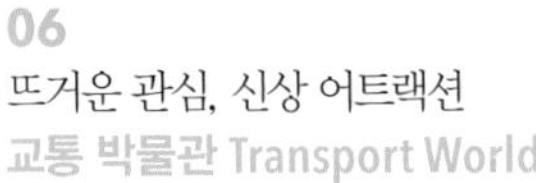

06
뜨거운 관심, 신상 어트랙션
교통 박물관 Transport World

운송 회사 Southern Transport의 창업주인 빌 리처드슨 Bill Richardson이 1960년대부터 현재에 이르기까지 수집한 자동차와 모터바이크, 중장비까지 전시하고 있는 대규모 교통 박물관. 개인 소장품치고는 수와 종류, 규모 모두에서 칭찬할 만한 수준이다. 2005년 빌이 사망한 후 후손들이 소장품들을 모아 2015년 박물관을 오픈하게 되었다. 주목할만한 점은 이 박물관이 계속 진화하고 있다는 것. 이듬해인 2016년에는 시티 센터에 '클래식 모터사이클 메카 Classic Motorcycle Mecca'라는 이름의 모터사이클 박물관을 개관했고, 2017년 하반기에는 중장비 박물관 'DigThis'을 오픈하는 등 주제별 확장세를 이어가고 있다. 트랜스포트 박물관의 입구에는 매표소와 매점을 겸한 아트숍이 자리하고, 이곳에서 운영하는 패밀리 레스토랑 겸 카페도 꽤 넓은 공간을 차지하고 있다.

고풍스러운 건물들 외에는 별다른 볼거리가 없었던 인버카길에서, 작지 않은 규모의 박물관이 연이어 오픈하면서 핫플레이스로 떠오른 것은 당연한 결과다. 어린이를 동반한 여행자라면 웬만해선 그냥 지나칠 수 없는 곳이지만, 입장료를 생각하면 조금 망설여지는 것도 사실이다. 세 군데 박물관은 모두 각각의 위치에 각기 다른 요금을 받고 있지만, 두 군데 이상을 방문할 예정이라면 터보 패스를 활용하면 조금 저렴해진다.

Transport World
491 Tay St., Hawthorndale 10:00~17:00
어른 N$40, 어린이 N$20, 터보 패스 어른 N$70, 어린이 N$30
0800-151-252(내선 1) www.transportworld.co.nz

Classic Motorcycle Mecca
25 Tay Street, City Centre 10:00~17:00
어른 N$40, 어린이 N$20 0800-151-252(내선 2)
www.motorcyclemecca.nz

REAL+

역사적인 건물들 Heritage Buildings

더니든과 함께 스코틀랜드 이주민들에 의해 발전한 대표적인 도시 인버카길 거리 곳곳에는 스코틀랜드 풍의 아름다운 석조 건물들이 남아 있다. 도시의 이름마저도 현지인들 사이에서는 '인버카고'라는 스코틀랜드 식 발음으로 불린다.

19세기 말~20세기 초, 도시가 형성되던 초기 단계에 건설한 고풍스러운 건축물들은 와치너 플레이스를 중심으로 사방 1㎞ 안에 몰려 있으니 산책삼아 둘러볼 것. 건물마다의 내력을 알고 싶다면 인포메이션 센터에 비치된 'Historic Invercargill'이라는 팸플릿을 참고하면 된다. 사진에 보이는 곳들은 화려한 외부 장식이 돋보이는 시빅 시어터다.

블러프 BLUFF

07

국토 최남단 박물관
블러프 해양 박물관 Bluff Maritime Museum

이 작은 도시의 거의 유일한 관광지. 작은 박물관의 전시품들은 한때 포경업으로 활기 넘쳤던 블러프의 옛날을 보여준다. 박물관 입구에는 1909년에 건조된 오이스터 보트 Oyster Boat '모니카 Monica Ⅱ'가 정박해 있다. 한때 블러프와 스튜어트 아일랜드를 오가는 가장 빠른 쾌속선으로 명성을 날리기도 한 이 배가 지금은 붉은 녹을 뒤집어쓴 채 세월의 흔적을 말해주고 있다. 1998년 해양 박물관에 기부되면서 긴 항해를 마치고 영원한 휴식을 취하게 되었다.

241 Foreshore Rd. 월~금요일 10:00~16:40, 주말 13:00~17:00 어른 N$5, 어린이 N$1 212-7534
www.bluffmuseum.co.nz

08

국도 1번의 종착 포인트
스털링 포인트 Stirling Point

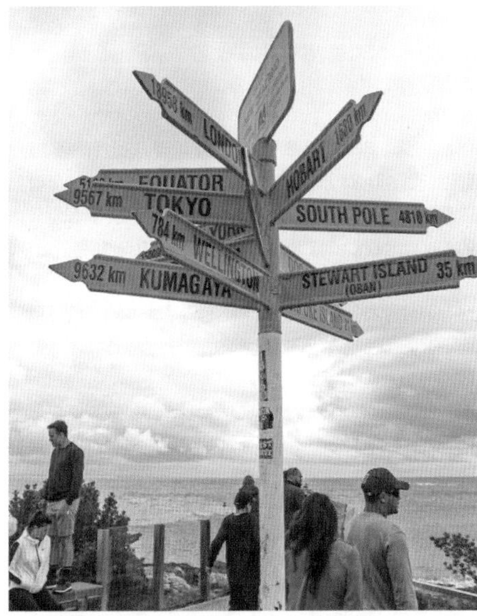

스털링 포인트는 포경선 기지가 있던 자리로, 지금은 이곳에 12개 도시의 방향을 가리키는 이정표 Signpost가 세워져 있다. 애초에는 웰링턴·시드니·런던 등 6개 도시를 가리키고 있었으나, 현재는 인버카길의 자매도시인 일본의 구마가야 Kumagaya를 포함한 12개 도시로 늘어났다.

이곳에서 시작하는 1번 국도는 쿡 해협을 지나 북섬의 최북단까지 연결된다. 시내 머린 퍼레이드 Marine Parade를 따라 시내 남쪽으로 3㎞ 정도 끝까지 내려가면 해안가에 있는데, 자동차로 이동할 수 있는 뉴질랜드 국토의 최남단이라는 의미에서 조금은 비장(?)해지는 장소. 최근에는 근처에 고급 숙박 시설과 레스토랑들도 들어서는 등, 10여 년 전 황량한 이정표만 있을 때보다 훨씬 관광지다운 면모가 보인다.

REAL+

여기가 진짜 땅끝이야!

사람들은 대개 인버카길을 최남단의 도시로 알고 있지만, 사실 엄격한 의미의 최남단은 블러프라 해야 옳다. 도시라 하기에는 너무 작은 마을이지만, 스튜어트 아일랜드로 가려면 반드시 거쳐 가야 하는 곳이어서 나름대로 관광지라고 할 수 있겠다. 마을의 풍경은 우리나라의 땅끝마을과 비슷하다. 메인 스트리트에 있는 작은 구멍가게와 그 앞에 모여 있는 동네 꼬마 녀석들, 고깃배가 들어올 때마다 시끌벅적 활기를 띠는 부두…. 살짝 찬바람이 부는 가을에는 '블러프 오이스터&사우스랜드 씨푸드 페스티벌 Bluff Oyster&Southland Seafood Festival'이 열리는데, 이때는 정말 맛있고 싱싱한 해산물이 도시 가득 넘쳐난다.

09

바닷바람 맞으며 묵념

전쟁 기념탑 War Memorial

머린 퍼레이드 길가에 세워져 있는 전쟁 기념탑. 블러프에서 나는 화강암으로 만든 이 기념탑에는 전쟁에 나갔다가 목숨을 잃은 블러프 출신 군인들의 명단이 적혀 있다.

탑의 북쪽 면에서는 제2차 세계대전과 한국전 전사자들의 명단, 남쪽 면에서는 제1차 세계대전 전사자 46명의 명단 등 각 면마다 전쟁지와 전사자들의 명단을 볼 수 있다.

기념탑이 있는 곳은 바다와 접해 있으며, 티와이 페닌슐러 Tiwai Peninsula가 바다 건너 마주보고 있다.

10

정상에서 느끼는 남다른 뿌듯함

블러프 힐 Bluff Hill

시내 가운데, 리 스트리트 Lee St.를 따라 마을 뒤편에 나지막한 언덕이 있다. 플래그스태프 힐이라고도 하고, 블러프 힐이라고도 하는 곳. 마오리 원주민들은 이곳을 모투포후에 Motupohue라고 부른다. 산책로를 따라 15분쯤 올라가면 정상이 나오는데, 자동차로도 정상까지 올라갈 수 있다. 정상 주차장에서는 다시 나선형의 길을 따라 전망대로 올라갈 수 있는데, 날씨가 맑을 때는 이곳에서 스튜어트 아일랜드까지 바라보인다. 뉴질랜드 최남단에서 바라보는 작은 마을 블러프의 모습과 멀리 태즈만 해의 푸른 파도가 색다른 감회를 자아낸다. 한 가지 주의할 점은, 이상하게 이곳에는 작은 날파리 떼가 들끓는다는 것. 특히 여름철에는 더욱 극성을 부리니 해충방지제를 미리 바르고 가도록 하자.

180 Flagstaff Rd. 211-0895

01
아침 일찍 오픈하는
Global Byte Cafe

간단한 아침 식사부터 꽤 격식을 차린 저녁 식사까지 다채롭게 즐길 수 있는 곳. 주말을 제외한 주중에는 아침 일찍부터 문을 열어서 방금 내린 커피와 함께 맛보는 블랙퍼스트 명소로도 유명하다. 레스토랑 안에 비치된 컴퓨터로 인터넷을 사용할 수 있다. 와인 종류의 BYO가 가능하며, 커피와 샌드위치 등의 메뉴는 포장도 된다.

150 Dee St., Invercargill 주중 07:00~17:00, 주말 09:00~16:00 214-4724

03
언덕 위의 전망 좋은 곳
Oyster Cove

1번 국도의 최종 지점, 스털링 포인트 근처에 있는 언덕 위의 근사한 레스토랑이다. 어느 자리에 앉아도 바다가 한 눈에 들어오는 전망이 가슴까지 뻥 뚫리게 만든다. 넓은 사각 접시에 어마어마한 해산물이 담겨 나오는 씨푸드 플래터 Seafood Platter는 이곳이 아니면 구경도 하기 힘든 메뉴. 초록입홍합, 커다란 생굴, 오징어 튀김 등이 각각 조리되어 하나의 하모니를 이룬다. 가격은 우리 돈으로 6~7만원 내외이지만 여러 명이 나눠 먹기에도 넉넉한 양이다.

8 Ward Parade, Bluff 11:00~19:30 212-8855
www.oystercove.co.nz

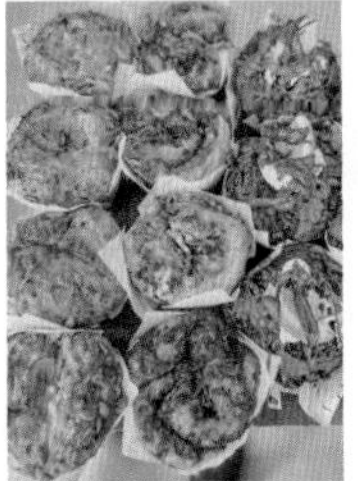
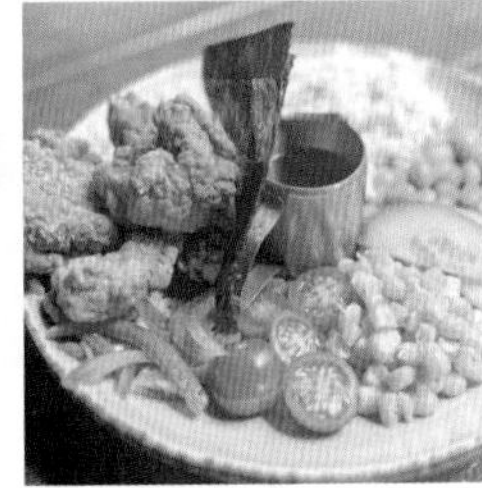

02
비건 레스토랑
The Auction House

디 스트리트 도로변 상가에 있던 Tree Bean Cafe가 돈 스트리트로 자리를 옮겨 이름을 바꾸고 문을 열었다. Tree Bean Cafe가 이미 유명세를 치른 터여서 여전히 사람들로 붐빈다. 야외 테이블에 앉아 한가롭게 오가는 사람들을 바라보기 딱 좋은 장소. 얼핏 보기에는 보통의 카페와 다를 바 없어 보이지만, 이곳은 비건(채식주의) 푸드로 유명한 곳이다. 맛있어 보이는 케이크나 수프 등이 모두 동물성 재료를 사용하지 않은 식물성 재료로만 만들어졌다고 한다. 채식에 대한 편견을 내려놓고 맛있는 비건 푸드를 즐겨보자.

20 Don St., Invercargill 214-1914
www.theauctionhouse.co.nz

뉴질랜드의 대표적인 음식 축제

카이코우라 씨페스트 Seafest와 블러프 오이스터 축제 Oyster Festival는 뉴질랜드 전역에서 가장 유명한 해산물 축제입니다. 해마다 각각 10월과 4월에 개최되며, 바다와 음식이 어우러져 맛있고 흥겨운 축제의 장이 되지요. 재미있는 사실은 두 도시의 해산물이 뚜렷이 차이가 난다는 겁니다. 카이코우라의 씨페스트에서는 바닷가재가, 블러프의 오이스터 페스티벌에서는 굴이 주인공이라는 사실입니다. 바닷가재를 좋아하는 사람은 10월에 카이코우라로, 굴을 좋아하는 사람은 4월에 블러프로!

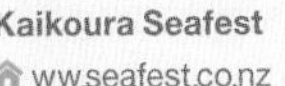

Kaikoura Seafest
ww.seafest.co.nz

Bluff Oyster&Southland Seafood Festival
www.bluffoysterfest.co.nz

스튜어트 아일랜드
STEWART ISLAND

인포메이션 센터 Oban Visitor Information Centre
The Red Shed, 12 Elgin Terrace, Stewart Island
월~금요일 08:00~19:00, 주말 09:00~19:00
219-0056 www.stewartisland.co.nz

STEWART ISLAND

인구
450명

지역번호
03

흔히 뉴질랜드는 남섬과 북섬으로 이루어져 있다고 생각하지만, 스튜어트 아일랜드는 엄연히 뉴질랜드 제 3의 섬이다. 뉴질랜드에서 세 번째로 큰 섬으로, 국토 최남단에 위치한다. 섬의 대부분은 습하고 무성한 삼림 지대이며, 유일한 마을인 오반 Oban 조차도 비탈에 세워졌을 만큼 지형의 기복이 심하다. 기후는 온화한 편이지만 예측하기 어려운 악천후가 계속 이어질 때도 많은 편. 그러나 섬을 둘러싼 750㎞의 해안선은 곶과 모래사장이 어우러져 한 폭의 그림 같은 풍경을 선사한다. 또한 자연 그대로의 생태계는 보는 것만으로도 충분히 방문할 가치가 있다. 1809년 섬 남쪽의 페가서스 항에 상륙한 페가서스 호의 일등 항해사 윌리엄 스튜어트의 이름을 따 스튜어트 아일랜드가 되었지만, 그보다 훨씬 이전인 13세기쯤부터 마오리들이 살았다고 전해진다.

ACCESS 스튜어트 아일랜드 가는 방법

비행기 Airplane

인버카길에서 스튜어트 아일랜드까지 가는 방법은 두 가지. 하늘길을 가르거나 바닷길을 가르거나 둘 중 하나다. 먼저 하늘길을 가르는 비행기는 이 지역에서만 운항하는 스튜어트 아일랜드 플라이츠 Stewart Island Flights의 경비행기가 유일하며 이륙에서 착륙까지는 20분이 소요된다. 하루 세 차례씩 인버카길 공항에서 출발한 비행기는 활주로만 있는 섬의 이착륙장에 도착하게 된다.

• **Stewart Island Flights** 편도 어른 N$122.50, 어린이 N$80 218-9129 www.stewartislandflights.com

페리 Ferry

하늘길 보다 조금 더 일반적인 바닷길은 블러프에서 출항하는 페리를 이용하는 것이다. 블러프에서 출항한 배는 1시간 후 스튜어트 섬의 하프문 베이에 도착하고, 배의 출발·도착에 맞춰 셔틀 버스를 운행하고 있다. 하루에 평균 2회 블러프와 스튜어트 아일랜드에서 각각 출·도착하고, 여름에는 하루 3회 운행된다. 자세한 운행 시간은 계절에 따라 변동이 크므로 홈페이지나 관광안내소에서 미리 확인하는 것이 좋다.

• **Stewart Island Experience Ferry** 21 Foreshore Rd., Bluff 어른 N$110, 어린이 N$55 212-7660 www.stewartislandexperience.co.nz

REAL MAP 스튜어트 아일랜드 지도

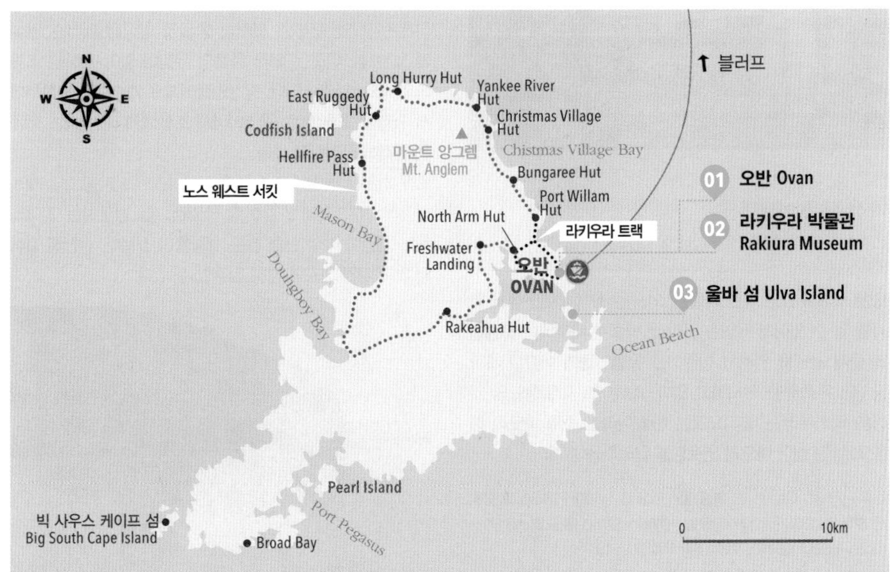

01
이 섬의 심장
오반 Ovan

섬의 유일한 마을 오반. 섬 인구 전체가 사는 곳이기도 하다. 스튜어트 아일랜드 페리가 도착하는 하프문 베이가 있으며, 관광안내소, 페리와 비행기의 출발·도착 장소, 상점과 관공서 등이 모여 있는 섬 관광의 거점이라 할 수 있다. 단, 섬 안에 은행이 없으므로 미리 환전해두는 것이 좋다.
지금은 겨우 400명 남짓의 주민이 어업과 양식업·관광업 등에 종사하며 살고 있지만, 1930년대에는 이 작은 마을의 인구가 3000명까지 늘어난 적도 있었다고 한다. 지금은 오반을 제외한 지역은 트램핑을 위한 트랙이나 미개발 지역으로 남아 있다. 특히 섬의 남쪽 지역은 자연 보호 구역으로 지정해 일반인들의 출입을 엄격히 통제하고 있다.

02
가장 큰(?) 어트랙션
라키우라 박물관 Rakiura Museum

오반 시내에 있는 작은 박물관. 외관은 소박하지만 섬의 역사를 알 수 있어서 유익한 곳이다. 박물관 내부에는 포경업과 물개 사냥을 위해서 이주해온 유럽인들에 대한 기록과 당시의 유품들을 전시하고 있다. 스튜어트 아일랜드의 옛 이름 '라키우라'는 '불타오르는 하늘'이라는 뜻의 마오리 이름으로, 이 섬이 마오리 영토임을 알려주는 증거다.

9 Ayr St. Oban 여름 월~토요일 10:00~13:30, 일요일 12:00~14:00/겨울 월~금요일 10:00~12:00, 토요일 10:00~13:30, 일요일 12:00~14:00 무료 219-1221
www.rakiuramuseum.co.nz

03
새들의 천국
울바 섬 Ulva Island

집게손가락을 구부린 것처럼 둥글게 형성된 패터슨 만에 떠 있는 섬. 이곳은 외래 동물의 유입이 없어서 야생 조류의 천국으로 남아 있다. 일반인들에게도 개방했지만 정부에서 지정한 조류 보호 구역이어서 조류에게 해가 되는 행동은 엄격히 금지하고 있다.
오반 하프문 베이에서 수상 택시로 10~15분 정도 걸리며, 이곳에 가기 위해 스튜어트 아일랜드를 방문하는 것이라 해도 과언이 아닐 만큼 많은 사람들이 찾는다. 천천히 걸어서 3~4시간 정도면 섬을 일주할 수 있다.

REAL GUIDE

라키우라 그레이트 워크 Rakiura Great Walk

스튜어트 아일랜드는 정말 작은 섬이다. 면적이 좁다는 의미가 아니라, 이 작은 동네에 마을 사람 모두가 누구네 아들, 딸인지 알 정도로 가까운 사이라는 의미다. 그러다보니, 배나 비행기에서 내리는 여행자들의 일거수일투족이 별다른 이벤트 없는 이 섬 사람들의 관심사가 되기도 한다. 뉴질랜드 사람들 가운데서도 이 섬을 가본 사람은 그리 많지 않은데, 하물며 동양 사람들의 경우는 등장 자체가 이들에게 흥미진진한 일이 되기도 한다. 라키우라 트레킹을 다녀온 후 가이드 퍼하나 Furhana(그녀는 지질학자이자 조류학자, 나무박사, 요리사, 스토리텔러이며 친구였다)와 함께 퍼브에 들렀을 때, 동네 사람들이 모두 눈을 맞추며 '우린 너희를 알아' 하는 듯 웃어주었다. 이렇게 다정한 섬에서 내 눈에 보이는 것만 보고 떠난다면 너무 멀리 온 보람이 없는 일이다. 반드시 이 섬을 잘 아는 누군가와 함께 트레킹을 해 볼 것을 권한다.

대표적인 라키우라 그레이트 워크는 하프문 베이에서 출발해서 울바 섬을 거쳐 다시 오반을 둘러싼 트랙을 따라 걷는 2박 3일의 트레킹 코스다. 북섬과 남섬에서의 트레킹과는 확연히 다른 풍광과 느낌이다. 숙련된 가이드와 동행해서 정해진 길을 따라 걷지만, 도중에 진흙길도 나오고 끝없이 펼쳐진 갈대밭을 지나기도 하는 등 변화무쌍한 자연 속으로 오롯이 걸어 들어가는 체험이다. 수없이 많은 이름 모를 새들이 동행이 되어주고, 간혹 수풀 속에 몸을 웅크린 키위새를 만나기도 한다.

도중에 포트 윌리엄 산장 Port William Hut과 노스 암 산장 North Arm Hut에서 최소한의 식사 후 잠을 청하지만 잠시 밖으로 나와 보는 하늘은 별이 그대로 쏟아지는 별천지다. 남극과 가장 가까운 하늘에서는 오로라가 피어오르기도. 개인적으로 이 길 위에서의 경험은 인생에서 결코 잊을 수 없는 낮과 밤이었다.

라키우라 트레킹을 취급하는 회사는 섬 내에 서너 군데가 있다. 각각 개성 있는 프로그램으로 서로의 영역을 침범하지 않으면서 공생한다. 오반에 있는 인포메이션 센터에서 이 모든 트레킹 안내를 받을 수 있으며, 개별 트레킹 회사 사무실에서도 자세한 안내를 받을 수 있다.

Ruggedy Range Wilderness Experience

14 Main Rd. 219-1066 www.ruggedyrange.com

PART 05

뉴질랜드 여행 준비

READY, SET, GO!

QUICK VIEW
한눈에 보는 뉴질랜드 여행 준비

STEP 01
여행 정보 수집 TRAVEL INFORMATION

STEP 02
항공권 구입하기 AIR TICKET

STEP 03
여행 예산 짜기 TRAVEL BUDGET

STEP 04
각종 증명서 만들기 TRAVEL CERTIFICATIONS
REAL GUIDE
뉴질랜드 전자 여행증, NZeTA의 모든 것!

STEP 05
출·입국하기 DEPARTURE & ARRIVAL

STEP 06
여행 트러블 대책 TRAVEL TROUBLE
REAL GUIDE
실패하지 않는 숙소 예약 요령
배낭여행자를 위한 뉴질랜드 BEST 9 YHA

QUICK VIEW

한눈에 보는 뉴질랜드 여행 준비

D-90 여행정보 수집

정보가 잘 집약되어 있는 가이드북을 통해 뉴질랜드라는 나라의 전체적인 지형과 문화, 관광지 등에 대한 정보를 숙지한다. 관심 있는 테마가 있다면 해당 사이트 등에 들어가서 정보의 깊이를 더한다.

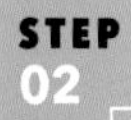

D-70 여권과 비자 체크하기

항공권 구매에 앞서 여권의 유효 기간을 체크하고 워킹홀리데이의 경우 미리 비자를 받아둔다. 여권 기간이 3개월 미만일 경우에는 재발급을 한 후 항공권을 발권하도록 한다.

D-60 항공권 구입하기

대양주의 항공권은 대략 2개월 전쯤이 가장 저렴하다. 이후 한번 상승 곡선을 타기 시작하면 걷잡을 수 없이 올라가므로, 시기를 놓치지 않게 미리 준비하는 것이 좋다. 항공권 예약 사이트나 애플리케이션에 마음에 둔 날짜를 정해두고, 알람 신청을 해두면 가격 추이를 확인하기에 용이하다.

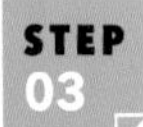

D-40 여행 일정 및 예산 짜기

남한 보다 3배나 큰 뉴질랜드에서는 여행 일정과 루트에 따라 비용과 시간이 천차만별로 달라진다. 일정에 맞는 효율적인 일정을 짜야하며, 2주 미만의 일정이라면 남북섬 전체를 둘러보기 보다는 한쪽만 선택해서 알차게 둘러보는 것이 좋다. 코스에 따라 예산도 달라진다.

D-30 숙박, 교통, 투어 예약하기

숙박과 교통은 현지에서 부딪히는 가장 큰 이슈다. 성수기라면 숙소를 미리 예약하는 것이, 비수기라면 조금 여유를 가지고 현지에서 정하는 것도 좋다. 또한 교통편이 애매한 지역에서는 투어를 활용하는 것도 좋은 방법이다. 어떤 투어가 있는 지 알아보고, 예약이 필요할 경우 미리 준비한다.

D-20 각종 증명서 만들기

숙소와 관광지 할인을 위한 YHA 카드, 국제학생증, 워킹홀리데이 비자 등 필요한 증명서들을 만든다.

D-7 환전 & 면세 쇼핑, 로밍 & 여행자 보험 가입

환율의 추이를 지켜보다가 적당한 시기에 환전을 한다. 최소한 당일 날 가장 비싼 공항에서 환전하는 것은 피하도록 한다. 아울러 면세 쇼핑과 로밍, 여행자 보험 등을 여유있게 준비한다.

D-1 짐 꾸리기, 최종 점검

현지 날씨를 체크한 후 가져갈 의복 등을 챙긴다. 상비약과 손톱깎이 같은 소소한 일상용품들도 빠뜨리지 않고 체크한다. 여권과 신용카드, 항공권 등은 미리 사진을 찍어 두거나 사본을 만들어 둔다.

D-Day 뉴질랜드로 출발!

생각보다 공항에서 해야 할 일이 많다. 최소 2시간 전에 도착해야 하지만, 넉넉하게 3시간 전에는 도착해서 로밍과 면세품 찾기 등의 소소한 일정들을 소화하도록 한다.

STEP 01

여행 정보 수집

TRAVEL INFORMATION

이 책의 파트 1과 파트 2를 꼼꼼히 읽으며 뉴질랜드와 가까워지는 것만으로도 여행의 첫 발을 뗀 것이다. 낯선 친구와 친해지려면 그 친구의 이름부터 좋아하는 것, 주변 등을 알아가는 것처럼 하나씩 뉴질랜드에 대해서 알아가는 것이 중요하다. 조금 더 알고 싶은 마음이 들었을 때, 아래에 소개하는 사이트와 애플리케이션에 들어가서 나만의 정보를 채워가도록 하자. 언제나 여행은, 아는 만큼 보이는 것이니까.

뉴질랜드 관광청

www.newzealand.com

지도는 물론 교통·숙소·관광지·레스토랑·액티비티 등에 관한 모든 정보를 제공한다. 특히 한국어로 번역된 한글 사이트에서는 영어를 잘 모르더라도 손쉽게 정보를 얻을 수 있도록 잘 정리되어 있으니, 여행 전에 한번쯤 꼭 방문해 볼 것.

뉴질랜드 대사관

www.nzembassy.com

출입국 정보, 유학, 교육, 무역 등에 관한 정보를 소개한다. 워킹홀리데이와 관련한 정보도 얻을 수 있다.

뉴질랜드 철도정보

www.greatjourneysofnz.co.nz

뉴질랜드 전역의 철도 노선과 시각표·요금 등이 자세히 나와 있는 그레이트 저니의 공식 사이트. 철도 뿐 아니라 북섬과 남섬을 잇는 인터아일랜드 페리에 대한 정보까지 나와 있다.

에어뉴질랜드

www.airnz.co.nz

뉴질랜드 국적기로, 가장 많은 국내선 노선을 보유하고 있다. 실시간 항공 요금을 검색하고 예약도 가능하다.

콴타스 항공

www.quantas.com.nz

뉴질랜드와 호주에 폭넓게 취항하는 항공사. 국제선은 물론 뉴질랜드 국내선 노선과 요금도 온라인으로 검색·예약할 수 있다.

제트스타

www.jetstar.com

오클랜드와 크라이스트처치 등 뉴질랜드 전역을 운항하는 국내선 항공. 국내선 항공이 발달된 뉴질랜드에서는 의외로 항공을 이용할 일도 자주 발생한다. 오전 시간대의 특가 요금을 활용하면 버스로 이동하는 것보다 비용이 저렴할 때도 있다.

인터시티

www.intercitycoach.co.nz

뉴질랜드 최대의 버스 회사. 북섬과 남섬을 모두 아우르는 가장 많은 노선을 보유하고 있으며, 여행자를 위한 다양한 패스도 선보인다.

키위 익스피리언스

www.kwiexperience.com

백패커스 버스를 취급하는 키위 익스피리언스의 공식 홈페이지.

인터아일랜더

www.greatjourneyofnz.co.nz/interislander

웰링턴과 픽턴을 오가는 인터 아일랜더 페리의 공식 홈페이지.

뉴질랜드 교육문화원

www.nzc.co.kr

뉴질랜드 교육정보를 검색할 수 있는 사이트. 어학연수 등을 생각한다면 유용한 정보를 얻을 수 있다.

YHA 연맹

www.yha.co.nz

뉴질랜드 YHA 협회의 공식 사이트. 전국 각 지역의 회원 호스텔을 검색하고 예약할 수 있다.

뉴질랜드 투어(현지 여행사)

www.nztour.co.nz

오클랜드 퀸 스트리트에 본사를 두고 있는 뉴질랜드 전문 여행사. 한국 여행사로는 유일하게 뉴질랜드 정부가 인정한 퀄 마크 보유 업체로, 항공, 숙박, 교통, 어트랙션, 한국인 패키지 투어까지 다양한 서비스를 취급한다.

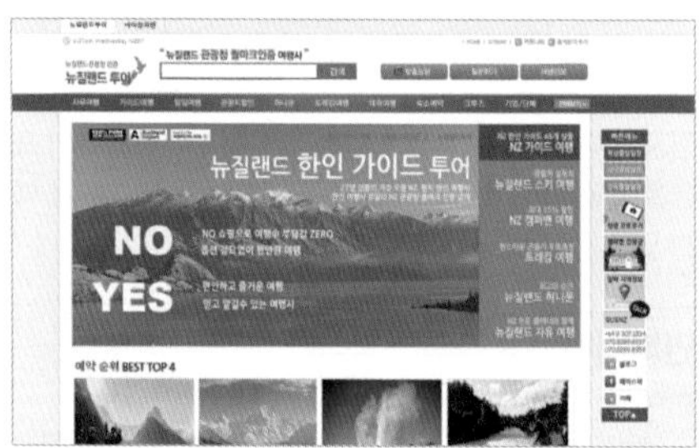

뉴질랜드 날씨 정보 서비스

www.metservice.co.nz

해양성 기후의 뉴질랜드는 하루 동안에도 날씨의 변화가 많은 편이다. 특히 해안 지역과 산악 지대의 날씨는 변화무쌍한 편이어서 일기예보를 챙기는 것이 여행의 변수를 줄일 수 있는 방법이 되기도 한다. 최대 9일까지 예보되고, 작은 지역까지 대단히 자세하게 예보되고 있으며, 정확도도 높다.

뉴질랜드 사이클 트레일

www.nzcycletrail.com

최근 들어 동호회 단위로 뉴질랜드를 찾는 사람들이 늘고 있다. 사이클 여행을 하기에 최적의 환경을 가진 뉴질랜드에서, 심지어 정부가 사이클 트레일에 대한 사이트까지 운영하고 있다. 자전거 루트와 각 루트마다의 컨디션까지 잘 정리되어 있다.

뉴질랜드 와인 사이트

www.nzwine.com

유럽이나 호주 와인들에 비해 비교적 덜 알려진 뉴질랜드 와인. 높은 퀄리티에도 불구하고 한국에 덜 알려진 것은, 뉴질랜드 내수용으로도 부족하기 때문이다. 그러니 와인에 관심 있는 사람이라면 뉴질랜드 현지에서 퀄리티 높은 뉴질랜드 와인을 마음껏 즐겨보자. 와인 사이트에는 지역별 와인에 대한 정보와 빈티지, 퀄리티, 수상 내역 등에 대한 내용이 잘 정리되어 있다.

REAL+

미리 다운받아 가면 현지에서 유용한 추천 앱

플레이 스토어 검색창에 'New Zealand'라고 치면 다양한 애플리케이션들이 뜬다. 뉴질랜드 관광청 사이트도 애플리케이션으로 정리되어 있고, 워킹, 캠핑, 홀리데이파크까지 다양한 주제를 가진 앱들이 나열된다. 이 가운데서 랭커스 캠핑 Rankers Camping NZ과 에센셜 뉴질랜드 트래블 Essential New Zealand Travel 앱은 미리 저장해두면 활용 가치가 높다. 이 밖에 구글 맵 Google Map은 대한민국 밖에서 가장 유용한 지도 앱이니 반드시 저장하고 출발할 것.

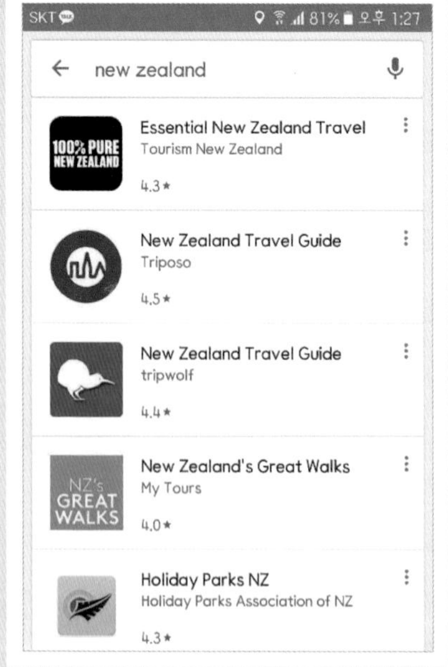

STEP 02

항공권 구입하기

AIR TICKET

여행 예산의 가장 많은 부분을 차지하는 것은 바로 항공권. 때문에 가장 오랜 시간 공을 들여야 하고, 항공권 구입만으로 여행 준비 절반은 끝낸 듯한 느낌이 든다. 항공권 가격을 결정하는 요소로는 여행 시기, 체류 기간, 항공권 구입 시점 등이 있다. 아래 내용들을 참고해 합리적인 소비를 하도록 하자.

성수기·비수기 구분

항공권은 성수기와 비수기에 따라 요금이 달라진다. 대체로 최성수기·성수기·비수기·준비수기의 4단계로 나뉘는데, 이 시기만 잘 조절해도 많은 예산을 절약할 수 있다.

뉴질랜드 여행의 성수기는 현지의 여름과 한국의 겨울방학이 맞물리는 12~2월, 크리스마스, 설·추석 연휴 등이다. 또 뉴질랜드의 중고등학교 방학 기간 역시, 현지의 유학생들이 한국을 오가기 때문에 저렴한 좌석을 구하기 어렵다. 반면 한국에서 비수기로 취급하는 3~5월, 9~11월은 북부 지역을 여행하기 좋은 시기로, 저렴한 항공권으로 현지의 성수기를 만끽할 수 있다.

체류 기간 결정

항공 요금을 좌우하는 또 하나의 요인은 체류 기간, 즉 항공권의 유효 기간이다. 뉴질랜드의 경우 관광비자로 여행할 수 있는 기간이 3개월이므로, 배낭여행자라면 그 이상의 항공권을 구입할 수도 없다. 그러나 워킹홀리데이나 유학이 목적이라면 최대 1년까지 유효한 항공권을 구입해야 하는데, 그럴 경우 3개월 티켓보다 요금이 훨씬 비싸진다. 본인의 체류 일정에 맞는 항공권을 구입하되, 유효 기간이 짧을수록 요금이 내려간다는 사실을 기억하자!

목적지 결정

여행의 목적지나 루트는 어느 도시로 입국하느냐에 따라 크게 달라진다. 한국에서 뉴질랜드로 가는 직항편은 대한항공과 에어뉴질랜드의 인천~오클랜드 노선이 유일하다. 경유편을 이용할 계획이라면 목적지의 선택이 조금 더 넓어진다. 에어뉴질랜드·일본 항공·콴타스 항공·싱가포르 항공·타이 항공 등을 이용하면 도쿄나 오사카·방콕·싱가포르를 경유해 크라이스트처치로도 입국할 수 있기 때문이다. 직항보다 시간은 좀 오래 걸리지만 경험을 중요시하는 여행자에게 경유편은 오히려 좋은 기회가 될 수 있다. 흔히 스톱오버라 부르는 경유지에서의 체류를 잘 활용하면 뉴질랜드 외에 다른 도시 또는 국가 한 군데를 더 여행 가능하다.

인천-오클랜드 직항 노선

항공사	출발	도착	기타
대한항공	인천 17:55	오클랜드 (+1일) 08:35	주 3~4회 (성수기 매일) 운항
에어 뉴질랜드	인천 21:10	오클랜드 (+1일) 12:55	주 3회 (성수기 주 5회) 운항

STEP 03

여행 예산 짜기
TRAVEL BUDGET

여행 경비의 하루 평균 예산액은 숙박비와 교통비, 식비, 관광지 입장료를 기준으로 산출한다. 개인의 여행 취향과 목적, 기간과 코스에 따라 예산이 달라지지만, 특히 뉴질랜드에서는 교통편과 투어의 선택에 따라 크게 좌우되는 것이 특징이다.

기본적으로 출국 전 소요되는 비용은 뉴질랜드까지의 왕복 항공 요금 100~180만 원과 각종 증명서 발급 비용 3~5만 원, 가이드북 구입비 1만 5000~2만 5000원, 배낭 및 각종 여행용품 구입비 10만~15만 원, 여권 발급비 약 5만 원, 보험료 2만~20만 원, 버스패스 구입 등등. 개인의 준비 상황 여부에 따라 총 150만~200만 원 정도가 든다.
여행 중 필요한 예비비는 총액의 10% 정도를 생각하면 되지만, 투어비나 액티비티 소요액을 미리 계산하여 넉넉하게 준비해야 한다. 항목별 내역을 구체적으로 살펴보자.

항공 요금

비수기에는 80만 원대까지도 가격이 내려가지만, 보통은 유류할증료 포함 100~160만 원 정도를 예상하면 된다. 최고 성수기인 12~1월에는 직항의 경우 180만 원 정도까지 든다.
항공 요금은 여행 기간에 따라 달라진다. 3개월 안에 돌아올 예정이라면 좀 더 저렴한 항공권을 구입할 수 있고, 워킹홀리데이 비자나 학생 비자를 가지고 있을 때도 일반 요금보다 저렴한 할인 혜택을 받을 수 있다. 흔히 경유편이 저렴하다고 생각하지만, 최근에는 인터넷의 보급으로 출발 직전에 판매하는 마감 임박 할인 요금이나 각종 이벤트성 항공권 등이 활성화되어 직항편과 경유편이 가격 면에서 큰 차이가 없게 되었다. 오히려 시기와 조건에 따라 항공 요금이 달라진다.

식비

호텔에 묵는 경우가 아니라면 숙소에 딸린 주방에서 식사를 해결할 수 있다. 모텔이나 백패커스, 홀리데이 파크 등 대부분의 숙박 시설에 딸려있는 주방에는 조리 기구와 함께 간단한 조미료까지 갖춘 곳이 많다. 숙소 근처의 대형 슈퍼마켓에서 재료를 구입해 조리하면 하루 평균 1~2만 원 정도면 충분하다.

입장료와 각종 액티비티 비용

뉴질랜드의 각 도시마다 특색 있는 박물관과 미술관들이 있다. 역사도 짧은 나라에 웬 박물관이 이렇게 많나 싶을 정도로…. 그러나 생각보다 내용도 충실한 이 박물관들의 입장료는 거의 무료다. 몇몇은 N$5 이하의 기부금으로 입장료를 대신하기도 하지만, 자신들의 역사를 알리려는 안간힘의 일종으로 무료 관람이 일반적이다.
레포츠와 투어의 천국 뉴질랜드에서는 다른 어떤 비용보다 놀거리 비용이 큰 몫을 차지하는데, 당일 투어는 대략 6~10만 원 정도, 2박 3일 정도면 20~30만 원 정도를 각오해야 한다. 그러나 머나먼 뉴질랜드까지 가서 돈 때문에 정작 경험해야 할 것을 못한다는 것은 말이 안 된다. 조금 무리가 되더라도 액티비티 하나당 N$100 정도는 감안하고, 다른 곳에서 절약하는 것이 좋다. 따라서 보름 정도 북

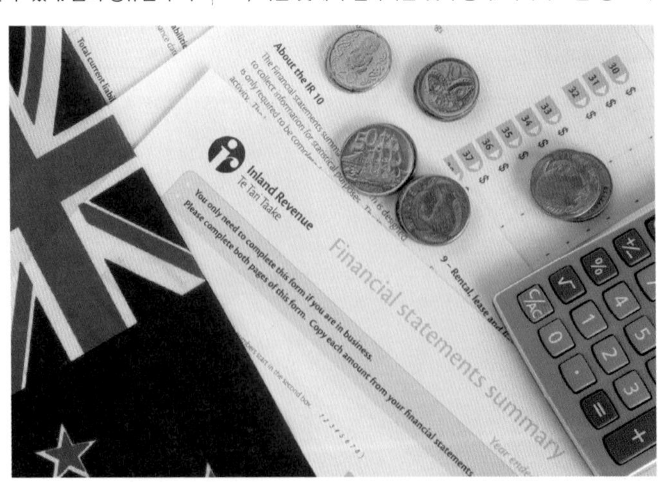

섬 전체를 둘러볼 예정이라면 입장료와 각종 액티비티 비용으로 100만 원 정도 예상하면 된다.

현지 교통비

막상 현지에 도착하면 만만치 않은 교통비에 놀라게 된다. 대중교통 요금이 우리나라보다 월등히 비싸기 때문. 국토가 넓어서 도시 간의 장거리 교통비도 비싸고, 시내버스나 택시 등의 시내 교통비도 적지 않게 들어간다. 여행 기간이 짧을 때는 구간별 일반 패스를 이용하는 것이 좋고, 여행 기간이 길거나 도시 간 이동 거리가 멀다면 인터시티 등의 할인 패스를 구입해서 한꺼번에 교통비를 해결하는 것이 좋다. 자세한 내용은 파트1 교통편을 참조할 것.

잡비

잡비는 말 그대로 잡다한 지출이다. 전화비나 우편, 기념품 구입비, 인터넷 사용료 등등이 여기에 해당할 것이다. 대개 한 달 여행에 15~20만 원 정도를 예상하면 되는데, 의외로 잡비 지출이 적지 않다는 점을 염두에 두어야 한다.

숙박비

배낭여행자를 위한 백패커스에서 묵을 경우 하루 3만 원 안팎의 비용을 예상하면 된다. 여러 명이 공동으로 사용하는 도미토리 룸의 요금은 1일 N$25~35 정도. 가족이나 커플이라면 백패커스의 더블 룸이나 모텔 등을 이용하는 것이 좋은데, 이때 비용은 1일 N$60~120 정도.

REAL+

돈은 어떻게 갖고 다닐까?

여행 경비는 현금과 카드의 비율을 2:8 정도로 가져가는 것이 좋다. 현금을 많이 가지고 다니면 심리적으로도 불안하고, 또 고액의 현금을 사용하는 것은 현지에서 범죄의 타깃이 될 수 있기 때문이다.

신용카드 또는 체크카드

신용카드는 여행자의 신분을 나타내는 중요한 증명서다. 특히 렌터카를 이용하거나 호텔에 투숙할 때 신용카드를 요구하는 곳이 많다. 신용카드가 없을 경우에는 상당한 금액의 보증금을 내야 하거나 거래 자체가 안 되는 곳도 종종 있다. 뉴질랜드에서는 저렴한 숙소나 작은 기념품점에서도 신용카드를 받을 정도로 카드 사용이 일반화되어 있다. 뉴질랜드에서 사용할 수 있는 카드는 비자, 마스터, 아메리칸 익스프레스, 다이너스, 아멕스, JCB 등이다. 신용카드의 해외 사용 한도액은 카드에 따라 US$3000~5000이므로 자신의 카드 한도액을 미리 확인하는 것도 중요하다. 만약 사용 한도액을 초과할 경우 외환관리법에 저촉되어 귀국 후 카드 사용이 정지되는 불이익을 받을 수도 있다. 이때 한도액은 현금이나 여행자수표 사용액과는 무관하다.

현지 은행 계좌 만들기

단기 여행자는 여행자수표가 안전하고, 1년 이상 예정의 워킹홀리데이나 장기 여행자는 아예 현지 은행의 계좌를 만드는 것이 편리하다. 계좌에 현금이 있으면 직불카드 Effos Card로 현금인출기에서 필요한 현금을 빼서 쓸 수 있고, 또 슈퍼마켓이나 숙소 등에서도 카드를 이용해서 원하는 만큼의 현금으로 바꿀 수 있다.

계좌를 만들려면 여권과 현지 주소가 필요하고, 카드를 발급받은 후에는 핀 넘버 Pin Number라고 불리는 비밀번호를 입력하면 된다. 신청 후 4~7일 뒤 기재한 주소로 카드가 발송되는데, 그 다음부터는 현금을 자유롭게 인출할 수 있다. 뉴질랜드의 은행은 통장을 따로 발급하지 않고, 한 달에 한 번씩 발송되는 입출금 내역서 Bank Statement 또는 인터넷뱅킹을 통해 내역을 확인할 수 있다.

오클랜드나 크라이스트처치 등 한국인이 많은 대도시에서는 은행마다 한국인 직원을 두고 있어 한국인 여행자의 편의를 돕고 있다. 참고로, 한국에 지사를 두고 있는 ANZ는 기업 업무 전담 은행으로, 개인 계좌 개설 업무를 하지 않는다.

여행자 카드

최근에는 여행자수표를 소지하는 여행자를 찾아보기 어려워졌다. 대신 '트래블 로그'나 '트래블 월렛' 같은 여행자 카드가 일반화되고 있는 추세. 트래블 로그는 하나은행에서, 트래블 월렛은 핀테크라는 회사에서 운영한다. 즉, 트래블 로그는 하나은행 계좌와 연결된 경우 사용 가능하지만, 트래블 월렛의 경우 시중 은행 대부분과 연계할 수 있어서 조금 더 편리하다.

애플리케이션을 다운받아 회원 가입 후 신청하면 며칠 후 실물카드가 배송되는데, 현지에서 이 카드를 체크카드처럼 사용하면 된다. 동시에 애플리케이션을 통해서는 필요한 만큼 그때그때 충전해서 사용할 수 있고, 사용 내역까지 바로바로 업데이트 된다. 전 세계 거의 모든 화폐로 충전할 수 있어서, 현지 화폐 즉, 뉴질랜드에서는 뉴질랜드 달러를 사용하게 된다. 따라서 환율에 따른 수수료나 별도의 카드 수수료가 없다는 것이 최대 장점이다. 사용하고 남은 달러는 시세가 좋은 시점에 역환전도 가능하다.

STEP 04

각종 증명서 만들기
TRAVEL CERTIFICATIONS

여권·국제학생증·국제운전면허증 등은 낯선 땅에서 나를 증명하고 보호해주는 신분증이자 부적과 같다. 낯선 곳에서 일어날 수 있는 수많은 불의의 사고에 조금이라도 대비하고, 아울러 다양한 혜택을 받을 수 있게 도와주기 때문이다. 내 이름 석 자 적힌 증명서를 꼼꼼히 준비하는 일은 장마철에 우산 준비하는 것만큼이나 중요하다. 하루쯤 시간을 내어 필요한 증명서를 만들자.

대한민국 여권

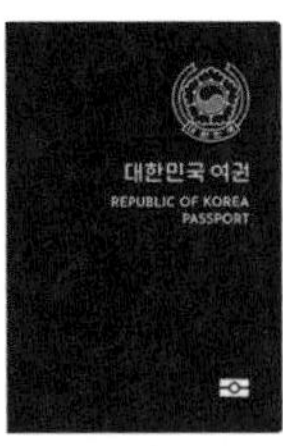

여권 Passport은 해외에서 자신을 증명해주는 국제 주민등록증과 같다. 따라서 국가 간의 이동에서 여권이 없으면 출입국조차 허용되지 않는 필수 자격증이다. 여권 발급은 자신이 속해 있는 지역의 시청 여권과를 방문하여 직접 발급 받는 방법과 여행사를 통해 발급받는 방법이 있다. 만약 주소지 이외의 도시에 거주하고 있다면 가까운 도청에서 발급받을 수 있다. 보통 발급되는 여권은 10년 동안 유효한 복수여권이지만, 병역 미필자의 경우는 유효 기간 1년의 단수여권을 발급받는다.

- **여권 신청 시 필요 서류**: 여권 발급 신청서(신청처에 구비), 신분증(주민등록증 또는 운전면허증), 여권용 사진 1장, 여권 발급 수수료(일반 복수여권 10년 58면 53,000원, 26면 알뜰여권 50,000원)
- **여권 발급처**: 서울 25개 구청과 광역시청, 지방 도청 여권과
  www.passport.go.kr

알뜰여권

여권의 내지가 몇 페이지인지 아세요? 총 58페이지입니다. 그런데 웬만큼 해외여행이나 출장을 다니는 사람들이 아니고서는 그 페이지를 다 채우기란 쉽지 않습니다. 특히 무비자 협정국의 수가 120여 개에 달하는 지금에는 비자를 붙일 난이 필요 없어지면서 더 많은 페이지가 낭비되고 있지요. 그래서 2014년부터 정부는 알뜰여권이라는 것을 발급하고 있습니다. 58페이지의 면수를 26페이지로 줄이고, 수수료도 3000원 할인한 알뜰한 여권입니다. 수수료는 큰 차이가 없지만, 산림 자원을 조금이나마 보존할 수 있고, 제작비도 절감해서 국민의 세금이 절약되는 효과가 있다고 합니다.

뉴질랜드 관광비자

비자는 외국인의 입국을 허락하는 허가증이다. 방문 목적이나 체류 기간에 따라 비자가 필요한 경우가 있지만, 뉴질랜드의 경우 90일 이내의 관광 목적이면 NZeTA(뉴질랜드 전자 여행증)를 받아야 한다.

체류 기간을 늘리고자 할 때는 3개월에 한 번씩 두 번까지 가능하다. 따라서 최대 9개월까지는 관광비자로 뉴질랜드에 머무를 수 있지만, 대신 그 기간만큼을 다시 뉴질랜드 이외의 지역에서 지내야 하는 제한이 있다. 즉 비자 연장을 통해 6개월 또는 9개월을 뉴질랜드에 머물렀다면, 출국 후 6개월 또는 9개월 동안은 뉴질랜드에 재입국할 수 없다는 뜻이다.

워킹홀리데이 비자 Working Holiday

일반 학생 비자의 경우 노동 시간이 일주일에 20시간으로 한정돼 있는 반면 워킹홀리데이 비자는 노동 시간에 제한이 없다. 따라서 현지에서 일을 하며 부족한 여행 경비를 충당할 수 있다는 것이 워킹홀리데이 비자의 최대 장점이다. 아울러 3개월의 어학연수도 법적으로 보장하고 있어서 1년 중 3개월은 어학연수를, 나머지 기간은 취업을 통해 번 돈으로 여행을 할 수 있다. 비자는 뉴질랜드 이민성 사이트에 들어가 직접 신청하면 된다.

외교통상부 워킹홀리데이 인포센터 whic.mofa.go.kr

뉴질랜드 이민성 www.immigration.govt.nz

워킹홀리데이 비자 A to Z

- **나이 제한**: 만18~30세
- **자격 요건**: 서류 접수 6개월 이전 국내 체류, 잔고 증명 가능한 자
- **모집 시기**: 매년 5월 지정된 날짜
- **모집 인원**: 3,000명 선착순
- **출국**: 비자 발급 후 1년 이내 출국
- **비자 발급 비용**: NZ$455(신용카드 결제: 비자 또는 마스터 카드만 가능)
- **체류 기간**: 1년 가능
- **어학연수**: 최대 6개월 가능
- **비자 연장**: 3개월(현재 워킹홀리데이 비자 자격으로 뉴질랜드에 체류하면서 3개월 이상 원예 및 포도 재배업에 종사한 경우)

국제학생증

미국이나 유럽에서는 국제학생증으로 다양한 할인 혜택을 받을 수 있지만, 뉴질랜드에서는 그다지 사용할 일이 없다. 뉴질랜드 내의 학생 할인은 자국의 학생을 대상으로 한 것이고, 국제학생증은 제외 대상이기 때문. 국제학생증이 없더라도 YHA 카드나 VIP 카드 등 배낭여행자용 멤버십카드로 할인 혜택을 받을 수 있다.

여행자보험

여행자보험은 여행 중에 발생할 수 있는 도난·분실·질병·상해 등에 대해서 금전적으로 보상받을 수 있는 보험이다. 따라서 보상 한도액과 기간별로 보험료가 달라지고, 여행이 끝나는 순간 효력이 소멸되는 1회성 보험이다. 보험료는 가입과 함께 일시불로 내야하고 여행 중 사고가 없었더라도 돌려받을 수 없다. 휴대품 분실·손상의 경우에는 분실 증명서나 수리 영수증 등의 증빙 서류를 잘 챙겨야 귀국 후 보상받을 수 있다. 상해나 질병의 경우에는 의사의 진단서

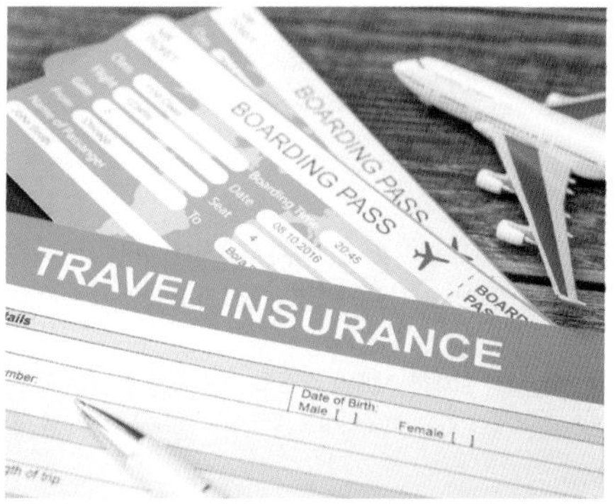

나 치료비 내역 등이 필요하다. 국내 여행사나 유스호스텔 연맹 등에서도 여행자보험 업무를 대행하고 있다.

YHA 카드

YHA 카드는 전 세계 84개국 6000여 개의 유스호스텔에서 사용할 수 있는 회원증으로, 뉴질랜드 내에서 사용할 수 있는 대표적인 할인 카드라고 할 수 있다. 뉴질랜드의 YHA 숙소는 협회와 관광청에서 정기적으로 관리하기 때문에, 일반 호스텔보다 시설이나 서비스 면에서 우수하다. 그러나 카드가 없는 비회원은 회원가보다 10%를 더 지불하는 경우가 많다. 따라서 주로 YHA를 이용할 생각이라면 미리 회원카드를 만들어서 나가는 편이 좋다. 숙박 뿐 아니라 호주와 뉴질랜드 2500개의 카페, 레스토랑에서 25%의 할인을 받을 수 있고, 어트랙션 입장료도 할인되는 곳이 많아서 여러모로 쓸모가 있다.

- **비용**: 1년 20,000원, 2년 30,000원
- **유효기간**: 1년~평생

한국 유스호스텔 연맹
서울시 송파구 송이로30길 13 02-725-3031
www.youthhostel.or.kr

YHA New Zealand National Office
64-3-379-9970 www.yha.co.nz

국제운전면허증

중고차를 구입하든 렌터카를 이용하든 꼭 필요한 것이 국제운전면허증이다. 특히 장거리 대중교통수단을 이용하기 불편한 외진 곳에서는 렌터카나 오토바이를 이용할 기회가 생길 수도 있으니, 계획에 없더라도 미리 준비해두는 것이 좋다.

유효 기간은 발행일부터 1년. 최근에는 전국 경찰서 민원실에서도 발급해 주는데 모든 경찰서에서 가능한 것은 아니니 전화로 확인해 보는 것이 좋다. 대리 신청도 가능한데, 이때는 대리인의 신분증 원본을 지참하고 사본을 첨부해야 한다.

- **신청에 필요한 서류**: 국제운전면허 신청서(운전면허시험장 양식), 여권, 운전면허증, 주민등록증, 수수료(8,500원), 증명사진 1장

한편, 2019년 9월 1일부터 한국운전면허증 뒷면이 영어로 발급되어 이를 통용하는 국가를 여행할 경우에는 국제운전면허증이 필요 없게 되었다. 뉴질랜드는 즉시 통용되는 국가에 해당하므로, 새로운 운전면허증을 사용할 경우 별도의 국제운전면허증 발급이 필요 없다. 즉, 소지하고 있는 한국운전면허증 뒷면에 영문이 표기되어 있다면, 뉴질랜드 내에서 바로 운전할 수 있다.

REAL GUIDE

뉴질랜드 전자 여행증, NZeTA의 모든 것!

2019년 10월 1일부터 대한민국 국민이 뉴질랜드를 여행하기 위해서는 반드시 NZeTA(뉴질랜드 전자 여행증)를 받아야 한다.
NZeTA는 뉴질랜드 정부가 새롭게 도입한 입국 보안 조치로, 비자와는 별개의 증명서이다. 즉 이것을 받았다고 해서 뉴질랜드 입국이 보장되지는 않고, 이것을 받았더라도 뉴질랜드에 들어갈 때는 항공권을 소지하고, 방문 목적에 거짓이 없으며, 건강 상태가 양호할 것 등 기존의 모든 입국 요건을 충족해야 한다.

NZeTA 신청과 IVL 납부 시기

NZeTA 신청이 처리되기까지는 최장 72시간이 걸릴 수 있으므로, 항공권 발권 후 바로 준비하는 것이 좋다. 항공기나 크루즈에 체크인할 때 NZeTA가 없으면 탑승 및 승선이 거부된다. 체크인 시점에 NZeTA를 신청할 수도 있지만 뉴질랜드 이민성(INZ)에서 즉시 처리하지 못하거나 신청이 거부되면 탑승 자체가 불가하므로, 미리미리 준비하는 것이 가장 좋다. 공식적인 신청 방법은 아래와 같이 2가지가 있으며, 여행사를 통한 대행도 가능하다.

❶ 모바일 앱 'INZ' 다운로드 후 신청
❷ 사이트(www.immigration.govt.nz/nzeta)에서 신청서 작성

REAL TIP IVL이란?

IVL(외국인 방문객 환경보호 및 관광세)은 여행자가 뉴질랜드 체류 중 사용할 관광 인프라에 대한 부담금인 동시에 자연환경을 보호하기 위한 일종의 세금이다. 대부분의 방문객은 NZeTA를 신청함과 동시에 IVL도 납부하도록 설계되어 있다.

NZeTA 신청비 및 IVL 금액

모바일 앱으로 신청 시 N$17, 사이트에서 신청서 작성 시 N$23. IVL은 여행자 1인당 N$35이며, NZeTA 신청 시 같이 납부해야 한다. 결국 뉴질랜드 전자 여행증 NZeTA를 발급받기 위해서는 총 N$52~58이 필요하다.

NZeTA 유효기간 및 주의사항

NZeTA는 여권에 전자적으로 링크되며 **2~5년까지 유효**하다. 여권 기간이 만료되었거나 NZeTA의 내용 중 상당 부분을 변경할 필요가 있으면 새 NZeTA를 신청해야 한다.
NZeTA 신청 후에는 신청서에 기재한 이메일 주소의 스팸 메일 폴더를 꼭 확인해야 한다. 뉴질랜드 이민성의 자동 이메일이 일부 스팸 필터에 의해 차단될 수도 있기 때문이다.

STEP 05

출·입국하기
DEPARTURE & ARRIVAL

드디어 출발이다. 국제선은 출발 3시간 전에 공항에 미리 도착해야 하지만, 공항에서의 시간은 이상하게도 빨리 흐르기 마련이다. 인천 공항에 사람이 몰리는 성수기에는 더 넉넉히 시간을 잡고 출발하는 것도 좋다. 뉴질랜드에 도착해서는 특히 검역에 신경써야 한다. 지구에서 가장 청정한 국가인 만큼 검역에 있어서도 지구 최강으로 까다롭다. 특별히 신고할 물품이 없다면 긴장하지 않아도 되지만, 혹시라도 해당되는 것이 있는지 꼼꼼하게 체크해 보자.

한국 출국

01 탑승권 수령과 탑승 수속

보통 출발 2시간 전부터 탑승 수속이 시작된다. 이때 화물로 부칠 짐을 보내게 되는데, 좌석 등급과 항공사에 따라 무게 제한이 다르다. 이코노미석의 경우 20kg까지 부칠 수 있다. 탑승 수속을 마치면 탑승권과 탁송화물을 증명하는 클레임 태그 Claim Tag를 받게 된다. 탑승권에 적혀있는 비행기 편명, 탑승구 번호, 좌석 번호 그리고 탑승 시각 등을 확인하고, 공항의 출발·도착 모니터도 수시로 확인한다. 탑승이 지연되거나 당겨지면 모티터나 방송을 통해 알려준다. 탑승 수속은 대개 비행기 출발 30분 전부터 시작된다. 수하물증은 흰색 스티커 형태로, 한 장은 짐에 붙이고 똑같은 다른 한 장은 항공권에 붙인다. 이 수하물증은 짐을 분실했을 때 배상을 받을 수 있는 근거가 되며, 자기 짐을 확인하는 증명서나 마찬가지다.

02 보안 검색 & 세관 신고

출국장을 들어서자마자 들고 타는 짐을 검사하는 검사장이 나온다. 휴대품은 X-Ray 투시기를 통과해야 하며, 몸은 금속 탐지기로 검사한다. 깜박 잊고 짐에 부치지 못한 맥가이버 칼이나 나침반 등은 압수당할 수도 있으니 미리 배낭 안에 넣어 화물로 부친다. 비디오·카메라·귀금속류 등 고가품을 가지고 출국할 때는 '휴대물품 반출 신고서'를 작성해 세관공무원에게 확인을 받아야 한다. 신고하지 않았을 때는 여행지에서 구입한 물건으로 오해받아 귀국할 때 그 물건에 대한 세금을 물 수도 있다.

03 출국 심사

세관을 거치면 여권 심사대가 나온다. 창구에서 여권과 탑승권을 제시하고 스탬프를 받아야 한다. 심사대에 줄이 길 때는 자동출입국 심사를 이용하면 빨리 통과할 수 있다. 19세 이상의 성인이라면 별도의 사전 등록 없이 자동출입국 심사를 이용할 수 있다. 이로써 출국을 위한 모든 수속은 끝!

04 비행기 탑승

출국 심사를 마치면 드디어 면세구역. 이곳에는 면세점과 화장실, 흡연실, 공중전화 부스 등의 편의 시설이 있다. 탑승권에 적힌 탑승구 앞으로 가면 탑승 대기실이 있는데, 이곳에서 탑승할 때까지 기다리면 된다.

혹시 기내 반입용 가방의 부피가 크다면 일찍 탑승해서 좌석 상단의 공간이 넉넉할 때 올려두는 것이 좋다. 운이 나쁘면 좌석 밑에 짐을 두고 11시간을 불편하게 가야 한다.

인천국제공항
1577-2600 www.airport.kr

공항 리무진 버스
02-2664-9898 www.airportlimousine.co.kr

공항 버스
02-447-4033 www.limusine.co.kr

한국도심공항터미널 리무진 버스
02-551-0790, 0077 www.kcat.co.kr

신공항 하이웨이
032-560-6100 www.hiway21.co.kr

뉴질랜드 입국

01 신고서 작성

착륙 2시간 전쯤에 기내에서 입국 신고서와 세관 신고서를 나눠준다. 꼼꼼하게 잘 읽어보고 거짓 없이 작성하되, 마지막 서명 부분은 반드시 여권에 기재한 서명과 똑같이 한다.

• 입국 신고서 Passenger Arrival Card

여권을 펼쳐놓고 첫 페이지에 있는 내용을 참조해서 영문으로 작성한다. 뉴질랜드에서의 체류 주소란은 대표적인 호텔이나 이 책자에서 소개한 호텔 한 군데를 골라 적으면 된다. 물론 미리 예약된 곳이 있다면 그곳의 주소를 적으면 된다.

• 세관 신고서 Custom Declaration Form

개별 여행자는 각자 한 장씩, 가족일 경우에는 가구당 한 장만 작성하면 된다. 작성은 반드시 영문으로. 대부분의 내용이 O, X로 표시하는 것이며, 마지막 이름 정도만 영문으로 작성하면 된다. 음식과 식품류는 검역 대상 품목이므로 반드시 신고하도록 한다.

NEW ZEALAND PASSENGER ARRIVAL CARD

Information collected on this form and during the arrival process is sought to administer Customs, Immigration, Biosecurity, Border Security, Health, Wildlife, Police, Fine Enforcement, Justice, Benefits, Social Service, Eletoral, Inland Revenue, and Currency laws. The information is authorised by legislation and will be disclosed to agencies administering and entitled to receive it under New Zealand law. This includes for purposes of data matching between those agencies. Once collected, information may be used for statistical purposes by Statistics New Zealand.

- **This Arrival Card is a legal document-false declarations can lead to penalties including confiscation of goods, fines, prosecution, imprisonment, and deportation from New Zealand.**
- A separate Arrival Card must be completed for each passenger, including children.
- Please answer in English and fill in BOTH sides.
- Print in capital letters like this: NEW ZEALAND or mark answers like this: ✓

1 Flight number/name of ship 항공기 편명 — Aircraft seat number 좌석 번호

Overseas port where you boarded THIS aircraft/ship 출발 공항

Passport number 여권 번호

Nationality as shown on passport 여권에 표기된 국적

Family name 성

Given or first names 이름

Date of birth day 생일 month 생월 year 생년

Country of birth 태어난 국가

Occupation or job 직업

Full contact or residential address in New Zealand (호텔명) 뉴질랜드에서 지내는 곳 주소

Email 이메일 주소

Mobile/phone number 휴대폰 번호

2a Answer this section if you live in New Zealand. Otherwise go to 2b.

How long have you been away from New Zealand? years months days

Which country did you spend most time in while overseas? 뉴질랜드 거주자만 작성

What was the MAIN reason for your trip? business education other

Which country will you mostly live in for the next 12 months? New Zealand other

2b Answer this section if you DO NOT live in New Zealand.

How long do you intend to stay in New Zealand? Permanently or years months days 체류 예정 기간

If you are not staying permanently what is your MAIN reason for coming to New Zealand?

visiting friends/relatives business holiday/vacation conference/convention education other 방문 목적

In which country did you last live for 12 months or more? 지난 1년 동안 머물렀던 국가

State, province or prefecture 거주 도시 — Zip or postal code 거주지 우편번호

Please turn over for more questions and to sign

3 List the countries you have been in during the past 30 days: 지난 30일 동안 머물렀던 국가

4 Do you know the contents of your baggage? Yes No 가방 속 내용물에 대해 알고 있습니까?

5 **WARNING:** false declaration can incur **$400 INSTANT FINE** 해당 사항에 체크

Are you bringing into New Zealan:

- **Any food:** cooked, uncooked, fresh, preserved, packaged or dried? Yes No
- **Animals or animal products:** including meat, dairy products, fish, honey, bee products, eggs, feathers, shells, raw wool, skins, bones or insects? Yes No
- **Pants or plant products:** fruit, flowers, seeds, bulbs, wood, bark, leaves, nuts, vegetables, parts of plants, fungi, cane, bamboo or straw, including for religious offerings or medicinal use? Yes No

Other biosecurity risk items, including

- Animal medicines, biological cultures, organisms, soil or water? Yes No
- Equipment used with animals, plants or water, including for gardening, beekeeping, fishing, water sport or diving activities? Yes No
- Items that have been used for outdoor activities, including any footwear, tents, camping, hunting, hiking, golf or sports equipment? Yes No

In the past 30 days (while outside New Zealand) have you visited any wilderness areas, had contact with animals (except domestic cats and dogs) or visited properties that farm or process animals or plants? Yes No

6 **Are you bringing into New Zealand:**

- **Prohibited or restricted goods:** for example, medicines, weapons, indecent publications, endangered species of flora or fauna, illicit drugs, or drug paraphernalia? Yes No
- **Alcohol:** more than 3 bottles of spirits (not exceeding 1.125 litres each) and 4.5 litres of wine or beer? Yes No
- **Tobacco:** more than 50 cigarettes or 50 grams of tobacco products (including a moxture of cigarettes and other tobacco products)? Yes No
- **Goods obtained overseas and/or purchased duty-free in New Zealand:** with a total value of more than NZ$700 (including gifts)? Yes No
- **Goods carried for business or commercial use?** Yes No
- **Goods carried on behalf of another person?** Yes No
- **Cash:** NZ$10,000 or more (or foreign equivalent), including travellers cheques, bank drafts, money orders, etc? Yes No

7 Do you hold a current New Zealand passport, a residence class visa or a returning resident's visa?– If yes go to **10** Yes No

Are you a New Zealand citizen using a foreign passport? –If yes go to **10** Yes No

Do you hold an Australian passport, Australian Permanent Residence Visa or Australian Resident Return Visa? – If yes go to **9** Yes No

8 **All others You must leave New Zealand before expiry of your visa or face deportation.**

Are you coming to New Zealand for medical treatment or consultation or to give birth? Yes No

Select one I hold a temporary entry class visa (Tick yes if you currently hold a visa, even if it is not attached as a label to your passport). Yes

or I do not hold a visa and am applying for a visitor visa on arival. Yes

9 Have you ever been sentenced to 12 months or more in prison, or been deported, removed or excluded from any country at any time? Yes No

10 **I declare that the information I have given is true, correct, and complete.**

Signature 서명 — Date 서명일

(parent or guardian must sign for children under the age of 18)

The Privacy Act 1993 provides rights of access to, and correction of, personal information. If you wish to exercise these rights please contact the New Zealand Customs Service on 0800 428 786 or Email : fedback@customs.govt.nz and/or Immigration New Zealand at PO Box 3705, Wellingon.

02 입국 심사

비행기에서 내리면 'Immigration'이나 'Passport Control' 이라는 표지판이 보인다. 그냥 사람들이 가는 대로 따라만 가도 입국 심사대가 나온다. 준비한 여권과 입국 카드를 준비하고 '외국인 Foreigner' 입국 심사대에 줄을 선다. 대개는 별다른 질문이 없지만, 간혹 체류 기간과 뉴질랜드 입국 목적을 묻는 경우도 있으니 입국 신고서에 기재한 대로 간단히 답하면 된다.

03 수하물 인수

입국 심사대를 통과한 후 'Baggage Claim' 표지판이 있는 곳에서 짐을 찾는다. 자신이 탑승했던 항공편명과 출발지가 적힌 컨베이어벨트에서 기다리면 짐이 차례로 나온다. 만약 짐이 없어졌거나 파손되었을 경우, 항공권에 붙어 있는 클레임 태그와 여권·항공권을 소지하고 화물 분실 신고 센터에 신고한다. 짐을 바로 찾지 못하면 항공사측에서 당장 사용할 최소한의 생필품 비용을 배상해준다.

04 세관 신고 및 검역

입국의 마지막 과정은 세관 카운터 Custom를 거치는 일. 직원에게 짐과 여권, 세관 신고서를 보여준다. 이때 신고할 품목이 있으면 레드 라인 Red Line에, 없으면 그린 라인 Green Line에 서있으면 된다. 신고하지 않고 녹색 통로로 입국을 시도하거나 허위 사실을 신고하게 되면 즉석에서 N$400의 벌금이 부과되거나 최고 N$100,000의 벌금형 또는 최고 5년의 징역형에 해당하는 형사 처벌을 받을 수 있다.

알아두면 유용한 현지 전화번호

기관	번호
재뉴질랜드 대사관 오클랜드 분관	09-379-0818
웰링턴 주재 한국대사관	04-473-9073
대한항공 오클랜드 사무소	09-914-200
오클랜드 공항	09-256-8899
재뉴질랜드 한인회	09-309-6001
에어뉴질랜드	09-357-3000
화재·경찰·앰뷸런스·가스 누출 등 긴급상황	111
교통사고	555
한국인 통역 서비스	0800-108-010 (교환 92218)
한국인 여행사-뉴질랜드 투어	09-307-1234

REAL+

꼭 읽어보고, 반드시 지키자!

반입 금지 및 제한 물품 주의

목축업 국가이자 섬나라인 뉴질랜드는 외부에서 들어오는 유해한 균이나 해충에 대해 무척 예민하다. 뉴질랜드를 처음 방문하는 사람들은 심하다 느낄 만큼 까다로운 입국 절차와 검역을 거친다. 불가피하게 반입 제한 물품을 갖고 있을 때는 반드시 신고서에 가감 없이 기입해야 한다. 신고한 물품에 대해서는 불이익을 가하지 않지만, 신고하지 않고 반입하려다 적발될 경우에는 무척 엄한 제재가 가해진다. 자기가 가지고 가려는 물품이 혹여 문제가 되지 않을지 미리 확인하는 것이 중요하다.

반입 제한 물품

육류와 유제품, 식물과 수목제품, 캠핑·하이킹·사냥 장비, 낚시 장비 등

반입 금지 물품

총기·장도를 포함한 각종 무기류, 음란물, 마약류, 멸종위기의 동식물

면세

18세 이상의 뉴질랜드 입국자는 1인당 위스키 1125㎖, 와인과 맥주 4.5l, 기타 주류 3병과 담배 50개비에 대해 관세를 면제받을 수 있다. 기타 상품은 1인당 N$700, 18세 이하는 N$200 이하까지 면세가 허용된다. 해당 상품들은 세관 통관 시 본인이 가지고 있어야 하며 상업적인 목적이어서는 안 된다.

현금과 외국환

현금 N$10,000 이상이나 동일한 가치의 외국환(여행자수표 제외)을 가지고 입국 또는 출국할 경우 반드시 세관에 신고해야 한다. 신고하지 않으면 위법 행위로 간주되어 벌금을 물거나 불이익을 당할 수 있다.

의약품

뉴질랜드 내로 반입하는 의약품은 엄격한 통제를 받으며, 도착 시 반드시 세관에 신고해야 한다. 특정 약을 복용 중이라면, 자신의 의학적 상태와 의약품에 관한 의사의 처방전 또는 소견서를 지참하는 것이 좋다.

수하물 검사

뉴질랜드에 도착하는 모든 수하물은 검사를 받아야 한다. 검역 대상 물품은 모두 신고해야 하며, 신고하지 않을 경우 벌금을 물거나 기소당할 수 있다.

예방 접종

황열병이 도는 국가나 지역을 도착 전 6일 이내에 방문했을 경우에는 예방 접종이 필요하다. 그러나 한국에서 출발할 때는 특별한 예방 접종이나 건강 증명이 필요 없다.

STEP 06

여행 트러블 대책
TRAVEL TROUBLE

여행을 더 즐겁게 만드는 것은 안전이다. 어떤 경우에도 안전하지 않은 여행은 행복할 수 없기 때문이다. 뉴질랜드는 지구에서 가장 안전한 여행지 중 한 곳이지만, 사건 사고는 누구에게라도 예고 없이 일어나므로 적당한 긴장감을 유지하는 것이 좋다. 그래도 일어난 사고에 대해서는 당황하지 말고, 침착하게 해결책을 찾도록 한다. 당연한 이야기 같지만, 현지에서는 요긴하게 쓰일 정보들을 모았다.

질병·부상

뉴질랜드 어디를 여행하든 건강에 해가 되는 요소는 거의 없다. 특별한 전염병이나 맹수 등이 없기 때문. 다만 장기간 여행할 때는 환경 변화와 피로 때문에 몸에 무리가 갈 수 있다. 이럴 때는 숙소의 매니저에게 도움을 청하면 의사를 불러주거나 병원으로 보내준다. 큰 질병에 걸리거나 의사소통에 문제가 있을 때는 뉴질랜드 주재 한국 공관을 불러줄 것을 요청할 수도 있다. 한국 교민이나 유학생에게 도움을 청하는 것도 효과적이다. 여행자보험에 가입했다면 의사의 진단서와 진료비 영수증을 받아서 귀국 후 보험금을 청구한다. 뉴질랜드 내에서 일어난 질병이 아닌 '사고 Accident'의 경우, 모든 병원비는 무료다. 뉴질랜드 국민은 물론이고, 여행자조차도 이 나라에서 일어난 사고에 의한 부상은 무상으로 치료해 주는 나라, 참 좋은 나라다.

여권 도난·분실

여권 분실은 여행 중 일어날 수 있는 거의 최악의 경우다. 만약 실제 상황이 되었다면, 일단 경찰서를 찾아간다. 경찰에서 발급해준 도난·분실 증명서와 사진 2장을 가지고 그 다음 갈 곳은 한국 대사관이나 영사관. 여권 재발급 신청에는 여권 번호와 발행 연월일 등이 필요하므로 미리 여권 앞장을 복사해서 다니거나 따로 기록해두는 것이 좋다. 재발행까지는 2~3주일 걸리지만, 급할 때는 귀국을 위한 도항서를 발행해준다.

신용카드 도난·분실

한국에서와 마찬가지로 카드 회사에 분실 신고를 해야 한다. 한국에서 발급받은 카드라면 국제전화로 한국의 카드 회사에 전화해서 분실 사실과 함께 카드 번호와 유효기간을 알려야 한다. 카드번호를 모를 때는 주민등록번호로도 조회가 가능하니, 당황하지 말고 빠른 시간 내에 신고하는 것이 중요하다.

여행자수표 도난·분실

발행할 당시 은행에서 작성해준 여행자수표 발행 증명서와 경찰에서 작성해준 분실 증명서를 준비한 뒤 발행 은행으로 간다. 이때 여권이나 운전면허증 등 본인의 신분을 증명할 만한 자료도 필요하다. 여행자수표의 재발행은 두 번째 사인이 되어 있지 않은 미사용 부분에 대해서만 가능하다. 첫 번째 사인은 여행자수표를 발급받자마자 모든 수표에 사인을 해둔 것이고, 두 번째 사인은 사용할 때마다 첫 번째 사인과 같은 서체로 본인임을 확인하는 절차다.

기타 도난·분실

다국적 배낭여행자들이 모이는 투어버스나 숙소에서는 종종 도난·분실 사고가 일어난다. 카메라나 노트북, 스마트폰 등은 여행자보험을 통해 보상받을 수 있지만, 현금은 보상받을 수 없으니 스스로 주의해야 한다. 현금은 항상 몸에 지니고, 배낭은 눈에 띄는 곳에 두도록 한다. 큰돈이나 귀중품은 호텔이나 숙소의 프런트에 맡길 것.

차량 고장

렌터카 운전 중에 고장이 나거나 사고가 발생하면 렌터카 회사에 도움을 요청할 수 있다. 계약서에 적힌 전화번호로 전화하면 정비 요원을 보내주거나 대처 요령을 설명해 줄 것이다.

중고차를 구입해서 여행하다가 고장이나 문제가 발생했을 때는 가까운 주유소에서 도움을 받을 수 있다. 주유소에서는 최소한 가장 가까운 정비소의 위치라도 알려줄 것이다. 참고로 뉴질랜드에서 AAA라고 쓰인 간판은 도로 교통 및 차량과 관련된 서비스이므로, 가까운 AAA 지점을 찾는 것도 좋은 방법이다.

REAL GUIDE

실패하지 않는 숙소 예약 요령

호텔 예약 애플리케이션의 등장으로 예전에 비해 숙소 예약이 수월해졌다. 가격 정보 또한 실시간으로 변동되고, 위치 역시 앱으로 접근이 가능해지면서 가이드북의 숙소 정보가 유명무실해졌다고 해도 과언이 아니다. 고급 호텔과 중급 이상의 모텔 정보는 현지에서 숙박 앱을 활용해서 그날그날 가격과 조건을 비교해서 예약하는 것이 가장 좋은 방법이다.

혼자라면 배낭여행자 숙소, 일행이 있다면 다양한 모텔이나 중저가 호텔

혼자 하는 배낭여행이라면 도미토리가 있는 배낭여행자 숙소를 예약하는 것이 경제적이다. 그러나 둘만 되어도 이야기는 달라진다. 도미토리 침대 하나당 N$25~30 정도이니 두 사람이면 N$50~60은 훌쩍 넘어간다. 이때는 화장실과 샤워실이 딸린 모텔룸이나 중저가 호텔을 찾는 것이 훨씬 나은 선택이다.

뚜벅이 여행자라면 시내 중심, 렌터카 여행자라면 외곽까지 폭 넓게

모든 숙박비에는 입지에 대한 비용이 포함되어 있다. 교통과 관광에 유리한 시내 중심에 있으면, 시설이 조금 낙후되더라도 비싸고 예약도 힘들기 마련이다. 만약 렌터카 여행 중이라면 굳이 시내 중심의 숙소를 예약할 필요가 없다. 특히 오클랜드나 웰링턴 같은 대도시에서는 시내 호텔이라도 주차비를 따로 내야 하므로, 굳이 비싼 비용을 치를 이유가 없다. 조금만 벗어나도 훨씬 시설 좋고 저렴한 숙소를 구할 수 있다.

호텔 예약 애플리케이션을 실시간 접속할 것

호텔스닷컴, 아고다, 익스피디아, 호텔패스, 부킹닷컴 등의 여러 호텔 예약 앱 가운데 본인의 취향에 맞는 사이트를 정해, 단골이 되는 것이 중요하다. 대부분의 사이트들은 박 수가 쌓이면 마일리지나 등급 등을 정해 보상해 주고 있으므로 이곳저곳 기웃거리는 것보다는 한 군데에서 마일리지를 쌓는 것이 좋다. 개인적으로는 호텔스닷컴의 10박에 1박 무료 프로그램을 쏠쏠하게 활용하고 있다.

애플리케이션에서 주요하게 봐야 할 것은 사진

현실적으로 호텔을 결정하는 데에 가장 중요한 것은 요금이다. 그러나 무턱대고 저렴한 곳이 좋을 리는 없고, 가격 대비 시설이나 입지가 좋은 가성비 높은 호텔을 찾는 것이 중요하다. 애플리케이션에 제시된 사진들을 눈여겨보면 최소한 청결도는 확인할 수 있다. 건물의 노후 정도, 벽의 마감재, 침구의 컬러나 상태 등을 잘 체크하면, 결과적으로 실패율을 낮출 수 있다.

현지에서는 인포메이션 센터를 잘 활용할 것

1주일 이상의 장기 여행의 경우, 모든 숙박을 미리 예약할 필요는 없다. 오히려 현지의 인포메이션 센터나 실시간 앱을 활용하면 그날그날 나오는 특가 요금으로 예약할 수 있기 때문이다. 또한 숙소를 찾아가느라 동선이 꼬이는 일도 줄일 수 있다. 현재 위치에서 가장 가까운 곳을 현지에서 정하는 것도 여행의 요령이다.

배낭여행자를 위한 뉴질랜드 BEST 9 YHA

YHA(Youth Hostels Association)는 전 세계 84개국에서 운영하는 글로벌 여행자용 숙소다. 협회로부터 승인을 받은 숙소에만 YHA라는 명칭을 붙일 수 있기 때문에 시설과 서비스, 안전 등 모든 면에서 가장 믿을 만한 숙소이기도 하다. 나 홀로 여행자를 위한 도미토리부터 커플 여행자를 위한 더블, 트윈룸까지 옵션이 다양하고, 수영장과 조식 등 호텔 못지않은 시설과 서비스를 갖춘 곳들도 많다. 뉴질랜드 베스트 9 YHA를 소개한다.

* 소개된 요금은 스탠더드 요금으로, YHA카드 소지자는 N$3~5 가량 할인받을 수 있다. www.yha.com.au

1. YHA Auckland City

뉴질랜드 관광청에서 인증하는 퀄 마크 별 다섯 개에 빛나는 호스텔. 시설이나 서비스, 위치 모두 나무랄 데가 없다. 3층 건물에 168개의 침상을 갖추고 있으며, 건물 전체가 와이파이 존이어서 하루 5G 무료 와이파이를 이용할 수 있다. 보드게임 대여와 체크아웃 후에는 짐 보관 서비스도 제공한다. 호스텔이 자리하고 있는 터너 스트리트는 시내 퀸 스트리트에서 가까운 곳으로, 오클랜드 시내 중심가이다.

5 Turner St. 도미토리 N$56~, 더블·트윈 N$140~180 302-8200

2. YHA Waitomo Juno Hall

농장 형태의 호스텔로 와이토모 중심부에서 1㎞쯤 떨어져 있지만, 무료 픽업 서비스를 이용하면 그리 불편할 정도는 아니고 걸어서도 찾아갈 수 있는 거리다. 숙소 차량을 이용해 와이토모 동굴과 근처의 퍼브와 상가 등으로 이동할 수 있다. 사냥, 낚시, 승마 등의 투어도 주선한다. 넓은 발코니와 야외 수영장도 여행자들에게 인기 있는 시설이다.

600 Waitomo Caves Rd. 도미토리 N$35~, 더블·트윈 N$85~95 878-7649

3. YHA Rotorua

애초에 호스텔로 사용할 목적으로 지은 건물이어서, 모든 것이 여행자의 편의에 맞춰져 있다. 모던하고 깨끗하며 위치까지 좋아서 예약을 서둘러야 하는 곳 중 하나다. 중앙난방설비로 겨울에도 건물 전체가 훈훈하고, 관리 또한 효율적으로 잘 이루어지고 있다. 숙소 근처의 쿠이라우 파크는 무료로 로토루아의 지열을 체험할 수 있는 한적한 곳이니 산책 삼아 한 번쯤 들러볼 것.

1278 Haupapa St. 도미토리 N$50~58, 더블 트윈 N$110~180 349-4088

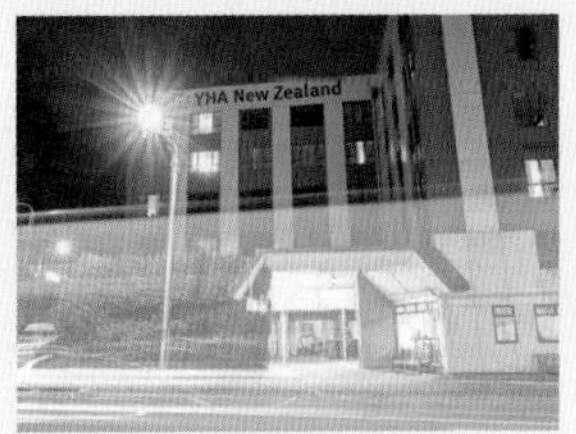

4. YHA Wellington

번화가인 코트니 플레이스에서 200m 떨어진 곳에 있다. 5층 건물 전층을 숙소로 사용하는 대형 업소로, 뉴질랜드의 YHA 호스텔 중에서 가장 큰 곳으로 꼽힌다. 호텔로 사용하던 건물을 호스텔로 개조했기 때문에 부대시설이 잘 갖춰져 있고, 객실 상태도 좋다. 박물관 등의 어트랙션까지는 걸어서 이동할 수 있고, 레스토랑과 쇼핑가도 근처에 있어서 매우 편리하다.

292 Wakefiled St. Ⓢ 도미토리 N$55~65, 더블 트윈 N$150~170 801-7280

5. YHA Nelson

시내 한가운데 자리잡고 있으며, 주도로인 트라팔가 스트리트와 브리지 스트리트 모두 한 블록을 사이에 두고 있다. 주방과 TV라운지, 객실이 모두 최신식 설비를 갖추었으며, 허브 정원에는 야외 테이블이 놓여있다. 4~8인용까지 다양한 형태의 도미토리와 가족을 위한 트리플룸까지 갖추고 있어서 선택의 폭이 넓다.

59 Rutherford St. Ⓢ 도미토리 N$34~38, 더블·트윈 N$129~149 545-9988

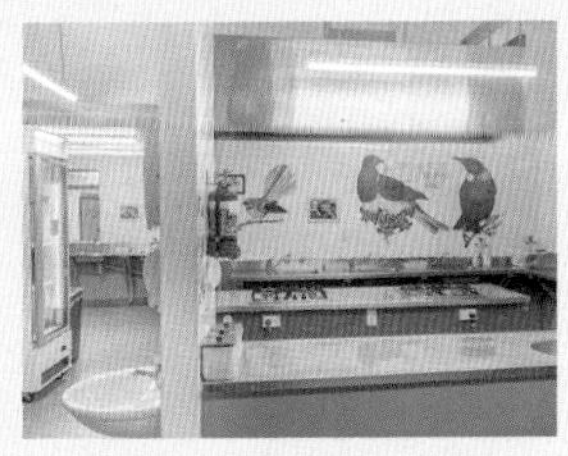

6. YHA Franz Josef Glacier

인터시티 버스 정류장에서 도보 5분 거리. 침대를 58개나 갖추고 있지만, 성수기에는 방 잡기가 쉽지 않다. 건물 외관도 훌륭하고, 실내로 들어가면 더욱 인상적인 시설을 자랑한다. 라운지에는 벽난로가 있고, 중앙난방 시스템을 이용해 객실마다 난방이 가동되기 때문에 겨울에는 건물 전체가 무척 따뜻하다. 숙소 바로 뒤가 숲이어서 산책을 즐기기에도 좋다.

2-4 Cron St. Ⓢ 도미토리 N$44~55, 더블 트윈 N$180~ 220 752-0754

7. YHA Christchurch

원래 이 일대에 자리잡고 있던 호텔을 호스텔로 개조한 곳. 그래서인지 호텔 룸부터 경제적인 백패커스 룸까지 다양한 형태의 객실을 구비하고 있으며, 부대시설은 호텔 수준에 맞춰서 무척 쾌적하다. 실내는 넓고 테라스가 있는 큰 창을 통해 들어오는 햇살이 온종일 비친다. 넷플릭스와 인터넷 사용이 가능한 게스트 라운지와 넓고 시설이 잘 갖춰진 주방이 있다. 각 방마다 차를 끓여 마실 수 있는 전기 포트와 전기담요가 비치되어 있다.

36 Hereford St. Ⓢ 도미토리 N$65~75, 트윈 N$145~200 379-9536

8. YHA Lake Tekapo

테카포 호수에서 가장 가까운 곳에 자리 잡고 있는 숙소로, 정원이 바로 호수와 맞닿아 있다. 통창이 설치된 넓은 라운지에 앉아 있으면 백만 불짜리 전망에 감탄이 절로 나온다. 겨울에는 호숫가에서 캠프파이어도 하고, 여름에는 BBQ 파티도 연다. 근처의 슈퍼마켓과 버스 정류장까지는 산책로를 따라 5분도 채 안 걸린다. 숙박 요금이 조금 비싼 편이지만, 시설과 전망 모두 5성급 호텔 못지않다.

5 Motuariki Lane Ⓢ 도미토리 N$75~83, 더블 트윈 N$300~380 680-6857

9. YHA Queenstown Lakefront

와카티푸 호숫가에 자리하지만 시내에서 조금 벗어나 있어서 조용한 편이다. 전망 좋고 교통 편하고 조용한 곳에서 며칠 쉬어가고 싶다면 가장 추천할 만하다. 최근에 내부 수리를 끝내서 시설도 좋은 편인데 가격이 조금 비싼 게 흠이다. 비수기에는 꽤 합리적인 요금이 나오기도 하니 망설이지 말고 도전해 볼 것.

88-90 Lake Esplanade Ⓢ 도미토리 N$71~83, 더블 트윈 N$240~280 442-8413

SEE 관광지

EAT & DRINK 음식점

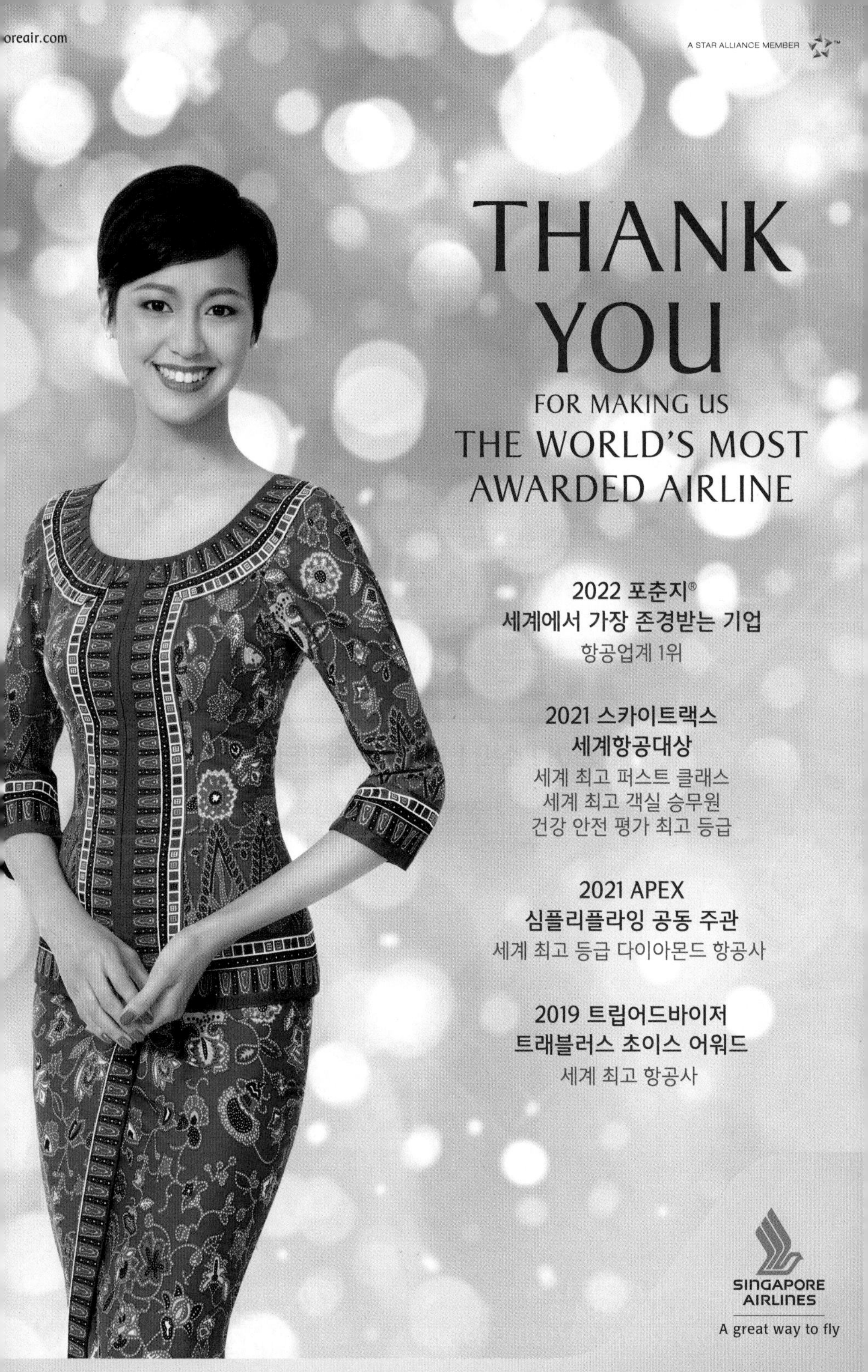
oreair.com
A STAR ALLIANCE MEMBER
THANK
YOU
FOR MAKING US
THE WORLD'S MOST
AWARDED AIRLINE
2022 포춘지®
세계에서 가장 존경받는 기업
항공업계 1위
2021 스카이트랙스
세계항공대상
세계 최고 퍼스트 클래스
세계 최고 객실 승무원
건강 안전 평가 최고 등급
2021 APEX
심플리플라잉 공동 주관
세계 최고 등급 다이아몬드 항공사
2019 트립어드바이저
트래블러스 초이스 어워드
세계 최고 항공사
SINGAPORE
AIRLINES
A great way to fly

가이드여행
트레킹여행
맞춤여행
일일여행 | 관광지 할인권
자유여행
캠퍼밴 | 렌탈카 여행
뉴질랜드 관광청 인증
퀄마크(Qualmark) 보유
30년 전통 뉴질랜드 현지 법인 여행사
Tourism Export Council
Inbound
Tour Operator
qualmark
www.nztour.co.nz
뉴질랜드투어
투어 | 숙박 | 교통 | 액티비티 | 항공
뉴질랜드의 모든 여행은
뉴질랜드 투어에서 함께 하세요.
maui
뉴질랜드 전화 : +64 9 307 1234
호주 전화 : + 61 2 9098 8449
E-mail : master@nztour.co.nz
주소 : Level4, 300 Queen St, Aucklan